NOUVEAU COURS

COMPLET

D'AGRICULTURE

THÉORIQUE ET PRATIQUE.

FLE = GYP.

TOME SIXIÈME.

NOMS DES AUTEURS.

MESSIEURS:

THOUIN, Professeur d'Agriculture au Muséum d'Histoire Naturelle.

PARMENTIER, Inspecteur général du Service de Santé.

TESSIER, Inspecteur des Établissemens ruraux appartenant au Gouvernement.

HUZARD, Inspecteur des Écoles Vétérinaires de France.

SILVESTRE, Chef du Bureau d'Agriculture au Ministère de l'Intérieur.

BOSC, Inspecteur des Pépinières Impériales et de celles du Gouvernement.

Composant la Section d'Agriculture de l'Institut de France.

CHASSIRON, Président de la Société d'Agriculture de Paris.

CHAPTAL, Membre de la Section de Chimie de l'Institut.

LACROIX, Membre de la Section de Géométrie de l'Institut.

DE PERTHUIS, Membre de la Société d'Agriculture de Paris.

YVART, Professeur d'Agriculture et d'Économie rurale à l'École Impériale d'Alfort; Membre de la Société d'Agriculture; etc.

DECANDOLLE, Professeur de Botanique et Membre de la Société d'Agriculture.

DU TOUR, Propriétaire-Cultivateur à Saint-Domingue, et l'un des auteurs du Nouveau Dictionnaire d'Histoire Naturelle.

Les articles signés (R.) sont de ROZIER.

~~~~~~~~~~~~~~~~

DE L'IMPRIMERIE DE MAME FRÈRES.

~~~~~~~~~~~~~~~~

Cet Ouvrage se trouve aussi,

A PARIS, chez LE NORMANT, libraire, rue des Prêtres Saint-Germain-l'Auxerrois, n° 17.

A BRESLAU, chez G. THÉOPHILE KORN, imprimeur-libraire.

A BRUXELLES, chez { LECHARLIER, libraire. / P. J. DE MAT, libraire.

A LIÉGE, chez DESOER, imprimeur-libraire.

A LYON, chez YVERNAULT et CABIN, libraires.

A MANHEIM, chez FONTAINE, libraire.

NOUVEAU COURS

COMPLET

D'AGRICULTURE

THÉORIQUE ET PRATIQUE,

Contenant la grande et la petite Culture, l'Économie Rurale
et Domestique, la Médecine vétérinaire, etc. ;

OU

DICTIONNAIRE RAISONNÉ

ET UNIVERSEL

D'AGRICULTURE.

Ouvrage rédigé sur le plan de celui de feu l'abbé ROZIER, duquel on a conservé
tous les articles dont la bonté a été prouvée par l'expérience ;

PAR LES MEMBRES DE LA SECTION D'AGRICULTURE DE L'INSTITUT DE FRANCE, etc.

AVEC DES FIGURES EN TAILLE-DOUCE.

———

A PARIS,

CHEZ DETERVILLE, LIBRAIRE ET ÉDITEUR,
RUE HAUTEFEUILLE, N° 8.

———

M. DCCC. IX.

NOUVEAU
COURS COMPLET
D'AGRICULTURE.

F L E.

FLEUR. Dans le langage ordinaire on applique le mot de fleur tantôt à cette poussière grisâtre qui recouvre certains fruits ou certaines feuilles, tantôt à cet organe brillant qui prépare la formation des fruits et des graines ; nous renvoyons le premier des sens du mot de fleur à l'article GLAUQUE, et nous ne considérons ici la fleur que dans le sens exact de ce mot.

La fleur est l'appareil des organes qui opèrent la FÉCONDATION (*voyez* ce mot) des plantes et de ceux qui les entourent et les protègent immédiatement. On distingue la *fleur mâle*, qui ne renferme que des organes mâles ; la *fleur femelle*, qui ne renferme que des organes femelles ; la *fleur unisexuelle*, qui renferme les uns ou les autres ; la *fleur hermaphrodite* ou *bisexuelle*, qui les renferme tous les deux ; la *fleur neutre* ou *stérile*, dans laquelle ces organes sont avortés. Relativement à ces différences générales on distingue les plantes en *hermaphrodites*, qui ont toutes les fleurs hermaphrodites ; *monoïques*, qui ont des fleurs mâles et des fleurs femelles distinctes sur le même pied ; *dioïques*, qui ont les fleurs mâles sur un individu et les fleurs femelles sur un autre ; *polygames*, qui ont des fleurs hermaphrodites et en même temps des fleurs soit mâles soit femelles sur le même pied ou sur un pied différent ; enfin, pour terminer ces définitions générales, on distingue encore les fleurs d'après leur degré de composition en fleurs *nues*, où les organes sexuels ne sont revêtus par aucune enveloppe ; fleurs *incomplètes*, où les organes sexuels sont entourés par un seul tégument ; fleurs *complètes*, où se trouvent deux tégumens distincts.

Nous devons examiner successivement dans cet article la

6.

I

disposition des fleurs sur la tige , leur développement , leur structure , leurs fonctions et leur durée.

§. 1ᵉʳ. *Disposition des fleurs.* Les fleurs naissent ou sur la feuille ou sur la tige des fleurs ; les exemples du premier cas sont rares ; la fleur naît sur le pétiole commun des phyllanthus ; sur le disque de la feuille des FRAGONS ; au sommet de la feuille du polycardia ; au sommet de toutes les nervures secondaires de la feuille du xylophylla. Le second cas , qui est presqu'universel , exige des détails plus circonstanciés.

Si la fleur est immédiatement posée sur la tige , on la nomme *sessile ;* si elle a un support particulier , on dit qu'elle est *pédonculée* , et le support s'appelle *pédoncule* ou *pédicule ;* si celui-ci se divise , ses ramifications se nomment *pédicelles ;* si la tige est très courte et que par conséquent les pédoncules paroissent sortir de la racine , ils portent le nom particulier de *hampes ;* les hampes et les pédoncules se distinguent des tiges en ce qu'ils ne portent pas de véritables feuilles ; mais il faut avouer que cette distinction est souvent ambiguë dans la pratique.

La disposition des fleurs sur la tige peut s'exprimer par les mêmes termes qui sont usités pour indiquer la position des FEUILLES (*voyez* ce mot) ; mais en outre, il a été nécessaire d'en introduire quelques uns particuliers aux fleurs ; ainsi on dit que des fleurs sont disposées, 1° *en ombelle,* lorsque plusieurs pédicules partent d'un même point et arrivent à peu près à la même hauteur, de manière que ceux du bord sont les plus longs ; par exemple, la carotte, l'ail. Si tous les pédoncules sont simples et terminés par une seule fleur, on dit l'ombelle *simple ;* on la dit *composée* si chacun des pédicules se divise en plusieurs pédicelles ; 2° *en épi,* lorsque les fleurs sont placées non au sommet mais le long d'un axe commun, et qu'elles sont sessiles ou presque sessiles le long de l'axe. L'usage a introduit ici quelques termes particuliers qu'il est nécessaire de connoître ; ainsi l'*épi* proprement dit ne s'entend que des fleurs hermaphrodites, par exemple , le froment ; on nomme *chaton* un épi composé de fleurs unisexuelles et munies d'écailles qui tiennent lieu d'enveloppe florale, par exemple , le peuplier ; et *spadix* un épi dont les fleurs sont unisexuelles et dépourvues d'écailles et de tégumens floraux, par exemple le pied-de-veau ; 3° *en grappe* lorsque les fleurs sont placées le long d'un axe commun et portées sur des pédicules particuliers , par exemple , la jacinthe. Ici on distingue encore les fleurs *en thirse* ou *en bouquet* : ce sont celles qui sont disposées en grappe à peu près ovoïde , dont les pédicules propres sont rameux, plus longs dans le milieu de la grappe qu'aux deux extrémités, par exemple le lilas, le maronnier ; les fleurs *en panicule* , lorsqu'étant en grappe les pédicules sont rameux , écartés , et que les inférieurs sont les plus longs, par exemple l'azédarach. Les fleurs *en corymbe* rentrent dans les fleurs en grappe ; le corymbe est une panicule dont les rameaux naissent à peu de distance les uns des autres et viennent aboutir à peu près au même niveau, par exemple le sureau. 4° Les fleurs en *cime* sont celles où plusieurs pédoncules partent à peu près du même point et portent plusieurs fleurs presque sessiles sur un de leurs côtés, par exemple les sédums. 5° Les fleurs *en tête* sont celles qui, étant sessiles ou presque sessiles, sont ramassées en grand nombre et forment une agrégation serrée, par exemple la scabieuse. Mais ici un usage ancien a consacré une terminologie qu'il est nécessaire d'expliquer.

Lorsque les fleurs en tête ont leurs anthères distinctes comme la scabieuse, on les nomme *agrégées* ; si au contraire elles ont leurs anthères soudées, on les nomme *composées* : par exemple la laitue. Ce terme de composée provient de ce que cette tête serrée semble réellement n'être qu'une seule fleur, et qu'en la disséquant elle est composée de plusieurs. Cette manière de considérer les fleurs composées comme des fleurs simples a obligé d'adopter plusieurs termes particuliers ; chaque véritable fleur porte le nom de *fleuron*, et l'ensemble des bractées qui les entourent celui de *calice commun*, remplacé récemment par le terme plus convenable d'*involucre*. Dans tous les cas le disque qui supporte les fleurs agrégées ou composées porte le nom de *réceptacle*.

§. 2. *Développement des fleurs.* Voyez FLÉURAISON.

§. 3. *Structure des fleurs.* Si nous choisissons une fleur com-, plète, par exemple celle de la bourrache, nous y distinguerons plusieurs organes au centre et un petit disque surmonté d'un filet, c'est l'organe femelle ou le *pistil* ; à l'entour se trouvent cinq petits filets surmontés d'un petit sac plein de poussière, ce sont les organes mâles ou les *étamines* ; en dehors des étamines nous observons une expansion colorée qui leur sert d'enveloppe avant l'épanouissement, c'est la *corolle* ; cette corolle est elle-même revêtue d'une seconde enveloppe plus ferme et de couleur verte, c'est le *calice* ; enfin, nous observons vers le milieu de la fleur cinq appendices particuliers qui manquent dans la plupart des fleurs et qu'on nomme des *nectaires*. Cette structure, quoique très variée dans les différens végétaux, se présente dans le plus grand nombre. Il est nécessaire d'entrer dans quelques détails sur chacun de ces organes en particulier.

Le pistil, ou l'organe femelle, est toujours placé au centre de la fleur et même est souvent indiqué par un disque dans les fleurs mâles. Cette position du pistil avoit suggéré à Césalpin que cet organe est le prolongement de la moelle ; mais cette

idée a été abandonnée depuis qu'on sait que les monocotylédones n'ont pas la moelle disposée en un tube central et qu'elles
ont le pistil au centre comme les dicotylèdones ; la partie du
pistil qui renferme les rudimens des graines ou les ovules porte
le nom de *germe* ou plus exactement d'ovaire ; elle est presque
toujours située à la base, excepté dans quelques plantes où elle
est pédicellée, par exemple les euphorbes. L'extrémité supérieure du pistil, celle où la poussière mâle vient toucher l'organe femelle porte le nom de *stigmate ;* le filet qui se trouve
entre l'ovaire et le stigmate a reçu le nom de *style* ; il est destiné
à transmettre l'action de la poussière fécondante de l'un à
l'autre. Le nombre de ces parties est variable aussi-bien que
leurs formes et leurs proportions.

Les étamines ou les organes mâles sont généralement insérées autour du pistil ou au-dessous de lui sur le réceptacle, et
alors on les nomme *hypogynes ;* ou autour de lui sur le calice,
et alors elles portent le nom de *périgynes ;* ou sur le pistil
lui-même, et on les dit *épigynes*. Elles sont composées d'un *filet*
plus ou moins long, quelquefois nul, d'une *anthère* qui est
un petit sac membraneux ordinairement à deux loges, placé
au sommet du filet et rempli par le *pollen ;* celui-ci est une
poussière composée de globules très petits, dont chacun renferme un peu de liquide fécondateur. Le nombre des étamines
varie beaucoup de plante à plante, et c'est sur cette variation
que Linné a principalement basé son système. *Voyez* BOTANIQUE.

La corolle est l'enveloppe de la fleur complète, la plus voisine des étamines ; elle est d'une nature analogue aux filets des
étamines, a la même couleur, s'insère d'ordinaire au même
point, et tombe le plus souvent peu après eux. Elle est d'une
seule pièce, et alors on la nomme *monopétale ;* ou de plusieurs
pièces, et alors elle prend le nom de *polypétale*, et ses pièces
celui de *pétales*. Quelquefois la corolle avorte par diverses circonstances : plus souvent les étamines, recevant une nourriture
surabondante, se changent en véritables pétales, et alors la
fleur est ce qu'on appelle *double ;* on distingue à cet égard les
fleurs *semi-doubles*, où une partie seulement est changée en
pétales; *pleines*, où le nombre des pétales surabondans est
plus grand que celui des étamines. On voit quelquefois les pistils se transformer aussi en pétales. J'ai vu des anémones des
bois dont toutes les étamines étoient saines et dont les pistils
étoient changés en pétales. Les anémones des jardins offrent le
même phénomène. *Voyez* ANÉMONE. Les fleurs doubles, étant
privées au moins de l'un des organes sexuels, sont toujours
stériles. *Voyez* FLEURS DOUBLES.

Le calice est cette enveloppe extérieure de la fleur de nature analogue aux feuilles ; il est presque toujours de couleur

verte, et revêtu de pores corticaux. Il est ou d'une seule pièce, et on le nomme *monophylle* ; ou de plusieurs pièces, et on le dit *polyphille*, et ses pièces se nomment *feuilles* ou *folioles*. Le calice est toujours placé au-dessous de l'ovaire ; mais tantôt il n'adhère point avec lui, il est *libre*, et les pétales sont insérés au-dessous de l'ovaire ; tantôt il adhère avec lui, on le nomme alors *adhérent*, et les pétales naissent au-dessus de l'ovaire.

Lorsque la fleur ne présente qu'une seule enveloppe au lieu de deux, ce tégument unique a reçu alternativement le nom de corolle ou de calice, selon qu'il étoit plus ou moins coloré, ou selon la définition que chaque auteur avoit adoptée pour le calice et la corolle : je le considère comme essentiellement formé par la soudure naturelle du calice et de la corolle, et, pour le distinguer, je le nomme *périgone*, terme qui enlève toute ambiguité. Le périgone a la partie extérieure plus ou moins verdâtre et munie des pores comme le calice, et la partie intérieure colorée et dépourvue de pores comme la corolle. Les liliacées, les thymélées en offrent des exemples.

Quant aux Nectaires, ces organes n'étant pas essentiels à la structure des fleurs, *voyez* leur histoire à ce mot.

Les proportions et dispositions relatives de ces organes sont en général celles qui paroissent les plus favorables pour assurer la fécondation ; ainsi, par exemple, dans les fleurs droites les étamines sont généralement plus longues que le pistil, et c'est l'inverse dans les fleurs pendantes.

§. 4. *Fonction des fleurs.* Voyez Fécondation.

§. 5. *Durée des fleurs.* Le caractère le plus général qui serve à distinguer les végétaux des animaux, c'est que dans les premiers les organes meurent après chaque fécondation, et peuvent se renouveler plusieurs fois dans la vie de la plante, tandis que dans les animaux ces mêmes organes servent plusieurs fois, et durent autant que l'individu. Par conséquent, toutes les fleurs périssent après l'acte de la fécondation ; dès que celle-ci est opérée les étamines se flétrissent, tombent ou se dessèchent : les pétales et souvent le calice suivent le même sort, tandis qu'au contraire l'ovaire prend une nouvelle vie et un accroissement marqué. Lorsque les étamines, les pétales ou les feuilles du calice tombent, on les nomme *caduques* ; lorsqu'ils persistent plus ou moins desséchés autour de l'ovaire, on les dit *persistans*. La durée des pétales est donc déterminée par l'époque de la fécondation ; si on retarde celle-ci sans nuire à la santé de la plante, on prolonge la durée des pétales ; c'est ce qui arrive en particulier dans les fleurs doubles où la fécondation ne s'opère point ; dans ces plantes les pétales, recevant plus de sucs, sont plus grands, plus fermes et plus durables, et ce n'est pas sans raison qu'on les préfère pour l'ornement aux fleurs simples qui passent infiniment plus vite. Sans doute on ne doit point choisir les fleurs doubles pour l'étude de leurs organes, puisque ceux-ci manquent, et c'est pour cela que les botanistes les écartent de leurs jardins; mais elles méritent les soins de l'amateur, puisque par leur moyen il peut conserver plus long-temps l'éclat du coloris, la suavité du parfum des fleurs les plus belles. (Dec.)

Ce n'est pas seulement la chaleur, comme l'ont dit quelques écrivains, qui détermine l'épanouissement des fleurs; car s'il en est qui s'ouvrent au commencement du printemps, pendant les chaleurs de l'été, il en est aussi qui attendent les approches de l'automne et même de l'hiver pour se montrer, telles que les astères, les verges d'or, les colchiques, l'amaryllis à fleurs jaunes, etc., etc. Cependant en général les plantes qui fleurissent au printemps et pendant l'été peuvent être rendues plus précoces par des abris, une chaleur artificielle, etc. Chaque jour nous en voyons la preuve dans la campagne et dans nos jardins. Une des plus importantes parties de l'art du jardinage est même fondée sur ce résultat. *Voyez* FLORAISON.

La forme, la consistance, la couleur, l'odeur des fleurs ne varient pas moins que les époques de leur épanouissement, et elles sont susceptibles de s'altérer sous tous ces rapports. La couleur est celle qui jouit d'une plus grande latitude à cet égard, quoique cependant renfermée comme les autres dans certaines bornes. *Voyez* COULEUR. L'art ne peut que les modifier dans un petit nombre de cas, les fixer dans quelques autres par le moyen des marcottes, des boutures, des greffes, etc.

Certaines plantes à fleurs odorantes transportées de la montagne dans la plaine, d'un terrain sec dans un terrain humide, d'un lieu très maigre dans un lieu très fumé, perdent quelquefois, en tout ou en partie, leur odeur. Jamais on n'a pu rendre odorante une fleur qui ne l'étoit pas naturellement, tous les faits qu'on a cités pour prouver le contraire étoient les résultats d'une erreur d'observation. *Voyez* ODEUR.

Quelques personnes ont cru voir dans les fleurs du souci, de la capucine, du lis rouge, du taget, et autres fortement colorées, pendant la grande chaleur, des éclairs que les unes ont attribués à l'inflammation d'un gaz, d'une huile éthérée, d'autres à une étincelle électrique. Cela peut être vrai, mais les expériences que j'ai tentées pour m'en assurer m'ont convaincu que c'étoit une illusion produite par la fatigue des yeux de l'observateur, c'est-à-dire que le phénomène étoit dans les yeux de ce dernier et non dans la fleur. Plusieurs écrivains et plusieurs de mes amis ont pris la même opinion à la suite des mêmes essais. *Voyez* FRAXINELLE.

Je dois ajouter que le gaz qui s'enflammeroit dans ce cas ne pourroit être que l'hydrogène ; car Ingenhouse s'est assuré que les fleurs, sur-tout à l'instant de leur fécondation, exhaloient du gaz ACIDE CARBONIQUE. *Voyez* ce mot. (B.)

FLEUR DE CONSTANTINOPLE. *Voyez* LYCHNIDE CALCÉDONIQUE.

FLEUR DU GRAND-SEIGNEUR. C'est la CENTAURÉE MUSQUÉE.

FLEUR DE GUIGNES. Variété de poire. *Voyez* POIRIER.

FLEUR DE JALOUSIE. Les jardiniers donnent quelquefois ce nom à l'AMARANTHE.

FLEUR D'UN JOUR. *Voyez* HÉMÉROCALLE.

FLEUR DU PARNASSE. *Voyez* PARNASSIE.

FLEUR DE LA PASSION. Nom vulgaire de la GRENADILLE.

FLEUR DE SAINT-JACQUES. C'est la JACOBÉE.

FLEUR DU SOLEIL. On donne ce nom au CISTE HELIANTHÈME.

FLEURS DU VIN. Petits flocons blancs qui surnagent le vin, soit lorsqu'il est dans des tonneaux, soit lorsqu'il est dans des bouteilles mal bouchées. Il y a lieu de croire que c'est un champignon voisin des moisissures, qui se développe sur des globules de mucilage séparés du vin, et élevés à sa surface par l'effet de la fermentation insensible.

Il est toujours possible de séparer par la filtration à travers un linge fin, ou mieux, un papier non collé, la fleur du vin, fleur qui au reste, dans aucun cas, n'altère la qualité de ce vin. Dans l'usage ordinaire, on se contente de réserver les dernières bouteilles qu'on tire d'un tonneau (qui seules sont pourvues de fleurs), et ensuite d'en chasser la fleur en mettant du vin jusqu'à ce qu'il déborde et qu'elle sorte. (B.)

FLEURS DOUBLES. On désigne par l'expression de fleurs doubles celles qui, au lieu d'avoir le nombre de pétales existans dans l'ordre naturel, en ont un très grand nombre qui remplacent les organes de la génération. Ainsi une fleur double n'a ni étamines, ni pistil, mais seulement des pétales. Si une fleur réunit la possibilité de la fécondation à une augmentation de pétales, on la nomme semi-double.

On a cherché pendant long-temps les causes qui pouvoient produire cet effet extraordinaire ; mais jusqu'à ce jour on n'a eu que des données incertaines, et sur lesquelles on n'est pas encore d'accord. Les botanistes, ne voyant dans ces plantes que des irrégularités, des violations, ou au moins des exceptions aux lois générales, les ont nommées *monstres*, expression employée autrefois à désigner les objets qui s'écartent des lois ordinaires de la nature et qui présentent une forme repoussante. Les cultivateurs, et particulièrement les fleuristes, n'ont vu au contraire dans les fleurs doubles que la nature perfectionnée par leurs travaux, et rejettent cette expression, *monstre*, qui n'offrant à l'imagination que des objets hideux ou terribles, fait toujours naître des idées désagréables, ou donne lieu à des sensations pénibles. Ces différences tendent à prouver que l'expression *monstre* a été trop généralisée, et que la langue française, malgré la perfection où elle est parvenue, manque encore d'un grand nombre de termes qui, en resserrant la signification de chaque mot, la rendroient plus claire, et éviteroient les fausses interprétations, et par suite une multitude de discussions qui emploient un temps précieux.

Pour éclaircir la question relative aux fleurs doubles et la marche de la nature dans ce genre de productions, il me paroît indispensable d'établir quelques principes, et aller du connu à l'inconnu; c'est, je crois, le seul moyen d'obtenir des résultats avantageux.

L'auteur de l'article *monstre* du Dictionnaire d'Histoire naturelle a établi les principes suivans, qui me paroissent applicables à la matière que je traite:

« Rien ne se fait sans une cause déterminante quelconque dans toute la nature. Il est impossible de trouver ou même d'imaginer un corps agissant sans un principe qui détermine ses opérations. Sans la pesanteur ou l'attraction, la pierre tomberoit-elle? Sans la vie, l'homme, l'animal, la plante auroient-ils aucune sorte d'action? il faut donc admettre nécessairement dans toute la matière des lois primitives et fondamentales, car la corruption et la décomposition elles-mêmes ne s'opéreroient jamais dans les corps sans les attractions chimiques, comme on le démontre chaque jour en physique et en chimie.

« S'il existe des lois fondamentales, elles sont nécessairement ou régulières et constantes, ou irrégulières et variables. Dans le premier cas, elles dépendent d'une cause immuable et fixe; dans le second, elles sont le produit du hasard, et soumises à toute son inconstance.

« Or, nous observons une constance merveilleuse dans les lois physiques et chimiques par lesquelles la matière brute est gouvernée. Dans tous les âges du monde, dans tous les climats, la pierre a gravité avec la même force que dans notre temps et dans notre pays, vers le centre de la terre, suivant des lois généralement reconnues. Jamais une plante n'a engendré un

animal, dans quelque lieu que ce soit. On n'a jamais vu un
corps organisé vivant subsister éternellement. Il n'y a point
dans l'univers de véritable prodige ; tout s'opère suivant des
lois fixes et naturelles, quoiqu'on ne puisse pas toujours en
expliquer le principe. Ainsi nous admettons la pesanteur sans
savoir ce qu'elle est, parceque la cause des choses étant unique,
ne peut être par conséquent comparée, et parceque l'esprit
ne connoît que ce qu'il peut comparer. »

Ces principes, appuyés sur des faits généralement reconnus
par tous ceux qui s'occupent des sciences, tendroient à prouver
l'existence d'une suprême intelligence qui, en réglant l'ordre
de l'univers, l'a établi sur des bases fixes et des lois invariables,
si son existence avoit besoin de nouvelles preuves.

Mais quelque constantes et uniformes que soient ces lois,
beaucoup de faits tendroient à présenter un grand nombre
d'exceptions, et à les faire considérer comme des lois particulières, si la connoissance des effets opposés de plusieurs de ces
lois ne nous démontroient pas journellement les causes de ces
exceptions. Les modifications qu'éprouve la force centripète
lorsqu'elle se trouve opposée à la force centrifuge suffisent
pour en donner la preuve.

Il résulte de ces modifications des exceptions particulières
qui, quoiqu'elles soient les effets des lois générales, ne paroissent à l'homme que des violations de ces lois, ou au moins des
irrégularités, parceque ses connoissances bornées ne lui permettent pas toujours de parvenir aux premiers principes de ces
irrégularités. Il seroit plus sage de les considérer comme l'effet
de lois particulières dérivant des premiers principes, dont elles
ne pourroient s'écarter sans détruire l'ordre établi et l'harmonie admirable de l'univers.

En considérant les choses sous ce rapport, il seroit facile de
démontrer qu'il n'y a point de violation des lois par lesquelles
notre globe est gouverné, mais seulement que l'effet d'une de
ces lois est quelquefois modifié ou même détruit par l'effet
d'une autre loi. On expliqueroit aisément de cette manière
tous les phénomènes particuliers qui nous frappent d'étonnement, et on jugeroit que toutes ces exceptions, quelque singulières qu'elles nous paroissent, sont soumises à des règles
aussi invariables que les grands phénomènes de la nature, et
ne sont que le résultat des effets opposés de plusieurs des lois
générales, d'où résultent des cas particuliers sujets à des lois
particulières aussi invariables que les premières.

L'homme, destiné par l'Être suprême à habiter les différentes
parties de la terre, devroit avoir nécessairement les qualités
propres à remplir la fin de sa destination ; une constitution

telle qu'il pût supporter la chaleur brûlante de la zone torride comme le froid glacial du pôle ; un estomac organisé
pour recevoir les substances animales et végétales, pour les
élaborer et en tirer les sucs propres à sa nourriture ; enfin une
supériorité sur les animaux et les végétaux qui le mît à même
de les gouverner et de les modifier, de façon qu'il pût trouver
dans l'état de civilisation des moyens d'existence, comme dans
l'état de nature. Mais l'état de société, en augmentant les forces
des hommes par leur réunion comme par leur multiplication,
diminue considérablement leurs forces individuelles, et affoiblit leur constitution physique. Les fruits sauvages n'étoient
ni en quantité suffisante pour leurs besoins, ni de qualité propre
à satisfaire leur goût et à être digérés par leurs estomacs affoi-
blis. Ainsi, quoique la nature soit soumise à des lois générales
telles que l'homme isolé et sauvage puisse se procurer des
moyens de subsistance, des abris contre les intempéries de
l'air, et des vêtemens grossiers, tous les besoins de l'espèce
humaine civilisée, et formant des sociétés nombreuses, n'auroient pu être satisfaits, si l'homme, doué de l'intelligence et
du raisonnement qui le distingue des autres animaux, n'avoit
pu, en modifiant les lois générales, multiplier et perfectionner
ses alimens, ses vêtemens et ses lieux de retraite.

Ces légères modifications ne peuvent point troubler l'ordre
de la nature, puisque l'homme ne peut opérer que sur des
individus et non sur des espèces entières, et seulement autant
que ces modifications lui sont utiles. Mais dès qu'il cesse ses
travaux, la nature reprend ses droits, et les plantes comme les
animaux rentrent dans l'ordre général. Ces légers changemens
ne peuvent donc être considérés comme une infraction aux
lois de la nature, mais comme un perfectionnement utile que
l'espèce humaine pouvoit opérer pour fournir à ses besoins,
embellir son séjour et multiplier ses jouissances. Je ne les re-
garderai donc pas comme des monstruosités, mais comme la
nature perfectionnée suivant des lois particulières appropriées à l'homme en société.

Ainsi, quoique la nature n'ait donné à l'homme d'autres
abris que les grottes et les forêts, d'autres moyens de traverser
les rivières et les mers que la faculté de nager ; quoique les
minéraux, les métaux et les bois ne fussent pas destinés dans
le principe pour la construction de ces superbes palais et de ces
vaisseaux de ligne, dont la vue frappe d'admiration ceux qui
réfléchissent aux nombreuses connoissances qu'il a fallu acquérir avant de parvenir à ce degré de perfection ; bien loin de
regarder ces chefs-d'œuvres de l'art comme des violations des
lois générales et des monstruosités, je ne puis les voir que comme
l'exercice du pouvoir qui a été donné à l'homme, d'employer

toutes les productions du globe à son usage, et sous les rapports qui lui paroissent les plus avantageux.

Il en est de même de ces fruits sauvages, rares, petits et d'un goût âcre et d'une digestion difficile, que l'homme a modifiés, et qui, par son travail, sont devenus très nombreux, très volumineux, d'une saveur exquise et d'une facile digestion; de ces graminées qui lui étoient inutiles dans l'état de nature, et qui font maintenant la base de sa nourriture; de ces légumes aussi sains qu'agréables au goût; enfin, de ces fleurs si brillantes et si belles, qui ajoutent à ses jouissances par l'éclat et la variété de leurs couleurs, par leur odeur et la multiplication de leurs pétales. Tous ces changemens, bien loin d'être des monstruosités, ne sont à mes yeux qu'une suite des lois particulières établies pour l'avantage de l'homme, qui tantôt emploie les matériaux tout formés, tantôt les modifie dans leur formation, et dans ces deux opérations ne fait qu'user de ses droits.

Ce pouvoir de l'homme sur les végétaux et sur les minéraux, cette supériorité sur tous les animaux qu'il exerce chaque jour, et qui nous est devenue familière par l'usage, produit des effets que nous ne considérons plus comme des monstruosités, quoiqu'ils paroissent s'écarter plus ou moins des lois de la nature. L'homme, pour augmenter ses moyens de subsistance, force la vache et la chèvre de lui fournir un aliment aussi agréable que sain et nutritif; et par le même moyen, il obtient de la poule des œufs toute l'année, quoique, suivant les lois générales, le lait des premières devroit tarir dès qu'il est inutile à leurs petits, et que les autres ne devroient pondre que quelques jours avant l'époque marquée par la nature pour l'incubation.

Non content de ses conquêtes sur le règne animal, l'homme a réuni de toutes les parties du globe, aux environs de son domicile, toutes les espèces de plantes qui pouvoient servir à ses besoins; il les y a naturalisées. Tantôt, en retardant de plusieurs années le moment de confier leurs semences à la terre, tantôt par une nourriture plus abondante ou différente, tantôt enfin, en entant une espèce sur l'autre ou sur elle-même, il les a modifiées au point de les approprier à son usage, en tirant de ces plantes une nourriture plus conforme à sa constitution, ou en les rendant plus agréables à la vue par la beauté de leurs formes et de leurs fleurs.

La puissance de l'homme se fait plus sentir sur les végétaux que sur les animaux. Le règne animal ne lui fournit qu'un petit nombre d'espèces dont il parvient à obtenir des mulets, ou dont il améliore la chair par une nourriture plus abondante et par la castration; mais les mulets ne se reproduisent pas.

La nature, plus flexible dans le règne végétal, offre un champ plus vaste aux travaux de l'homme. Non seulement les hybrides se perpétuent de leurs semences ; mais quand l'homme a tellement modifié une plante qu'elle a perdu sa qualité productive la plus naturelle, ou que ses semences ne la reproduisent pas, la nature lui fournit de nouveaux moyens de multiplication. Les marcottes, les boutures et les greffes pour les arbres et arbustes, la séparation des oignons, bulbes, griffes, pattes et racines pour les fleurs et les légumes ; tels sont les moyens sûrs de conserver une plante perfectionnée ; et si par sa constitution elle ne peut jouir d'aucun de ces avantages, la nature, toujours prodigue de ses faveurs, lui donne la faculté de produire un peu de graine qui lui fournit les moyens de se multiplier dans son état de perfection. Ce désordre apparent est soumis à des lois particulières qui tendent à assurer à l'homme le fruit de ses travaux.

C'est ainsi que l'homme qui jouit, dans l'état de nature, de sa liberté et des droits de propriété sur les fruits auxquels il peut atteindre, sacrifie, dans l'état social, une partie des droits qu'il tenoit de la nature, et se soumet à des lois particulières qui les restreignent, afin de profiter des avantages de la société, sans que ces lois particulières puissent être considérées comme des infractions manifestes aux lois générales, et comme des monstruosités, mais seulement comme des modifications utiles à son bonheur.

Cette manière de considérer les plantes modifiées par les travaux de l'homme me paroit la plus naturelle, et les raisons sur lesquelles je m'appuie encore acquièrent plus de force quand on examine l'opinion des botanistes, quand on voit combien ils varient sur ce point, et qu'on compare leur opinion avec la mienne.

Tous les botanistes sans exception soutiennent que les plantes qui ont des irrégularités accidentelles, comme des doubles feuilles, des doubles pistils, des doubles fruits, etc., sont des monstres ; j'en conviens avec eux, quoique la cause de ces irrégularités soit souvent facile à trouver et soumise à des lois tellement invariables, que, dans les mêmes circonstances, il en résulteroit les mêmes effets. La réunion de deux germes dans le même fœtus, une surabondance de sève, une sève viciée, une blessure ou une forte contusion peuvent produire ces effets ; mais comme ce ne sont que des défauts sans aucuns résultats utiles, ils ne sont qu'accidentels, et on ne les reproduit ni par les greffes, ni par les racines ou bulbes, ni par les semences de ces plantes, ni dans la même plante plusieurs années de suite. Un arbre aura fourni cette année des fruits

doubles, une plante aura eu deux fleurs sur le même pédicule, quoiqu'il ne dût y en avoir qu'une suivant les lois générales; mais l'année suivante tout rentrera dans l'ordre. C'est
un simple vice de conformation produit par une cause extraordinaire et accidentelle, et qui n'a aucun rapport avec les modifications que l'homme fait éprouver aux plantes. Ces irrégularités peuvent donc être considérées comme des monstruosités, et l'expression *de monstre* pourroit convenir à ces plantes.

Mais dès que les botanistes veulent étendre cette dénomination, ils tombent dans l'incertitude. Les uns, s'en tenant stric-
tement à leur définition, ne voient que des monstres dans
presque tous les arbres, légumes et fleurs modifiés par la
culture; si on leur objecte que la plupart de ces plantes,
principalement les arbres et les légumes, ont conservé la même
faculté de se reproduire que ceux de même espèce dans l'état
de nature, ils vous répondent que cette faculté est bien réduite,
et n'est plus qu'accidentelle dans la plupart de ces plantes;
que les fruits d'un poirier contiendront une année un petit
nombre de semences, parmi lesquelles il s'en trouvera d'avortées, et qu'il n'en contiendra pas l'année suivante; qu'il en
sera de même d'un chou, d'une renoncule, d'une laitue, etc.;
que les semences de plusieurs de ces plantes, et particulièrement des arbres fruitiers, ne fourniront pas des fruits semblables à ceux dont ils tirent leur origine; et que ces semences,
abandonnées à elles-mêmes, ne réussiront pas : d'où ils con-
cluent que ces plantes ont les caractères qui spécifient les monstres. En raisonnant ainsi, ils ne voient et ne veulent voir
que la marche ordinaire de la nature dans la reproduction de
ces plantes, sans considérer qu'elle a fourni à l'homme d'autres
moyens de les reproduire sans altérer leur nouvel état, soit
pour la forme, le volume ou le goût.

La nature prodigue de ses faveurs envers l'homme, et se
soumettant en quelque sorte aux travaux auxquels il se livre
pour multiplier et améliorer ses alimens, etc., tend cependant
toujours à conserver les espèces dans l'ordre des lois générales,
qui doivent influer sur les plantes dès que l'homme cesse d'opérer. Elle ne lui donne, pour les multiplier dans leur état de
perfectionnement, que des moyens tels, que ces plantes abandonnées à elles-mêmes, et n'étant plus modifiées par lui, reviennent à leur premier type. Cette marche de la nature, bien
loin d'être irrégulière, est toujours constante; elle se plie
seulement aux besoins de l'homme en société, et cède à ses
travaux; mais dès qu'elle lui a fourni une nourriture abondante et relative à sa constitution, les lois générales reprennent leur cours. Ainsi l'homme civilisé, en se soumettant à
des lois particulières, conserve toujours le souvenir des lois

générales, qu'il ne doit modifier qu'autant qu'il y trouve des avantages certains; et dès qu'il abandonne la société et s'isole, il rentre dans tous ses droits.

Les autres, ne s'occupant que du moment de la fleuraison des plantes, traitent de monstres celles qui n'ont ni pistil, ni étamines, ni poussière, ou qui, conservant ces marques de la fécondité, ont un plus grand nombre de pétales que dans l'ordre de la nature. On pourroit leur demander pourquoi si quelques pétales de plus peuvent constituer un monstre, une augmentation de feuilles, comme dans le chou et la laitue, de chair, comme dans la plupart de nos fruits, ou une différence de forme, comme dans l'impériale à tige plate, ne mériteroient pas la même dénomination. Si les parties de la génération ont droit de fixer nos regards, les autres parties des plantes ne méritent pas moins d'attirer notre attention.

D'autres enfin n'emploient cette expression que pour les plantes qui n'ont aucune des parties de la génération, et ces derniers ne voient de monstres que dans nos parterres, le nombre des arbres à fleurs doubles n'étant pas multiplié.

On pourroit observer à ces derniers que cette dénomination, qu'ils réservent pour les ornemens de nos parterres, ne paroit pas plus fondée pour ces plantes que pour un grand nombre de celles qui ont été modifiées par la culture. 1° Le titre de monstre ne tiendra plus qu'à quelques pétales de plus ou de moins, et il arrivera qu'une anémone ou une renoncule, par exemple, sera considérée une année comme un monstre, et qu'elle ne le sera plus l'année suivante, parcequ'ayant quelques pétales de moins elle aura tous les caractères de la fécondité, et sera même fécondée.

2° Si le caractère principal d'une plante est de se reproduire pour n'être pas classée parmi les monstres, qu'importe la marche de la nature pour sa reproduction, pourvu qu'elle parvienne à cette fin, et qu'une plante se multiplie d'une manière ou d'une autre. Le point essentiel est qu'elle se multiplie soit par semences ou autrement. Jamais on n'a qualifié les truffes de monstres, quoiqu'elles ne fournissent pas de graines. Or, comme la nature a fourni à toutes les plantes doubles des moyens de reproduction, elles ne doivent pas être classées sous cette dénomination.

Dès qu'il ne s'agit que de reproduction, on doit examiner si l'appareil que les botanistes exigent pour considérer une plante dans l'ordre de la nature, lui est tellement nécessaire, qu'elle ne puisse se féconder sans cet appareil. Il est constant que dans l'ordre naturel tout est généralement disposé de manière que la semence, après être arrivée à son point de perfection, doit se détacher de la plante pour être emportée par les vents et les eaux dans d'autres lieux où elle puisse germer et former d'autres plantes ; mais il s'ensuit que la liqueur fécondante ait besoin pour agir et développer de nouveaux germes, d'ovaires, de pistils, d'anthères, etc. Cette liqueur, que la plante attire et élabore, paroît toute formée au moment où elle parvient aux étamines. Si les étamines sont tellement étouffées par les pétales qu'elles ne puissent recevoir cette liqueur, contenue dans la poussière d'où elle doit se rendre sur le pistil, et pénétrer dans l'ovaire, elle est forcée de descendre; et trouvant sur son passage les germes de la plante qui y sont repandus, elle les féconde, et donne naissance à de jeunes plantes qui finissent par se séparer de sa plante principale ; il y a eu fécondation pour la formation de ces nouvelles plantes comme pour les autres, mais elle a été intérieure dans le corps de la plante au lieu de s'opérer dans les fleurs.

J'ajouterai à ces réflexions combien ces variations, dans le système des botanistes, embarrassent, et combien il est difficile de se déterminer pour une de leurs opinions; et si les motifs moraux étoient de quelque poids dans une pareille discussion, j'observerois que dans leur système tout est sombre, triste et dégoûte de ce genre de culture. Dans ma manière de voir au contraire, l'homme en exerçant sa puissance sur les végétaux, en les modifiant pour son utilité ou son plaisir, en multipliant les variétés des fruits, des légumes et des fleurs, et en augmentant ses jouissances sous tous les rapports, remplit sa destinée, devient en quelque sorte créateur, et ajoute à ses travaux autant d'agrémens qu'il y trouve de motifs de reconnoissance pour l'être qui lui a communiqué une étincelle de son intelligence et une légère portion de son pouvoir. L'examen de la marche de la nature dans ces modifications des plantes ne peut que fortifier mon opinion.

J'ai dit que ces plantes modifiées et perfectionnées par l'homme suivoient des lois particulières ; mais ces lois sont peu connues, et, malgré les observations des physiologistes, on ignore comment la sève s'élabore dans la plante, et comment, après ses mouvemens ascendans et descendans, elle produit dans un ordre invariable des troncs, des branches, des feuilles et des fruits. Cependant, pour savoir comment l'homme parvient à opérer des modifications, il faudroit auparavant connoître la marche ordinaire de la nature, et lui enlever des secrets qui ont été jusqu'à ce jour couverts d'un voile impénétrable.

Il paroît néanmoins constant que la culture des plantes ayant varié, la nourriture n'étant plus la même, les semences n'ayant été confiées à la terre qu'un, deux et trois ans après la récolte, et le climat étant quelquefois changé, les plantes ont dû éprouver par ce nouveau régime des modifications, dont les parties de la fécondation ont dû se ressentir. Le germe a dû être également modifié; ce germe recevant cette nouvelle culture a produit une plante plus foible que s'il avoit été abandonné à la nature. Une partie de la sève, qui auroit servi à la croissance du tronc et des branches ainsi que des semences, a reçu une autre destination, et s'est changée en fruits plus nombreux et plus volumineux.

L'effet est le même pour les plantes qu'on greffe. Cette marche ne varie pas pour les fleurs et les légumes. La semence ainsi modifiée fournit toujours des plantes plus foibles et plus délicates que les autres; leurs oignons, pattes, griffes, etc., sont toujours plus petits que ceux des plantes simples. La semence est dans le même cas. Les étamines et le pistil disparoissent pour faire place à un grand nombre de pétales, soit qu'ils se changent en plantes, soit que le germe des pétales les étouffe pour prendre leur place. Cette modification dans le germe ne me paroît pas provenir d'une surabondance de nourriture et de sève, mais seulement du changement de nourriture et de culture. Si la chose étoit autrement, il en résulteroit nécessairement que les semences seroient plus grosses et plus nourries que celles qui produisent des plantes simples : les plantes seroient également plus fortes. Le contraire arrive cependant. Les pepins d'un poirier cultivé, quoique contenus dans un fruit huit à dix fois plus gros que ceux d'un poirier sauvage, sont cependant plus petits et en plus petit nombre que ceux de ces arbres; ils sont souvent avortés, et l'arbre cultivé est plus foible. Il en est de même pour les fleurs et les légumes. Ce qui a donné lieu à la supposition que ce changement étoit dû à une surabondance de sève, c'est que les plantes modifiées, ayant quelques parties plus volumineuses que celles des plantes simples, on a pensé qu'il falloit une augmentation de sève. Mais il me paroît que des observations plus suivies sur l'ensemble de la plante auroient déterminé les naturalistes à tirer une conséquence contraire.

L'effet de la surabondance de sève est de procurer aux plantes un plus grand accroissement, et dans un temps plus court. C'est ce qui arrive à toutes les plantes qui sont transportées d'un terrain maigre dans une terre chargée de parties nutritives qui lui sont propres. Ainsi une carotte, un oignon deviendront beaucoup plus gros dans une bonne terre que dans une mauvaise; mais ils ne deviendront pas doubles; ils pourront seulement fournir un plus grand nombre de fleurs. La tulipe mérite sous ce rapport l'attention. La surabondance de sève fait non seulement grossir l'oignon, mais force souvent la tige, qui ne fournit, dans l'ordre naturel, qu'une fleur à se diviser aux deux tiers de sa hauteur en deux ou trois parties, et à fournir deux ou trois fleurs qui sont cependant simples. Tel me paroît être l'effet de la surabondance de sève; mais les fleurs doubles ne présentent pas ces résultats.

Premièrement, il paroît prouvé que, dans le règne animal, la semence, qui est la partie la plus délicate et la plus élaborée, équivaut au moins à sept onces de sang. En suivant l'analogie, on pourroit en conclure que, pour supposer une surabondance de sève dans les fleurs doubles, il faudroit non seulement que toutes ses parties fussent plus grandes, mais encore que la fleur fût sept fois plus forte, ce qui n'est pas.

Secondement, quand la plante est desséchée, et qu'il ne reste que des parties solides, il est certain que la fleur double est réduite à peu de chose, pendant que la fleur simple dont les parties ont fructifié est d'un poids considérable comparé à celui de la fleur double. Il a donc fallu une plus grande quantité de sève pour la fleur simple, parceque cette sève a besoin d'une plus grande élaboration, et que le résultat en est plus considérable. Ce n'est donc pas à la surabondance de sève que nous devons ces beaux fruits et ces belles fleurs qui contribuent à nos plaisirs, mais au changement de culture et de nourriture.

Aussi l'expérience prouve-t-elle que les graines des plantes semi-doubles, c'est-à-dire déjà modifiées par le travail de l'homme, qui sont plus petites et moins nourries que celles des simples, fournissent plus de plantes doubles que les autres. Il en est de même pour les arbres. Les semences d'un pommier ou d'un poirier rustique fourniront des sujets plus vigoureux qui parviendront à une plus grande hauteur et à un âge plus avancé que ceux produits par les semences des arbres modifiés par la culture; mais les fruits de ces derniers seront plus gros, moins âcres, et par conséquent plus propres à la nourriture de l'homme civilisé.

Cette marche de la nature est tellement régulière, que l'expérience, qui est un grand maître dans une partie dont on connoît mieux les effets que la cause, a fait connoître aux jardiniers les moins susceptibles de raisonnement que, pour empêcher les légumes et les fleurs ainsi modifiés de revenir à leur état naturel, il falloit toujours choisir et semer la graine de ceux qui avoient donné le plus grand nombre de feuilles ou de pétales, quoiqu'il fût évident que la graine des autres étoit plus grosse, et en conséquence plus propre à nourrir le germe. Si les Hollandais s'écartent de cette règle dans leurs semis de jacinthes, c'est qu'ayant déjà un grand nombre de variétés doubles et belles, ils ne recherchent maintenant que du beau, et que les semences des simples, en leur donnant moins de fleurs doubles, leur en fournit de plus fortes, parceque leurs graines sont plus nourries.

Un autre fait vient à l'appui de mon raisonnement. J'ai dit que la culture contribuoit beaucoup à cette modification. Il paroît également prouvé par l'expérience que des graines conservées pendant plusieurs années sont plus propres, toutes choses égales d'ailleurs, à donner des plantes modifiées que celles qu'on semoit immédiatement après la récolte. Le germe exposé à l'air pendant ce temps éprouve dans sa constitution un changement tel qu'il fournit une plante plus foible, à la vérité, mais dont les fruits sont plus gros, plus nourrissans, d'une saveur moins âcre, enfin plus propres à la nourriture de l'homme civilisé. Il en est de même pour les fleurs doubles et pour les légumes. On s'en procure un plus grand nombre de modifiées en conservant les graines pendant plusieurs années, et on pourroit établir en principe général que, si on veut obtenir des plantes robustes qui parviennent à toutes les dimensions dont elles sont susceptibles, il faut semer des graines nouvelles, et qu'il suffit alors d'améliorer un peu les terres par les engrais. Telle est la marche à suivre pour les arbres forestiers et les légumes, dont on consomme les racines ou les feuilles telles que la nature les fournit. Mais si on veut de plus beaux fruits, des légumes modifiés, tels que le choux, la laitue, etc., ou des fleurs doubles, il faut conserver les graines autant qu'on le peut sans détruire le germe.

Cette distinction est d'autant plus utile à faire, que les jardiniers, qui n'ont pas une grande expérience au défaut de théorie, sont dans l'usage de tirer d'un fait des conclusions qu'ils généralisent. Ainsi le jardinier qui aura semé des carottes, des salsifis avec de la graine nouvelle, aura eu, toutes choses égales d'ailleurs, des racines plus belles que celui qui aura employé de la vieille graine. Celui au contraire qui se sera servi de vieille graine de choux, de laitues ou de melons aura obtenu des choux et des laitues plus pommés, ainsi que des melons plus beaux et plus sucrés que le jardinier qui aura semé de la graine nouvelle. Le premier conclura qu'il ne faut semer que de la graine nouvelle, et le second, que de la vieille, et le peu de succès qu'ils obtiendront pour certaines plantes ne les empêchera pas de généraliser leur opinion, parcequ'ils auront obtenu tous les deux des succès sur un certain nombre de semences. De là sont nées toutes ces discussions sur le choix des graines, que la distinction des plantes dans l'ordre général et celles modifiées par le travail de l'homme auroient promptement terminées.

En vain plusieurs botanistes essaient-ils d'écarter cette preuve, en alléguant que si on trouve dans les graines conservées plusieurs années moins de plantes dans l'ordre général, c'est que le germe de ces plantes, plus foible que celui des doubles, s'est desséché; mais que le germe une fois formé ne pouvoit souffrir d'altération.

Il est difficile d'admettre cette supposition, quand on a la preuve que les graines des plantes simples sont plus nourries que celles des doubles, et sont par conséquent moins susceptibles d'être desséchées. D'ailleurs, il est démontré par l'expérience que si on laisse des renoncules ou des anémones doubles plusieurs années en terre, ou même si, après les avoir levées, on les replante tous les ans, elles deviennent semi-doubles et puis simples; au lieu que si on les laisse de temps en temps reposer une année, elles se conservent très doubles. Cette expérience prouve que le germe est susceptible de modification, puisque le même germe qui avoit produit une fleur double en produit ensuite une simple; que l'air contribue à modifier ce germe, et qu'il peut en conséquence influer sur les semences comme sur les plantes déjà formées. Il nous est, il est vrai, impossible d'expliquer comment s'opèrent tous ces prodiges; mais nous ne pouvons les nier quand nous en avons tous les jours la preuve. Autant vaudroit nier l'existence du fluide magnétique, parcequ'on ignore la cause qui le dirige du sud au nord, celle du fluide électrique, parcequ'on ne connoît pas mieux pourquoi une matière telle que le verre, à travers laquelle les rayons de lumière pénètrent avec tant de facilité, est cependant un obstacle insurmontable à son passage, quoiqu'il n'en trouve point pour pénétrer dans des corps plus denses, tels que les métaux, etc.

J'ai vérifié cette année un fait qui tend à prouver combien l'air seul peut influer sur les plantes. J'avois envoyé l'année précédente à M. Soyer, ancien jardinier honoraire de la reine, quelques variétés de tulipes qu'il désiroit pour ajouter à sa belle collection. Cet amateur, aussi connu par ses connoissances dans la culture des fleurs que par ses qualités estimables, ne les retrouva pas au moment de la plantation, et me manda qu'il les avoit perdues. J'ai réparé cette année sa perte, et je me rendis chez lui au mois de septembre pour lui apporter mes oignons. Il avoit depuis peu retrouvé l'envoi de l'année précédente. Je fus curieux d'examiner les oignons qu'il avoit laissés dans les sacs où j'avois mis chaque oignon séparément. A l'ouverture du premier sac, je crus, comme il l'avoit pensé, que ces oignons s'étoient entièrement desséchés; mais, après avoir brisé les enveloppes, je découvris avec surprise un nouvel oignon, petit à la vérité, mais bien aoûté, qui s'étoit formé dans l'ancien. Je vérifiai les autres, et sur douze oignons je n'en trouvai que trois entièrement desséchés sans nouvelle production, les neuf autres fournirent un petit oignon. Je laisse aux savans plus instruits que moi à expliquer comment des oignons bien enfermés dans de petits sacs, où la quantité d'air ne pouvoit être égale à leur volume, uniquement environnés de cette portion d'air, avoient cependant cédé à l'impulsion de la nature, et s'étoient reproduits sans avoir ni feuilles ni racines.

Je finirai par un exemple frappant ces observations, tendantes à justifier mon opinion, que les plantes ainsi modifiées par la culture et une nourriture différente, et non par une surabondance de sève, ne sont qu'un perfectionnement de la nature dans ses rapports avec l'homme social, et sont soumises à des lois particulières qui ont pour but de lui conserver le fruit de ses travaux.

L'on sait que la griffe de renoncule une fois formée est annuelle; mais qu'il s'en forme chaque année une ou deux nouvelles au-dessus de celle qui périt. Cette marche ne peut avoir lieu si la griffe est abandonnée à la nature, parcequ'en se formant au niveau de la terre elle ne peut plus se renouveler; ce qui est d'ailleurs inutile, puisqu'elle se perpétue de graine. Dans les jardins, au contraire, où on lui fournit les moyens de se renouveler, la durée des griffes des fleurs doubles et des fleurs simples n'est plus la même. Dans le principe, les griffes des doubles sont plus petites, et celles des simples au contraire plus grosses. Mais ces dernières diminuent de grosseur chaque année, soit qu'elles s'épuisent pour fournir leurs semences ou par quelqu'autre cause, et elles finissent par périr; au lieu que celles des doubles se conservent dans le même état tant que l'homme leur continue les mêmes soins. J'en ai dans ma nombreuse collection depuis vingt-cinq ans qui n'ont pas dégénéré.

Ces modifications sont donc soumises à des lois particulières relatives aux besoins de l'homme civilisé ou à ses jouissances. On a dû remarquer qu'elles sont telles que si les plantes sont utiles à l'homme pour sa nourriture, la nature s'occupe rarement de les rendre plus brillantes que dans leur état sauvage. mais si elles ne servent qu'à ses plaisirs, elle les orne des couleurs les plus vives. Quelle profusion de nuances! quelle harmonie de couleurs dans nos tulipes, nos anémones, nos œillets, nos renoncules, nos jacinthes et nos auricules! Nos plus grands peintres parviennent rarement à les imiter parfaitement; les richesses de nos parterres sont telles sous ce rapport, qu'elles font le tourment des plus grands artistes. Il ne s'agit pas d'embellir la nature, on est trop heureux quand on est parvenu à la peindre fidèlement.

Les botanistes, n'ayant pu trouver la cause de cette réunion de plusieurs couleurs sur la même fleur qui n'en avoit qu'une dans l'état de nature, l'ont attribuée à une maladie des plantes ; ainsi, dès qu'ils voient dans nos partères des fleurs panachées, ou réunissant deux ou trois cercles concentriques de couleurs différentes, ils décident que cette plante souffre, et qu'elle est malade. La vue des plantes qui, dans les forêts, ont été blessées et souffrent de leurs blessures, et dont les feuilles ont une nuance moins vive ; celle des feuilles qui, à l'automne, changent de couleur dès que la sève cesse d'agir et que les plantes se préparent à se dépouiller de cet ornement, ont pu donner lieu à cette opinion. Mais quelle différence entre les nuances ternes des êtres animés ou inanimés qui sont malades, et ces couleurs vives et brillantes qui embellissent les pétales de nos fleurs. Elle est telle que si l'ignorance où je suis de leur cause ne me permet pas d'affirmer positivement le contraire, je crois au moins être en droit d'en douter.

Les plantes cultivées, qui réunissent plusieurs couleurs sur leurs pétales, sont en général aussi fortes que les autres, et se perpétuent aussi long-temps. Il est des terres qui ont la propriété de les colorier. Les couleurs n'existant pas d'ailleurs dans les plantes, mais seulement dans leurs propriétés plus ou moins grandes de réfléchir ou d'absorber les rayons lumineux, je ne vois pas pourquoi une plante, déjà modifiée par la culture, ne pourroit réfléchir les couleurs d'une manière différente qu'elle ne l'eût fait avant cette modification, si elle n'étoit pas attaquée d'une maladie ; j'en conclurai seulement que les plantes modifiées par l'homme étant plus foibles que les autres, et ce, en raison de cette modification, il en résulte que plus une plante s'écarte de son type, soit par la forme, soit par le nombre des pétales, soit par les couleurs, plus sa constitution est délicate. Ainsi, comme on n'attribue pas la belle couleur d'une pêche, d'un abricot-pêche, d'une poire, d'une pomme, à des maladies, quoique les nuances de ces fruits cultivés soient aussi différentes de celles des fruits sauvages que leur volume et leur saveur, je ne vois pas pourquoi il faudroit qu'une plante fût malade pour que ses pétales pussent réfléchir les couleurs de toute autre manière que dans l'état de nature. D'ailleurs, nous ne connoissons pas assez la marche de la nature dans ces opérations pour oser rien affirmer sur cette matière ; mais si nous jugeons par les exemples tirés du règne animal, nous serons en droit de soutenir, contre l'opinion des botanistes, que les travaux de l'homme, et non une maladie, produisent ces changemens des couleurs, qui sont d'ailleurs si uniformes sur les pétales multipliés de la même fleur, si constantes pendant un grand nombre d'années, qu'il est difficile de n'y pas voir un ordre établi avec sagesse, bien loin d'y découvrir un dérangement occasionné par une maladie.

Nous avons dans le régne animal des exemples journaliers qui prouvent combien la culture influe sur ce point. Nos animaux domestiques, dont tous les individus de la même espèce se ressembloient avant d'être réduits à l'état de domesticité, sont maintenant très variés par leurs couleurs, sans qu'on attribue ces changemens à une maladie. L'homme est lui-même sujet à cette modification. Une température plus ou moins forte, des parties plus ou moins exposées au contact direct de l'air, suffisent pour varier les nuances, sans qu'on puisse soutenir que les habitans de l'Afrique, de l'Inde ou ceux de la Norwège soient malades, parceque les uns sont noirs, les autres cuivrés, et les autres blancs, ou que les parties du corps humain, couvertes de vêtemens, ne jouissent pas d'une bonne santé parceque leur couleur est différente de celles qui sont exposées à l'air (Féb.)

FLEURAISON ou **FLORAISON**. La fleuraison est cette époque de la végétation où les fleurs se développent. Le développement de la fleur et des organes qui l'entourent se fait généralement d'une manière lente ou régulièrement progressive jusqu'au moment où la fleur s'épanouit; mais dans quelques plantes la végétation acquiert une promptitude extraordinaire au moment où les pédoncules et les boutons se développent; ainsi dans l'agave fétide on a vu s'élever en 70 jours la tige à 17 mètres et demi de hauteur et dans certains jours pousser de 3 décimètres; on voit souvent les pédicelles des fruits des jongermannes s'allonger de 5 à 7 centimètres en quelques heures. On ignore les causes de cette végétation extraordinaire et les moyens que la nature emploie pour dévier la sève de ses routes ordinaires et la diriger toute sur les organes de la reproduction.

L'époque de la fleuraison des végétaux, comparée avec leur âge, offre les mêmes diversités que l'époque de la puberté dans les animaux. Le plus grand nombre des herbes fleurissent dès la première année de leur existence : quelques unes, que l'on nomme bisannuelles, ne fleurissent que la seconde année; quelques herbes vivaces et la plupart des arbres ne commencent à fleurir qu'au bout d'un nombre d'années plus ou moins long.

Quant aux fleuraisons subséquentes, les végétaux présentent encore plusieurs variétés importantes. Il en est qui sont entièrement dépourvus de la faculté de fleurir une seconde fois et qui meurent après la première fleuraison, telles sont les herbes annuelles et bisannuelles, telles sont encore quelques plantes qui restent très long-temps avant de fleurir et périssent aussitôt après la maturité des fruits; par exemple les agaves. La plupart des végétaux sont doués de la faculté de fleurir plusieurs fois, et parmi ceux-ci on doit remarquer que la plupart continuent à fleurir toutes les années lorsqu'une fois ils ont commencé,

tandis que d'autres l   ent des intervalles plus ou moins longs
entre leurs floraiso   sur-tout dans les premiers temps de
leur puberté, si j'o   m'exprimer ainsi ; on sait encore qu'à
cette époque il arri   souvent que les ovaires sont imparfaitement fécondés et   e les fruits ne tiennent pas.

Les circonstances   xtérieures influent beaucoup sur cette
époque de la fleuraison : ainsi la plupart de nos plantes bisannuelles mises en serre, ou transportées sous les tropiques, fleurissent dès la première année : plusieurs autres qui dans les
climats chauds sont annuelles deviennent bis ou trisannuelles
dans nos jardins. La nature du sol influe aussi sur ce phénomène ; ainsi Linné est parvenu à faire fleurir le nitraria dans
le jardin d'Upsal en l'arrosant avec de l'eau salée. Un sol trop
gras développe beaucoup de feuilles et peu de fleurs ; un sol
maigre accélère souvent la fleuraison ; les cultivateurs ont souvent remarqué aussi que les boutures fleurissent souvent plus tôt
que si on eût laissé les mêmes boutons suivre leur développement naturel, et que les plantes qui ont fait un long voyage
fleurissent fréquemment dans l'année de leur arrivée ; il semble
dans ces différens cas que l'individu épuisé se hâte de donner
des graines pour conserver l'espèce.

La série des plantes rangée d'après l'époque de leur fleuraison annuelle constitue ce que Linné a dans son langage
poétique nommé le calendrier de Flore. Mais la chaleur accélère et le froid retarde l'époque de la fleuraison. Sous ce point
de vue Adanson avoit eu l'idée ingénieuse de supputer le nombre de degrés de chaleur que chaque plante exige pour atteindre sa fleuraison, comme il l'avoit fait pour la FEUILLAISON ;
voyez à ce mot les objections qu'on peut faire contre cette
méthode ; voyez-y encore ce qui est relatif à la disposition que
certains individus d'une espèce ont à se feuillir et à fleurir
avant ou après les autres.

La fleuraison a, dans chaque plante, un rapport déterminé
avec la feuillaison ; dans la plupart les fleurs ne naissent qu'a-
près les feuilles ; quelquefois ces deux organes se développent
en même temps ; il est même des végétaux tels que nos arbres
fruitiers où les fleurs naissent avant les feuilles ; dans certaines
herbes telles que le TUSSILAGE, ce phénomène est encore plus
prononcé ; ces herbes avoient reçu des anciens botanistes le
nom de *filius ante patrem.*

L'époque de la fleuraison, comparée avec la saison de l'année,
montre d'une manière évidente l'influence de la température ;
chaque plante fleurit à une époque à peu près déterminée ; la
plupart au printemps ; plusieurs, telles que les ombellifères,
en été ; plusieurs composées en automne ; quelques hellébores
au cœur de l'hiver.

L'époque de la fleuraison comparée à l'heure de la journée offre encore des variétés notables; plupart des plantes fleurissent indistinctement à toutes les ures; mais il en est plusieurs qui ouvrent et ferment leurs fl. s à une heure déterminée. La série de ces plantes rangée d' rès l'heure de leur fleuraison constitue ce que Linné a nomm l'horloge de Flore; ainsi le SALSIFI s'épanouit entre trois et cinq heures du matin, le NÉNUPHAR à sept heures, le POURPIER à onze, plusieurs FICOÏDES à midi, le SILÈNE NOCTIFLORE entre cinq et six du soir, la BELLE DE NUIT entre sept et huit; le LISERON A FLEURS POURPRES, qui a reçu improprement le nom de *belle de jour*, s'ouvre à dix heures du soir pour se refermer à deux heures de l'après midi. Ce phénomène paroît principalement dû à l'influence diverse qu'une même lumière exerce sur différens végétaux; ainsi je suis parvenu à forcer une belle de nuit à s'ouvrir le matin et à se fermer le soir, en l'exposant à l'obscurité pendant le jour et à la lumière de plusieurs lampes pendant la nuit.

Ces phénomènes compliqués avec ceux de la durée de la fleuraison les ont fait distinguer en plusieurs classes physiologiques.

1° Les fleurs *éphémères* s'ouvrent à une heure déterminée et tombent ou se referment pour toujours à une autre heure également fixe : il y a des éphémères *diurnes*, telles que les CISTES, dont les fleurs s'ouvrent entre dix et onze heures du matin et périssent entre trois et quatre de l'après-midi, et des éphémères *nocturnes*, tels que l'ONAGRE A GRANDE FLEUR, qui s'épanouit à sept heures du soir et se ferme avant la fin de la nuit.

2° Les fleurs *équinoxiales* s'ouvrent à une heure déterminée, se referment à une heure fixe, et s'ouvrent de nouveau une ou plusieurs fois en suivant les mêmes lois. Il y a des fleurs équinoxiales *diurnes* comme l'ORNITHOGALE EN OMBELLE ou *dame d'onze heures*, qui s'ouvre plusieurs jours de suite à onze heures du matin, pour se refermer vers trois heures de l'après midi, et des éphémères *nocturnes*, comme le FICOIDE NOCTIFLORE, qui s'épanouit plusieurs fois à sept heures du soir et se referme vers sept heures du matin.

3° Les fleurs *météoriques* sont celles dont l'épanouissement ou la clôture sont liés avec l'état de l'atmosphère; plusieurs plantes de la classe précédente appartiennent en même temps à celle-ci; la plupart des chicoracées sont un peu météoriques; le LAITRON DE SIBERIE ne se ferme point, dit-on, pendant la nuit quand il doit pleuvoir le lendemain. Le SOUCI PLUVIEUX ne s'ouvre pas le matin quand il doit pleuvoir dans la journée; la lumière paroît avoir une moindre influence sur ces phénomènes que sur les premiers. (DEC.)

Le moment de la fleuraison est le commencement des jouis-sances de l'amateur des fleurs, et des craintes de l'amateur des fruits. En effet, c'est d'elle que dépend le succès des récoltes en ce dernier genre, puisque c'est pendant sa durée que s'effec-tue la fécondation. *Voyez* aux mots FLEUR et FÉCONDATION.

Nous croyons superflu d'énumérer ici en détail les plantes qui fleurissent dans chaque mois de l'année; on peut trouver des listes de ce genre dans la dissertation de Linné intitulée Calendrier de Flore, dans les Notions élémentaires de bota-nique de Durande, dans la Flore de Niort de Guillemeau, dans celle d'Alsace par Stoltz, dans le *Vade mecum* du bota-niste, etc. Cette connoissance peut être de quelque utilité pour planter les arbustes d'un jardin de manière à avoir des fleurs toute l'année ou à une certaine époque.

Il arrive quelquefois que les plantes du premier printemps flouricoent do nouveau à la fin de l'automne. On a long-temps cité un maronnier planté dans une cour à Orléans qui fleu-rissoit régulièrement deux fois dans l'année. Le même phéno-mène a quelquefois lieu lorsqu'une grêle a ravagé un canton ; que les chenilles ont mangé les feuilles des arbres fruitiers ; mais cette apparente prospérité est un malheur, car c'est d'ordinaire aux dépens des fleurs et des fruits de l'année sui-vante qu'elle a lieu. (B.)

FLEURDELISÉE. Fleurs qui par la disposition de leurs pétales représentent les anciennes armes de la France. Quel-ques ombellifères à pétales inégaux offrent ce rapprochement.

FLEURIMANE ou FLORIMANE. Celui qui aime et cul-tive les fleurs avec une ardeur qui tient un peu de la manie.

Ce n'est pas des fleurs en général dont les florimanes sont engoués, mais seulement de la TULIPE, de l'ANÉMONE, de la RENONCULE, de la JACINTHE, de l'OREILLE-D'OURS, de l'ŒIL-LET, et du NARCISSE. Ils dédaignent toutes les autres.

Le nombre des florimanes étoit beaucoup plus considérable vers le milieu du siècle dernier qu'il l'est en ce moment. On n'en cite plus qui veuillent donner vingt mille francs d'un seul oignon de tulipe, qui se privent du boire et du manger pour augmenter le nombre des variétés de leurs anémones, qui pas-sent des journées entières à admirer les couleurs d'une renon-cule, la grosseur d'une jacinthe, qui craignent que l'haleine des curieux n'endommage leurs oreilles-d'ours, etc.

La patience et la richesse de beaucoup de florimanes au-roient pu être employées utilement aux progrès de la culture et au perfectionnement de la physiologie végétale; mais la science ne leur a aucune obligation sous ces rapports. (B.)

FLEURISTE. On donne ce nom tantôt à celui qui cultive les fleurs pour son plaisir, tantôt à celui qui les cultive pour les vendre. C'est principalement dans ce dernier sens qu'on l'applique à Paris.

Il y a vingt-cinq ans que les jardiniers fleuristes, même des environs de Paris, ne faisoient que des cultures de pleine terre et les bornoient à un petit nombre d'arbustes et de plantes, c'est-à-dire aux articles employés dans les parterres ; aujourd'hui ils ont des châssis, des baches, des orangeries, et même des serres, de sorte qu'il leur faut un grand terrain et des capitaux considérables.

Ce changement est motivé sur celui du goût du public qui recherche les primeurs en fleurs comme en légumes, qui s'est étendu sur un bien plus grand nombre d'objets dont beaucoup sont susceptibles des atteintes de la gelée, exigent des moyens de multiplication très variés.

Le principal soin d'un fleuriste consiste donc à pouvoir fournir considérablement de pieds de chaque espèce de fleur à une époque où on n'en trouve pas naturellement dans les jardins. Cette culture, toute artificielle, est la seule qui leur soit très profitable, à raison de la concurrence qu'ils trouvent ensuite dans les jardins des particuliers qui font vendre leur superflu pour diminuer d'autant leurs frais d'entretien.

Les jardiniers fleuristes vendent et des pieds de fleurs, et des fleurs coupées. Ce dernier article ne laisse pas que d'être considérable à certaines fêtes. Aussi leur état est-il lucratif lorsqu'ils y mettent de l'intelligence et de l'activité.

Dans les départemens il y a peu de jardiniers qui se livrent exclusivement à la culture des fleurs ; la petite quantité des consommateurs et la grande concurrence des jardins des particuliers les obligent de cumuler cette culture avec celle des légumes. (B.)

FLEURONS. Petites fleurs qui par leur réunion forment les fleurs composées, celles qui constituent la classe de syngénésie de Linnæus.

Chaque fleuron a une corolle monopétale à deux, trois, quatre et cinq divisions égales ou peu inégales ; les étamines réunies par leurs anthères et l'ovaire inférieur.

Les demi-fleurons ne sont le plus souvent composés que d'un seul pétale qui s'aplatit et s'allonge en languette arrondie ou dentée à son sommet.

Il est beaucoup de plantes qui ont en même temps des fleurons et des demi-fleurons. Ce sont les radiées de Tournefort. Celles qui n'ont que des fleurons s'appellent flosculeuses, et celles qui n'ont que des demi-fleurons, semi-flosculeuses. *Voyez* les mots FLEUR, PLANTE et SYNGÉNÉSIE. (B.)

FLORAISON. *Voyez* FLEURAISON.

FLOUVE, *Anthoxantum*. Plante graminée de la diandrie

digynie , qui forme un genre avec quatre à cinq autres qui ne sont pas dans le cas d'être citées ici.

La flouve est vivace et croît abondamment dans les prés et les bois ni trop secs ni trop aquatiques. Elle forme des touffes assez fortes qui fleurissent dès les premiers jours du printemps. Ses feuilles, ses tiges et ses racines ont une odeur et une saveur agréables, qui ne permettent pas de deviner sur quel fondement on a cru que ses émanations étoient dangereuses.

M. Beck a fait des expériences sur la culture de cette plante qui lui ont donné des résultats très satisfaisans, puisqu'ils constatent qu'elle peut être coupée dès le milieu de juin, et ensuite deux ou trois autres fois pendant l'été ; que la plupart des terrains lui conviennent; que tous les bestiaux en sont très friands , et qu'elle communique son excellente odeur à la paille avec laquelle on la stratifie. Je ne sache pas que nulle part , en France , on ait tenté de l'utiliser de cette manière, et cependant il suffit d'observer l'avidité avec laquelle les bestiaux en recherchent les touffes pour être convaincu de ses avantages. (B.)

FLUTE. On dit tailler en flûte , c'est-à-dire couper les branches obliquement. Cette manière est la plus commode et la plus naturelle. Il faut toujours, autant que possible , faire en sorte que la blessure soit tournée du côté du nord et vers la terre, afin que la chaleur du soleil la dessèche moins et que les pluies n'y amènent pas des principes de carie. Il n'est qu'un cas où on ne doit pas tailler les branches en flûte , c'est lorsqu'on les coupe rez du tronc ; alors il faut faire la blessure le plus près possible de l'écorce et la recouvrir avec de l'onguent de Saint-Fiacre , pour accélérer sa guérison.

On dit aussi greffer en flûte. *Voyez* au mot GREFFE. (B.)

FLUXION PÉRIODIQUE. Maladie des yeux dans les chevaux , qui se montre et disparoît à différentes époques plus ou moins éloignées et dont les symptômes se rapprochent beaucoup de ceux de l'ophthalmie. Un grand nombre de causes fort différentes l'occasionnent, telles qu'un brusque sevrage, un travail prématuré, des alimens secs donnés avant que les muscles des mâchoires aient assez de force, une dentition laborieuse, une gourme incompiète , etc. Les poulains y sont plus sujets que les chevaux faits. Un régime rafraîchissant et purgatif, des alimens faciles à mâcher, des sétons et des cautérisations autour des yeux sont le traitement d'usage dans cette maladie. (B.)

FŒTUS. C'est le petit de l'animal encore placé dans le ventre de sa mère. C'est le point vital , origine des graines, qui n'attend que le moment de la fécondation pour se développer. *Voyez* FÉCONDATION et GERME.

FOIN. On donne généralement ce nom à l'herbe fauchée et séchée, destinée à la nourriture des bestiaux soit pendant l'hiver soit dans les lieux où on ne peut pas ou les laisser pâturer, ou leur donner de l'herbe fraîche à l'écurie. Dans quelques cantons cependant on le restreint aux herbes des prairies naturelles, et on appelle FOURRAGE (*voyez* ce mot) les résultats de la coupe et du dessèchement des prairies artificielles.

Comme il sera question au mot PRÉ (*voyez* cet article) de toutes les opérations que ce genre de propriété exige, il n'est pas nécessaire de s'étendre ici sur la manière de couper, de dessécher et de conserver le foin.

Lorsque les prés sont fauchés conformément aux principes, c'est-à-dire pendant leur floraison, et que l'herbe en est desséchée convenablement, le foin est une meilleure nourriture que l'herbe fraîche, en ce qu'il nourrit davantage sous un moindre volume, et que sur-tout il n'affoiblit pas autant les chevaux employés à de rudes travaux. *Voyez* NOURRITURE DES BESTIAUX. (B.)

FOINE. Fourche de fer à trois dents, servant à charger le fumier dans le département des Ardennes.

FOINETTE. Fourche de fer à deux dents, servant à charger le foin.

FOLIOLES. Petites feuilles qui, par leur réunion sur un pétiole commun, forment les feuilles composées. Ainsi la feuille du trèfle est la réunion de trois folioles, celle du rosier, de cinq ou de sept, etc. *Voyez* au mot FEUILLE.

FOLLICULE. Sorte de fruit qui ne s'ouvre que d'un côté. Les capsules de l'*apocin*, du *laurose*, sont des follicules. *Voyez* FRUIT.

FONDANTE DE BREST, et FONDANTE MUSQUÉE. Sortes de POIRE. *Voyez* POIRIER.

FONDRE. Les jardiniers emploient ce mot pour désigner la mort des jeunes plantes provenant d'un semis; et, en effet, comme elles sont fort aqueuses, elles semblent disparoître comme la glace ou la neige.

Beaucoup de causes contradictoires peuvent faire fondre un semis, tels qu'un trop grand CHAUD, un trop grand FROID, une trop grande SÉCHERESSE, une trop grande HUMIDITÉ, une terre trop FERTILE, une terre trop STÉRILE, les INSECTES, etc.

Lorsque le semis est sur couche et sous châssis, les gaz AZOTE et HYDROGÈNE, le défaut de renouvellement de l'air, un coup de soleil, sont souvent la cause de sa perte. Le TONNERRE produit quelquefois le même effet, tant sur couche qu'en pleine terre. *Voyez* tous ces mots et celui SEMIS. (B.)

FONDRIÈRE. On donne ce nom aux terrains composés de boue dans une grande profondeur.

Ordinairement les fondrières sont dues à des sources qui sourdent dans des terrains bas, et dont l'eau forme des flaques qui ne peuvent se vider. Elles sont souvent fort dangereuses pour l'homme et les animaux, qui, croyant marcher sur un terrain solide, enfoncent plus ou moins, et quelquefois s'engloutissent sur-le-champ. Le voisinage d'une fondrière est toujours à redouter pour un agriculteur, parcequ'elle donne naissance à des plantes que les bestiaux aiment beaucoup, telles que la CANCHE AQUATIQUE, la FLÉOLE NOUEUSE, le SCIRPE DES MARAIS le PATURIN AQUATIQUE, la FÉTUQUE FLOTTANTE, la FLÉCHIÈRE, etc.; et que ces plantes, à raison de la température plus élevée de l'eau de source, y sont plus printanières qu'autre part. En conséquence, s'il est homme de précaution, il fera entourer la fondrière de deux rangs de perches attachées à des pieux placés de distance en distance, cette légère barrière suffisant pour indiquer le danger aux hommes, et empêcher le passage des animaux domestiques.

On peut quelquefois tirer parti des fondrières en en récoltant les productions à la fin de l'été, ou pendant les gelées, pour faire de la litière, ou augmenter la masse des fumiers; mais ce ne sont que des demi-fondrières, car les véritables ne se dessèchent ni ne gèlent jamais. Elles sont la retraite des bécassines, qui y restent toute l'année, des canards sauvages, qui y font leur ponte avec sécurité, etc.

Il est presque toujours fort difficile et quelquefois impossible de détruire une fondrière. On ne doit même le tenter que lorsqu'on juge pouvoir y parvenir par un fossé d'écoulement. J'en ai vu où on jetoit des pierres depuis des siècles et qui ne paroissoient pas en avoir reçu. Les plus petites même ne peuvent être comblées, parcequ'elles changent de place, l'eau devant toujours avoir un écoulement quelconque.

Dans certains lieux, il peut être profitable de tirer la boue des fondrières avec un râble pour l'employer à l'engrais des terres. *Voyez* CURURE. Souvent cette boue renaît, y étant apportée par les eaux

Lorsqu'il se forme de la tourbe, on peut être assuré que ce n'est pas une véritable fondrière, mais un trou susceptible de recevoir et de garder l'eau. Au reste, ces trous en offrent tous les inconvéniens et en portent souvent le nom. (B.)

FONDS. Synonyme de terrain et de propriété. On dit : voilà un bon fonds; il est riche en fonds de terre.

FONGOSITÉS. On donne ordinairement ce nom aux champignons en général, et principalement à ceux dont la contexture est à demi ligneuse. Ces derniers appartiennent aux genres BOLET, AGARIC, HYDNE, TREMELLE, CLAVAIRE, AURICULAIRE.

FONGUEUX. Toute matière animale ou végétale dont la com-

position paroît fibreuse, et la forme ainsi que la consistance analogue à celle des champignons, est appelée *fongueuse*. Des tumeurs sur les animaux et les végétaux portent souvent cette
épithète.

FONTAINE. Courant d'eau qui sort de terre. C'est l'origine
d'un Ruisseau, d'une Rivière, d'un Fleuve. *Voyez* tous ces
mots.

Les fontaines proviennent des eaux des pluies qui filtrent
lentement à travers les terres, s'arrêtent sur les bancs d'argile,
de roches, s'écoulent dans leurs parties les plus basses, s'y
réunissent en filets, puis en ruisseaux, et enfin sortent dans
les lieux où ces bancs finissent, où ils offrent une fente, un
trou, etc. Voilà pourquoi la plupart d'entre elles sont sur
le penchant des montagnes. Lorsqu'elles sont en plaine ou au
milieu des vallées, et qu'elles *sourdent* (c'est le mot technique) perpendiculairement, c'est que les eaux ont rencontré
un obstacle qui les a forcées de s'élever, comme elles s'élèvent
dans un jet d'eau.

Il y a des fontaines qui sont formées en tout ou en partie
par l'infiltration des eaux des ruisseaux, des rivières, des lacs,
des étangs, des marais, etc.; de sorte qu'on peut dire qu'elles
ne sont que médiatement le produit des eaux pluviales.

Comme les eaux trouvent des fentes ou des interruptions
plus considérables dans les couches supérieures d'argile ou de
pierre, elles s'approfondissent quelquefois beaucoup, et forment des ruisseaux, même des rivières souterraines, qui vont
se jeter dans la mer au fond de ses abimes. En général,
plus on descend dans la terre et plus on trouve de l'eau en
abondance. Ce sont elles qui alimentent les puits, qui gênent
si fort dans l'exploitation des mines, qui s'élèvent comme dans
une éponge, ou s'évaporent par l'effet de la chaleur moyenne de
la terre, et entretiennent la vie des plantes pendant les longues
sécheresses. *Voyez* Puits.

Les pluies étant la cause première des fontaines, il en résulte
que plus il pleut et plus il y a de fontaines, ou plus les fontaines
sont abondantes; et comme les pluies sont toujours proportion-
nelles à la hauteur des montagnes, il doit y avoir et il y a en effet
toujours un plus grand nombre de fontaines et de plus grosses
rivières sortant du pied de ces montagnes que d'ailleurs. Aussi,
lorsque les montagnes étoient deux ou trois fois plus hautes
qu'elles le sont aujourd'hui, les rivières étoient-elles deux ou
trois fois plus considérables qu'actuellement, ainsi que le témoignent les traces de leur ancien lit.

Comme les forêts attirent les nuages, s'opposent au rapide
écoulement des eaux, les montagnes qui en sont couvertes à
leur sommet sont plus pourvues de fontaines et de fontaines

plus permanentes que les autres. Cette circonstance, qui prive
d'eau tant de pays qui en avoient abondamment autrefois, doit
être prise en grande considération par les propriétaires, qui ne
devroient jamais faire défricher le sommet des montagnes, par
le gouvernement, qui devroit ordonner qu'elles fussent de nouveau plantées en bois. *Voyez* au mot MONTAGNE.

Dans les montagnes calcaires les fontaines sont rares, dans
les pays granitiques elles foisonnent, mais sont très petites.
Cela tient de ce que les eaux de pluies pénètrent plus facilement dans l'intervalle des bancs calcaires, et s'enfoncent davantage.

Il y a des fontaines qui coulent toute l'année, il y en a
qui tarissent en été. Ces dernières sont ordinairement les plus
superficielles. La raison de cette interruption est que les eaux
qui les alimentoient sont épuisées ; aussi reprennent-elles leur
cours lorsque de nouvelles pluies leur en rendent.

Il y a aussi des fontaines qui coulent et s'arrêtent alternativement, mais elles sont rares. Cet effet tient à plusieurs causes, trop longues à développer, et trop peu utiles à savoir par
les cultivateurs pour être rappelées ici.

Pendant l'hiver, lorsqu'il gèle, les fontaines diminuent,
comme pendant l'été, lorsqu'il fait très sec ; mais sous les glaciers perpétuels des hautes montagnes, c'est tout le contraire.
On attribue, avec raison, la cause de ce phénomène à la chaleur accumulée dans la terre pendant l'été, et qui pour se
mettre en équilibre remonte et fond les glaces par leur base.

L'eau des fontaines a presque toujours la température de la
terre d'où elle sort, aussi la trouve-t-on froide en été et chaude
en hiver. Dans la première de ces saisons il faut l'exposer
à l'air pendant quelques heures pour lui en laisser prendre
la température avant de l'employer aux arrosemens et à la boisson des animaux, car l'abaissement subit de leur température
nuit beaucoup à tous les êtres organisés. *Voyez* ARROSEMENT.

Toutes les eaux des fontaines ne sont pas aussi pures qu'elles
le paroissent. Celles qui sortent des montagnes calcaires contiennent souvent beaucoup de carbonate calcaire, qui se dépose le long de leur cours et se décompose à l'air ; celles qui
coulent sur certaines marnes en prennent des parcelles en suspension, ont une apparence savonneuse et un goût terreux ;
celles qui naissent dans les pays à plâtre dissolvent du gypse,
lequel, en se précipitant, empêche les légumes de cuire, en se
décomposant, empêche le savon de remplir sa destination. Ces
dernières s'appellent *eaux crues*, *eaux dures*. Il est quelquefois dangereux de les employer aux arrosemens, parcequ'elles
incrustent les racines des plantes.

Je ne parlerai pas des fontaines minérales, beaucoup plus

rares, et qui ne sont d'aucune importance pour l'agriculture.

On trouvera au mot Puits les indications d'après lesquelles on doit se guider pour découvrir les lieux où il y a des fontaines, ou des nappes d'eau souterraines.

Par-tout où il y a de l'eau de fontaine à la disposition de l'homme il la préfère à toute autre, et cependant il est rare que les fontaines soient convenablement entretenues. Dans la plupart des villages leur bassin est rempli d'une boue fétide, d'ordures de toute espèce; leur abord est difficile, etc. Je voudrois éveiller l'attention des cultivateurs sur cet important objet, d'où dépend souvent leur santé et celle de leurs bestiaux. Combien en effet d'épidémies et d'épizooties ont été reconnues n'avoir pas d'autres causes. Que par-tout donc les communes se cotisent pour faire faire en pierre ou en bois trois réservoirs à chacune des fontaines dont elles font usage, savoir, lorsque l'eau ne tombe pas de haut, un premier, plus petit, réservé pour la boisson des hommes, et disposé de manière qu'on puisse le nettoyer au besoin, après l'avoir vidé; un second, inférieur, destiné à la boisson des animaux; un troisième encore plus bas consacré au lavage du linge. Que les abords de ces divers bassins soient toujours tenus secs et en bon état. Que leurs environs soient décorés par des arbres, des gazons, etc. Les anciens, sur-tout les Grecs, mettoient un si grand intérêt aux fontaines, qu'ils en avoient déifié un grand nombre, et qu'elles étoient ornées avec un grand luxe. Ces temps sont à regretter.

Souvent les fontaines sont le plus bel ornement des paysages. On aime à se reposer sur leurs bords, à boire de leurs limpides eaux. Leur propriétaire doit les entretenir, quelque éloignées qu'elles soient, sur-tout si elles sont à la proximité d'un chemin, pour que lui, sa famille, ses ouvriers, les passans enfin, puissent en user dans le besoin. Des plantations d'arbres et des gazons sont toujours l'accompagnement qui leur convient le mieux, parceque l'ombre les fait valoir dans la chaleur, et qu'elles font valoir l'ombre. De plus, celles qui sont solitaires conviennent aux doux entretiens et aux profondes méditations. Eh pourquoi ne pas cacher ceux qui s'y retirent aux regards indiscrets? Les momens du bonheur sont si rares, si courts!

Ce que je dis ici des fontaines en pleine campagne s'applique, à plus forte raison, à celles qui se trouvent naturellement dans les jardins paysagers, ou qu'on y fait venir artificiellement. Un amateur, qui a du goût, peut s'exercer avec avantage dans les différentes combinaisons dont elles sont susceptibles. Entrer dans le détail de leurs positions, de leurs formes, de leurs accompagnemens, exigeroit un volume. C'est aux ouvrages des architectes qui ont écrit sur l'ornement des jardins qu'il faudroit que je renvoie; cependant, je suis obligé de l'avouer, on y trouve de belles conceptions comme objets d'arts; mais peu de ces idées simples qui sont, à mon avis, les plus convenables au sujet. La nature doit toujours faire, ou avoir l'air de faire tous les frais. Des gazons, des buissons et des grands arbres, quelques pierres jetées au hasard, voilà ce que j'aime autour des fontaines, et non des bassins de marbre, des statues, etc.

Je ne parle pas de ces fontaines telles qu'on en voyoit dans les jardins à l'ancienne mode ; fontaines qui sortoient par un robinet, ou d'une fabrique de coquillages, ou de l'urne d'une nayade, ou de la gueule d'un chien et pis encore. C'étoit le comble du mauvais goût. Je ne parle pas davantage des jets d'eau, qui sont aussi des sortes de fontaines. Il en sera parlé à leur article.

A Paris, et dans les autres grandes villes, on appelle fontaines de grands vases de terre ou de cuivre étamé dans lesquels on met en dépôt l'eau destinée aux usages du ménage. Il est rare d'en voir dans les campagnes; cependant elles seroient très utiles dans les pays où on ne boit que des eaux de mare ou de rivière boueuse, parcequ'on pourroit ôter le mauvais goût de ces eaux en les y laissant quelques heures sur du CHARBON. *Voyez* ce dernier mot, ainsi que EAU et PUITS. (B.)

FONTAINESE, *Fontanesia*. Arbrisseau découvert par La Billardière sur les bords de la mer de Syrie, et qu'on cultive aujourd'hui en pleine terre dans les jardins des environs de Paris.

Cet arbrisseau, qui s'élève à dix à douze pieds, a les rameaux tétragones, les feuilles opposées, ovales oblongues, toujours vertes; les fleurs petites, jaunâtres, disposées en grappes axillaires à l'extrémité des rameaux. Il forme seul un genre dans la diandrie monogynie et dans la famille des lilacées.

Dans son pays natal, la fontainèse sert à teindre en jaune. Ici on ne l'a pas encore, à ma connoissance, employée à cet usage; on ne la cultive que comme objet d'agrément, et même fort peu. Tout terrain, pourvu qu'il ne soit pas aquatique, lui convient, et elle réussit à toutes les expositions ; cependant un sol meuble et un lieu situé au midi lui sont plus favorables. Elle fleurit au milieu du printemps. On la multiplie de graines dont elle fournit abondamment, ou de marcottes qui, faites en automne, prennent des racines dans le courant de l'année, et peuvent être levées et mises en place l'hiver suivant. Cette dernière méthode est la seule employée à raison de sa facilité et du peu de besoin qu'on a de cet arbuste dans le commerce. Si on vouloit cependant semer ses graines, il fau-

6.   3

droit le faire au printemps dans une terre bien ameublie, et exposée au midi, ou dans des terrines sur couche et sous châssis. Le plant se repiqueroit en pleine terre ou dans des pots, et se mettroit en place à trois ou quatre ans.

C'est au second ou au troisième rang des massifs, ou contre des murs, que l'on doit placer la fontainèse dans les jardins paysagers. Elle y produit peu d'effets, et y est avantageusement suppléée par les TROENES, les FILARIA, etc. (B.)

FONTE DE FER. Métal très dur, très cassant, résultant immédiatement de la fonte des mines de fer. *Voyez* FERS.

« La fonte, dit Patrin, nouveau Dictionnaire d'histoire naturelle, n'est point un fer pur, mais une combinaison de fer, d'oxygène et de carbone, et sa couleur varie suivant la proportion de ces principes. Elle est blanche, grise ou noire. La fonte blanche est celle qui est le plus chargée d'oxygène, et la noire celle qui contient le plus de carbone.

La fonte noire ne diffère donc de l'ACIER, *voyez* ce mot, que parcequ'elle contient des matières étrangères au fer, aussi en Angleterre fait-on des socles de charrues, des bêches, des pioches et autres instrumens aratoires avec de la fonte noire bien affinée.

En France la fonte n'est utile aux cultivateurs qu'autant qu'on en fabrique des marmites et des chaudières qui, à raison de leur bas prix, leur sont d'un grand service. Ces vases ont sur ceux de cuivre l'avantage de n'être jamais dangereux. Avec des précautions on peut diminuer les inconvéniens, suite de leur fragilité, lorsqu'ils sont exposés au feu sans eau, ou qu'on les laisse tomber. J'en ai vu durer cinquante ans sans être altérés d'une manière sensible. C'est toujours dans la première année de leur usage qu'il y a le plus à craindre à cet égard. La fonte noire est préférable, sous ces rapports, à la grise, et encore plus à la blanche, qu'au reste on y emploie rarement.

Si les cultivateurs au lieu de laisser leurs chaudières, même leurs marmites, à la disposition de tout le monde, les fixoient dans des fourneaux à ce disposés, ils y gagneroient et plus de durée et plus d'économie de combustible; mais nulle part cela n'a lieu. Ménager n'est pas la vertu des campagnes. » (B.)

FORESTIER (ART DU) ou SCIENCE FORESTIÈRE. Avant le dix-septième siècle, l'art du forestier ne consistoit encore que dans celui de savoir tirer des différentes espèces de bois les combustibles, les charpentes et autres marchandises alors nécessaires aux besoins de la consommation générale et des arts; il résidoit uniquement dans l'art mécanique de les exploiter.

Les forêts de la France étoient alors assez étendues pour suffire annuellement et avec abondance à sa consommation en bois de toute espèce, et chaque propriétaire pouvoit couper les siens quand il le vouloit.

A cette époque le revenu des bois étoit généralement au-dessous de celui des terres, et, hormis ceux qui étoient placés à la proximité des grandes villes, presque tous les autres se trouvoient sans valeur. On ne prenoit donc aucun intérêt à leur conservation. Aussi on les laissoit paître par les bestiaux, on les coupoit à blanc étau, on les jardinoit, on les défrichoit à volonté, sans que cela parût nuire à la consommation générale.

Cependant, vers la fin du règne de Louis XIV, on aperçut que ce désordre continué plus long-temps pouvoit opérer suc-cessivement la destruction des forêts de la France, et, pour l'arrêter, ce grand roi fit rendre la célèbre ordonnance de 1669 sur les eaux et forêts.

Dès-lors l'art du forestier embrassa plus d'objets, et, au milieu du siècle dernier, il fut élevé au rang des sciences par les houreuses découvertes, les recherches et les travaux de MM. de Réaumur, de Buffon, Duhamel, Henriquez, Pan-nelier-d'Annel, Télès-d'Acosta, etc.

Cette science embrasse aujourd'hui l'universalité des con-noissances théoriques et pratiques qui ont des rapports directs ou indirects avec l'administration des bois.

Nous la divisons en trois parties principales, dont chacune est subdivisée, autant qu'il est nécessaire, pour n'omettre au-cun des détails qui lui sont relatifs.

La *première partie* comprend tous ceux qui concernent l'*a-ménagement* des bois ; et comme pour déterminer avec certi-tude celui qu'il est le plus avantageux d'adopter dans chaque cas particulier, il est nécessaire de connoître les diverses essences d'arbres forestiers, leur manière particulière de végéter sur les différentes natures de sol, et les produits différens dont ils sont susceptibles, suivant l'âge auquel on les coupe, nous sub-divisons cette première partie en deux autres. La première embrasse toutes les connoissances préliminaires, ou, ce qui est la même chose, tous les détails de l'*exploitation des bois* ; et la seconde, qui n'est plus qu'une série de conséquences tirées des résultats de la première, a pour objet leur *aménagement* proprement dit.

On trouvera tous ces détails aux mots Exploitation et Amé-nagement.

La *seconde partie* de la science forestière est celle de l'*ad-ministration* des bois et forêts. Elle comprend les dispositions législatives que les propriétaires doivent observer, et les règles de prudence et de pratique qu'ils doivent adopter dans la vente et la conservation de leurs bois. *Voyez* le mot Bois.

Et la *troisième* embrasse tous les détails relatifs à la culture des bois et foréts, ainsi qu'à leur restauration. *Voyez* le mot Foréts. (De Per.)

FORESTIER (OFFICIER). S'entend d'un employé supérieur dans l'administration des forêts. (De Per.)

FORÊTS (CULTURE DES BOIS ET). Art du forestier. Cette troisième et dernière partie de la science forestière présente autant d'intérêt que les deux autres, sur-tout dans les circonstances présentes.

De toutes parts on se plaint de la disette des bois occasionnée par de grands déboisemens et par la dégradation générale des forêts ; et le haut prix des combustibles et des bois ouvrés, malgré la stagnation actuelle du commerce et des autres sources de la prospérité publique, est une preuve évidente qu'après la paix maritime la France n'aura plus assez de bois pour fournir aux différens besoins de son immense population.

Pour faire cesser cette disette qui deviendroit une calamité publique, ou du moins pour en prévenir les suites fâcheuses autant qu'il est en son pouvoir, le gouvernement s'occupe sans relâche de la restauration des forêts qui lui appartiennent ; mais, malgré les repeuplemens et les nombreuses plantations de toute espèce qu'il fait exécuter annuellement, ses efforts seroient insuffisans si tous les propriétaires de bois n'imitoient pas son exemple, chacun suivant sa position et ses facultés, car le gouvernement possède à peine la moitié de tous les bois qui existent encore en France.

Malheureusement plusieurs causes puissantes empêchent que la culture des bois puisse être pratiquée indistinctement par tous les propriétaires. 1° La grande dépense que les plantations occasionnent ; 2° l'incertitude de leur succès lorsqu'elles ne sont pas faites ou entretenues avec les soins convenables ; 3° le défaut général d'instruction sur la culture des bois ; 4° enfin l'égoïsme des hommes, dont le plus grand nombre répugne à faire un sacrifice pécuniaire pour des plantations aussi évidemment avantageuses, parcequ'il n'a pas l'espérance de vivre assez long-temps pour pouvoir jouir personnellement de leurs produits.

Cependant la Providence paroît condamner cet égoïsme, dont les suites seroient très funestes à la consommation générale, si tous les propriétaires se laissoient également aveugler par lui. En créant cette grande variété d'essence de bois, elle semble indiquer à l'homme celles que sa position et ses facultés lui permettent de cultiver ; et la simplicité des moyens qu'elle emploie pour leur multiplication lui montre aussi comment il peut les imiter avec succès sans recourir aux pratiques dispendieuses des jardiniers et des plantations de luxe ; enfin si l'art ne peut pas remédier au défaut d'aisance d'un certain nombre de propriétaires, il est au moins parvenu à dérober à la nature les moyens les moins dispendieux, que tous peuvent employer, pour planter avec la certitude du succès, suivant leurs facultés et les circonstances dans lesquelles ils se trouvent.

Ainsi en exposant ces différens moyens avec tous les détails nécessaires pour leur intelligence, on, ce qui est la même chose, en développant toutes les différentes pratiques dont la culture des bois fait usage suivant les circonstances, on lève les principaux obstacles qui s'opposoient à son adoption générale. C'est le but particulier que nous nous sommes proposé en traitant cet article.

La culture des bois comprend, 1° les semis et plantations des vieilles futaies dont les souches ne repoussent presque jamais, ou, ce qui est la même chose, les nouvelles plantations de massifs de bois, ainsi que le repeuplement artificiel de leurs vides, lorsqu'ils sont trop étendus pour pouvoir être regarnis naturellement par les semences des étalons voisins ; 2° la plantation des arbres isolés et d'alignement ; 3° les semis et plantations d'arbres résineux ; 4° les travaux d'art relatifs à la bonne conservation des bois et à l'amélioration de leurs produits.

CHAPITRE PREMIER. *Semis, plantation et repeuplement des bois en massifs.* Le but que l'on doit se proposer en faisant une plantation utile est de retirer en bois, sur un terrain donné, un revenu plus grand que celui qu'il produit par sa culture ordinaire.

Les plantations doivent donc, comme toute autre amélioration agricole, être déterminées par le résultat de la comparaison du revenu actuel du terrain à planter avec celui qu'il produira après la plantation, déduction faite des non jouissances, des contributions et des intérêts des dépenses de plantation et d'entretien. Il résulte généralement de ce précepte, 1° qu'on ne doit pas planter des bois en massifs sur les bonnes terres, sur les prairies, sur les pâturages gras par eux-mêmes, ou sur ceux que l'on peut améliorer par des irrigations, parceque ces propriétés, dans leur culture actuelle, produiront toujours un revenu plus considérable que si elles étoient plantées en bois ;

2° Que dans toutes les localités où le bois de chauffage est à un prix très bas, comme à trois francs le stère et au-dessous, il n'y a point d'avantage à planter des bois en massifs ; car, quelque foible que puisse être le revenu des terres dans ces localités, il sera toujours supérieur à celui que l'on en retireroit, toutes déductions faites, si elles étoient plantées en bois.

Ce n'est donc que dans les lieux où le bois de chauffage se vend à un prix supérieur, à trois francs le stère, et sur les terres médiocres et mauvaises de ces localités, que l'on peut se livrer aux plantations de bois en massifs avec un avantage assuré, et qu'il sera d'autant plus grand que le prix du bois de chauffage y sera plus élevé.

Mais les terres médiocres et mauvaises que nous venons de désigner ne sont pas toutes également propres à la végétation des différentes essences de bois; il est donc nécessaire de ne confier à chaque nature de terrain que celles qui pourront y prospérer; leur accroissement y sera plus prompt, leur végétation plus belle, et leur produit plus considérable.

Ainsi, avant que de déterminer une plantation, il faudra examiner avec attention la nature et la profondeur du sol à planter, afin de pouvoir choisir avec discernement parmi les essences de bois qui lui conviennent celle dont le produit deviendra le plus avantageux.

Il faut connoître aussi celles de ces dernières essences qu'il conviendra de cultiver ensemble; car l'expérience apprend que les bois en massifs présentent une végétation beaucoup plus belle, lorsque les essences en sont mélangées, que quand elles sont de la même espèce. Par exemple, un taillis uniquement peuplé en chêne, croît moins vite que lorsqu'il est mélangé de hêtre et de charme, toutes choses égales d'ailleurs; sa végétation est encore plus prompte sur les terrains convenables, lorsque le chêne est entremêlé avec le frêne; enfin elle est la plus rapide lorsque le mélange est en bois blanc.

Les différentes essences enfoncent leurs racines, et conséquemment puisent leur nourriture à des profondeurs inégales, et laissent ainsi à chacune toute celle qui peut lui convenir; tandis que lorsqu'elles se trouvent toutes de même espèce sur le même terrain, elles vivent toutes, pour ainsi dire, à la même table, et se disputent leur subsistance.

On trouvera à l'article de chaque arbre forestier le terrain, le climat et l'exposition qui conviennent le mieux à sa végétation particulière, ainsi que les détails de la culture qui lui est propre. Nous passons donc de suite à la pratique des plantations de bois en massifs.

Section première. *Sems et plantations.* Il y a beaucoup de manières de planter des bois en massifs, et toutes exigent des avances plus ou moins grandes, suivant la jouissance plus ou moins prompte que l'on veut se procurer.

Cependant le succès d'une plantation n'est pas moins assuré pour être faite avec moins de dépense; seulement, et comme nous venons de le dire, la jouissance en est plus tardive, et les plantations économiques deviennent à la portée des facultés pécuniaires d'un plus grand nombre de propriétaires.

La dépense des plantations dans chaque procédé est aussi plus ou moins grande, suivant la nature du terrain, car tous ne présentent pas autant de difficultés à vaincre dans leur préparation, ou autant de précautions à prendre pour y assurer le succès des plantations.

La plantation la plus dispendieuse est celle que l'on fait sur un terrain préalablement défoncé à quatre ou cinq décimètres de profondeur. C'est le procédé que les jardiniers emploient pour l'établissement des pépinières, ou dans les plantations de luxe.

On connoît quatre manières de préparer à moins de frais les terrains que l'on veut planter en massifs de bois.

1° On les cultive à la houe; savoir, à plat, si le sol est sain et léger, ou en pente suffisante; et en planches plus ou moins bombées, ou en rayons plus ou moins élevés, si le terrain est humide ou compacte.

2° On ne cultive ces terrains à la houe que par rayons de deux tiers de mètre de largeur; on laisse incultes les intervalles, et l'on plante ensuite sur les rayons cultivés.

3° On cultive avec la charrue toute la superficie du terrain à planter, et avant que de planter on lui donne assez de façons pour en rendre la terre bien meuble.

4° On ne cultive avec la charrue, et sur une largeur de deux tiers de mètre, que les parties du terrain sur lesquelles on doit planter, et l'on laisse inculte le surplus, comme dans la seconde manière.

Au moyen de ces différentes préparations du terrain on peut à volonté le planter, ou en semis ou en plants enracinés. Cependant les labours à la charrue admettent difficilement l'emploi des plants enracinés, à raison de toutes les précautions qu'il faut prendre pour assurer leur reprise, et qu'il est bon cependant de connoître.

D'abord on ne peut employer ainsi que des plants provenus de semis de deux ans, afin que leurs racines soient encore assez souples pour ne pas rompre sous le poids de la terre dont on les recouvre avec la charrue.

En second lieu, on ne peut planter de cette manière que sur des terrains très légers et suffisamment préparés par plusieurs labours, pour que la terre en soit bien émiée, et qu'elle puisse recouvrir les racines des plants exactement et sans aucun vide.

En troisième lieu, il faut trois personnes pour effectuer cette plantation; savoir, le laboureur qui ouvre le sillon, une seconde personne qui pose les plants dans la raie, à un demi-mètre les uns des autres; et la troisième qui en redresse les tiges et les assujettit verticalement avec de la terre prise sur la raie voisine.

En quatrième lieu, lorsque les plants ont été recouverts par la charrue, il faut les visiter exactement, afin de redresser les tiges qui auroient été renversées par le laboureur, et enterrer les racines qui ne le seroient pas suffisamment.

Enfin il est nécessaire de faire cette plantation en automne, et aussitôt que la terre est suffisamment humectée, afin que les racines des plants aient le temps de pousser un peu de chevelu avant l'hiver; autrement le hâle du printemps en feroit périr beaucoup.

Au surplus, dans ces différentes manières de planter, ou plutôt de préparer le terrain pour les plantations, un seul labour à bras d'homme suffira, pourvu que la terre soit bien émiée; mais, avec la charrue, le nombre des labours dépendra du plus ou du moins de tenacité du terrain, et de l'état dans lequel il se trouvoit avant la plantation.

Ces différens procédés sont certainement beaucoup plus économiques que ceux employés dans les plantations de luxe; cependant, si l'on ajoute aux dépenses qu'ils occasionnent celles de l'entretien des plantations pendant un certain nombre d'années, le total présentera des avances encore assez fortes pour excéder les facultés d'un grand nombre de propriétaires. En voici d'autres qui exigent encore moins de dépenses, dont le succès a été éprouvé par nous, et qui sont d'autant plus avantageux à employer suivant les circonstances, qu'après la plantation il n'y a d'autres soins à prendre que ceux des premiers repeuplemens et d'une bonne conservation.

1° On prépare le terrain à la charrue, comme pour le semer en blé à l'automne. A la fin d'octobre, ou au commencement de novembre, et aussitôt que les graines sont mûres, on les sème sous raies de sept à dix centimètres de profondeur, ouvertes à un mètre de distance les unes des autres, et on y espace les semences à deux décimètres. On les recouvre ensuite avec la charrue; et lorsque le semis est achevé on sème le blé et on le herse à la manière ordinaire. Si dans la localité on est dans l'usage d'enterrer le blé à la charrue, on fera le semis de bois en même temps que celui du grain.

Dans l'un et l'autre cas l'espacement des graines sera le même; mais il faudra semer le blé un peu clair, afin que des talles trop drues n'étouffent pas les jeunes plants.

La récolte du blé couvrira amplement les frais de cette plantation, et les semences lèveront très bien sous la protection de talles de blé qui la garantiront de la sécheresse, de la chaleur et des mauvaises herbes.

Si l'on veut ensuite accélérer la jouissance de cette plantation, on y plantera, à l'automne ou au printemps qui suivra la récolte, du blé, et de la manière indiquée ci-après, art. 3, deux mille plants enracinés de bois blancs par hectare, que l'on placera dans les intervalles des raies semées, et qui seront également distribués sur toute la surface du terrain. On choisira les plants d'essence de tremble ou d'ypréau, parcequ'elles viennent promptement et qu'elles drageonnent beaucoup, et lorsqu'on jugera que les plants en sont bien pris, c'est-à-dire à leur troisième ou quatrième feuille, on les recépera. Souvent, dans l'année même du recépage, on verra dans la plantation des cépées de bois blancs de deux mètres de hauteur, avec déjà un certain nombre de drageons, qui rempliront les intervalles des souches, protègeront les essences venues de semence, et les forceront à s'élever.

Ces bois finiront par devenir trop épais; mais alors il sera utile de les éclaircir.

2° On peut encore semer et planter de la même manière sur un terrain disposé pour des semailles d'avoine.

3° *Plantation en pots.* Nous entendons par cette expression planter dans des trous ouverts sur un terrain qui n'a reçu aucune préparation préliminaire. On y espace les trous à un mètre un tiers les uns des autres, et on les y dispose en quinconce, autant que cela est possible. On leur donne un tiers à un demi-mètre de diamètre sur un tiers de mètre de profondeur, on les remplit ensuite à la moitié de leur profondeur, avec la meilleure terre sortie de ces trous, ou mieux encore, avec de la terre végétale prise sur la superficie du terrain environnant. On place les semences ou les plants enracinés sur ce lit de bonne terre, et l'on recouvre les trous avec le reste, ou le meilleur de la terre qui en a été extraite.

C'est ainsi, du moins, qu'il faut opérer dans les terrains sains et légers; mais, sur un sol argileux et compacte, les trous se rempliroient d'eau pendant l'hiver, et les semences, ou les racines des plants y pourriroient à cause d'une humidité trop long-temps surabondante.

Pour remédier à un inconvénient aussi grave, on remplit entièrement les trous avec la meilleure terre de la superficie du terrain environnant, et c'est un peu au-dessus de son niveau que l'on place le plant. On le recouvre ensuite d'environ un sixième de mètre de hauteur de terre, en forme de butte, afin d'en mettre les racines en égout pendant l'hiver de la plantation.

Lorsqu'elle est faite en semis, on ne place pas les graines aussi profondément sur les buttes. Après avoir fait les trous, et les avoir remplis de bonne terre, ainsi que nous venons de le prescrire, on écarte avec la main le sommet de la butte, à environ un décimètre de profondeur; on place deux ou trois graines dans le fond, et on rétablit le capuchon de la butte.

Le moyen d'obtenir une jouissance assez prompte d'un massif de bois ainsi planté, c'est de faire la plantation un quart en plants enracinés de bois blancs, et le surplus en semences de bois durs.

4° On plante le terrain à la charrue, ou en pots, tout en essences de bois blancs. Après la quatrième, ou au plus tard à la sixième feuille, les jeunes plants seront en état d'être recépés. L'année d'après le recépage, ou plutôt la première année abondante en graines qui la suivra, et avant la chute des feuilles, si cela est possible, on en répandra, à graines perdues entre les cépées, une quantité assez grande pour, qu'ayant été recherchée par les corbeaux, les pies et les mulots, il en reste suffisamment d'intactes. Ces graines restantes seront recouvertes par les feuilles des cépées, et elles lèveront au printemps suivant, comme cela arrive dans les repeuplemens naturels. Le succès de cette pratique sera encore plus assuré si, après la chute des feuilles, et lorsque le terrain sera suffisamment humecté par les pluies d'automne, on y fait passer fréquemment et en tous sens un troupeau de cochons que l'on rassasieroit auparavant, et qui enfonceroit ces graines. Il paroît que c'est ainsi qu'on le pratique en Allemagne, au rapport de M. Hartig.

Quoi qu'il en soit nous avons vu des bois plantés, par ce quatrième procédé, tout en essence de bois blancs. Ils n'avoient que cinquante ans de plantations, et déjà ils présentoient près de la moitié de leur superficie en cépées de chênes qui avoient pris la place d'autant de cépées de bois blancs.

5° On peut aussi semer des bois à graines perdues sur des terrains incultes et couverts d'épines, de bruyères, de genêts, ou d'autres arbustes. Plus ils seront couverts de ronces, d'épines et de fougères, moins la plantation exigera de semences; mais s'il y a beaucoup de genêts épineux, il faudra en arracher une certaine quantité et semer sur l'arrachis. Au défaut d'arbustes, il faut laisser croître l'herbe sur le terrain, et semer alors avant sa chute, afin qu'elle puisse recouvrir les graines.

Cette dernière méthode est, il est vrai, la moins dispendieuse de toutes; mais aussi c'est la plus incertaine, et celle dont la jouissance se feroit attendre le plus long-temps.

SECTION II. *Des temps les plus propres aux semis et plantations.*

§. Iᵉʳ *Temps de semer les bois.* Le moment le plus opportun de faire des semis de bois dépend, 1° de l'époque de la maturité des semences; 2° de la nature du terrain que l'on veut planter; 3° de son étendue.

En effet, pour faire un semis avec succès, il faut que les graines en soient parfaitement mûres, autrement elles ne lèveroient pas. Ainsi le moment favorable pour les semer seroit donc celui de leur maturité complète ; mais cette époque est l'automne pour le plus grand nombre des essences, et le printemps pour le surplus ; et le développement de toutes ces semences ne peut s'opérer qu'au printemps, au réveil de la nature.

Cela posé, si le terrain auquel les graines mûres en automne auroient été confiées dans cette saison est très humide par lui-même, ou s'il est tellement compacte qu'il retienne les eaux pluviales pendant l'hiver, elles s'y trouveront pendant tout ce temps dans une humidité surabondante, et dès-lors elles y pourriront toutes. Ainsi l'on ne peut donc semer en automne les graines de bois que sur les terrains les plus sains et les plus légers.

D'un autre côté, le précepte est encore susceptible de modifications, suivant l'étendue du terrain et l'espèce des graines que l'on veut y semer.

Par exemple, les glands, les faînes, les châtaignes, les noix, ne devroient jamais être semés qu'au printemps, après avoir été stratifiés ; et cette pratique est celle qu'il faut adopter de préférence pour l'établissement des pépinières en semis.

Mais dans les grandes plantations on n'auroit pas toujours le temps, ou l'on ne pourroit pas toujours trouver assez de bras pour pouvoir les achever avant le commencement de la végétation ; car au printemps on ne peut commencer le semis que lorsque la terre est suffisamment desséchée, et ce moment n'arrive quelquefois qu'à la fin de mars ou au commencement d'avril.

Nous pensons donc que l'on peut, sans aucun inconvénient, commencer en automne les grands semis sur toute espèce de terrain, pourvu qu'il ne soit pas trop humide, ou qu'on ait pris les précautions nécessaires pour garantir les graines de la stagnation des eaux ; seulement il faudra avoir l'attention d'y employer plus de semences que dans ceux du printemps, parceque les oiseaux et les mulots en détruiront beaucoup.

Nous exceptons d'ailleurs de cette disposition les semis d'arbres résineux, qui ne doivent se faire que dans le mois d'avril, ainsi qu'on le verra à leur article particulier.

§. 2. *Temps de la plantation des jeunes plants enracinés.* Avec les différentes précautions que nous avons indiquées dans la première section de ce chapitre, on pourra toujours commencer en automne les grandes plantations de plants enracinés, et sur toute nature de terrain, lorsqu'il sera suffisamment humecté par les pluies de cette saison. Celles qui surviennent après la plantation rapprochent les terres des racines de plants, et si, avant l'hiver, on vient à éprouver encore quelques jours d'une température douce, les plants commencent à pousser du chevelu, et au printemps ils promettent de bonne heure une belle végétation. Cet avantage n'existe pas dans les plantations que l'on fait au printemps ; les plants sont quelquefois un mois avant de pousser leur premier chevelu, et si cette saison est sèche, il en périt beaucoup. Il y a cependant des essences que l'on ne peut planter qu'au printemps, comme tous les arbres résineux, le robinier, et généralement toutes les essences qui craignent la gelée ou la trop grande humidité après leur transplantation.

D'ailleurs, quelle que soit la saison dans laquelle on plante, il faut suspendre le travail aussitôt que le terrain devient trop mou.

SECTION III. *Espacemens des plants et des graines dans les différentes espèces de plantations en massifs.* La qualité du sol et l'aménagement que l'on se propose d'adopter doivent déterminer le nombre des plants qu'il faut admettre dans ces plantations, afin que tous puissent y prospérer également et convenablement. Il est cependant nécessaire d'en planter ou d'en semer un plus grand nombre que cette combinaison semble ne l'exiger, à cause des accidens auxquels les plantations sont exposées, principalement celles qui sont les plus économiques ; et si l'on trouvoit ensuite qu'il y eût surabondance de plants, il faudroit les éclaircir.

§. 1er *Espacemens à observer dans les plantations des futaies.* Ces plantations ne peuvent être faites avec avantage, ainsi que nous l'avons dit ailleurs, que sur un sol de première qualité, et on peut les faire de trois manières différentes, 1° en plants de haute tige ; 2° en jeunes plants enracinés ; 3° en semis.

1° *En plants de haute tige.* On plante le terrain par rangées éloignées de quatre mètres les unes des autres, et on y espace les arbres également à quatre mètres, mais disposés en quinconce, afin que l'air, la lumière et la chaleur puissent circuler et pénétrer librement dans toutes les parties de la plantation.

Si le terrain en est frais, quoique profond, on peut le planter moitié en chênes et moitié en frênes : on place alors les chênes sur un rang, et les frênes sur l'autre, alternativement ; mais dans ce cas particulier les rangées se tracent à trois mètres deux tiers les unes des autres, et les arbres y sont espacés à la même distance, et également en quinconce.

On plante et on cultive ces arbres, et l'on en dresse les tiges, comme nous l'indiquerons ci-après pour les plantations d'arbres isolés. Enfin, pendant les cinq premières années de la plantation, il faut avoir le soin de faire remplacer les arbres qui viendroient à périr ; mais, passé ce terme, ceux qu'on y replanteroit réussiroient bien rarement.

Cette seconde manière de planter une futaie en plants de haute tige présente un avantage qui lui est particulier. A cinquante ou soixante-dix ans au plus, les frênes auront acquis assez de grosseur pour pouvoir être employés très utilement dans le charronnage. On les coupera donc, et leur suppression dans la futaie accélèrera la végétation des arbres restans.

Si l'on craignoit qu'un trop grand nombre de frênes pût être nuisible à leur débit, on pourroit en remplacer une partie dans la plantation avec des hêtres, ou des platanes, ou des ypréaux, ou même des pins et des mélèzes.

2° *Futaies en jeunes plants enracinés.* Après la préparation du terrain, on tracera les rangées à trois mètres un tiers de distance les unes des autres, et l'on y espacera les plants à deux mètres. Ils y seront aussi disposés en forme de quinconce.

3° *Futaies en semis.* Après la préparation du terrain, on tracera les rangées à trois mètres un tiers, et on y espacera les graines à deux décimètres.

Dans ces deux derniers cas, il faudra cultiver la plantation à bras d'homme, mais seulement le long des jeunes plants, et avec la charrue, les intervalles compris entre les rangées. Si l'on sème ensuite des grains dans les dernières parties, le succès de la plantation sera plus assuré, et le produit de leur récolte pourra indemniser le propriétaire de ses frais d'entretien.

De ces trois manières de planter des futaies, la première est la plus avantageuse à cause de la jouissance plus prompte qu'elle procure, mais elle est très dispendieuse, et ne peut être employée, par cette raison, que par les riches propriétaires.

Nous avons vu autrefois en Bretagne un grand nombre de ces futaies qui formoient une fort belle décoration pour les maisons de campagne auprès desquelles elles étoient placées. Les unes étoient en chênes, d'autres en châtaigniers.

Quant aux deux autres, elles exigent moins de dépenses ; mais jusqu'à ce que les semis ou les plants aient acquis un certain âge, il y a une grande étendue de terrain de perdue, et la jouissance de la plantation est beaucoup plus tardive. D'ailleurs les propriétaires se détermineront difficilement à semer, ou même à planter en jeunes plants enracinés de grandes surfaces de terrain pour les aménager en futaies. Le gouvernement seul pourroit tenter des plantations d'une jouissance aussi éloignée, et, comme nous l'avons fait observer ailleurs, il vaudroit mieux alors choisir les meilleurs taillis pour les laisser croître en futaies, et en remplacer la même étendue par de nouvelles plantations ; la jouissance en seroit plus prompte, et la dépense beaucoup moins grande.

Quoiqu'il en soit, nous pensons que, pour former des futaies d'une grande étendue, les semis sont préférables aux plants enracinés, et même aux plants de haute tige, parcequ'en les plantant il faut en couper le pivot, ou plutôt parcequ'on ne peut transpanter ces arbres avec succès que lorsqu'ils n'ont point de pivot, et que ceux qui en sont privés ne prospèrent jamais aussi bien que les arbres venus de semences sur le lieu même et sans avoir été transplantés.

A la rigueur, il seroit possible d'éviter cet inconvénient attaché aux arbres transplantés ; mais les dépenses qu'il faudroit faire pour pouvoir les planter avec leur pivot seroient si grandes, qu'il n'est pas possible d'admettre cette pratique dans une grande plantation.

§. 2. *Espacemens à observer dans les plantations de taillis.*

D'après ce que nous venons de dire, nous croyons inutile de parler des espacemens qu'il conviendroit de donner aux taillis destinés à de longs aménagemens; car, si l'on trouve un taillis trop dru, on est toujours le maître de le faire éclaircir.

Une plantation en taillis doit être faite par rangées, orientées, autant que cela est possible, du levant au couchant, afin que, par cette disposition, le plus grand nombre des plants soit préservé de l'ardeur du soleil du midi, qui, pendant l'été, dessèche le pied des arbres en pompant toute leur humidité. On éloigne les rangées les unes des autres dans les limites d'un mètre un tiers à un mètre deux tiers, suivant la qualité du terrain.

Si la plantation doit être faite en plants enracinés, on les espacera sur chaque rangée ; savoir, à un mètre un tiers de distance dans les bons terrains, et à un mètre deux tiers dans les médiocres et les mauvais. Si elle doit être en semis, on y placera les graines à deux décimètres.

En général, il vaut mieux semer que planter les mauvais terrains, et si l'on peut recouvrir les semis avec des grains, la plantation devient très économique. Malheureusement la récolte des graines des meilleures essences de bois est souvent incertaine, ou n'est pas toujours abondante, en sorte que, lorsqu'on a de grandes superficies à planter, on se trouve obligé d'employer à la fois les semis et les plants enracinés.

Lorsque les pousses annuelles de ces différentes plantations présenteront une longueur d'au moins un décimètre, leur succès sera assuré, et elles n'auront plus besoin que d'une bonne conservation.

Sect. IV. *Repeuplement des vides des bois.* Les vides que l'on rencontre trop souvent dans les bois en diminuent nécessairement la valeur lorsqu'on les coupe. Ces vides peuvent être les effets de deux causes très différentes; savoir, d'un aménagement trop prolongé pour la qualité du terrain, ou pour l'espèce des essences du bois, et de la fréquentation habituelle des bestiaux. Dans le premier cas, le remède est facile à appliquer; c'est de rapprocher l'âge d'aménagement du bois, et d'en regarnir ensuite les clairières par le moyen des provins, ou des semis.

Dans le second cas, si les vides ont peu d'étendue, ils se regarniront naturellement par les semences des étalons voisins, en soumettant les bois à une rigoureuse conservation.

Mais leurs grands vides ne peuvent être remplis que par des semis, des plants enracinés, des provins. C'est alors au propriétaire à choisir, parmi ces différens moyens, celui qui lui conviendra le mieux.

Nous nous sommes très bien trouvés de la cumulation que nous en avons faite pour la restauration de nos propres bois.

Nous avons planté des tiges de tremble et d'ypréau dans de grands vides, à huit mètres de distance les uns des autres ainsi que des massifs voisins. Les intervalles ont été semés de glands en pots dans les espacemens que nous avons indiqués, et nous avons fait provigner les bordures intérieures des massifs.

Quatre ans après cette plantation et ces travaux, les tiges des trembles et des ypréaux ont été coupées à rez-terre, ainsi que les brins qui avoient été provignés; et aujourd'hui tous les brins recépés forment des cépées bien garnies, à l'ombre desquelles les glands semés en pots s'élèvent parfaitement; mais les bestiaux n'entrent jamais dans nos bois.

CHAP. II. *Plantation des arbres isolés.* Avant la révolution, les grandes routes, les chemins vicinaux, et même les haies de clôture présentoient presque par-tout un grand nombre d'arbres futaies, et cette richesse forestière fournissoit en grande partie aux besoins du charronnage, des arts et du commerce.

Il n'en existe plus dans beaucoup de localités, et c'est seulement depuis quelques années que l'on commence à réparer ces pertes.

Les plantations d'arbres isolés doivent contribuer aussi à la restauration des bois de la France, sinon aussi puissamment que celles des bois en massifs, du moins d'une manière plus précoce; car il est prouvé que, toutes choses d'ailleurs égales, un arbre met moins de temps à acquérir ses dimensions naturelles quand il est isolé, que lorsqu'il est en massif.

Ces plantations, considérées comme spéculation agricole, sont soumises aux mêmes règles de prudence que celles des bois en massifs, et doivent être également combinées, et avec la nature du terrain, et avec les besoins et les ressources de la localité.

Elles demandent beaucoup de soins et exigent beaucoup de dépenses ; mais aussi, lorsque l'on peut en faire les avances, on est sûr d'en retirer un grand profit, sur-tout dans les localités où le bois est très cher.

D'ailleurs, quelle satisfaction un bon père de famille ne doit-il pas trouver, en voyant a prospérité de ses plantations, et en pensant que, si la Providence ferme ses yeux avant que les arbres qu'il a plantés soient parvenus à leur maturité, il laissera de grandes ressources à ses enfans, et qu'elles seront pour eux un exemple de prévoyance, un modèle de conduite, et un témoignage authentique de ses sentimens paternels !

Mais plus ces plantations sont dispendieuses, plus il devient nécessaire de connoître soi-même l'art de bien planter, de planter avec économie et de conduire les plantations, afin d'en assurer le succès, d'en diminuer la dépense, et de pouvoir en retirer tous les avantages qu'elles doivent procurer ; car si l'on est obligé de s'en rapporter à des mercenaires pour les diriger et les surveiller, et si, au défaut de pépinières locales, on est forcé de recourir à des pépinières éloignées, on doit s'attendre à être trompé de toutes les manières.

Nous allons donc exposer les détails pratiques de cette sous-division de l'art du forestier.

Section première. *Des pépinières.* Pour pouvoir planter avec économie, il faut d'abord établir des pépinières ; la dépense de leur établissement sera toujours moindre définitivement que le prix d'achat des plants, si l'on étoit forcé de les tirer de pépinières étrangères.

Cependant, lorsque l'on est dans le voisinage des forêts bien conservées, on pourroit y trouver assez de jeunes plants enracinés pour former une pépinière d'arbres de haute tige, et conséquemment pour éviter les frais d'établissement des pépinières en semis ; mais la recherche des plants d'essences de bois durs est défendue dans les forêts impériales, et ces essences sont les plus avantageuses à multiplier.

Ce n'est donc que dans ses propres bois qu'un propriétaire pourroit trouver cette ressource; autrement, il faut établir deux espèces de pépinières, l'une en semis, et l'autre pour les plants enracinés que l'on veut élever en arbres de haute tige.

Il ne sera point ici question des pépinières en semis d'arbres forestiers, parceque leur conduite est absolument la même que celle des semis des arbres fruitiers et d'agrément, dont on trouvera les détails au mot Pépinière jardinage ; mais seulement des pépinières en plants enracinés des essences forestières qui demandent une conduite et des soins particuliers.

§. 1. *Choix du terrain pour ces pépinières.* Pour former une pépinière de cette espèce, il n'est pas nécessaire de choisir le terrain le meilleur et le plus profond que l'on ait à sa disposition, comme dans la culture des arbres fruitiers et d'agrément, parcequ'à la replantation définitive, les arbres qui en proviendroient souffriroient beaucoup à ne pas trouver dans leur nouveau domicile une nourriture aussi abondante et aussi substantielle que dans la pépinière, mais seulement un terrain sain, et qui ait au moins quatre décimètres de profondeur.

Si, d'ailleurs, le sol en étoit un peu argileux, on pourroit le marner, ou le mélanger avec du sable, ou des cendres lessivées, afin de le rendre plus léger ; et s'il étoit trop maigre, on le bonifieroit avec de la terre végétale, ou avec des gazons, ou avec de la tourbe terreuse pulvérisée, et, après la plantation, on en couvriroit la surface avec du fumier long.

§. 2. *Plantation et conduite des pépinières de plants enracinés.* Après avoir convenablement préparé le terrain choisi, on y trace des lignes parallèles à huit décimètres de distance les unes des autres, et l'on marque sur les lignes, avec un plantoir ou un piquet, les places où l'on doit mettre chaque plant. On les espace sur ces rangées également à huit décimètres, et ils y sont disposés en quinconce.

Après avoir fait à chaque endroit marqué un trou d'un mètre à un mètre un tiers de diamètre sur un tiers de mètre de profondeur, on arrache les jeunes plants de la pépinière en semis, ou on les lève de la jauge dans laquelle on a pu les placer provisoirement, mais seulement à mesure du besoin, pour ne pas laisser aux racines le temps de se dessécher à l'air.

Avant que de placer les plants chacun dans son trou, on en rafraîchit les racines principales ; on retranche celles qui sont endommagées, et on en dispose les plaies de manière que le plant étant mis en place, elles se trouvent immédiatement appliquées sur le terrain. Il est d'ailleurs inutile, il est même nuisible de retrancher quelque chose aux petites racines, ou chevelu des plants, car plus un plant en est garni, et mieux il reprend à la transplantation.

Dans le nombre de ces jeunes plants, il faut rejeter de la pépinière tous ceux qui auroient un pivot, parcequ'ils ne réussiroient point à leur transplantation définitive.

Enfin on les place dans les trous, mais à des profondeurs relatives à la nature du terrain de la pépinière ; savoir, à environ quinze centimètres dans les terres douces et légères ; à douze centimètres dans celles qui ont plus de consistance ; et à environ neuf centimètres dans les terrains humides.

En plaçant chaque plant, il faut avoir l'attention de rapprocher avec la main sur les racines la terre la plus émiée, afin qu'il n'existe aucun vide autour d'elles ; car ces vides, qui proviennent de la négligence des planteurs, servent de réservoir aux eaux pluviales, et souvent elles feroient chancir les racines des plants et occasionneroient leur perte.

Les racines étant ainsi recouvertes, on foule le plant légèrement avec le pied, et l'on en remplit le trou. Lorsque la plantation est terminée, on rabat en bec de flûte les tiges des plants ; savoir, celles des plants les plus forts, à quinze centimètres au-dessus du niveau du terrain ; les tiges des plants de moyenne force, à douze centimètres ; et celles des plants les plus foibles, à cinq centimètres. En laissant ainsi à la sève moins d'espace à parcourir, les plants pousseront moins de bourgeons, mais ceux qu'ils produiront seront très vigoureux. Lorsqu'on le peut, il est bon de terminer l'opération par arroser chaque plant.

Dans la première année de la plantation on lui donne quatre binages, dont les trois premiers sont légers ; mais le dernier doit être plus profond.

La seconde année on donnera encore quatre binages à la pépinière, et trois seulement chacune des années suivantes.

Dès que les bourgeons des jeunes plants sont bien développés, il faut commencer à les disposer pour leur procurer de belles tiges.

A cet effet, et dès la première année de la plantation, on choisit sur chaque plant, parmi les bourgeons qu'il a développés, celui qui promet la végétation la plus vigoureuse. Ce bourgeon, ou plutôt, cette branche est destinée à former la tige du plant, et on la conserve intacte.

Si l'on trouvoit sur un plant plusieurs branches de même force, on choisiroit pour tige celle qui seroit la mieux placée pour remplir cette destination.

La branche-tige étant choisie, on rabat les autres à la distance de cinq jusqu'à dix centimètres du tronc, suivant leur grosseur : plus elles sont petites et déliées, et plus il faut les écourter.

Au mois de juillet de la seconde année on supprime les chicots de l'année précédente, et l'on rabat en éventail les petites branches les plus basses de la branche-tige, à la distance de cinq à dix centimètres de cette nouvelle tige, suivant leur grosseur.

La troisième année, toujours dans le mois de juillet, on supprime les chicots de l'année précédente, et l'on écourte de la même manière les branches les plus basses de la nouvelle tige ; mais on les tient un peu plus longues, afin de la forcer à prendre de la grosseur en proportion de son élévation.

On observe ensuite annuellement la même conduite, jusqu'à ce que la tige de ces arbres ait acquis environ un décimètre de tour à hauteur d'homme. Alors ils sont en état d'être transplantés définitivement.

On les lève de la pépinière avec une fourche, et l'on évite d'en contusionner les racines. On coupe les petites avec une serpette, et les grosses avec une pioche bien tranchante. Il faut avoir l'attention de conserver les grosses racines de la plus grande longueur possible, sans cependant pour cela endommager celles des arbres restans.

SECT. II. *Plantation des arbres isolés, et formation de leurs tiges.* §. 1er *Plantation.* Lorsque la terre est suffisamment humectée, on peut, dès le commencement d'octobre, ouvrir les trous des arbres que l'on doit planter aux mois de novembre et de décembre suivans. Pendant cet intervalle, les terres du déblai s'améliorent d'autant par l'influence immédiate des engrais météoriques de la saison. Mais ce n'est que dans les terrains sains et légers que l'on peut agir ainsi, car, dans les terres compactes ou argileuses, les trous pourroient être remplis d'eau par les pluies qui tombent quelquefois avec abondance avant l'époque de la plantation, et il seroit alors impossible d'y planter avant le printemps. Pour éviter cet inconvénient, il faut donc n'ouvrir les trous dans ces derniers terrains qu'au fur et à mesure des besoins de la plantation.

Quoi qu'il en soit, ces trous doivent avoir un mètre un tiers de côté sur deux tiers de mètre de profondeur. On sépare les terres qui en proviennent suivant l'usage ordinaire, et on laboure ensuite le fond des trous à la profondeur d'un fer de bêche, mais sans en retirer la terre.

Avant que de planter, on jette dans le fond de chaque trou, 1° les terres supérieures qui en ont été extraites ; 2° des gazons, ou de la bonne terre mélangée avec eux, et que l'on prend sur la superficie du terrain environnant. Ce premier remplissage est destiné à servir de lit aux racines des arbres à planter, et qui y seront placés aux profondeurs suivantes ; savoir, à vingt-cinq centimètres dans les terrains sains et légers, et qui *boivent bien*, ou qui laissent aisément échapper l'eau ; à vingt centimètres dans ceux qui présentent plus de consistance ; enfin, au niveau même du sol, dans les terrains humides et dans ceux qui sont argileux.

Lorsque le lit de l'arbre est ainsi préparé, on rabat proprement toutes les branches de la tige au niveau du tronc, et l'on coupe cette tige à la hauteur de deux mètres et demi, afin que les bestiaux ne puissent atteindre aux branches supérieures dont elle se garnira. Cette dernière section doit être franche, unie, sans éclats et faite en bec de flûte, afin que l'arbre puisse ensuite en recouvrir la plaie plus aisément, et que l'eau ni les frimas ne s'arrêtent pas dessus.

En prescrivant ici de couper la tige des arbres en les transplantant, nous ne prétendons pas dire qu'ils ne reprendroient pas si on leur laissoit la tête ; mais seulement que dans ces plantations économiques leur reprise sera plus assurée.

C'est particulièrement dans les plantations d'arbres d'essence dure que cette pratique est nécessaire. Nous avons éprouvé d'ailleurs qu'au bout de cinq ou six années de transplantation les arbres que nous avions ététés présentoient une tige au moins aussi belle, et une végétation plus vigoureuse que ceux que nous avions plantés avec leur tête, malgré les soins beaucoup plus dispendieux que nous avions pris pour assurer leur reprise.

Les bois blancs, et principalement les peupliers, ne sont pas aussi difficiles, et l'on peut sans inconvénient leur laisser la tête en les transplantant ; mais il ne faut pas les planter trop gros.

On prépare ensuite les racines de l'arbre comme nous l'avons prescrit pour la plantation des jeunes plants enracinés, et on le plante avec le même soin et les mêmes précautions.

Enfin, lorsqu'ils sont plantés, on les arme avec des épines fortement serrées contre la tige par deux ou trois liens, et on en butte le pied à une hauteur relative à l'humidité naturelle du terrain. Ces buttes préservent les arbres d'une trop grande humidité et d'une trop grande sécheresse ; les bestiaux en approchent plus difficilement pour se frotter contre la tige, et elle est mieux défendue contre les coups de vent.

Pendant la première et la seconde année de la plantation on donne trois labours aux arbres qui n'ont pas été buttés. A la troisième feuille on ne leur en donne plus que deux ; et à la quatrième on se contente de cultiver les arbres les plus foibles.

Aux arbres buttés on donne deux façons pendant chacune des deux premières années de leur plantation, et une seule pendant la troisième. Après chaque labour on reforme les buttes.

§. 2. *Espacemens des arbres isolés et d'alignement.* Ces espacemens dépendent de la qualité du sol et de l'essence des arbres.

1° Si le terrain à planter n'a pas une très grande épaisseur, et que cependant on veuille y mettre des chênes ou des hêtres, on les espace de sept à huit mètres.

2° Si le même terrain étoit d'ailleurs propre à la culture du frêne ou à celle des meilleures essences de bois blancs, on pourroit y placer les chênes à huit ou dix mètres de distance les uns des autres, et mettre entre chacun un frêne ou un arbre de bois blanc.

3° Si l'on vouloit planter des ormes sur ce terrain, on les y espaceroit de cinq à sept mètres, suivant la profondeur du sol; mais l'orme admet difficilement le mélange d'aucune autre essence de bois. Nous n'avons encore trouvé que le peuplier noir qui ne paroisse pas souffrir de son voisinage. .

4° Sur les terrains qui conviennent particulièrement à la végétation du frêne, on espacera ces arbres de cinq à six mètres. On observera les mêmes espacemens pour les platanes; et seulement ceux de quatre à cinq mètres pour les ypréaux, les peupliers et les trembles.

5° Sur les sols propres à la végétation des châtaigniers et des noyers, on espacera ces arbres de huit à dix mètres, afin que rien ne puisse s'opposer au développement de leur tête.

6° Sur les terrains les meilleurs et les plus profonds, on pourra diminuer ces différens espacemens; mais nous ferons observer à ce sujet qu'un sol d'un demi-mètre d'épaisseur est un excellent terrain pour des frênes, des platanes, des ypréaux, des peupliers et des trembles, tandis qu'il n'est que d'une qualité médiocre pour les essences les plus dures.

7° Lorsque l'on veut planter des arbres en plein champ, sur des terres en culture ou sur des pâturages, on les espace de seize à vingt mètres sur les premières, et de dix à treize mètres sur les secondes. Ces grands espacemens sont commandés par la nécessité de ne pas jeter trop d'ombrage sur les récoltes de ces terres.

8° Lorsque l'on plante des avenues droites ou ondoyantes sur quatre rangs d'arbres, il faut les y disposer en forme de quinconce. Les arbres se trouvent alors plus éloignés les uns des autres que lorsqu'ils sont placés transversalement sur la même ligne; ils végètent avec plus de vigueur, et même leur ombrage, dans l'allée principale, devient plus épais.

§. 3. *Formation des tiges des arbres dans ces plantations.* Lorsque les arbres végètent en massifs, leur tige s'élève naturellement et sans aucun secours de l'art; alors ils donnent à leur maturité tous les genres de produits dont leur essence est susceptible; mais il n'en est pas de même lorsqu'ils sont plantés isolément. A quelques exceptions près, les arbres deviendroient tous *pommiers* si on les abandonnoit à la nature, et dans cet état les plantations d'arbres isolés ne seroient pas aussi avantageuses que nous l'avons annoncé.

Il est donc important de connoître les moyens qu'il faut employer pour procurer de belles tiges à ces arbres.

. Nous allons les exposer ici avec d'autant plus de confiance, que nous pouvons présenter plus de quatre mille pieds d'arbres que nous élevons de cette manière, et dont les tiges acquises sont très bien proportionnées.

Dans la première année de leur plantation, les arbres poussent beaucoup de bourgeons le long de leur tige; et cet effet est particulièrement occasionné par la soustraction de leur tête. La sève ascendante, ne trouvant plus au point de section de la tête les canaux ordinaires dans lesquels elle se distribuoit pour alimenter la végétation des branches supérieures, se trouve engorgée dans les canaux inférieurs de la tige, en perce l'écorce, et y produit un grand nombre de bourgeons.

Si on les laissoit croître tous, ils se partageroient toute la sève de l'arbre, et, avec le temps, il ne présenteroit plus qu'un buisson. Il faut donc l'ébourgeonner très souvent depuis le pied jusqu'à un demi-mètre environ de l'extrémité supérieure de la tige, afin de forcer la sève à s'élever en abondance dans les bourgeons de cette partie, et de leur procurer la végétation la plus vigoureuse.

Au mois d'août de la première année on choisit parmi ces bourgeons supérieurs trois ou quatre branches des plus fortes, et l'on rabat entièrement toutes les autres.

Après ce premier choix, on en fait un second pour déterminer la branche qui doit former la nouvelle tige, ou plutôt la continuation de la tige de l'arbre. A cet effet, ce n'est pas toujours la branche la plus vigoureuse qu'il faut choisir, mais celle qui se trouvera la plus verticale et la mieux placée.

Pour en activer la végétation, on la laisse intacte, et l'on écourte un peu les autres branches.

Pendant la seconde année on continue l'ébourgeonnement de la tige, on rabat avec un croissant ou avec une serpette les branches écourtées l'année précédente, mais seulement à un tiers de mètre de la tige; et si la branche-tige avoit poussé des branches latérales trop vigoureuses, on les écourteroit un peu en éventail, comme nous l'avons prescrit pour la formation des arbres de haute tige dans les pépinières.

Pendant la troisième année on supprime le plus proprement possible, et à rez tige, les chicots des branches écourtées la première année, et l'on écourte un peu, et toujours en éventail, les branches inférieures de la branche-tige.

Pendant la quatrième année même conduite; mais on ne supprime qu'un tiers des branches écourtées les années précédentes, afin que l'arbre puisse acquérir une grosseur proportionnée à sa hauteur.

Pendant la cinquième année on laisse reposer l'arbre.

Pendant la sixième année on supprime les chicots les plus anciens et la moitié des autres, et l'on continue d'écourter en éventail les branches latérales de la branche-tige.

Enfin on répète les mêmes opérations tous les deux ans.

Nous devons faire observer que le bourgeon qui a été choisi pour faire la continuation de la tige peut n'être pas toujours placé assez près de sa section pour qu'il ne reste pas un chicot au-dessus de la branche-tige. Dans ce cas on rabat le chicot le plus près possible de cette branche aussitôt qu'elle a acquis assez de grosseur pour en recouvrir la plaie avec son écorce ; et lorsque l'opération a été bien faite, au bout de deux ou trois ans on ne reconnoît plus la place où elle existoit.

Par ces procédés, les branches ne sont jamais assez fortes pour former de grandes plaies ; elles se cicatrisent aisément, et sont bientôt recouvertes par l'écorce.

Depuis six jusqu'à quinze ans de plantation, il faut laisser aux arbres isolés, en les émondant, autant de hauteur de tête que de longueur de tronc. C'est le véritable moyen de procurer de belles proportions à leur tige. Au-delà de cet âge, on peut les émonder jusqu'aux deux tiers de leur hauteur totale, mais jamais plus haut, parcequ'alors l'abondance de la sève tourmente la tige, et lui fait prendre des formes bizarres qui en diminuent beaucoup la valeur.

Les nœuds des branches ou des chicots que l'on supprime en émondant les arbres doivent être rasés bien uniment sur la tige, sans aucun éclat ni protubérance. Les plaies en seront plus larges ; mais elles sont plus aisément et plus promptement recouvertes par l'écorce que lorsque l'opération n'est pas faite avec ce soin particulier.

L'émondage des arbres isolés peut se faire sans inconvénient sur les bois durs comme sur les bois blancs. Cependant il faut convenir qu'à l'exception de l'orme, qui, à tout âge, a la propriété particulière de recouvrir les plaies qu'on lui fait, lorsqu'elles sont parées, les autres essences de bois durs ne se prêtent pas aussi bien aux émondages périodiques ; et même, que si les époques des émondages sont trop reculées, ils deviennent funestes à ces arbres. Mais lorsque leur tige a été bien formée dans le principe, et qu'on les émonde au plus tard tous les quatre ou cinq ans, on peut sans inconvénient en continuer l'émondage périodique jusqu'à l'âge de trente ou quarante ans. Alors ils ont déjà acquis une tige beaucoup plus élevée que ceux de même essence que l'on auroit abandonnés à la nature.

Quant aux arbres en massifs, tels que les futaies sur taillis, on ne doit jamais se permettre de les émonder, parceque les branches en sont trop anciennes et l'écorce trop dure pour que les plaies de l'émondage puissent jamais se cicatriser et se recouvrir.

§. 4. *Lieux dans lesquels on peut planter des arbres, et*

précautions à prendre pour le succès ultérieur de ces planta-tions. 1° Le long des chemins vicinaux et de déblave.

Les arbres doivent y être placés sur le revers d'un fossé d'au moins un mètre de largeur, afin d'y être préservés du choc des voitures, et même des premières atteintes des bestiaux.

Jusqu'à l'âge d'environ trente ans, les racines et l'ombrage de ces arbres n'occasionneront encore aucun tort sensible aux récoltes voisines ; mais à compter de cette époque il augmente dans une progression rapide. On parvient à le diminuer beau-coup en isolant aussi les arbres du côté des terres en culture par un contre-fossé de deux tiers de mètre de largeur, que l'on rafraîchit exactement tous les trois ou quatre ans, et en émon-dant les arbres aux mêmes époques.

Dans quelques localités, au lieu de contre-fossés, on sème, le long des plantations, des fourrages artificiels qui produisent à peu près le même effet, celui d'arrêter l'allongement des racines des arbres.

2° Sur le bord des rivières et des ruisseaux non navigables.

Pour que les plantations d'arbres puissent prospérer dans ces lieux, il faut que les rives des cours d'eaux soient disposées de manière que dans les débacles les glaces ne puissent point les endommager.

3° Autour des mares, des étangs, sur les bords des marais tourbeux, sur les marais non tourbeux, et généralement sur toutes les places fraîches et humides qui n'offrent aucun produit.

4° Autour des prairies encloses, lorsqu'elles ont une certaine étendue.

Si les clôtures sont en haies vives déjà anciennes, il faut en éloigner les plantations à un ou deux mètres de distance, et tenir les haies basses et rapprochées pendant les cinq ou six premières années ; sans ces précautions les arbres ne réussi-roient pas. Si l'on plante la haie en même temps que les arbres, il faut en éloigner encore ceux-ci à un mètre au moins de distance de son pied, afin de pouvoir les abattre à leur maturité sans endommager la haie. Mêmes précautions pour les plan-tations à faire le long des haies de clôture des autres champs.

5° Sur les grandes routes.

Mêmes observations que pour la plantation des chemins vicinaux,

CHAP. III. *Plantation de bois résineux en massifs.* La cul-ture particulière de ces essences devant être décrite aux mots qui les désignent, nous nous bornons ici à quelques préceptes généraux,

On a vu au mot EXPLOITATION que les arbres résineux tenoient un rang distingué parmi les différentes essences de nos arbres forestiers ; mais on a dû y remarquer aussi qu'à l'exception des mâtures, pour lesquelles les arbres résineux sont d'un usage exclusif, les arbres feuillus d'essences dures pouvoient les suppléer avec avantage dans leurs autres usages, et que, dans un grand nombre de cas, ces derniers ne pouvoient pas être remplacés par des arbres résineux.

Il faut donc conclure de ces faits que, dans tous les terrains et sous les températures qui sont favorables à la végétation des arbres feuillus, il est avantageux d'en cultiver les essences de préférence aux arbres résineux, et qu'il est convenable de choisir ces derniers pour les terrains et sous les températures qui ne peuvent admettre la culture d'aucune autre essence de bois durs.

Ainsi, dans nos climats, c'est sur les montagnes élevées et dans leurs terrains stériles, et sur ceux qui, jusqu'ici, se sont refusés à la végétation des arbres feuillus, que les propriétaires doivent essayer des plantations d'arbres résineux.

Les départemens de la Marne et de la Gironde leur offrent en ce genre des exemples dont l'imitation seroit un bienfait public, et leur procureroit aussi de très grands avantages.

C'est à *M. de Pinteville-Cernon*, c'est à l'exemple heureux qu'il en a donné, que les propriétaires du premier de ces départemens s'adonnent aujourd'hui aux plantations d'arbres résineux sur des craies naguère réfractaires à toute espèce de végétation ; et leur accroissement annuel fait espérer qu'un jour les localités crayeuses de ce département deviendront aussi célèbres par leurs mâtures qu'elles l'ont été jusqu'à présent par leur stérilité : on les appeloit *Champagne et Brie pouilleuses*.

Dans celui de la Gironde, notre digne et respectable confrère, *M. Brémontier*, a su fixer les dunes mobiles du bassin d'Arcachon, et les utiliser ensuite par des plantations.

Ces deux exemples remarquables prouvent ce que l'industrie humaine est capable d'opérer lorsqu'elle est dirigée par une saine théorie et éclairée par une grande expérience.

Il est donc permis de croire qu'avec des essais sagement conçus et convenablement exécutés il n'y a point de terrain en France qu'on ne puisse utiliser par des plantations quelconques.

Quoi qu'il en soit, il y a deux manières de former des massifs d'arbres résineux : en semis, et en jeunes plants enracinés.

§. 1er *En semis*. Il est très difficile, il seroit même trop dispendieux de faire de grands semis d'arbres résineux.

1° Il ne seroit pas toujours possible de se procurer assez de bonnes graines pour en semer une grande superficie ; 2° Toutes les parties du sol à planter n'auroient pas généralement la qualité requise pour le succès du semis ; 3° les soins qu'il faut prendre des jeunes plants, jusqu'à ce qu'ils aient acquis une certaine force pour les garantir de la gelée, de la trop grande ardeur du soleil, du gaspillage des oiseaux, et de la fréquentation des bestiaux, exigeroient nécessairement beaucoup de dépense; 4° lors même que l'on consentiroit à faire ces dépenses, il ne seroit souvent pas possible de trouver assez de bras pour faire ces différens travaux en temps opportun; 5° toutes les précautions qu'il faudroit négliger à raison de ces différentes circonstances nuiroient évidemment au succès du semis, ou du moins en retarderoient beaucoup la végétation.

Mais on peut choisir sur le terrain même un emplacement convenable et proportionné à l'étendue de la plantation, pour y faire le semis dont les jeunes plants doivent ensuite couvrir toute sa surface; et la circonscription de cet emplacement permettra de donner alors au semis tous les soins que son succès peut exiger.

Cette pratique indiquée dans l'ouvrage de *M. Douette-Richardot* présente d'assez grands avantages pour devoir être adoptée lorsque cela est possible.

D'abord, on se procure des arbres déjà naturalisés sur le lieu même; en second lieu, tout le terrain occupé par le semis se trouve planté, parcequ'en enlevant les jeunes plants de cette pépinière on a l'attention d'y en laisser autant qu'il est nécessaire pour qu'elle soit suffisamment garnie; enfin, on évite des frais de transport toujours onéreux, et les racines des jeunes plants n'ayant pas le temps d'être desséchées dans un trajet aussi court, le succès de la plantation en est plus assuré.

Si la qualité du terrain ne permettoit pas de faire le semis de la pépinière sur le lieu même de la plantation, on choisiroit au plus près un emplacement convenable à cette destination.

Enfin, si le sol des champs se trouvoit trop mauvais pour y établir une pépinière d'arbres résineux, il faudroit bien se résoudre, ou à en faire des semis dans ses jardins, ou à acheter les jeunes plants dans les pépinières étrangères.

Dans un cas semblable à ce dernier, M. de Pinteville-Cernon est cependant parvenu à se procurer des pépinières naturelles d'arbres résineux.

Après avoir vainement essayé tous les moyens possibles pour établir en pleine terre, et même dans les jardins, un semis de cette espèce, il prit le parti de le faire dans des caisses remplies de la meilleure terre disponible. Il multiplia les caisses en assez grand nombre pour obtenir autant de plants qu'il en falloit pour garnir un demi-hectare de terrain. Après les avoir élevés avec tous les soins convenables, et aussitôt qu'ils présentèrent une hauteur de quarante à cinquante centimètres, il les fit transplanter sur un champ dont le sol étoit purement crayeux; ils y furent disposés en quinconce, et espacés à un mètre deux tiers les uns des autres. Après la plantation, il fit entourer le champ par un fossé d'un mètre un tiers de largeur, et avec une relevée suffisante pour empêcher les bestiaux d'y pénétrer. Les jeunes plants furent cultivés pendant deux ou trois ans, et la plantation fut ensuite abandonnée à la nature.

Au bout de dix ans, cette plantation se trouva remplie de jeunes plants provenus naturellement des semences des anciens arbres ; et lorsqu'ils eurent acquis quarante à cinquante centimètres de hauteur, M. de Pinteville-Cernon les fit enlever pour former de nouvelles plantations. Elles sont devenues depuis autant de pépinières naturelles, et il en retire aujourd'hui un très grand profit.

§. 2. *Plantation en jeunes plants.* Cette plantation ne diffère aucunement de celle des futaies en arbres de haute tige, en ce qui concerne l'ouverture des trous, et les précautions qu'il faut prendre en plantant ces arbres ; seulement, et à l'exception du mélèze, qui ne paroît pas souffrir des amputations qu'on lui a faites, on ne doit rien retrancher aux jeunes plants d'arbres résineux. C'est pourquoi il est important de les transplanter bien jeunes ; alors, après les avoir enlevés de la pépinière, on peut parer leurs racines sans aucun inconvénient. On les entoure ensuite avec de la mousse fraîche, afin de ne pas les laisser exposés au soleil, et on se hâte de les planter.

On espace ces jeunes tiges sur le terrain dans les limites d'un à deux mètres, suivant la qualité du terrain. « Il ne « faut pas, dit M. Hartig, que la crainte d'un peu plus de « travail et de frais empêche de serrer la plantation, parce- « que les arbres, étant plus rapprochés, filent mieux et n'é- « tendent pas tant leurs racines. »

Au surplus, cet espacement doit être combiné et avec la nature du sol et avec le mélange des essences; car, ainsi que les bois feuillus, les arbres résineux aiment les alliances ; mais avec cette différence remarquable que le mélange des premiers ne doit être fait qu'avec des essences de longévités différentes, tandis que celui des seconds en exige d'égale longévité. Ainsi avec les quatre espèces forestières d'arbres résineux, le sapin avec l'épicia, et le pin avec le mélèze formeront de très bons mélanges.

D'ailleurs, ceux qui désireront entreprendre de grandes plantations d'arbres résineux trouveront, dans l'instruction

de M. Hartig sur la Culture des bois, d'excellens renseigne-
mens et des procédés très économiques.

CHAP. IV. *Travaux d'art pour la conservation et l'amélio-*
ration des bois en massifs. Rien n'est à négliger dans l'administration d'une certaine étendue de bois, et lorsque, par des
travaux d'art, dont la dépense seroit proportionnée à l'importance de ce genre de propriété, on peut parvenir à les mieux
conserver, ou à procurer à leur feuille une plus value assez
grande pour en être suffisamment indemnisé, on ne doit pas
balancer à les entreprendre.

Ces travaux peuvent être divisés en deux classes : en *travaux*
de conservation, et en *travaux d'amélioration*.

§. 1. *Travaux de conservation.* Les propriétaires de bois ont
souvent à se plaindre de leurs voisins. Les cultivateurs cherchent à faire périr les cépées qui les avoisinent, en endom-
mageant leurs racines avec la charrue, ou en les *charmant*,
ou en en faisant brouter le recru par leurs bestiaux ; et les
voisins intérieurs se permettent souvent des anticipations.

Il faut donc que le propriétaire de bois puisse constamment
se garantir de ces entreprises ; autrement il se verroit insensiblement dépouillé de sa propriété.

Les bornes, telles qu'on les place ordinairement, sont insuffisantes pour cet effet, car, malgré le respect dont la loi les
environne, on les déplace aisément, ou on les enlève ; et,
d'ailleurs, elles n'opposent aucun obstacle aux incursions des
bestiaux. Ce n'est donc qu'avec des fossés que l'on peut espérer
de procurer aux bois des bornes immuables. Si, à l'extérieur,
on se contentoit de donner à ces fossés la largeur légale d'un
mètre, le bornage seroit, à la vérité, suffisamment établi de
ce côté ; mais des bestiaux franchissent aisément une barrière
aussi foible.

Pour remplir le double but que l'on se propose ici, il faut
faire les fossés de la clôture extérieure des bois d'un mètre
deux tiers de largeur sur un mètre de profondeur, avec une
relevée assez haute du côté du bois pour que les bestiaux ne
puissent pas les franchir.

Quant aux anticipations intérieures, un fossé continu de séparation y feroit perdre du terrain gratuitement ; et si la limite
n'est pas en ligne droite, des bornes seroient insuffisantes pour
arrêter ces anticipations. Pour obvier à ces inconvéniens, nous
conseillons de faire sous bois, et sur les alignemens des limites, des portions de fossés de deux tiers de mètre de largeur,
que l'on placeroit dans les endroits les moins dommageables.
On les multiplieroit autant que cela seroit nécessaire, et en en
faisant de semblables à chaque angle de limite intérieure, on
n'auroit plus à y craindre aucune anticipation.

§. 2. *Travaux d'amélioration.* Ces travaux pourroient aussi être appelés de *spéculation*, parcequ'on ne doit les entreprendre que lorsque leur effet peut indemniser suffisamment de la dépense qu'ils ont occasionnée.

Ils consistent, 1° dans le dessèchement des parties de forêts dont l'humidité surabondante nuit évidemment à la végétation des essences de bois qui ne sont point aquatiques; 2° dans l'établissement de chemins toujours praticables, tracés dans les parties les plus convenables et dirigés sur les ports voisins, ou sur les lieux de consommation, et dans celui des ruisseaux flottables, lorsque les circonstances locales le permettent.

Ces différens travaux augmentent nécessairement le prix de la feuille des bois, soit par des produits plus grands en matières, soit par une grande diminution dans les frais d'exploitation et de transport.

C'est donc au propriétaire à calculer d'avance, et avant que de les entreprendre, la dépense et les effets de ces différentes améliorations, afin d'être en état de juger avec connoissance de cause celles qu'il doit rejeter, et celles qu'il doit adopter.

RÉSUMÉ. Après avoir développé tous les détails pratiqués de la culture des bois et forêts, et les avoir mis, autant qu'il nous a été possible de le faire, à la portée de toutes les classes de propriétaires, il n'est plus permis de douter de la justesse de l'observation que nous avons faite au commencement de cet article : *qu'il semble que la nature, dans sa prévoyance infinie, ait créé des bois d'essences assez variées pour que les unes ou les autres puissent être cultivées par chaque propriétaire, suivant son aisance et sa position.*

En effet, l'homme riche peut annuellement consacrer une portion de son superflu à des plantations de bois des essences les plus dures, qui, s'il ne vit pas assez long-temps pour jouir de leurs produits, doivent enrichir un jour sa postérité. S'il est égoïste, et que la jouissance éventuelle de ces plantations lui paroisse trop éloignée, en n'y admettant que des essences d'une longévité beaucoup moindre, il pourra encore s'y livrer sans répugnance.

L'homme simplement aisé peut aussi faire des plantations de bois d'essences dures, mais il sera forcé d'en borner l'étendue à celle de son superflu, ou bien il adoptera les plantations de bois blancs. Enfin le propriétaire du revenu le plus borné aura la ressource des plantations des taillis économiques, dont la coupe fréquente doit augmenter son nécessaire, ou du moins lui éviter l'achat annuel de sa provision de bois. Tels sont les taillis de ROBINIERS, de CHATAIGNIERS, les OSERAIES, les plantations de SAULE en massifs, etc. *Voyez* ces différens mots pour leur culture.

Et c'est par l'adoption générale de ces différens moyens que toutes les classes de propriétaires parviendront à concourir avec le gouvernement à la restauration des bois de la France. (DE PER.)

FORFICULE , *Forficula.* Genre d'insectes de l'ordre des orthoptères, remarquable par la sorte de pinces, ou mieux, de forces, dont la partie postérieure de son corps est comme armée. Il renferme une vingtaine d'espèces, dont cinq ou six propres à l'Europe , mais dont une seule est dans le cas d'être mentionnée ici comme importante à faire connoître aux cultivateurs dont elle mange souvent les fruits et détruit les fleurs.

La FORFICULE AURICULAIRE est fauve avec des parties plus foncées ; sa longueur est de six à huit lignes. Elle est très connue sous le nom de *perce-oreille*, d'après l'opinion générale qu'elle cherche à entrer dans les oreilles des hommes, et que quand une fois elle y est parvenue elle n'en veut plus sortir, et y cause des douleurs atroces qui produisent la surdité et la mort. Ces faits, dont on ne doute pas dans les campagnes, ne sont rien moins que constatés aux yeux des hommes éclairés ; car l'humeur sebacée qui découle des oreilles est propre par sa consistance et son âcreté à repousser la forficule comme elle repousse tous les autres insectes. Au reste, si cela a lieu, c'est si rarement que, depuis plus de trente ans que je m'occupe de l'histoire des insectes et que je cherche à m'en assurer, je n'ai pas pu y parvenir malgré mes voyages et mes nombreuses correspondances.

Mais , pour en revenir à la forficule même , elle vit également de substance animale et de substance végétale, selon les temps et les lieux. Le tort qu'elle fait à l'agriculture dans le premier cas est presque nul, cependant j'en ai vu quelquefois dévorer le lard mal salé qui pendoit au plancher des chaumières. Dans le second on l'accuse, avec raison, de couper les pétales , les étamines des fleurs , les cotylédons et même les plantules des graines qui sortent de terre ; d'entamer la plupart des fruits, sur-tout des fruits d'été et d'accélérer leur pourriture. Ce n'est point avec leurs pinces qu'elles font ces dégâts, comme on le croit communément, c'est avec leurs mandibules. Les fleuristes, sur-tout ceux qui cultivent des œillets, la redoutent beaucoup.

On a indiqué bien des procédés pour détruire les forficules, mais aucun ne remplit cet objet de manière à satisfaire le jardinier, qui voit les abricots, les pêches, les poires de ses espaliers dévorés par elles. Je ne conseillerai jamais d'employer l'arsenic ou le sublimé corrosif pour arriver à ce but, à raison des dangers éminens qui peuvent en résulter. Le seul vraiment efficace est le plus simple ; c'est d'aller pendant toute l'année à la chasse de ces insectes sous les écorces d'arbres, dans les fentes des murs, sous les pierres, dans les fruits entamés, enfin par-tout où ils se cachent, car ils ne maraudent ordinairement que la nuit. On peut même leur fournir des retraites factices, telles que des morceaux de tuile écartés d'une ligne, de larges pierres appliquées contre les murs, des pots à fleurs renversés, des vieux paillassons repliés, des tubes de bois ou de terre, etc., retraites qu'on visitera de temps en temps pour écraser tous les individus qui s'y seront réfugiés. On peut être sûr qu'avec de la persévérance on parviendra ainsi à les rendre si rares, que leurs ravages ne seront plus sensibles. Ce n'est pas seulement à une époque de l'année qu'il faut faire la guerre aux forficules, c'est pendant toute l'année, même pendant l'hiver. Pour le prouver, je vais entrer dans quelques détails sur leurs mœurs.

Les forficules mâles diffèrent des femelles en ce qu'ils sont plus petits, que leurs pinces sont plus grandes, plus arquées, et que leur couleur fauve est plus foncée. Ils s'accouplent au milieu du printemps, et les femelles pondent peu après un assez grand nombre d'œufs qu'elles ne quittent pas, qu'elles semblent couver, pour se servir de l'expression de Deger, le seul qui les ait observés. Ces œufs deviennent des larves fort semblables à la mère, aux élytres près dont elles sont dépourvues. La mère ne les quitte point dans leur première jeunesse, et lorsqu'on en trouve une dans les mois de mai, juin et juillet, on est sûr de tuer sa génération toute entière. Ils changent trois ou quatre fois de peau, et après être restés quelques jours sous la forme de nymphe, ils deviennent des insectes parfaits vers la fin d'août. C'est à cette époque que leurs dégâts commencent à devenir remarquables, et c'est alors seulement que l'on commence à les rechercher pour les détruire; mais ils sont divisés, ils courent de côté et d'autre, tandis que précédemment, ainsi que je viens de le dire, ils étoient réunis en famille, et que plus tard ils se réuniront de nouveau en sociétés nombreuses pour passer l'hiver ensemble. C'est donc pendant l'hiver et au premier printemps que je conseillerois de leur faire la chasse avec le plus d'activité, bien sûr de les détruire plus facilement et plus sûrement à ces époques.

Les forficules lorsqu'on les touche menacent avec leur pince, serrent même le doigt, mais ne peuvent faire aucun mal. Elles sont la proie de beaucoup d'oiseaux et d'autres insectes. Les volailles les recherchent, et des canards, mis dans un jardin, sont un bon moyen de les détruire. Elles se mangent même les unes et les autres lorsqu'elles sont mortes; mais il ne paroît pas, d'après leur disposition à vivre en société, qu'elles s'entretuent et même qu'elles tuent les autres insectes ou les vers dont la chair les nourrit souvent. (B.)

FORME. Médecine vétérinaire. La forme est une tumeur calleuse, indolente, qui survient à la couronne du pied du cheval, en dedans ou en dehors, quelquefois aux deux côtés en même temps, mais plus aux pieds de devant qu'à ceux de derrière.

Les causes en sont ordinairement externes : elle peut être l'effet d'un coup, d'une piqûre ; elle est le plus souvent la suite des efforts auxquels le cheval a été contraint, dans des courses violentes, en tirant avec beaucoup de force ; en un mot tout ce qui peut affecter les fibres ligamenteuses en les tirant, en les allongeant, en les meurtrissant, en les dilacérant, doit nécessairement occasionner une distension, une dilacération ou une obstruction des vaisseaux qui charrient la lymphe dans les ligamens, ou une extravasion de cette humeur ; de là une tumeur légère et molle dans son principe, mais qui augmente considérablement en volume et en consistance, au point d'offenser d'une part les ligamens, en les gênant, et de rendre de l'autre la circulation lente dans les vaisseaux qui l'avoisinent. C'est ainsi que la claudication du cheval devient un accident inséparable de cette maladie.

On la reconnoît à la présence de la tumeur, et le signe univoque de l'indépendance totale de cette même tumeur, qui ne tient en aucune façon aux tégumens sous lesquels elle est située.

La forme qui paroît à la suite d'un coup, d'une piqûre, commence toujours par être inflammatoire ; on doit donc s'attacher à la traiter dans son principe avec les cataplasmes émolliens, ensuite avec les fomentations, les cataplasmes et les frictions résolutives. Mais les uns et les autres de ces remèdes ne produisent-ils aucun effet, placez sur la tumeur un emplâtre d'onguent de vigo au triple de mercure, ou du diabotanum mercurisé ; ces topiques sont-ils encore sans effet, appliquez sur la tumeur des raies de feu. Voyez Cautère actuel, Feu.

Dans la forme qui est produite par un effort de l'articulation de l'os coronaire avec l'os du pied, ce qu'il est aisé de reconnoître en parant le pied et en le sondant, il est indispensable de dessoler l'animal (voyez Dessoler), pour dégager la sole charnue qui a été comprimée ; c'est là le vrai moyen d'éviter non seulement l'induration, mais même l'ossification du cartilage, ce qui arrive souvent.

En général, la forme étant une maladie longue, sur-tout lorsqu'on a été obligé d'appliquer le feu, il est inutile que les gens de la campagne fassent d'autres dépenses pour le traite-

ment ; ils doivent seulement donner au cheval la facilité et
le temps de se rétablir, en le mettant dans une prairie basse,
et en l'envoyant de temps en temps au labour. (R.)

FORTE (TERRE). On dit qu'une terre est forte lorsque
l'argile y domine, qu'il est difficile de la labourer, que l'eau
y séjourne long-temps.

On améliore les terres fortes par de profonds labours, par
des mélanges de sable, de gravier, de marne calcaire, de
terre cuite, etc. ; par la culture des plantes qui demandent des
binages d'été.

La culture des terres fortes est très différente des terres
légères. Leurs assolemens sont plus difficiles à combiner. La
fève est une des plantes qui y réussit le plus constamment et
qui les prépare le mieux à recevoir du blé. *Voy*. au mot Asso-
LEMENT. (B.)

FORTRAITURE. MÉDECINE VÉTÉRINAIRE. La fortraiture
n'est autre chose qu'une fatigue outrée et excessive, accompagnée d'un grand échauffement. Cette maladie attaque ordinairement les chevaux ; elle est plus fréquente dans ceux de
rivière, sujets à des travaux violens, et communément réduits à l'avoine pour toute nourriture.

Elle s'annonce par la contraction spasmodique des muscles
du bas-ventre, et principalement du muscle grand oblique,
dans le point où ses fibres charnus deviennent aponévrotiques.
Le flanc de l'animal rentre pour ainsi dire dans lui-même ; il
est creux, tendu, son poil est hérissé et lavé (*voyez* FLANCS),
la fiente est dure, sèche, noire, et en quelque façon brûlée.

La cure est opérée par des lavemens émolliens, et par un
régime doux et modéré. Le son humecté, l'eau blanche dans
laquelle on mêle une décoction de mauve, de guimauve, de
pariétaire et de mercuriale, sont d'une efficacité singulière ;
il est quelquefois à propos de saigner l'animal, après lui avoir
donné quelques jours de repos ; lorsque l'on s'aperçoit qu'il
acquiert des forces, on doit encore continuer l'usage des lavemens, et l'on peut même oindre ses flancs avec parties égales
de miel rosat et d'onguent d'althéa, pour diminuer l'éréthisme, supposé que les remèdes internes prescrits ne suffisent
pas à cet effet, ce qui est infiniment rare. (R.)

FOSSES ou TROUS A FUMIERS, FOSSES AUX EN-
GRAIS ARTIFICIELS ou COMPOSTS. ARCH. et ÉCONOMIE
RURALES. Sous ces différentes dénominations on entend un
emplacement creusé en terre, et destiné à fabriquer des engrais, ou à déposer les fumiers provenant de la litière des
animaux.

Les fosses à fumiers sont presque toujours placées dans la
cour des fermes, et à la proximité la plus grande des logemens

des animaux domestiques, afin d'économiser le temps dans le curage de ces logemens. Il faut avoir l'attention de les éloigner, autant qu'on le peut, de l'habitation, à cause des exhalaisons putrides qu'elles laissent échapper.

La qualité des fumiers provenant de la litière des différentes espèces d'animaux domestiques n'est pas la même, comme on le sait, et le cultivateur intelligent connoît l'art de les mélanger dans les fosses, afin d'en former l'engrais le plus convenable à la nature des terres de son exploitation.

Indépendamment de ces différences, on distingue encore en agriculture deux espèces de fumier : le *fumier long* et le *fumier consommé.*

L'un et l'autre ont besoin d'une humidité continue pour pouvoir conserver dans la fosse à fumier les sels dont ils sont chargés, en attendant qu'on les transporte sur les terres.

Mais pour obtenir du fumier aussi consommé que sa bonne qualité l'exige, il faut une humidité naturelle ou artificielle beaucoup plus grande que pour conserver le fumier long, et cette différence en exige nécessairement dans la construction de leurs fosses.

Cependant, dans l'un ou l'autre cas, cette humidité ne doit pas être excessive, car elle dissolveroit les sels des fumiers, et ils s'évaporeroient ensuite pendant l'été avec l'humidité surabondante des fosses.

L'expérience apprend qu'une fosse de deux à trois décimètres de profondeur suffit souvent pour conserver du fumier long, tandis qu'il lui faut au moins un demi-mètre de profondeur pour pouvoir y fabriquer du fumier consommé; encore est-on obligé d'en arroser fréquemment le tas avec de l'eau, ou mieux encore avec du jus de fumier.

Lorsque les fosses à fumiers sont destinées à la fabrication d'engrais artificiels, on doit leur donner encore plus de profondeur, afin de pouvoir y multiplier davantage les couches alternatives de végétaux, de terre et de substances animales que l'on y met en digestion, et qui deviennent ensuite d'excellens engrais.

Nous l'avons déjà dit ailleurs, l'art de multiplier les engrais est le plus profitable au cultivateur; c'est pourquoi, et indépendamment des fosses ordinaires pour les fumiers, dont l'étendue est subordonnée au nombre des bestiaux de l'exploitation, toutes les fermes devroient avoir des *composts,* dans lesquels on feroit jeter les plantes perdues ou négligées par les bestiaux, les débris des plantes potagères, les immondices, des terres mêmes, si l'on en a de disponibles, etc. Ces composts seroient très bien placés au-dessous des égouts des mares et des trous à fumier, et leur trop plein seroit encore d'un usage très avantageux, s'il pouvoit être disposé pour l'irrigation éventuelle de prairies inférieures. (De Per.)

FOSSE. Dans quelques cantons on appelle fosse un trou creusé dans la terre, pourvu qu'il ne soit pas très petit ou très grand, quel que soit son objet. Dans d'autres on l'applique seulement aux trous destinés à planter des arbres, à enterrer des cadavres. On dit une fosse à fumier, une fosse à tan, une fosse à rouir le chanvre, etc. (B.)

FOSSE D'AISANCE. *Voyez* AISANCE.

FOSSÉS. ARCHITECTURE RURALE. On en distingue de deux espèces : des *fossés de limites* et des *fossés de clôture*.

1° *Fossés de limites*. Tout propriétaire peut creuser un fossé, 1° le long des chemins, en leur laissant la largeur prescrite par les lois suivant la classe à laquelle ils appartiennent ; 2° sur les autres rives de son champ, afin de le limiter d'une manière invariable.

Dans le premier cas, il est bon d'en faire approuver l'alignement par l'autorité locale administrative particulièrement chargée de la police de la voirie ; et dans le second, par les propriétaires riverains ; c'est le seul moyen d'éviter les contestations.

Suivant les anciennes ordonnances, les fossés de limites étoient censés avoir trois pieds d'ouverture et appartenir au propriétaire du champ sur lequel leur déblai avoit été jeté. Et comme on ne pouvoit ouvrir ces fossés qu'à un pied de distance de la limite, leur propriété emportoit aussi celle de cette surépaisseur, que l'on appelle communément *marchepied*.

2° *Fossés de clôture*. Lorsqu'ils ne sont pas garnis de haies vives, le Code rural de 1791 exige que les fossés aient au moins quatre pieds d'ouverture, autrement ils ne sont considérés que comme de simples fossés de limites, et alors ils ne participent point au bénéfice de la clôture.

Mais lorsqu'ils ont la largeur légale, le champ n'est plus assujetti au droit de parcours, et son propriétaire peut le soumettre à toutes les cultures qu'il jugera convenables.

Les fossés de clôture dont le jet des terres est fortifié par une haie vive ou sèche n'ont pas besoin de cette largeur, et leur propriété emporte, comme dans les fossés de limites, celle du marchepied.

Cette disposition est motivée par la nécessité d'éviter les discussions entre voisins sur la jouissance des accrues des haies vives ; il en résulte que tout le bois qui croît dans la largeur des fossés et de leur marchepied appartient au propriétaire de la haie, tandis que celui qui vient hors de ces limites devient la propriété du voisin.

3° *Construction des fossés*. Le but que l'on se propose en entreprenant une amélioration rurale quelconque est de produire l'effet que l'on en attend aux moindres frais possibles.

En appliquant ce précepte à la construction des fossés, quelle que soit d'ailleurs leur destination particulière, nous trouvons que les fossés les plus économiques sont ceux dont les dimensions auront été combinées avec la consistance du terrain, de manière qu'ils ne puissent être comblés ou dégradés qu'après le laps de temps le plus long, car alors on ne se trouve pas obligé de les rafraîchir ou de les réparer aussi souvent.

Lorsque les fossés sont ouverts sur un terrain presque de niveau, il suffit de leur donner des dimensions relatives à leur destination, et un talus analogue à la consistance du sol ; plus la terre est légère, plus les talus du fossé devront être adoucis. D'après les expériences que nous avons faites à ce sujet, il nous est démontré que, pour procurer aux fossés toute la durée dont ils peuvent être susceptibles, il faudroit donner à leurs talus une pente équivalente au moins à une fois et demie leur profondeur, au lieu de celle de mètre pour mètre que l'on adopte ordinairement dans les fossés ouverts sur des terrains de consistance moyenne.

Une autre attention qu'il faudroit aussi avoir pour assurer la conservation de la relevée des fossés, ce seroit d'établir sur leur bord intérieur, et dans la même pente que leur talus, deux ou trois rangs de gazons sur lesquels on coucheroit les plants de la haie vive que l'on recouvriroit ensuite avec le reste de la terre du déblai. Il seroit mieux encore de laisser, entre ce bord intérieur des fossés et le placement des gazons, une berme d'environ un décimètre de largeur, afin d'éviter les éboulemens qui surviennent pendant les dégels. La relevée en seroit plus solide, parceque les gazons, retenus par la berme, ne pourroient plus glisser.

Lorsque des fossés sont ouverts sur un terrain en pente, ils sont exposés à être ravinés par les eaux pluviales, et plus la pente est rapide, plus tôt ils en sont dégradés. Pour obvier à cet inconvénient, il est nécessaire d'établir des barrages de distance en distance, en forme de cascades ; par ce moyen on diminue, ou au moins on atténue la pente du sol, et les eaux ne peuvent plus y acquérir une vitesse assez grande pour le raviner. Ces barrages ne sont autre chose que des *rouettis*, ou clayonnages enlacés dans des piquets, et gazonnés en talus à l'amont et à l'aval, afin de les préserver des affouillemens. On garantit les fossés des affouillemens des côtés en consolidant les barrages dans les parties, et en tenant le clayonnage un peu plus élevé sur les côtés que dans le milieu.

Plus la pente du terrain sera rapide, plus il faudra multiplier ces barrages; mais comme, en diminuant la pente de chaque sol, les eaux perdront leur vitesse acquise, elles y déposeront nécessairement les vases ou autres substances dont elles seront chargées; il faudra donc alors s'empresser de rafraîchir les fossés aussitôt qu'on les verra remplis d'alluvions, autrement les eaux pluviales se répandroient au dehors et recommenceroient leurs dégradations.

Si ces alluvions sont de bonne qualité, on sera amplement indemnisé des frais de cet entretien nécessaire par la valeur des engrais qu'il procurera.

C'est par cette dernière raison que nous conseillons à tous les cultivateurs d'ouvrir des fossés au bas des pièces de terre en culture qui ne sont point encloses, lorsque la pente du terrain est suffisante. En disposant d'une manière convenable les raies de service des terres supérieures, toutes les eaux pluviales se rendroient dans ces fossés, où elles déposeroient leurs alluvions. Ils cureroient ces fossés tous les trois ans, en transporteroient les terres sur les parties supérieures, et leur rendroient ainsi, et de la manière la plus économique, tout l'humus que les eaux pluviales leur enlèvent annuellement et presque toujours en pure perte.

C'est de cette manière que les vignerons intelligens se procurent d'excellens engrais pour terrer les parties supérieures de leurs vignes. (DE PER.)

Un fossé est une fosse peu large, mais très longue, destinée à indiquer une limite ou à enclore les propriétés pour les défendre des bestiaux, ou à favoriser l'écoulement des eaux, ou à ces trois objets à la fois.

L'établissement des fossés est souvent un puissant moyen de richesse agricole. Il ne faut pas les multiplier sans raison et outre mesure; mais aussi il ne faut jamais, lorsqu'ils sont jugés utiles, se refuser à les faire faire sous prétexte d'économie. Presque toujours les avantages qu'ils procurent compensent de beaucoup la dépense qu'ils ont occasionnée. Pour remplir complètement leur destination, ceux qui servent de clôture doivent être bordés intérieurement de HAIES VIVES. *Voyez* ce mot et le mot CLOTURE.

Il est impossible de fixer ici les dimensions des fossés, puisqu'elles dépendent de leur objet et de la nature du sol. Les fossés uniquement destinés à l'écoulement des eaux doivent être proportionnés à la masse de ces eaux pour la largeur, mais il faut souvent les approfondir beaucoup pour que la pente soit plus considérable. On donne ordinairement à ceux qui ne sont destinés qu'à la simple défense une largeur de cinq pieds sur une profondeur de trois. Lorsque, comme cela arrive quelquefois, on ne fait un fossé que pour indiquer une limite, un se contente de lui donner deux pieds de large sur autant de profondeur.

La terre qu'on retire d'un fossé se jette du côté intérieur du champ lorsqu'il fait limite, et des deux côtés lorsqu'il est intérieur et sert seulement à l'écoulement des eaux. L'élévation de terre qui en résulte s'appelle la BERGE. C'est sur elle que se plante la haie. Quelquefois cependant on répand la terre sur le sol environnant, et on dit alors que les bords du fossé sont de niveau.

On peut d'autant plus compter sur la durée du bon état d'un fossé, que la terre dans laquelle il est creusé est plus compacte, c'est-à-dire plus argileuse. Ceux établis dans le sable ou dans les terres légères sont promptement comblés par l'effet des eaux pluviales, de la sécheresse, des gelées, par des animaux, des insectes, des vers, des accidens de plusieurs sortes. Leur rapide dégradation est presque toujours proportionnelle à la moindre inclinaison de leurs parois. En effet, toute masse de sable élevée sur la terre, ou tout trou creusé dans le sable, prennent naturellement sur ses bords une inclinaison de 45 degrés par le seul effet de la pesanteur des grains de ce sable. Il faut donc que l'inclinaison des côtés des fossés soit d'autant plus grande que la nature de la terre où il est se rapproche du sable pur.

Cette règle d'ailleurs se trouve d'accord avec l'économie qu'il faut toujours apporter dans toutes les opérations agricoles; car c'est l'ouverture seule du fossé qui décide de la difficulté de le franchir, et on évite presque la moitié de la dépense qu'on seroit obligé de faire si on vouloit que les parois fussent perpendiculaires au sol.

Selon cette théorie on devroit terminer le fossé en angle aigu; mais comme cet angle seroit difficile à former et bientôt comblé, on s'arrête à environ un pied avant son sommet, de sorte que la coupe de tous les fossés représente un trapèze.

Une méthode qui n'est pas assez connue en France, mais qu'il paroît qu'on pratique beaucoup en Angleterre, c'est de planter une haie au fond du fossé, ou sur le milieu de chacun de ses parois. Ces fossés, dont on peut voir des modèles à Paris, au jardin du Muséum, se curent avec un râble.

Toutes les fois qu'on fait des fossés à côtés perpendiculaires, c'est pour les revêtir de MAÇONNERIE ou d'un CLAYONNAGE. *Voyez* ces mots.

On doit toujours désirer faire les fossés en ligne droite, attendu que leur plus grande durée tient à cette circonstance. Ceux qui donnent écoulement à des eaux pluviales ou autres sont encore plus dans ce cas, parcequ'à tous les coudes qu'ils forment il y a ralentissement dans le courant, et par conséquent dépôt de terre. Il n'est pas toujours possible de se conformer à ce principe, mais il ne faut s'en éloigner que le moins possible.

Un excellent moyen de prévenir la prompte dégradation des fossés quand ils sont dans une terre tant soit peu fertile, c'est de les revêtir de gazons, ou de semer des graminées vivaces sur leurs parois. Le premier de ces moyens est plus sûr, en ce qu'il peut être employé avant toute dégradation. Le second manque souvent, parceque les terres vierges, mises au jour, sont ordinairement infertiles pendant une ou deux années, et que les semences répandues sur un plan incliné sont facilement entraînées par les eaux.

Pour gazonner un fossé, on coupe des gazons d'environ un pied carré, on les applique sur le revêtement et on les y fixe au moyen d'une ou deux fiches de bois de six à huit pouces de long. Il faut choisir l'hiver et un temps couvert pour faire cette opération.

Une plantation de ronces, d'osiers, d'ormille produit aussi quelquefois avec avantage le même effet.

Ces moyens ne s'appliquent qu'aux fossés qui sont d'une certaine largeur, et qui ne doivent jamais recevoir de l'eau. Ceux qui donnent passage à un courant doivent être au contraire tenus le plus unis possible, pour que ce courant ne trouve pas d'obstacles.

Lorsqu'un fossé est destiné à recevoir les eaux surabondantes des champs, et qu'il n'a pas d'écoulement, il faut le faire assez profond pour que les eaux qu'il doit contenir soient au moins à un pied de la surface du sol, afin qu'elles ne puissent pas s'infiltrer dans la terre végétale, et nuire davantage à la végétation du blé et des autres cultures que si elles fussent restées dans les champs, puisque là, au moins, elles eussent été plus promptement évaporées.

Mais il ne suffit pas de faire des fossés, il faut aussi les entretenir. Les personnes qui ont parcouru la France doivent être convaincues que cette partie est extrêmement négligée. Presque par-tout on n'y touche plus que lorsqu'ils sont complètement remplis. Un agriculteur qui calcule n'en agit pas ainsi. Tous les ans il sacrifie pendant la morte saison quelques journées d'ouvriers pour parcourir tous ses fossés et réparer les dommages qu'ils ont éprouvés. Avec cette légère dépense, un fossé qui n'auroit duré que cinq à six ans en dure vingt et trente. Cette mesure doit s'étendre à toutes les sortes de fossés.

Dans certains cas les curures des fossés sont un excellent

engrais; ce sont ceux où ces fossés reçoivent les eaux des champs, des routes, des cours, etc. (B.)

FOSSERÉES. Ancienne mesure de superficie de vigne. *Voyez* MESURE.

FOSSET. Petite pièce de bois servant à boucher le trou qu'on fait à un tonneau avec le foret pour goûter le vin ou la liqueur qu'il renferme. Tout fosset doit être taillé en forme de cône allongé, fort pointu, et avoir une surface très lisse, afin que, chassé dans le trou avec le marteau, il bouche exactement. On doit le faire avec un bois très dur et très sec, et rejeter tout bois blanc ou à fibre lâche ou spongieuse, qui laisseroit transsuder la liqueur à travers ses pores. (D.)

FOTHERGILLE, *Fothergilla.* Arbuste de la polyandrie digynie, et de la famille des amentacées; à racines traçantes; à feuilles alternes, ovales, cunéiformes, dentées à leur extrémité; à fleurs blanchâtres disposées en épis à l'extrémité des rameaux, et accompagnées d'une écaille de même couleur; qui croît en Caroline et en Virginie dans les parties humides des grands bois, et qu'on cultive en Europe dans quelques jardins.

On a donné au FOTHERGILLE A FEUILLES D'AUNE son nom spécifique, parcequ'en effet ses feuilles ressemblent beaucoup à celles de l'aune, et pour la grandeur, et pour la forme, et pour la couleur. Il s'élève à trois ou quatre pieds au plus, et souvent reste à moitié de cette hauteur. Les agrémens dont il est pourvu sont peu nombreux; cependant ses fleurs, qui se développent au premier printemps, avant les feuilles, exhalent une odeur forte qui n'est pas désagréable. Ses fruits, dans la maturité, sont lancés avec force à plusieurs pieds de distance, de sorte qu'il faut les récolter un peu avant cette maturité si on veut les semer dans un endroit particulier. Ils achèvent de mûrir dans les capsules, qu'on renferme à cet effet dans un vase.

On peut placer le fothergille dans les jardins paysagers, aux endroits frais et ombragés, dans le voisinage des eaux, au premier rang des massifs. Il lui faut une terre très légère, même, autant que possible, une terre de bruyère. Rarement il donne de bonnes graines dans le climat de Paris, mais il s'y multiplie très facilement de rejetons et de marcottes, qui peuvent être mises en place presque toujours au bout d'un an. Il ne craint point les gelées ordinaires des hivers du climat de Paris; mais comme il souffre souvent de celles qui sont rigoureuses, il est bon de le couvrir de litière ou de feuilles sèches pendant cette saison. Ses graines demandent à être semées immédiatement après qu'elles sont sorties de la capsule; c'est pourquoi toutes celles qu'on envoie d'Amérique, si elles ne sont pas stratifiées avec de la terre, ne réussissent pas. Lorsque par hasard on en récolte dans les jardins, il faut les mettre sur-le-champ dans des terrines, qu'on place, au printemps suivant, sur couche et sous châssis. Le plant se relève la seconde année, et peut se repiquer en pleine terre, à six ou huit pouces de distance, à l'ombre d'un mur exposé au nord. Deux ans après il est propre à être mis en place.

Cet arbuste est encore rare dans les jardins. (B.)

FOUAIQUE. C'est la boue dans le département des Deux-Sèvres.

FOUCHA. Synonyme de bêcher dans le département de Lot-et-Garonne.

FOUDRE. Très grand vaisseau destiné à recevoir du vin. Il seroit à désirer que l'usage de ces grands vaisseaux s'introduisît dans nos immenses vignobles, et sous le rapport de l'économie, et sous celui de la conservation et du perfectionnement du vin.

En effet, pour peu que l'apparence de la récolte soit belle, le prix des futailles augmente souvent dans une proportion telle qu'il excède celui de la liqueur même, et avec des foudres on braveroit cette augmentation ; on se contenteroit d'acheter seulement pendant l'hiver des futailles en nombre proportionné à celui qu'on sait devoir expédier, et on les auroit alors à très bon compte.

D'un autre côté, il est géométriquement démontré que plus le vin est réuni en grande masse, mieux s'exécute la fermentation tumultueuse, et plus il se perfectionne ; qu'il n'y a point, ou presque point d'évaporation à la liqueur, sur-tout de la partie spiritueuse, quand les parois sont épaisses ; quand le chaud et le froid n'ont presqu'aucune prise sur le fluide ; d'où il résulte le plus grand avantage pour la qualité et l'économie.

On peut construire les foudres de deux manières, ou en maçonnerie ou avec de forts madriers. Cette dernière méthode est trop connue pour qu'il soit nécessaire d'en donner ici une description. Je crois devoir avertir seulement que dans ce cas, soit qu'on se serve de madriers de chêne ou de châtaignier, il est indispensable de les tenir pendant plusieurs mois exposés au courant de l'eau, afin qu'elle enlève et dissipe leur astriction, et qu'ils ne communiquent pas au vin un goût âpre, amer et désagréable. La prudence exige encore que la vendange la plus commune y éprouve, au moins dans la première année, sa fermentation tumultueuse.

Des foudres en maçonnerie. J'observerai qu'il seroit peut-être très bon, avant de confier du vin à ces sortes de vaisseaux, d'y laisser, pendant les deux premières années, fermenter la vendange commune, afin que la chaux, quoique cristallisée dans le mortier, ne réagisse pas sur le vin, ou plutôt afin que l'acide du vin ne travaille pas sur l'alkali de la chaux, et que de cette union il n'en résulte pas un sel neutre qui resteroit en dissolution dans le vin.

La difficulté de réussir dans la construction des foudres en maçonnerie ou citernes vinaires est peut-être la seule cause qui a, jusqu'à ce jour, éloigné d'une innovation aussi utile bien des propriétaires. C'est l'ouvrage le plus délicat. Une bonne citerne est un chef-d'œuvre; il ne peut y être fait aucune faute impunément; les murs et les enduits doivent être imperméables, et, pour ainsi dire, d'airain; ainsi avant de l'entreprendre, il importe de bien combiner toutes choses, et de n'en confier la direction qu'à des mains habiles et exercées.

J'indiquerai la conduite à tenir dans la construction de ces sortes de vaisseaux, d'après un mémoire de M. Lafage, inséré dans les Annales de l'agriculture française, pag. 292, t. 24, ce qui a été pratiqué avec le plus grand succès par ce propriétaire instruit. Un autre sans doute pourra le faire aussi, et peut-être fera-t-il mieux encore.

Le succès des citernes vinaires dépend sur-tout de la composition des bétons ou mortiers et des cimens qu'on emploie.

Composition des bétons. Sur deux tiers de sable de rivière grenu, et préalablement lavé à plusieurs eaux, on mêle d'abord un tiers de poudre de tuileaux neufs bien cuits et de mâchefer; on prend ensuite trois portions de ce mélange, que l'on humecte avec de l'eau de rivière de préférence à toute autre, et on en forme un bassin où l'on jette une portion de chaux vive, la plus grasse et la plus récente possible; on l'arrose à l'instant, et dès qu'elle donne des signes d'ébullition on s'empresse de la couvrir avec le sable humide qui l'entoure. Ainsi étouffée, elle ne tarde pas à fermenter et à se dilater; des crevasses se manifestent de toutes parts, mais des ouvriers doivent être attentifs à les fermer pour empêcher l'évaporation des sels volatils et sulfureux, principes de son action. Le grand effort de la chaux étant fait, on vérifie si la fusion est totale par quelques trous dans le tas, et s'il s'en dégage de la poussière de chaux, on y introduit de l'eau à petite dose pour consommer l'extinction. Les trous refermés, on la laisse couver environ une heure, qui est employée à en éteindre d'autre de la même manière, car il importe de se mettre en avance et d'avoir une ample provision de mortier.

Pour faire ce mortier on retrousse le sable qui recouvre la chaux, puis écrasant celle-ci le plus exactement qu'il est possible avec le rabot et sur un bon carrelage, on la mêle insensiblement avec le sable sans addition d'eau, et on ne cesse de manipuler jusqu'à ce que le mortier soit fait et parfait; alors on jette dessus et en détail trois cinquièmes de blocailles et de menus cailloutages que l'on remue à force de bras.

Si le béton paroissoit maigre, effet souvent produit par le cailloutage lavé, alors on l'engraisseroit avec de la laitance de chaux éteinte, et le concours des deux chaux, loin de lui nuire, ajoutera à sa force : il est essentiel qu'il soit tenace et adhérent, les mortiers et les bétons gras étant les seuls admissibles dans des constructions de cette importance. On amoncelle l'entier béton de la journée pour ne l'employer que le lendemain, afin de donner le temps de fuser aux grains de chaux qui auroient échappé à la première extinction ; au moment de l'emploi on le travaille partie par partie, en l'humectant avec de nouvelle laitance.

On sent combien doit être prompte la dessiccation de ces mortiers, et quelle forte prise et quelle impénétrabilité obtiennent les bétons de cette sorte.

Composition et application des cimens. L'intérieur des citernes exigeant deux couches de ciment, la composition de la seconde n'est pas tout-à-fait la même que celle de la première. Le premier crépi se compose de deux parties de pouzzolane ; d'une de sable de rivière passé et lavé, et d'une partie et demie de bonne chaux anciennement éteinte. Le second se compose de quatre parties de pouzzolane tamisée, deux de sable fin lavé, trois de chaux éteinte, et un dixième d'autre poudre de pouzzolane pétrie séparément avec de l'huile d'olive, le tout bien amalgamé ensemble. Deux ouvriers sont nécessaires pour appliquer ce ciment, l'un étendant l'enduit, l'autre le polissant et l'humectant légèrement tour à tour ; on n'abandonne ce lissage que lorsque, n'apercevant aucune scissure quelconque, on le juge assez ferme pour recevoir une première couche d'huile. Cette huile absorbée, il est convenable de repolir encore, et c'est alors que l'on obtient le poli et la dureté du marbre ; enfin on remet une seconde et dernière couche. La première couche ne s'applique qu'au bout de quinze jours que la citerne a été construite, après qu'on a balayé et lavé avec soin son intérieur ; elle se fait avec l'épervier ; on a soin d'humecter afin de procurer une dessiccation lente, essentielle à sa solidité ; ce n'est que le lendemain, après avoir humecté de nouveau, qu'on applique la seconde couche. On croit que, pour fortifier les crépis et les garantir des gerçures, il faudroit les faire avec de l'eau dans laquelle on auroit fait bouillir des pommes de sapin ; il est possible effectivement que cette eau résineuse augmente encore la consistance du ciment.

Citernes vinaires de M. de La Fage. Pour mieux mettre le lecteur à portée de juger de la construction des citernes vinaires

et des dépenses que ce travail peut occasionner, voici une description de celles de M. de La Fage :

Dans une cave de treize mètres quarante-huit centimètres
(six toises quatre pieds et demi), il fut formé douze compar-
timens égaux, séparés par onze cloisons, ce qui donna une
largeur d'un mètre (trois pieds) dans œuvre à chaque com-
partiment sur un mètre cinquante-sept centimètres (quatre
pieds huit pouces) de longueur aussi dans œuvre ; de sorte
qu'il resta un mètre quarante-neuf centimètres (quatre pieds
et demi) pour les cloisons, qui, ainsi que les murs de devant,
furent construits en barrons, et lesdites cloisons appuyées par
des tenailles aux murs de la cave. Au milieu de chaque com-
partiment fut placé un robinet en cuivre, scellé dans une
pierre, à trente-trois centimètres (un pied) au-dessus du niveau du carrelage de la cave. Il fallut donc élever à cette hauteur les fonds des citernes, en leur donnant la pente convenable pour le soutirage.

D'après cette disposition, pour économiser plus de la moitié
de la maçonnerie de ces fonds, on eut soin de les remplir de
dix-huit centimètres (six pouces et demi) de terre graveleuse
bien pressée. Sur cette aire fut étendue une chapp. de béton
d'environ onze centimètres (quatre pouces), inclinée de douze
millimètres (six lignes) vers le robinet, et fortement mas-
sivée ; ce béton fut recouvert par un carrelage bien cimenté.
Le plancher ayant fait sa prise, les murs furent montés à la
hauteur d'un mètre vingt-deux centimètres (trois pieds huit
pouces) avec des matériaux de choix et le moins de mortier
possible, et tous les joints soigneusement garnis. A cette hauteur furent formées en béton les couches de la naissance des
voûtes, dont chaque citerne est couverte. Le renflement de ces
voûtes bâties, partie en béton, partie en barrons, fut de vingt-
deux à vingt-quatre centimètres (huit à neuf pouces). Sur le
haut des citernes et en avant fut ménagée une ouverture de
vingt-huit centimètres sur quatre décimètres (dix pouces sur
quatorze), et cette ouverture, taillée dans une pierre en plan
incliné sur quatre faces, se ferme par une autre pierre, que
des crampons qui y sont scellés permettent de soulever à volonté. Au milieu est le boudon : veut-on remplir de vin les
citernes, on lute avec du mastic de suif et des cendres de foin
le chapiteau, et dès-lors plus d'évaporation à craindre. Ces
citernes furent construites avec la composition de béton et de
ciment dont j'ai donné la description plus haut.

L'expérience a appris qu'il valoit mieux enduire une citerne
avant de la voûter qu'après sa confection. L'ouvrier y travaille
plus à son aise, n'y respire point un air malsain qui le presse
d'en sortir ; il peut mieux apercevoir les moindres scissures

que la pâle lueur d'une lumière lui dérobe dans une citerne voûtée ; il en perfectionne davantage son travail, et de son côté le propriétaire peut plus facilement le vérifier.

Des murs de quinze centimètres (cinq pouces) ont suffi pour cette construction, mais il n'en seroit peut-être que mieux de leur donner un peu plus d'épaisseur ; et il seroit même indispensable de le faire, si les vaisseaux qu'on se proposeroit de construire étoient d'une plus grande capacité.

Une attention qu'il faut avoir, c'est que toute humidité et tout suintement soient soigneusement écartés des murs principaux où s'appuient les citernes, lesquels ne sauroient être assez secs, ni assez sains. C'est pourquoi, si l'on craignoit cet inconvénient, il faudroit construire un contre-mur en dehors dont le talus rejetteroit l'eau pluviale.

Avantages des foudres en maçonnerie sur les futailles dont on se sert ordinairement. 1° M. de La Fage, en comparant le prix de ses citernes vinaires avec celui de la futaille dont elles tiennent lieu, trouve qu'il lui en auroit coûté 853 fr. de plus pour se procurer des tonneaux capables de contenir la même quantité de vin que ses foudres en maçonnerie.

2° L'entretien de la futaille ordinaire ne peut être estimé chaque année moins de 4 fr. pièce ; nul entretien avec de bonnes citernes.

3° Le déchet dans les tonneaux peut être évalué à raison d'un douzième ; il est peu sensible dans les citernes une fois avinées.

4° Il n'arrive que trop souvent des accidens aux vins renfermés dans les tonneaux : des cercles éclatent, des fonds se déjettent, les vins transpirent par l'effet d'une mauvaise reliure, ou de quelque gélivure dans le bois ; le goût du fût, le goût d'ambre ou d'aigreur, la tournure ou l'échaudure sont à craindre. Aucun de ces inconvéniens ne se rencontre dans les citernes ; leur solidité garantit de tout accident ; le vin s'y conserve parfaitement sain ; il ne s'y décolore point ; il n'y contracte aucun mauvais goût ni odeur ; il est toujours de plus en plus généreux, toujours frais ; aussi M. de La Fage assure-t-il que le vin qu'il avoit en citerne a été recherché par le marchand et le consommateur de préférence à celui qu'il avoit en barrique.

Enfin les foudres en maçonnerie présentent encore une infinité d'autres avantages qu'il seroit trop long de rapporter ici. J'observerai seulement qu'il seroit encore très utile pour nos forêts que cette innovation prît des accroissemens dans nos grands vignobles, on diminueroit par-là une consommation qui est considérable, celle du merrain, des montans et fonds de cuves, tous objets qui demandent le choix des arbres les plus beaux, les plus droits et les plus unis. L'usage du merrain se trouveroit réduit aux seules barriques de transport. Que de bois de construction d'épargné et de ménagé ! (Tes.)

Un cultivateur du département de la Meurthe, dans un excellent mémoire présenté à la société d'agriculture du département de la Seine sur la fabrication du vin, propose de faire fermenter la vendange dans des foudres de médiocre grandeur. Ses raisonnemens, appuyés d'une expérience de plusieurs années, ne m'ont laissé aucun doute sur les prodigieux avantages de sa méthode dont il sera rendu compte au mot Vin. (B.)

FOUDRE. On a donné ce nom au fluide électrique qui sort en grande masse et instantanément d'un nuage qui en contenoit en excès, et qui, accompagné de la lumière qu'on appelle Eclair, et du bruit qu'on appelle Tonnerre (*voyez* ces mots), se porte sur d'autres nuages ou sur la terre, où il brise les arbres, éclate les pierres, brûle les matières combustibles, et tue les hommes et les animaux.

Le foudre ou la foudre, car ces deux acceptions sont d'usage, se montre dans l'air comme une traînée de feu, le plus souvent en zigzag, plus ou moins longue, plus ou moins large, et toujours instantanée. Les cas où il se porte sur les nuages sont bien plus fréquens que ceux où il descend sur la terre.

Comme on confond généralement le foudre avec le Tonnerre, quoique ce dernier ne soit qu'un de ses effets, c'est à ce mot que j'en parlerai. *Voyez* aussi les mots Electricité, Orage, Nuage et Paratonnerre. (B.)

FOUENE. C'est la faîne, c'est-à-dire le fruit du hêtre.

FOUET. Les jardiniers donnent ce nom aux Coulans ou Stolones, qui sortent du collet de certaines plantes, et servent à les multiplier. *Voyez* ces deux mots et le mot Fraisier.

FOUETER. Sorte de castration en usage pour les vieux beliers ; elle consiste à lier fortement le scrotum, et à intercepter par-là toute communication entre les testicules et les vésicules séminales. Cette sorte de castration se fait mieux par les bergers que par les vétérinaires les plus instruits, parcequ'ils y apportent moins d'attention, qu'ils serrent sur-tout plus fortement les ficelles. *Voyez* Castration. (B.)

FOUGÈRE AQUATIQUE. On donne ce nom à l'Osmonde. *Voyez* ce mot.

FOUGÈRE FEMELLE. C'est le nom vulgaire de la Ptéride aquiline, la plus commune des fougères, celle qu'on entend particulièrement lorsqu'on dit simplement de la fougère *Voyez* au mot Ptéride.

FOUGERE MALE. On appelle ainsi une espèce du genre POLYPODE. *Voyez* ce mot.

FOUGÈRES. Famille de plantes dont les cultivateurs tirent ou peuvent tirer un grand parti et qui fournit des remèdes importans à la médecine.

Les caractères de cette famille consistent dans des feuilles roulées dans leur première jeunesse en forme de crosse, tantôt simples, tantôt composées ou sur-composées, et portant le plus souvent, sur leur revers, les organes de la fructification, composées de petites follicules uniloculaires, et disposées de différentes manières.

Les genres de la famille des fougères, dans lesquels se trouvent les espèces les plus utiles à l'agriculture ou à la médecine, sont POLYPODE, DORADILLE, PTÉRIDE, ADIANTE, OSMONDE, PRÊLE et CHARAGNE. *Voyez* ces mots.

Cueillies un peu après leur complet développement, toutes ces fougères, principalement la *ptéride aquiline*, celle qui porte plus particulièrement le nom de fougère, donnent par leur incinération une grande quantité de potasse ou alkali fixe végétal. Dans les Vosges, le Jura, et quelques autres endroits, les cultivateurs, dans leurs momens perdus, les ramassent pour cet objet, et en tirent un bénéfice assuré et souvent fort considérable; mais dans la plupart des autres pays de montagnes, où il y en a également en abondance, on les laisse perdre. J'ai dit un peu avant leur complet développement, parcequ'il résulte des expériences de Th. de Saussure que, plus les végétaux sont jeunes, plus ils fournissent de potasse; ce qui est contraire à l'opinion reçue.

Les feuilles de plusieurs espèces de fougères servent à la nourriture des bœufs et des chevaux qui s'y accoutument aisément, quoiqu'ils les dédaignent sur pied. On en fait dans quelques endroits de la litière, ou on les porte sur le fumier afin d'en augmenter la masse. Les hommes, dans le nord, en mangent les jeunes pousses et les racines qui, comme dans le polypode commun, sont souvent sucrées et très nourrissantes. Il est des pays entre les tropiques où elles servent à la subsistance habituelle des hommes; mais là les fougères sont quelquefois des arbres, et plusieurs, comme les zamia et les cycas, renferment dans leur tige (*caudex*) une fécule abondante et à peine différente de celle fournie par le sagoutier.

On doit donner aux cochons toutes les racines des fougères qu'on est dans le cas d'arracher par circonstance; mais il n'est jamais économique, à raison de la profondeur à laquelle elles parviennent, de les faire arracher uniquement dans cette intention.

La meilleure de toutes les couvertures qu'on puisse donner aux plantes pendant l'hiver, pour les garantir de l'effet des fortes gelées, est celle de la fougère, parcequ'elle ne retient pas l'eau, et se pourrit difficilement. J'ai indiqué au mot Pté-RIDE AQUILINE, qui est l'espèce qu'on emploie généralement à cet objet, la manière de la récolter, dessécher et garder.

C'est la racine de cette même espèce, ainsi que celle du polypode fougère mâle, qui est employée si avantageusement comme spécifique contre le ver solitaire.

Les polypodes, l'osmonde, quelques adiantes, etc., sont propres, par l'élégance de leur feuillage et la grosseur des touffes qu'elles forment, à entrer dans la composition des jardins paysagers. C'est dans les fentes des rochers exposées au nord, sur le bord des ruisseaux ombragés, qu'on doit exclusivement les placer. On les apporte des bois déjà grandes, on les sème en place au moyen des feuilles garnies de follicules. Du reste elles ne veulent aucune sorte de culture. Le moment le plus favorable pour leur transplantation est la fin de l'automne. (B.)

FOUGUEUX. On donne ce nom aux arbres qui poussent beaucoup de bois sans donner de fruits.

La fougue d'un arbre prouve toujours sa vigueur et la bonne nature de la terre dans laquelle il est planté.

Ce sont principalement les arbres greffés sur franc, et encore plus sur sauvageon, qui deviennent fougueux. Les poiriers y sont plus sujets que les autres, et parmi eux quelques variétés.

Beaucoup de jardiniers tourmentent de toutes manières les arbres fougueux pour les amener à donner du fruit. La taille que, dans ce cas, plusieurs pratiquent, ne sert qu'à augmenter ou perpétuer leur fougue. Les moyens les plus convenables sont les suivans : ou transplanter l'arbre dans un plus mauvais sol, ou ôter la bonne terre de son pied pour y en substituer de la mauvaise, ou couper quelques unes de ses plus fortes racines, ou faire une incision annulaire à son écorce, plus ou moins large, selon sa grosseur; ou courber ses principales ou même toutes ses branches; ou enfin le laisser monter à volonté, et attendre que la force de sa végétation s'arrête d'elle-même. (B.)

FOUILLEMERDE. Nom vulgaire d'insectes des genres BOUSIER, GÉOTRUPE et SCARABÉ, parcequ'ils habitent dans les excrémens des animaux. *Voyez* ces mots.

FOUINE. Animal du genre des MARTRES (*voyez* ce mot), qui dans les pays de montagnes cause souvent de grands dommages aux cultivateurs, en mangeant leurs poules, leurs pigeons et même leurs œufs, et qu'il est par conséquent de leur intérêt d'apprendre à détruire.

La fouine a le corps de plus d'un pied de longueur sur un demi-pied de hauteur. Sa couleur est un marron foncé, excepté à la gorge où elle est blanche. Sa queue est revêtue de poils longs et épais. Elle s'allonge considérablement quand elle veut, saute et bondit plutôt qu'elle ne marche, grimpe aisément contre les arbres et les murailles, s'accouple deux fois dans l'année, au milieu de l'hiver et au milieu de l'été, et met bas de trois à sept petits à chaque portée. Ces petits atteignent toute leur grandeur en un an, ce qui, d'après les calculs de Buffon, fait présumer qu'elle vit huit à dix ans. Une liqueur jaunâtre et d'une odeur musquée découle de deux vésicules voisines de l'anus, et se répand par-tout où elle passe, de sorte que l'odorat le moins exercé peut presque toujours suivre ses traces.

Pendant l'été les fouines restent dans les bois, vivent de petits quadrupèdes, d'oiseaux, de reptiles, de fruits et de graines. Alors elles se cachent dans des fentes de rochers, sous des tas de pierres, dans les arbres creux, dans les terriers abandonnés. Elles ne se rapprochent des villages, des fermes isolées que pendant la nuit, pour chercher à entrer dans les poulaillers, les colombiers, surprendre les volailles qui ne sont pas renfermées, ou s'emparer des œufs qui ont été pondus à la dérobée ; mais pendant l'hiver elles s'établissent dans les maisons mêmes, c'est-à-dire dans leurs greniers, dans les trous de muraille, et se tiennent perpétuellement en état de guerre avec les cultivateurs, auxquels elles font cependant quelque bien en mangeant les rats, les souris, les mulots, même les belettes qui infestent sa demeure. Elles se battent aussi contre les chats, et les tuent fort souvent.

La peau de la fouine fournit une fourrure d'assez bonne qualité, quoique inférieure à celle de la marte ; et cette dépouille seule détermine des personnes à leur faire la chasse pendant l'hiver, époque où elle est la mieux garnie de poils. Ces personnes ont de petits chiens courans à jambes torses, stylés à cet effet, qui la courent de greniers en greniers, entrent dans leurs trous, lorsqu'ils le peuvent, et la font sortir sur les toits, où elle est tuée à coups de fusil. J'ai vu ainsi, dans ma jeunesse, tuer dans une ferme appartenant à ma famille, sur la crête des montagnes qui sont entre Langres et Dijon, pays de rochers et de bois, jusqu'à douze ou quinze fouines en une matinée, et cela se renouveloit deux ou trois fois pendant l'hiver.

Il est des endroits où les bâtimens sont disposés de manière qu'on peut faire passer, soit avec des chiens ordinaires, soit avec des perches, soit avec des appâts, les fouines de tous les greniers dans un seul, plus petit et bien fermé, où il y a de la paille ou du foin comme dans les autres, mais en petite quantité. Lorsqu'on juge qu'il y en a d'entrées, par la trace de leurs pas sur la cendre qu'on a tamisée à la porte, on ferme cette porte, et on les tue à coups de bâton.

Dans d'autres endroits on place des lacets de fil de laiton, des assommoirs, de doubles et grandes ratières à trébuchet, et autres engins à l'ouverture des trous par où les fouines entrent dans les greniers, et on les visite tous les matins pour s'emparer de celles qui ont pu se prendre pendant la nuit.

Ceux qui ont de la patience les tuent à l'affût à coups de fusil, en faisant crier une poule; je dis de la patience, parceque la fouine est fort rusée, a la vue et l'odorat excellens, et que souvent elle reconnoît le danger, et laisse le chasseur se morfondre des huit jours de suite sans se montrer.

On les prend encore avec des pièges de fer, les mêmes qui servent à prendre les rats, mais plus gros, pièges sur lesquels on place ou un œuf ou un petit oiseau.

Enfin, mais ce doit être la dernière ressource, parcequ'il y a du danger et point de profit, on les empoisonne en mettant de l'arsenic, de la noix vomique, du verre pilé dans des œufs dont on cache le trou avec un morceau de papier, dans un petit oiseau dont on recout le ventre, dans des cœurs de mouton qu'on fait frire dans l'huile d'aspic, etc., etc.

Il m'a été rapporté qu'un habitant des Vosges ou du Jura avoit lavé la vulve et même l'intérieur de la matrice d'une fouine en chaleur, qu'il venoit de tuer, avec cette huile d'aspic; que pendant sept à huit ans il avoit frotté, chaque hiver, avec cette même huile, une fouine empaillée, qu'il traînoit sur son foin pour la conduire dans une petit grenier disposé comme je l'ai dit plus haut, et la cacher dans un trou où les fouines mâles pouvoient la sentir sans la voir; que là il avoit pris tous les mâles, et même souvent les femelles, qui se réfugioient dans sa ferme.

Les cultivateurs, malgré tous ces moyens de destruction, ne doivent point négliger ceux de précaution. Ainsi ils doivent avoir soin que leur colombier soit exactement crépi dans tout son extérieur, que les environs de l'entrée des pigeons soient, pour plus de sûreté, garnis de feuilles de fer-blanc, afin que les griffes des fouines ne puissent pas mordre dessus. Ainsi il faut qu'ils veillent à ce que leurs poulaillers soient bien clos, exactement fermés tous les soirs, qu'aucune poule ne s'habitue à coucher dehors, à aller pondre dans les granges, sous les buissons, etc. Si les fouines ne tuoient que ce qui est nécessaire à eur subsistance, le mal seroit peu étendu; mais dès qu'elles entrent dans un colombier, dans un poulailler, elles massacrent tout ce qu'elles peuvent attraper, c'est-à-dire presque toujours la totalité de ce qui s'y trouve. Lorsqu'on a éprouvé un malheur de ce genre, on peut être sûr de tuer à l'affût la nuit suivante la fouine qui a fait le dégât, si on sait se cacher convenablement; car elle reviendra immanquablement chercher une de ses victimes pour l'emporter à ses petits. Je dis à ses petits, parceque c'est à cette époque qu'elles sont plus hardies, et par conséquent plus dangereuses.

La peau de la fouine, comme je l'ai déjà dit, est l'objet d'un commerce de quelque importance. On en fait des manchons, des doublures d'habit, des gants, etc., etc. On la teint de diverses couleurs. Son poil est un des meilleurs qu'on puisse employer pour la fabrication des pinceaux communs. Il entre avec avantage dans les chapeaux fins. -

J'ai insisté principalement sur les dommages que les fouines causent aux volailles ; cependant elles font aussi quelquefois beaucoup de tort aux fruits. J'ai vu des espaliers de pêches et de poires dévastés très rapidement par elles. J'en ai tué sur des pommiers en plein vent, dont elles faisoient tomber toutes les pommes en les entamant. On dit même qu'elles mangent le blé dans les greniers, mais cela n'est pas constaté.

Il est possible d'apprivoiser jusqu'à un certain point les fouines, et de leur faire remplir les fonctions des chats ; mais il ne faut pas cependant trop se fier à ces individus, dont le naturel se développe dans l'occasion, et qui massacrent alors les poules. (B.)

FOULER LA VENDANGE. C'est l'action d'écraser le grain du raisin dans la cuve.

Presque par-tout on foule avec les pieds, c'est-à-dire qu'un homme nu entre dans la cuve, et en piétine le raisin jusqu'à ce qu'il le juge suffisamment écrasé.

Cette manière d'opérer, outre qu'elle est dégoûtante, devient, dans certains cas, dangereuse pour l'ouvrier, qui est frappé d'asphyxie, et elle ne remplit que très imparfaitement le but. En effet, il échappe une infinité de grains au foulage, et le mucilage qu'ils contiennent n'entre pas dans la fermentation. Ce n'est qu'au pressurage qu'ils s'écrasent et qu'ils fournissent leurs principes.

Pour remédier à ces graves inconvéniens, quelques auteurs ont proposé d'écraser le raisin sous le pressoir, ou avec des rouleaux, avant de le mettre dans la cuve ; d'autres de l'écraser dans la cuve même avec des battoirs, des râpes, des cylindres, et autres machines analogues, à mesure qu'on l'apporte.

J'applaudis à la justesse des motifs de ces auteurs, et à la bonté de leurs moyens ; mais nulle part je n'ai vu fouler la vendange autrement qu'avec les pieds. Il faut donc que cette méthode ait des avantages certains.

Cette question sera au reste discutée au mot VIN.

M. Maupin a décrit dans son Traité de la richesse des vignobles un fouloir sur lequel on agit comme dans la méthode ordinaire, mais qui remplit bien plus complètement son but.

Il consiste en un fort cercle d'un diamètre un peu inférieur à celui de la cuve, et sur lequel, au moyen de tasseaux, on fixe des planches étroites et écartées de moins d'un diamètre de grain de raisin. C'est sur cet appareil, fixé à un pied des bords de la cuve, que le raisin se foule à mesure qu'on l'apporte. La liqueur et les grains écrasés passent dans l'intervalle des planches, de sorte qu'on voit quand l'opération est faite, et elle l'est toujours bien.

Beaucoup de personnes ont annoncé dans le temps avoir employé ce moyen avec succès. J'ignore si quelques unes ont continué à en faire usage. (B.)

FOULURE. MÉDECINE VÉTÉRINAIRE. Ce terme a dans notre art plusieurs acceptions, et indique une extension violente et forcée des tendons, des ligamens, d'une partie d'un membre quelconque; en ce cas, il a la même signification qu'ENTORSE, EFFORT. *Voy*. ces mots. On s'en sert encore pour désigner une contusion externe occasionnée par quelque compression, telle que celle qui résulte du frottement et de l'appui de la selle sur le garrot (*voyez* GARROT), lorsque les arçons trop larges, ou entr'ouverts, laissent tomber l'arcade sur cette partie. Cette espèce de foulure cède à l'usage des frictions d'eau-de-vie avec le savon. (R.)

FOUR À CHAUX. Quoique la construction d'un four à chaux ne soit pas du domaine de l'agriculture, il est si important pour les cultivateurs, soit sous le rapport de son emploi dans la bâtisse, soit pour l'amélioration de leurs récoltes, d'avoir de la chaux à volonté, en abondance, et à bon marché, que j'ai cru devoir consacrer un court article à cet objet. *Voyez* aux mots CHAUX, CALCAIRE, MARNE, AMENDEMENT.

Le but de tout four à chaux est d'enlever, par le moyen du feu, et avec le moins de combustible possible, tout l'acide carbonique et toute l'eau qui sont contenus dans une quantité donnée de pierre calcaire. On peut y arriver par beaucoup de moyens; aussi chaque pays a-t-il son four à chaux de principe, de forme et de dimension différente. Je n'entrerai pas dans le développement de tous ces espèces de fours; il me suffit d'en faire connoître deux ou trois des plus à la portée des cultivateurs peu fortunés.

Sans doute le moyen le premier employé pour faire de la chaux a été de mettre les pierres au milieu d'un grand feu; mais la consommation de bois, pour obtenir peu de chaux, que cela nécessite, a depuis long-temps fait employer des fours où le calorique est concentré par des parois incalcinables et infusibles.

Le four à chaux le plus simple, et qu'on trouve encore en usage dans les pays où le bois est abondant, consiste en une

Pl. I. Tom. 6. Page 85.

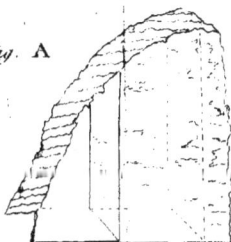

Fig. A

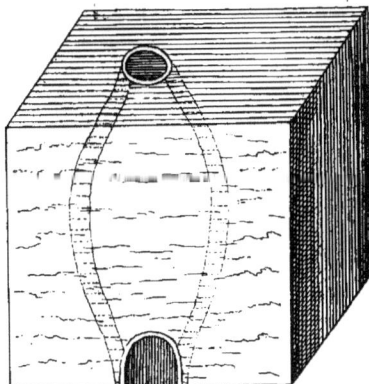

Fig. B

Fig. C

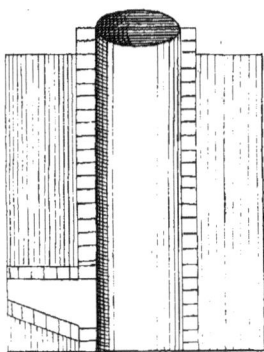

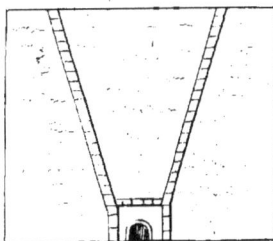

Fig. D

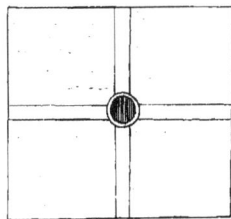

Fig. E

Fours à Chaux.

excavation de quatre à cinq pieds carrés de base sur huit à dix de haut, qu'on fait sur le penchant d'un talus quelconque (*voyez pl.* 1 , *fig.* A), et qu'on remplit de morceaux de pierre calcaire disposés de manière à ce que la flamme puisse tourner autour de tous , et qu'il reste au bas une cavité d'un pied carré d'ouverture et de toute la profondeur de la masse. On met le bois dans cette cavité. La déperdition de chaleur est considérable , non seulement parceque la flamme sort par le côté qui est ouvert, mais encore parceque le terrain en absorbe une grande quantité. Cependant on parvient à transformer en chaux tout le calcaire , à l'exception de la partie qui est immédiatement à l'air, on en est quitte pour remettre une seconde fois au feu cette partie. Il est important dans ce four, encore plus que dans les autres, de recharger aussitôt que la chaux est enlevée , pour profiter de la chaleur qui reste encore dans la terre. Dire combien d'heures il faut chauffer pour que la chaux soit faite est chose impossible , puisque cela dépend et de la capacité du four, et de l'espèce de terre qui en forme les parois, et de la nature du bois qu'on brûle , et de la sorte de calcaire qu'on emploie. On juge assez bien à l'œil, pour peu qu'on ait d'habitude, que la chaux est cuite par la couleur rouge qu'a acquise la pierre dans le feu, et par le blanc qu'elle prend lorsqu'on l'en retire.

Parmi les fours à chaux régulièrement construits , je citerai celui, assez généralement préféré, dont l'intérieur représente une élipsoïde. C'est un massif en pierre , souvent bâti dans une excavation semblable à la précédente pour la facilité du service, dont l'épaisseur est de deux à trois pieds , et qui a au moins deux toises sur tous les sens. Dans ce massif est réservée une cavité en forme d'œuf, qui est revêtue de brique ou de pierre quartzeuse non décrépissante par le feu , et qui communique en dehors perpendiculairement par sa partie supérieure , et inférieurement par une voûte étroite et latérale (*Voyez pl.* 1 , *fig.* B). On forme dans l'intérieur une voûte avec de grosses pierres calcaires , de manière à laisser deux ou trois pieds entre elle et le foyer, et le reste de sa capacité se remplit par le haut. Le feu se met par la voûte. Ici, il y a moins de déperdition de chaleur à raison de la forme du four et de la nature de la brique , ou de la pierre qui le revêt.

Pour plus de perfection, on fait un cendrier au-dessous de la base , et alors on peut et même on doit mettre le bois par une ouverture un peu élevée au-dessus de cette base.

Mais le meilleur de tous les fours est celui qui est disposé de manière à ce que la chaux soit enlevée à mesure qu'elle se forme, parcequ'alors elle est toujours également cuite , et que la place qu'elle occupe est sur-le-champ remplie par celle qui n'est pas encore complètement formée. Pour cela, le four doit être cylindrique, beaucoup plus haut que large, et le feu au quart de la hauteur et latéral (*Voyez pl.* I, *fig.* C). On sent en effet que la flamme, entrant avec rapidité par l'ouverture latérale, calcine la partie supérieure, tandis que les charbons tombant entre les pierres de la partie inférieure achèvent l'opération. Chaque demi-heure, ou même chaque quart d'heure, on tire avec un crochet de fer la chaux qui se trouve sous la voûte, puis on remet de nouvelles pierres dans le haut, et ces opérations ne cessent que lorsqu'on a assez de chaux. On voit par-là qu'on gagne et du temps et du bois, puisque le four ne se refroidit pas comme dans les procédés ci-dessus.

Un four de trois pieds de diamètre et de douze pieds de haut, et dont le massif est de neuf à dix pieds d'épaisseur, doit suffire; car, en général, il est plus avantageux d'avoir des petits fours que des grands.

Il est aussi des fours propres à fabriquer de la chaux avec du charbon de terre. Ceux-là doivent être un cône renversé, dans lequel on met la pierre pêle-mêle avec le combustible. Au cendrier aboutissent trois ou quatre galeries, au point de réunion desquelles on met le feu au moyen de quelques fagots (*Voyez pl.* I., *fig.* D et E). Il seroit à désirer que ce genre de four fût préféré par-tout où l'usage du charbon de terre est économique.

Les chaufourniers ont remarqué que la pierre calcaire calcinoit plus lentement lorsqu'elle avoit perdu son eau de carrière; en conséquence, quand quelques circonstances ont obligé de la laisser trop long-temps exposée à l'air, ils la mouillent avant de la mettre au four.

Toute espèce de bois, même les broussailles, les bruyères, les tiges des grandes plantes vivaces, même le chaume, peuvent servir à chauffer les fours à chaux; mais l'effet est plus prompt lorsqu'on choisit le meilleur, c'est-à-dire celui qui a acquis de la dureté par l'âge. On y consacre ordinairement des fagots ou des bois blancs de refente. J'ai remarqué qu'on n'employoit généralement en France que du bois vert, ce qui fait qu'on en consomme davantage. Je dois donc recommander de conserver ce bois, sous des hangars, au moins une année sur l'autre.

La pierre calcaire la plus pure, telle que le marbre et le calcaire secondaire, est la meilleure pour faire de la chaux. Il faut rejeter toute celle qui contiendroit plus du quart d'argile, lorsqu'on veut avoir de la chaux propre à faire de bonnes bâtisses; mais quand on destine cette chaux aux usages agronomiques, c'est-à-dire qu'elle est destinée à être répandue sur les terres, cette considération est moins utile. Dans quelques cas même, par exemple lorsque le terrain est argileux, celle qui contient le plus de matières étrangères est préférable. *Voyez* ARGILE. Les cultivateurs doivent donc se guider dans leur choix d'après des circonstances de convenance, telles que les moindres frais de transport ou de fabrication, et la nature de leur sol. Toute pierre où le calcaire domine peut être réduite en chaux propre aux amendemens, excepté la dolomie, qui, d'après les observations de Tennant, loin d'être utile dans ce cas, porte l'infertilité pendant plusieurs années sur les champs sur lesquels on la répand ; mais cette sorte de pierre est très-rare, même dans les montagnes primitives, qui sont exclusivement le lieu de ses gissemens. *Voyez* MAGNÉSIE.

On reconnoît la bonne chaux à sa couleur blanche et au son clair qu'elle rend lorsqu'on la frappe avec un corps dur.

La chaux fabriquée peut se conserver un an et plus dans des tonneaux, sous des hangars, sans perdre sensiblement de sa qualité ; mais comme on n'en fait généralement usage en agriculture que lorsqu'elle est éteinte, à raison de la difficulté de son emploi lorsqu'elle est vive, on se contente souvent de la mettre en tas sous les mêmes hangars, ayant soin qu'elle soit éloignée de toute matière combustible, car elle pourroit y mettre le feu.

Les fours à chaux, tels qu'ils viennent d'être décrits, peuvent également servir à cuire le plâtre et l'argile destinés aux mêmes objets agricoles. *Voyez* ces deux mots. (B).

FOUR A PAIN. Il n'étoit, dans l'origine des sociétés, que l'âtre de la cheminée, un trou en terre, un gril ; mais la pâte qu'on y exposoit ne cuisant que par un côté, on l'environna de cendres dont la chaleur immédiate brûloit le dessus du pain et le salissoit. On remédia bientôt à cet inconvénient en mettant un obstacle entre la pâte et le feu, par une feuille de tôle ou d'autre métal. Il est même naturel d'imaginer que les tourtières appelées encore aujourd'hui *fours de campagne*, et que nos cuisiniers emploient pour faire des pâtisseries, ont été les premiers fours. L'industrie se perfectionnant, on inventa des fours portatifs, et après cela des fours à demeure.

Le four est au pain ce que le moulin est à la farine. Si le plus excellent grain ne donne qu'un produit de médiocre qualité, la pâte la mieux pétrie et fermentée au point convenable ne donne aussi qu'un pain défectueux et cher, dès que cet instrument manque par la forme et les dimensions. Or, comme le combustible est dans beaucoup d'endroits la partie la plus dispendieuse de la manutention, il importe de chercher à l'économiser par la meilleure construction du four.

Forme du four. Sa grandeur varie, mais sa forme est assez constante. Elle ressemble ordinairement à un œuf ; et l'expérience jusqu'à présent a prouvé que cette forme étoit la plus avantageuse et la plus économique pour concentrer, conserver et communiquer de toutes parts, à l'objet qui s'y trouve renfermé, la chaleur nécessaire. C'est donc un hémisphère creux, aplati, dans lequel on distingue plusieurs parties : l'âtre, la voûte, le dôme ou chapelle, la bouche ou l'entrée, l'autel, les ouras, enfin le dessous et le dessus du four.

Dimensions. Elles sont relatives à la consommation et aux espèces de pain qu'on fabrique. Les boulangers de Paris qui cuisent de gros pains donnent à leurs fours 3 mètres et demi environ (10 à 11 pieds), et ceux qui font des petits pains 5 mètres (9 pieds) de largeur, sur (un pied, un pied et demi) ou 3 centimètres 78 millimètres de hauteur; mais le four de ménage doit avoir 2 mètres (6 pieds) environ de largeur, et 42 centimètres (16 pouces) de hauteur.

Atre. On lui donne une surface tant soit peu convexe depuis l'entrée jusqu'au milieu, en diminuant insensiblement vers les extrémités, parceque c'est dans cette partie que le four est le plus fatigué par le choc continuel des pelles et des autres instrumens avec lesquels on y manœuvre pour y placer le bois et la pâte.

Voûte, dôme ou chapelle. Les différentes courbures qu'on lui donnoit autrefois faisoient varier sa forme, ses effets et sa dénomination. Sa hauteur est déterminée par la longueur du four, et il faut en prendre le sixième.

Ouras. C'est ainsi qu'on nomme des conduits par lesquels l'air passe pour favoriser la combustion du bois. Il existe des fours qui n'en ont pas besoin; mais lorsqu'ils ont une certaine grandeur, et qu'on les chauffe avec du bois un peu vert, les ouras sont indispensables. On en place un de chaque côté du four, à côté du bouchoir, à 18 ou 20 pouces au-dessus de l'autel.

Entrée ou bouche. Sa largeur doit être relative à l'étendue des pains, et garnie d'une porte de fonte adaptée à une feuillure bien juste et bien fermée en dedans avec un loquet. On pourroit la faire en forme de porte à penture et en forte tôle; mais la première est préférable.

Autel. C'est la tablette sur laquelle le bouchoir pose, lorsque le four est ouvert; elle est ordinairement formée d'une plaque de fonte soutenue par trois traverses en fer. On pratique une ouverture circulaire à travers laquelle tombe la braise dans l'étouffoir.

Dessus du four. En ménageant une espèce de chambre, on pourroit y faire sécher les grains quand ils seroient humides, et exécuter dans les grands froids tous les procédés de la boulangerie. Il suffiroit de la faire égaliser et carreler, en élevant les murs de 2 mètres (6 pieds) de haut, et en prolongeant les ouras par le moyen de tuyaux de poêle. Nous avons fait mention, au mot Etuve, des avantages qu'on pourroit obtenir à peu de frais de cette chambre.

Dessous du four. Il est employé ordinairement à serrer le bois et à le sécher; mais cette partie du four est peu nécessaire dans les cantons où le bois brûle aisément. Il faut que la voûte sur laquelle pose l'âtre ait au moins deux pieds d'épaisseur, pour conserver aussi long-temps qu'on le peut la chaleur. En supposant que le local fût trop bas pour se procurer un dessous de four, on pourroit creuser dans les fondations.

On ne doit pas oublier que l'emplacement influe sur ses effets, et que c'est de l'argent bien employé que de se procurer un four solide dans toutes ses parties.

Construction. Il faut se servir des ressources que l'on a, et faire toujours en sorte que la maçonnerie ait une certaine épaisseur, afin que toute la chaleur s'y concentre et ne se perde pas au dehors.

Mais la manière de construire un four conforme à celui dont nous présentons le plan est très simple et très facile. Lorsque le massif sera à la hauteur où l'on a dessein de former l'âtre, on le couvrira d'un enduit; on tirera au milieu de sa longueur une ligne droite, que l'on coupera à l'endroit que l'on destinera à être le milieu du four, par une autre ligne transversale formant le trait carré, en observant les mêmes épaisseurs de mur au pourtour. On enfoncera un clou rond au point où se réunissent les deux lignes; on prendra ensuite une petite règle de bois, longue de la moitié du diamètre que l'on voudra donner au four, et qui aura une petite encoche à un bout, afin de ne point vaciller lorsqu'on la tournera contre le clou; et, lui faisant décrire un demi-cercle d'un bout à l'autre de la ligne transversale, on formera la tête du four.

Cette opération faite, pour obtenir l'autre extrémité du four on divisera la distance d'un bout du cercle à l'autre sur la ligne transversale, en quatre parties égales entre elles : on enfoncera un clou dans chacune des deux parties qui forment le quart de la largeur totale; ensuite avec une règle de la même forme, mais d'un quart plus grande que la première, on décrira de chaque côté de la ligne droite un cercle dont un bout rejoindra celui du cercle à la ligne transversale, et l'autre la bouche du four : de cette manière un four se trouvera tracé, quelles que soient la forme et les dimensions qu'on lui donne.

Quant à l'ouverture de la bouche, on la fixera de la largeur qu'on voudra, et elle déterminera la longueur du four; mais il ne faut pas s'écarter des dimensions de la nôtre.

C'est après avoir formé cette ligne circulaire que l'on placera les pierres ou briques formant le pied droit du four, sur lequel on formera la voûte. Il seroit essentiel que la forme des briques dont on se sert pour ces constructions fût conique, c'est-à-dire d'un pouce plus étroite d'un bout que de l'autre.

Un four construit suivant la forme et les proportions que nous indiquons sera aussi parfait qu'il est possible de le désirer. Le massif, plus épais et moins rempli d'interstices, ôtera aux insectes qui cherchent tant la chaleur la faculté de s'y introduire et de le détériorer. Le dôme, peu élevé, réfléchira mieux la chaleur, et achèvera à temps le gonflement de la pâte. L'âtre, plus solide et d'une matière moins dense, sera moins sujet à être regarni, et cuira le pain sans le brûler. Le nombre des ouras diminué, et leur forme rectifiée, animeront la flamme et donneront du mouvement à la fumée. L'entrée plus abritée, moins large et mieux fermée, ne perdra plus de chaleur.

Chaudière. En la plaçant dans le massif du four, peu importe de quel côté, on obtiendra, indépendamment du bois, l'avantage de se procurer l'eau à la température que l'on désireroit. Il faut y pratiquer, suivant la saison et au moment de s'en servir, un robinet, mais à une hauteur convenable pour pouvoir la verser dans un seau et la porter au pétrin.

Etouffoir. Quand on emploie du gros bois au chauffage du four, la braise peut servir à dédommager de la manutention ; pour cet effet, il faut empêcher qu'elle ne se consume, et la recevoir dans un vaisseau de tôle de deux pieds de largeur sur trois de hauteur, garni d'un couvercle qui ferme exactement, et à son milieu, de deux anses pour pouvoir le manier et le transporter dès qu'il est rempli ; rien n'est plus dangereux que l'usage de réunir la braise aussitôt son extinction dans des caisses, dans des tonneaux et autres vaisseaux susceptibles de prendre feu et d'occasionner des incendies.

La planche 2 représente toutes les parties d'un four à pain.

Figure 1. A Plan du four.
B Bouche.
C Autel du four, soutenant le bouchoir lorsqu'il est ouvert.
D Conduit pour introduire les cendres chaudes et les petites braises sous la chaudière.
E Chaudière.
F Cheminée de la chaudière, correspondant dans la cheminée du four.
G Porte pour faire le feu sous la chaudière.
Fig. 2. H Elévation sur la longueur du four.
I Cheminée.
K Autel.
L Bouche du four.
M Petite voûte servant à serrer les allumes pour le chauffage du four.

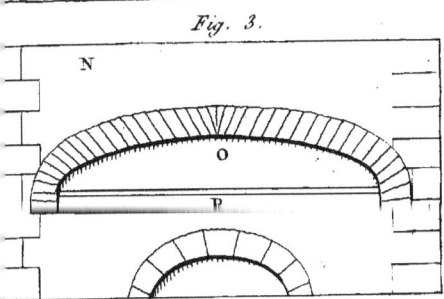

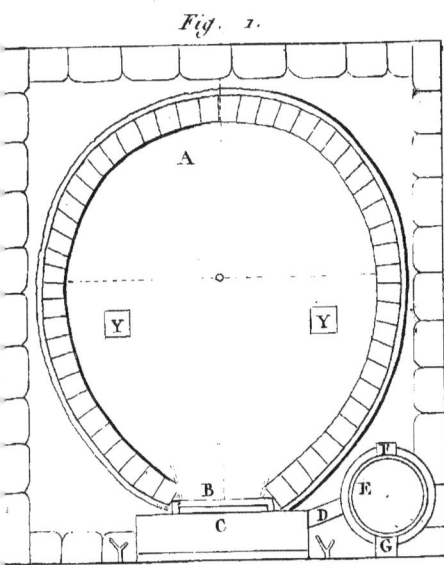

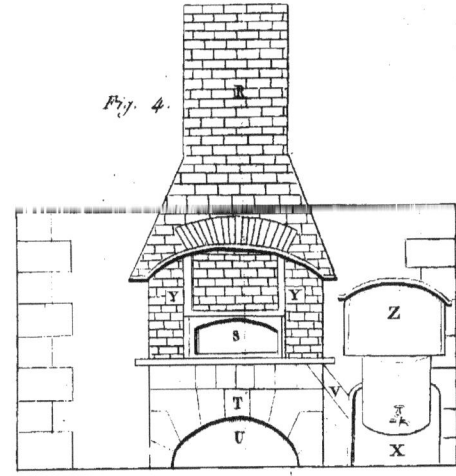

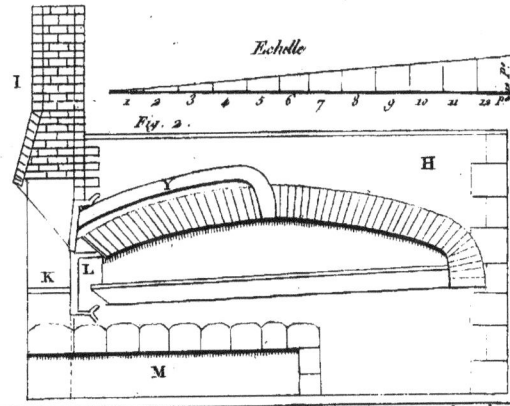

Pl. II. Tom. 6. Page 90.

Fig. 3.

N

O

P

Fig. 4.

R

Y   Y

S

Z

V

T

U   X

Fig. 1.

A

Y   Y

B

C   D

E

F

G

I

Echelle

1 2 3 4 5 6 7 8 9 10 11 12 P.

Fig. 2.

H

Y

K L

M

Deseve del et dir.

Four à Pain.

Fig. 3. N Élévation sur la largeur du four.
O Chapelle ou voûte du four.
P Atre du four.
Fig. 4. R Cheminée du four.
S Bouche.
T Arrière-cart sous l'autel, pour contenir partie de l'étouffoir, lorsque l'on retire la braise du four.
U Voûte sous le four.
V Conduit de la braise sous la chaudière.
X Endroit où l'on fait le feu sous la chaudière.
Y Les ouras, *fig.* 1, 2 et 4.
Z Cavité au-dessus de la chaudière, tant pour y puiser l'eau que pour la remplir.

Chauffage du four. Si l'eau est l'instrument principal de la fermentation de la pâte, le bois doit être considéré comme celui de la cuisson du pain. Toutes les matières combustibles peuvent également servir au service du four, pourvu qu'elles donnent une flamme claire pour chauffer la voûte ou chapelle, et ensuite de la braise pour l'âtre.

Le bois vert, employé en grosses bûches, ne brûleroit ni assez vivement ni assez promptement, si d'abord on ne le faisoit sécher, et qu'ensuite on ne le divisât pour favoriser son ignition ; mais il faut prendre garde de nuire à sa qualité. Trop sec, il ressemble au vieux bois ou au charbon ; l'humidité qui est le véhicule et l'aliment de la flamme étant dissipée en grande partie, la chaleur ne se répand pas au loin ; elle se concentre sur la partie qu'elle touche, d'où il suit que l'âtre est trop chaud et que le dôme ne l'est pas suffisamment. On doit donc autant qu'on le peut choisir de préférence le bois qui flambe aisément, long-temps, et qui n'est pas sujet à noircir. Le charme, le hêtre, le bouleau et les bois blancs remplissent complètement cet objet.

Le danger des bois peints pour le chauffage du four est connu ; trop d'observations l'attestent pour en douter. Ils peuvent communiquer de leurs propriétés vénéneuses à la pâte qui achève sa fermentation et subit la cuisson ; on ne sauroit donc avoir assez de réserve à ce sujet.

Mais pour chauffer un four, il ne suffit pas de jeter le bois au hasard ni de le laisser consumer tranquillement, jusqu'à ce qu'il soit réduit à l'état de braise ou de cendres ; il faut, si c'est du gros bois, le glisser légèrement avec la pelle dans les différens endroits où il doit être placé, l'arranger et le soigner pendant qu'il brûle, de manière que l'âtre, la voûte et la bouche se trouvent chauffées également par-tout. On doit croiser le bois, et faire en sorte que ses extrémités aboutissent vers les deux côtés du four, afin que le jet de flamme s'élève et circule tout autour de la chapelle. Or, cet arrangement, quoique simple, exige cependant un tact qu'on ne tarde pas à acquérir par l'habitude réfléchie. (Par.)

FOURBURE, FOURBISSURE, FOURBATURE. Médecine vétérinaire. On lit à cet égard un excellent mémoire de M. Chabert dans les instructions vétérinaires, année 1791. Comme il n'est pas à ma connoissance qu'on ait fait depuis aucunes observations nouvelles sur cette maladie, je crois ne pouvoir mieux faire que de rapporter ici ce qu'il en a dit.

La fourbure est une maladie assez commune dans les chevaux, moins fréquente et moins dangereuse dans les bœufs et les moutons : elle est absolument particulière aux solipèdes et aux bisulces, tels que le cheval, le mulet, l'âne, le cochon, les bétes à cornes, les bêtes à laine, la chèvre, et généralement tous les animaux ruminans.

Le siège de la fourbure réside dans l'intérieur du sabot; tous les vaisseaux qui se distribuent dans cette partie sont très engorgés, et c'est dans cet engorgement qui suscite beaucoup de douleur que consiste cette maladie. La plus grande partie des auteurs qui en ont parlé l'ont envisagée comme rhumastimale, attendu que les chevaux fourbus paroissent éprouver des douleurs dans les muscles des lombes et dans ceux des extrémités; mais cette douleur, qui n'est rien moins que démontrée, ne seroit, si elle existoit, que secondaire et subséquente à celle que les pieds éprouvent; la preuve de cette vérité se tire de la cessation de tous les accidens, lorsqu'on a remédié à ceux qui affectent les parties contenues dans le sabot. Cette erreur a été très funeste; elle a détourné de la véritable route à suivre; on a combattu une maladie imaginaire, et on a négligé d'attaquer celle qui existoit réellement.

Des symptómes dans le cheval et dans les autres solipèdes. Les signes qui annoncent la fourbure diffèrent suivant le degré du mal et ses progrès; elle est accompagnée de fièvre, ou elle existe sans ce symptôme. Dans l'une ou dans l'autre de ces circonstances, la marche de l'animal indique son existence d'une manière non équivoque. Si la fourbure attaque les deux extrémités antérieures, il s'en sert lentement et avec difficulté; il allonge une des jambes en avant, craint de poser le pied sur le terrain, évite de l'appuyer sur la pince, et ce n'est que peu à peu, et avec plus ou moins de difficulté, qu'elle le charge du poids qu'elle est obligée de supporter pour permettre à l'autre jambe de devant de se dégager et de se porter à son tour en avant. Le jeu des extrémités postérieures est d'autant plus contraint, qu'elles sont plus engagées sous le corps, et cet avancement est toujours en raison du poids qu'elles sont nécessitées de supporter. Cette surcharge qu'elles éprouvent rend leurs actions pénibles et incertaines; leur équilibre est souvent interrompu, et l'on observe une vacillation plus ou moins grande dans la croupe.

Lorsque la fourbure attaque les extrémités postérieures, le poids et les forces sont distribués d'une manière diamétralement opposée; c'est le devant qui supporte la plus grande partie de la masse; les jambes antérieures sont inclinées de devant en arrière; la croupe est soulevée; le cou et la tête sont portés en contre-bas; la marche dans cette position est encore plus pénible et plus difficile que celle que nous venons de décrire.

La douleur des pieds malades se reconnoît, au surplus, par la chaleur de la couronne, et souvent par celle du sabot ; par l'engorgement et la plénitude excessive des vaisseaux artériels et veineux du canon ; par la force du battement des deux artères latérales et leur dureté; par l'engorgement plus ou moins considérable des tendons et de leurs gaînes; enfin par la chaleur plus ou moins forte de ces parties. On reconnoît encore la douleur qu'éprouvent celles renfermées dans le sabot par des heurts légers donnés avec le manche du brochoir sur quelques parties de la surface de cette boîte, ou en la comprimant, ainsi que la sole, avec les mors des tricoises ; le degré de sensibilité que l'animal témoigne pendant l'une ou l'autre de ces actions met dans le cas de juger de l'étendue et de la force du mal.

L'animal n'est pas toujours fourbu des deux pieds de devant ou de derrière ; il ne l'est souvent que d'un seul, quelquefois de trois, et enfin des quatre ; la maladie ne les affecte pas constamment à la même époque, mais successivement.

Plus les pieds fourbus sont douloureusement affectés, plus la fièvre est forte; elle n'existe pas lorsque cette douleur est légère; les signes qui l'accompagnent sont le resserrement de l'artère maxillaire, la vitesse et la dureté du pouls, la soif, les sueurs aux flancs, aux ars et aux épaules, la tristesse, le dégoût, la constipation.

La fourbure, envisagée relativement à ses effets sur les parties qu'elle affecte essentiellement, doit être regardée comme une véritable fluxion de la nature de celles qu'on appelle *chaudes* et *inflammatoires* : comme elles, elle se termine par la résolution et la suppuration, l'induration ou la gangrène. De toutes ces terminaisons, et l'expérience ne le prouve que trop, la seule qu'on doive tenter de produire, c'est la première, les autres terminaisons ayant toujours des suites funestes.

Cette fluxion occupe toutes les parties contenues dans le sabot; tous les vaisseaux renfermés dans cette boîte, et tous ceux qui se distribuent dans la substance, ceux qui abreuvent l'os du pied, les feuillets, les aponévroses, la sole de chair, etc., sont plus ou moins gorgés par le sang qui y abonde avec la plus grande impétuosité; l'addition de ce fluide gêne et comprime les parties contenues; cette compression est plus douloureuse et plus dangereuse sur les parties qui lui résistent que sur celles qui ne lui résistent pas; aussi voyons-nous que le corps pyramidal, qui sert de coussin à la partie postérieure de l'os du pied et au talon, éprouve rarement les effets sinistres de cette maladie, par la raison que ce corps souple et flexible se prête facilement à l'expansion des vaisseaux qui le pénètrent; c'est donc dans la partie du pied qui présente le plus d'obstacles à l'expansion des vaisseaux que réside presque tout le mal, et qu'il fait les progrès les plus funestes lorsqu'on lui laisse le temps d'agir; l'ongle perd sa forme naturelle, il se prolonge en pince; les quartiers se resserrent; la couronne rentre et se creuse; le sabot est ceint et entouré d'une infinité de cordons; tout le suc nourricier est détourné sur les talons; l'os du pied, d'incliné qu'il étoit, se rapproche de la verticale par sa partie antérieure et supérieure, de manière que toutes les précautions prises par la nature pour sauver la sole charnue de la pression et du contact de ce corps dur sont inutiles; cette partie, continuellement et douloureusement contuse par la partie inférieure et tranchante de ce même os, s'engorge, s'enflamme, suppure et se détruit, tandis que la sole de corne desséchée par le défaut de nourriture qu'elle recevoit de la première se vousse en dehors dans un ou dans plusieurs points de son étendue, et notamment en deçà de la pointe de la fourchette; c'est cette voussure dans la partie antérieure de la sole qu'on appelle *croissant* : tous les feuillets de la paroi intérieure du sabot, ainsi que ceux qui coiffent l'os dont nous venons de parler, offrent à peine quelques vestiges de leur organisation; la configuration en est totalement changée; ceux de la paroi du sabot sur-tout acquièrent une épaisseur qui double, triple et quadruple même celle de cette boîte; ceux appartenant à l'os du pied se dessèchent par le défaut de sucs; ils sont durs, compactes et retirés sur eux-mêmes, de façon qu'ils laissent entre eux du vide, et qu'ils ne s'engrainent plus exactement, comme par le passé, les uns dans les autres; aussi l'ongle paroît-il vide quand il est heurté, et ne rend-il qu'un son creux; l'os se carie, devient vermoulu; il se ramollit, et tous ces effets successifs, qui ont exigé de la part de l'animal une action forcée,

lors des légers mouvemens qu'il a pu faire, entraînent nécessairement une multitude d'altérations dans les articulations,
comme des éparvins, des courbes, des osselets, des formes,
des ankyloses fausses ou vraies, dues peut-être encore aux
causes prochaines de la fourbure même, et c'est alors que l'a-
trophie, le marasme conduisent promptement le malade à la
mort.

Il arrive quelquefois, mais ce cas est rare, que les feuillets
de toutes les parties molles du pied se gangrènent; alors le
sabot se détache et tombe. Si la fourbure n'affecte qu'un seul
pied, on peut remédier à cet accident; mais s'il y a plusieurs
pieds affectés, l'animal est sans ressource.

Des symptômes dans les bêtes à corne et à laine. Les signes
de cette maladie dans les bêtes à corne et à laine sont la lassi-
tude, la roideur des membres, la chaleur excessive des parties extérieures, la rougeur de la conjonctive, la bouffissure
des paupières, dont l'inférieure est assez épaisse pour couvrir
la cornée lucide et fermer l'œil; la fièvre, le dégoût, la tristesse, le battement des flancs, les plaintes que pousse l'animal,
les ardeurs d'urine, la constipation, l'engorgement des ars, la
constance avec laquelle la bête reste couchée, l'impossibilité
où l'on est de la faire relever, et lorsqu'elle est debout, la
difficulté avec laquelle elle marche, enfin la vitesse et la dureté du pouls. Dans les moutons, l'humeur sébacée des cavités naturelles est très glutineuse et fortement adhérente à la
peau.

Des causes. Les causes de cette maladie dans le cheval, le
mulet et l'âne, sont le séjour dans des habitations humides,
l'interruption de l'insensible transpiration, la suppression ou
l'arrêt subit d'une sueur plus ou moins abondante, de trop
grandes évacuations de sang, la pléthore, l'épaississement des
liqueurs, leur âcreté, des dispositions héréditaires, et des
maladies précédentes. Aussi voyons-nous qu'un exercice outré,
un refroidissement subit, l'extinction d'une soif ardente par
l'eau froide, l'excès de repos, des saignées trop copieuses et
répétées, une nourriture trop abondante, des alimens trop
échauffans, trop nourrissans, en sont les sources les plus ordinaires; et nous pouvons encore ajouter que de vives douleurs, des opérations graves et cruelles, une ferrure trop
juste, des pieds trop profondément parés ou chauffés, des lames brochées trop près du vif, des fers sans ajusture, et portant sur une sole trop mince, trop étendue, viciée dans sa
structure et son organisation, quelques heures de marche sur
un terrain dur, et après une ferrure mal appliquée, occasionnent quelquefois cette maladie.

Dans les bêtes à cornes et dans les moutons elle est presque toujours la suite d'une marche trop longue sur des terrains durs, et sur-tout dans des temps de sécheresse; on observe encore que les circonstances qui s'opposent à ce que les bêtes à cornes ne se couchent occasionnent en très peu de temps la fourbure.

Méthode curative. Rendre au sang sa fluidité, rétablir les excrétions et les sécrétions interceptées, débarrasser les parties déclives de l'humeur qui les opprime, la corriger, émousser son action et l'évacuer, sont les effets à opérer et les seuls capables de mettre fin à la maladie dont il s'agit.

Traitement interne dans le cheval. La fourbure a-t-elle pour cause la raréfaction des liqueurs, des saignées copieuses et brusquées dès le principe du mal opèreront avec efficacité, ainsi que les salins étendus dans des décoctions de plantes acides, n 1; si le mal est plus ancien, et si la condensation, qui est une suite de la raréfaction, s'est emparée des liqueurs, les saignées doivent être partielles, et les salins étendus dans des infusions sudorifiques, n. 2; et si la condensation est extrême, les salins primitifs du genre des alkalis étendus dans des infusions appropriées, n. 3, seront les seuls à employer.

Les sudorifiques actifs, n. 3, n'opèreront pas avec moins de succès dans les fourbures dont la cause est due à l'arrêt subit de la transpiration; mais dans tous ces cas on ne doit point omettre que les délayans, n. 1, sont les véhicules naturels de ces substances actives, et que c'est ici une des circonstances qui exige le plus cette combinaison; aussi ce breuvage sudorifique doit-il être suivi de l'administration de trois ou quatre autres breuvages délayans.

La fourbure qui provient d'un repos constant exige des sudorifiques moins actifs, le sel ammoniac étendu dans des eaux martiales, n. 4, agira avec efficacité, si son usage est suivi de celui des purgatifs, n. 8.

Celle qui a pour cause l'excès d'un aliment échauffant n'admet pas la saignée; si le ventricule se trouve encore surchargé, alors il faut avoir recours aux suppositoires irritans, n. 13, aux lavemens émolliens, n. 12, et aux purgatifs, n. 11, qu'on multiplie plus ou moins, suivant qu'ils agissent avec plus ou moins d'efficacité; aux boissons et aux breuvages d'infusion de sauge et d'absinthe, n. 5; et lorsque les alimens ont franchi le pylore, la saignée peut être employée, mais son effet doit être suivi d'un purgatif minoratif, n. 9, ou actif, n. 8, suivant le tempérament, l'âge et les circonstances.

Il est quelquefois des fourbures spontanées, alors on ne peut en accuser que le développement de l'humeur qui surchargeoit la masse; il faut remonter à la source et les attaquer par les évacuans, n. 8, qu'on administre subitement en breuvages et en lavemens , n. 11 ; et si l'on craint la redondance du sang et des humeurs, on fait précéder ces médicamens de la saignée et des délayans, n. 6 ; si ce développement est un peu ancien , il faut proscrire la saignée , chercher à mater l'effervescence des humeurs par les délayans nitreux, n. 6 ; et se hâter de les évacuer par des lavemens laxatifs, n. 10 et 11, que l'on donnera alternativement.

Il est des fourbures qui ne reconnoissent pour cause que la douleur des pieds ; en ce cas les premiers soins doivent être donnés à la partie malade ; il faut se hâter d'enlever le fer , d'examiner les parties souffrantes ; souvent il suffit de défendre certaines portions de la sole , des talons, etc. , de la compression douloureuse qu'elles éprouvent ; ces premiers secours donnés, on aura recours à la saignée, aux boissons, n. 14 , aux breuvages, n. 7 , et aux lavemens nitrés et camphrés, n. 12.

Il en est d'autres enfin qui ont pour cause des accidens ou des douleurs excessives dans d'autres parties extérieures du corps, quelquefois très éloignées des pieds et même des extrémités. Ces sortes de fourbures exigent des saignées très copieuses , les breuvages tempérans, les lavemens émolliens , les onctions de substances adoucissantes et calmantes, telles que l'onguent populéum , le baume tranquille, les douches émollientes , les cataplasmes anodins , etc., placés directement sur le siège de la douleur.

Traitement externe dans le cheval. Outre le traitement intérieur , la fourbure en exige un local non moins important, dont la méthode porte sur l'état actuel des parties malades.

Le mal n'a-t-il pas encore défiguré les sabots , les couronnes sont-elles peu chaudes , les vaisseaux latéraux des canons et des paturons peu gorgés , et la douleur des pieds peu forte, il faut conduire sur-le-champ et très souvent l'animal à l'eau, si l'on est à la portée d'une rivière, ou l'on bassine et l'on douche, et, ce qui vaut encore mieux, on fait tremper les extrémités malades dans l'eau fraîche vinaigrée et aiguisée d'une certaine quantité de sel ammoniac, n. 16 ; on acidule par un acide concentré quelconque, n. 17 ; on retire la partie , après l'avoir laissé séjourner pendant une heure et demie ou deux heures ; on remplit l'intérieur ou le dessous du pied , dès qu'il est sec, de plumasseaux imbibés d'huile de laurier très chaude, et l'on enveloppe la couronne, les talons et le sabot, par le moyen d'un cataplasme défensif. n. 15. Ces différens pansemens doivent être renouvelés trois ou quatre fois par jour. Une attention bien importante qu'il faut avoir est de ne pas perdre un instant dans leur emploi, et de faire marcher de front le traitement intérieur qu'exige l'animal malade, et le traitement local que requièrent les pieds.

Ces deux parties sont-elles plus affectées, les couronnes sont-elles plus douloureuses; scarifiez verticalement et profondément la couronne dans toute son étendue, sans craindre d'attaquer même les cartilages; l'expérience a montré que ces incisions, dirigées suivant l'axe du membre, n'étoient point dangereuses; tenez ensuite les pieds saignans dans l'eau fraîche, ou dans l'eau acidulée et ammoniacalisée, n. 16; le sang arrêté, retirez-les du bain, et procédez au pansement ci-devant prescrit.

Le mal a-t-il fait encore plus de progrès, et la rupture des vaisseaux des feuillets est-elle annoncée par le gonflement et la laxité de la couronne, par la vivacité des douleurs, et par l'appui sur les talons; la dessolure et l'action de parer seulement la sole de corne seroient très dangereuses : elles aideroient l'écartement de l'os du pied; il faut au contraire laisser à cette partie toute la force qui lui a été départie; mais se hâter de faire brèche à la paroi, et d'extirper la partie antérieure du sabot à compter de la couronne à la sole sur une surface de deux bons travers de doigt. Cette opération faite on laisse saigner copieusement la partie dans le pédiluve, n. 17; on la retire et on la panse comme il a été indiqué, en observant de remplir la cavité résultante de l'extirpation de la paroi de plumasseaux imbibés d'essence de térébenthine.

On comprend que si le mal a fait plus de progrès, que si l'os du pied est carié, vermoulu, etc., etc., il y a une grande témérité à entreprendre la cure de tels maux, et qu'une telle entreprise est une preuve signalée d'impéritie.

Nous observerons cependant qu'il est des fourbures anciennes pour la guérison desquelles l'art n'agit pas sans succès; mais il est aisé de sentir que les parties renfermées dans le sabot ne sont que gênées, et plus ou moins douloureusement comprimées; elles ne sont accompagnées ni de fièvre, ni d'inflammation, soit générale, soit partielle; alors la maladie doit être regardée comme chronique : il faut la rendre aiguë, et c'est à quoi il est aisé de parvenir. Pour cet effet, on frictionne matin et soir les extrémités malades avec l'essence de térébenthine, à compter de la partie supérieure du canon jusqu'à la couronne; on réitère ces frictions le lendemain, et même le surlendemain; l'inflammation et l'irritation qu'elles suscitent opèrent souvent et en très peu de temps la résolution du sang et des humeurs qui gênoient et comprimoient les parties contenues dans le sabot; elles exigent au surplus la promenade pendant la durée de l'action de l'essence de térébenthine, et n'excluent point les fontes d'huile de laurier sous la sole, ni les cataplasmes défensifs, n. 15.

Traitement des bêtes à cornes et à laine. La fourbure qui

affecte les bêtes à cornes et les bêtes à laine est moins dangereuse et plus facile à guérir que celle qui attaque le cheval, par la raison que les sabots du même pied n'étant jamais aussi grièvement attaqués l'un que l'autre, l'animal trouve toujours dans le sabot le moins malade les moyens de ménager la sensibilité de celui qui l'est le plus ; au reste, le traitement de la fourbure pour ces sortes d'animaux est moins compliqué que celui prescrit pour le cheval; des breuvages délayans, n. 7, des lavemens de la même nature, n. 12, des saignées à la jugulaire, lorsqu'elles sont indiquées par la chaleur, par l'inflammation, et par la dureté du pouls, des scarifications sur les côtés extérieurs des couronnes, des cataplasmes défensifs, n. 15, et le repos, guérissent aisément la maladie.

On observe cependant une différence essentielle entre les effets de cette maladie dans ses différentes espèces; ses progrès dans les ruminans opèrent plutôt la chute du sabot qu'ils ne dérangent sa contexture, tandis que dans le cheval, le mulet et l'âne, la chute de cette boîte est aussi rare que l'altération de sa configuration est fréquente. Quoi qu'il en soit, la chute de cette partie n'est point mortelle dans les uns ni dans les autres; elle est seulement moins long-temps à se régénérer dans les ruminans qu'elle ne l'est dans les solipèdes. Pour parvenir à la régénération de ce corps, il faut chercher à consolider les feuillets qui coiffent l'os du pied avec des plumasseaux imbibés d'essence de térébenthine, et à entretenir la souplesse du bourrelet coronaire, et de la peau de la couronne d'où doit naître la nouvelle production.

Nous observerons encore qu'il est toujours plus avantageux d'opérer cette chute par les instrumens tranchans, lorsqu'il est impossible de conserver le sabot, que d'attendre que la nature s'en débarrasse elle-même, par la raison que la matière qui la détache altère toujours plus ou moins les feuillets appartenans à l'os du pied.

Soins et régime. Quelles que soient au surplus les causes de la *foulure*, quels qu'en soient les effets et l'espèce d'animal qu'elle attaque, la diète ne sauroit être trop sévère ; on ne doit permettre aux animaux malades que l'eau blanche, n. 14. La nourriture solide ne doit être permise que lorsque les progrès du mal sont arrêtés ; et si la maladie avoit pour cause le développement des humeurs et la saburre dans les premières voies, la nourriture ne pourra être salutaire qu'après que l'animal aura été préalablement purgé.

Dans tous les cas, la promenade au pas et en main n'est salutaire qu'autant que la fourbure n'a pas dérangé l'os du pied ; le mouvement qu'elle communique aux liqueurs en prévient la stagnation dans les parties déclives, et en facilite la résolution.

Formules médicinales. Breuvages. N° 1. Prenez feuilles d'oseille, quatre poignées; de chicorée sauvage, deux poignées; faites bouillir dans deux pintes d'eau; retirez du feu, lorsque l'oseille sera cuite, coulez; faites fondre sel commun, quatre onces; et donnez-en deux doses à une heure d'intervalle.

N. 2. Prenez racine de bardane, quatre onces; alkali fixe, une once; faites bouillir pendant un quart d'heure dans deux pintes d'eau; retirez du feu; ajoutez racine d'angélique et de valériane sauvage, de chacune deux onces; fleurs de sureau une poignée; laissez infuser deux heures; coulez et faites-y fondre, au moment de donner le breuvage, sel ammoniac, deux onces.

N. 3. Prenez alkali volatil fluor, un gros; essence de térébenthine, deux gros; mêlez et agitez dans une petite fiole; ajoutez ce mélange au breuvage, n. 2, et donnez-le sur-le-champ.

N. 4. Prenez racine de gentiane, de rhubarbe, de chaque quatre gros; boule de mars, deux gros: faites bouillir ces substances étant concassées dans trois chopines d'eau, pendant douze ou quinze minutes; retirez du feu, laissez infuser deux heures; coulez et ajoutez sel ammoniac deux onces.

N. 5. Prenez sel d'epsom, quatre onces; faites bouillir un quart d'heure dans deux pintes d'eau; retirez du feu; ajoutez feuilles de sauge, sommités d'absinthe, de chaque, deux poignées; laissez infuser pendant une heure; coulez et donnez.

N. 6. Prenez vipérine, bourrache, mercuriale, pariétaire, chicorée sauvage, de chaque, une poignée; sel de nitre, une once et demie; jetez dans eau bouillante, trois pintes; laissez infuser une heure; coulez et donnez.

N. 7. Prenez breuvage n. 6, une pinte; camphre quatre gros; eau de rabel deux gros; faites dissoudre le camphre dans l'eau de rabel, ajoutez au breuvage.

N. 8. Prenez breuvage n. 6, une pinte; ajoutez aloès en poudre, une once; vinaigre tartarisé, quatre onces; faites un peu chauffer, remuez de temps en temps, jusqu'à ce que ces substances soient mêlées et dissoutes.

N. 9. Prenez breuvage n. 6, deux pintes; ajoutez vinaigre tartarisé huit onces; aloès deux gros; mêlez et faites dissoudre comme ci-dessus.

Lavemens. N. 10. Prenez décoction du n. 6, trois chopines; ajoutez tartre stibié, un gros; faites dissoudre à chaud, et donnez pour un lavement, après avoir vidé l'animal.

N. 11. Prenez lavement ci-dessus; ajoutez aloès deux gros;

miel quatre onces ; faites dissoudre à chaud, et donnez comme ci-dessus.

N. 12. Prenez breuvage n. 7 , et donnez pour un lavement.

Suppositoires. N. 13. Prenez savon, deux onces; aloës en poudre, une once ; triturez et mêlez bien le tout dans un mortier de marbre : malaxez entre les mains, et faites un rouleau que vous introduirez dans le fondement.

Boisson. N. 14. Prenez eau commune, un seau ; blanchissez-la avec de la farine de seigle; faites-y fondre sel de nitre, une once.

Cataplasmes. N. 15. Prenez suie de cheminée bien cuite et passée au tamis, une livre ; liez-la avec suffisante quantité de vinaigre le plus fort possible. Ces cataplasmes doivent être renouvelés ou humectés avec du vinaigre toutes les quatre heures.

Bains défensifs. N. 16. Prenez sel ammoniac, deux onces ; vinaigre de saturne, quatre onces ; eau de puits, la plus froide possible, un seau ; faites tremper la partie malade pendant une heure.

Ce bain peut servir plusieurs fois , si on a l'attention de ne s'en servir qu'après l'avoir fait refroidir dans l'eau de puits , où pour cet effet on plonge le vase.

N. 17. Prenez eau de puits un seau; ajoutez acide vitriolique quatre onces, et faites tremper la partie comme ci-dessus. (TES.)

FOURCAL. Nom d'un râteau de fer dans le Médoc.

FOURCHE. Instrument de bois ou de fer ayant deux ou trois branches pointues , plus ou moins longues et écartées , surmontées d'un manche arrondi dont la longueur est ordinairement de quatre à cinq pieds. Cet instrument sert à remuer les foins, les pailles, les fumiers, les herbes sèches qu'on veut enlever des champs , etc. Il sert à diviser et emietter la terre, à l'épurer des racines traçantes, à en arracher les racines légumineuses : il est encore employé à beaucoup d'autres usages. C'est pour ainsi dire un troisième bras que l'homme ajoute au bout des siens, pour pouvoir manier plus aisément et en plus grande quantité beaucoup de choses dangereuses ou désagréables à toucher.

Les fourches en bois sont d'une seule pièce. Si elles sont destinées à remuer la paille entière , leurs branches, au nombre de deux, doivent être plus espacées ; si c'est pour la paille brisée, elles le seront moins. Les branches de ces sortes de fourches sont ordinairement courbées dans leur milieu. Il y a des fourches en bois à branches plus longues et droites; elles servent à retourner la paille battue, sans en mêler les brins.

Dans les fourches en fer les branches ont très peu de courbure, et sont en général plus courtes et plus minces que celles
en bois. La fourche proprement dite, et qui est en fer, est
composée d'une douille et de deux ou trois fourchons un peu
recourbés en dedans. La douille reçoit le manche, qui doit
être d'une grosseur proportionnée à la longueur et à la pesanteur des fourchons. Il est à peu près perpendiculaire aux
branches dans la plupart des fourches; mais il y en a où il
forme avec les branches un angle plus ou moins obtus. Ces
dernières fourches sont particulièrement destinées à enlever
le fumier. (D.)

Par-tout les fourches de bois sont le produit du hasard, et
le plus souvent l'objet d'un délit. Les industrieux habitans
de Sauves ont su en faire le but d'une culture et d'un commerce important, ainsi qu'on peut le voir dans les mémoires
d'Astruc sur le ci-devant Languedoc, et dans ceux de la
société d'agriculture du département de la Seine, tome VIII.
Pour cela ils dirigent pendant cinq à six ans des jeunes brins
de micocoulier, de manière à ce qu'il y ait trois branches
égales et légèrement recourbées. Pourquoi ne procéderoit-on
pas de même dans le reste de la France? L'espèce d'arbre qui,
dans les départemens du milieu et du nord, est le plus propre
à cet objet, c'est à dire le frêne, croît plus rapidement, se fourche
plus facilement que le micocoulier. Il suffit de supprimer le
bouton supérieur d'un brin d'un ou de deux ans pour y déterminer la formation de deux branches. La quatrième année,
la fourche est en état d'être coupée.

Les habitans de Sauves laissent des fourches de tout âge
sur les souches. C'est une mauvaise méthode, en ce qu'elles se
nuisent réciproquement dans leur croissance. La bonne, celle
qui est donnée par l'observation, c'est de couper tous les
quatre ou cinq ans la totalité des brins crus sur une souche,
et de ne laisser que les plus beaux des bourgeons qu'elle repousse plus ou moins, selon la vigueur de la souche ; car les
foibles nuisent aux forts.

Je ne crois pas qu'il soit ici nécessaire d'entrer dans de plus
grands détails, tant la théorie de cette fabrication est facile.
Voyez au mot FRÊNE. (B).

FOURCHET. C'est une tumeur douloureuse et inflammatoire qui affecte la partie inférieure des jambes du mouton.
Cette maladie est particulière à cette espèce d'animal, parcequ'il est le seul pourvu d'un organe qui en soit susceptible.
Cet organe consiste en une poche renfermée dans une cavité
ou espèce de sinus tortueux dont l'entrée est infiniment plus
étroite que le fond, et située à la naissance de la division des
paturons, des couronnes et des pieds. Il paroît destiné à l'éla-

boration et à la filtration des sucs qui entretiennent cette partie.

Le fourchet est encore connu sous la dénomination de *crapaud*, de *crapaudeau* ou *crapau-d'eau*, de *mal-de-pied*, de *piétain*, *de piété*, etc.

Il n'attaque quelquefois qu'une ou deux extrémités ; d'autres fois il affecte toutes les quatre.

La tumeur qui constitue cette maladie dégénère en abcès et en ulcère, elle occasionne la chute du sabot, la fièvre, le dépérissement et la mort.

Il est rare qu'on laisse faire à cette maladie autant de progrès ; on les arrête, en envoyant à la boucherie l'animal qui en est atteint ; mais la viande, quoique n'étant pas dangereuse, n'a pas à beaucoup près les mêmes qualités que celle d'un animal sain ; elle n'est ni tendre ni succulente.

Le fourchet paroît affecter de préférence les animaux les plus gras et les plus pesans. Il se manifeste dans toutes les saisons, mais le plus souvent pendant les grandes chaleurs ; rarement avant la tonte.

Ce qui pourroit faire croire qu'il est dû à la chaleur et à la fatigue qu'éprouvent les pieds des moutons, c'est qu'en général il est d'autant plus fréquent, que les terrains sur lesquels pâturent les troupeaux sont plus durs, plus arides, plus secs et plus échauffés par le soleil.

On distingue trois périodes dans cette maladie ; la première s'annonce par l'inflammation de toutes les parties affectées ; la seconde par l'ulcération de ce qui avoisine le sinus ; et la troisième par la suppuration de ces mêmes parties et de la chair cannelée qui unit la paroi composant le sabot à l'os du pied.

Traitement. Dans le premier temps, il faut avoir recours à la saignée locale, qui consiste en quelques scarifications dans toute l'épaisseur de la peau des couronnes, et aux bains d'eau de rivière ou autre, la plus pure et la plus fraîche possible, dans laquelle on laisse l'animal jusqu'aux genoux et jusqu'aux jarrets pendant une heure. A la sortie du bain, on enveloppe le pied ou les pieds malades avec de la suie de cheminée, passée au tamis et liée avec une quantité suffisante de vinaigre.

Si l'inflammation est plus forte, on saignera encore le mouton à la jugulaire. On lui donnera pour breuvage et pour lavement de l'eau légèrement vinaigrée ; on continuera les bains et les cataplasmes jusqu'à parfaite guérison. Elle a ordinairement lieu, le mal étant pris dans sa naissance, le second ou troisième jour.

Dans le second temps, il faut en venir nécessairement à l'extirpation des parois du sinus, ainsi que du corps glanduleux qui l'entoure.

Pour cet effet, on incisera la peau sur le sinus, suivant le sens de la division des sabots ; on séparera cette même peau de chaque côté des parois extérieures de ce sinus ; on les tra- versera par une aiguille enfilée ; on saisira de la main gauche les extrémités du fil, on agira avec le scalpel dont la main droite sera armée, on disséquera le corps glanduleux, et on emploiera l'une et l'autre main pour l'enlever et l'extraire avec le sinus.

L'opération faite, on laissera saigner dans un seau d'eau fraîche, pendant cinq ou six minutes, la partie opérée. On retirera le pied de l'eau ; on le pansera avec des plumasseaux gradués, imbibés d'eau-de-vie ; on enveloppera tout le bas de l'extrémité de plumasseaux imbibés d'eau salée et vinaigrée ; on aura soin que les sabots soient séparés par quelques uns de ces plumasseaux ; on enveloppera le tout d'un linge, qu'on fixera par quelques points de suture. Cette suture vaut infini- ment mieux que les cordes et autres ligatures dont on se sert quelquefois, et qui serrent et étranglent la partie, au point de donner lieu à la gangrène et à la mort.

Les pansemens subséquens seront les mêmes que ceux-ci. Ils auront lieu tous les jours, et le malade sera bientôt guéri.

Dans le troisième temps enfin, il faut, outre l'opération précédente, procéder à l'enlèvement de la partie du sabot, ou des sabots, qui se trouve détachée de l'os du pied.

Rien n'est plus simple que cette opération. On enlève la sole ; la partie de la paroi qui est désunie est très visible alors ; on fait brèche avec le bistouri sur cette partie ; on agrandit cette brèche, ayant soin de ne point offenser l'os du pied, jusqu'à ce qu'on trouve la paroi bien saine ; on l'enlève en entier, si cela est nécessaire, parcequ'il est de fait que toute partie de l'ongle, une fois séparée par le pus, ne se réunit jamais.

L'opération faite, on laisse saigner, et on panse comme dans le cas précédent. Toutes ces opérations qui, au reste, sont indispensables, ne sont pas difficiles. Il n'y a pas de berger intelligent qui ne puisse les pratiquer aussitôt qu'il les aura vu faire une fois. D'ailleurs il est facile aux uns et aux autres de s'exercer d'avance sur les pieds des moutons qu'ils pourront se procurer à la boucherie, ou sur ceux de ces animaux que la mort leur enlèvera, ce qui n'est rien moins que rare lorsque le troupeau est un peu nombreux.

L'animal qui sera affecté du fourchet, et qui aura subi une opération, doit être laissé à la bergerie, y être nourri sobrement, et abreuvé d'eau pure. Il est sur-tout indispensable de lui don- ner au plutôt les lavemens et les breuvages d'eau tiède vinai- grée prescrits plus haut, et même de les multiplier, dans la journée, pour ceux des animaux affectés qui paroîtront éprouver une douleur violente.

Cette méthode de traiter la maladie du fourchet est due à M. Chabert. (*Voyez* INSTRUCTION VÉTÉRINAIRE, année 1793.) (TES.)

FOURCHETTE. MÉDECINE VÉTÉRINAIRE. La fourchette n'est autre chose que cette corne qui forme dans la cavité du pied une espèce de fourche en s'avançant vers le talon ; elle tire son nom de cette bifurcation.

Elle doit être proportionnée au pied du cheval, c'est-à-dire n'être ni trop ni trop peu nourrie. Dans le premier cas, elle est dite fourchette grasse, tandis que dans le second elle est appelée fourchette maigre.

Le volume trop considérable de cette partie est un défaut très grand auquel les chevaux qui ont les talons bas sont très sujets. Cette disproportion en volume et en maigreur caracté-rise toujours un mauvais pied, parceque le pied ne peut être véritablement bon qu'autant que la nourriture se distribue dans une juste égalité à toutes les parties qui le composent. *Voyez* PIED.

Une tumeur, ou excroissance fibreuse et spongieuse, d'une odeur très fétide, dont la substance est assez semblable à l'on-gle pourri et ramolli, et qui a son siège au bas des talons, et le plus souvent à la fourchette, forme ce que nous appelons FIC ou CRAPAUD. *Voyez* FIC.

Nous nommons CERISES des tumeurs situées ou à côté, ou des-sus, ou au bout de la fourchette ; enfin cette partie est disposée à la pourriture, et tombe ordinairement par morceaux à la suite des TEIGNES (*voyez* ce mot), dont elle peut être atta-quée. Il arrive plus souvent encore qu'elle se corrompt, lors-qu'on laisse les chevaux dans le fumier, sur-tout lorsque le pied est trop rarement paré. C'est ce que l'expérience démontre tous les jours dans les campagnes, où, pour se procurer de bons engrais, on a coutume de laisser pourrir pendant deux ou trois mois la litière sous les pieds des chevaux de labour. (R.)

FOURFIÈRE. Espèce de fourche à deux dents, propre à charger sur les voitures, sur les meules et dans les granges, le fourrage et les bottes de grain.

FOURMI, *Formica*. Genre d'insectes de l'ordre des hémy-noptères, qui renferme plus de cent espèces, dont près de quarante sont propres à l'Europe, et dont une douzaine inté-ressent les cultivateurs, à raison de leur abondance et des dom-mages qu'elles peuvent leur causer.

On a beaucoup écrit sur les fourmis ; cependant la plupart de ceux qui les ont prises en considération n'ont fait que propa-ger des erreurs populaires, et n'ont pas su les distinguer les unes des autres. Geoffroi le premier nous a donné des notions certaines sur leurs mœurs et une description exacte de leurs espèces. Plusieurs autres auteurs, sur-tout Degéer, nous ont depuis appris à connoître quelques faits, à distinguer quelques espèces; mais ce n'est que dans ces derniers temps que Latreille a publié leur histoire générale, a donné des descriptions et des figures de toutes leurs espèces. C'est cet excellent ouvrage que doivent se procurer tous ceux qui veulent connoître à fond les fourmis. Aussi, quoique je les aie beaucoup étudiées par moi-même, que la collection que j'en possède soit considérable, je ne puis mieux faire que d'y puiser les bases de la rédaction de cet article.

Toutes les fourmis d'Europe vivent en société plus ou moins nombreuse, et, comme les abeilles, présentent des mâles, des femelles et des mulets. Les mâles sont les plus petites, les femelles les plus grosses, et les mulets n'ont jamais d'ailes. Ces derniers ne paroissent être que des femelles avortées, comme les ouvrières des ABEILLES. *Voyez* ce mot.

Ces trois sortes de fourmis varient beaucoup dans la forme de leurs diverses parties, dans chaque espèce, ainsi qu'on peut le voir dans les planches qui accompagnent l'ouvrage de Latreille; ce qui rend très difficile, ou mieux, très longue, la description absolue des espèces.

Les parties qui caractérisent les sexes ne peuvent être vues que par suite d'une pression assez forte.

C'est toujours dans l'air que s'accouplent les fourmis, et l'époque de cette opération varie selon les espèces; mais elle se trouve toujours en été. Elle dure très peu de jours ; c'est-à-dire que les mâles et les femelles naissent ensemble, sortent de la fourmilière aussitôt que leurs ailes sont suffisamment affermies et que l'état de l'atmosphère le permet, et s'empressent d'exécuter le grand acte de leur reproduction; aussi l'air en est-il alors rempli, dans les pays chauds, au point d'intercepter les rayons du soleil. Immédiatement après, c'est-à-dire le jour même, les mâles meurent et les femelles retournent à la fourmilière pour n'en plus sortir de leur vie; aussi perdent-elles bientôt leurs ailes, qui semblent ne leur avoir été données que pour aller chercher les mâles.

Il est très probable que les femelles des fourmis, comme celles des abeilles, ne pondent des œufs de mâle qu'à une époque fixée par la nature, à la fin du printemps, et que les mulets savent qu'alors ils doivent nourrir plus abondamment les larves de femelles, afin que leurs organes se développent avec toute la latitude possible pour les rendre propres à la génération. Je dis il est très probable, parcequ'on n'a pas observé ces faits, et que je ne les cite que par analogie avec ce qui se passe dans les mêmes circonstances dans les ruches des abeilles.

Quant à la ponte des œufs qui sont destinés à devenir des mulets, elle a lieu pendant une grande partie de l'année, c'est-à-dire qu'elle commence de bonne heure au printemps, et finit assez tard en automne. Ce sont les froids seuls qui en règlent le temps et la quantité. Ce n'est aussi que par analogie que j'ai dit que les mulets n'étoient que des femelles avortées; car on n'a pas encore assez étudié les fourmis pour le prouver d'une manière directe. On trouvera au mot ABEILLE, dont les ouvrières ont tant de rapports de mœurs avec les mulets des fourmis, les motifs qui militent en faveur de l'opinion que j'émets ici.

Les mulets des fourmis peuvent être également appelés ouvrières, car c'est sur eux seuls que roulent tous les travaux. En conséquence, elles creusent la fourmilière, l'élèvent au-dessus du sol, vont à la provision, nourrissent les larves provenant des œufs pondus par les femelles, élèvent chaque matin les larves vers la surface du sol pour les faire jouir de la chaleur du soleil, et les rentrent chaque soir dans la profondeur de leurs galeries, défendent enfin leur domicile contre les attaques de leurs ennemis.

La plupart des fourmis d'Europe n'ont pour armes que leurs mandibules; mais avec ces mandibules elles font de petites blessures. Quelques espèces ont de plus un véritable aiguillon à l'anus. Les unes et les autres versent en mordant ou en piquant, dans la plaie, une liqueur âcre, qui cause une douleur cuisante, que l'huile adoucit et que l'alkali volatil guérit.

Il y a lieu de penser que, pour qu'il se forme une nouvelle fourmilière, il faut qu'un certain nombre de mulets se trouvent séparés par accident d'une ancienne, et qu'il s'y joigne une ou plusieurs femelles, car j'ai observé de très grosses fourmilières pendant plusieurs annés consécutives, sans en voir d'autres dans les environs; et ayant emporté, en été, une petite portion d'une de ces fourmilières à cent pas plus loin, il s'en établit une dans cette place.

Les œufs des fourmis sont très petits et ronds. Ce qu'on prend pour eux vulgairement, et qu'on appelle en conséquence, dans les campagnes, œufs de fourmis, sont leurs larves ou leurs cocons, qui deviennent beaucoup plus grosses que les fourmis mêmes. Ces larves sont coniques et n'ont point de pattes. A leur tête, qui est au bout le plus petit, se remarquent deux crochets et quatre cils; entre eux est la bouche dans laquelle les mulets dégorgent la nourriture, qu'ils ont auparavant élaborée dans leur estomac.

Il n'est personne qui n'ait eu occasion de bouleverser une fourmilière pendant l'été, et de voir par conséquent avec quelle activité tous ces mulets saisissent ces larves ou leurs cocons, qui n'en diffèrent que parcequ'elles montrent déjà le rudiment des organes de la fourmi, pour les sauver, en les rentrant dans la profondeur de leurs galeries. Dans ces momens de danger, rien ne peut les distraire de ce soin. On en a vu un, qu'on avoit coupé par le milieu du corps, emporter encore six de ces larves avant de donner des signes de la douleur qu'il devoit éprouver. Ceux de ces mulets qui ne s'occupent pas du soin de sauver les larves recherchent la cause du désordre, se jettent avec fureur sur l'homme ou l'animal, le mordent, et ne lâchent prise que lorsqu'ils sont épuisés de fatigue, ou par la mort.

La quantité d'œufs que pondent les femelles des fourmis doit être très considérable, car la destruction annuelle des fourmis est immense. En effet, il n'est peut-être point d'animaux qui aient plus d'ennemis. Une quantité d'oiseaux, d'insectes en vivent pendant tout l'été. Elles sont soumises à une multitude d'accidens que leur petitesse et leur vie vagabonde occasionne. Combien ne s'en écrase-t-il pas sous les pieds des hommes et des animaux! Combien ne s'en noie-t-il pas dans les eaux qu'elles trouvent sous leurs pas! Elles sont soumises sans doute à des maladies comme tous les autres animaux. On ne voit cependant pas qu'elles soient plus rares certaines années que d'autres, à moins que ce ne soit dans les lieux où on recherche leurs larves pour la nourriture des dindons, des faisans et autres volailles, ou que quelque grande inondation ne les ait fait toutes périr. On ignore combien de temps elles vivent; mais il n'y a pas d'apparence que ce soit long-temps, et les motifs ci-dessus portent à croire qu'il est extrêmement rare qu'elles atteignent souvent au terme naturel de leur existence.

Lorsqu'on remue une fourmilière, il se dégage une odeur pénétrante. Cette odeur est produite par un acide particulier, qu'on a appelé *formique*, et qui se rapproche de celui du vinaigre. On peut l'obtenir par la distillation, par la lexivation, et en mettant du sucre pendant quelques instans dans une fourmilière. Ce dernier moyen, que j'ai pratiqué, donne une liqueur rafraîchissante assez agréable, lorsqu'on fait fondre dans beaucoup d'eau le reste du sucre imprégné de l'acide que les fourmis y ont dégorgé pour le faire fondre et s'en gorger plus facilement.

Les fourmis en effet aiment beaucoup le sucre et toutes les matières sucrées. C'est pour en ramasser qu'on les voit monter en si grand nombre et avec tant d'activité sur les arbres couverts naturellement de MIÉLAT (*voyez* ce mot); sur ceux chargés de pucerons, qui font sortir de ce même miélat par suite de leurs piqûres (*voyez* au mot PUCERON); sur ceux où quelques bles-

sures, ou autres causes, ont amené une extravasion de sève;
qu'elles dévorent nos abricots, nos pêches, nos prunes, nos poires, nos pommes, nos figues, etc., lorsqu'elles sont très mûres,
et qu'elles ont été entamées par un accident. Du reste, elles
vivent fort bien de toute espèce de chair, et il est même des
espèces qui la préfèrent aux fruits et aux graines; mais rarement elles attaquent un animal en vie, à moins qu'il ne passe
sur une de leurs fourmilières; et, dans ce cas, ce n'est que
pour se défendre qu'elles le mordent ou le piquent.

Les agriculteurs rangent donc, avec raison, les fourmis au
nombre de leurs ennemis; mais il m'a paru qu'ils exagéroient
beaucoup leurs ravages. Cependant le voisinage d'une fourmilière est toujours un mal lors même que les fourmis qui la
composent ne mangeroient pas nos fruits, parcequ'elles déposent sur les feuilles des plantes qu'elles fréquentent des gouttes
de l'acide dont elles sont pourvues, ce qui les fait dessécher,
et qu'elles entourent les racines de ces mêmes plantes d'un si
grand nombre de galeries, qu'elles les empêchent de pomper
les sucs de la terre. On a indiqué un grand nombre de moyens,
ou de les faire mourir, ou de les empêcher d'exercer leurs ravages. Voici les principaux.

1° On met du miel et de l'eau dans une bouteille, qu'on
suspend à l'arbre fréquenté par les fourmis : ces fourmis, at-
tirées par l'odeur du miel, y accourent et s'y noient.

2° On enduit de miel l'intérieur d'un pot à fleurs, et on le
renverse sur la fourmilière. Les fourmis s'empressent de monter contre ses parois, et lorsqu'elles en sont bien garnies, on
les secoue dans de l'eau.

3° On apporte dans le jardin une fourmilière de fourmis
fauves, espèce très forte et vorace qui ne souffre pas les autres,
et bientôt elle les a toutes tuées ou forcées de fuir.

4° On mêle de l'arsenic en poudre avec du sucre, et on place
ce mélange sur une tuile à la proximité des fourmilières; et
on peut être assuré que toutes celles qui en goûteront périront
sur-le-champ. Ce moyen est sur-tout pratiqué contre les fourmis qui fréquentent les appartemens.

5° Plusieurs chaudronnées d'eau bouillante versées à différentes reprises sur les fourmilières, sur-tout pendant qu'il y a
des larves, les détruisent immanquablement.

6° Une forte décoction de feuilles de tabac, de noyer, de
sureau, de rue, et autres plantes à odeur forte, les fait souvent
également périr ou abandonner leur fourmilière. L'urine produit le même effet.

7° La fumée de tabac les fait fuir des appartemens, et encore
mieux des armoires qu'elles fréquentent.

8° Du feu de paille ou de branchage, entretenu pendant quelques heures au plus fort de l'été sur les fourmilières, sur-tout sur celles de la fourmi fauve, les fait périr. Si on ne réussit pas la première fois, il faut recommencer huit jours après.

9° De la suie de cheminée, du sable très fin, de la craie pulvérisée, mis au pied d'un arbre, empêchent les fourmis d'y monter. Ces obstacles agissent mécaniquement en embarrassant la marche des fourmis. Il en est de même d'une simple zone produite par le frottement d'un morceau de craie sur l'écorce de l'arbre, contre un mur, etc. Je me suis souvent amusé à employer ce dernier moyen pour interrompre la marche des fourmis sur la boiserie d'un appartement. Dès qu'elles étoient arrivées à la ligne de craie, elles tomboient en entraînant avec elles quelques parcelles de cette craie.

10° Il est à observer qu'on voit très peu de fourmilières dans les terrains régulièrement cultivés. Ainsi, des labours faits au pied des arbres sont propres à en éloigner les fourmis. De fréquens coups de bêche dans une fourmilière produisent souvent son émigration. J'ai connu un cultivateur qui faisoit creuser au commencement de l'hiver les fourmilières de ses prés dans l'intention de les faire mourir, et qui remplissoit presque toujours son objet seulement avec un coup de bêche. Les renards qui, pendant l'hiver, fouillent les fourmilières pour en manger les habitans, rendent par conséquent, sous ce rapport, service à l'homme.

Les fourmis sont d'autant plus nombreuses et d'autant plus grosses qu'elles habitent des pays plus chauds. On est effrayé des dégâts qu'elles exercent dans nos colonies à sucre. On a été sur le point d'abandonner la Martinique à cause d'elles. Elles dévastent quelquefois à Saint-Domingue des plantations entières de cannes à sucre. Leur nombre est si prodigieux à Cayenne qu'elles couvrent la terre, obcurcissent l'air, et ne laissent pas une feuille sur les arbres. Là, il y en a de grosses comme le doigt. On a plusieurs fois demandé en Europe les moyens de les détruire ; mais ces moyens ne peuvent pas être différens de ceux qui viennent d'être indiqués, et ils doivent être moins efficaces encore dans un pays à peine habité. C'est des progrès de la culture que les habitans des colonies doivent espérer la diminution de ce fléau.

La FOURMI RONGE-BOIS est noire, avec le corselet et les cuisses d'un rouge sanguin foncé. Sa longueur est de cinq à six lignes. C'est la plus grosse espèce d'Europe. Elle se trouve sous l'écorce des vieux arbres des forêts en familles peu nombreuses. Il m'a paru qu'elle concouroit à accélérer la mort des arbres, en augmentant continuellement la largeur des galeries qu'elle se pratique autour de leur pied. Au reste, elle est rare dans le climat de Paris.

La FOURMI PUBESCENTE est entièrement noire, et son abdomen est plus obscur et pubescent. Sa longueur est de quatre à cinq lignes. Elle ressemble beaucoup à la précédente, et a positivement les mêmes mœurs. Je l'ai plusieurs fois trouvée sur le bouleau, qui, comme on sait, a une sève si éminemment sucrée qu'on en tire du sucre.

La FOURMI FULIGINEUSE est très noire, très luisante, courte. Sa tête est fort grosse, en cœur; la seconde pièce de ses antennes et ses tarses sont bruns; l'écaille de son pédicule est petite et ovale. Sa longueur est de moins de deux lignes. Elle habite les fentes des arbres à moitié pourris, en sociétés médiocrement nombreuses, exhale une odeur très forte, et mord avec plus de fureur que les autres. Malheur à ceux qui coupent, fendent et portent des troncs qui en sont infestés. On la trouve très fréquemment dans les vieux saules, mais rarement dans les jardins; et il paroît qu'elle est principalement carnassière; de sorte qu'on peut croire qu'elle nuit peu à l'agriculture.

La FOURMI FAUVE est noirâtre, avec une partie de la tête, le corselet et l'écaille du pédicule fauves. Sa longueur est de trois lignes. On la trouve dans toute l'Europe dans les bois, où elle compose des monticules, quelquefois de trois pieds de haut, avec des petits morceaux de bois, des fœtus de paille, des fragmens de feuilles, des petites pierres, de la terre, etc.; souvent elle y fait aussi entrer des graines, et même du blé; mais ce n'est point dans l'intention de le manger pendant l'hiver, comme on l'a cru pendant long-temps, puisque, ainsi que je l'ai dit plus haut, elles sont complètement engourdies pendant cette saison. Rien de plus amusant que de voir l'activité, la force et l'adresse que mettent ces fourmis à charrier sur leur fourmilière des objets dix fois plus gros qu'elles, et quelquefois très lourds. Lorsqu'une seule ne peut parvenir à remplir son objet, li s'en joint une autre, deux, trois, dix peut-être pour l'aider. Il semble qu'elles se parlent ou s'entendent par signes, tant leurs manœuvres sont bien combinées. Il y a toujours un grand nombre de chemins bien unis qui se dirigent vers la fourmilière; et ce sont ces chemins qu'elles suivent. Elle est extrêmement abondante dans certaines grandes forêts, et forme, parmi celles d'Europe, les sociétés les plus nombreuses qu'on connoisse. C'est la *fourmi proprement dite* des cultivateurs et des chasseurs; celle dont on emploie les larves à la nourriture des volailles et des faisans. L'acide formique est si abondant en elle, qu'on le sent quelquefois à plusieurs toises de la fourmilière. Elle n'attaque jamais celui qui ne touche pas à son domicile; mais dès qu'on l'irrite, elle mord vivement, et fait couler dans la blessure une goutte de son acide, qui fait naître une cuisante pustule. C'est principalement cette espèce qui a servi à faire les observations et les expériences sur les fourmis, et dont, par analogie, on a étendu l'application aux autres espèces. Ainsi, c'est probablement uniquement ses nids qu'on a fouillés pendant l'hiver, pour prouver que les fourmis, en général, ne faisoient pas de provisions, et passoient la mauvaise saison engourdies ; ainsi, c'est probablement la seule dont on ait encore retiré de l'acide formique, etc. Par conséquent, c'est celle dont l'homme tire le plus d'usage. En Suède, on visite chaque automne ses fourmilières pour en extraire la résine de genevrier qu'elle y a accumulée ; et on croit que c'est elle qui a donné lieu à la formation de l'ambre jaune, matière qu'on trouve toujours enfouie dans la terre.

Les élévations de fragmens de bois et autres substances que forme cette fourmi n'ont pour objet que d'empêcher l'eau des pluies de pénétrer dans ses galeries, et ces fragmens remplissent parfaitement cet objet, ainsi qu'on peut facilement s'en assurer, en en dispersant une après un orage. Souvent il n'y pas un pouce en épaisseur de mouillé.

Vivant presque toujours loin des habitations la fourmi fauve est peu dans le cas de nuire. D'ailleurs elle paroît plus carnassière que frugivore, car c'est principalement des cadavres d'insectes ou de vers qu'on lui voit porter à ses petits. Elle fait la guerre aux autres fourmis, comme je l'ai dit plus haut, et de plus aux chenilles, les éternelles ennemies des cultivateurs.

Cette dernière circonstance a fait inspirer un excellent moyen de détruire les chenilles rases qui devorent si souvent les pommiers, les pruniers, et autres arbres fruitiers. Pour cela on entoure le tronc de l'arbre d'un cercle de goudron de cinq à six pouces de large, et on attache à une de ses branches un sac rempli de fourmis fauves, qui, ne pouvant descendre à cause du goudron, se jettent sur les chenilles et les dévorent toutes. Lorsqu'elles n'ont plus rien à manger elles se laissent tomber.

La FOURMI MINEUSE, *Formica cunicularia*, Latreille, a la tête et l'abdomen noirs, le dessous de la tête, la première articulation des antennes, le corselet et les pattes d'un fauve pâle. Sa longueur est d'environ deux lignes et demie. Elle est très commune dans les champs, les vergers et les prairies sèches, où elle forme de petits monticules de terre au milieu d'une touffe de graminées. Ses sociétés sont peu nombreuses, surtout si on les compare à celles de la précédente; mais elles se multiplient bien plus. J'ai vu des pâturages en être infectés au point que ses monticules se touchoient presque. Elle nuit à l'agriculture, en ce qu'elle empêche de couper l'herbe avec la faux aussi près de la surface qu'il seroit nécessaire. On doit

FOU

tous les printemps détruire ses monticules avec la pioche, si l'on veut diminuer cet inconvénient.

Un moyen certain de détruire cette fourmi, c'est d'enlever ses monticules au commencement du printemps, en les cernant avec une bêche, et, après lui avoir laissé le temps de sortir de ses galeries, de jeter dans le trou du lait de chaux vive, puis y remetre la motte enlevée. Quelques jours après on abat le monticule, et la place a encore le temps de pousser de nouvelle herbe. On peut aussi la détruire par une irrigation abondante et continuée pendant plusieurs jours ; mais tous les prés ne peuvent pas être inondés.

La FOURMI NOIRE est d'un brun noirâtre, avec les mandibules et le premier article des antennes plus clair ; l'écaille de son pédicule est échancrée ; ses cuisses et ses jambes sont brunes, avec les articulations et les tarses plus clairs. Sa grandeur est d'un peu plus de deux lignes. On la trouve presque par-tout, mais sur-tout dans les jardins, les vergers, autour des maisons. Son habitation principale est le plus souvent recouverte d'une pierre, des bords de laquelle elle pousse çà et là des galeries peu solides formées d'une terre très finé. C'est la plus commune et celle qui fait le plus de mal dans nos jardins. Souvent elle établit ses galeries contre les murs, dans les crevasses d'un arbre, et par ce moyen va manger les fruits sans que le propriétaire s'en doute. Souvent aussi elle pénètre dans les appartemens et dévore le sucre, les confitures, les fruits qui y sont renfermés. Sa morsure est très douloureuse, et on y est fréquemment exposé lorsqu'on est habitué à s'asseoir ou à se coucher sur les gazons, parcequ'alors on brise ses galeries sans les voir, ce qui la met en fureur. Les mâles et les femelles naissent au milieu de l'été.

L'eau bouillante et les sucreries empoisonnées sont les deux moyens les plus certains pour s'en débarrasser. Comme elle s'établit souvent au milieu des semis, ou au pied d'une plante précieuse, il est bon de connoître le moyen suivant de l'en faire sortir. On remue la terre qu'elle a élevée, et on place à quelque distance, dans un sentier, un pot renversé, sous lequel on porte une portion de cette terre. Les fourmis s'y établissent, et on enlève le pot de terre pour mettre le tout dans un bassin où elles se noient.

La FOURMI NOIRE CENDRÉE, *Formica fusca*, Lin., est d'un noir cendré luisant, a le bas des antennes et les pattes rougeâtres, l'écaille du pédicule grande et presque triangulaire. Sa longueur est de près de deux lignes. Elle a été souvent confondue avec la fourmi fauve et avec la fourmi noire, mais elle est distincte. On la trouve, comme cette dernière, sous les pierres, mais elle ne fait pas de galeries. Elle est très com-

6. 8

mune dans certains jardins où elle commet de nombreux dégâts. Les observations faites à l'occasion de la précédente s'appliquent également à celle-ci.

La FOURMI ÉCHANCRÉE est d'un brun marron ; la première pièce de ses antennes, sa bouche et ses pattes sont plus claires ; son corselet est rougeâtre ; son écaille est ovale et échancrée. Sa longueur est de plus de deux lignes. Elle établit sa demeure dans les fentes des murs, des arbres, sous les châssis des fenêtres, derrière les boiseries des maisons. C'est une de celles qu'on voit le plus habituellement dans les appartemens où elle vient enlever le sucre et les fruits sucrés qu'on y dépose. Il est fort difficile de s'en débarrasser autrement qu'en l'écrasant une à une, ou en l'empoisonnant. Quoique formant des sociétés en apparence peu peuplées, elle dévaste quelquefois un office en peu de jours et sans qu'on s'en doute. Ordinairement ces chenilles forment deux files de leur retraite à l'armoire qu'elles pillent, l'une des venans et l'autre des allans, files presque toujours continues, et que je me suis souvent amusé à interrompre, soit par le moyen d'un corps solide, soit avec de l'eau. Rien n'égale l'embarras des fourmis ainsi déroutées. Il leur faut quelquefois un jour entier pour retrouver leur chemin, par le moyen d'un détour devenu nécessaire.

La FOURMI JAUNE, *Formica flava*, est d'un roux jaunâtre luisant ; l'écaille de son pédicule est presque carrée et entière. Sa longueur est d'environ une ligne et demie. On la trouve très fréquemment sur les montagnes, dans les lieux incultes et arides, sous les pierres. Les sociétés qu'elle forme sont peu nombreuses, mais fort multipliées. Les mâles et les femelles ne naissent qu'à la fin de l'été. Il ne paroît pas qu'on ait beaucoup à se plaindre de ses ravages.

La FOURMI ROUGE est rougeâtre, finement chagrinée, a une petite épine sous le premier anneau du pédicule, le premier anneau de l'abdomen brun, et tous luisans. Elle est pourvue d'un aiguillon. Sa longueur est de deux lignes et demie. Elle fait son nid sous les pierres, sous la mousse, dans les bois et les lieux incultes. On ne se plaint point de ses dégâts, mais beaucoup de ses piqûres, qui sont extrêmement cuisantes. Ses sociétés sont peu nombreuses.

La FOURMI DES GAZONS est d'un noir brun, avec les antennes et les mandibules rougeâtres, la tête et le corselet striés, le corselet postérieurement armé de deux épines. Sa longueur est d'une ligne et demie. On la trouve dans toute l'Europe dans les prés et les pâturages, où elle fait de petits monticules de terre qui gênent le faucheur lorsqu'il en coupe l'herbe. Souvent aussi elle fait son nid sous les pierres comme la précédente ; mais il y a toujours autour quelques traces de monticule qui la

décèlent. Elle a un aiguillon avec lequel elle pique douloureusement ceux qui se couchent sur son habitation ou qui la tourmentent.

Il y a encore plus de vingt autres fourmis indigènes à l'Europe ; mais elles sont trop rares et trop peu connues pour être
mentionnées ici. C'est, comme je l'ai déjà observé, dans le
précieux ouvrage de Latreille que les naturalistes qui voudront
les connoître doivent les étudier.

On a avancé dans plusieurs ouvrages d'agriculture que les
fourmis faisoient de grands dégâts dans les champs ensemencés,
en enlevant le blé qui n'étoit pas recouvert. Il est probable
que c'est une fausse inculpation. En effet il n'y a, comme on
vient de le voir, que la fourmi fauve qui fasse entrer des parties autres que de la terre dans la composition de sa fourmilière, et qui soit assez forte pour enlever du blé pour cet objet.
Or, elle se trouve rarement à la proximité des champs,
dans les pays de plaine, et dans les cantons où il y a des bois ;
elle préférera toujours de former son monticule avec des
fragmens de branches, qui sont plus légers et remplissent
mieux son but. Si les fourmis font du tort aux blés, ce n'est
pas à cette époque, qu'il est trop dur pour être facilement entamé par elles, c'est lorsqu'il commence à germer, lorsque le
principe sucré s'y est développé et qu'il est devenu mou.
Alors elles le mangent sur place ; ce sont, ou mieux, ce doivent
être principalement les fourmis *noires*, *noires cendrées et mi-
neuses*; mais ces fourmis forment des sociétés peu nombreuses,
sont petites, et par conséquent ne causent que des dégâts peu
apparens. Il faudroit au reste encore quelques observations positives pour fixer ses idées à cet égard. (B.)

FOURMILIERE. MÉDECINE VÉTÉRINAIRE. C'est un vide qui
se fait entre la chair cannelée et la muraille du pied, et
qui règne ordinairement depuis la couronne jusqu'en bas.
Voyez PIED.

Cette maladie vient ou d'un coup sur la muraille, ou d'une
altération du sabot, ou de son dessèchement occasionné par
un fer chaud que le maréchal aura fait porter trop long-temps
sur le pied, ce qui produit le dessèchement des vaisseaux lymphatiques, en enlevant l'humidité du pied, et obligeant la
muraille de s'éloigner de la chair cannelée ; elle est quelquefois
aussi la suite d'une FOURBURE. *Voyez* ce mot.

Loin de s'attacher à détruire la fourmilière en mettant en
usage le galbanum dissous dans le vinaigre et le soufre, nous
conseillons au contraire de bien râper la muraille jusqu'au vif,
et de panser la plaie avec de la térébenthine mêlée avec l'onguent de pied jusqu'à parfaite guérison ; c'est là le seul moyen
d'y remédier radicalement. (R.)

FOURNEAUX ÉCONOMIQUES. Architecture rurale.
Pour faire le pain, lessiver le linge, échauder les ustensiles
d'une laiterie, et préparer les buvées des bestiaux, il faut de
l'eau chaude. Si, pour satisfaire à ces différens besoins d'une
exploitation rurale, on la faisoit chauffer au feu de la cuisine,
on dérangeroit souvent la cuisinière dans ses fonctions; et si à
cet effet on se servoit de la cheminée du fournil, on y consom-
meroit nécessairement beaucoup de combustible.

Pour obvier à ces inconvéniens, on a imaginé de placer dans
les fournils, et à l'endroit le plus commode, un fourneau à ré-
verbère sur lequel on établit une chaudière de fonte à demeure,
et dans laquelle on parvient à chauffer à beaucoup moins de
frais, et dans un temps beaucoup plus court, toute l'eau nécessaire aux différens besoins d'un ménage des champs. La construction de ces fourneaux ne présente aucune difficulté, et
peut être aisément exécutée par les maçons de la campagne.

Ils consistent,

1° En un massif apparent de maçonnerie d'environ un mètre
et un tiers de base sur onze décimètres de hauteur au-dessus
du pavé du fournil.

On place ce massif au plus près de la cheminée et du côté
opposé au four; on l'adosse au mur de refend dans lequel la
cheminée est construite, afin que le conduit de la fumée du
fourneau puisse être noyé dans l'épaisseur de ce mur, et que
le massif du fourneau n'ait plus alors qu'environ douze décimètres de saillie dans la pièce : pour diminuer encore davantage la place qu'il y occupe, on échancre ses angles saillans, et
c'est sur le parement de l'un de ces pans coupés que l'on pratique
les entrées du foyer et du cendrier. Le fourneau, construit
dans ces dimensions ménagères, ne gêne en aucune manière
le service du four, non plus que celui des cuviers à lessiver.
Voyez Four et Fonte.

2° Dans un cendrier en tour, pratiqué dans l'intérieur du
massif, et prenant sa naissance au niveau même du carrelage
de la pièce. On lui donne environ deux décimètres de diamètre
intérieur, et autant d'élévation.

Son entrée est établie, ainsi que nous l'avons dit, sur l'un des
pans coupés du massif, et de même hauteur et largeur que le
cendrier, afin d'avoir toute l'aisance nécessaire pour le nettoyer.

Ainsi, pour bien construire cette première partie du fourneau, il faut tracer en même temps sur le carreau les bords
extérieurs du massif, ses pans coupés, le cendrier et son entrée;
on élève ensuite cette maconnerie jusqu'à la hauteur de la couverte de l'entrée du cendrier, laquelle n'est autre chose que
des briques simples placées en travers sur cette entrée. On
arrase le tout à cette hauteur; on place sur l'ouverture inté-

rieure du cendrier un grillage de fer ; et c'est le nouveau plan ainsi contruit, qui sert de base au foyer dont nous allons parler. Il est bon de procurer dans cet arrasement une légère pente autour du grillage, afin de faciliter la chute des cendres du foyer dans le cendrier.

3° En un foyer en tour d'un diamètre égal au plus grand diamètre de la chaudière, et dont le centre doit être d'à plomb au-dessus de celui du cendrier. Il est nécessaire de faire observer ici que la plus petite épaisseur de maçonnerie que l'on puisse admettre autour du foyer est de deux décimètres ou de deux largeurs de briques, afin qu'il conserve plus long-temps sa chaleur acquise ; et comme le diamètre du foyer est déterminé par celui de la chaudière, il en résulte que la base du massif est composée, 1° du diamètre de la chaudière ; 2° de quatre décimètres ou quatre largeurs de briques pour l'é-paisseur de maçonnerie nécessaire à colle du foyer. Ainsi, en supposant à la chaudière un diamètre de deux pieds huit pouces, la base du massif devra avoir quatre pieds de longueur, et les angles saillans seront coupés de manière qu'il reste huit pouces d'épaisseur à la maçonnerie du foyer dans ces parties. Quant à la largeur du massif, elle est composée, 1° du diamètre de la chaudière, deux pieds huit pouces ; 2° de huit pouces d'épaisseur pour la maçonnerie du foyer à l'extérieur ; 3° de trois pouces d'aisance qu'il faut laisser entre le bord de la chaudière et le mur de refend contre lequel le fourneau est adossé ; ensemble trois pieds sept pouces. L'entrée du foyer se place au-dessus de celle du cendrier ; on lui donne les dimensions suffisantes pour pouvoir y passer le bois nécessaire à l'aliment du feu ; et comme il est inutile d'y employer de gros bois, on peut en réduire les dimensions à environ un décimètre de largeur sur deux décimètres de hauteur. Plus elle sera petite, et plus le foyer sera facile à échauffer. On la ferme pendant la combustion avec une porte en tôle, comme celle d'un poêle ordinaire.

Lorsque la tour du foyer sera élevée à environ deux à trois décimètres de hauteur, on en diminuera peu à peu le diamètre en forme de voûte, et de manière à embrasser exactement la partie inférieure de la chaudière qui lui servira de clef.

4° Dans cette chaudière de fonte placée à demeure au-dessus du foyer, un cercle de fer dans lequel on la pose, et qui est scellé dans la maçonnerie de la voûte, sert à la maintenir à une élévation suffisante pour que sa partie supérieure présente une saillie d'environ un centimètre au-dessus du niveau du couronnement du fourneau, et que sa partie inférieure descende au-dessous de la voûte du foyer d'environ un tiers de sa profondeur.

5° Enfin, dans un conduit de la fumée, d'un décimètre de côté au plus, placé dans la paroi du foyer en opposition avec l'entrée, et que l'on dirige dans la cheminée du fournil.

La saillie de la chaudière au-dessus du couronnement du fourneau est nécessaire pour pouvoir y faire cuire des légumes à la vapeur de l'eau. On les met dans un tonneau dont le fond est percé de trous pour le passage de la vapeur; et, pour qu'elle ne puisse s'échapper au dehors, on est obligé de luter le tonneau sur le fourneau; alors la petite saillie de la chaudière facilite beaucoup cette dernière opération.

En adoptant cette construction de fourneau, on obtiendra une grande économie dans la consommation des combustibles.

Nous avons comparé la quantité de bois employée à faire chauffer dans une cheminée ordinaire toute l'eau nécessaire à une lessive avec celle que consomme le fourneau pour le même objet, et nous avons trouvé ces deux quantités de bois dans le rapport de trois à un.

Le fourneau imaginé par M. Curaudeau pour son appareil du blanchissage du linge à la vapeur de l'eau, et dont il a donné la description dans le douzième volume de l'ouvrage de Rozier, article *Lessive*, paroît présenter encore plus d'économie de combustibles; mais sa construction est beaucoup plus dispendieuse, et elle exige la main d'un ouvrier très intelligent. (De Per.)

FOURNIL, *Buanderie*. Architecture rurale. Un fournil est la pièce d'une habitation rurale dans laquelle on pétrit et on fait cuire le pain, et où se font les lessives. Dans les grandes fermes, c'est aussi le lieu où couchent les servantes. Cette pièce doit donc avoir des dimensions suffisantes pour remplir ces différentes destinations.

Le fournil est ordinairement situé près de la cuisine, afin que la surveillance en devienne plus facile; mais dans les maisons de campagne, on place la buanderie, lorsque cela est possible, dans le voisinage le plus immédiat du *lavoir domestique*. *Voyez* le mot Lavoir. (De Per.)

FOUROUCH. C'est le trèfle rouge dans le département de la Haute-Garonne.

FOURRAGE. Ce mot se prend sous diverses acceptions. Le plus communément il désigne la totalité des plantes, soit fraîches, soit sèches, qu'on donne aux bestiaux à l'écurie. Quelquefois il se restreint aux vesces, aux pois gris, aux céréales coupées en vert. Les raves, les carottes, les pommes de terre, etc., sont aussi regardées comme des fourrages. Il en est de même des feuilles des arbres, mais jamais de l'avoine, de l'orge et autres grains.

Un cultivateur soigneux doit toujours avoir abondance de

fourrages et des fourrages de bonne qualité. Ceux qui seront moisis, qui auront une mauvaise odeur, etc., serviront de litière, et iront ensuite grossir la masse des fumiers. *Voyez* au mot Foin.

Toute espèce de fourrage sec doit être conservée dans des lieux exempts d'humidité, et ceux qui sont susceptibles d'être altérés par la gelée, dans des endroits à l'abri du froid.

Comme les graines sont beaucoup plus nourrissantes, à volume égal, que les feuilles et les tiges, il faut avoir attention de ne pas laisser perdre celles qui se trouvent dans le fourrage. C'est principalement dans ce but qu'il est très avantageux de placer une mangeoire au-dessous du râtelier, ou de ne pas donner trop d'inclinaison à ce râtelier.

Les tiges et les feuilles des plantes qui ont terminé leur évolution végétale, qui se sont desséchées sur pied, comme la paille des céréales, contiennent beaucoup moins de matière sucrée que celles qui ont été coupées au moment de la floraison; aussi sont-elles fort peu nourrissantes.

Il est important que les cultivateurs prennent ces deux circonstances en considération, pour ne donner ni trop, ni trop peu de nourriture à leurs bestiaux. Il seroit aussi dangereux de nourrir un cheval qui reste constamment à l'écurie uniquement avec de l'avoine, que de ne donner que de la paille à celui qui travaille journellement et avec excès.

Il est constamment utile à la santé des animaux de varier la nature de leur fourrage. Ainsi après avoir mis pendant quelques jours un bœuf au foin sec, il sera bon de lui donner des raves, des carottes, du foin vert, etc. Ainsi les moutons gagnent à manger alternativement de la paille, des pommes de terre ou des topinambours, du foin, du son, de l'avoine, des fèves, etc. *Voyez* au mot Engrais. (B.).

FOUSSON. Nom de la houe dans le département de la Haute-Garonne.

FRACTURE. Médecine vétérinaire. Nous entendons par ce mot une solution de continuité des os, et même des cartilages, faite par un corps extérieur contondant; elle diffère de la plaie qui est faite par un instrument tranchant ou piquant, ainsi que de la luxation, qui n'est véritablement qu'une solution de continuité.

Les os peuvent être fracturés dans tous les sens possibles.

Il est des fractures transversales, il en est d'obliques, il en est de longitudinales; dans d'autres, l'os est entièrement écrasé.

Nous appelons fracture transversale celle par laquelle l'os a été divisé dans une direction perpendiculaire à sa longueur, et fracture oblique celle dans laquelle la division s'écarte plus ou moins de cette direction.

Ces fractures sont sans déplacement lorsque chaque portion divisée demeure dans une juste position ; avec déplacement imparfait , lorsqu'elles ne se répondent pas exactement ; avec déplacement total , quand elles glissent l'une à côté de l'autre : elles peuvent être encore transversales et obliques en même temps ; obliques dans une portion de leur étendue , et transversales dans l'autre.

Dans les fractures longitudinales les os sont seulement fendus selon leur longueur ; elles ne sont proprement que des fissures , parceque les parties divisées de ces mêmes os ne sont et ne peuvent être divisées en entier.

Enfin nous comprenons dans les fractures où l'os a été écrasé toutes celles où il a été brisé et réduit en plusieurs éclats, et en un nombre plus ou moins considérable de fragmens.

Les coups, les chutes, les grands efforts sont les causes des fractures.

En général les suites les plus considérables et les plus graves de la fracture se bornent à la destruction de la direction du mouvement musculaire , à la cessation de l'action des muscles attachés à l'os fracturé , au raccourcissement du membre, conséquemment à l'action spontanée de ces puissances, à sa défiguration relative à leur dérangement , à sa difformité provenant de la surabondance des sucs régénérans, à la dilacération des tuniques qui revêtent extérieurement et intérieurement les os , à la rupture des vaisseaux qui rampent dans leurs cavités et dans leurs cellules, à l'irritation, au déchirement des membranes, des tendons et des nerfs ; à la compression , à l'anéantissement, à l'inflammation des tuyaux voisins de la solution de continuité, enfin à la contusion des parties molles qui se rencontrent entre la cause vulnérante et l'os.

Les preuves certaines de la fracture sont les vides , les inégalités résultans des pièces d'os déplacés, la crépitation ou le bruit occasionné par le frottement de ces mêmes pièces , lorsque la portion supérieure du membre étant fixement maintenue on en remue la portion inférieure ; et l'état du membre qui plie dans l'endroit cassé, cette même portion inférieure qui est plus ou moins mobile et pendante ; la douleur, la difficulté du mouvement, et l'impossibilité de tout appui sur la partie lésée.

Quant aux preuves certaines de la réalité de la fissure, elles sont très difficiles à acquérir : elles se bornent néanmoins aux tumeurs qui les accompagnent, et quelquefois à l'inflammation , à la suppuration et à la carie. *Voyez* CARIE.

M. de Soleysel proteste avoir vu un mulet et un cheval parfaitement guéris; le premier, d'une fracture à la cuisse ; le second, d'une fracture compliquée au bras. En 1778 nous assis-

tâmes, à Saint-Afrique en Rouergue, à la réduction de l'os
du canon d'un mulet âgé de deux ans, fracturé par un coup de
pierre, et qui fut guéri en quarante-cinq jours. Si néanmoins
nous nous abandonnions aux impressions de la multitude, et
sur-tout des gens de la campagne, nous déciderions que toute
fracture est incurable dans l'animal. En effet, on a imaginé que
les os étoient dépourvus de moelle; et de ce fait, qui est absolument faux, parcequ'on n'a pas daigné le vérifier comme nous,
on a conclu que dès qu'un os étoit fracturé toute réunion étoit
impossible. En supposant même que la nature eût négligé, relativement au cheval et à tous les autres animaux, de prendre
toutes les précautions pour corriger, par le moyen de la moelle,
la rigidité des os, il s'ensuivroit seulement que ces parties seroient plus sèches et plus cassantes, et l'on ne pourroit tirer
d'autre conséquence de leur fragilité que le danger toujours
prochain des fractures.

Si les fractures sont curables, on ne doit point le rapporter
ni à la matière huileuse et subtile dont les vésicules osseuses
sont remplies, ni à la masse moelleuse contenue dans les grandes
cavités des os, mais seulement aux vaisseaux innombrables qui
traversent le périoste : il en est qui pénètrent dans leurs cellules et dans leurs portions caverneuses; il en est d'autres qui
s'insinuent dans leur substance et qui y portent des fluides et
un suc lymphatique qui, coulant et circulant dans les tuyaux
de leurs fibres, réparent toute dissipation. Cette lymphe, ou
le suc nourricier qui parcourt les fibres, ne peut que s'épan-
cher à leur ouverture; il s'y épaissit : ainsi, dans la circonstance
d'une fracture, il se congèle à l'embouchure de chaque conduit osseux, comme à l'orifice des canaux ouverts dans la circonstance d'une plaie dans les parties molles. Chaque molécule
lymphatique fournit donc un passage à celle qui la suit; elles
s'arrangent de telle sorte qu'en effectuant le prolongement des
fibres à l'endroit fracturé, elles en remplissent tous les vides et
soudent enfin très solidement toutes les parties rompues; pourvu
néanmoins qu'elles aient été réduites et rapprochées, et régulièrement maintenues en cet état.

La supposition de l'absence totale de la moelle dans les os
du cheval et des autres animaux ne conduira donc plus à l'opinion et au système de l'incurabilité des fractures, puisqu'on
vient de voir que les os reçoivent une autre nourriture.

Mais il faut avouer cependant que toutes les fractures ne
sont pas toutes également curables, relativement aux parties
qu'elles occupent. La quantité des muscles dont, par exemple,
l'humérus ou le bras proprement dit, et le fémur ou la cuisse
proprement dite, sont couverts; la force des faisceaux muscu-
leux qui tendroient toujours, si la fracture étoit oblique, à dé-

placer les pièces réduites ; l'impossibilité de les assujettir solidement par un bandage , ou la figure des membres en ces endroits, tout nous détermine à croire que dans le cas où il y auroit une fracture, même simple, à l'un ou à l'autre de ces os, les efforts de l'artiste vétérinaire seroient impuissans, et ses tentatives inutiles.

Nous ne voyons dans les os du corps du cheval, du bœuf, etc., que les côtes, dans les extrémités antérieures, que les os du paturon, du canon et du cubitus, autrement dit l'avant-bras ; et dans les extrémités postérieures, que les deux premiers os dont nous venons de parler, et le tibia ou l'os qui forme la jambe proprement dite, dont la fracture puisse nous faire attendre quelque succès ; encore ne pouvons-nous véritablement nous en flatter dans ce dernier os qu'autant qu'il n'aura point été fracturé dans le lieu de sa tubérosité, ou dans sa partie supérieure. Nous dirons plus : les pronostics de ces fractures ne sont pas tous avantageux ; un fragment d'os, par exemple, emporté par une balle, met l'artiste dans la nécessité d'abandonner à jamais l'animal. Il en est de même lorsque les muscles, les vaisseaux se trouvant entre les fragmens écartés de l'os s'opposent au remplacement, et lorsqu'un os est cassé en plusieurs endroits, parcequ'alors il demeure semé d'inégalités sans nombre, ce qui rend la cure toujours très lente, pour ne pas dire incertaine. Elle est infiniment plus difficile quand il s'agit d'une fracture compliquée, d'une fracture avec déplacement total, d'une fracture oblique, d'une fracture ancienne, d'une fracture dans un vieux cheval, que lorsqu'il est question d'une fracture simple, sans déplacement, transversale, récente et faite à l'os d'un jeune cheval ou d'un poulain, dans lequel le calus (*voyez* CALUS) se trouve solidement formé au bout de vingt ou vingt-cinq jours, dans la fracture des côtes : le canon reprend après quarante jours écoulés, tandis qu'il en faut cinquante et quelquefois soixante pour le cubitus ou l'avant-bras proprement dit.

Les moyens pour réduire les fractures consistent à mettre l'os dans sa position naturelle, et à le maintenir fermement dans cet état.

La réduction s'en fait par l'extension, la contre-extension et la conformation ; et cette réduction est fermement maintenue par le secours de l'appareil et par la situation dans laquelle on place l'animal.

Nous appelons extension l'action par laquelle l'artiste tire à lui la partie malade ; contre-extension, l'effort par lequel cette même partie est tirée du côté du tronc, ou fixée de ce même côté, d'une manière stable ; et nous nommons conformation l'opération qui tend à ajuster avec les mains les extrémités rompues de l'os, selon la forme et l'arrangement qu'elles doivent avoir.

L'extension et la contre-extension sont indispensables pour ramener la partie dans son étendue, et les extrémités fracturées au point d'être mises dans une juste opposition, et rapprochées l'une de l'autre. Il y a donc à observer, 1° qu'elles sont inutiles dans les fractures sans déplacement; 2° que dans les circonstances où l'on est obligé d'y recourir, les forces qui tirent doivent être en raison de celle des muscles et de la séparation ou de l'éloignement des pièces; 3° que les mêmes forces doivent être appliquées précisément à chacun des bouts de l'os rompu; 4° qu'il importe qu'elles soient égales; 5° que l'extension ne doit être faite que peu à peu et insensiblement et par degrés, etc.

Quant à la conformation, on doit bien comprendre quel doit être le travail de la main de l'artiste, qui doit éviter de presser les chairs contre les pointes des os, et de donner ainsi lieu à des divisions et à des divulsions toujours dangereuses.

Nous remarquerons encore qu'il ne s'agit pas, dans toutes les fractures, de tenter d'abord la réduction : une tumeur, une inflammation violente prescrivent à l'artiste la loi de ne point passer sur-le-champ à l'extension et à la contre-extension, sans au préalable calmer tous ces accidens par des saignées, des lavemens et des fomentations légèrement résolutives. Une hémorragie, par exemple, indique l'obligation de l'artiste à s'occuper dans le moment du soin de l'arrêter; des esquilles qui s'opposent à tout remplacement, et qui ne peuvent que nuire à la cure, exigent qu'il commence premièrement à les enlever. Une luxation jointe à la fracture demande qu'il n'ait dans l'instant égard qu'à la nécessité évidente de la réduire, etc. *Voyez* Luxation.

Les bandes, les compresses, les attelles, les plumasseaux, etc., composent ce que nous appelons l'appareil.

Les bandes sont des rubans de fil plus ou moins larges, et qui doivent avoir plus ou moins de longueur, selon la figure du membre fracturé. Les circonvolutions de ce ruban autour de la partie forment ce que nous appelons *bandages*. Dans la chirurgie vétérinaire, on a l'avantage de ne mettre en usage que celui qu'on nomme continu, c'est-à-dire celui qui est fait de longues bandes roulées, et qui est le plus souvent capable de contenir l'os réduit. Dans les fractures compliquées, on peut se dispenser de recourir au bandage à dix-neuf chefs, puisqu'il est possible de dérouler les bandes et les replacer sur le membre sans rien changer à sa situation, et sans lui causer le moindre dérangement. Au surplus, l'artiste doit se souvenir qu'un bandage trop serré peut gêner la circulation et produire un gonflement, une inflammation, tandis qu'un bandage trop lâche favorise la désunion des fragmens replacés; ce qui doit l'engager à être scrupuleusement en garde contre l'un ou l'autre de ces inconvéniens.

Les compresses sont des morceaux de linge pliés en deux ou en plusieurs doubles; on en couvre les parties fracturées; on les tient plus épaisses dans les endroits vides ou ceux qu'elles doivent remplir.

Les attelles ne sont autre chose que des espèces de petites planches faites d'un bois mince et pliant, mais cependant d'une certaine force et d'une certaine consistance, avec lesquelles on éclisse le membre cassé : elles doivent donc être adaptées et assorties à sa force et à sa grosseur.

A l'égard de la manière dont on doit situer l'animal ensuite de l'application de l'appareil, M. de Garsault, dans son Parfait Maréchal, propose à cet effet de renverser le cheval. Il nous semble que l'animal ne pouvant pas rester toujours couché, et étant nécessairement astreint à faire usage de ses quatre membres, se blesseroit inévitablement en tentant de les effectuer, et ne pourroit que détruire par ses mouvemens tout ce que l'artiste auroit fait. C'est ce qui arriva en 1771 à l'école vétérinaire de Lyon, dans un cheval arabe, dont l'os du canon de la jambe du montoir de devant avoit été cassé dans une chute qu'il fit à l'entrée du faubourg de la Guillotière, et dans lequel on voulut suivre la méthode de M. de Garsault. Le mulet dont nous avons parlé ci-dessus, et dont nous fûmes témoins de la réduction de la fracture, fut tenu simplement et à l'ordinaire dans une écurie; on lui avoit passé seulement une large sangle sous le ventre, assujettie au plancher par deux anneaux. Nous ne conseillerons ni l'une ni l'autre de ces méthodes; nous sommes plutôt d'avis de mettre l'animal dans un travail ordinaire, si l'on est à portée d'en avoir ou bien d'en construire un à peu près avec des planches et des sangles qu'on passera sous le ventre de l'animal, et qu'on assujettira à des poutres par des anneaux. L'animal ainsi placé et légèrement suspendu, l'artiste procèdera à la réduction de la fracture, supposé qu'elle soit au canon ou au tibia, etc., de la manière ci-dessus indiquée. La réduction faite, il mettra sur l'endroit fracturé le plumasseau qu'il a préparé, après l'avoir imbibé d'eau-de-vie; il trempera la compresse dans du vin chaud; il en couvrira circulairement le lieu de la fracture; ensuite il prendra le globe de la bande qui sera imbue de vin; sa main droite en étant saisie, il en déroulera environ un demi-pied; il commencera le bandage par trois circulaires médiocrement serrés sur le même lieu; de là il descendra jusqu'à l'endroit par lequel

il a débuté ; il y pratiquera encore le même nombre de circulaires, et gagnera enfin la partie supérieure de l'os fracturé,
où la bande se trouvera entièrement employée. Ce n'est pas
tout encore : il se munira d'une seconde bande qu'il trempera
dans du vin chaud, ainsi qu'il y a trempé la première ; il l'ar-
rêtera par deux circulaires à la portion supérieure où le trajet
de cette première bande s'est terminé ; après quoi il posera
deux ou trois attelles qu'un aide assujettira, tandis que l'artiste
les fixera par un premier tour de bande ; il les couvrira en
descendant par des doloires, jusqu'au boulet, supposé que la
fracture ait lieu au canon ou bien jusqu'au dessous du jarret,
si elle se trouve au tibia ou à l'os de la jambe proprement dite.
Cette opération finie, on laissera le cheval légèrement suspendu jusqu'à l'entière formation du *calus* (*voyez* CALUS) ; on
le saignera deux heures après, et on le tiendra à une diète humectante et rafraîchissante. Dans les commenciens, on arrosera l'endroit fracturé de temps en temps avec du vin chaud ;
et si l'on aperçoit un gonflement inférieur à l'appareil, et
que ce gonflement ne soit pas tel qu'il puisse faire présumer
que le bandage est trop serré, l'artiste se contentera d'y appliquer des compresses trempées dans du vin dans lequel on aura
fait bouillir des plantes aromatiques, telles que la sauge, l'absinthe, la lavande, le romarin, etc. Il ne seroit pas hors de
propos de réitérer la saignée le second jour de l'opération, et
de lever l'appareil le 8 ou le 9, à l'effet de s'assurer de l'état
de la plaie, qu'on sera peut-être obligé de panser d'abord tous
les trois jours, et ensuite à des distances plus éloignées. Lorsque l'artiste verra que la plaie est dans la voie de se cicatriser,
et les pièces d'os de se réunir, il pourra interrompre tout pansement pendant un espace de temps assez long, la nature seule
pouvant achever la cure, étant sur-tout secondée d'un traitement méthodique accompagné d'un régime constant. L'articulation est quelquefois si fort gênée, relativement à la longue
inaction et à l'épaississement de la synovie, que l'on est dans le
cas de redouter un *enchylose* (*voyez* ENCHYLOSE) ; mais un
exercice modéré, des frictions fréquentes avec le vin aromatique suffisent pour rendre à cette partie sa liberté, son action
et son jeu.

Si nous supposons à présent une fracture à une des côtes
d'un bœuf, avec déplacement, et non une de ces fractures
que les bouviers savent agglutiner par un emplâtre, sans le secours du maréchal, mais une fracture interne, c'est-à-dire
dont le bout de l'os cassé se porte du côté de la poitrine, ou
qu'elle soit en dehors, c'est-à-dire qu'il incline du côté des
muscles extérieurs : dans le premier cas on la reconnoît à l'enfoncement, à la toux, à la fièvre, à une inflammation, à une

difficulté de respirer plus ou moins grande, selon que les parties aiguës de l'os fracturé piqueront plus ou moins violemment la plèvre, tandis que dans le second on en est assuré par l'élévation de la pièce rompue, par une difficulté de respirer beaucoup moindre, et par la crépitation.

On doit bien comprendre qu'ici la réduction n'est point aussi compliquée ni aussi embarrassante; qu'il n'est pas nécessaire d'assujettir l'animal long-temps dans un travail, et de l'y tenir légèrement suspendu jusqu'à l'entière formation du calus. Pour opérer donc relativement à la fracture en dedans, un aide serre les naseaux du cheval ou du bœuf, tandis que l'artiste ou le maréchal presse fortement avec les mains l'extrémité supérieure et inférieure de la côte, jusqu'à ce que les pièces enfoncées soient revenues dans leur situation. Si cependant les fragmens qui percent la plèvre donnent lieu aux symptômes funestes dont nous avons déjà parlé, il faut se hâter de faire une incision à la peau, à l'effet de tirer les fragmens de l'os avec les doigts, avec des pinces, ou avec une aiguille ou d'autres instrumens convenables. On doit appliquer ensuite des compresses, l'une qui sera imbue d'un vin aromatique sur toute l'étendue de la côte; les deux autres, qui auront beaucoup plus d'épaisseur, seront mises sur celle-ci à chacune des extrémités sur lesquelles le maréchal aura fait compression, le tout devant être maintenu par un bon et solide surfaix. Quant à la fracture en dehors, le remplacement est plus aisé : il s'agit seulement de pousser les bouts déjetés de l'os jusqu'au niveau des autres côtes, après quoi on place une première compresse, ainsi que nous l'avons dit, et on garnit l'endroit fracturé d'un morceau de carton que l'on assujettit de même par un surfaix qui fait, comme dans le premier cas, l'office d'un bandage circulaire. Le nombre des saignées doit, au reste, être proportionné aux besoins et aux circonstances : les lavemens, la diète, en un mot tout ce qui est capable de calmer les mouvemens du sang, doivent être employés.

La fracture de l'os de la couronne du cheval, annoncée par la difficulté d'appuyer le pied et par le changement de figure, doit être rangée au nombre des espèces des fractures incurables.

La fracture de l'os du pied n'est pas aisée à connoître; cependant, dit M. La Fosse, lorsque le cheval sent une douleur à la couronne, et qu'il y a un gonflement, on peut croire que l'os du pied est fracturé. Cet os se casse ordinairement en deux parties.

Cette espèce de fracture est très curable. L'os du pied étant renfermé dans le sabot, et n'ayant qu'un léger mouvement sur la sole charnue, et étant d'ailleurs enchâssé entre la chair cannelée et la sole charnue, il ne faut pas être surpris que les deux parties fracturées de cet os se réunissent et se soudent ensemble. Nous proposons, d'après M. La Fosse, de dessoler le cheval, de le panser de même que nous l'avons indiqué pour la *dessolure* (*voyez* Dessolure), et de le laisser en repos pendant six semaines dans l'écurie, où il sera mis à l'eau blanche, au son et à la paille pour toute nourriture, après avoir été néanmoins saigné à la veine jugulaire.

Et à l'égard de la fracture de la jambe du mouton, il est inutile de prendre toutes les précautions que nous avons proposées pour le bœuf et le cheval. Il suffit de renverser l'animal pour réduire les parties fracturées, d'appliquer sur les parties latérales de la fracture des morceaux de bois de la longueur et de la largeur de l'os, de l'épaisseur d'une ligne; de garnir l'intervalle de ces éclisses avec des étoupes trempées dans de l'eau-de-vie; de maintenir le tout avec une bande circulaire; d'arroser, toutes les douze heures, la partie affectée avec du vin tiède; de ne relâcher la bande circulaire que lorsque l'inflammation paroît être considérable, et que la partie située au-dessus du bandage est extrêmement tuméfiée; de ne donner que peu de nourriture à l'animal les huit premiers jours; de le saigner à la veine maxillaire, s'il a beaucoup souffert, et si la jambe est menacée de vive inflammation; de ne défaire le bandage qu'au bout de vingt à vingt-cinq jours, si le mouton est jeune, et environ six semaines, s'il est vieux; de réduire les esquilles, si la fracture est composée; d'enlever celles que l'on ne peut réduire lorsqu'elle est compliquée; d'assujettir fortement toutes les pièces de l'os séparées; de maintenir les éclisses supérieurement et inférieurement avec deux bandes circulaires, de façon qu'il reste un intervalle assez considérable pour panser la plaie ou l'ulcère, sans déranger les éclisses; enfin, de laisser l'animal tranquille dans une écurie propre et bien aérée. Il en est de même quant à la fracture de la jambe du chien. (R.)

FRAGON, *Ruscus*. Genre de plantes de la diœcie monadelphie et de la famille des smilacées, qui renferme une demi-douzaine d'espèces, la plupart propres aux parties méridionales de l'Europe, et qu'il peut être utile ou agréable de cultiver.

Les espèces les plus importantes à connoître dans ce genre sont,

Le FRAGON PIQUANT, *Ruscus aculeatus*, Lin., plus connu sous le nom de *houx fragon*, *houx frelon*, *brusque*, *buis piquant*, *myrthe épineux*. C'est un petit arbuste de deux à trois pieds de haut, dont les racines sont grosses, noueuses, traçantes; les tiges rameuses, vertes, difficiles à casser; les feuilles alternes, sessiles, coriaces, ovales, pointues, piquantes, toujours vertes; les fleurs petites et solitaires dans l'aisselle d'une

écaille placée au milieu de la surface supérieure des feuilles ;
les fruits rouges de trois à quatre lignes de diamètre, et sub-
sistant d'une année sur l'autre. On trouve cet arbuste dans les
bois et les haies des parties moyennes et méridionales de l'Europe. Il couvre quelquefois exclusivement de grands espaces.
Presque tous les terrains et les expositions lui conviennent ;
car je l'ai vu dans les bois les plus humides et sur les collines
les plus sèches. Cependant un peu d'ombre lui est nécessaire.
Sa racine a un goût âcre, amer, et est regardée comme
apéritive et diurétique au premier degré. Ses feuilles sont
amères et astringentes, et s'emploient comme telles. Ses
baies peuvent être mangées, quoiqu'elles partagent les propriétés des racines et des feuilles.

Mais ce n'est pas seulement comme plante médicinale que
le fragon piquant est susceptible d'être considéré. L'agronome
en sait tirer parti pour fortifier ses haies, lorsqu'elles se dégar-
nissent par le bas. J'ai même vu en Italie des haies qui en
étoient complètement composées. Il produit de très agréables
effets dans les jardins paysagers, où on le place au milieu
des massifs ou sur le bord des allées qui les traversent. Il fait
aussi très bien au premier rang de ces massifs, lorsqu'ils sont
tournés vers le nord. C'est véritablement l'arbuste qui orne
le plus en hiver, sur-tout lorsqu'il est en même temps couvert de fleurs et de fruits.

Dans quelques endroits on fait des balais avec ses tiges garnies de leurs feuilles, et dans d'autres on mange ses jeunes
pousses en guise d'asperges.

On multiplie le fragon piquant par ses graines, qu'on sème
au printemps, aussitôt qu'elles sont cueillies, dans une plate-
bande exposée au nord. Elles lèvent rarement la première
année. Au bout de deux ans le plant se relève pour être repiqué à la même exposition, à la distance d'un pied. C'est alors
qu'il commence à prendre de la vigueur ; mais en général il
pousse très lentement, et ce n'est qu'à la cinquième ou sixième
année qu'il est bon à être mis en place.

Cette lenteur dans l'accroissement de cet arbuste fait qu'on
préfère le multiplier par la séparation de ses pieds, opération
très facile, parceque, comme je l'ai déjà dit, ses racines tracent
beaucoup, et qu'il pousse tous les ans de nouveaux jets à côté
des anciens. On la pratique pendant l'hiver. Elle suffit généralement aux besoins du commerce, qui sont fort peu étendus.
Ces sections de pieds, plantées dans les bois, reprennent très
bien ; mais lorsqu'on veut les placer dans les plates-bandes labourées, il est très difficile de les conserver. C'est ce qui empêche de les employer en bordures comme le buis, ce à quoi
elles seroient très propres sous quelques rapports.

Le FRAGON A FEUILLES NUES, *Ruscus hypophyllum*, Lin., a les tiges simples, anguleuses, d'un à deux pieds de haut; les feuilles ovales, lancéolées, luisantes, non piquantes; les fleurs verdâtres, réunies au nombre de trois ou quatre sur la surface inférieure des feuilles, et non accompagnées d'écaille. Il croît naturellement en Italie et en Turquie, reste toujours vert, et fleurit au milieu de l'été. On le cultive fréquemment dans les jardins paysagers, sous le nom de *laurier alexandrin*, attendu qu'il est plus agréable que le précédent, et sur-tout qu'il ne pique pas. On le multiplie de la même manière. Il craint les fortes gelées, aussi est-il prudent de le couvrir en hiver.

Le FRAGON A LANGUETTE, *Ruscus hypoglossum*, Lin., a les feuilles plus allongées que le précédent, mais de même forme; ses fleurs sont réunies plusieurs ensemble à la surface supérieure des feuilles et accompagnées d'une longue écaille. Il vient des mêmes pays, et se cultive comme le précédent.

Le FRAGON A GRAPPES, *Ruscus racemosus*, Lin., a les feuilles lancéolées, obliques, luisantes; les fleurs petites, blanchâtres et disposées en grappes terminales. Il s'élève de trois à quatre pieds, et forme des buissons d'un très agréable aspect. Le Portugal est son pays natal. On le voit fréquemment dans les jardins, qu'il embellit pendant toute l'année. Tout ce que j'ai dit des précédens lui convient. (B.)

FRAISÉ. C'est le FRÊNE dans le département de Lot-et-Garonne.

FRAISIER, *Fragaria*. Genre de l'ordre des ROSACÉES, section des fruits composés d'ovaires nombreux (Icosandrie polygynie de Linné). Le caractère qui le distingue est que les ovaires de la fraise étant secs, de manière à être traités de graines nues, et non pas unis par leur pulpe en une baie composée, comme dans les framboises et les mûres, c'est au contraire le support du réceptacle qui est pulpeux et non pas sec, comme il l'est dans toutes les ronces et aussi dans les quintefeuilles ou potentilles, genre assez nombreux, avec lequel plusieurs botanistes réunissent les fraisiers, soit sous le nom de *potentilla*, soit sous celui de *fragaria*.

La fraise est un fruit plus ou moins fondant, et doué d'un parfum généralement agréable, mais varié dans ses différentes sortes, toutes propres à diverses contrées froides ou tempérées, tant de l'ancien que du nouveau continent. Il paroît aussi peu convenable de traiter ces races d'espèces distinctes que de les confondre en une seule espèce. On se contentera de les rapporter à des souches principales, regardées comme primitives, et de faire observer, 1° que celle qui est la plus commune en Europe semble être par-tout la même dans l'état de nature, mais que plusieurs de ses races subalternes ou variétés dues à la

culture, tout en conservant les vrais caractères d'identité d'espèces, présentent de ces différences sur lesquelles on a coutume d'établir les espèces, et que d'ailleurs elles ont une assez
grande constance dans la reproduction par graines; 2° qu'au
contraire diverses races locales, très sensiblement distinctes,
ne le sont cependant que par un ensemble de différences légères; et que, semées hors de leurs contrées propres, elles ont
assez peu de constance dans leurs reproductions; 3° que les individus de cette seconde série, qui se trouvent unisexes et qui
sont très facilement fécondés par la pollination des races analogues, ne semblent pas pouvoir l'être par celle de la première
série.

C'est donc dans cette hypothèse de deux espèces seulement
que le tableau des divers fraisiers sera présenté, avec les notes
qui peuvent les faire distinguer les uns des autres, et un court
historique de leur origine.

Donnons d'abord quelques idées générales sur la culture de
cet arbuste herbacé : à chaque série se trouveront ensuite les
détails de ce qui doit être observé en particulier à l'égard de
chacune des sortes véritablement utiles.

La désignation d'*arbuste herbacé* convient très exactement
à un végétal dont le tronc ferme, sans être véritablement ligneux, s'allonge peu à peu dans son état sauvage, et reste
unique, en se traînant sur la terre. Il y prend chaque année
un ou deux étages de racines, de sorte qu'après la production
de son rameau fructifiant, le bourgeon de remplacement se
montre avec une jeunesse toujours renouvelée, tandis que
d'autres bourgeons sont transportés à quelque distance par
des branches d'une existence au moins aussi fugace que celle
des rameaux fleuris, puisqu'elles périssent aussitôt que des
racines survenantes nourrissent suffisamment ces bourgeons
auxquels elles ont servi de *lisières*, nom qui se donne en effet
à ces courans, ainsi que ceux de *coulans, nilles, filets, traî-
nées et traînasses*. Végétal qui, d'ailleurs, lorsqu'il profite des
bienfaits de la culture, est susceptible de multiplier excessivement le nombre et d'accroître singulièrement la dimension de
toutes ses parties; de sorte que ses touffes de troncs rapprochées, se dessèchant par leur direction forcément verticale,
n'ont que peu d'années à subsister.

Les effets que la culture produit sur les diverses sortes de
fraisiers présentent d'assez grandes différences, en raison de
celles qui ont lieu dans la végétation de quelques races. Mais en
général ce qui résulte de leur constitution commune est que
peu de plantes vivaces se montrent aussi sensibles à l'influence
avantageuse de deux ou trois circonstances de leur éducation :
le changement en mieux de la qualité du sol, au milieu du

cours de leur vie ; les retards apportés dans les époques des développemens par les replantations ; enfin, la concentration des forces de la nature, obtenue en faveur de l'une de leurs deux directions, par la répression habituelle de l'autre. Nous trouverons ainsi le fraisier placé sur la limite entre deux natures de végétations, l'arborescente et l'herbacée, et nous verrons que l'art emploie à son égard des moyens qui participent beaucoup de ceux qui sont destinés aux arbres. Non seulement il est susceptible d'une sorte de taille, il l'est aussi de pépinière, et d'une culture préparée dans une année pour la suivante ; enfin d'une pluralité de récoltes et d'un rajeunissement qui améliore les dernières, et même les multiplie.

La graine des fraises n'a pas besoin d'une plus grande maturité que celle qui rend le fruit bon à manger. Comme dans chaque espèce de plante, les plus grosses graines sont toujours les meilleures, on fait très bien d'enlever avec le couteau des portions de pelures sur les plus belles fraises, et du côté le plus mûr. On les met sécher sur du bois ; ensuite on les mêle avec une petite quantité de terre légère, mêlée de terreau et de terre de bruyère si on en a ; le tout, placé dans un fond de pot et recouvert d'un tuileau, est enfoui à la profondeur d'un bon fer de bêche, pour n'être retiré qu'après l'hiver, et semé aussitôt, soit en terrines, soit en plates-bandes au couchant, soit sur couches chaudes et abritées au besoin. Cette dernière culture est rapide, mais le plant est très sujet à fondre lorsqu'on le met en terre. Il est même toujours utile de donner de l'ombre, ce qui se peut faire avec de grandes mousses ou de la longue paille jetée sur le terrain, et mieux soutenue sur de petits branchages, pour l'enlever lorsque le plant est bien venu.

Si on sème en observateur qui cherche des variétés nouvelles, on fera bien, dès la première année, de garder un ou deux courans pour doubler ou tripler chaque individu, afin d'éviter le risque d'en perdre avant de les avoir jugés.

Un moyen de multiplier les chances c'est sans doute de favoriser les fécondations étrangères ; mais la chose n'est pas si commune que l'on croit, et ceux qui veulent en faire de certaines y trouvent beaucoup de difficultés. Dans tous les cas, l'examen exact d'un semis est toujours utile, puisqu'en semant on doit s'attendre à perdre plus qu'à gagner. On ne gardera donc que le meilleur pour le multiplier par la propagation des bourgeons.

Si cette propagation se fait en déchirant les œilletons, il faut casser le bas du tronc pour ne conserver que les racines nouvelles de l'étage supérieure. Quoi qu'ait dit Rozier de l'avantage de conserver toutes les racines, la règle ne seroit pas applicable au cas de la replantation de ces troncs changés en pivots, et des vieilles racines, qui sont à peu près inutiles.

La marche de la nature est d'employer les bourgeons détachés du centre par des filets courans; il y a deux procédés de culture qui trouvent chacun leur application. L'un consiste à prendre du plant dans ses plantations, en choisissant, dès les premier courans, quelques uns des plus forts, pinçant les courans latéraux et les seconds rejets, fixant enfin, ou même enterrant légèrement le jeune pied, lequel, à sa cinquième ou sixième feuille d'une belle venue est enlevé dans un moment humide, ou en motte, ou avec toutes ses racines bien conservées et bien disposées en le portant en place. Une bonne mouillure est nécessaire en ce moment pour serrer la terre.

L'autre procédé est celui des pépinières en terrain sableux et très peu amendé, dans lesquelles on laisse étendre, pendant la campagne entière, tous les courans, qui acquièrent ainsi de l'âge sans acquérir de la force. En automne le plant soulevé à la houe est épluché, pour ne conserver que le plus fort, qui passe l'hiver, aubiné en rigole, à trois doigts de distance, au pied d'un mur au sud-est ou sud-ouest. Ce plant est mis en place dans le courant de mars, et son premier fruit est sacrifié. On a quelques mois de culture de plus, et le fruit vient une année plus tard; mais on en est amplement payé par sa beauté et sa quantité.

Il a été dit qu'on ne devoit laisser les fraisiers produire tous leurs courans que lorsqu'on a de grandes plantations à faire; Il s'y trouve un autre but plus physiologique, celui d'avoir abondance de plant égal, peu de petits, que l'on jette, encore moins de gros, lesquels seroient trop tournés à fleur, au lieu que ce plant médiocre et qui a souffert, bien espacé et bien cultivé pendant une saison entière, sans qu'on le laisse croître considérablement, fructifie ensuite en proportion.

Le soin de supprimer les courans pendant toute l'année est indispensable, si l'on veut que les pieds prennent de la force et préparent de beaux fruits. On se trouve toujours bien de le faire assidûment, sans les laisser prendre leur accroissement. Il est vrai, comme le disent bien des jardiniers, que plus on en ôte, plus il en vient de nouveaux, parceque tous les bourgeons de réserve se développent dès que les premiers sont supprimés; mais ce travail épuise beaucoup moins le gros pied que ne le fait la nourriture qu'il est forcé de fournir aux courans qui s'allongent librement. Si par épargne de peine on veut, comme disent les jardiniers, laisser passer le premier coup de feu, et n'ôter les courans du printemps que quand ils se sont déjà sensiblement allongés et multipliés, toujours est-il nécessaire de les supprimer à l'instant où le fruit noue : c'est ce qui décide sa grosseur et sa bonté.

Je sais que la suppression assidue des courans avoit été déclarée par Rozier pratique vicieuse. « Les courans, dit-il, sont aux fraisiers ce que les branches sont aux arbres, et ce que les boutons sont aux branches. On oblige l'abondance de la sève à s'échapper par-tout où elle peut, et à pousser en œilletons ce qui auroit été produit seulement l'année suivante. » J'adopte très fort la comparaison ; mais la pratique constante d'ébourgeonner les espaliers, en abattant avec le pouce les bourgeons aussitôt qu'ils s'annoncent, semble bien autoriser une opération toute semblable. Il n'y a d'ailleurs nul avantage de conserver ces bourgeons de réserve pour l'année suivante. Enfin cette jeune propagation qui entoure les maîtres pieds, et qu'il faudra supprimer dans peu en donnant les binages nécessaires, a dû leur faire tout autant de tort que des herbes étrangères qu'on ne voudroit pas y laisser croître.

Malgré la surveillance, il se trouve après la récolte une certaine quantité de courans qui se sont échappés ; on les supprime alors avec les tiges desséchées et les feuilles qui les accompagnoient, et qui se trouvent les inférieures. C'est, à le bien prendre, la première façon de la seconde année. Cette opération peut se faire, dans certains cas, très facilement, en rasant les touffes entières. Si les espèces sont assez vigoureuses, ou le terrain assez fertile, pour que le pied se recouvre promptement d'un nouveau feuillage, rien de mieux ; mais si on doit craindre qu'il se trouve frappé de la chaleur, il faut attendre quelques jours, et, embrassant d'une main les feuilles naissantes, couper le reste à la serpette. Il sera même mieux de les lier légèrement avec une des grandes feuilles et de les conserver ainsi pour le grand binage et l'arrosement, qu'on ne doit pas manquer de leur donner en ce moment.

Immédiatement après la récolte il ne faut que ce bon binage et non point un labour. On ne le donne, comme à tous les fruitiers, que pour entre-hiver. Il a été dit que ce labour d'été force la plante à œilletonner et pousser des coulans : c'est une fausse vue. Dans la multiplication rapide, ce sont les premiers du printemps qu'on doit garder ; dans celle qui occupe deux saisons, on ne doit prendre du plant que dans une pépinière de terrain plus maigre. Enfin, les vieux pieds ayant pris avant la première récolte tout l'accroissement convenable, on ne doit plus leur en procurer, mais les entretenir doucement et les pousser à fleur par un bon labour d'hiver avec terreautage, et au printemps un binage qui enfouit le terreau et rend la terre plus perméable à la pluie et aux arrosemens. Rozier regarde cette double transplantation des fraisiers, en automne et au printemps, d'usage sous Paris, entièrement inutile dans les provinces méridionales. J'en appellerois à des essais comparatifs suivis avec exactitude.

Les soins appropriés aux fruits, pour les empêcher de traîner à terre, varient suivant les races. Indépendamment de ce qu'ils se salissent, ils mûrissent moins bien, et se trouvent exposés à être attaqués par divers limas, et sur-tout par de petites scolopendres qui, sortant de terre, les creusent et s'y amassent par centaines en certains terrains. Il est donc très bon de couvrir la terre pendant la fleur avec quelques débris de végétaux secs, soit mousse, soit paille, soit feuille; le fruit mieux soutenu en est plus parfumé. Cette pratique cependant ne peut, comme on le verra, convenir à toutes les espèces.

Il est presque toujours utile de pincer les dernières fleurs; le fruit paye amplement en grosseur ce qu'on perd sur sa quantité.

La nature du terrain convenable aux divers fraisiers présente quelques différences. On observe que, pour tous, le fumier frais leur est très fâcheux par la surabondance de feuilles qu'il leur fait produire, et par une maladie qu'annonce l'altération de leur couleur, ce qui l'a fait nommer la *rougissure*, et qui est promptement suivie de leur mort. Au contraire, les amendemens en terreaux consommés leur sont très favorables; mais rien ne leur est plus nécessaire que de les rechausser en hiver, pour leur donner de la terre neuve, dans laquelle ils puissent étendre l'étage supérieur des nouvelles racines qui s'établit chaque année.

Il faut, comme le disoit Rozier, se souvenir que le fraisier habite naturellement un sol dans lequel les débris des végétaux l'emportent de beaucoup sur ceux des animaux. Semblables aux gibiers dont l'excellence dépend des cantons où ils se nourrissent, ou si l'on veut aux vins dont le terroir décide également la qualité, les fraises perdent en parfum tout ce qu'elles gagnent en beauté par la plupart des effets de la culture. On doit bien s'attendre que ce soit ainsi que pour la vigne l'emploi du fumier qui les détériore le plus sensiblement.

La largeur des planches dans les cultures marchandes a souvent été portée jusqu'à cinq pieds, afin de perdre moins d'espace en sentiers, et en effet les arrosemens et les binages se font assez bien à dix-huit ou dix-neuf décimètres du bord, et quant à la cueillette, on s'en tire en mettant un pied de place en place au milieu de la planche; mais pour une culture particulière à maintenir toujours propre, quatorze à quinze décimètres seroient même trop; on fera mieux de ne leur en donner que douze à treize.

Le fraisier peut vivre sans arrosemens dans les départemens

du nord, excepté dans les terres et les années brûlantes ; mais son fruit est d'autant plus petit, qu'il a eu moins de binages et d'arrosemens dans l'année précédente, et il convient de les redoubler dans le temps de la fructification.

Dans les parties méridionales de la France, où le besoin d'eau étant beaucoup plus grand, les arrosemens se font par irrigation, la disposition des fraisiers ne se fait point par planches, mais par rayons ; on les place sur chacun des ados qui partagent tout le terrain. On ne les met ni sur le sommet où ils seroient trop au sec ; ni en bas, où ils seroient trop près de la rigole ; mais au milieu. Dans les binages, les ados se culbutent de manière que le sommet qui couronnoit le rang de la droite est rejeté à gauche pour couronner un autre rang. C'est à Rozier qu'est due l'indication de cette singulière pratique.

La cueillette des fraises vaut mieux le soir que le matin ; celle faite dans la chaleur du jour est encore préférable pour jouir de tout le parfum. Le mieux est de cueillir les fraises avec la queue ; et si on doit les garder, de les étaler sur de la faïence, sur des planches ou des clayons neufs ou sur des feuilles, de les laver avant de les éplucher, et les sucrer légèrement aussitôt qu'elles le sont.

La fraise s'accorde avec le sucre ou le miel et le vin, ou au contraire avec le lait, la crème et le fromage frais. Le mélange de diverses espèces forme de la seule fraise d'excellentes macédoines : la groseille et la framboise les améliorent encore, et plus que ne le fait la cerise.

Avant d'en venir aux détails, tant de culture que d'usages, et aux notes distinctives des races diverses et des séries sous lesquelles elles se distribuent, il est convenable de donner sur chacune de courtes notices historiques, lesquelles, chronologiquement disposées, traceront une histoire abrégée du genre entier.

On a mis la courtilière au nombre des insectes qui nuisent aux fraisiers ; il est vrai que ses galeries éventent les racines, et que celles qu'elles coupent sont perdues pour la plante. Mais son véritable ennemi est la larve du hanneton ; aussi le nom de *ver à fraisier* lui est-il donné comme le nom de ver blanc. Ce redoutable rongeur, nommé aussi *taon*, *mans* et *turc*, fait beaucoup périr de fraisiers dans les années où il abonde. Pour sauver un fraisier de graine, ou quelqu'individu précieux, il faut, dès qu'on voit les feuilles du centre se faner, tirer le pied de terre et rafraîchir à la serpette la plaie faite au tronc par la dent meurtrière de l'insecte, puis traiter la plante comme une bouture, en la plaçant à

l'ombre et la couvrant d'un petit pot, et mieux d'un gou-
lot de bouteille. Quant au *ver gris*, moins gros que le
blanc, il est heureusement plus rare ; le mal qu'il fait aux
petits fraisiers est sans remède, parcequ'il ne ronge pas la
racine ni le bas du tronc, mais tout le haut bourgeon. Au
reste, cette larve, connue pour dévaster les chicorées, n'est
nullement celle du moine ou rhinocéros, qui est bien plus
gros que le hanneton, et ne vit que de fumier ; le *ver gris*
devient une espèce de phalène et nullement un coléoptère,
ce qu'on peut juger à ses pattes.

La meilleure précaution à prendre contre le taon ou ver
blanc, dans les années où on sait qu'il abonde, est de semer ou
planter en automne une grande quantité de laitues entre les
fraisiers. Il ne manque pas au printemps d'attaquer l'une et
l'autre plantation ; mais les laitues se fanant beaucoup plus
promptement, on est sûr, en les guettant dans le haut du
jour, d'en tuer une grande quantité avant qu'ils aillent aux
fraisiers.

La longue liste de fraisiers qui se trouve dans Tournefort
sembleroit annoncer qu'il connoissoit parfaitement tous ceux
que nous cultivons aujourd'hui ; il s'en faut beaucoup : plus
de la moitié de ceux qu'il inscrit sous ce nom ne sont que
des POTENTILLES à feuilles ternaires, y compris le FRAISERAT,
fraisier à fruit sec, dit *stérile* par cette raison, et qui a plus
d'une fois trompé ceux qui vont chercher du plant dans les
bois. *Voyez* POTENTILLE.

A la tête des dix qu'il faut examiner se montre le FRAISIER
ORDINAIRE DES BOIS, accompagné de la rare, mais futile et très
peu constante variété à FEUILLES PANACHÉES ; de celle assez connue à FRUIT BLANC, et d'une autre à FLEURS DOUBLES ou plutôt semi-doubles, plante d'un mince mérite, même lorsque
les petits fruits qui entourent le principal viennent à bien, et
forment ce groupe figuré par les curieux de Nuremberg sous
le nom de *fraisier à trochet* (*Fragaria botryformis*), accident
sans constance et sans un vrai mérite.

La PHRASE *Frag. fructu parvi pruni magnitudine* C. B., qui,
d'après la figure de Besler, appartient certainement au CAPE-
RONNIER commun, se trouve par erreur appliquée au FRAISIER
FRESSANT, ou *fraisier de jardin*, alors peu ancien probablement, et constamment cultivé depuis, comme on le verra bientôt à son article. Le nom de *caperon*, prononcé aussi *chaperon*,
chapiron et mal à propos *capiton*, se trouve même lui être transporté ; méprise facile, en ce que ce mot, qui signifie grosse tête,
a toujours été appliqué aux grosses fraises, et souvent avec le
mépris que lui attire la fadeur de plusieurs.

Le vrai caperon se retrouve plus bas comme dans le catalogue du Jardin des plantes, publié dès 1665, sous la phrase : *Fragaria peregrina fructu rubro moschato*. Ce mot *peregrina* convenoit bien à une espèce cultivée dans toute l'Europe, sans qu'on connût son pays natal.

Un septième fraisier indiqué par Tournefort est le QUOIMIO DE VIRGINIE, souvent très mal nommé *caperon*, fut nommé *fraisier de Hollande*, *de Barbarie*, *de Siam*. Cette belle *fraise écarlate* avoit été seulement indiquée par C. B. Elle se trouve cependant dans des catalogues de Jean Robin, botaniste de Louis XIII, en 1624, et de l'Anglais Tradescant, vers le même temps.

Des trois fraisiers qui restent à reconnoître dans la liste de Tournefort, son *frag. bis fructum ferens* C. B. est certainement notre MAJAUFE DE PROVENCE, et non la fraise des Alpes; son *frag. foliis hispidis* est un breslinge, et probablement celui de Longchamp; mais il est à peu près prouvé qu'à cette époque il n'existoit pas dans les jardins de botanique ni dans les potagers des curieux. Enfin, le *frag. flore viridi* de Tournefort est ce *fragaria* (*muricata*) *caule erecto suffruticoso*, *foliis hirsutis*, Lin., Sp., production monstrueuse et stérile observée à Plymouth par le même Tradescant, et dont la description pompeuse, faite quelques années après à Bologne par Zanoni, fit tomber le sévère Linné dans l'erreur de lui accorder le rang d'espèce, rang dont le procès que je lui fis en 1766 l'a heureusement fait déchoir.

Tandis que Tournefort présentoit, d'après ses prédécesseurs, des objets inconnus et même imaginaires, on peut lui reprocher d'en avoir omis un qui devoit marquer en histoire naturelle : c'est le FRAISIER-BUISSON ou *sans courans*, dont Furetière fit mention dans son dictionnaire en 1690, sans doute d'après quelque auteur d'agriculture. Ce fraisier s'est toujours conservé depuis.

Quelque temps après, un voyageur plus géographe que naturaliste, M. Frezier, ravi de la grosseur et de la bonté des FRUTILLES cultivées près de la Conception, au pied des Cordilières, rapporta en Europe cinq individus de ce superbe QUOIMIO DU CHILI, apportés vivans dans un pot et partagés entre lui et son *subrécargue*, pour prix de l'eau douce dont il avoit bien voulu les faire arroser. Des trois pieds débarqués à Marseille, un fut donné au ministre Souzy, un au professeur A. Jussieu et le troisième emporté par M. Frezier à Brest, d'où il s'est propagé sur toute la côte occidentale avec plus de succès que dans le reste de l'Europe, où il a été discrédité par trois grands échecs, 1° sa délicatesse dans les gelées d'hiver; 2° sa stérilité ou rareté de fleuraison; 3° son avortement faute de fécondation, dont le remède déjà passagèrement obs rvé à Cherbourg, et complètement prouvé par mes expériences de 1765 et années suivantes, est aujourd'hui un point de pratique assuré, comme on le verra à son article.

Un autre objet qui avoit entièrement échappé aux méthodistes, et sur lequel les cultivateurs déraisonnoient à l'envi, c'étoit le breslinge borgne, nommé en France *coucou* et en Angleterre *fraisier aveugle.* Il étoit regardé comme une dégénération de l'espèce commune, due à sa propagation par courans, trop excessivement étendue. On verra ce qu'il faut croire de cette erreur, que Rozier avoit su ne pas partager.

Le FRUTILLER étoit donc une magnifique nouveauté dont on ne jouissoit pas. La FRAISE ÉCARLATE, qui a le défaut de ne pouvoir se garder cueillie, avoit peu de partisans; le CAPERON encore moins; la FRAISE FRESSANT, à raison de son extrème fécondité, s'étoit emparée seule des marchés de Paris : sa variété à GROS FRUITS sanguins étoit la parure des clayons, et sa variété BLANCHE rejetée. Le FRAISIER DE BOIS avoit la grande vogue chez les amateurs, et il étoit en quelque sorte le seul cultivé. Ainsi se passa près d'un demi-siècle.

Tout à coup l'esprit de recherches qui saisit tant de voyageurs, de naturalistes et de simples amateurs, s'étendit sur le genre des fraises : et, lorsqu'ayant obtenu de graines la naissance du FRAISIER DE VERSAILLES en 1761, j'entrepris en 1765 l'histoire naturelle des fraisiers, déjà les Hollandais possédoient le QUOIMIO DE HARLEM, les Anglais le QUOIMIO DE BATH, le QUOIMIO BIGARREAU et celui de CANTORBÉRY. Ils avoient dans la série des fraises communes le précieux FRAISIER A CHASSIS. Le BRESLINGE D'ÉCOSSE étoit sorti de leur île. Précédemment le grand Haller avoit observé à Jéna le BRESLINGE DE LA FORÊT NOIRE; et à cette époque Linné renouvela l'indication du BRESLINGE DE SUÈDE, qu'il nommoit *fraisier des prés,* mais qu'il confondoit avec le caperon. Enfin déjà le chevalier Jenssen avoit reçu d'Angleterre, et l'académicien Fougeroux avoit lui-même apporté du Mont-Cenis le précieux FRAISIER DES ALPES, qui à lui seul en feroit tant oublier d'autres. Bientôt un de mes correspondans m'envoie le MAIAUFE DE PROVENCE, ou *fraise à étoile* et *fraise de Bargemon.* Un autre, sous le nom de *fraise vineuse,* le MAIAUFE DE CHAMPAGNE. Un troisième avoit reçu le BRESLINGE DE BOURGOGNE sous celui de *fraise marteau,* et le délicieux CAPERON FRAMBOISE. Un autre m'envoie le FRAISIER BUISSON à fruit blanc, et bientôt après le FRAISIER DES ALPES de la même variété. Je découvre entre Longchamp et Madrid un BRESLINGE entièrement inconnu, et du *breslinge borgne,* rétabli fécond, je gagne le BRESLINGE DE VERSAILLES. J'ai le bonheur d'obtenir de Linné même son *jordgub-*

bar ou *fraise des prés*, que des amateurs nommèrent *fraise brugnon :* bonheur malheureusement trop court, de grandes gelées sans neige l'ayant fait disparoître du sol français, où il sera intéressant de le rappeler, lorsque le commerce avec la Suède se trouvera rétabli. Enfin, sans que j'aie pu remonter à la source, un CAPERON PARFAIT, c'est-à-dire parfaitement hermaphrodite, se trouve envoyé de Bruxelles à Fontainebleau, et se propage si rapidement chez les amateurs, que la monœcie de l'ancien caperon paroîtroit un rêve à plusieurs, si le mérite du *caperon framboise* ne l'avoit fait conserver quoique simplement femelle, et réclamant par conséquent une fécondation d'emprunt. Tant de nouveautés n'eurent pas besoin de plus de cinq à six ans. Aujourd'hui quelques uns de ces objets sont devenus caducs ; mais les plus avantageux ont pris rang parmi les cultures utiles, et c'est sous ce point de vue qu'il nous reste à les considérer.

Première série. Les FRAISIERS FRANCS, *Fragaria vulgaris.* Caractères communs. Feuilles médiocres, menues, vert clair ; l'onglet des dentures très coloré, soit en rouge, soit en blanc ; tiges droites, égales aux feuilles ; pédicules courts ; calice ouvert et recourbé sur le pédicule lorsque le fruit grossit ; languettes souvent luxuriantes ; pétales assez réguliers dans le nombre et dans la forme, souvent crénelés ; étamines courtes et régulièrement en nombre quadruple des pétales ; ovaires (ou graines) nombreux et grossissant peu ; fruit caduc dans sa maturité ; la peau aussi colorée que les graines par l'influence de l'air seul sans l'action du soleil, d'un rouge de sang plus ou moins foncé, toujours vif et brillant ou d'un blanc légèrement doré ; pulpe légère et se desséchant jusqu'à durcir ; eau acidule très parfumée ; végétation vive sans être robuste ; fécondité sans échecs ; reproduction généralement constante par les graines ; quelques races distinguées par des caractères saillans ; habitation européenne très étendue, sans altérations profondes par les localités.

1. Le FRAISIER DES ALPES. Le fraisier des mois, de tout mois, de toute saison, *Fragaria semper florens.* Tous les bourgeons fleurissant, de sorte que dans les pieds enracinés chaque feuille développe, ou une tige à fleur, ou un courant, ou un nouvel œilleton, et que les œilletons des courans produisent des tiges fleuries avant même d'avoir pris racine. Le fruit conique, rarement rond, ni cylindrique, rouge très foncé, goût exquis, grandeur de toutes les parties médiocres, le fruit gros en proportion du feuillage.

2. Le même, BLANC. Plus sucré, plus fondant, parfum très peu affoibli.

3. Le FRAISIER DES BOIS, le fraisier commun, *Fragaria sylvestris.*

Dans les bois. Œilleton presque toujours unique, courant médiocrement nombreux, rarement plus de deux tiges; fruit ne prenant qu'au soleil couleur et parfum, très petit, excepté en sol très fertile.

Cultive. Touffes fortes, feuillage très augmenté de grandeur, fruit abondant, gros; les premiers de forme monstrueuse; la forme ordinaire, assez ronde, quelquefois aplatie, rarement allongée; parfum très bon, un peu plus foible que celui des fraises sauvages des bons cantons, mais pulpe moins sèche, ce qui fait au moins compensation.

4. Le même, BLANC. Un peu moins de parfum.

5. Le FRAISIER A CHASSIS. Plus bas, fruit plat, très coloré, très parfumé.

6. Le même, BLANC. Ambré, excellent.

7 Le FRAISIER FRESSANT, le fraisier de Montreuil, de jardin, de la Ville-du-bois, *Fragaria hortensis.* Touffes plus fortes, plus hautes; toutes les parties un peu plus grandes; fruit allongé, souvent comprimé; les premiers monstrueux (ou cornus); couleur plus claire; parfum plus foible; produit excessivement abondant.

8. *Le même*, BLANC. Méprisé, comme doublement affadi.

9. Le FRAISIER FRESSANT, REMBRUNI, la grosse fraise noire. Moins productif; plus coloré, sans avoir plus de parfum; plus gros, sur-tout les monstrueux; propre à la parure des paniers.

10. Le FRAISIER DOUBLE, *Fragaria multiplex.* Fleurs semi-doubles; fruit petit, les premiers jumeaux, ou plutôt couronnés de petits fruits (lesquels, dans les terrains fertiles, forment la fraise à trochet), curiosité d'amateurs.

11. Le FRAISIER DE VERSAILLES, *fragaria monophylla.* Touffes très foibles; presque toutes ses feuilles simples; fruit très allongé, peu abondant; le calice feuillu : curiosité de botaniste.

12 Le FRAISIER-BUISSON; le fraisier sans courans, sans coulans, sans traînasse, *Fragaria efflagellis.* Touffes très fortes, dont aucun œilleton ne s'éloigne du centre par des courans, les plus longs s'élevant au plus de la longueur du pouce; feuilles petites; fruit allongé, assez gros, fort bon, rarement abondant.

13. *Le même*, BLANC. Sans mérite particulier.

Culture. Toutes les races de cette série se perpétuent, comme on l'a dit, par graines, et les variétés rouges en donnent des blanches. Il paroît avantageux d'en raviver la végétation en les semant; on le fait très habituellement pour le FRAISIER DES ALPES; mais le FRAISIER FRESSANT est constamment propagé par ses courans dans des pépinières. Tous peuvent se déchirer eu œilletons, comme le fraisier buisson, qui n'a pas d'autre propagation.

Les glaces à la fraise sont aussi connues qu'estimées. La graine, prise avec la peau seulement, infusée dans l'eau-de-vie, donne un ratafia rouge qui, à un goût de noyau très fin, joint un parfum délicieux.

L'eau de fraise se fait en étendant le suc du fruit dans trois à six fois son poids d'eau.

Les fraises, vantées comme un aliment rafraîchissant et très sain, sont redoutées par les estomacs foibles qui digèrent mal. Le célèbre Linné s'est cependant permis de dire que leur abondance ne faisoit jamais de mal. Il les a célébrées comme très puissantes contre la gravelle et même contre la goutte, l'ayant personnellement éprouvé dans un très violent accès. Il cite, en fait analogue, qu'elles enlèvent le tartre des dents.

La racine de fraisier a été mise au nombre de celles du bouillon rafraîchissant, dit bouillon rouge. Le pharmacopole de Lyon, Vitet, est cité par Rozier pour s'être assuré de la nullité de cette vertu. Il en dit autant de l'eau distillée de ses fleurs.

Pour le fraisier de bois, les taillis et les lisières forment pépinières, et on se trouve bien de tirer le plant des cantons où les fraises sont en réputation de parfum. Pour éviter de prendre le breslinge borgne, vulgairement coucou, difficile à distinguer dans les bois, on peut prendre le plant chargé de fruit dans quelque semaine pluvieuse de juillet. Le soin de semer quinze jours auparavant dans les planches des épinards en rayon facilite la reprise; et, en multipliant les arrosemens, et les binages, supprimant les courans avec assiduité, on obtient, au bout de onze à douze mois, une très bonne récolte.

Si, au lieu de les mettre en planches, on a planté les fraisiers en bordures, il faut songer à les rechausser assidûment, et à éviter que les courans n'établissent de jeunes pieds entre les anciens. Ils durent bien rarement plus de trois ans.

Le fraisier des bois est un de ceux qui s'accommodent le moins d'être tondus après la récolte.

Si on est assuré que le bois d'où l'on prend le plant n'ait point de coucous, on pourra le lever à l'automne pour l'aubiner en rigoles, et le planter au printemps comme le plant des pépinières.

Dans les petits jardins au contraire on peut tirer du plant de son cru, au moyen des courans fixés et pincés pour être replantés en motte, ce qui convient sur-tout aux bordures; il y marquera plus promptement.

Le fraisier buisson ne réussit bien que dans des terrains un peu forts; dans les sableux, il produit trop de bourgeons et moins de fruits. Rozier a dit que, ne s'épuisant pas en courans, il devoit en porter plus de fruits. Il ne pensoit pas que la multiplication des œilletons est encore plus fâcheuse, parcequ'elle est sans remède.

Le fraisier fressant doit la plus grande partie de son excessive fertilité à la manière dont il est élevé. On peut en former du plant printanier, pincé, comme de toutes les autres sortes; mais on trouvera bien plus d'avantage, aux environs de Paris, à employer le plant des pépinières.

Dans les lieux éloignés, on peut, en se procurant une seule fois soit du plant, soit de la graine, établir une pépinière en terrain sableux.

Depuis plus d'un siècle, la culture de ce fraisier se pratique dans plusieurs communes voisines de Montlhéry, pour fournir le plant, d'abord aux fameux jardiniers de Montreuil et de Bagnolet; puis, et de proche en proche, à sept ou huit autres villages qui ont plus que décuplé la culture de la fraise, tant de cette sorte, toujours la plus commune, que de trois ou quatre autres seulement.

Les premières pépinières furent établies à la Ville-du-Bois; il paroît que par une récidive trop fréquente, le terrain s'en est lassé; on n'y en élève plus: mais toujours à Sceaux-les-Chartreux et à Villebon, particulièrement dans l'écart de Villers, où l'une des plus fortes pépinières est celle de Côme Meunier, ainsi que de Marin Chatelain et Jean-Louis Casteau. Le millier de plant choisi se vend environ dix francs; la sachée foulée dix à douze; on la dépouille à raison de douze, quinze, ou vingt francs la perche.

La culture hâtive du FRAISIER A CHASSIS, ou à son défaut du *fraisier des bois*, consiste à les mettre en pot plus ou moins tôt, suivant l'instant où on veut les chauffer, afin qu'ils aient alors de jeunes racines, mais qu'ils en aient suffisamment. Ainsi pour les couches printanières, on empote l'automne; les pots sont conservés enterrés en bonne exposition, et cultivés jusqu'aux gelées: alors il faut les couvrir ou les rentrer dans une orangerie, jusqu'au moment de les mettre sur couche ou dans la serre chaude.

Pour les couches d'automne, on empote dès le printemps; la fleur qui se montre est supprimée. Les pots sont ensuite tenus à sec, non enterrés, mis à l'ombre, et peu arrosés. Au moment de la seconde sève, on les rempote pour leur donner de la terre et retrancher une partie des vieilles racines. Aussitôt commence une culture soignée qui les dispose à l'erreur de nature, d'après laquelle il arrive à plusieurs plantes printanières de fleurir dès l'automne; et la température artificielle donne à cette erreur de la réalité.

En général, il est nécessaire de tenir les fraisiers fort près des vitres, tant des châssis que des serres, pour éviter l'étiolement. C'est ce qui rend le *fraisier fressant* moins couvenable malgré sa fécondité, et le *petit fraisier* le plus propre à cette végétation hâtée. On a soin de tourner le pot de temps en temps, un quart à chaque fois.

La FRAISE DES ALPES a été cultivée de plusieurs manières, depuis le peu de temps qu'on la possède en France. Les premiers voyageurs anglais et français, ne se contentant pas de trouver ces fraises encore plus exquises que celles des bois, observant la vivacité de végétation qui en procuroit pendant toute l'année, eurent envie d'en essayer la culture, en apportant de la graine, comme on l'a dit plus haut.

On se plut à voir les jeunes pieds élevés de graine fleurir au bout de peu de mois, tandis qu'il faut deux ou trois ans aux autres fraisiers; on se persuada tout naturellement que la multiplication par graine étoit la plus convenable au fraisier des Alpes.

On voyoit cependant la même vivacité dans les courans qui fleurissent avant d'avoir pris racine : on devoit en conclure que cette voie de propagation pouvoit être très bonne. Mais il arriva que l'envie de multiplier une plante rare s'opposa à des sacrifices nécessaires ; on eut beaucoup plus de plant, et il fut foible.

D'un autre côté, pour avoir dans l'année même des fraisiers en état de donner une récolte automnale suffisante, on crut nécessaire de hâter leur naissance. On sema sur couche ; des soins prodigués firent réussir ; et pendant un temps cette culture fut proclamée la meilleure. On vit ensuite qu'elle donnoit au plant plus de feuillage qu'il n'a besoin d'en avoir. On n'étoit plus pressé ; les semis furent faits très clairs à la fin du printemps, au pied d'un mur au couchant ; on y laissa le plant se fortifier et braver le premier hiver. On put ainsi planter plus tôt et avoir du plant plus vigoureux ; et comme il n'étoit plus question d'admirer, mais de jouir, on prit le parti sage de supprimer deux et jusqu'à trois fois, de mois en mois, toutes les fleurs précoces ainsi que les courans. C'est ainsi qu'on obtient, pour succéder à la récolte des fraises saisonnières, une fleuraison abondante et perpétuelle, depuis le solstice jusqu'à l'équinoxe, et un peu par-delà. Ces quatre mois de récolte sont le produit le plus précieux du fraisier des Alpes : il est suivi au printemps d'après d'une seconde saison, qui, se trouvant précoce par sa nature, succède aux fraises hâtées, si on a soin de préserver les fleurs des gelées printanières par les abris. La récolte se prolonge jusque dans la saison ordinaire et concourt à l'abondance ; mais alors le pied se trouvant grossi, déchaussé et exposé à se dessécher, on ne lui en demande pas davantage ; il a occupé le terrain quinze à seize mois, et fructueusement pendant près de moitié ; c'en est assez pour une culture marchande.

Dans les petits jardins, c'est toute autre chose. J'ai vu le célèbre Daubenton conserver quatre années de suite, dans des plates-bandes attenant à son logement, au Muséum d'histoire naturelle, des lignes de fraisiers des Alpes, toujours en bon état, et bravant l'annonce, que je renouvelois vainement chaque été, que c'étoit leur dernière année. Il s'amusoit beaucoup de ma surprise et me dévoila enfin son secret : je leur donne de la terre, me dit-il, et voilà tout. Quelques brouettées de sable relevoient le sol des allées, quelques autres brouettées relevoient celui des plates-bandes. Cette terre étoit de celle qu'on fait composer pour les arbres en caisse, auxquels il faut, dans un petit espace, tout ce que peut fournir le terrain le plus fertile de moyens de subsistance. On obtenoit ainsi une végétation soutenue. La terre épuisée et les vieilles racines restoient au fond du vieux terrain ; chaque année il s'en formoit de nouvelles. Cet encombrement salutaire avoit le même succès que les alluvions sur les rives fleuries des rivières et des étangs. Imitera qui voudra cette jolie expérience, ce n'est point au propriétaire économe que je la conseille en grand.

Rosier a sagement recommandé de chercher à se procurer de la graine du Mont-Cenis ou de quelque autre passage des Alpes où on cueille habituellement des fraises : c'est le moyen le plus sûr de jouir de tout le mérite de cette race. Quant aux semis renouvelés qu'on en fait dans les autres contrées, on devoit s'attendre qu'il feroit souffrir à cette race expatriée les altérations que produit plus ou moins promptement l'influence du climat : et quoique cette observation me soit contestée, j'ai tout lieu de croire que les individus à végétation lente, qui se trouvent dans les semis, ne sont point des erreurs, des confusions de graines ou de plants, mais de vraies dégénérations. On peut soupçonner que dans la conduite de ce plant de semis, qui sans doute a toute la vigueur de la jeunesse, la fleuraison, retardée par la suppression des fleurs, possède encore une sorte de vivacité de végétation qu'elle ne conserveroit pas également les années suivantes dans tous les individus, et qu'elle transmettroit encore moins aux jeunes plants des courans. Ce qui est certain, c'est qu'en différens temps, lorsque j'ai ou semé ou reçu de différens cultivateurs des plants de graines, et que j'ai voulu les propager par courans, j'ai eu besoin d'une longue surveillance pour épurer mon plant, qui, une fois amené à la pureté, s'est soutenu plusieurs années chez moi et chez ceux auxquels je l'avois communiqué.

Ceci nous ramène à la culture de la fraise des Alpes, par la voie de propagation usitée pour tous les fraisiers, et qui réussit très bien à son égard, soit par la voie de courans pincés et arrêtés, soit par le moyen des pépinières. Il y a beaucoup à perdre en voulant tout employer : le plant né foible, reste long-temps foible, et c'est un motif de préférer les courans pincés et arrêtés, soit qu'on les place sur les bords des planches, soit qu'on les élève dans des plates-bandes destinées à la multiplication, et qu'alors on fera bien de tenir dans les parties du terrain le plus léger et le moins amendé, pour que le changement en mieux leur profite lors de la transplantation. Si on veut jouir promptement, le premier plant du printemps réussira en motte dès l'automne ; pour des plantations plus en grand, le plant formé en automne, levé au printemps, ou même aubiné pour l'hiver, sera traité en plantation de mars.

Il reste à dire un mot des distances à observer. Les planches de dix à douze décimètres sont beaucoup plus faciles à cultiver et à cueillir que si on leur en donne douze ou treize : on doit y former quatre rangs et jamais trois, mais les éloigner, sur le rang, suivant la force de chaque sorte : cinq seulement dans deux mètres, pour le fraisier buisson ; six, pour le fressant ; sept, pour le fraisier des bois ; huit, pour celui des Alpes ; ou mieux, à l'égard de ce dernier, le planter à six rangs, et six ou sept par deux mètres courans.

Le fraisier des Alpes soutient assez bien ses tiges, qui ne sont pas très hautes ; dans le fraisier-buisson, elles sont maintenues par la touffe qui est très forte. La grosseur des fruits expose les hautes tiges du fraisier-fressant à s'abattre ; il en est quelquefois de même du fraisier des bois ; à Montreuil, après le binage qui se donne au commencement de la fleur, on a soin de glisser de la longue paille entre les rangs.

Il est très avantageux de pincer les deux ou les quatre dernières fleurs de chaque tige, au moment où elles s'épanouissent, ou même lorsqu'elles sont encore en gros boutons. Il n'y a rien à perdre puisqu'il en revient sans cesse de nouvelles. On doit sur-tout retrancher en entier les rameaux dont les fruits ne sont pas bien venans. Tout cela prend bien peu de temps, si on en prend le soin en faisant la cueillette.

Tous les fraisiers de cette série, et sur-tout celui des Alpes, sont susceptibles d'un dessèchement assez bien décrit par l'abbé Rozier ; le feuillage devient terne, le calice se referme sur le fruit lorsqu'il noue ; le fruit grossit lentement et ne prend point un beau vert, et enfin à demi grosseur il rougit sans s'amollir et se dessèche entièrement. Mais dire que ce sont des fraisiers qui dégénèrent est une expression très impropre : c'est même moins une maladie qu'un accident dont la cause se trouve dans les ébranlemens que l'on fait éprouver à quelque portion du pied, en arrachant brusquement ce qu'on doit supprimer comme courans, vieilles feuilles ou vieilles tiges. On l'évite en acquérant l'adresse de casser tout ce qu'on supprime, en le serrant à la fois entre l'index et le pouce, et plus bas entre le troisième et le quatrième doigt, et élaguant vivement ces deux derniers, de manière qu'ils se rapprochent du pied et que la cassure se fasse entre l'endroit qu'ils pincent et ce qui l'est par les doigts supérieurs ; opération toute semblable à celle par laquelle, pour découvrir les pêches, on casse les feuilles près de la queue au lieu de les détacher.

Seconde série. LES CAPERONS, *Fragaria polymorpha*. Caractères communs. Étamines plus longues ; graines moins nombreuses ; fruit adhérent au calice ; peau moins colorée que les graines ; pulpe plus solide, plus juteuse, ne se desséchant pas complètement ; habitation européenne et américaine ; races très variées d'une contrée à l'autre, et peu de constance dans la reproduction par graines ; diverses affections de stérilité ; fécondation empruntée non reçue de la première série.

Première division. LES MAJAUFES. Feuillage un peu plus brun, un peu plus haut ; tiges un peu plus fortes ; fleurs un peu plus grandes et plus abondantes (mais ces différences, assez foibles, laissant beaucoup d'analogie avec les fraisiers de la première série) ; pétales moins blancs, moins réguliers ; étamines plus longues ; calices plus allongés, s'ouvrant moins, se resserrant sur le fruit, y marquant une étoile pâle lorsqu'on le détache ; pulpe légère, juteuse ; peau peu colorée à l'ombre, le rouge du côté du soleil, plus brun que sanguin.

14. Le MAJAUFE DE CHAMPAGNE ; la fraise vineuse de Châlons, *Fragaria angulosa*. Le moins de différence possible d'avec les fraisiers francs, dans le feuillage et dans la fleur ; fruit aplati, à cinq angles peu sensibles ; rouge foncé au dehors ; pulpe rougeâtre, et très vineuse, sans être très abondante.

15. Le MAJAUFE DE PROVENCE, le fraisier de Bargemon, la fraise à étoile, *Fragaria bifera*. Robustes, durables, tallant beaucoup ; feuillage clair et peu différent du commun au printemps ; brun l'automne ; pédicules chargées d'appendices ; courans abondans, prolongés par le restant d'un bourgeon avorté ; tiges et pédicules grêles ; fleurs très nombreuses ; étamines grêles : fruit assez gros, rond, souvent comprimé du côté pâle, et comme strié ; à graines très menues ; peau d'un rouge jaunâtre foncé et très brillant au soleil ; étoile pâle très marquée par le calice ; eau abondante et vineuse ; maturité un peu

tardive, mais assez rapide; les dernières fleurs coulant fréquemment; seconde fleuraison presque générale, celle-là moins élevée, beaucoup moins fructifiante.

Culture. La culture des MAIAUFES ne diffère pas de celle des fraises : le MAIAUFE DE CHAMPAGNE soutient assez bien son fruit, et ne demande que l'espacement du fraisier des bois.

Il faut au MAIAUFE DE PROVENCE les distances du fraisier-fressant; et comme ses tiges sont hautes et ses rameaux fort grêles, on doit leur donner de la paille ou de la mousse, ou bien les soutenir avec de petites fourches. Ces fruits ne prennent de couleur qu'au soleil. Il est bon de leur en procurer en coupant une partie des feuilles.

Leur récolte abondante, tardive et simultanée, doit engager à en planter au nord-est; ils y mûrissent bien, et prolongent la jouissance, leur mélange avec les fraises étant très agréable. Mieux placés, ils en ont plus de couleur et plus de goût; une bonne exposition est nécessaire pour que la production d'automne mûrisse bien. On la favorise en tondant le pied au moment même où la première récolte est finie.

Cette espèce subsiste long-temps en place, sur-tout en bordure au pied d'un talus, où elle se rechausse d'elle-même : on l'y conserve jusqu'à quatre ou cinq ans.

Deuxième division. LES BRESLINGES. Feuillage brun, ferme, courant, très abondant; fleurs très sujettes à couler; couleur du fruit obscure; graines rares, très grosses; pulpe ferme, mais juteuse; parfum très vif; races très diverses.

16. Le BRESLINGE BORGNE, le fraisier coucou, le fraisier aveugle des Anglais, *Fragaria abortiva.* Le moins différent des majaufes : feuillage plus brun; végétation vigoureuse; fleurs abondantes, larges; étamines grosses; avortement habituel, plus ou moins complet; graines très grosses.

17. Le BRESLINGE DE VERSAILLES; la fraise mignonne, *Fragaria granulosa.* Né de graine du précédent et rétabli fécond entre plusieurs stériles; peu fertile; fruit aplati, peu coloré; graines saillantes; goût très fin, mais vif; (perdu, mais facile à faire renaître.)

18. Le BRESLINGE NOIR, le breslinge d'Allemagne, le fraisier breslinge de la forêt Noire, le fraisier à cinq feuilles, *Fragaria pentaphylla.* Le plus robuste de tous les fraisiers; feuillage bas, très brun; souvent quatre ou cinq divisions; fleurs verdâtres; avortement fréquent; fruit vert, lavé de rouge sombre; pulpe très ferme, s'élevant entre les graines; goût très fort.

19. Le BRESLINGE DE BOURGOGNE, la fraise marteau, *Fragaria pendula.* Feuillage sombre, velu, bas; fleurs sales; fruits à longs pédicules; forme évasée, tronquée en marteau; rouge ombre; goût assez agréable.

20. Le BRESLINGE DE LONGCHAMP, le fraisier du bois de Boulogne (soupçonné d'être le *harbéer de Spire*, échappé des jardins du petit château de Madrid), *Fragaria hispida*. Plus velu que le précédent, plus bas, tapissant la terre, assez fertile ; fleurs sales; fruit allongé, rouge terne; pulpe ferme, goût agréable.

21. Le BRESLINGE D'ÉCOSSE, le fraisier vert d'Angleterre, *Fragaria viridis*. Feuillage élevé; pétioles fréquemment chargés d'un ou deux appendices; tiges grêles; fleurs sales, abondantes; avortement fréquent; fruit très aplati; vert pâle, coloré par le soleil d'un rouge terne; pulpe ferme, mais très juteuse, s'élevant entre les graines; fréquemment altéré par la production d'une espèce d'UREDO ou d'ÉRÉSYPHE très semblable à celle qui se place sur les pêches, et que les jardiniers nomment *le meunier*; eau parfumée très agréable; seconde floraison, souvent féconde; (paroit perdu en France.)

22. Le BRESLINGE DE SUÈDE, la fraise-brugnon, *Fragaria pratensis*. Le seul fraisier qui perde ses feuilles en hiver, restant ainsi très bas; tiges foibles; fruit rond, d'un vert brillant, coloré de rouge foncé; pulpe ferme, très juteuse, s'élevant beaucoup entre les graines; parfum délicieux. (Perdu en France.)

Culture. Le jardinage ne s'occupe du BRESLINGE BORGNE, ou coucou, que pour le détruire, et il exige une surveillance assez active. Sa végétation étant plus forte, s'il s'en trouve quelque pied dans une ligne de fraisiers de bois, il arrive souvent qu'un courant va se placer dans un bon pied, comme le coucou dans le nid d'un autre oiseau. L'habitude fait distinguer son feuillage brun, fort et velu.

Tous les livres de jardinage anciens établissent comme principe reconnu que ce fraisier est une dégénération du commun; et tous les jardiniers le répètent. Le fameux Miller a débité l'observation erronée que cette dégénération tenoit à une propagation trop étendue, sans avoir fructifié, de sorte que les pieds de l'extrémité des courans sont les aveugles; et il lie ce fait faux avec des observations qui paroissent avérées que les propagations par boutures ou par greffes trop multipliées, et surtout trop rapidement récidivées, rendent stériles les arbres qui en proviennent. J'osai m'inscrire en faux en 1764, et j'ai réussi à préserver de l'erreur Duhamel et Rozier; mais il reste bien des conversions à faire. Le même Rozier énonce une autre opinion qui seroit bien fausse, lorsqu'il dit que les fraisiers des Alpes et des bois dégénèrent plus que d'autres, parceque ce sont, dit-il, des espèces primitives, et les autres simplement des espèces jardinières. Cela pourroit s'appliquer aux diverses races cultivées de la première série, mais nullement aux races de la seconde, qui doivent au contraire leurs différences aux localités qu'elles habitent.

Le BRESLINGE DE VERSAILLES, qui est le précédent, rétabli, fructifiant, produiroit trop peu pour mériter la culture.

Le BRESLINGE NOIR ne la mérite nullement, et est redoutable par son excessive propagation.

Les trois autres peuvent être cultivés ; ce sont des fruits juteux, mais fermes ; le BRESLINGE DE LONGCHAMP, qui est bas, tapisse agréablement de petites berges, et y porte du fruit assez abondant, propre à faire marmelade, ainsi que le breslinge de Bourgogne.

Le BRESLINGE D'ECOSSE, singulièrement estimé en Angleterre par quelques amateurs, pour son eau abondante et relevée, doit mériter la culture dans les endroits où il n'est pas sujet au meunier et à la moisissure avant sa maturité.

Tous trois sont assez petits et n'ont pas besoin d'être fort espacés ; mais il faut une surveillance perpétuelle pour la destruction de leurs courans.

Le BRESLINGE DE SUÈDE, encore plus petit, donne cependant un fruit assez gros et d'un goût exquis. Lorsqu'on l'aura fait revenir du pays, il faudra se souvenir qu'il craint les froids secs, sans neige, et les faux dégels, et le couvrir comme l'artichaut.

Troisième division. Les CAPERONIERS. Végétation vive ; touffes très fortes ; tiges supérieures aux feuilles ; fleurs très régulières, très blanches ; calice court, évasé, se recourbant sur les pédicules ; graines plus nombreuses, pulpe médiocrement ferme ; point d'avortemens partiels, mais séparation habituelle de la puissance des sexes, rendant la plupart des races dioïques, reproduction par graine, sans autre stérilité que celle-là.

23. Le CAPERONIER COMMUN. Le caperon, le fraisier haut-bois des Anglais, *Fragaria moschata dioica.* Feuillage blond, mince et plissé, comme dans les fraisiers de la première série ; courans disposés de même, et les tiges à fleurs aussi, mais formant mieux bouquet ; toutes les parties plus velues.

Femelles. Fleurs très régulières, petites, parfaitement rondes ; étamines avortées, très courtes ; fruits ovales, très gros, d'un rouge pourpre ; pulpe pâteuse.

Mâles. Feuilles un peu plus velues ; tiges un peu plus hautes ; fleurs plus abondantes, plus grandes ; pétales moins réguliers ; pistils de moitié moins gros, et avortant toujours ; étamines longues et anthères fortes, bien formées, remplies de leur pollen.

24. Le CAPERONIER ABRICOT. Le caperon abricoté, la fraise abricotée. Variété peu importante ; fruit plus gros ; couleur noire foncée, pulpe moins pâteuse.

25. Le CAPERONIER FRAMBOISE. La fraise framboise. Fruit moins gros, rond ; couleur plus claire ; pulpe s'élevant entre les graines, légère, fondante, parfum très agréable ; unisexe ou dioïque, comme les deux précédens.

26. Le CAPERONIER PARFAIT. Le caperon hermaphrodite — royal, — de Fontainebleau, — de Bruxelles, *Fragaria moschata*, *hermaphrodita*. Fleurs parfaitement organisées, sans aucune stérilité ; fruit très gros, de la forme et grosseur du commun ; pulpe un peu moins pâteuse : seconde floraison portant fruit jusqu'aux gelées.

Culture. Le CAPERONIER PARFAIT est le seul commode à cultiver, étant hermaphrodite comme tous les autres fraisiers. On verra plus bas que le MALE de la race ancienne doit être abandonné au pied des murs, au nord, dans les jardins où l'on veut avoir des frutilles.

Le CAPERONIER FRAMBOISE, moins gros que le caperon parfait, mais assez généralement préféré, comme plus fondant et plus parfumé, doit être multiplié ; il est du nombre de ceux que le boursoufflement de la pulpe entre ses graines rend difficile à transporter sans se flétrir et bientôt se corrompre. Il se passe de son propre mâle par le voisinage du caperonier parfait : il faut donc entremêler la plantation de ces deux sortes ; mais ceux qui feront moins de cas de la race fécondante pourront n'en planter qu'un sur quatre ou cinq.

Les caperoniers ont assez besoin qu'on soutienne leurs fruits ; on doit les espacer de près d'un demi-mètre, et les rangs à proportion. Ils persistent fort bien pendant trois ans ; mais le fruit est plus beau dans leur première année.

La confusion du nom caperon est extrême, puisqu'on le donne aux grosses fraises de la race fressant, et à tous les quoinios ; enfin, la stérilité des mâles et celle des femelles non fécondées a fait regarder le caperon comme très sujet à dégénérer, ainsi que l'a dit Rozier ; et dans cette acception le breslinge borgne ou coucou usurpe encore ce nom.

Quatrième division. LES QUOIMIOS, OU FRAISIERS D'AMÉRIQUE. Caractère commun. Feuilles non plissées, de substance ferme, de couleur vert bleuâtre, grandes dimensions de presque toutes les parties ; fibres ligneuses plus fortes ; fleurs à six divisions, souvent plus : calice grand, peu évasé, se refermant sur le fruit ; pulpe légère, juteuse ; variétés très marquées ; avortement fréquent ; habitation américaine.

27. Le QUOIMIO DE VIRGINIE, la fraise écarlate de Virginie, de Canada, le caperon, *Fragaria coccinea*. Feuilles fermes, mais minces, lisses, grandes, à dents aiguës ; tiges très courtes ; fleurs pâles ; étamines grêles : fructification abondante, rapide : fruit rond, gros, pulpe extrêmement boursoufflée, entre

les graines, qui sont petites et peu nombreuses; couleur écarlate, générale, vive à l'ombre, très foncée au soleil; pulpe rougeâtre en dedans, très légère, excessivement juteuse; parfum
des plus agréables.

28. Le FRUTILLER, la fraise du Chili, *Fragaria Chiloensis*.
Feuilles courtes, épaisses, velues, à dents arrondies, touffes
foibles; courans longs, gros, roides, pâles, très velus ainsi que
les tiges; fleurs peu nombreuses, excessivement grandes; pétales nombreux, mal rangés, mal épanouis; étamines très nombreuses, courtes, avortées; individus unisexuels, femelles (les
mâles non apportés en Europe); calice à longues languettes,
renfermant entièrement le fruit dans sa jeunesse : le fruit se
redressant pour mûrir; sa grosseur égalant l'œuf de poule;
graines très grosses, nombreuses, mais écartées; peau très
brillante, d'un rouge clair; pulpe délicate, fondante, juteuse;
goût exquis.

29. Le QUOIMIO DE HARLEM, la fraise-ananas, *Fragaria
ananassa*. Touffe haute et peu régulière; feuilles allongées,
grandes, épaisses, se déjetant souvent, à grands poils rares;
tige haute; fleur assez régulière; fruit long, comprimé, souvent monstrueux, de même couleur que la frutille; même parfum, moins durable; le fruit trop mûr très fade; beaucoup de
fleurs tardives stériles.

30. Le QUOIMIO CERISE, la fraise de Caroline, la fraise ananas
de Paris, la fraise bigarreau, *Fragaria lucida*. Touffes moindres; feuilles moindres, très symétriques; fleurs plus régulières;
tiges beaucoup plus basses; fruit rond, brillant, d'un rouge
jaune foncé au soleil; graines grosses et saillantes; pulpe légère, juteuse; parfum assez vif.

31. Le QUOIMIO DE CANTORBERY, la fraise-quoimio, *Fragaria
tincta*. Fruit plus foncé, rouge dedans.

32. Le QUOIMIO DE BATH, la fraise de Bath, l'écarlate double, l'écarlate de Bath, *Fragaria Bathonica*. Feuilles extrêmement fortes; fleurs très grandes; fruit gros, un peu pointu;
les premiers monstrueux, de couleur rose, vif ou pâle, souvent blancs; pulpe très boursoufflée entre les graines, très
blanche, légère, plutôt fondante que juteuse; parfum agréable, mais foible.

Culture. Tous à espacer comme le caperonier, en exceptant
le FRUTILLER qui est le moins grand, quoique ses fruits soient
plus gros.

Le QUOIMIO DE VIRGINIE se plaît dans les terrains sableux et
à demi ombragés : son fruit couvert de feuilles n'en mûrit pas
moins bien et ne se salit point. Il subsiste trois ou quatre
ans, et donne même du plus beau fruit la seconde année que
la première. De toutes les fraises, celle-ci est la plus juteuse,

et celle dont la pulpe boursouffle le plus autour des graines ; aussi est-ce celle qui peut le moins attendre lorsqu'elle est cueillie. Son suc est si abondant et si parfumé, qu'on peut en faire, comme de la groseille, une gelée délicieuse.

Le QUOIMIO DE BATH et le quoimio-cerise ou bigarreau se vendent à Paris sous le nom de *fraises-ananas* : la première est la plus productive, l'autre la plus belle, et celle de toutes les fraises qui se garde le plus long-temps. Dans les terrains trop légers et trop peu amendés, elle est sujette à couler, et même à ne pas fleurir. Mal soignés, ces fraisiers donnent une abondance de feuilles qui séduit et est à peine suivie de quelques fruits. Les pieds de courans pincés en donnent de très beaux dès la première année ; l'année suivante on a la quantité avec déchet sur la beauté : l'éducation en pépinière assure l'une et l'autre.

Le QUOIMIO DE HARLEM, qui est le véritable fraisier-ananas des Hollandais, produit un peu moins : son fruit a un parfum délicieux, mais il devient promptement cotonneux et fade ; ses fleurs sommaires sont stériles, mais précieuses, comme tardives, pour servir de mâles à la frutille.

La culture du FRUTILLER présente plusieurs difficultés. Dans une grande partie de la France il craint la gelée, ou plutôt les fontes de neige et les pluies froides, quoiqu'il réussisse parfaitement à Brest et sur presque toute la côte. Ailleurs on doit en conserver une partie en pots dans une serre froide propre aux figuiers et aux giroflées ; le reste sera bien placé au pied d'un mur au midi. On peut aussi en former des lignes au milieu d'une petite plate-bande, dont on relèvera la terre en ados du côté du nord, en creusant le devant, de sorte qu'ils soient préservés et de l'humidité et des vents froids, neige et pluie froide ; deux tuileaux ou ardoises, dont une taillée en biais supporte l'autre, formant une sorte de lucarne, sous laquelle le fraisier se trouve parfaitement garanti.

L'autre embarras de la culture du frutiller est la fécondité empruntée, dont il a besoin, en sa qualité d'unisexuel ; et ce qui la rend difficile est que d'une part il fleurit fort tard, et de l'autre qu'il ne peut être fécondé par aucun des fraisiers proprement dits, parmi lesquels le fraisier des Alpes seroit singulièrement commode. Du nombre des autres, il ne faut compter comme utiles que le caperonier parfait, le fraisier de Bath et le fraisier-ananas, abondans en fleurs. Ce dernier est préférable, comme donnant quelques fleurs tardives. Si on veut employer les autres, il est bon de hâter le frutiller par une bonne exposition, et de retarder ses mâles en les élevant au nord et les apportant un peu tard, ce qui les retarde encore. Ces pots apportés dans le voisinage des frutilles donneront un pollinage suffisant à la fécondation. On fera cependant bien de

planter encore au devant de la plate-bande un rang de ces
mêmes fraisiers transplantés en motte, en saison avancée, et
couverts ou ombragés pendant quelque temps. Enfin la dernière ressource est dans la mâlerie établie au nord, où l'on
cueille au besoin des rameaux de fleurs. On peut les prendre
fort courts : c'est le soir qu'on doit les couper, en choisissant
des fleurs à demi-épanouies. On les met aussitôt dans de petites fioles remplies d'eau, que l'on enterre ou que l'on exhausse,
de manière que la fleur qui va s'épanouir soit en regard avec la
femelle qui l'attend, et est prête. Une petite ombre locale est
encore une précaution utile, pour éviter que les rayons du soleil levant ne fassent tourner la fleur mâle, lorsqu'elle s'épanouit. Ce pollinage artificiel réussit parfaitement, et on peut
le cesser dès qu'on voit tomber quelques pétales. Alors, si la
fleur est fécondée, en nouant, elle se recourbe vers la terre, le
calice se serrant sur le jeune fruit : ce n'est que vers la maturité qu'elle se relève, ce que les autres fraises n'ont pas la
force d'exécuter. Mais rien de tout cela ne se fait, si le pollinage imparfait n'a pas opéré la fécondation. (Duch.)

FRAISIER (EN ARBRE). *Voyez* ARBOUSIER.

FRAMBOISIER, *Rubus idæus*, Lin. Espèce d'arbrisseau
du genre de la RONCE (*voyez* ce mot), qui croît naturellement
en Europe dans les pays de montagnes, et qu'on cultive généralement dans les jardins pour son fruit formé par une réunion
de petites baies rouges, d'une saveur et d'une odeur agréables.

Les racines du framboisier sont éminemment traçantes; ses
tiges sont nombreuses, droites, simples la première année, rameuses les suivantes, toujours garnies de nombreuses épines;
ses feuilles sont alternes, pétiolées, les inférieures ailées, les
supérieures ternées, toutes composées par des folioles ovales,
pointues, dentées, assez grandes, blanchâtres en dessous; ses
fleurs sont blanches, disposées en bouquets, ou mieux en corymbes à l'extrémité des tiges et des rameaux; ses fruits sont
velus; ses tiges s'élèvent à cinq à six pieds et parviennent rarement à plus de cinq à six lignes de diamètre.

Une terre légère, fraîche et ombragée, est celle que préfère le framboisier. Il réussit mieux à l'exposition du nord
qu'à toute autre, c'est-à-dire que là il pousse de plus vigoureux jets, et donne de plus gros fruits; mais comme ses
fruits dans ce cas sont moins savoureux, moins odorans et moins
nombreux que lorsqu'ils reçoivent les influences du soleil,
c'est au levant ou au couchant qu'il convient de le placer dans
les jardins. Lorsque des pierres ou des gravas ont été enterrés
pour approprier un jardin, c'est sur eux qu'il sera le plus
avantageusement placé, parceque ses racines s'insinuent entre
leur interstices, vont chercher au loin la nourriture qui

leur est propre, et que peu d'autres plantes utiles y viendroient aussi bien.

Comme tous les autres arbres ou arbustes cultivés depuis
long-temps, le framboisier fournit des variétés nombreuses,
et dont quelques unes sont préférables. Il faut donc les connoître. Je vais les énumérer.

Le ERAMBOISIER DES BOIS, sur-tout des hautes montagnes, a
les fruits petits, mais d'une saveur très sucrée, et d'une odeur
très suave. Il est préférable sous ces deux rapports à tous les
autres. Lorsqu'on l'apporte immédiatement dans les jardins, ses
fruits deviennent plus gros et perdent d'abord fort peu de leurs
qualités. C'est presque le seul qu'on cultive dans les cantons
éloignés des grandes villes et voisins des montagnes

Le FRAMBOISIER COMMUN A GROS FRUITS. C'est la variété depuis
long-temps cultivée, et qui n'a varié que relativement à sa
grosseur et à la perte d'une partie de sa saveur et de son odeur.
C'est celle qu'on trouve le plus fréquemment dans les jardins
des environs de Paris. Souvent lorsqu'elle est dans un sol gras
et ombragé elle perd toute saveur et toute odeur. Presque toujours quand on la fume, sur-tout avec des boues de Paris,
comme on ne le fait que trop dans les villages où on la cultive
en grand, elle prend un détestable goût, ainsi que j'ai eu occasion de m'en assurer.

Le FRAMBOISIER A FRUITS BLANCS a les fruits gros et blancs.
Cette variété est fort agréable et contraste bien dans les desserts
avec la dernière, mais elle a peu de goût et d'odeur. On la reconnoît aisément, lors même qu'elle n'a pas de fruits, à ses
feuilles d'un vert plus clair, et à ses tiges blanchâtres. Un amateur ne peut se dispenser de l'avoir dans son jardin.

Le FRAMBOISIER DE MALTE ou *des deux saisons, rouge et
blanc.* Celui-ci ne paroît pas différer à l'extérieur des deux précédens ; mais il donne des fruits deux fois l'année, c'est-à-dire
à la fin du printemps et à la fin de l'automne, ce qui le fait
beaucoup rechercher des amateurs. Il est vrai de dire cependant que les fruits d'automne sont rarement savoureux et par-
fumés, parcequ'ils mûrissent à une époque où les pluies sont
fréquentes, et il est de fait que rien ne nuit plus à la bonté des
fruits en général que la surabondance d'eau jointe au défaut
de chaleur.

Le FRAMBOISIER COULEUR DE CHAIR. Nouvelle espèce beaucoup
plus grosse et plus délicate que les autres.

Le FRAMBOISIER SANS ÉPINES. Il est aujourd'hui fort rare dans
les jardins.

Quant aux framboisiers de VIRGINIE et ODORANT, ce sont de
véritables espèces dont il sera fait mention à la suite de cet article.

C'est au milieu du printemps que commencent à fleurir les framboisiers, et c'est pendant l'été qu'on mange leurs fruits. Il est des années et des cantons où ils donnent beaucoup, il en est d'autres où leurs fleurs avortent presque toutes. On n'a pas encore suffisamment recherché la cause de ces variations. J'ai cru cependant voir qu'elles tenoient à l'humidité extrême de l'atmosphère ou du sol, parceque telle plantation ombragée par de grands arbres, ou placée dans un sol marécageux, et qui ne donnoit pas de fruits, en produisoit ensuite lorsqu'on abattoit ces arbres ou qu'on desséchoit le terrain par des fossés.

Comme les autres espèces du genre des ronces, les tiges des framboisiers meurent après avoir porté du fruit pendant trois ou quatre ans, de sorte qu'un des principes de leur culture est de couper tous les ans quelques unes de ces vieilles tiges pour provoquer la naissance de celles qui doivent les remplacer. Jamais les jeunes tiges, qui sont ordinairement très longues et très grêles, ne portent de fruits la première année, quelquefois même la seconde quand elles continuent à monter. Ce n'est qu'après qu'elles ont poussé des branches latérales qu'elles en deviennent susceptibles; ainsi un autre principe de leur culture est d'arrêter à deux ou trois pieds ces jeunes tiges pour leur faire pousser de ces branches. C'est à la fin de l'automne qu'on fait ordinairement ces opérations ; mais on peut sans inconvéniens les retarder jusqu'au printemps, époque où on doit labourer, ou au moins biner les plantations de framboisiers, les débarrasser des rejetons qui y naissent toujours en grande quantité, regarnir les places vides, etc. Je dis les plantations, parcequ'il est plus profitable de sacrifier un coin de son jardin à leur culture, que de les placer çà et là dans les plates-bandes comme on ne le fait que trop souvent, ne fût-ce qu'à raison de leur grande disposition à tracer, disposition telle, que plus on arrache de rejetons et plus il en pousse l'année suivante.

La distance à laquelle il convient de mettre les pieds de framboisiers est entre trois ou quatre pieds. Plus près, ces pieds se nuisent réciproquement, plus loin, ils ne se favorisent pas de leur ombre.

Puisqu'on a toujours plus de rejetons de framboisiers qu'il n'en faut pour les nouvelles plantations, il est rare qu'on emploie d'autres moyens de multiplication. On lève ces rejetons, comme je l'ai déjà dit, avant ou après l'hiver, soit pour les mettre en pépinière, soit pour les planter tout de suite en place. Souvent dans l'intention d'accélérer la production abondante du fruit on arrache les pieds, et on les divise en deux ou trois morceaux, ayant chacun cinq à six tiges, et on fait ainsi de nouveaux pieds, qui, poussant abondamment de nouvelles tiges l'été suivant, deviennent rapidement aussi gros que les autres.

On dit qu'une framboisière ne peut pas rester plus de dix à douze ans dans le même terrain sans l'épuiser, et cela n'est pas difficile à croire quand on considère la grande quantité de tiges et de racines que pousse chaque pied. Il est mieux de prévenir ce terme que de l'outre passer. En conséquence on peut arbitrer que celui de six à huit ans doit être adopté dans un jardin bien conduit.

Les feuilles de framboisier sont du goût de tous les bestiaux, excepté des chevaux. Il ne faut donc pas perdre les sommités des jeunes pousses lorsqu'on les coupe en automne.

Tout arbre qui se multiplie uniquement de drageons s'abâtardit à la longue, et finit même par devenir infertile, comme le prouve le bananier, le fruit à pain, l'ananas, le jasmin, l'hortensia, etc. Quoique depuis des siècles on n'emploie que ce moyen à l'égard des framboisiers, je ne me rappelle pas avoir entendu dire qu'il y eût des framboises sans pepins, comme il y a des épines-vinettes, des raisins, des groseilles, etc. Ce seroit certainement un avantage, car ces pépins sont désagréables à sentir sous la dent. Cette circonstance vient peut être de ce que de temps en temps on se monte en framboisiers avec du plant arraché dans les bois, lequel le plus souvent provient de semences.

Si on vouloit faire un semi de framboises il conviendroit de l'effectuer en automne, peu après la maturité du fruit, dans une terre légère et ombragée, en écrasant les fruits dans un peu de terre qu'on répand sur le sol après qu'elle est desséchée, afin que le plant soit clair et également espacé. Il faut que ce semis soit à peine recouvert d'une ligne de terre. Le plant s'élève de quelques pouces la première année, et peut être repiqué l'hiver suivant à six pouces de distance dans un sol également exposé à l'ombre et bien préparé. Ce n'est guère qu'à la troisième ou quatrième année qu'il est bon à être mis en place, et il ne fournit abondamment qu'à la sixième.

Il est à observer que les pieds de framboisiers provenus de graines tracent moins que ceux produits par des rejetons.

Le FRAMBOISIER DE VIRGINIE, *Rubus occidentalis*, Lin., a les tiges rougeâtres, hérissées d'épines, les feuilles ailées ou ternées, velues en dessous, les fruits d'un pourpre noir. Il est originaire de l'Amérique septentrionale, et croît dans les lieux frais et ombragés. Son aspect le rapproche beaucoup du framboisier d'Europe. Ses fruits ressemblent à ceux de la ronce, mais ils ont le goût de la framboise. On le multiplie positivement comme il a été dit ci-dessus. Son infériorité marquée fait qu'il n'est pas très commun dans les jardins.

Le FRAMBOISIER ODORANT a les tiges de six à sept pieds de

haut, jaunâtres et sans épines; les feuilles alternes, simples, à cinq lobes, souvent de plus de six pouces de diamètre; les fleurs larges d'un pouce, de couleur rose et disposées en corymbes terminaux. Il est originaire de l'Amérique septentrionale, et se cultive dans les jardins paysagers, qu'il embellit par ses grosses touffes, ses larges feuilles et ses belles fleurs. Il fleurit pendant presque tout l'été et l'automne. On le multiplie par rejetons et marcottes. Je ne l'ai pas vu porter de fruits. Sa place est au second rang des massifs et dans les lieux ombragés. Il contraste fort bien avec la plupart des autres arbustes. (TH.)

FRANC. On donne ce nom à un arbre fruitier provenu du semis des graines d'un arbre fruitier déjà amélioré par la culture. Ainsi les pepins d'une poire de bon chrétien fournissent du plant de poirier franc.

Cependant la plupart des sujets francs qu'on greffe dans les pépinières des environs de Paris peuvent être appelés des demi-sauvageons, puisqu'ils proviennent des poiriers ou des pommiers à cidre, qui, généralement, appartiennent à des variétés très peu perfectionnées.

Le poirier arraché dans les bois, ou provenant du semis des poires sauvages, s'appelle SAUVAGEON. Aujourd'hui on greffe beaucoup plus sur franc que sur sauvageon, par la facilité d'avoir, autour des grandes villes, des pepins ou des noyaux de fruits de jardin; mais si l'on gagne d'un côté, et pour la qualité des fruits et pour leur prompt rapport, on perd beaucoup pour la quantité des mêmes fruits et pour la durée des arbres. Une pépinière bien dirigée doit avoir un assortiment de greffes sur sauvageon et sur franc, les premières pour en faire des arbres en plein vent à l'usage de plusieurs générations; les secondes pour faire des demi-tiges propres à fournir, dès la troisième ou quatrième année, les jardins de bons et gros fruits, mais qui ne dureront pas un demi siècle. Les arbres nains se greffent sur des variétés plus foibles de la même espèce, ou sur des espèces du même genre.

On dit franc sur franc lorsqu'on a greffé deux fois un arbre fruitier sur lui-même. C'est un des meilleurs moyens, dit-on, d'améliorer les fruits. *Voyez* au mot GREFFE. (B.)

FRANC-RÉAL. Nom d'une variété de poire. *Voyez* POIRIER.

FRANCHIPANE. Variété de poire. *Voyez* POIRIER.

FRANCHIPANIER, *Plumeria*, Lin. Genre de plantes exotiques de la pentandrie monogynie, et de la famille des apocinées, qui croissent dans les contrées chaudes de l'Inde et de l'Amérique, et dont on cultive plusieurs espèces pour la beauté et l'odeur agréable de leurs fleurs. Ce sont des arbres ou arbrisseaux qui ont de grandes feuilles placées alternativement, et leurs fleurs disposées en corymbes à l'extrémité des rameaux. Chaque fleur a un petit calice à cinq dents, une corolle en entonnoir, cinq étamines et un style à stigmate double et aigu. Les fruits sont composés de deux longues capsules.

Parmi douze espèces environ que renferme ce genre, on distingue et on cultive les suivantes.

Le FRANCHIPANIER ROUGE, *Plumeria rubra*, Lin. Petit arbre d'ornement apporté de l'Amérique espagnole aux Antilles. Ses feuilles ont des pétioles glanduleux ; ses fleurs, d'un beau rouge et très odoriférantes, ressemblent assez à celles du laurier-rose, mais elles ont plus d'éclat, et sont aussi plus grandes. Il y a une variété de cette espèce qui a les feuilles plus épaisses, les corymbes plus gros et les fleurs d'un rouge plus pâle.

Le FRANCHIPANIER BLANC, *Plumeria alba*, Lin., qui croît à Campêche. Il est moins beau que le précédent ; ses fleurs sont blanches avec un fond jaune, plus petites, d'une plus courte durée ; mais elles ont également une très bonne odeur. Ses feuilles présentent des protubérances à la partie supérieure de leurs pédoncules.

Le FRANCHIPANIER A FLEURS CLOSES, *Plumeria pudica*, Lin., ainsi nommé parceque ses fleurs ont le limbe de leur corolle fermé ; elles sont très odorantes et d'une couleur jaunâtre, terminée par un rouge vif. On cultive cette espèce dans les jardins de l'île de Curaçao ; les deux premières sont cultivées à la Jamaïque, à St.-Domingue, à la Martinique.

Le FRANCHIPANIER A FEUILLES ENCOUSSÉES, *Plumeria retusa*, Lam., qu'on trouve dans toutes les contrées de l'Inde. Ses feuilles sont obtuses et en forme de coin ; ses fleurs ont l'odeur du jasmin. Son bois ressemble au buis par sa couleur et son tissu. On en fait de petits meubles.

Dans les vallées chaudes du Pérou, près des rivages de la mer, on voit beaucoup d'espèces de franchipaniers qu'on cultive dans les champs et dans les jardins ; ils y fleurissent pendant une grande partie de l'année. Les Péruviennes forment des guirlandes avec leurs fleurs, qui sont plus ou moins grandes, de diverses couleurs, et très odorantes dans la plupart des espèces.

Tous les franchipaniers contiennent un suc laiteux caustique qui découle de leurs rameaux et de leurs feuilles quand on les coupe. On multiplie ces arbres de semences ou de boutures. Comme ils ont une tige succulente, ils demandent une terre légère, craignent l'humidité, et par conséquent veulent être peu arrosés. Dans nos climats on doit les élever dans une serre chaude, et les tenir rarement en plein air, même en été. (D.)

F R A 159

FRAXINELLE, *Dictamnus*. Plante de la décandrie mono-gynie, de la famille des rutacées, à racine vivace, longue, pivotante ; à tige droite, velue, visqueuse, ordinairement simple, haute de deux ou trois pieds ; à feuilles alternes, ailées, avec impaire, dont les folioles sont opposées, sessiles, ovales, finement dentées, d'un vert luisant en dessous; à fleurs grandes, purpurines, rayées de rouge, et disposées en longues grappes terminales ; qui est originaire des parties méridionales de l'Europe, et qu'on cultive dans presque tous les jardins d'agrément, à raison de la beauté et de la durée de ses fleurs et de l'élégance de son port.

On connoît cette plante dans les boutiques des droguistes sous le nom de *dictamne blanc* ; elle passe pour ranimer les forces musculaires, faire mourir les vers, exciter la transpiration, etc.

Dans les jardins ornés on place la fraxinelle au milieu des plates-bandes ou dans des vases. Dans ceux qui imitent la nature on la plante par-tout où on juge qu'elle doit produire un bon effet. Elle est très rustique ; les hivers les plus rigoureux ne lui font aucun tort. Toutes espèces de terrain lui conviennent ; mais elle forme de plus belles touffes, donne des épis bien plus longs dans ceux qui sont d'une bonne nature. Elle fleurit au milieu de l'été. Toutes ses parties, et sur-tout ses fleurs, exhalent, pendant la chaleur, une odeur forte, résineuse, qui se condense le soir, et qui s'enflamme à cette époque, lorsqu'on en approche une bougie, et sans que la plante en souffre aucunement.

On multiplie la fraxinelle par ses graines, qu'il faut semer dans une plate-bande exposée au levant, et bien préparée, aussitôt qu'elles sont récoltées, ou bien dans une terrine qu'on place sur couche et sous châssis. Si on tardoit à les mettre en terre au printemps elles ne lèveroient que la seconde année. Le jeune plant se lève l'hiver suivant pour être repiqué en pépinière à six ou huit pouces de distance dans une autre plate-bande également bien labourée et fumée. Quelquefois, lorsqu'il est foible, on le laisse deux ans dans la planche du semis. Ce plant reste quatre à cinq ans en place, après quoi on le plante à demeure, et il commence à fleurir.

Cette lenteur de croissance fait qu'on préfère de beaucoup multiplier la fraxinelle par la voie du déchirement des pieds ; mais cette voie ne réussit pas toujours, parceque ses racines ne s'étendent point, et que lorsqu'on les coupe elles périssent souvent ; aussi n'est-elle pas aussi répandue qu'elle mérite de l'être. Au reste, ses pieds subsistent pendant un grand nombre d'années et donnent toujours plusieurs épis de fleurs. Ils n'exigent que d'être serfouis une fois ou deux dans l'été, et labourés en hiver avec la bêche. Il y en a une variété à fleurs blanches qui contraste fort bien avec l'espèce. (B.)

FRÊCHE. Nom du frêne dans le Médoc.

FRÉMOGÉE. C'est enlever le fumier des étables dans le département des Deux-Sèvres.

FRÊNE, *Fraxinus*. Genre de plantes de la polygamie monœcie et de la famille des jasminées, qui renferme une trentaine d'espèces, qui presque toutes sont des arbres d'une importance majeure pour l'agriculture à raison de la bonté de leur bois, de la beauté de leur feuillage et autres avantages moins généraux, et sur lesquels il est par conséquent nécessaire d'entrer dans quelques détails.

Le FRÊNE COMMUN, ou *grand frêne*, ou *frêne des bois*, a les racines pivotantes ou traçantes, selon les circonstances ; le tronc droit, l'écorce cendrée, les rameaux opposés, les boutons noirs, les feuilles opposées, ailées avec impaire, à pétiole commun et canaliculé. Ses fleurs sont jaunâtres, petites, sans calice ni corolle, et disposées en grappes latérales, presque sessiles, grappes qui s'accroissent ensuite au point d'avoir quelquefois un demi-pied de long. Son fruit est long d'un pouce sur trois lignes de large. Il croît naturellement dans les forêts des parties tempérées de l'Europe, s'élève à plus de quatre-vingts pieds, fleurit au milieu de l'été, et ne laisse tomber ses fruits qu'au commencement de l'hiver.

C'est dans les terres légères et humides que se plaît principalement le frêne, c'est-à-dire qu'il prend rapidement toute la hauteur qu'il lui est donné d'acquérir. Il ne réussit pas dans les argiles compactes, ni dans les terres crayeuses. Il se contente de peu de profondeur, parceque ses racines, quoique naturellement pivotantes, peuvent s'étendre au loin à la superficie du sol, et envoyer leurs rameaux dans les fentes des rochers et les interstices des pierres. L'ombre des autres arbres ne lui nuit point dans sa jeunesse, et il parvient bientôt à les surmonter et à les faire périr par la sienne et par l'égouttement de ses feuilles. Aussi, quand une fois on a introduit le frêne dans un canton qui lui convient, en chasse-t-il petit à petit presque tous les autres arbres, et finit-il par s'en emparer entièrement jusqu'à ce que le sol épuisé ne puisse plus le nourrir, auquel cas il cède de nouveau la place. Au reste, on le voit rarement avec peine se multiplier, attendu qu'il garnit très bien, croît rapidement, et donne un bois propre à un grand nombre d'usages. On le place avec avantage dans les jardins paysagers, soit en massif, soit isolé, car son feuillage d'un vert luisant contraste fort bien avec la couleur sombre de la plupart des autres. Il a cependant deux inconvéniens dans ce cas, c'est qu'il donne peu d'ombre, et est sujet à être dépouillé de ses feuilles par les cantharides, les frelons, les abeilles et les fourmis, à l'époque où on désire le plus en profiter, c'est-à-dire au milieu de l'été. Un frêne de première grandeur et isolé est d'un très bel aspect. Il est moins imposant que le chêne, mais plus svelte, si je puis employer ce terme. Au reste, ces deux arbres se font valoir réciproquement. Il n'est pas rare de voir des frênes de deux pieds de diamètre, et dont l'intérieur est très sain; mais en général on ne les laisse pas arriver à cette grosseur, parcequ'ils sont peu propres à la charpente, à raison de ce que leur bois est très sujet à la vermoulure, et que leurs usages habituels ne demandent pas de si forts échantillons.

Le bois du frêne est blanc, veiné longitudinalement, assez dur, fort uni et très liant tant qu'il conserve un peu de sève. Son aubier est assez épais. Il ne fait retraite que d'un douzième en se desséchant, et pèse cinquante livres douze onces un gros par pied cube. Varennes de Fenilles a trouvé qu'il falloit deux cents livres pour faire casser une de ses solives, ce qui est le plus fort poids supporté par les bois indigènes. On l'emploie au tour pour faire des chaises communes, des manches d'outils et un grand nombre d'autres articles qui demandent de la force. Les cercles de cuve et de tonneau qu'on en fabrique sont supérieurs à tous les autres, excepté ceux de châtaigniers. Il est sur-tout très recherché pour les brancards des voitures et pour toutes pièces de charronnage qui demandent du ressort et de la courbure. On en fait aussi d'excellens arcs, car il plie plus aisément et se débande avec plus de force qu'aucun autre, celui du cytise des Alpes excepté. Les menuisiers de campagne le débitent en planches pour en faire des armoires, des commodes, des coffres et autres meubles grossiers, mais solides. Il brûle aussi bien vert que sec, fournit beaucoup de chaleur et donne un charbon fort estimé.

Les loupes qui se forment naturellement sur les frênes, ou celles qu'on y fait naître en les étronçonnant fréquemment, donnent un bois dont les fibres, diversement colorées, sont entrelacées d'une manière agréable. On en fait un grand usage dans l'ébenisterie pour fabriquer des armoires, des tables et autres meubles que quelquefois on teint artificiellement. Ce bois, qui s'appelle alors *brouzin*, se vend souvent si cher, que pour l'économiser on le débite en feuilles très minces et qu'on l'emploie en placage.

Ces nombreux avantages font que dans beaucoup d'endroits on cultive le frêne en avenue ou dans les haies. Dans ce cas, tantôt on le laisse croître en liberté pour le couper à douze, quinze, vingt ans, selon les usages auxquels on le destine; tantôt on l'arrête à dix à douze pieds de haut et on le transforme en têtards, qui, dépouillés tous les trois à quatre ans, donnent abondamment des cerceaux, des échalas et des fagots pour le four. Ces têtards sont aussi fréquemment consacrés à fournir leurs feuilles pour la nourriture des bœufs et des moutons pendant l'hiver ; alors on coupe tous les ans une partie de leurs branches pendant l'été et on les fait sécher à l'ombre. Je dis une partie, parceque j'ai observé que dans les lieux où on les coupoit toutes, les arbres souffroient beaucoup et même périssoient souvent. Les premiers de ces animaux aiment sur tout beaucoup ce fourrage. Miller dit qu'il donne un mauvais goût au lait et au beurre ; mais Rozier et moi, qui avons vécu dans des cantons où on l'emploie, ne nous sommes pas aperçus de ce mauvais goût.

Les feuilles et l'écorce du frêne commun ont une saveur âcre et amère. Sa semence est fort aromatique. On emploie sa première écorce pour tanner les cuirs et teindre en bleu les laines, et on regarde la seconde comme un puissant diurétique et un excellent fébrifuge. Quelques médecins l'ont même préconisée comme préférable dans certains cas au quinquina même.

Quoique le frêne pousse quelquefois des rejetons de ses racines, et qu'il reprenne assez facilement de marcottes, on ne le multiplie, et avec raison, que par le semis de ses graines. Ce semis peut se faire en automne ou à la fin de l'hiver, dans un sol bien ameubli et un peu ombragé, s'il se peut. On le recouvre d'un pouce de terre. Les jeunes plants peuvent se lever l'automne suivant, mais ils restent ordinairement en place deux ans; et pendant ce temps on se borne à les sarcler, si on a semé à la volée, et à leur donner un ou deux binages, si on les a semés en rayons. Ce plant peut avoir deux destinations, c'est-à-dire être repiqué en pépinière ou être placé à demeure. Ce dernier cas a presque toujours lieu lorsqu'on veut faire des plantations en grand, repeupler ou former une forêt. J'observerai en passant que le frêne ayant la propriété de venir facilement à l'ombre dans sa jeunesse, est plus propre qu'aucun autre arbre de première grandeur pour le premier de ces objets, lorsque d'ailleurs la nature du terrain ne s'y oppose pas.

Le plant destiné à être repiqué en pépinière, l'est à la fin de l'hiver. On l'espace de deux ou trois pieds, selon le temps qu'on peut présumer qu'il y restera. Il se bine deux ou trois fois dans le courant de l'été, et se laboure pendant l'hiver à la bêche.

En général, le frêne n'aime pas le tranchant de la serpette, et il faut le lui ménager le plus possible : cependant si la plus grande partie du plant étoit mal venue, avoit été endommagée par le bétail, on pourra le recéper à la seconde année, le mettre sur un brin la troisième, et arrêter ses pousses latérales les plus fortes la quatrième. Jamais on ne doit lui couper la tête, car il est très rare que les pieds qui ont perdu leur bourgeon supérieur se redressent complètement, et leur végétation en est toujours retardée. Ce n'est guère qu'à la sixième année, lorsque les pieds ont acquis six à huit pouces de tour, que le frène se lève de la pépinière pour être planté en avenue, en massif dans les jardins, etc. L'emploi qu'on en fait sous ce rapport est peu étendu ; aussi n'en voit-on pas beaucoup de cette force dans les pépinières. Ceux de celles des environs de Paris, par exemple, sont presque tous réservés pour la greffe des variétés ou des espèces étrangères, comme je le dirai plus bas.

C'est donc du plant de deux ans dont on fait le plus grand débit, et ce pour repeupler ou planter des forêts. Ce plant se lève en automne et à la fin de l'hiver, et se met sur-le-champ en place, soit dans des trous de huit à dix pouces de profondeur et de cinq à six de large, soit dans des rigoles de même profondeur et de même largeur, creusées dans toute la longueur du terrain. On doit préférer les rigoles, sur-tout dans les nouvelles plantations dont le terrain n'aura pas été labouré à la bêche ou à la charrue. Il ne faut jamais, dans ce cas, couper le pivot qui doit assurer les arbres à venir contre les efforts des vents. Ces plantations demandent un léger binage la seconde et la troisième année, et peuvent ensuite être abandonnées à elles-mêmes. Je n'ai pas parlé de la distance à laquelle on devoit mettre les pieds, parceque cela dépend et de la nature du terrain et du but qu'on se propose. En effet, dans un sol profond et humide, et lorsqu'on en veut faire de grands arbres, ils doivent être plus écartés que dans un terrain tuffeux et sec ; et quand on veut établir un taillis, six pieds sont un terme moyen foible, mais raisonnable.

Quant à l'époque de la coupe des frênes, elle varie également, et de telle sorte qu'on ne peut la fixer d'une manière générale. *Voyez* au mot Bois.

Le plant du frène poussant à l'ombre mieux que celui des autres grands arbres, ainsi qu'il a déjà été observé, il devient plus avantageux de semer ses graines lorsqu'on ne veut pas faire la dépense d'une plantation pour repeupler un bois. Alors il faut les conserver en jauge pendant l'hiver, et ne les mettre en terre qu'un peu tard au printemps, au mois d'avril, par exemple, parceque les mulots, les campagnols, les écureuils et autres quadrupèdes rongeurs en sont très friands. Pour exécuter l'opération, il suffit de gratter la terre de trois pieds en trois pieds, à un ou deux pouces de profondeur, dans les places qu'on veut regarnir, et d'y jeter quelques unes de ces graines.

Rarement on fait de grands semis en place, uniquement de

frêne, parceque par-tout on préfère le chêne pour former de nouvelles forêts ; mais si on le vouloit, il faudroit les effectuer avant l'hiver, et les garantir des rongeurs par des pièges ou des amorces empoisonnées. Alors les graines, s'imbibant suffisamment d'humidité, pourroient braver les sécheresses. Cette différence de pratique provient de ce qu'il y a toujours sous les arbres suffisamment d'humidité pour opérer la germination des graines, et qu'il n'y en a pas quelquefois assez dans les endroits découverts, lorsque les printemps ne sont pas pluvieux.

C'est principalement dans les marais à moitié desséchés qu'il convient de faire des plantations de frênes en quinconce ou en massif. Arthur Young, dans ses Voyages agronomiques, cite un grand nombre de propriétaires d'Angleterre et d'Irlande de qui des plantations de ce genre ont doublé et même triplé les revenus. On peut se plaindre en général que, quelque estime qu'on ait en France pour cet arbre, on ne l'emploie pas assez dans cette sorte de terrain. Son bois y est, il est vrai, inférieur à celui des pieds crus dans des endroits secs ; mais c'est de si peu, qu'on est rarement dans le cas de faire attention à cette circonstance. Je voudrois pouvoir exciter les propriétaires de marais, qui ont des capitaux disponibles, à imiter en cela nos voisins. Il ne faut cependant pas croire d'après cela que le frêne réussisse dans les lieux fangeux ou dans les tourbières : il aime l'eau, mais l'eau courante, ou au plus des eaux stagnantes momentanées, comme celles qui s'accumulent pendant l'hiver ou après les orages. Une plantation de frênes sur le bord d'un ruisseau, d'un étang, etc., est bien plus fructueuse qu'une de saules : la plus grande rapidité de croissance de ce dernier est bien compensée par la meilleure qualité du bois du premier.

On se plaint généralement qu'il n'y a pas assez de frênes plantés sur les grandes routes, et on a raison de le faire ; cependant il est juste d'observer qu'il est plus difficile que l'orme sur la nature du terrain, et qu'il réussit plus rarement à la transplantation, lorsqu'il est défensable, c'est-à-dire qu'il a cinq à six ans. Au reste, le peu d'ombre qu'il donne le rend favorable au desséchement des routes à la suite des grandes pluies de l'automne.

Les variétés du frêne commun sont au nombre de huit principales ; savoir,

Le FRÊNE DORÉ. Son écorce est d'un jaune très vif. Il a été trouvé par A. Richard dans un parc voisin de Versailles. Il produit un grand effet, sur-tout pendant l'hiver, dans les jardins paysagers ; aussi le multiplie-t-on beaucoup en ce moment dans les pépinières.

Le FRÊNE A BOIS JASPÉ. Son écorce, sur-tout celle des jeunes branches, est rayée de jaune. C'est le passage de l'espèce à la va-

riété précédente, ou le retour de la variété à l'espèce. Cette
variété est peu saillante et se perd souvent, sur-tout quand
on la plante dans un terrain très fertile.

Le FRÊNE HORIZONTAL. Ses pousses, au lieu de prendre la direction perpendiculaire, végètent parallèlement à la terre.

Le FRÊNE PARASOL. Ses pousses se recourbent et prennent
réellement la forme d'un parasol.

Ces deux variétés sont des monstruosités fort singulières et
qu'on recherche beaucoup en ce moment. Pour qu'elles produisent tout leur effet, il faut qu'elles soient greffées à huit à
dix pieds de haut, et encore qu'on place deux ou trois yeux
sur chaque pied; car lorsque la circonférence n'est pas entièrement garnie de rameaux, elles ne sont rien moins qu'agréables. On pourroit longuement disserter sur le phénomène physiologique que présentent ces deux variétés.

Le FRÊNE HORIZONTAL et le FRÊNE PARASOL A BOIS DORÉ. Ces
deux sous-variétés sont encore rares et méritent peut-être d'être
plus multipliées que les dernières, parcequ'elles présentent un
effet de plus, et que l'esprit humain aime la réunion des phénomènes hors de la nature.

Le FRÊNE A FEUILLES DÉCHIRÉES a les folioles profondément et
irrégulièrement dentées, comme si elles avoient été déchirées
ou mordues en leurs bords. Cette variété est peu recherchée
lorsqu'elle est seule, mais bien quand elle est réunie à la suivante.

Le FRÊNE A FEUILLES PANACHÉES DE BLANC. Cette variété est
quelquefois si panachée qu'on ne voit plus la couleur naturelle
des feuilles. Comme c'est à une véritable maladie qu'elle doit
cette singularité, l'arbre qui l'offre est toujours grêle et ne subsiste pas long-temps; du moins je n'en ai jamais vu de gros.

Le FRÊNE GRAVELEUX, *Fraxinus verrucosa*, a l'écorce rude,
raboteuse et d'un gris brun. Les jeunes rameaux sont lisses et
légèrement striés de blanc. Il est si différent du frêne commun,
qu'il y auroit lieu de croire que c'est une véritable espèce, si
tous les pépiniéristes n'assuroient qu'il provient du semis du
frêne commun, et si je ne m'en étois pas assuré personnellement.

Toutes ces variétés se multiplient par la greffe sur l'espèce
commune; greffe qu'on effectue soit au printemps, en fente et
entre deux terres, sur des sujets de deux ou trois ans, soit en
automne, à œil dormant, sur des sujets de cet âge ou de deux
ou trois ans plus vieux.

Les autres espèces de frêne sont,

Le FRÊNE PALE, *Fraxinus pallida*, Bosc, a les feuilles composées de sept folioles ovales, aiguës, presque sessiles, d'un vert
peu foncé, presque glabres en dessous, longues de moins de

deux pouces. Leurs bords supérieurs sont garnis de dents aiguës et écartées.

Cette espèce est très voisine du frêne commun, mais elle s'en
distingue par ses folioles plus larges à leur base, et par la couleur dorée de ses bourgeons. Elle provient de graines envoyées
d'Amérique. On en cultive beaucoup de pieds dans les pépinières impériales.

Le FRÊNE A FLEUR, *Fraxinus ornus*, Lin. Le véritable *fraxinus* des anciens, ainsi que l'a prouvé Dureau de Lamalle,
est un arbre de vingt à trente pieds de haut, dont l'écorce est
grisâtre, les feuilles composées de neuf folioles ovales, pointues, dentées, glabres, et d'un vert foncé en dessus; les fleurs
pourvues de longs pétales blancs, et disposées en panicules
pendantes à l'extrémité des rameaux. Il croît dans le midi
de l'Italie, aux lieux arides et pierreux, et il fleurit au milieu du printemps, après le développement presque complet
de ses feuilles. On l'appelle *orne* dans la Calabre. C'est un de
ceux qui fournissent la manne du commerce. Son bois est très
dur, mais rarement d'un fort échantillon. On le cultive beaucoup dans les jardins paysagers, qu'il embellit bien plus que le
frêne commun, à raison de ce que ses rameaux, plus nombreux et plus grêles, se recourbent avec grace sous le poids
de leurs feuilles; de ce que ses fleurs forment de très grosses
grappes qui exhalent une odeur douce et agréable; enfin, de
ce que ses fruits, qui sont nombreux et pendans, subsistent
jusqu'à la fin de l'automne. On le place ordinairement au troisième rang des massifs; mais il produit également de très bons
effets lorsqu'il est isolé. Il se multiplie de ses graines, qui mûrissent fort bien dans le climat de Paris, et qu'on sème à une
exposition chaude. Le plant se traite positivement comme celui
du frêne commun.

La propriété qu'a ce frêne de croître dans les plus mauvais
terrains pourroit le rendre précieux dans certains cantons;
mais je ne sache pas qu'on l'ait cultivé sous ce rapport dans le
nord de la France. On trouve dans le midi une de ses variétés
connue sous le nom de *frêne de Montpellier*, dont les feuilles
sont plus petites, et qui ne s'élève que de huit à dix pieds. Il
y en a une autre variété qui a les feuilles plus larges que l'espèce. On la cultive de préférence dans les jardins des environs
de Paris.

Le FRÊNE A FLEURS D'AMÉRIQUE, *Fraxinus ornus Americana*,
Bosc, se rapproche infiniment du précédent. Il a les folioles
arrondies, ses pétales sont plus courts et moins larges. C'est
certainement une espèce. Je l'ai observé en Amérique. Il y en
avoit dans les pépinières impériales deux pieds porte-graines

fleurissant, que des ordres supérieurs ont fait arracher hors saison, et qui sont morts.

Le FRÊNE STRIÉ, *Fraxinus strigata*, a sept folioles pétiolées, ovales, rarement aiguës, dentées, coriaces, glabres en dessus et en dessous, excepté sous leur pétiole ; ses boutons sont gris d'ardoise, et ses jeunes rameaux d'un fauve pâle et strié de gris.

Le FRÊNE A MANNE, *Fraxinus rotundifolia*, Lam., a cinq folioles presque rondes, aiguës, dentées et surdentées ; les fleurs pourvues de longs pétales rougeâtres, et disposées en panicules à l'extrémité des rameaux. Il croît naturellement dans l'Italie méridionale. C'est lui principalement qui produit cette drogue si employée dans la médecine sous le nom de *manne*. On le connoît sous les noms de *frêne de la Calabre*, de *frêne d'Alep*, dans les pépinières où il n'est pas devenu aussi commun que son importance sembleroit le vouloir. Je n'en connois pas de pieds portant graine dans les jardins des environs de Paris. Presque tous ceux qui y existent sont greffés sur le frêne à fleur ou sur le frêne commun.

On distingue plusieurs espèces de mannes dans le commerce, qui toutes proviennent des deux frênes ci-dessus nommés. La *manne en larme*, la *manne sèche et en sorte*, ou *manne de Marème*, la *manne de Cinesy*, la *manne Romagne*, la *manne de la Calabre*, la *manne du Mont Saint-Ange ;* enfin, la *manne de Rome* ou de la *Tolfa*.

Je ne me suis jamais aperçu que les frênes à fleurs et à feuilles rondes de nos jardins donnassent de la manne. Il leur faut pour la produire deux circonstances qui leur manquent, mauvaise nature de terre et grande chaleur. (B.)

La manne est un suc concret d'un blanc jaunâtre, soluble dans l'eau, d'une odeur approchant celle du miel, d'une saveur douce et un peu nauséabonde. Il est inutile d'examiner ici si ce que nous entendons par le nom de manne doit être appliqué à celle dont il est parlé dans l'Écriture, et qui servit de nourriture aux Hébreux dans le désert ; il n'existe à coup sûr aucun rapport entre elle et la manne du commerce ; les Israélites avec celle-ci auroient bien mieux été purgés que nourris.

Dans la Calabre et dans la Sicile, dit M. Geoffroi dans sa *Matière médicale*, la manne coule d'elle-même ou par une incision, pendant les chaleurs de l'été, à moins qu'il ne tombe de la pluie, des branches et des feuilles du frêne ; elle se durcit, par la chaleur du soleil, en grain, ou en grumeaux. L'époque de l'écoulement naturel, dans la Calabre, est depuis le 20 juin jusqu'à la fin de juillet, et il a

lieu par le tronc et par les branches. La manne commence
à couler vers midi, et elle continue jusqu'au soir, sous la
forme d'une liqueur très claire ; elle s'épaissit ensuite peu à
peu, et se forme en grumeaux, qui durcissent et deviennent
blancs. On ne les ramasse que le lendemain matin, en les détachant avec des couteaux de bois, pourvu que le temps ait
été serein pendant la nuit, car s'il survient de la pluie ou
du brouillard, la manne se fond, et se perd entièrement.
Après qu'on a ramassé les grumeaux, on les met dans des vases
de terre non vernissés, ensuite on les étend sur du papier
blanc, et on les expose au soleil jusqu'à ce qu'ils ne s'attachent
plus aux mains : c'est là ce qu'on appelle la manne choisie
du tronc de l'arbre.

Sur la fin de juillet, lorsque la liqueur commence à cesser de
couler, les paysans font des incisions dans l'écorce du frêne jusqu'au corps de l'arbre ; alors la même liqueur découle encore
depuis midi jusqu'au soir, et se transforme en grumeaux plus
gros. Quelquefois ce suc est si abondant qu'il coule jusqu'au
pied de l'arbre, et y forme de grandes masses qui ressemblent à
de la cire ou de la résine : on y laisse ces masses pendant un
ou deux jours, afin qu'elles se durcissent, enfin on les coupe
par petits morceaux, et on les fait sécher au soleil, c'est ce
qu'on appelle la *manne par incision*. Elle n'est pas si blanche
que la première ; elle devient rousse et souvent même noire,
à cause des ordures et de la terre qui y sont mêlées.

La troisième espèce est celle que l'on recueille sur les
feuilles. Au mois de juillet et au mois d'août, vers midi,
on la voit paroître d'elle-même, comme de petites gouttes
d'une liqueur très claire, sur les fibres nerveuses des grandes
feuilles, et sur les veines des petites ; la chaleur fait sécher
ces petites gouttes, et elles se changent en petits grains
blancs de la grosseur du millet ou du froment ; elle est rare
et difficile à ramasser.

Les Calabrais mettent de la différence entre la manne tirée
par incision des arbres qui en ont déjà donné d'eux-mêmes,
et la manne tirée des frênes sauvages, qui n'en ont jamais
donné d'eux-mêmes. On croit que cette dernière est bien
meilleure que la première, de même que la manne qui coule
d'elle-même du tronc est bien meilleure que les autres.
Quelquefois après, et dans l'incision faite à l'écorce, on y
insère des pailles, des fœtus ou de petites branches. Le suc
qui coule de long de ces corps s'y épaissit, et forme de grosses
gouttes pendantes en forme de stalactites ; on les enlève
quand elles sont assez grandes ; on en retire la paille et
on les fait sécher au soleil. Il s'en forme des larmes très
belles, longues, creuses, légères, et comme cannelées

en dedans, et tirant quelquefois sur le rouge; quand elles sont sèches on les renferme bien précieusement dans des caisses : on en fait grand cas, et on a raison, car elles ne contiennent aucune ordure ; on les appelle *manne en larmes*.

La manne en larmes, naturelle ou factice, est préférable à toutes les autres espèces; la dose est depuis une once jusqu'à trois, en solution dans cinq onces d'eau.

Il est certain que le frêne à fleur fournit de très bonne et de très belle manne dans nos provinces du midi, et sur-tout près de la Méditerranée. Je me suis amusé à en ramasser quelques onces pour juger de sa qualité, et l'expérience m'a prouvé qu'elle étoit aussi bonne que celle de Calabre. Il est donc clair que si l'on vouloit en prendre la peine, il seroit possible de récolter en France celle que l'on y consomme. (R.)

Le FRÊNE A PETITES FEUILLES a les feuilles composées de neuf ou onze folioles ovales, aiguës, coriaces, largement dentées et les fleurs nues. On ignore de quel pays il est originaire, mais il est à croire qu'il provient des parties méridionales de l'Europe ou de la Turquie d'Asie; on le cultive depuis long-temps dans nos jardins, où on le connoît, je ne sais pourquoi, sous le nom de *frêne à mèche*. Il se rapproche beaucoup du frêne commun, mais il s'élève bien moins haut, et a les feuilles plus petites (elles sont cependant de deux pouces de long). C'est sur lui qu'on le greffe.

Le FRÊNE A FEUILLES DE LENTISQUE a les feuilles composées de neuf ou onze folioles très écartées, ovales, aiguës, dentées, longues de six à huit lignes. L'écorce de ses rameaux est d'un brun noir. Il se cultive dans les pépinières sous le nom de *frêne de la Chine*, de *frêne à mèche*. Par cette dernière appellation, on paroît le confondre avec le précédent, dont il se rapproche en effet, mais dont il diffère cependant par ses rameaux plus allongés, plus écartés, plus bruns, et par ses feuilles plus étroites. Il croît naturellement en Asie. On le greffe sur le frêne commun et on le place au troisième rang des massifs dans les jardins paysagers, où il se fait remarquer par le *svelte* de toutes ses parties. Ses rameaux gèlent quelquefois et ses greffes souvent.

Le FRÊNE DE CAPPADOCE a les feuilles composées de cinq folioles, ovales, oblongues, profondément et inégalement dentées, glabres, amincies en pétiole, la terminale plus grande, presque ronde et de huit à neuf lignes de diamètre. Son fruit est accuminé, long d'un pouce et large de deux lignes.

Cette espèce, que j'ai vue dans l'herbier de M. de Jussieu, se rapproche du frêne à petites feuilles et du frêne à feuilles rondes; mais il est fort distinct. Il est originaire de l'Asie mineure.

Le FRÊNE A FEUILLES AIGUES a les feuilles de sept ou neuf folioles, dentées, écartées, allongées comme celles du troëne. Ses fruits sont mucronés. Il croît naturellement en Espagne et se rapproche des précédens. Quelques botanistes l'ont regardé comme une variété du frêne à fleur, d'autres comme une variété du frêne commun. C'est certainement une espèce, ainsi que j'ai pu m'en assurer dans l'herbier de M. de Jussieu.

Le FRÊNE ROUX, *Fraxinus rufa*, Bosc, a cinq paires de folioles très allongées, mucronées, longuement et inégalement dentées, à nervures couvertes, ainsi que les pétioles et les jeunes rameaux, de longs poils roux. Il est originaire de l'Amérique septentrionale. Cels en possédoit un pied qui est passé à la Malmaison.

Le FRÊNE BRUN, *Fraxinus fusca*, Bosc, a cinq folioles ovales mucronées, largement et irrégulièrement dentées, légèrement velues sur les nervures de la surface inférieure. Son écorce est d'un brun presque noir. Il se rapproche du frêne noir, mais est fort distinct. On en voyoit un pied chez Cels qui est actuellement à la Malmaison.

Le FRÊNE NOIR, *Fraxinus nigra*, Bosc, a sept folioles ovales, aiguës, légèrement sinuées ou dentées en leurs bords, accuminées, longues de trois pouces, larges de deux, légèrement velues inférieurement sur les nervures. Son bourgeon est d'un brun clair et son écorce d'un brun noir. Il a quelques rapports avec le suivant, mais s'en distingue fort bien à la première vue. Ses pétioles sont canaliculés. On l'a apporté de l'Amérique septentrionale. Il se cultive dans les pépinières soumises à ma surveillance.

Le *frêne noir* de l'herbier de Michaux est, ainsi que je m'en suis assuré, le *frêne ovale* dont il sera question plus bas.

Le FRÊNE ACCUMINÉ, *Fraxinus accuminata*, Lamarck, a les rameaux d'un gris noirâtre, les feuilles composées de sept folioles pétiolées, ovales, oblongues, accuminées, très glauques et légèrement pubescentes en dessous autour des nervures seulement. Il est originaire de l'Amérique septentrionale, où il croît dans les lieux secs. C'est le *frêne noir* des pépiniéristes, le *frêne d'Amérique* de quelques auteurs, mais non celui de Linnæus. C'est le plus beau de ceux que je connois. La grandeur de ses folioles, souvent de plus de quatre pouces de long sur deux de large, le contraste de la couleur de leurs deux surfaces, le rendent très propre à la décoration des jardins paysagers où il peut être placé au troisième rang. Je n'ai pas encore vu ses fleurs. On le multiplie par la greffe sur le frêne commun. Ses jeunes rameaux se rapprochent beaucoup pour la couleur du frêne à feuilles de noyer, mais cette couleur est ici plus foncée. Ses boutons sont très gros.

Le FRÊNE D'AMÉRIQUE, *Fraxinus Americana*, Lin., a l'é-
corce des rameaux cendrée ; les feuilles à pétiole cylindrique,
pubescent ; les folioles au nombre de sept, pétiolées, ovales,
aiguës, accuminées, inégalement dentées, ou sinuées, plus
pâles, très velues, même quelquefois veloutées en dessous. Il
est originaire de l'Amérique septentrionale et se cultive dans
les pépinières de Versailles, où il y en avoit un grand arbre
franc de pied, et portant des fleurs mâles qu'on en a fait disparoître en 1807, bien contre mon gré. Je le regarde comme le
véritable *Fraxinus Americana* de Linnæus. Il se rapproche infiniment du précédent avec lequel il a été confondu par la plupart des botanistes, mais il en diffère par son écorce moins
noire, par ses feuilles moins glauques en dessous, etc. C'est le
Fraxinus alba de Bartram, si j'en crois une note de l'herbier
de Michaux. Il se fait remarquer au printemps par la couleur
brune de ses folioles naissantes, et en tout temps par les taches
de même couleur qui existent sur le pétiole commun, aux points
de réunion des pétioles particuliers.

Le FRÊNE VERT, *Fraxinus viridis*, Bosc, a les feuilles composées de sept folioles ovales, aiguës, luisantes, finement et
irrégulièrement dentées, un peu tomenteuses en dessous sur
leurs nervures, d'un vert foncé en dessus, les moyennes de
trois pouces de long sur un et demi de large. Ses rameaux sont
d'un vert foncé. Il est originaire de l'Amérique septentrionale.
Un vieux pied qui existoit dans les pépinières impériales a été
arraché contre saison et en est mort ; c'est une véritable perte.

Le FRÊNE LANCE, *Fraxinus lancea*, Bosc, a sept ou neuf folioles lancéolées, très aiguës, très largement dentées dans les
deux tiers de leurs bords, d'un vert noir en dessus, un peu velues
en dessous sur leurs nervures. Leur longueur est quelquefois de
plus de six pouces. Son écorce est cendrée. Il est originaire de
l'Amérique septentrionale et se cultive dans les pépinières impériales. Lamarck le regarde comme une variété du suivant, ainsi
que je m'en suis assuré dans son herbier ; mais il s'en distingue
à tous les âges.

Le FRÊNE DE LA CAROLINE, *Fraxinus Carolina*, Bosc, a les
feuilles composées de sept folioles pétiolées, lancéolées, très
peu dentées, glabres, luisantes, d'un vert pâle ainsi que les
rameaux. L'écorce de ses bourgeons est cendrée. Il croît en
Caroline dans les marais. J'en ai rapporté des graines. On le
cultive dans les pépinières. C'est certainement l'espèce de Ca-
tesby ; mais on donne, dans les jardins des environs de Paris, le
même nom à deux ou trois espèces fort différentes, telles que
le *frêne blanc*, le *frêne cendré*, le *frêne à feuilles de noyer*. Il
se distingue bien du précédent, avec lequel il a été aussi probablement confondu.

Le FRÊNE A LONGUES FEUILLES, *Fraxinus longifolia*, Bosc, a sept folioles longuement pétiolées, ovales, allongées, accuminées, velues, d'un vert clair en dessus, plutôt sinuées que dentées, longues de plus de six pouces et larges de deux. Les pétioles propres et communs sont très velus ainsi que les bourgeons.

Cette belle espèce est originaire de l'Amérique septentrionale et se cultive dans les jardins des environs de Paris. On en voit un gros pied mâle à côté de la porte d'entrée de la pépinière de Trianon. Elle a été confondue avec la suivante, mais s'en distingue fort bien pendant l'hiver par ses bourgeons beaucoup plus gros et plus obtus, au printemps par ses feuilles très luisantes en dessous, et dans sa vieillesse par ces mêmes feuilles trois fois plus allongées, plus coriaces et pendantes.

Le FRÊNE PUBESCENT a les rameaux grêles et couverts de poils gris; les feuilles composées de sept folioles, rapprochées, ovales oblongues, finement et inégalement dentées, accuminées, velues en dessous ainsi que les pétioles. Ses fleurs sont sans pétales. Il est originaire de l'Amérique septentrionale. On le cultive dans les pépinières, où il se greffe sur le frêne commun. C'est le *fraxinus epiptera* de Michaux, ainsi que je m'en suis assuré dans son herbier. On l'avoit confondu avec le précédent, mais il s'en distingue fort bien à toutes les époques. Ses feuilles restent toujours ovales et d'un vert terne.

Le FRÊNE CENDRÉ, *Fraxinus cinerea*, Bosc, a les rameaux grêles et couverts de poils cendrés; les feuilles formées de sept à neuf folioles écartées, lancéolées, largement et inégalement dentées, d'un vert terne, velues en dessous sur leurs nervures, longues de trois à quatre pouces. Il croît naturellement dans l'Amérique septentrionale et se cultive dans les pépinières impériales. Il a été confondu avec le frêne blanc et le frêne de Caroline, mais il s'en distingue bien.

Le FRÊNE BLANC a sept folioles très allongées, très fortement et inégalement dentées, d'un vert clair, hérissées de poils blancs en dessous, ainsi que leurs pétioles particuliers et communs, de quatre à cinq pouces de long sur un de large. La couleur des pétioles est presque blanche. L'écorce de ses rameaux est d'un gris clair et nullement velue. Il est originaire de l'Amérique septentrionale. Un pied portant fleurs se voyoit dans les pépinières de Trianon, mais l'ordre a été donné de l'arracher en 1807; heureusement que j'en avois fait faire des greffes.

Le frêne blanc de Bartram est le *frêne d'Amérique*, si j'en crois une note de l'herbier de Michaux.

Cette espèce a été confondue mal à propos avec le *frêne de la Caroline*, le *frêne cendré*, et peut-être avec d'autres. Elle diffère du premier par ses feuilles plus aiguës, plus dentées, plus minces, moins luisantes, et par l'écorce de ses bourgeons plus ardoisée.

Le FRÊNE A FEUILLES DE NOYER a les rameaux d'un brun clair ; les feuilles composées de sept folioles, pétiolées, ovales, lancéolées, inégalement dentées, légèrement pubescentes en dessous le long des principales nervures, de trois à quatre pouces de long. Ses fruits sont à peine longs d'un pouce. Il croît naturellement dans l'Amérique septentrionale, et se cultive dans nos jardins, où il fleurit, donne quelquefois de bonnes graines, et s'appelle souvent *frêne de Caroline*. On le multiplie par la greffe sur l'espèce d'Europe. Fréquemment une ou deux de ses folioles supérieures prennent une aile, deviennent décurrentes sur le pétiole commun, ce qui ne se remarque pas aussi souvent dans les autres espèces et peut servir à le distinguer.

Le FRÊNE DE RICHARD, *Fraxinus Richardi*, Bosc, a les feuilles composées de sept folioles, ovales, aiguës, dentées, d'un vert noir, pubescentes en dessous le long de leurs nervures, longues de trois à quatre pouces ; l'écorce de ses bourgeons est grise et couverte, à la base de ces bourgeons seulement, de poils blancs cassans. Celle de ses vieux rameaux est d'un gris brun.

Cette espèce provient de graines envoyées de l'Amérique septentrionale par Michaux à Antoine Richard, et dont ce dernier a sauvé les produits de la destruction, lorsqu'on lui a ôté la jouissance du potager de Versailles. Elle a pu être confondue avec le *frêne à feuilles de noyer*, avec le *frêne cendré*, etc.

Le FRÊNE A FEUILLES DE SUREAU a les rameaux verts, pointillés de noir ; les folioles sessiles, lancéolées, accuminées, ridées, profondément dentées, et les pétioles velus à l'insertion de ces folioles. Il est originaire de l'Amérique septentrionale. Ses feuilles froissées exhalent une odeur désagréable qui a quelque rapport à celle du sureau. On le multiplie par la greffe, et les feuilles, produits de ces greffes, ont quelquefois trois à quatre pouces de large.

Les pépinières impériales possèdent, outre l'espèce principale, une variété qui en diffère par le pétiole commun velu dans toute sa longueur, et principalement au point d'insertion des folioles, et par ses folioles plus larges et plus velues. Peut-être devra-t-elle un jour être regardée comme espèce.

Le FRÊNE HÉTÉROPHYLLE, ou *frêne monophylle*, a les feuilles tantôt à cinq, tantôt à trois, tantôt à une seule foliole ovale, aiguë, dentée, d'un vert foncé et de deux à trois pouces de large. Il est provenu de graines envoyées d'Amérique. Ses boutons sont noirs. On voit quelquefois les trois sortes de feuilles précitées sur le même pied lorsqu'il est venu de graines, mais en général on ne greffe, à cause de la singularité, que les rameaux complètement monophylles. C'est un très bel arbre qui produit d'agréables effets dans les jardins paysagers, sur-tout quand on l'isole et qu'on lui laisse prendre la forme globuleuse qui lui est propre.

Le FRÊNE A FEUILLES ELLIPTIQUES, *Fraxinus elliptica*, Bosc, a les feuilles composées de cinq folioles ovales, mucronées, largement dentées ou entières, plus ou moins hérissées en dessous. L'impaire, qui est la plus grande et la plus arrondie, a trois pouces de long sur deux de large. Ses bourgeons sont d'un vert cendré et légèrement velus. Ses rameaux sont noirâtres et grêles. J'ignore la hauteur à laquelle il parvient, mais son aspect fait croire qu'elle n'est pas aussi considérable que celle des précédens. On en voit beaucoup de pieds provenant de graines envoyées de l'Amérique septentrionale dans les pépinières impériales.

Le FRÊNE OVALE, *Fraxinus ovata*, Bosc, a les feuilles de cinq folioles ovales aiguës, toujours régulièrement dentées, légèrement pubescentes en dessous. L'impaire, beaucoup plus grande et presque ronde, a rarement plus d'un pouce et demi de long. L'écorce de ses rameaux est noirâtre. Il paroit beaucoup se rapprocher du précédent par la description, mais il s'en distingue fort bien au premier aspect. C'est le *frêne noir* de l'herbier de Michaux, le *black-ash* des Américains.

Le FRÊNE A LARGES FRUITS, *Fraxinus platicarpa*, Mich., a les feuilles composées de cinq folioles ovales, aiguës, dentées, glabres, au plus longues de deux pouces. Ses fruits sont ovales et larges de sept à huit lignes. Il est originaire de la Caroline, où j'en ai observé de grandes quantités dans les lieux marécageux. On le cultive dans les pépinières impériales; mais comme il est sensible à la gelée, il se conserve difficilement en pleine terre. Sa hauteur surpasse rarement trente pieds.

Le FRÊNE TÉTRAGONE a les jeunes rameaux exactement tétragones, les folioles au nombre de cinq ou de sept, ovales, aiguës, largement dentées et un peu pubescentes en dessous. Il croît naturellement dans l'Amérique septentrionale, et se cultive dans les pépinières impériales, où on le multiplie, mais difficilement, par le moyen de la greffe. Un pied qui commençoit à donner des fruits a été arraché en contre saison par des ordres supérieurs, et il a été perdu, à mon grand regret. Il ressemble un peu au frêne à feuilles de noyer par son aspect.

Le FRÊNE RUBICOND, *Fraxinus rubicunda*, Bosc, a les feuilles composées de sept folioles ovales, aiguës, coriaces, à peine dentées, longues de deux pouces; les pétioles propres et communs d'un rouge vif.

Le FRÊNE PULVÉRULENT, *Fraxinus pulverulenta*, Bosc, a les

feuilles composées de treize folioles ovales, presque entières, accuminées, plus longues et pas plus larges que celles du précédent ; à pétioles propres et communs couverts de poils très courts et très nombreux.

Le FRÊNE MIXTE, *Fraxinus mixta*, Bosc, a les feuilles composées de onze folioles ovales, fortement dentées, longues d'un pouce ; les pétioles propres et communs garnis de poils écartés.

Ces trois frênes sont cultivés dans la pépinière de noisette. Il est probable qu'ils proviennent de graines venues d'Amérique.

Le FRÊNE PERDU, *Fraxinus deperdita*, Bosc, a les feuilles composées de onze folioles ovales, dentées, d'un vert clair, à peine longues d'un pouce. Les pétioles légèrement velus.

On en a cultivé un seul pied dans les pépinières impériales sous le nom du suivant, dont il diffère beaucoup. Il se rapproche davantage du précédent. Il a été arraché contre saison par des ordres supérieurs, et aujourd'hui il est perdu pour la science jusqu'à ce que le hasard en fasse revenir des graines d'Amérique, dont je le crois originaire. Il ne paroît pas qu'il s'élève beaucoup.

Le FRÊNE NAIN, *Fraxinus nana*, Bosc, a les boutons noirs ; les folioles au nombre de sept ou neuf, ovales, allongées, dentées, d'un vert très foncé ; les pétioles communs membraneux ou ailés à leur base : ses rameaux ont l'écorce grise. Je le crois originaire de l'Amérique septentrionale. Il s'élève rarement de plus d'un demi-pied par an, de sorte qu'il y a lieu de croire que sa hauteur n'est jamais considérable. On le multiplie par la greffe sur le frêne commun, ou mieux, sur le frêne à fleur, comme moins vigoureux. Le caractère tiré de ses pétioles est si saillant, que je suis surpris qu'on ne l'ait pas encore décrit, et qu'on l'ait pu prendre pour une variété du frêne commun.

Le frêne nain de Théophraste est le frêne à manne.

Le FRÊNE CRESPU, *Fraxinus crispa*, Bosc, l'*atrovirens* de quelquelques pepiniéristes, a les feuilles composées de neuf ou onze folioles ovales, aiguës, profondément et irrégulièrement dentées, ondulées ou crispées en leurs bords, d'un vert noir en dessus, velues à leur base en dessous, longues d'un pouce au plus ; ses boutons sont noirs ; l'écorce de ses rameaux est d'un gris brun. J'ignore de quel pays il est originaire, mais il y a lieu de croire que c'est d'Amérique. Il se rapproche infiniment du précédent. Ses pousses annuelles sont encore plus courtes, c'est-à-dire ne surpassent pas deux à trois pouces. On le greffe sur le frêne à fleur, ou, à son défaut, sur le frêne commun. Les petits buissons qu'il forme ont un aspect singulier. (B.)

FRÊNE ÉPINEUX. *Voyez* CLAVALIER.

FRÉSILLON. Nom vulgaire du TROÊNE.

FRETIN. Les pêcheurs donnent ce nom à tout poisson trop petit pour être vendu et qu'on rejette à l'eau, ou qu'on emploie comme appât pour la pêche à la ligne des gros poissons voraces. Le fretin de quelques espèces prend le nom d'ALVIN lorsqu'il est destiné à repeupler un ETANG. *Voyez* ce mot et celui de PÊCHE.

On appelle aussi fretin en jardinage tous les fruits, tous les légumes qui, par leur petitesse ou leur mauvaise conservation, ne sont propres qu'à être donnés aux cochons. (B.)

FRICHE. Etendue de terrain qui n'est point cultivée, et qui ne produit qu'une herbe chétive et quelques broussailles de très peu de valeur.

Les friches sont malheureusement très communes en France, et diminuent par conséquent de beaucoup les produits généraux du sol. Dans beaucoup de lieux on est persuadé qu'elles sont incultivables, ou qu'on ne peut leur demander que des récoltes éloignées ; mais c'est évidemment un préjugé résultant de l'ignorance, car il n'est point de terrain qui ne soit propre à un genre de production, qu'on ne puisse améliorer par une culture éclairée. Avec de l'instruction et des avances on peut donc faire disparoître tous les terrains incultes, honte de notre agriculture, et cause de la misère de beaucoup de nos cultivateurs.

Mais il est quelques personnes, même dans la classe la plus relevée, qui soutiennent que les friches sont nécessaires, et qui fondent cette désastreuse opinion sur ce que ce sont elles qui nourrissent les vaches et les moutons, sur-tout ceux des pauvres, pendant la plus grande partie de l'année. Cependant elles savent, ces personnes, qu'un arpent de telle de ces friches, enclos et convenablement cultivé, peut produire plus de nourriture pour ces vaches et ces moutons, que vingt arpens dans l'état actuel; par conséquent, que leur conservation diminue de dix-neuf vingtièmes la multiplication des bestiaux ; multiplication toujours en rapport avec la quantité des subsistances. D'ailleurs, n'avons-nous donc pas besoin de bois de chauffage, et la plupart de ces friches n'étoient-elles pas jadis des forêts ? Elles peuvent donc le redevenir. Je voudrois, pour l'intérêt de l'agriculture en général, et pour celui des propriétaires, fût-ce une commune, que toutes les friches soient constamment tenues en état de culture, et on le peut toujours lorsqu'on les soumet à un ASSOLEMENT conforme à leur nature. *Voyez* ce mot.

Dans beaucoup de cantons on est dans l'usage de labourer les friches tous les trois, quatre, cinq, dix et même vingt ans, de leur faire produire une ou deux récoltes de céréales, en-

suite de les abandonner de nouveau à la vaine pâture. Dans
certains de ces cantons, on les écobue avant de les labourer,
sans faire attention à la nature du sol, comme j'ai été souvent dans le cas de l'observer. Cependant cette opération,
avantageuse dans un terrain argileux, est très nuisible dans un
terrain sablonneux, ainsi que je l'ai prouvé au mot Ecobuage,
et elle peut être facilement suppléée dans un grand nombre
de lieux par quelques boisseaux de chaux vive.

Le peu d'épaisseur de la bonne terre est la cause générale
qui fait laisser des localités en friche ; cependant il en est qui
pourroient être cultivée, si elles étoient moins en pente, si l'eau
ne leur manquoit pas, si le soleil dardoit ses rayons moins
directement sur elles. Les premières doivent être mises en
bois, les autres doivent aussi l'être de préférence, mais peuvent souvent être rendues propres à des cultures de plusieurs
sortes, au moyen de haies vives rapprochées et élevées, portant
sur le sol leur ombre tutélaire. La multiplication des grandes
plantes vivaces, telles que le topinambour, la guimauve, etc.,
est un moyen certain d'assurer la réussite de ces plantations ;
et je ne puis trop la recommander. Un défoncement à la pioche
est souvent un moyen d'amélioration pour la suite entière des
siècles. Un défoncement au moyen de la charrue, qu'on fait
passer deux fois de suite dans le même sillon, est très avantageux.

Je n'entrerai pas ici dans le détail des divers moyens d'utiliser
les friches, attendu que ce seroit une répétition de ce qui se
trouve aux mots Défrichement, Landes, Marais, Bruyère,
Communaux. (B.)

FRISÉE. Maladie des pommes de terre, qu'on appelle pi-
vre en Flandre. On la reconnoît à la tige d'un vert brunâtre
et comme bigarrée, aux feuilles repliées sur elles-mêmes, bul-
lées, maigres, rapprochées de la tige, et marquées de points
jaunâtres. Les tubercules sont petits et peu nombreux. *Voyez*
au mot Pomme de terre.

FRITILLAIRE, *Fritillaria*. Genre de plantes de l'hexandrie monogynie et de la famille des liliacées, qui renferme cinq
à six espèces, dont deux se cultivent dans les jardins à raison
de la beauté de leurs fleurs.

La première de ces espèces est la fritillaire méléagre, ou
fritillaire a damier, qui a le bulbe aplati, solide, sans tunique, et composé de deux tubercules ; la tige simple, droite,
cylindrique, grêle, haute de douze à quinze pouces ; les feuilles
alternes, étroites, pointues ; les fleurs grandes, tachées de
pourpre, pendantes et solitaires, ou géminées à l'extrémité de
la tige. Elle se trouve par toute l'Europe dans les prés, les
pâturages humides des montagnes, et fleurit au commencement du printemps. C'est une plante fort élégante, qui em-

bellit tous les lieux où on la place, et qui fournit un très grand nombre de variétés, soit de grandeur, soit de couleur. Le fond de ces variétés est ou blanchâtre, ou verdâtre, ou jaunâtre, ou rougeâtre en taches ordinairement carrées, plus ou moins larges, plus ou moins nombreuses, et de toutes les nuances du rouge ou du brun. Ces nombreuses variétés sont l'effet du semis des graines, et se conservent par les caïeux. Elles font un fort agréable effet dans un parterre lorsqu'elles sont mises en opposition avec intelligence. Quelques personnes en font autant de cas que des tulipes, auxquelles elles ressemblent pour les formes, mais auxquelles on ne peut cependant les comparer pour la richesse des couleurs. Elles ont sur elles l'avantage de durer quelques jours de plus et de se conserver, sans autant de dégradation, dans un sol inculte. On les fait en conséquence entrer dans la décoration des gazons des jardins paysagers, tandis que la tulipe en est exclue. On les voit avec plaisir, soit isolées, soit en petits groupes, à quelque distance des massifs, entre les arbustes des derniers rangs. Une terre légère et fraîche est celle qui leur convient. Un peu d'ombre leur est favorable.

On sème la graine de fritillaire, aussitôt qu'elle est récoltée, dans des terrines qu'on enterre dans un endroit frais et ombragé, et qu'on arrose au besoin. Elle ne germe qu'au printemps suivant. Le plant levé s'arrose dans les chaleurs, se sarcle lorsque cela est nécessaire, et reste généralement deux ans en place. On le repique ensuite en pleine terre, dans une planche bien préparée, à la distance de trois ou quatre pouces. Ce plant fleurit la troisième année après cette transplantation, et c'est alors qu'on peut marquer les plus belles variétés, pour les séparer lorsqu'on lèvera le tout à la fin de l'été suivant.

Cette plante ne gagne pas à être relevée tous les ans comme la tulipe, et ne veut pas être gardée pendant l'hiver hors de terre. Il est en conséquence bon de ne l'arracher que tous les trois ou quatre ans pour la débarrasser de ses caïeux et lui faire changer de place, et de la remettre un mois après dans celle qu'on lui a destinée. C'est par le moyen de ses caïeux qu'on la multiplie le plus communément; et c'est en effet le moyen le plus court, puisque ces caïeux fleurissent à deux ou au plus à trois ans, tandis que les pieds provenus de graines ne commencent à le faire, comme je l'ai remarqué plus haut, qu'à cinq ans. D'ailleurs, on est presque sûr que, si on ne change pas trop la nature du terrain, on retrouvera toujours les mêmes variétés.

Je ne me souviens plus où j'ai lu, mais j'ai certainement lu, que l'oignon de fritillaire se mangeoit dans quelques endroits comme celui des Lis du Kamtschatka. *Voyez* ce mot.

La FRITILLAIRE DE PERSE a les bulbes arrondis, la tige droite, simple ; les feuilles éparses, lancéolées, étroites et obliques ; les fleurs petites, d'un violet noirâtre et disposées en épi terminal. Elle est originaire de Perse et se cultive dans quelques jardins, où elle se fait remarquer par la beauté de son port, et le nombre de ses fleurs. Portant rarement des graines dans le climat de Paris, on ne la multiplie que de caïeux. La terre qui lui convient et sa culture sont les mêmes que celles indiquées précédemment.

Ce genre renfermoit un plus grand nombre d'espèces qui en ont été ôtées pour former les genres IMPÉRIALE et EUCOME. *Voyez* ces mots. (B.)

FROGE. Jeune poulain dans le département des Deux-Sèvres.

FROID. Quoique le froid ne soit qu'une qualité négative, c'est-à-dire une diminution de la chaleur, il est dans l'usage commun de le considérer comme un être réel, et je ne puis me dispenser de me conformer à cet usage, quelque mal fondé qu'il soit.

L'action du froid sur les animaux et sur les végétaux varie prodigieusement, c'est-à-dire à raison de son intensité, et des circonstances qui l'accompagnent. Ici il ne sera question que du froid au-dessus de la congellation, attendu qu'il a été fait mention des effets de celui qui est plus considérable aux mots GELÉE, CONGELLATION, GLACE, GIVRE.

Le plus foible degré de froid suspend ou ralentit la végétation dans certaines espèces de plantes, et le terme de la glace est celui auquel elle cesse dans certaines autres. Il seroit très intéressant de donner ici la table de son effet sur toutes, mais je manque de faits pour la rédiger. J'invite les amis de la culture, qui disposent de leur temps, à me suppléer à cet égard.

Tantôt le froid est sec, tantôt il est humide. Dans le premier cas il donne lieu à une excessive transpiration, et dans le second à l'avortement de la plupart des germes lorsque les plantes sont en fleur.

La position de telle zone de la terre, relativement au soleil, est la seule cause primitive du froid qu'on y éprouve, et les vents en sont toujours ou presque toujours la cause secondaire. Aussi dans le même canton y a-t-il des localités où il se fait sentir plus fortement que dans d'autres, parceque ces dernières sont favorisées d'abris naturels tels que des montagnes, des bois, ou qu'on en a formé d'artificiels tels que des haies, des murs, etc. *Voyez* au mot ABRI.

C'est donc par des abris, dont les plus puissans sont les serres, qu'on doit s'opposer aux effets du froid. On peut encore contre-balancer son action par le moyen du feu ou des matières susceptibles de fermentation, c'est-à-dire produisant de la chaleur dans leur décomposition. *Voyez* aux mots SERRE-CHAUDE et COUCHE.

Une des propriétés du froid, c'est de condenser les corps, c'est-à-dire de les réduire à un plus petit volume.

Une autre, c'est d'arrêter la décomposition de ceux qui sont susceptibles de fermentation. Cette dernière est beaucoup plus importante à étudier dans ses effets par les agriculteurs, car c'est par elle qu'ils conservent plus long-temps les fruits et autres denrées qu'ils récoltent, la viande des animaux qu'ils tuent, le beurre, l'huile, le fromage qu'ils fabriquent, etc., etc.

Une température fraîche est toujours plus avantageuse à l'homme, sous le rapport de sa santé, qu'une température chaude; mais sans chaleur point d'activité dans la végétation; les deux intérêts les plus chers aux cultivateurs sont donc toujours ou presque toujours en opposition.

Les animaux, produisant perpétuellement de la chaleur par leur respiration, semblent pouvoir supporter de plus grands degrés de froid que les plantes; cependant l'expérience prouve que ceux et celles des pays chauds ne supportent pas mieux la rigueur des hivers des pays du nord. Il faut donc qu'il y ait quelque cause, encore inconnue, qui agisse dans ce cas. L'homme seul, au moyen de ses vêtemens, les uns bons, les autres mauvais conducteurs de la chaleur, peut augmenter ou empêcher la déperdition de son calorique et vivre dans les climats les plus chauds comme les plus froids. Cependant dans ces derniers il faut qu'il se procure, au moins pendant son sommeil, un abri et une chaleur artificielle, c'est-à-dire une maison et du feu.

Pour les animaux le froid est le plus souvent relatif; ainsi, en été, un petit vent du nord est très sensible, tandis qu'il paroîtroit doux à la sortie de l'hiver; ainsi l'eau des fontaines, l'air des caves et autres souterrains, paroissent froids en été et chauds en hiver, quoique leur température n'ait pas changé. (B.)

FROMAGER, *Bombax*, Linn. On donne ce nom à plusieurs arbres exotiques formant un genre de la monadelphie polyandric et de la famille des MALVACÉES. Ils croissent en Afrique et dans les parties chaudes de l'Asie et de l'Amérique. Plusieurs tels que le FROMAGER PYRAMIDAL ou *mapou de S.-Domingue*, *Bombax pyramidale*, s'élèvent à une hauteur prodigieuse et acquièrent une grosseur considérable; leur écorce est ou lisse et molle, ou armée d'aiguillons; leurs feuilles sont toujours alternes et digitées, et leurs fleurs disposées en faisceaux ou en grappes, tantôt aux aisselles des feuilles, tantôt à l'extrémité des rameaux. Les fromagers croissent promptement. Leur bois est en général fort léger ; on en fait des pirogues, et il tient quelquefois lieu de liège aux pêcheurs. Ces arbres sont remarquables par la grandeur et la beauté de leurs fleurs, et par la singularité de leurs fruits faits en forme de cône et remplis de semences entourées d'un duvet cotonneux. Les Anglais font entrer ce duvet dans la composition de leurs chapeaux : il peut être employé à beaucoup d'autres usages. On connoît jusqu'à présent huit espèces de fromagers. Ils se multiplient de graines et de boutures et viennent facilement par-tout. En Europe, on ne peut les avoir qu'en serre chaude. Quoiqu'on ne puisse guère espérer de les y voir fleurir, ils n'y produisent pas moins un effet très agréable, parceque leurs feuilles sont différentes de celles de la plupart des autres plantes. (D.)

FROMAGES. Ils sont connus de temps immémorial ; les écrits des anciens autorisent à penser que ce produit du lait étoit déjà un objet de grande consommation parmi eux ; tout atteste même que ce sont les Romains qui ont apporté dans les Gaules l'art de les préparer ; leur usage est devenu aujourd'hui si général, qu'il n'y a pas de département en France qui n'ait son fromage particulier, réunissant un caractère et des formes extérieures assez distinctes pour faire aisément reconnoître et les lieux où on l'a fabriqué et le procédé employé à sa fabrication.

Une opinion trop généralement accréditée est celle qui n'admet d'autres différences dans la qualité des fromages que celle qui peut dépendre de la nature des herbages dont se nourrissent les animaux. Sans doute les alimens influent d'une manière très marquée sur le lait et sur ses divers produits ; mais on a donné infiniment trop de latitude à cette influence, car l'expérience démontre journellement que dans le même endroit le vacher de telle laiterie fabrique de bons fromages, lorsque tel autre, au contraire, avec la même qualité de lait, n'en obtient que d'inférieurs.

C'est dans la crème, comme nous l'avons dit, qu'existe le beurre ; le mouvement qu'on imprime à ce fluide suffit pour l'en séparer, mais le fromage existe tout formé dans le lait. L'art de le faire demande d'autres soins, d'autres précautions ; il faut consulter l'atmosphère et les localités ; le concours de la fermentation est nécessaire ; aussi, quoiqu'on puisse en préparer dans toutes les saisons, choisit-on de préférence l'été, parcequ'alors les animaux coûtent moins à nourrir, qu'ils sont plus abondans en lait, que ce lait se caille plus complètement et plus promptement, qu'en un mot, les fromages ont le temps de se façonner et d'acquérir insensiblement les qualités qu'on désire qu'ils aient dans la saison où ils sont d'un usage indispensable. Mais combien cette branche de nos ressources est négligée parmi nous, lorsque, sans augmenter le travail et les frais, il seroit si facile de la mieux soigner et d'être dispensé d'avoir recours à l'étranger pour cette denrée. Accroître le débit du beurre et des fromages, c'est multiplier le nombre des bestiaux, c'est grossir la masse des engrais, avantages précieux pour l'agriculture et le commerce.

Outre le sel, employé comme assaisonnement et condiment des fromages, on introduit dans leur composition différentes sub tances qui en font varier infiniment l'odeur, la saveur et la couleur; dans les Vosges, par exemple, on mêle aux fromages de Gérardmer des semences de la famille des ombellifères; dans le pays de Limbourg, on y incorpore le persil, la ciboule, et l'estragon hachés. Les Italiens se servent du safran pour colorer le fromage de Parmesan, et les Anglais du roucou pour le fromage de Chester; d'autres sont dans l'usage de pratiquer au milieu une cavité qu'ils remplissent de vin de Malaga ou de Canaries; enfin, on fait des fromages à la rose, au souci, à l'œillet; mais ce ne sont là que des accessoires qui ne constituent pas essentiellement les fromages.

On fait encore des fromages avec le lait dont on a séparé la crême pour en obtenir le beurre; on en fait avec le lait pur tel qu'il sort des mamelles; enfin, on en prépare en ajoutant à ce lait le quart, le tiers, ou la moitié en sus de la crême d'un autre lait. Tous ces fromages offrent autant de qualités distinctes; mais l'espèce de lait et la manière de procéder constituent encore d'autres nuances. Arrêtons-nous d'abord aux quatre points principaux qui forment toute la théorie de leur fabrication; ils consistent,

1° A faire cailler le lait;

2° A séparer le serum;

3° A saler le caillé égoutté;

4° A affiner les fromages.

De la présure. La liqueur contenue dans l'estomac, et l'estomac lui-même de la plupart des ruminans, ont la propriété de faire cailler le lait. Cette matière est communément employée, dans les fromageries, sous le nom de *présure.*

Pour la préparer, on ouvre la caillette, c'est-à-dire le dernier estomac des veaux; on en détache les grumeaux, on les lave dans l'eau fraîche, et on les essuie dans un linge bien propre; et après les avoir salés, on remet le tout dans la caillette, qu'on suspend au plancher pour la faire sécher et s'en servir au besoin.

Quelle que soit la composition de la présure et sa forme, il est bien important d'en modérer la dose, sur-tout en été; sans cette précaution, la pâte de fromage ne réunit pas les conditions essentielles lorsqu'on l'emploie par excès; elle se présente en grumeaux désunis, sans consistance, et ne retient pas assez la crême, qui se sépare de la sérosité; en moindre quantité au contraire, le serum tient plus au caillé, et n'est pas suffisamment dépouillé de matière caseuse : une présure à odeur forte produit encore un mauvais effet.

Il faut d'autant plus de présure, que le lait est plus gras, plus épais, et qu'il fait froid; car celui auquel on a enlevé la crême pour en faire du beurre est plus facile à coaguler. Au reste, c'est à la fermière intelligente à se régler sur ce point d'après son expérience particulière, qui seule est capable de la guider et de l'instruire.

Du caillé. Séparé spontanément ou artificiellement de la sérosité, le caillé offre un aliment très recherché dans certains pays; les Lapons sur-tout en mangent en très grande quantité. Pour l'obtenir, ils ajoutent au lait récemment trait du serum aigri. Quelle que soit la présure dont on se sert, il convient de mettre le lait dans un endroit frais en été, et de le tenir au contraire chaudement lorsqu'il fait froid, afin de faciliter l'affermissement du caillé, et son entière séparation d'avec la sérosité.

Lorsque c'est la présure sèche qu'on emploie, on la délaye dans un peu de lait, et avec une cuiller de bois on la mêle exactement dans toute la masse du fluide. Après quelques heures, et au moyen du repos, la coagulation s'opère.

Dès que le lait est suffisamment pris, on le laisse reposer plus ou moins de temps, suivant la saison, afin que le serum dispersé dans la masse du caillé se rassemble, et puisse en être séparé en inclinant doucement le vase.

Le caillé, débarrassé d'une partie de sa sérosité, est enlevé avec une cuiller de bois percée de trous, et distribué par portions dans des éclisses d'osier, à travers lesquelles le petit-lait s'écoule librement en prenant la forme du moule qui le contient; insensiblement le caillé se ressuie et acquiert assez de consistance pour se détacher facilement et être renversé sens dessus dessous dans d'autres éclisses, également percées de trous de toutes parts; il y reste encore à peu près le même espace de temps. De ces éclisses dépendent la forme et le volume qu'on veut donner aux fromages.

Quand le caillé est suffisamment ressuyé, et qu'il a acquis la consistance d'un fromage en forme, on le sépare de l'éclisse. Pour cet effet on le renverse sur des tablettes ou clayons à jour couverts de paille. On entoure communément ces clayons d'une toile forte et à tissu lâche, non seulement pour laisser un libre courant à l'air, et par conséquent à l'évaporation de l'humidité surabondante, mais encore afin de le garantir des mouches qui accourent de toutes parts, alléchées par l'odeur du gaz vineux qui s'exhale au loin.

Salure du caillé. Préparé comme on vient de le dire, le caillé s'altèreroit bientôt si on ne se hâtoit d'y ajouter un condiment. Celui auquel on a recours ordinairement est le muriate de soude (sel marin); mais il faut toujours l'employer avec modération, et dans un état sec, pour faciliter sa dissolution et sa pénétration insensible dans toutes les parties du caillé. La quantité qu'il convient d'en mettre ne sauroit encore être déterminée que par l'expérience et l'habitude journalières.

Lorsque le caillé a la consistance requise, on en ratisse la surface et on le recouvre avec du sel; le lendemain on retourne le fromage, et on procède de la même manière que la veille, afin de saler également l'autre surface et les côtés qui n'avoient pas reçu le sel. Enfin on répète cette opération jusqu'à ce que le fromage ait pris la juste quantité de sel qui lui convient, ce qu'on reconnoît par la dégustation, et sur-tout lorsqu'il n'en absorbe plus; alors on distribue le caillé salé sur des espèces de claies ou rayons faits comme une échelle et rangés près des murs de la fromagerie; on y met de la paille de seigle sur laquelle on arrange les fromages de manière qu'ils ne se touchent par aucun point.

Ainsi arrangés et distribués, les fromages sont retournés tous les deux jours pendant environ deux mois, de manière que la paille, qui étoit inférieure la veille, devienne supérieure le lendemain et se sèche à son tour. Alors cette opération n'est plus répétée que tous les huit jours, en observant de renouveler la paille et de laver les claies, dans la crainte qu'elles ne communiquent quelque mauvais goût.

Affinage des fromages. Pour parvenir à cette perfection des fromages, on les porte dans un endroit frais et humide, ayant soin de les garantir des souris, des chats, et sur-tout des insectes qui y déposent leurs œufs.

Il y a certains fromages disposés à sécher trop vite. Pour prévenir cet inconvénient, quelques fabricans en frottent la surface avec de l'huile: d'autres les recouvrent de lie de vin, ou mieux encore d'une enveloppe de linge imbibé de vinaigre; souvent aussi quand les fromages ne sont pas d'un grand volume, on les entoure de feuilles d'orties ou de cresson, qu'on renouvelle de temps en temps, quelquefois aussi de foin tendre, qu'on humecte d'eau tiède en les retournant souvent.

Ceux qui n'ont pas de localités propres à ces opérations tiennent les fromages exposés à l'air sur une claie suspendue dans leur chaumière; et pour les faire affiner ils les plient dans du foin mouillé avec une lessive de cendres; mais il arrive très souvent que la fermentation devance le temps fixé par leur calcul, et que la pâte a contracté un goût fort avant l'époque de la vente.

Une fois les fromages affinés, on les enlève de dessus la claie; on les expose sur des planches dans un endroit où ils ne sèchent ni trop ni trop peu; il faut sur-tout observer que ces planches ne soient point de pin, de sapin, ou d'autres bois résineux de cette espèce, parceque le fromage en contracteroit bientôt le goût et l'odeur.

Il y a des caves reconnues propres à bonifier les vins qui y séjournent; elles n'ont pas moins d'influence sur les fromages. Il n'y a guère que ceux d'une durée éphémère qui soient susceptibles de s'affiner quand ils se ramollissent. Il faut les transporter dans un lieu plus sec, et ainsi alternativement de la cave au grenier, suivant leur espèce et leur température. On les conserve par ce moyen dans le meilleur état.

Le fléau le plus destructeur des fromages, de ceux sur-tout obtenus sans le concours de la cuisson, ce sont les mites; elles éclosent sous leur croûte, et s'y multiplient à l'infini. On sait combien cet inconvénient en diminue la valeur et en restreint le commerce à une classe de consommateurs peu difficiles sur l'aspect et sur le goût, pourvu que le prix n'en soit pas trop élevé.

Plusieurs moyens ont été proposés pour prévenir la vermification si commune dans les fromages; les plus efficaces consistent à travailler la pâte à des heures et dans des endroits à l'abri des mouches, à entretenir la propreté, la fraîcheur et l'obscurité dans les caves, et à frotter la surface des fromages avec un linge une fois par semaine, et à laver les planches sur lesquelles ils sont distribués.

Le but qu'on se propose en ajoutant du sel au fromage est de fournir à la matière caseuse une sorte de condiment, qui s'oppose d'une part à la décomposition de cette matière, et de l'autre lui donne une saveur qui plaît à l'organe du goût, et rend le nouveau corps qu'on obtient d'une digestion plus facile.

Mais ces avantages n'ont qu'une existence éphémère; car le fromage, lorsqu'il est préparé, peut être considéré comme un corps très composé. Or, il est de l'essence des corps de cette espèce de tendre continuellement à changer d'état; il en résulte nécessairement que le fromage doit tôt ou tard acquérir une odeur, une saveur et une consistance différentes de celles qu'il avoit peu de temps après sa préparation, et qu'enfin il parvient au terme d'une décomposition complète.

Il faut remarquer cependant que les caractères d'altération se font plus particulièrement remarquer dans certains fromages que dans d'autres, par exemple, ceux de Hollande, etc. Leurs analogues auxquels on n'applique jamais la cuisson, et qui par conséquent conservent une sorte de mollesse, nous ont paru plus susceptibles de se décomposer promptement que ceux qui ont subi l'action du feu, tels que les fromages de Gruyère, de Parmesan, etc.

Il semble que pendant la cuisson toutes les matières qui composent ces derniers fromages ont été mieux combinées ; comme d'ailleurs ils renferment infiniment moins d'humidité, il n'est pas étonnant qu'ils se conservent plus long-temps, et que le sel marin sur-tout ne s'y altère pas aussi promptement que parmi ceux dans la fabrication desquels l'extraction de la sérosité surabondante à l'état du caillé a eu lieu spontanément, ou même par compression.

Des différentes qualités de fromages. Les opérations que nous venons de tracer rapidement sont absolument indispensables pour la fabrication des fromages en général ; mais elles appartiennent plus spécialement encore à la classe de ceux qui, ayant une consistance plus ou moins molle, se consomment sur les lieux ou dans des pays circonvoisins, et ne peuvent se garder en bon état que six à sept mois au plus, à dater de l'époque où ils sont affinés.

L'application de la présure au lait, la température qu'on donne à ce mélange, la manière de séparer la sérosité du caillé, et d'introduire le sel dans ce dernier, les matières qu'on y ajoute pour les assaisonner et les colorer, sont autant de circonstances qui font varier la qualité de la pâte et rendent les fromages qui en résultent propres à circuler en grosses masses dans les cantons éloignés de ceux où ils se fabriquent.

Pour donner aux fromages ces conditions essentielles, il ne s'agit pas de changer la nature et les proportions des matériaux qui entrent dans leur composition, mais bien les préparations qu'ils doivent subir, soit en séparant le plus complètement possible la sérosité, soit en combinant une portion de cette sérosité plus intimement avec le caillé, d'où résulte un tout plus homogène et moins susceptible d'altération.

Une première opération importante pour la conservation et la qualité des fromages est la quantité de sel, et sa distribution uniforme dans toute la masse. Ce que nous avons déjà dit de la salaison du beurre doit trouver ici son application. Il n'est pas douteux que les fromages trop salés ne se réduisent en grumeaux et ne se brisent dans le transport, et que dans ceux où le sel n'est pas en suffisance la croûte ne se crève, et la pâte ne reste sans consistance. La proportion juste du sel est donc un point essentiel à saisir pour éviter tous ces inconvéniens.

Une autre opération, non moins utile à la garde des fromages, c'est de séparer le petit-lait du caillé avec le plus de soin possible ; car dès qu'il cesse de former corps avec la matière caséuse, il y produit absolument le même effet que celleei dans le beurre, qui ne tarde pas à rancir quand il n'en est pas entièrement dépouillé. Devenu libre dans la masse du caillé, il contribue de mille manières à sa décomposition. C'est donc sur la séparation plus ou moins complète de ce fluide qu'est fondé l'art des fromages, qu'on peut rapporter à trois grandes divisions; savoir,

1° Les fromages dont le petit-lait se sépare spontanément, qui conservent plus ou moins de mollesse, et sont ordinairement en petite masses;

2° Les fromages dépouillés de la sérosité au moyen de la compression, et qui ont plus de consistance et de volume;

3° Les fromages auxquels on applique l'action de la presse et de la chaleur, pour leur donner une grande fermeté et le plus de durée possible.

Ces différentes qualités de fromages, qu'on désigne communément sous le nom de fromages gras ou termes, de fromages cuits ou non cuits, peuvent se préparer avec toutes les espèces de lait employées séparément ou mélangées.

Des fromages dépouillés de la sérosité spontanément. On voit paroître journellement sur les tables, sous le nom de *fromages,* plusieurs mets préparés avec le lait; mais ce n'est à proprement parler que la crème nouvelle qu'on bat pour faire le beurre, et dont on suspend la percussion au moment où ce fluide va se décomposer, et donner à l'un de ses principes une sorte de consistance; tel est le *fromage de Viry*, tel est le *fromage à la crème de Montdidier*. Ces espèces de fromages sont ordinairement assaisonnées avec du sel ou du sucre, suivant les goûts et les moyens des consommateurs.

On sait encore que le caillé, pourvu plus ou moins abondamment de sa sérosité, et obtenu par la coagulation spontanée du lait, ou par l'addition de quelques matières coagulantes, offre un aliment assez recherché, sur-tout dans les montagnes couvertes de pâturages; leurs habitans ont chacun une manière particulière de s'en servir. Ce caillé est connu sous le nom de *matte, fromage maigre, fromage mou, fromage à la pie*. On l'appelle *fromage à la crème*, quand il est arrosé avec le lait ou avec la crème.

Dès que la pâte qu'on a mise dans des éclisses à jour s'est dépouillée successivement de sa sérosité, et qu'elle a acquis la consistance d'un fromage en forme, on racle la surface avec la lame d'un couteau; une fois débarrassé du duvet et de la mucosité qui le recouvre, le fromage est blanc, propre et de bonne odeur.

Les fromages de cette classe, abandonnés à eux-mêmes, subissent différens degrés de fermentation, dont il est possible de suivre la marche en étudiant les signes qui les accompagnent; ils perdent de leur volume, s'affaissent sur eux-mêmes; leur surface se recouvre d'une croûte plus ou moins épaisse. L'intérieur se ramollit au point de couler, puis se colore et se dessèche, contracte une odeur et une saveur désagréables, et finit par devenir la proie des insectes; tels sont les changemens qu'éprouvent plus ou moins promptement les fromages, à raison des localités, de la saison, de la nature du lait et des procédés employés; ils dépendent nécessairement de la production de combinaisons nouvelles.

Mais quels que soient les soins qu'on prenne dans la préparation des fromages de l'ordre de ceux dont nous parlons, ils se conservent rarement plus d'une année; leur consistance plus ou moins molle, la nécessité de les laisser égoutter spontanément, ne permettent point qu'on les réunisse en grosses masses, et qu'on les transporte au loin; aussi les fabrique-t-on tous les ans, et sont-ils consommés à peu de distance des endroits où on les a préparés. Dans le nombre de ces fromages fabriqués par-tout où l'on entretient des troupeaux de vaches, de brebis ou de chèvres, pour, à dessein, tirer profit du lait que ces femelles fournissent, il en est quelques uns dans lesquels la crême se trouve par surabondance; tels sont ceux de Neufchâtel, de Marolles, de Rollot, du Mont-d'Or, de Brie, de Livarol, etc.

Des fromages privés de la sérosité au moyen de la compression. Pour obtenir ces fromages, il ne s'agit que de briser le caillé dès qu'il est formé, et de contraindre le serum qui s'y trouve disséminé comme dans des lames, dans des cellules particulières, à se séparer promptement, d'où résulte une pâte qui prend de la consistance à mesure qu'elle se dépouille du fluide qui lui donnoit l'état mou et tremblant; cette pâte devient susceptible d'être maniée, et distribuée dans des moules à travers lesquels s'égoutte insensiblement le restant d'humidité que l'effort des mains et des presses n'a pu extraire.

Après que la présure a produit son effet, ceux qui opèrent se servent d'une lame de bois, en forme d'épée, pour diviser en tout sens les parties du caillé qui nagent dans la sérosité, et avec les bras qu'ils plongent dans la masse, ils tournent sans interruption, compriment et forment un gâteau qui se précipite au fond du vase dont il prend bientôt la forme; on l'en retire; et on le serre fortement entre les deux mains sur une table; on le met encore à égoutter; on le comprime de nouveau au moyen d'une pierre d'un certain poids, qui achève d'en dégager le superflu du petit-lait.

Lorsqu'il ne fait pas chaud, la pâte du caillé reste ainsi pendant deux ou trois jours placée près du feu; elle augmente alors de volume; il s'établit dans l'intérieur de la masse un mouvement de fermentation, des yeux, des vides occasionnés par l'air qui se dégage, et tels qu'on les observe dans une pâte levée; on dit alors que le caillé est passé ou soufflé, et on l'appelle *tomme*. C'est dans cet état qu'on le sale.

Au sortir de la presse, les fromages sont transportés à la cave, et l'on a soin de les retourner tous les jours, afin que le sel continue à se diviser et à se distribuer uniformément; quand la surface est trop sèche, il faut l'humecter avec le petit-lait chargé de sel : c'est un supplément qu'on leur administre. Au bout d'un certain temps de séjour à la cave, on essuie la mousse qui recouvre la surface des fromages, et on racle avec la lame d'un couteau la croûte qui se trouve au-dessous ; elle est d'abord mollasse, mais elle acquiert insensiblement la consistance et la couleur désirées.

Les fromages d'Auvergne, connus sous le nom de *fromages de forme*, sont compris dans la classe de ceux dont nous venons d'indiquer la préparation ; leur conservation ne va guère au-delà de sept à huit mois environ, tandis qu'il seroit possible de les garder des années entières, et aussi long-temps pour le moins que les fromages de Hollande, avec lesquels ils ont la plus grande analogie.

Les deux tiers du revenu du Cantal consistent en fromages; ils pourroient suppléer ceux de Hollande, leur être même préférés si les fabricans vouloient sortir du cercle de leurs habitudes, et profiter des vues d'amélioration qui leur ont été présentées par des hommes dignes, à plus d'un titre, de la confiance publique. Dans la partie des arts de l'Encyclopédie méthodique, mon collègue Desmarets propose, entre autres choses, d'exprimer la sérosité du caillé plus exactement, de laisser moins fermenter les gâteaux, et au lieu de les saler à mesure qu'on les pétrit et qu'on les entasse dans les formes, il désireroit qu'on les trempât dans une eau salée, qui pénètreroit plus également la masse des fromages.

A ces réflexions, joignons celles de M. Boyssou, tendantes également à améliorer la qualité des fromages du Cantal, et à rendre cette source constante de nos richesses plus utile à la France. Elles entrent en partie dans les vues de M. Desmarets, parceque la vérité n'est qu'une pour les hommes accoutumés à réfléchir. Il désireroit qu'on ne donnât pas aux fromages de son pays un volume aussi considérable, afin de les façonner, de les comprimer et de favoriser leur perfection, de les retourner plus souvent qu'on ne fait, soit sous la presse, soit à la cave ; qu'on déterminât la dose du sel, à sa distribution, d'une manière plus uniforme, pour qu'il ne se portât pas sur un point plutôt que sur un autre ; en un mot, l'auteur voudroit que, pour les préserver du contact de l'air, on les emballât dans des caisses ou dans des barils doublés en fer-blanc ou en plomb laminé.

Un autre propriétaire zélé pour son pays, M. Desistrières, a aussi cherché à réveiller l'attention de ses compatriotes sur ce point important de leur industrie, en proposant des expériences et des observations pour perfectionner les fromages du Cantal; il montre l'abus de l'excès de présure et de la chaleur employées, et il a imaginé de nouvelles machines pour séparer plus complètement le serum.

Les fromages de Hollande n'ayant qu'une supériorité peu marquée sur ceux du Cantal, il n'est pas douteux qu'en donnant à ce dernier la perfection dont il est susceptible, non seulement on retiendroit en France des fonds qu'on emploie annuellement à acheter des fromages étrangers, mais qu'on feroit même de ceux qui s'y fabriqueroient un objet d'exportation.

Aux environs de Bergues il se fabrique des fromages qui ont aussi leur mérite. L'année dernière on en a vendu sur le marché de cette ville plus de quarante mille du poids de dix livres chacun. Dès que ces fromages, d'une forme orbiculaire, sont sortis de l'arrondissement où on les a préparés, ils portent le nom de fromages de Hollande; mais ils en diffèrent en ce que la pâte a moins de consistance et que la croûte est un peu plus épaisse.

Des fromages privés de la sérosité au moyen de la compression et du feu. Dans les deux genres de fromages dont il a été question jusqu'à présent, la matière caseuse ne subit pas l'action du feu; il suffit d'exposer le caillé sur des vaisseaux à claire-voie pour les premiers, et d'employer les efforts d'une presse pour les seconds. Cette opération a pour objet d'amener la pâte à un état de consistance, telle qu'on puisse la manier, la figurer et la saler; mais lorsqu'on veut ajouter encore une perfection à cette pratique, il faut nécessairement employer la cuisson.

On met pour cet effet le lait destiné à faire du fromage dans une chaudière exposée à l'action d'un feu modéré; on enduit ensuite de présure toutes les surfaces de l'écuelle plate, qu'on plonge dans le lait et qu'on remue en tout sens.

Aussitôt que la présure, aidée de la chaleur, a imprimé son action au fluide, on enlève le lait de dessus le feu et on le laisse en repos; il se coagule en peu de temps : on sépare une portion du serum, et on en conserve suffisamment pour cuire à une douce chaleur la masse divisée en grumeaux; on agite, sans discontinuer, avec les mains, les écuelles et les moussoirs dont on se sert pour la brasser.

La pâte est parvenue à son point de cuisson quand les grumeaux qui nagent dans la sérosité ont acquis un degré de consistance un peu ferme, un œil jaunâtre, et font ressort sous les doigts ; il faut alors retirer la chaudière de dessus le feu, re- muer toujours, rapprocher en différentes masses les grumeaux, et exprimer le petit-lait le plus exactement possible. Cette pre- mière opération terminée, on distribue les grumeaux dans des moules, et on emploie l'effort de la presse pour achever d'en faire sortir toute la sérosité et les réunir de manière à former un corps d'une homogénéité parfaite.

Pour introduire le sel dans le caillé cuit, favoriser sa solu tion et sa pénétration, il faut retourner les fromages et leur donner une autre forme moins large que celle où ils ont été d'abord moulés ; ils restent dans cette seconde forme pendant trois semaines ou un mois sans être comprimés par les bords ; on se borne à les maintenir dans leur contour ; on les sale tous les jours, en frottant de sel les deux bords et une partie du contour ; à chaque fois on resserre le moule, et lorsqu'on s'aper- çoit que les surfaces n'absorbent plus le sel, ce qui s'annonce par une humidité surabondante, on cesse d'y en mettre ; on retire les fromages du moule, et on les porte en réserve dans un souterrain.

Les fromages de cette classe sont précisément les plus propres à se conserver long-temps en grosses masses, à circuler dans le commerce, et à devenir par conséquent d'un transport plus facile ; tel est le *fromage de Gruyère*, tel est le *fromage de Chester*, tel est le *fromage de Parmesan*.

Ces trois sortes de fromages, si connus en Europe, diffèrent par leur couleur, leur consistance et leur saveur, malgré la ressemblance des procédés employés dans leur fabrication ; la pâte du Parmesan est celle qui a le plus de fermeté, à cause d'un plus grand degré de cuisson et de présure qu'on lui fait éprouver, ce qui le rend plus susceptible d'être râpé, et de faire partie des mets dans lesquels il entre, soit en qualité d'ali- ment ou comme assaisonnement.

Avant de terminer cet article, je rappellerai une observation que nous avons faite, mon collègue Deyeux et moi, dans l'ou- vrage consacré à l'examen des différentes espèces de lait usitées en Europe ; elle est, suivant nous, d'une importance majeure pour la prospérité d'un commerce, dont l'objet est aussi direc- tement utile au bonheur des hommes que celui qui intéresse leur subsistance fondamentale.

Si, à la faveur de quelques instructions pratiques, on par- venoit à introduire dans les cantons où on fait mal le beurre la méthode adoptée dans les ci-devant Normandie et Bretagne, il en résulteroit une branche d'industrie plus étendue dont profiteroient principalement les propriétaires de grands her- bages et de troupeaux nombreux : ce qui mettroit ensuite la France dans le cas de ne plus tirer cette denrée de premier besoin de l'étranger, qui nous rend par-là son tributaire pour des sommes considérables, nous en dirons autant des fromages : l'art de les préparer est encore dans beaucoup d'endroits éloigné de la perfection. Ceux qui le pratiquent, n'étant le plus ordinairement guidés que par la routine, ils se traînent servilement sur les pas de leurs prédécesseurs, sans trop chercher à découvrir s'il seroit possible de faire mieux. Cependant il est démontré que par-tout on pourroit obtenir les mêmes espèces de fromages, en soumettant le lait aux mêmes procédés ; ne fabrique-t-on pas déjà dans le Jura, le Doubs et les Vosges, des fromages de la qualité de ceux de Gruyère en Suisse, supérieurs à tous les fromages qu'il faut vendre et consommer dans l'année ? Les fromages d'Auvergne et de Bergues en Flandre peuvent rivaliser ceux de Hollande pour la qualité et pour la durée. Ce sont là de ces aperçus qui promettent une foule de résultats nouveaux et satisfaisans à l'agronome éclairé qui voudroit les étudier et les suivre avec tout l'intérêt qu'ils inspirent. (PAR.)

FROMENT. Plante annuelle de la famille des graminées. C'est la plante la plus utile, la plante par excellence, le plus beau présent fait à l'homme, puisqu'elle nourrit la majeure partie des habitans du globe.

On ne sait de quel pays le froment est originaire. Des voyageurs l'ont bien trouvé dans quelques contrées, où il leur a paru croître spontanément sans culture. M. Olivier, de l'institut, en a vu dans les plaines incultes de la Perse ; mais n'y avoit-il pas été apporté dans des temps très reculés, ou la nature elle-même l'avoit-elle placé dans cette partie du monde, d'où il s'étoit répandu ensuite? Voilà ce qu'il est difficile de dire. Ce qu'on peut assurer, c'est qu'on le multiplie dans tous les pays civilisés ; c'est qu'il réussit bien sous la ligne, entre les tropiques et jusqu'aux extrémités du nord et du sud. Les rigueurs de l'hiver semblent favoriser sa croissance ; il prend une nouvelle vigueur sous la neige et sous la glace.

En 1784, lorsque je formai le projet de connoître toutes les plantes économiques qu'on cultive dans chaque contrée, non seulement de la France, mais des divers états de l'Europe, de l'Afrique, de l'Asie et de l'Amérique, pour les comparer, autant qu'il seroit possible, les unes avec les autres, j'en fis demander des graines en France par les médecins correspondans de la société royale de médecine, et dans les autres états par les ambassadeurs, les consuls, les envoyés, et par les savans voyageurs. Je fus à portée de recevoir des fromens de presque tous les points du monde. Je les semai avec soin, plusieurs années de suite, à Rambouillet et dans un canton de la Beauce qui en est à onze lieues, et dont le sol n'est pas le même, et j'en distribuai les produits à beaucoup de personnes. Je fis dessiner tout ce qui me parut offrir des différences. C'est d'après ce travail que je vais donner ici une idée des espèces et variétés.

Parmi les différentes sortes de fromens que j'ai cultivés, les uns ont la paille pleine et forte, les autres l'ont creuse et grêle ; plusieurs sont sans barbes ou arêtes ; la plupart ont des barbes ; il y en a dont les épis ont presque la forme cylindrique ; d'autres l'ont presque carrée. On en voit d'épais, on en voit d'aplatis et de minces. Les barbes, ainsi que les balles, sont ou noires, ou blanches ou rouges ou violettes ; ces parties tantôt sont lisses, tantôt velues ; les grains n'ont pas non plus la même couleur, puisqu'il y en a de blanchâtres, de transparens, de jaunes, de ternes, de plus ou moins bombés, de plus ou moins gros, de plus ou moins allongés ; quelques uns ont des taches ou sont ridés. Toutes ces différences peuvent établir une méthode pour distinguer les divers fromens ; mais laissant à part toute distinction botanique, je réduirai les fromens à deux sortes ; savoir, aux fromens tendres et aux fromens durs. Dans les premiers, les grains sont flexibles sous la dent, et d'une couleur plus ou moins jaune ; leur écorce est fine, et recouvre une farine blanche et abondante ; ces grains résistent au froid et sont cultivés, la plupart, dans les provinces septentrionales et dans le nord de l'Europe. J'en ai reçu de la Russie, de la Suède, de la Pologne, de la Hollande, de tous les états d'Allemagne, des Pays-Bas, de la Suisse, de Genève, du cap de Bonne-Espérance même, et du Maryland, parceque les Hollandais et les Anglais les ont portés dans leurs colonies.

Les fromens ou blés tendres sont sans barbes ou avec des barbes. Parmi les blés tendres et sans barbes, celui qui a les épis blancs presque cylindriques, les grains jaunes et la tige creuse est préféré dans les meilleures provinces à blé de la France, qui, toutes, sont au nord, telles que la Flandre, l'Artois, la Picardie, la Brie, la Beauce, le pays fertile de l'Ile-de-France appelé *la France* (1).

La Flandre, le Calaisis, le Cambraisis, le Boulonnais, et un canton de la Normandie, m'ont fait passer un froment à épis blancs sans barbes, et à grains blancs arrondis, que j'ai trouvé aussi dans des envois de Pologne, de Zélande, d'Angleterre, de Limbourg et du cap de Bonne-Espérance.

J'ai eu du pays d'Auge en Normandie, par les soins de M. le marquis Turgot, et de Saint-Diez en Lorraine, un

_____

(1) Je conserve les noms qu'avoient les diverses parties de la France lorsque j'ai fait ces recherches.

froment sans barbes, à épis presque cylindriques et velouté; il m'a aussi été apporté de Hollande, d'Angleterre, de la Sudermanie en Suède, du Holstein et du Mecklenbourg.

La vraie touzelle, espèce de froment à épis cylindriques, sans barbes et à grains blancs, allongés, est connue en Sicile, à Gênes, à Nice, comme en France dans la Provence, le Languedoc et le Comtat d'Avignon. Il ne m'en est pas venu du nord.

Le plus cultivé des blés tendres, tant en France que chez l'étranger, est le blé à épis blancs et à barbes divergentes, tige creuse. Il est répandu par-tout, mais bien plus dans le le nord, où il n'a sans doute passé que par les importations, comme les blés sans barbes ont passé dans le midi. Les blés durs sont les blés dominans dans les pays chauds. S'il s'y trouve quelquefois du blé tendre, c'est l'espèce dont je viens de parler. Parmi nous elle est plus cultivée en mars qu'en automne, parcequ'elle est plus sensible au froid que nos blés sans barbes.

Après ce blé barbu, il y en a un autre aussi plus connu dans le midi de la France et de l'Europe que dans le nord; c'est celui qui a la tige pleine, l'épi rouge et les barbes rouges convergentes; ses grains, comme ceux de tous les blés à paille pleine, sont gros, ternes, et ont une peau épaisse qui, à la mouture, donne beaucoup de son et de mauvaise farine.

Dans les blés tendres il y a des variétés qui ne se cultivent que dans peu de pays, soit parcequ'il y a peu de terrains propres à les produire, soit parcequ'ils ne sont pas d'un bon rapport. Le blé de providence, le blé de miracle, le blé de souris, un petit blé sans barbes, à épis roux et carrés, sont dans ce dernier cas.

Quelques provinces ne cultivent qu'une sorte de blé, tandis que d'autres en cultivent jusqu'à huit sortes.

Les blés durs diffèrent des blés tendres, parceque leurs grains sont ternes ou transparens et durs à casser; on en fait de la belle semoule; ils n'offrent pas un aussi grand nombre de sous-variétés que les blés tendres. Inconnus dans le nord de la France et de l'Europe, on les voit naître dans le Comtat d'Avignon, la Provence et le Languedoc, où ils ont été introduits par le commerce de ces provinces avec l'Afrique et tout le Levant. Ce sont des blés durs que j'ai reçus d'Egypte, de Syrie, d'Athènes, de Malte, de la Sardaigne, de la Sicile, de diverses parties de l'Italie, du Piémont, du Portugal, de l'Espagne, etc.

Des blés durs que j'ai semés pendant tous les mois de l'hiver ont gelé presqu'entièrement; les mêmes, semés en mars, sont bien venus et ont fructifié. Des blés tendres envoyés des pays où on cultive les blés durs, c'est-à-dire des pays chauds, n'ont pas souffert des rigueurs de l'hiver. Il me semble qu'on peut en donner cette raison; c'est que ceux-ci, originaires des pays froids ou tempérés, en y repassant, ont retrouvé pour ainsi dire leur climat natal, tandis que les autres arrivoient dans un climat étranger qui leur étoit contraire.

Il seroit important de savoir si les blés durs, introduits en France depuis un grand nombre d'années, y produisent autant que des blés tendres qui n'ont point sorti du pays; et si des blés tendres de France exportés dans des climats chauds après un grand laps de temps égaleroient en produit les blés durs de ces climats. Ces transports et ces essais multipliés et suivis apprendroient peut-être d'où chaque sorte de blé est originaire, parcequ'il y a lieu de croire que c'est du pays où elle produiroit le plus.

De ces observations générales je passe à la description de celles des variétés et sous-variétés de fromens que j'ai le plus étudiées. Il y en a sans doute un plus grand nombre; mais les unes me sont inconnues, les autres n'offrent pas des différences assez sensibles pour être bien caractérisées.

Je me bornerai donc à un petit nombre.

N° 1. Froment sans barbes; à balles blanches peu serrées; grains jaunes, moyens, tige creuse.

Ce froment est celui qu'on sème dans les parties les mieux cultivées de la France, où la terre n'est pas compacte et où elle a peu de fond.

N° 2. Froment sans barbes; à balles rousses et peu serrées; grains jaunes, moyens; tige creuse.

On croit que ce froment n'est qu'une sous-variété du premier. Les grains en sont plus gros et d'un jaune plus roux. Il se cultive dans les mêmes cantons. On préfère ce blé dans les pays où le temps de la moisson est souvent pluvieux, parceque, germant plus difficilement, il est moins sujet à s'altérer quand les tiges sont en javelles et étendues sur les champs. On connoît encore une sous-variété de ce froment, qui ne diffère que parceque les grains sont blancs.

N° 3. Froment sans barbes; à balles blanches, peu serrées; petits grains blancs, ronds; tige creuse.

Ce froment a beaucoup de rapports avec le numéro premier; sa paille et ses balles sont un peu plus blanches et ses grains blancs. On le cultive dans le nord de la France, et même dans le midi.

On a cru en Angleterre avoir fait une découverte quand, pour la première fois, en l'an 6 de la république, ce froment a été trouvé dans une haie, ce qui l'a fait nommer *hedge-wheat*, blé de haie. En ayant fait venir d'Angleterre, j'ai reconnu que c'étoit cette variété cultivée dans diverses parties de la France depuis long-temps, et notamment aux environs de Dunkerque, sous le nom de blé de première qualité; près de Lille, sous celui de blanc-zée; près de Calais, sous celui de blé blanc, etc.

N° 4. Froment sans barbes; à épi roux et carré; grains petits; tige creuse.

On le cultive à Phalsbourg en Alsace. Ce n'est qu'au printemps qu'on le sème ordinairement; cependant il a été semé par moi en automne pendant plusieurs années. Sa sous-variété a l'épi blanchâtre.

N° 5. Froment sans barbes; à épi roux, grain de grosseur moyenne; tige creuse et grêle.

Ce froment se cultive aussi à Phalsbourg, toujours mêlé avec le précédent. On l'y sème au printemps; mais il a été semé seul et en automne pendant deux ans, par moi, avec succès. On soupçonne qu'il pourroit bien être le même que le n° 2. Sa sous-variété a les épis blancs, et ressemble beaucoup au n° 1.

N° 6. Froment sans barbes; à épi blanc; grains blancs; longs et un peu transparens; tige creuse; calices rares et écartés.

Ce froment se cultive dans les provinces du midi de la France sous le nom de *touzelle*; il diffère du n° 3 parceque les grains sont un peu plus longs et presque transparens.

N° 7. Froment sans barbes; à épi velu et grisâtre; grains moyens; tige creuse. Sa sous-variété a les épis roux.

Ce froment se cultive en Normandie, dans le pays d'Auge, à Boulogne-sur-Mer. Il vient de la Suède.

N° 8. Froment barbu; à épi blanc, large; à barbes blanches divergentes; grains moyens; tige creuse; calices peu serrés.

Ce froment se cultive dans presque toutes les parties de la France. Tantôt il est lisse, tantôt il est velu.

N° 9. Froment barbu à épi roux large et à barbes rousses divergentes; grains moyens; tige creuse et bâles peu serrées.

Ce froment est ou velu ou lisse.

N° 10. Froment barbu; à balles et barbes violettes, velues et droites; grains gros et longs; tige pleine.

Ce froment se cultive depuis long-temps dans les environs de Nice, d'où il a passé dans le Piémont. Une partie de ses barbes tombe à la maturité. Il a l'avantage d'être hâtif et d'avoir une végétation rapide.

N° 11. Froment barbu; à épi étroit, velu et gris; barbes grises ou noires; grains gros et bombés; tachés de noir sur le germe; tige pleine et balles serrées.

Ce froment, qu'on pourroit peut-être appeler *blé de souris*, se cultive particulièrement dans la vallée d'Anjou, toujours mêlé avec le suivant. Il ne vient que dans les terres qui ont beaucoup de fond. Quelquefois ses barbes tombent au moment

de la parfaite maturité. Sa sous-variété est blanche, une autre
est rouge.

N° 12. Froment barbu; à épi rouge non velu; un peu étroit,
barbes rouges, gros grains, tige pleine.

On le cultive dans la vallée d'Anjou mêlé avec le précédent:
on le cultive seul dans beaucoup d'endroits de la France. Quelquefois ses balles sont couvertes d'une espèce de fleur blanchâtre, semblable à celle qu'on trouve sur certains fruits et sur-
tout sur les prunes. Souvent les barbes de ce froment tombent
toutes au moment de la maturité.

J'ai eu, de Genève, sa sous-variété blanche sous le nom de
blé *nonette*. Il en est encore une violette, une rousse, une veloutée et une à barbes noires.

N° 13. Froment barbu; à épi blanc carré; barbes noires;
gros grains blancs, bombés; tige à demi creuse.

Ce froment se cultive dans le Comtat d'Avignon. Les barbes
ne sont pas noires dans toute leur longueur; quelquefois leur
extrémité est blanche. Il perd aussi ses barbes.

N° 14. Froment barbu, à épi blanc étroit; barbes noires;
grains ternes et longs; tige grêle et pleine. Je le soupçonne
une sous-variété du précédent; peut-être est-ce le même. On
le cultive dans le Comtat d'Avignon.

Ce froment a une sous-variété dont les épis sont roux.

N° 15. Froment barbu; à épi blanc, long, carré; barbes
blanche; gros grains; couleur ordinaire; tige pleine.

Ce froment se cultive dans différens pays. C'est le *blé de
providence*. Il donne beaucoup de grains. Il convient dans
les terres qui ont du fond. Il y est d'un grand produit Ses barbes
tombent au moment de la maturité.

N° 16. Froment barbu; à épi rouge, carré, long; gros grains;
tige pleine. Il est parvenu en France par l'Allemagne. Ce
froment, vers la maturité, perd toutes ses barbes. Il a une variété ou sous-variété couverte d'une espèce d'effloreseence
blanchâtre.

N° 17. Froment barbu; à épi roux, velu, court, carré;
barbes rousses; gros grains ternes et bombés; tige pleine.

Il se cultive à Lavaur dans la Gascogne sous le nom de *blé
pétaniel*. Au moment de la maturité il perd ses barbes.

N° 18. Froment barbu; à épi blanc, velu, presque carré;
barbes blanches; grains gros et bombés; tige pleine.

On le cultive dans le Comtat d'Avignon. Il paroît être une
sous-variété du précédent; mais cela n'est pas certain. C'est
peut-être celle du n° 10.

N° 19. Froment barbu à épis groupés sur le même pied;
roux, velu; barbes rousses; grains blanchâtres, très gros; tige
pleine.

Ce froment, qui s'appelle *blé de miracle*, blé de Smyrne, ne se sème que par curiosité dans beaucoup de pays, et par conséquent en petite quantité. On croit qu'il se cultive en grand dans les environs de Grenoble en Dauphiné. Ce froment me paroîtroit devoir être une espèce. Il a des variétés et sous-variétés qui en diffèrent par la couleur plus ou moins rousse et quelquefois blanchâtre des épis. Il y en a une qui n'est pas velue.

N° 20. Froment barbu; à épi rouge; balles et barbes rouges rapprochées et serrées; à gros grains ternes.

Ce froment se cultive dans le Comtat d'Avignon. Il diffère du n° 11, parceque ses épis sont moins longs, ses barbes et ses balles plus rapprochées; quelquefois ses balles sont aussi couvertes de cette espèce de fleur qu'on voit sur certains fruits et sur-tout sur les prunes. Il paroît avoir une variété blanche et à barbes noires.

N° 21. Froment barbu; à épi blanc; barbes blanches; balles très longues, grains longs, tige creuse. On lui a donné le nom de *blé de Pologne*. Je le crois une espèce.

N° 22. Froment barbu; à barbes droites; à épi aplati et épais; grains longs et durs; tige pleine. Il est originaire d'Afrique, d'où il a passé dans le midi.

N° 23. Froment à épi très blanc; barbes lisses, étroites; tige pleine; grains gros.

Ce froment de Catalogne et des îles Baléares a passé dans le Roussillon. On l'appelle *blat* ou *blé du Caure*, c'est-à-dire blé de cuisson, parcequ'on le prépare et on le mange comme le riz. Toute sa paille est extrêmement courte.

J'aurois pu mettre à la suite des fromens proprement dits les épeautres, qui sont aussi des fromens, quoiqu'ils en diffèrent par plusieurs particularités remarquables; on en distingue trois variétés, qui ont chacune des sous-variétés. Mais il en a été question au mot ÉPEAUTRE.

La distinction de fromens en fromens d'automne et fromens de mars est chimérique. Voilà pourquoi je n'ai pas cru devoir en faire mention. Tous les fromens, suivant les pays, sont ou de mars ou d'automne. Ils passent tous, avec le temps, à l'état de blés d'automne ou de blés de mars, comme je m'en suis assuré. Il ne s'agit que de les y accoutumer peu à peu, en semant graduellement, plus tard qu'on ne le fait, les blés d'automne et plus tôt les blés de mars.

Avant de parler de la culture du froment, il convient de traiter de la qualité de celui qu'on doit semer. Quelque espèce ou variété que ce soit, il y a certaines conditions plus ou moins importantes. Examinons d'abord s'il est avantageux ou indispensable de renouveler les semences.

Les uns pensent qu'il faut en changer de temps en temps;

il y en a même qui veulent qu'on en change tous les ans , parceque, selon eux , le même blé semé et récolté un certain nombre de fois s'altère et dégénère. D'autres, au contraire, regardent comme inutile ce changement, et prétendent qu'on peut se servir continuellement des mêmes semences , sans crainte de dégénération. *Voyez* SUBSTITUTION DE SEMENCES.

Je suis de l'avis de ceux-ci , d'autant plus que les principes d'après lesquels j'établis mon opinion reposent sur des faits qui ne me laissent aucun doute; je vais les rapporter en substance.

Expériences qui prouvent que le blé de semence ne dégénère pas semé pendant dix années de suite. En 1779 j'ai fait venir du froment de vingt-deux provinces de la France ; il m'en est arrivé de deux sortes : savoir , le *froment à épi blanc , sans barbes , grains jaunes et tige creuse ,* le plus ordinaire, dans les provinces septentrionales ; et le *froment à épi roux , barbu , barbes divergentes , grains jaunes , tige creuse ,* qu'on cultive plus particulièrement dans les provinces du midi. Ils ont été semés à part au mois d'octobre 1779 , sous vingt-deux numéros , en plein champ, dans des terrains d'une même étendue , fumés et préparés par le même cultivateur. Après la récolte, les produits ont été mesurés et pesés pour connoître leur poids relatif, et des échantillons de chaque numéro ont été conservés dans des bocaux.

Les années suivantes , mêmes soins pour ensemencer les produits des vingt-deux numéros , et mêmes observations. Trois *soles* ou *saisons* partageant alors les terres du pays où je faisois ces expériences, j'ai toujours semé au milieu de la sole des fromens , préférant le terrain qui étoit médiocre au meilleur et au moins fertile.

Après plusieurs récoltes j'ai été forcé de me borner à quatorze numéros, parceque huit de ceux que je cultivois se sont trouvés confondus.

Les mêmes expériences ont été continuées pendant dix années de suite, et il en est résulté que les numéros , de génération en génération , n'ont présenté d'autre différence que celle qui a toujours lieu entre des fromens plus ou moins nouveaux, et récoltés par un temps plus ou moins humide ; et ce qui est digne de remarque , c'est qu'à chaque récolte mes grains ont toujours été aussi beaux que ceux du pays.

Les numéros n'ont pas toujours autant rapporté les uns que les autres, ce qui ne dépend pas de la qualité de la semence, mais de quelques circonstances particulières. Le même numéro n'a pas toujours produit également ; mais celui qui avoit moins produit une année a produit davantage l'année suivante ; et en général les terres des environs n'ont pas produit des gerbes qui aient donné comparativement plus de grains. Les poids des fromens de divers numéros ont, à la vérité, varié ; mais ils se sont toujours rapprochés. Ceux qui pesoient le moins une année ont aussi acquis plus de poids l'année d'après. Les fromens des fermiers du canton n'ont jamais pesé davantage.

Enfin, la dernière génération des quatorze numéros a été récoltée au mois d'août 1789 : elle étoit aussi belle que la première, semée en 1779. La plupart des planches moissonnées en 1789 ont rapporté six et huit pour un ; quelques unes seulement cinq pour un. Je les avois ensemencées le 6 novembre 1788 : elles ont été plus de six semaines couvertes de neige, les grains n'ont levé que le 12 février. On se rappellera que l'hiver de 1788 à 1789 fut très long, qu'il prit de bonne heure, et que les blés ne levèrent qu'après la gelée.

Il est essentiel de faire observer que le plus ordinairement j'ai eu l'attention de préparer la partie des produits destinée à servir de semences, en la purifiant des graines étrangères, et en la chaulant fortement. Cette précaution a été d'autant plus utile, que, l'ayant négligée trois années de suite, la carie s'y étoit propagée au point d'altérer les récoltes. De bons lavages et de bons chaulages ont réparé le mal, et ensuite les récoltes ont été pures.

Fait qui prouve que le même blé, semé pendant trente années de suite, n'a jamais tant soit peu dégénéré. Je connois dans le ci-devant pays de Caux, dans les environs de Fécamp, département de la Seine-Inférieure, un cultivateur très intelligent, M. Tesnière, qui, depuis 1775, sème constamment du blé qu'il récolte, et il s'en trouve si bien que, deux fois seulement pendant ce temps, ayant essayé d'en changer, il a été obligé d'en revenir aux produits des générations qu'il avoit d'abord semées.

Le froment qu'il cultive est celui à *épis roux, sans barbes, grains jaunes, tige creuse.* Ce n'est pas que cette variété soit moins sujette qu'une autre à dégénérer ; mais elle a l'avantage de germer moins promptement dans les épis que plusieurs autres ; et elle doit être préférée dans un pays tel que celui qu'habite M. Tesnière, riverain de la mer, sujet à des pluies au moment des récoltes, et sur-tout quand les grains sont en javelles.

Pendant le cours de leur végétation, les fromens de ce cultivateur sont sarclés avec plus de soin que ceux de ses voisins : ces derniers sont moins attentifs à les purifier des mauvaises herbes, et notamment de l'ivraie (*lolium temulentum*, Lin.), et de la nielle (*agrostema githago*, Lin.) appelée *nèle* dans le pays.

Chaque, année au mois d'octobre, M. Tesnière fait battre imparfaitement toutes ses gerbes, et il les replace dans ses granges, pour leur donner en hiver un second battage. Cette double opération augmente les frais d'un franc vingt-cinq centimes par cent de gerbes. Les grains sortis par la première sont gros et bien nourris ; il les passe encore au *tarare* (espèce de crible), pour enlever ce qui pourroit y rester de mauvaises graines.

Ainsi purifié, ce grain est porté au marché , ou vendu chez M. Tesnière pour semences à des fermiers de l'arrondissement de Fécamp. Le seul temps des réquisitions a dérangé cet ordre, qui a repris aussitôt après. Ce froment est toujours payé de 8 à 15 francs par sac (poids de 150 à 200 kilogrammes) plus que celui des autres cultivateurs. M. Tesnière n'emploie à la consommation de la ferme que les grains laissés dans les épis et retirés lors du deuxième battage. Sa paille est ménagée et propre à couvrir des bâtimens ; car dans ce pays les couvertures se font avec des pailles de froment.

Considérations générales. Ce que l'on peut dire du froment à cet égard, on peut le dire de plusieurs autres productions. S'il en étoit besoin , je citerois un grand nombre de faits qui constatent que, dans beaucoup de pays où l'on cultive diverses sortes de plantes économiques, on ne sème que les graines qu'on y récolte, j'allèguerois les succès que j'ai constamment obtenus d'ensemencemens en lins, chanvres, etc. , etc., avec les graines que mes cultures seules me procuroient. Toutes ces considérations, jointes aux faits que je viens de rapporter, mériteroient bien quelque attention et devroient au moins arrêter les personnes qui seroient tentées de tirer trop tôt des conséquences de quelques circonstances isolées.

Il résulte des expériences et des faits que je viens de citer, que la dégénération du froment, considérée physiquement, ne peut avoir lieu, sur-tout en aussi peu d'années qu'on se l'imagine ; que si quelquefois il éprouve des altérations, il y a bien lieu de croire qu'elle n'est point due à la nature du froment même, mais à des causes différentes , telles que la négligence à le purifier des mauvaises graines , le peu de soin qu'on en a pendant sa végétation , la récolte faite par des temps contraires, les accidens et maladies auxquels il est exposé en tout temps , etc. , etc.

En effet, beaucoup de cultivateurs s'occupent peu de faire ôter de leurs champs les herbes étrangères à leurs récoltes ; la plupart, sans donner tous les criblages nécessaires, sans chauler convenablement, répandent, pour ainsi dire au hasard, des grains dont les produits ne peuvent être que foibles ou détériorés ; et les années où ces cultivateurs achètent de nouvelles semences, leurs récoltes en deviennent meilleures , jusqu'à ce que la même négligence les force à un autre renouvellement ; mais chaque fois qu'ils renoncent à un froment de leur récolte pour en prendre de celle de leur voisin , se procurent-ils une autre espèce ou une autre variété de froment ? Celui qu'ils achètent a-t-il d'autre mérite, sinon que d'être plus pur, c'est-à-dire exempt de mauvaises graines et mieux nourri ? N'auroient-ils pas trouvé chez eux et dans leurs propres blés les mêmes avantages, s'ils avoient apporté les mêmes soins ? Au reste, le fait de M. Tesnière n'est pas l'unique ; la plupart des fermiers du ci-devant pays de Caux changent très peu leurs semences, et ils s'en trouvent fort bien. Ce n'est que lorsque leurs récoltes, soit par négligence, soit par des accidens imprévus, sont absolument infestées de mauvaises herbes ou détériorées, qu'on les voit enfin chercher ailleurs un grain plus pur.

De ces réflexions, fondées sur ce qui se passe ordinairement, ne résulteroit-il pas au moins qu'avant de prononcer qu'il est bon , utile, nécessaire même de renouveler souvent les semences, il faudroit écarter de tout ce qui étaie cette opinion les circonstances que je viens d'indiquer ? Car il n'y a aucun fait bien constaté qui prouve la nécessité de ce renouvellement ; tandis que j'aurai toujours à objecter contre toutes les inductions qu'on pourroit tirer les expériences que j'ai citées, et sur-tout le fait de M. Tesnière.

Il y a donc tout lieu de croire que le blé, en quelque sol qu'il soit, conserve sa qualité germinative et productive, si quand on le sème il n'est pas altéré, c'est-à-dire s'il n'a pas trop fermenté, ou si les insectes n'en ont pas dévoré le germe pendant qu'il étoit dans le grenier, ou en meule, ou à la grange ; qu'on peut le semer dans la commune où il a crû, si ces champs sont disposés de la manière qui lui convient ; que s'il ne réussit pas deux ans de suite dans la même sole e'est la faute des circonstances et non parcequ'il dégénère ; qu'on doit s'en prendre ou à l'ignorance de ceux qui l'y cultivent, ou à l'impossibilité où ils ont été de bien préparer la terre ; enfin que la prétendue nécessité du changement de semences est moins la faute de la nature que celle des hommes.

Je terminerai cet article en rapportant deux faits qui prouvent encore contre la prétendue dégénération du froment, si fortement annoncée comme une vérité par bien des écrivains, et appuyée par les cultivateurs peu soigneux.

M. Gardelle, membre de la société d'agriculture du département du Rhône, apporta en l'an 9, dans une séance de celle de Paris, une tige de blé dur d'Afrique, qu'il cultivoit depuis quinze ans sans dégénération. Pareillement M. Rast, autre propriétaire cultivateur près Lyon, a conservé dans toute leur beauté et dans tous leurs produits des blés blancs raz du nord pendant nombre d'années, et jusqu'à l'époque du siège de Lyon, où tout fut détruit. En voilà bien assez pour prouver que c'est une erreur dans laquelle sont tombés tous ceux qui ont cru que le froment étoit susceptible de dégénération.

Ce qui précède est la démonstration physique. Cela n'empêche pas qu'il n'y ait des positions où il ne soit avantageux d'acheter de la semence plutôt que de la prendre dans sa propre récolte, et d'autres même où l'on peut y être forcé. Je suppose qu'un fermier, par spéculation et parcequ'il en a la facilité, trouve dans des marchés ou chez des cultivateurs du blé de semence à un prix au-dessous de celui qu'il espère vendre le sien, sans doute il aura raison de s'en procurer ailleurs. Quelquefois aussi il préférera ne pas commencer à faire battre de bonne heure, soit pour ménager la paille qui est plus fraîche et meilleure quand on ne bat qu'à mesure de la consommation, soit pour toute autre cause ; ou bien vers le temps des semailles il manquera d'ouvriers, ou dans ce moment ils seront trop chers. Ces motifs le feront recourir à des blés que vendront des hommes pressés par le besoin d'argent, tels que ceux qui glanent et de petits cultivateurs peu aisés. Si une grêle, ou une grande sécheresse, ou des pluies ont tout altéré ou détruit dans un pays, il faut bien qu'on se pourvoie de semence dans un autre, à moins qu'on n'ait une réserve des années précédentes qui, comme on va le voir, peut y suppléer.

Une autre question se présente ; est-il nécessaire de semer toujours le froment de la dernière récolte ? Si l'on s'en tient à la simple réflexion, on ne concevra jamais qu'après un an la vertu germinative du froment soit perdue ou altérée, car le germe de ce grain résiste au plus grand froid ; une chaleur de plus de soixante degrés (échelle de Réaumur) ne l'empêche pas de se développer. Cependant, comme l'opinion de presque tous les cultivateurs est contraire à ce principe, j'ai cru qu'il falloit que l'expérience décidât s'ils avoient raison.

Pour éclaircir cette question, j'ai semé, en 1787, 1788 et 1789, dans deux endroits éloignés l'un de l'autre, et dont les terrains ne sont pas d'une égale nature, des fromens originaires de huit provinces de France, récoltés depuis 1779 dans un même pays, et que je conservois dans des bocaux de verre bouchés. Les uns étoient de huit récoltes successives, les autres de neuf, les autres de dix, selon que je les semois en 1787, ou 1788, ou 1789. Les produits en grains ne furent pas les mêmes ; mais ils se sont trouvés tels, que les plus considérables n'ont pas été ceux des semences des dernières récoltes, qui pour la plupart étoient les plus foibles. Les pailles et les épis m'ont paru de semblable longueur dans les planches d'un même sol, et toujours aussi longs que ceux des fromens du pays cultivés dans des champs analogues.

Le froment qui a servi de base à cette expérience est la variété à épis blancs sans barbes, tige creuse, grains jaunes, un des plus ordinaires en France. J'ai voulu m'assurer si d'autres variétés et espèces auroient également l'avantage de pouvoir être semées n'étant pas de la dernière récolte. Un blé de providence, un blé velouté, un blé touzelle de 1787 ont été mis en terre en 1789, ils avoient deux ans ; un froment à épis rouges barbus, barbes caduques ; un blé de miracle et sa variété à épis carrés, bruns, dit pétaniel, de la même récolte de 1786, ont été semés aussi en 1789 ; ils avoient trois ans. Les effets ont été plus sensibles encore que dans l'expérience précédente ; ces blés ont tous donné de très beaux produits.

Les détails dont j'extrais ces résultats sont consignés dans les mémoires de l'Académie royale des sciences, vol. de 1790. On en doit tirer la conséquence que, si des blés anciens n'ont pas levé ou ont peu produit, il faut s'en prendre à quelques circonstances indépendantes de la vétusté ; c'est ou parceque des animaux en ont rongé le germe, ou parceque des insectes l'ont dévoré, ou que l'humidité l'a altéré. Le blé des dernières récoltes, placé sous les yeux du maître, est moins exposé à des altérations que le blé ancien ; par cette raison, on a eu plus d'avantage à le semer, ce quia contribué à accréditer l'erreur ; de là est venue une inquiétude qui, une fois établie parmi les agriculteurs, s'est perpétuée, et a bien de la peine à se détruire.

On peut donc regarder comme certain que le froment récolté bien mûr, et soigné convenablement, conserve long-temps sa vertu germinative, et qu'au moins celui des deux ou trois dernières récoltes peut servir comme celui de la dernière, ce qu'on a peine à persuader aux cultivateurs. Ces remarques appliquées à l'usage offrent plusieurs avantages. Les ensemencemens en froment ancien sont utiles, 1° quand la dernière récolte est trop entachée de carie, dont le principe contagieux a moins d'activité dans les vieux fromens que dans les nouveaux ; 2° quand la grêle, ayant ravagé tous les champs d'un fermier, il ne lui reste pour ressource que les grains de ses greniers ; 3° dans les pays où la moisson retardée approche de trop près du moment où l'on doit ensemencer les terres, par exemple, dans les cantons montagneux ; 4° enfin quand les grains de la nouvelle récolte ont une qualité commerciale supérieure à celle de la précédente, circonstance où l'intérêt du cultivateur et celui du public exigent que de préférence on sème la précédente.

Il y avoit à éclaircir un autre point lié aux deux premiers, c'étoit de savoir si on a raison d'exclure des sémences ceux des grains qui ne sont pas parfaitement ronds et intacts. Pour m'en assurer j'ai fait semer plusieurs années de suite en pleine campagne des blés retraits, que les fermiers refusoient de faire entrer dans leurs semences ; leur produit a égalé constamment celui de blés lisses, pleins et arrondis, et mis en comparaison. J'ai fait plus, j'ai choisi des grains contrefaits, qui n'avoient que la moitié de la grosseur ordinaire ; d'autres petits, tels que ceux que produit le milieu des calices ; d'autres abandonnés à la volaille ; enfin j'ai coupé exprès par la moitié des grains, ne conservant que la partie qui comprend le germe. Tous ont été placés dans une terre médiocre, où ils ont été disposés par rayons. J'en ai obtenu des épis remplis de grains de bonne qualité, qui ont rendu sept à huit pour un.

Il falloit aussi reconnoître si des blés humides ou germés seroient absolument incapables de servir de semence. Je l'ai essayé avec succès au moment de l'importation des grains étrangers ; j'ai pris au Havre, dans des vaisseaux, des grains tellement échauffés, qu'à peine ma main pouvoit rester long-temps enfoncée dans le monceau, et je les ai mis en terre, n'imaginant pas qu'un seul germât ; tous ont levé et donné des produits. Pour porter l'expérience plus loin, j'ai fait germer des grains, que j'ai ensuite exposés à un soleil ardent et au four, jusqu'à convertir les racines en poudre. Ces grains en ont repoussé de nouvelles, et la plume ou jeune tige, que la chaleur apparemment n'avoit que flétrie, a bientôt reverdi dans la terre pour porter des épis bien constitués.

On peut conclure de ces expériences, 1° que le blé retrait, mis en cet état par la chaleur de l'atmosphère, qui le saisit promptement à l'époque de sa maturité, ne diffère du blé arrondi que parceque le germe et le corps farineux y sont comprimés ; différence qui cesse quand l'humidité de la terre, ou celle des lessives qu'on emploie pour préparer le grain, a pénétré son écorce. Ce blé est seulement quelques jours de plus à lever, parcequ'il s'amincit plus difficilement ; 2° que pourvu que le germe du froment soit intact et entier, la jeune tige a besoin de peu de substance farineuse avant qu'elle soit en état de vivre de la terre et de l'air, et que la nature en a donné au grain plus qu'il ne lui en faut pour sa reproduction, comme si elle l'avoit en outre destiné à d'autres usages.

Au reste, lorsqu'un fermier a des doutes sur la vertu germinative d'un froment ancien, il peut en essayer un nombre déterminé de grains dans un pot, ou dans un bout de planche de son jardin. S'il voit qu'ils lèvent tous ou presque tous, il pourra l'employer comme semence sans aucune inquiétude.

On ne peut établir une méthode uniforme pour préparer les

terres avant de les ensemencer en froment. Elle doit varier suivant leurs qualités, leurs positions, et l'ordre d'assolement qu'on
a adopté. Les terres légères n'exigent ni les mêmes façons, ni
autant de façons que les terres fortes, et celles dont le plan est
incliné veulent être labourées différemment que celles dont le
plan est horizontal. C'est au cultivateur à bien étudier la nature et la disposition de ses champs. Qu'il sache avant tout
que le but des labours, des engrais et autres amendemens est
de diviser les molécules de terre de manière que les racines des
plantes puissent s'y étendre, et de donner au sol la faculté
d'absorber les principes de végétation qui sont dans l'atmosphère, que les labours, engrais et autres amendemens doivent
tenir la terre soulevée, au point qu'elle ne retienne ni trop ni trop
peu d'eau; mais la quantité proportionnée à la nature de chaque plante. D'après ces règles, voici comme il est possible de
traiter un champ qui seroit en jachère avant de l'ensemencer
en froment.

Il suffit pour cette plante, qui ne s'enfonce pas beaucoup,
que le dernier labour ait cinq à six pouces de profondeur; ceux
qui le précèdent ont besoin d'être faits plus avant; on en donne
plus ou moins, suivant la capacité ou la légèreté du sol. Il en faut
quatre et quelquefois cinq au plus argileux, indépendamment
des hersages, roulages et autres moyens divisans. Dans ce cas,
le premier a lieu aussitot après la moisson; le second immédiatement avant l'hiver, s'il se peut, par un temps sec; celui-
ci est précédé du répandage du fumier, qu'on enterre en même
temps; l'hiver perfectionne ce labour, parceque les gelées
brisent les mottes et font mourir les mauvaises herbes; le
troisième au commencement du printemps; le quatrième vers
l'automne, et le cinquième, s'il est nécessaire, au moment
de l'ensemencement. On doit être sobre de labours en été,
à cause de la grande évaporation qu'occasionne la chaleur. Si
on assole par des prairies artificielles, ce qui est le plus avantageux, le nombre en doit être moins grand; le plus souvent
deux suffisent, un à la fin de l'été, et l'autre pour ensemencer
à la suite. Quelquefois même dans les cantons où l'on récolte
du trèfle, qui ne dure qu'un an et demi, on se borne à un seul
labour pour lui faire succéder du froment. Je ne m'étendrai
pas davantage sur cet objet très connu des cultivateurs. On
peut consulter d'ailleurs les mots Assolement, Culture, Labour, Hersage, Roulage, Casse-motte.

Les instrumens de labour sont la bêche, le hoyau, la fourche,
la charrue. Ce dernier est le plus expéditif, et le seul qui convienne dans les exploitations en grand. La quantité qu'on doit
mettre d'engrais dans un champ destiné à produire du froment
est relative à l'espèce d'engrais, à la qualité du sol et à l'état

dans lequel il se trouve. Il est dangereux d'en trop mettre, et désavantageux de n'en pas mettre assez.

On corrige un terrain calcaire avec des marnes argileuses, et un terrain argileux avec des marnes calcaires. En général tout ce qui donne du corps est utile au premier, et, ce qui divise, au second ; ainsi, les fumiers peu consommés, les curures de mares, les gadoues, la chaux, etc., doivent être employés pour l'un, et, pour l'autre, les fumiers réduits en poudre, la terre végétale toute formée, etc. *Voyez* AMENDEMENT, ENGRAIS, PARCAGE.

Avant de procéder à l'ensemencement du froment, on prépare la semence. Cette préparation consiste à la bien cribler, pour qu'il n'y reste aucune mauvaise graine, et à la chauler avec la plus grande attention, pour la préserver des atteintes de la carie, que les uns regardent comme une plante parasite de la famille des cryptogammes, et les autres comme une maladie de la plante. La discussion sur cet objet seroit inutile, puisque le remède en est connu ; ce remède, c'est un bon chaulage. On trouve dans le traité des maladies des grains un grand nombre d'expériences que j'ai faites sur cette matière. J'y renvoie, ainsi qu'au mot CHAULAGE de ce Cours complet d'agriculture. Les procédés qui y sont consignés sont bons.

Les époques des semailles de froment diffèrent en France, à raison des espèces et variétés, à raison des climats et des localités. Les blés dits d'automne se sèment avant l'hiver. Il y a des pays où l'on commence à les semer au mois d'août, tandis que dans d'autres c'est en septembre, ou octobre, ou novembre, ou décembre, ou janvier même. Les premiers blés, dits de mars, se mettent en terre en février, et les derniers en avril. Ainsi, depuis le mois d'août jusqu'à celui d'avril, c'est-à-dire pendant un intervalle de huit mois, il se fait en France des ensemencemens de blé. La diversité des climats contribue à ces différences, qui dépendent aussi de la position des terrains. Un sol placé dans un fond, ou sur un coteau abrité, permet souvent de commencer quinze jours ou trois semaines plus tôt que celui qui seroit élevé et à l'exposition du nord.

Il est impossible d'assigner précisément la quantité de semences à répandre sur un espace donné : c'est un problème qui tient à un trop grand nombre de circonstances pour être résolu d'une manière absolue. Il faut avoir égard à l'atmosphère en général, au climat en particulier, à la qualité du sol, bon, médiocre ou mauvais. Les semailles hâtives ou tardives exigent nécessairement une différence dans la quantité de grains ; les premiers tallent beaucoup, et les autres fort peu. On trouve des sols différens dans le même canton, dans la même commune, et jusque dans la même ferme : cependant si l'on y semoit indistinctement la même quantité de froment, il y auroit nécessairement des terrains trop chargés, d'autres qui le seroient en proportion convenable, enfin plusieurs qui ne le seroient pas assez. Ajoutez à cela la qualité de la semence ; car il en faut bien moins, lorsqu'elle est pure et bien nourrie que quand elle est mélangée ou viciée. Il est donc bien impossible d'assigner ici une loi générale ; c'est au cultivateur à connoître la nature de son sol, et à régler ses semences en conséquence.

En général, on répand plus de semences qu'on ne devroit. Les inconvéniens qui en résultent sont cependant très graves. « Si l'on sème trop épais, dit M. l'abbé Rozier, pour peu que les saisons aient favorisé le tallement des blés, et qu'il survienne des pluies lorsque l'épi sera formé, ou qu'il approchera de sa maturité ; si à cette époque il survient de grands coups de vent, les blés seront versés et ne pourront se relever : alors on récoltera la paille et quelque peu de mauvais grains qui fermenteront dans le grenier ou germeront dans les granges, si les jours de la récolte ne sont pas chauds et sereins. Moins les tiges sont serrées, et plus elles sont fortes et capables de soutenir les épis ; si elles sont très rapprochées, elles fileront, seront grêles, plus élevées que les tiges des blés semés clair ; et le poids de l'épi, plus éloigné du centre, et porté sur une tige fluette, l'oblige de céder au plus léger effort, ou du vent, ou de l'augmentation de ce même poids par la pluie. Les plantes, les arbustes, les arbres tendent sans cesse à s'élever vers le soleil ; mais comme les feuilles forment dans le total une espèce de voûte qui couvre l'épi de son ombre, chaque tige fait tous ses efforts pour se mettre au niveau de la tige voisine, et sa hauteur augmente aux dépens de son diamètre.

« Enfin l'adage général dit qu'*on doit semer épais, dans la crainte des avaries ;* et à mon tour j'établis celui-ci, que plus l'on sème clair et plus on récolte ; mais j'exige que l'on ne jette en terre que de bonnes semences, sans grains retraits ou détériorés par les insectes, enfin recouvertes à propos lors des semailles. »

L'adage général et celui de l'abbé Rozier ne sont admissibles ni l'un ni l'autre, à moins de les restreindre. Si on sème clair dans une terre médiocre, on n'a qu'une trop foible récolte, parceque chaque grain de semence ne produit que trois ou quatre tiges ; on ne profite pas de tout le terrain : en semant dru, on obtient plus de tiges et plus de grains, le champ étant mieux garni. N'eût-on alors que plus de paille, il y auroit du profit. Enfin le serré des tiges empêche le soleil de dessécher les racines. Dans une terre forte, le contraire a lieu : il faut lui donner peu de semence, parceque les souches, tallant beaucoup, s'étoufferoient si elles étoient trop nombreuses. Pour ne pas commettre d'erreur, il est bon de voir ce que chaque terre peut porter.

Une fermière intelligente faisoit semer ses meilleures terres par celui de ses charretiers qui avoit la main la plus petite. Chaque fois qu'il prenoit du blé pour le répandre, il n'en prenoit que ce qu'il falloit, même en emplissant sa main.

Frappé de ce que dans un canton que j'habitois on semoit un setier de blé, mesure de Paris (du poids de 240 à 250 liv.), par arpent de 100 perches à 22 pieds carrées, ce qui me paroissoit excessif, je proposai en 1785 des expériences pour constater ce qu'il convenoit juste de répandre de semence dans chaque terrain, et je les fis moi-même. Voici la manière simple qu'on peut employer, et que j'ai indiquée à différentes personnes.

Un village a communément trois sortes de terres, les bonnes, les médiocres et les mauvaises. On choisira dans chacune de ces sortes un espace qu'on partagera en huit parties égales, par exemple en huit perches (1) labourées, fumées et préparées à l'ordinaire. Il est nécessaire que cet espace soit de la même qualité dans toute son étendue, et qu'il n'y ait pas de veines meilleures les unes que les autres.

Si l'usage du pays est de semer deux litrons de froment par perche, on en répandra dans la première un demi-litron, un litron dans la deuxième, un litron et demi dans la troisième, deux litrons dans la quatrième, deux litrons et demi dans la cinquième, trois litrons dans la sixième, trois litrons et demi dans la septième, et enfin quatre litrons dans la huitième. On peut établir les proportions par les poids au lieu de mesures. En supposant que par perche on semat ordinairement deux livres de froment, il faudroit mettre dans la première une demi-livre, dans la deuxième une livre, et ainsi de suite, en augmentant toujours pour chacune la proportion d'une demi-livre. Cette expérience est tellement disposée qu'il y a des proportions de semences au-dessus et au-dessous de celle du pays. On pourra savoir, en comparant les produits des expériences entre eux et les produits du pays, si les cultivateurs y emploient la meilleure proportion. On conçoit que les huit parties doivent être ensemencées le même jour, de la même manière, avec la même semence, dans le même état, et qu'à la récolte il faut peser séparément le produit en grain et en paille; car la

(1) L'étendue de la perche varie selon les pays. La perche royale est de vingt-deux pieds carrés; quelle que soit la perche d'un canton, il suffit qu'on en choisisse huit d'égale étendue.

paille, dans beaucoup de pays, est un objet majeur. Il y a des pays où l'on sème trop ; il peut y en avoir où l'on ne sème que ce qu'il convient , et d'autres peut-être où l'on ne sème pas assez.

Je propose ici l'expérience en petit pour ceux qui ne peuvent pas disposer de beaucoup de terrain. Il seroit plus intéressant qu'on la fît en grand, et qu'on y consacrât huit demi-arpens ou huit arpens entiers.

La plus forte objection qu'on fasse contre la diminution de la semence a pour motif l'effet des gelées. Quelque attention que cette objection paroisse mériter , elle perd beaucoup de sa force si on considère que les blés souffrent peu des gelées ordinaires, à moins que par la négligence des laboureurs qui sèment trop tard, ou par un hiver prématuré , elles ne les surprennent quand ils sont encore en lait. D'ailleurs, ces pertes n'ont point été négligées dans mes calculs. A l'égard de l'influence des gelées extraordinaires, telle que celle de 1709, quelque abondante que soit la semence d'un champ, il n'y en a pas assez d'épargné par la gelée pour produire une véritable récolte. Faut-il enfin, dans la crainte d'un évènement qui heureusement n'a pas lieu deux fois dans un siècle, semer un quart de trop pour récolter habituellement un quart de moins ?

L'abondance des oiseaux, tels que pigeons et perdrix, et des lièvres et lapins, a souvent décidé à semer dru ; mais outre que les pigeons ne sont pas assez multipliés pour nuire aux semailles, dont ils ne mangent que les grains non enterrés, nulle part, hors les pays de chasse de S. M. l'Empereur, qui a déjà ordonné la destruction de la plus grande partie, on ne voit les lièvres et les lapins en assez grand nombre pour que leurs dégâts soient sensibles, et il faut espérer qu'on ne cherchera pas à renouveler le mal que causoit aux cultivateurs l'amour des seigneurs pour la chasse. Ce ne seroient là d'ailleurs que des exceptions qu'on ne pourroit raisonnablement faire valoir pour justifier par-tout une surabondance de semence en froment.

On objectera peut-être encore que dans les terres sujettes à pousser de l'herbe, si on sème clair, l'herbe prend le dessus et étouffe le blé ; mais j'ai vu dans certaines années les blés semés dru aussi remplis de mauvaises herbes que ceux qui étoient semés clair. D'ailleurs, beaucoup de terres ne sont pas dans ce cas , et il y a lieu de croire qu'on sème encore trop dru dans celles qui poussent de l'herbe. Au reste, les expériences proposées sont les seuls moyens de s'en assurer.

Selon quelques personnes, on a observé en Angleterre qu'on y répandoit trop de semence ; en Italie, dans la Toscane , on a fait même sur cet objet des expériences qui confirment celles dont je m'autorise parmi nous pour conseiller d'en essayer la diminution.

J'ai fait les expériences que j'indique ici beaucoup d'années de suite ; elles m'ont suffi pour connoître ce que je devois répandre de semence dans les terrains qui étoient à ma disposition, et qui n'étoient pas tous d'une égale nature ; les résultats n'ont donc pu être les mêmes : aussi est-il inutile de les rapporter, quoique j'aie eu à m'en féliciter. Ceux qui voudront bien m'imiter, en exécutant le plan que j'ai tracé, y trouveront un semblable avantage. Je me bornerai seulement à rendre compte de deux faits.

Dans une pièce de terre appartenant à un fermier, j'ai pris un espace de 28 perches de 22 pieds carrées, d'une bonne qualité, sans être de la première ; elle avoit été bien préparée et à la manière ordinaire : 14 de ces perches ont été ensemencées avec 28 livres de froment, ou 2 livres par perche, selon l'usage des fermiers qui sèment le plus clair ; les 14 autres perches ont été ensemencées avec chacune une livre de froment.

Celles-ci ont produit des tiges fortes et élevées, qui ont donné cent quarante livres de froment, déduction faite de la semence ; les premières ensemencées avec le double de grain n'ont produit en tout que quatre-vingt-quatorze livres, ou seulement soixante-six livres, en déduisant la semence, proportion que n'a pas excédée le produit du reste de la pièce de terre et des champs des environs, où les tiges étoient foibles et basses.

Un possesseur de quelques arpens de terre, apercevant l'utilité de ces recherches et attentif à suivre des expériences qui se faisoient sous ses yeux, s'est déterminé en même temps à voir par lui-même les effets d'une diminution de semence de deux champs de la meilleure qualité du pays, contenant chacun vingt perches, et en tout semblables ; il a ensemencé l'un avec trente-six livres de froment, et l'autre avec quarante-cinq livres ou un cinquième de plus, mesure ordinaire pour les petites pièces de terre, où il en faut un peu plus que dans les grandes. Il a retiré du premier trois cent cinquante-trois livres, et du second deux cent soixante-cinq livres de produit réel, en déduisant la semence, d'où il suit que le dernier, dans lequel il avoit répandu un cinquième de plus de semence, lui a rendu un tiers de moins.

Ces expériences se trouvent confirmées par celles que M. de Mala-Spina a fait présenter autrefois à l'académie des sciences, dont il résulte qu'après une certaine proportion, qu'il détermine pour son pays, plus on répand de semence dans les champs, plus leur produit diminue.

En ne s'attachant qu'à celle des deux expériences que j'ai

rapportées, dont la différence de la semence et du produit comparés est la moindre, c'est-à-dire à la seconde, il s'ensuit qu'en ensemençant un arpent de cent perches à vingt-deux pieds, avec cent quatre-vingts livres de froment au lieu de deux cent vingt-cinq qu'on est dans l'usage d'employer, on peut récolter quatre cent quarante-une livres de froment de plus dans une terre de bonne qualité. Peut-être la disproportion auroit-elle été encore plus grande, si le propriétaire des deux champs eût osé retrancher plus d'un cinquième de la semence.

La première expérience offre des résultats comparés plus satisfaisans encore, puisqu'elle prouve qu'en ensemençant un arpent avec cent livres, au lieu de deux cent vingt-cinq livres, on peut récolter quatre cent quatre-vingt-quinze livres de plus dans une terre même médiocre.

On seroit d'après ces faits bien loin de l'exagération, si on supposoit qu'un village qui cultive chaque année cinq cents arpens de terre en blé, et le nombre en est grand dans quelques provinces, pourroit accroître son produit annuel de trois cents setiers de froment, si les cultivateurs qui l'habitent se persuadoient qu'ils répandent trop de semence. Je n'ose me permettre d'étendre ce calcul à toutes les provinces où le même abus a lieu. On ne pourroit s'empêcher en le vérifiant d'être affligé de ce qu'une erreur si accréditée fait tant de tort à tout un empire; le temps, sans doute, qui déjà l'a dissipée en partie, la dissipera entièrement, et déjà j'en entrevois l'espérance, depuis que des cultivateurs, plus éclairés que les autres, se permettent des essais que leurs pères n'auroient pas tentés. C'est aux physiciens qui auront aimé les travaux des champs que sera dû ce changement, lent à s'opérer. On sait mieux que jamais que ce n'est pas une vaine théorie qui instruira les cultivateurs français, mais une suite d'expériences, et faites d'une manière si simple, qu'ils puissent facilement eux-mêmes en saisir les résultats.

Il y a trois sortes d'e semencemens; l'un à la volée, un autre au semoir, et le troisième au plantoir. Le plus universellement employé est celui à la volée. Dans les grandes exploitations, au moment où l'on veut semer, on fait porter aux champs, soit en voiture, soit à dos de chevaux, le blé tout préparé, et on place les sacs qui le contiennent à différentes distances, pour qu'ils soient à la portée de la personne qui doit semer, et pour gagner du temps. Ordinairement c'est la fonction du principal laboureur ou maître charretier, quelquefois du fermier ou métayer lui-même, qui ne la cède point à d'autres. Elle exige de l'intelligence et de la force. Celui qui doit semer se sert d'un espèce de tablier long, de toile, qu'il passe entre ses bras, au milieu duquel il place du blé

et dont il entortille l'extrémité autour de son bras gauche. Dans
certains pays c'est l femme du fermier ou la maîtresse
servante qui sème. A la vérité elles n'y résisteroient pas s'il
falloit ensemencer une quantité de terres considérables. E les
portent le blé dans un panier, moins commode sans doute
que le tablier, mais souvent nécessaire pour des femmes. Le
semeur prend ses mesures pour que tout le champ ait une
égale quantité de semence le mieux espacée possible. Calculant la distance où sa main peut lancer le blé, il n'en embrasse pas au-delà, et règle ses pas en conséquence; il
garnit davantage tous les bords du champ, plus exposés à des pertes que le milieu. On s'abstient de semer quand
il fait grand vent, ou, si on y est forcé, on baisse la main
pour que le grain ne soit pas emporté.

Suivant les pays et la nature du terrain. on recouvre le
blé semé, soit à la CHARRUE, soit avec la HERSE. *Voyez* ces
mots. Dans le premier cas, le semeur précède le laboureur,
qui ne pique pas à une aussi grande profondeur que dans
les labours précédens, pour que la semence ne soit pas trop
enterrée. C'est dans les terres fortes qu'on emploie la charrue
au lieu de la herse, parceque par cette dernière opération
on leur donne une façon de plus, et qu'on ne sauroit trop les
diviser.

Pour bien recouvrir le blé à la herse, il faut des attentions
dont tout le monde n'est pas capable. On se sert ordinairement
de femmes ou de jeunes garçons pour conduire les chevaux
qui traînent chacun un de ces instrumens. Souvent il y a huit
ou dix ou plus de ces animaux attachés ensemble, et disposés
à côté les uns des autres, de manière que le deuxième soit un
peu plus bas que le premier, et ainsi des autres. Le conducteur
tient le premier par la longe. Cette réunion est embarrassante,
sur-tout quand on parvient aux extrémités des champs pour
revenir dans l'autre sens. Le fermier ne manque jamais de surveiller ce travail, pour que tout soit bien enterré, et que de
temps en temps on dégage les herses des racines et pierres
qu'elles entraînent.

Un semeur peut avoir une marche irrégulière et de fréquentes distractions qui lui font répandre inégalement de
la semence; souvent on a à se défier de sa bonne volonté
et de ses habitudes; il arrive quelquefois que celui qui dans
une ferme sème bien est malade, ou absent dans un moment où le temps est favorable, ou lorsqu'on a à craindre qu'il
ne se dérange, enfin rien n'est plus fatigant que l'ensemencement d'une exploitation forte Pour s'en convaincre on n'a
qu'à se représenter un homme qui, pendant quinze jours ou
trois semaines, dans deux saisons de l'année, du matin au

soir, hors les heures du repas, parcourt des guérets, dans lesquels ses pieds enfoncent et se chargent de terre, courbé sous un poids considérable de blé, qui appuie sur son ventre ou son côté, et sur un de ses bras, tandis que l'autre est continuellement dans un mouvement violent d'extension, enveloppé d'un tourbillon de poussière de chaux mêlée à des ingrédiens plus ou moins dangereux dont il avale une partie avec l'air qu'il respire. Ces motifs, ces considérations puissantes, ont fait imaginer des machines, auxquelles on a donné le nom de SEMOIRS, qu'on fait tirer par des chevaux ou des bœufs. *V.* ce mot. Malheureusement tous ceux qu'on a jusqu'ici annoncés pour remédier aux inconvéniens de l'inégalité de semence, et pour n'en faire répandre que la quantité qu'on désire, n'ont pas rempli leur but; du moins ceux que j'ai vu manœuvrer sont dans ce cas. Les uns ne permettent pas à la semence couverte de chaux de couler facilement de la trémie; elle s'arrête, engorge et obstrue l'ouverture. Les autres sont trop compliqués pour être dans les mains de domestiques, la plupart maladroits, et hors de la portée des cultivateurs, à cause du prix auquel ils reviennent. On trouveroit difficilement dans les campagnes des ouvriers pour en faire et pour les réparer. Il faut compter pour quelque chose le temps qu'on met à remplir la trémie, qui ne peut jamais avoir une grande capacité, chaque fois qu'elle est vide. Le terrain ayant souvent des pierres et des mottes, le semoir éprouve des secousses; il faudroit encore que les animaux dont on se serviroit pour le tirer fussent constamment dociles, doux, marchant d'une manière régulière. D'après ces considérations, il me semble qu'il est bien difficile d'attendre de l'avantage des semoirs pour l'ensemencement du froment : je n'en nie pas la possibilité; la mécanique et l'industrie ont des moyens et des ressources qu'il ne faut ni écarter ni refuser. J'élève seulement des doutes, et je pense que, malgré les inconvéniens qu'on peut justement reprocher à l'ensemencement actuel à la main, c'est jusqu'ici ce qu'il y a de moins imparfait, et qu'on peut en tirer plus d'utilité qu'on ne fait, si on surveille le semeur, si on exige qu'il combine bien ses pas avec le terrain qu'il embrasse et la quantité de grain qu'il prend pour chaque projection, si on accoutume dans une ferme plusieurs domestiques à bien semer, enfin si, au lieu de mêler dans les lessives de chaulage des drogues très nuisibles, on les supprime, ce qu'on peut faire avec d'autant plus de raison qu'elles sont inutiles.

La troisième manière est de semer au plantoir. Dès 1793 on répandoit en France que les Anglais l'avoient adoptée et s'en louoient beaucoup. La première annonce est dans les Feuilles du cultivateur, n°s 74 et 80 de cette même année. La Bibliothèque Britannique ensuite en a entretenu ses lecteurs, troisième volume, partie d'agriculture. Des essais, qui n'ont pas été suivis, furent d'abord commencés dans le parc de Sceaux par la commission d'agriculture. M. de La Rochefoucault, profitant des circonstances qui le tinrent plusieurs années éloigné de sa patrie, avoit étudié cette pratique en Angleterre. De retour en France, il a cherché à la faire connoître par des ensemencemens dans sa propriété de Liancourt, dont il a rendu compte en l'an 9 et en l'an 10. Les détails qu'il en donne, ses vues philantropiques très connues, l'idée que par cette méthode on pourroit économiser beaucoup de semence et obtenir de plus forts produits, firent ouvrir les yeux sur cet objet important. Il s'éleva quelques contradicteurs ; des personnes arrivant d'Angleterre assurèrent que l'ensemencement au plantoir étoit abandonné dans les pays qui en avoient fait usage. On pensa aussi qu'avant de prononcer sur le degré d'utilité dont il pouvoit être, il falloit que les expériences fussent répétées plusieurs années de suite dans différens lieux, et que le succès en fût bien confirmé. Dailleurs il pouvoit se faire qu'on eût raison d'y renoncer dans certains cantons, où il avoit d'abord été admis trop légèrement, et qu'il convînt de l'introduire dans d'autres. Conformément aux intentions du ministre de l'intérieur et de la section d'agriculture de l'institut, qui avoit eu en communication les mémoires de M. de La Rochefoucault, je m'occupai à vérifier ses expériences dans le parc de Rambouillet, en les multipliant dans les diverses parties de ce parc. M. de La Rochefoucault, que j'en prévins, envoya la personne qui avoit dirigé les ensemencemens de ce genre dans sa propriété de Liancourt, et me prêta un de ses plantoirs pour servir de modèle. Cet instrument consiste en un manche au bout duquel est une poignée garnie de bois pour en rendre le maniement plus doux. Le reste est en fer ; il se divise inférieurement en deux branches, terminées par des cônes renversés, dont le sommet est destiné à former les trous pour placer les grains. Un homme tient un plantoir à chaque main, marche à reculons, dirigé par les sillons, et fait à la fois quatre trous, que bientôt l'habitude lui apprend à espacer également. La pesanteur du plantoir aide ses efforts. Pour éviter la confusion, j'attachai un enfant ou une femme à chaque rang de trous pour y placer les grains. Tout se fit avec la plus grande exactitude. Je constatai l'état, la nature et l'exposition du terrain ; je pris des notes de la quantité de blé qui fut employée, des journées d'hommes et de celles des femmes ou des enfans. A côté d'une pièce ensemencée au plantoir, j'en fis semer une à la volée pour comparaison. Dans plusieurs endroits les trous du plantoir furent espacés à quatre pouces, dans d'autres à cinq. Je faisois mettre trois grains dans chaque trou d'un sillon entier, deux dans le sillon qui touchoit, un dans un autre.

En quatre jours un homme et quatre enfans ensemençoient un demi hectare ou cent perches de vingt-deux pieds carrés (un arpent royal), dans les derniers jours d'octobre. En formant quatre ateliers, chaque jour il y avoit un demi-hectare ou un arpent semé de cette manière. Après l'ensemencement d'un sillon au plantoir, on passoit dessus légèrement une herse faite avec des branchages d'arbres qu'on lioit ensemble, et qu'un cheval ou des hommes traînoient.

Les sarclages pendant la végétation ne furent pas négligés. Je calculai les frais comparés des récoltes, qui furent mises et battues à part ; on pesa les pailles.

Tous les faits, toutes les observations, tous les calculs relatifs à cette sorte d'opération sont consignés dans les Annales de l'agriculture française, tom. 9, 11, 13 et 20. Je vais présenter ici seulement, comme le plus intéressant, les conséquences que j'ai pu tirer de mes expériences de Rambouillet.

1° Quand on emploie la méthode de l'ensemencement au plantoir, il suffit de mettre deux grains dans chaque trou, en espaçant les trous à quatre pouces les uns des autres, dans un terrain qui ne soit pas au-dessous du médiocre.

2° Cette pratique convient au particulier possesseur de quelques champs seulement, qui, en se chargeant lui-même avec sa famille de les ensemencer, se rend indépendant du laboureur et ne laisse pas échapper le moment favorable ; par exemple, dans les pays de vignobles, où il y a quelques portions de terres ensemencées habituellement, ou de temps en temps entre les vignes.

3° Il y faut renoncer pour les terres fortes et pour les terres légères, à moins que par des amendemens convenables à leur nature on ne les ait disposées à cette sorte de culture.

4° L'ensemencement au plantoir a de l'avantage sur celui à la volée, lorsque le blé est cher et dans les pays où les bras sont nombreux et les salaires à bon marché. Il est à désirer même qu'il soit employé d'une manière étendue dans les années de disette, parcequ'il laisse plus de grains à la consommation.

En calculant à quel prix doit être le froment et la main d'œuvre, pour qu'il y ait compensation dans l'une et l'autre méthode, j'ai trouvé qu'en supposant le prix de la main-d'œuvre constamment le même, l'avantage qu'il y a d'ensemencer au plantoir cesse, lorsque le froment est à 13 francs 74 centimes l'hectolitre (cent cinquante-quatre livres pesant), où il devient zéro ; alors commence l'avantage pour l'ensemencement à la volée.

J'observe d'ailleurs que, comme le profit de l'ensemencement au plantoir est en raison inverse de l'ensemencement à la volée, et qu'en prenant 13 francs 74 centimes pour le prix où l'une des méthodes n'a aucun avantage sur l'autre, il est clair que l'augmentation ou la diminution de l'avantage ou du désavantage suivra, à partir de ce point, la progression croissante ou décroissante des nombres naturels, 1, 2, 3, 4, etc.

Pareillement en supposant le prix du froment toujours le même, et celui de la main-d'œuvre variable, l'avantage en faveur de la méthode au plantoir cesse, lorsque la journée d'homme est à 2 francs 25 centimes, et celle d'enfant à 75 centimes.

On voit que l'avantage de l'une ou de l'autre méthode dépend absolument des différentes variations que peuvent subir et le prix de la main-d'œuvre et celui du froment; que quand à celui-ci, il n'est guère possible qu'il tombe à un si modique prix (13 francs 74 centimes l'hectolitre), pour faire perdre entièrement à l'ensemencement au plantoir son bénéfice; qu'il n'en est pas de même du prix de la main-d'œuvre qui, dans beaucoup d'endroits, peut être porté à 2 francs 25 centimes pour homme, et à 75 centimes pour enfant.

On peut supposer que le prix de la main-d'œuvre et celui de la semence varient à la fois; ce qui entraîneroit des calculs immenses, et dans le détail desquels je ne crois pas devoir entrer, parcequ'ils mènent à une formation de tables fort longues. Il me semble avoir assez fait, en indiquant seulement de quel point on pouvoit partir, pour calculer l'avantage ou le désavantage qu'on a à ensemencer au plantoir ou à la volée.

En spécifiant ici les cas où l'ensemencement au plantoir commence à être avantageux, et ceux où il cesse de l'être, je suis parfaitement d'accord avec M. de La Rochefoucault, qui a tout dit par cette phrase que je crois devoir répéter : « Là où cette méthode est possible, elle est avantageuse. » (Tom. 13, pag. 70 des Annales de l'agriculture française). C'est comme s'il avoit dit, « rejetez-la si le terrain ne le permet pas, si le blé est à bas prix, s'il n'y a pas assez de bras, etc., etc.»

C'est donc à chacun à examiner les circonstances où il se trouve pour savoir s'il doit faire usage de cette méthode.

On ne s'est pas borné à proposer de semer le blé au plantoir, on a dit aussi qu'il étoit avantageux de le multiplier en le transplantant ou le repiquant. Il y a long-temps qu'on savoit qu'en partageant des touffes de blé, et en plaçant à part dans la terre les brins qui provenoient de la séparation, on pouvoit en obtenir de bonnes récoltes; mais on ne se prêtoit que dans très peu de pays à cette opération, à cause du détail minutieux qu'elle exigeoit. Cependant il y a des cas où elle peut être très utile. Quand des pluies abondantes ont empêché en automne d'ensemencer celles des terres pour lesquelles la grande humidité est un obstacle, quand des débordemens de rivière ont détruit des grains qui avoient bien levé, alors certainement le repiquage est une ressource, si on n'a pas la facilité de remplir les champs maltraités par des ensemencemens de blé ou autres grains de mars ; ceux-ci, d'ailleurs n'ayant qu'une végétation rapide, ne produisent pas autant de grains que ceux qui, semés en automne, sont replantés au printemps. Ces considérations ont déterminé en l'an 10 la société d'encouragement, pour l'industrie nationale, à proposer deux prix, un de 1000 fr. pour le cultivateur qui auroit repiqué, c'est-à-dire transplanté au printemps dans un plus grand espace de terrain des grains semés en automne ; et un de 600 fr. pour celui qui en auroit le plus approché. M. de La Bergerie, préfet de l'Yonne, qui a de grandes connoissances en agriculture, donna à ses administrés la même année une instruction sur la manière de procéder, et leur fit sentir les avantages qu'ils en retireroient. Ils en avoient d'autant plus besoin, que leurs terres avoient été inondées par cinq rivières, et par plusieurs ruisseaux débordés. M. Daly, du département de la Drôme, M. Vilelle, de celui de la Haute-Garonne, M. Poulet, de Salon, département des Bouches-du-Rhône, etc., se livrèrent à des expériences, en formant en automne de petites pépinières de blé, dont ils repiquèrent des parties au printemps. Les prix ont été distribués aux uns, et des médailles d'encouragement à quelques uns des autres. (*Voyez* les Annales de l'agriculture française.) On a été convaincu du succès, sans prétendre que cette méthode dût être substituée aux ensemencemens ordinaires, assuré qu'en repiquant ou transplantant du blé, il prend bien et donne des épis qui mûrissent. Le cultivateur attentif doit réserver cette pratique pour réparer les dégâts partiels des pluies d'hiver, comme je sais qu'on le fait de temps immémorial dans la Belgique.

Le froment, si la terre est humectée avant ou s'il pleut bientôt après l'ensemencement, ne tarde pas à lever, à moins qu'un froid rigoureux ne le surprenne, comme je l'ai vu dans l'hiver de 1788 à 1789 ; la gelée survint au mois de novembre, et continua jusqu'à la fin de janvier suivant ; ce ne fut qu'à cette époque que les fromens qu'on avoit semés en novembre se montrèrent ; jusque-là ils étoient restés dans la terre sans aucune végétation. Ce retard ne leur fut pas nuisible ; ils poussèrent avec rapidité ; et, ce qui étonna, la récolte fut hâtive et abondante.

Tant que la jeune pousse du blé n'est pas hors de terre, elle est blanche ; aussitôt qu'elle a pointé, elle prend une couleur

verte dans la plupart des espèces et variétés, et rougeâtre dans
certaines, comme dans le seigle. Je ne sais à quoi attribuer
cette différence, qui est très réelle. Quelques jours après cette
dernière couleur disparoît, et on ne voit que des tiges et des
feuilles vertes.

Deux faits me paroissent mériter ici leur place, parcequ'ils peuvent faire faire des réflexions utiles. On lit dans
les Mémoires de l'abbé de Marolles, édition de 1755, page 96,
le passage suivant, à l'occasion d'un feu d'artifice que les
carmes déchaussées firent tirer pour la canonisation de sainte
Thérèse en 1622. « Le plus éclatant des feux fut celui des
carmes déchaussés, qui se fit à la vue de tout Paris sur une
plate-forme élevée au-dessus de leur église. La plaine de Grenelle, qui n'en est pas loin, étoit alors verdoyante par le blé
qu'on y avoit semé ; mais la foule des carosses la pétrit de telle
sorte, qu'on put croire qu'il n'y leveroit pas un seul épi ; cependant elle parut depuis si abondante, sans qu'on y eût semé
d'autre blé, que cela passa pour une espèce de miracle parmi
ceux qui ne savent pas qu'un champ semé ne reçoit pas de
dommages par les chariots, ni par les pieds des chevaux, quand
les tuyaux ne sont pas encore formés, pourvu qu'on n'en foule
les herbes qu'une seule fois. » Ce que l'auteur auroit dû ajouter, c'est que la plaine de Grenelle étoit une terre très légère,
à laquelle le foulage des carrosses, chevaux et hommes a donné
de la compacité, et qu'il a en même temps rechaussé utilement les racines ; si c'eût été une terre argileuse, cette circonstance auroit anéanti l'ensemencement.

Dans une terre de la nature de celle de Grenelle, un fermier
sous mes yeux ayant semé du froment, sans avoir eu le temps
d'y porter de l'engrais, y fit parquer son troupeau au mois de
novembre. Les animaux mangèrent les fanes vertes qui avoient
quelques pouces de hauteur, et en se couchant tassèrent et ser-
rèrent le sol, de manière qu'il donna une très bonne récolte.

Ces deux faits s'accordent avec une pratique, que j'ai vu en
usage dans plusieurs fermes du pays de Caux. On passe sur les
blés au printemps des chariots très lourds.

On n'aime point que les fromens d'hiver soient trop avancés
avant cette saison, soit parcequ'ils épuisent en pure perte leur
végétation, soit par quelque autre cause ; ils donnent moins
de grains que ceux qui n'ont pris que peu de force quand le
froid a arrêté leur végétation.

Cette plante, sans doute, résiste généralement bien à la
rigueur des mauvais temps. Cependant il y a des circonstances
où des parties de champs gèlent et périssent ; on a vu même
des récoltes entières, ce qui heureusement arrive très rare-

ment, ne donner aucun épi ; on se souvient toujours de l'hiver de 1709. Alors ce ne fut point l'excès du froid qui détruisit tous les blés, mais une gelée qui succéda rapidement à un dégel. On fut obligé de labourer les terres qui avoient été ensemencées et d'y mettre des grains de mars, de l'orge sur-tout, qui eut un succès étonnant.

Les pluies abondantes et les débordemens de rivière ne font pas moins de tort que les gelées au froment d'automne , si, sur les champs qui en sont ensemencés, l'eau séjourne quelque temps ; elle en pourrit totalement les racines et la fane même. Un cultivateur intelligent peut, jusqu'à certain point et dans certaines circonstances, prévenir le premier accident, en formant dans ses champs des raies profondes auxquelles il donne de la pente. *Voyez* LABOUR. Quant aux débordemens, excepté là où des digues seroient faciles et peu coûteuses, il est impossible d'en empêcher. *Voyez* DÉBORDEMENT. Quand on éprouve ce malheur, il n'y a de moyen d'en diminuer la perte qu'en retournant la terre pour y semer quelque autre grain.

Au printemps la végétation du froment se ranime; mais il a bien des dangers à courir encore. Si de mauvaises herbes l'infestent, il faut le sarcler avec soin. Plusieurs moyens se présentent. Quelquefois, si ce sont des herbes traçantes et difficiles à arracher, on traîne sur le champ une herse de fer, qui, à la vérité, déracine des brins de blé, mais dédommage par le petit labour qu'elle donne à ce qui reste, et par l'enlèvement des plantes qui l'auroient étouffé. *Voyez* HERSAGE. Le plus ordinairement on sarcle à la main ; dans plusieurs pays cette opération se fait par des femmes , qui vont d'elles-mêmes, sans demander de salaire, cueillir ces herbes pour en nourrir leurs vaches. On ne doit pas s'y fier, parcequ'elles ne les ramassent pas toutes , allant de place en place prendre les plus apparentes, sans toucher à celles qui piquent ou qui ont des racines profondes. Il vaut mieux faire faire ce travail , en payant, par des personnes qui, commençant par une extrémité d'un champ, le suivent jusqu'à l'autre, examinant tout et ne laissant rien de ce qu'il convient d'ôter. Dans la ci-devant Normandie, on nettoie les blés avec une tenaille de bois qui , par la longueur des leviers , a de la force. Elle convient sur-tout pour détruire les chardons et les patiences , etc. On saisit le temps où la terre a assez de mollesse pour que les racines de ces plantes se tirent bien sans se casser. Cet instrument est préférable à un petit outil coupant qu'on adapte au bout d'un bâton, et dont on se sert dans la plupart des pays: couper ces plantes, les chardons particulièrement, n'est pas les détruire ; au contraire, pour un qu'on coupe, il en pousse plusieurs de la racine. Si un seul sarclage ne suffit pas on en donne deux ; il faut qu'ils soient faits avant que le blé ne puisse plus être foulé sans l'exposer à se casser ou à ne se plus relever. *Voyez* le mot SARCLAGE.

La grande sécheresse empêche le froment de monter, si elle a lieu au commencement du printemps ; si c'est à l'approche de l'été, la tige et les épis ne font plus de progrès ; la maturité s'accélère trop ; le grain, en se formant, ne grossit pas, il devient ridé et ne contient que peu de farine. Là où l'irrigation est praticable, on se garantit de ce mauvais effet.

S'il survient des orages qui amènent subitement une grande quantité d'eau, elle opprime les blés qui restent couchés et dans le cas d'être surmontés par les mauvaises herbes que l'humidité fait croître. Ils deviennent difficiles à moissonner, la paille et le grain perdent leur qualité. Les vents violens font à peu près le même mal.

On sait combien est funeste la grêle, qui, selon qu'elle est grosse et moins accompagnée d'eau, détruit en totalité ou en partie des récoltes. Celle du 13 juillet 1788 fut une des plus remarquables par les dégâts qu'elle causa, par l'étendue du pays qu'elle ravagea, et par les suites qu'elle eut. En deux mots, elle affligea plus de cent cinquante lieues de pays, sur une largeur de dix à douze lieues, et fit tort à la France de plus de 25,000,000. J'en ai donné la description et les détails exacts dans les Mémoires de l'académie royale des sciences, années 1789 et 1790, avec une carte de cet orage. Toutes les grêles ne sont pas aussi désastreuses, et cependant font beaucoup de tort. Il n'y a pas d'année où, en France, ce fléau ne ravage quelques cantons. Les environs des montagnes y sont plus sujets que les plaines découvertes. Dans le voisinage de la mer, qui a bien ses inconvéniens, on est communément à l'abri de ses effets, car la mer entraîne presque tous les orages. On a plus à les craindre dans les départemens méridionaux que dans ceux du nord. Il y a telle commune où, sur quatre ou cinq récoltes, on s'attend à en perdre une par cet accident. Le temps des grêles est celui des grandes chaleurs ; alors les fromens, comme les autres fruits de la terre, sont en risque, et rien ne peut les en garantir.

Une grêle extraordinaire, qui survient à l'époque où le froment est près de sa maturité, laisse peu de moyens de diminuer la perte qu'elle occasionne ; on n'a d'autre ressource que d'ensemencer le sol en vesce et en moutarde, qu'on peut encore récolter en vert, pour les bestiaux, en sarrasin ou navette, qu'on retourne pour faire un engrais, en navets, qui ont le temps de mûrir. Je suppose que le climat ne soit pas trop froid. On est dans une position plus heureuse si la grêle tombe sur le froment, quand il est encore vert ; par exemple à la fin de mai, dans une latitude de 48 degrés. En laissant les champs dans l'état où les a mis la grêle, il sort bientôt après des racines de nouvelles tiges, quelquefois en plus grand nombre que les premières, pourvu que le temps ne soit pas contraire; ces tiges donnent des épis et du grain, sinon en quantité égale à ce qu'en produisent des champs qui n'ont point été maltraités par la grêle, au moins dans une proportion plus avantageuse que si on eût labouré la terre pour y cultiver autre chose. Pour pousser plus loin les expériences qui m'ont donné ces résultats (*voyez* les Mémoires de l'académie royale des sciences, année 1784), on pourroit couper à compter du 15 avril jusqu'au 15 juin, de huit jours en huit jours, du froment d'automne; on verroit quand il commence ou cesse d'avoir la facilité de repousser assez utilement pour qu'il ne soit pas avantageux de labourer et de resemer les champs.

Après la grêle du 15 juillet 1788, qui avoit répandu beaucoup de blé que je voyois pousser en grande quantité, j'ai voulu me contenter de le faire herser pour avoir l'année suivante une récolte qui n'auroit coûté ni semence ni façon. Je reconnus qu'il ne falloit pas compter sur ce produit, quelque beau qu'il parût. Tout bien calculé, il vaut mieux faire manger ces pousses aux moutons, retourner ensuite les racines, et remettre le champ dans sa culture ordinaire. Sans cela il se couvre de chiendent, qu'il est difficile de détruire.

Différens animaux sont nuisibles au froment, sans parler des grands quadrupèdes, tels que vache, cheval, âne, chèvre, mouton, cerf, daim, sanglier, il a à craindre les lièvres, les lapins, les mulots, les campagnols, les corneilles ou corbeaux, les pigeons, les moineaux, les sauterelles, les vers blancs des hannetons, etc. La négligence ou la mauvaise volonté seules permettent aux cinq premiers de ces animaux d'entrer dans les blés. C'est l'amour de la chasse qui multiplie les bêtes fauves ; à l'égard des mulots, et notamment des campagnols (espèce de rat), ils sont d'autant plus redoutables qu'ils s'accroissent en nombre prodigieux, et désolent quelquefois des pays d'une vaste étendue ; on est effrayé de ce qu'ils peuvent faire lorsqu'on lit les rapports, mémoires et observations insérés dans les Annales de l'agriculture française, tom. 9, 10, 11, 15, 18, à l'occasion des ravages exercés par les campagnols, en l'an 9 et l'an 10, dans les marais desséchés de la partie méridionale de la Vendée et de quelques pays voisins. *Voyez* dans ce Cours d'agriculture les mots CAMPAGNOL et MULOT. *Voyez* aussi les mots CORNEILLE, PIGEON, MOINEAU, SAUTERELLE, VER BLANC, HANNETON.

Pour avoir du froment bien pur et ne pas prendre la peine d'en ôter les épis de seigle en déliant les gerbes, ce qui est un travail embarrassant et long, beaucoup de cultivateurs font parcourir à des hommes ou à des enfans toutes les parties de leurs champs de froment à l'époque où le seigle, qui s'élève plus haut, est épié; armés d'un bâton anguleux, ils abbattent tous les épis de seigle en peu de temps.

Une terre très substantielle donne au blé une telle exubérance de végétation, qu'il verse; on prévient les inconvéniens qui en résulteroient en effanant, c'est-à-dire en coupant la sommité des feuilles sans attaquer l'épi, parcequ'on devance le moment où il doit sortir du fourreau. Quelquefois on est obligé de répéter cette opération.

Le froment est sujet à plusieurs sortes d'altérations, dont les plus connues sont la carie, le charbon, le rachitisme ou avortement, l'ergot et la rouille. La carie est celle qui mérite le plus d'attention, parcequ'elle en diminue le plus la production, qu'elle passe toute entière à la grange avec les gerbes et les épis, qu'elle influe sur la qualité du blé et donne au pain une couleur désagréable. On est parvenu à en bien connoître la cause, à la propager à volonté et à l'empêcher de naître. Des expériences nombreuses ont été faites par Tillet et par moi. D'autres physiciens croient que la carie ne doit pas être regardée comme une maladie, mais plutôt comme une plante parasite de la famille des réticulaires, qui se place entre les balles du blé; telle est l'opinion de MM. Decandolle, Bosc et Bénédict Prevôt. Je n'en nie point la possibilité, quoiqu'il me paroisse difficile, en adoptant cette hypothèse, d'expliquer tant de phénomènes que présente la carie, qu'en supposant que c'est une maladie contagieuse; au reste, peu importe que la carie soit une plante ou une maladie contagieuse, pourvu qu'on ait des moyens d'en préserver les fromens. Ces moyens sont trouvés; les plus certains sont un bon CHAULAGE. *Voyez* ce mot. Le charbon est facile à distinguer de la carie, parceque ce n'est point comme elle une graine renfermée dans des balles, mais une matière noire et charbonneuse qui paroît être formée de la destruction des balles, des barbes et des grains de blé; elle n'a aucune odeur, tandis que la carie, quand on l'écrase, en répand une très infecte. Le charbon attaque beaucoup d'espèces de graminées; la carie ne se voit que dans le froment. Elle en diffère encore parceque les vents la dispersent aux champs et la font disparoître avant que le blé soit moissonné. On a moins écrit sur le rachitisme, parceque cette altération est peu fréquente. On en donnera la description à son article. On voit rarement des épis de froment ergotés, cependant on en voit; le seigle est celle des céréales que l'ergot attaque le plus. La rouille nuit à toutes les graminées et à beaucoup d'autres végétaux. *Voyez* le *Traité des maladies des grains*, dans lequel se trouvent des gravures de carie, de charbon, d'ergot et de rouille. Le rachitisme n'étoit pas assez connu quand j'ai fait dessiner les autres altérations. *Voyez* encore les mots CARIE, CHARBON, RACHITISME, ERGOT, ROUILLE.

Outre les altérations auxquelles le froment est exposé, il s'y mêle quelquefois des plantes qui le rendent moins commerçable, parcequ'elles influent sur la qualité du pain. Entre autres je citerai le muscari des champs (*hyacinthus comosus*, Lin.); le blé de vache , (*melampyrum arvense*, Lin.); la nielle des blés, dit alène (*agrosthemma githago*, Lin.), l'ivraie (*lolium temulenthum*, Lin.). Je me suis assuré de la couleur, de l'odeur et de la saveur que les graines de ces plantes, ainsi que l'ergot, la carie et le charbon communiquoient au pain, par des expériences qui sont consignées dans les Mémoires de la société royale de médecine, années 1780 et 1781. *Voyez* le mot PAIN. J'en parle ici, parcequ'il est difficile d'ôter ces plantes des champs de froment par le moyen des sarclages ; elles sont trop petites aux époques où l'on détruit les autres. On ne peut s'en garantir qu'en les triant des gerbes du blé qu'on destine à la semence, ou par des criblages faits avec beaucoup de soin.

Il y a cette différence dans les époques de la maturité du froment , et par conséquent des récoltes , que d'une extrémité de la France à l'autre on moissonne pendant quatre mois ; on commence dans les pays les plus méridionaux à la fin de mai et on finit au nord vers la fin de septembre. Il n'est pas nécessaire d'indiquer ici les signes de la maturité , tout le monde les connoît. Ce qu'on ne sait peut-être pas par-tout , c'est qu'alors les pailles en se désunissant des tiges font une sorte de cliquetis. L'œil au reste suffit pour juger du moment. On ne doit pas toujours attendre une dessiccation parfaite, surtout pour commencer , quand l'exploitation est considérable, parceque les derniers blés qu'on récolteroit seroient trop mûrs, et pourroient en partie s'égrainer. D'ailleurs du blé mis en tas dans une grange, ou en moie, avant une maturité complète, pourvu qu'il ne soit pas humide , ressuie, se perfectionne et acquiert une belle couleur.

On coupe le froment à la faucille ou à la faux. La première manière est la plus longue ; elle exige beaucoup de monde ; mais les mouvemens en sont doux. On peut s'en servir à toute heure du jour, sans que les épis s'égrainent. Elle convient aux pays chauds. La faux est expéditive à la vérité ; on pourroit en l'employant perdre beaucoup de grains, si c'étoit par la chaleur; mais on fauche plus particulièrement le matin et le soir, parceque les tiges se coupent mieux; et cet instrument est plus usité dans des climats froids, où le blé tient plus fortement dans ses balles. La pénurie de bras, depuis quelques années, a forcé d'y recourir plus qu'à la faucille. On y a trouvé en outre l'avantage de couper les blés plus bas et d'obtenir de la paille plus longue. Il y a deux sortes de faux, l'une à manche long et droit et à crochets, et l'autre à manche court et recourbé sans crochets; celle-ci est la faux flamande. Dans toute la Belgique et dans une partie de l'Allemagne on ne coupe le blé qu'avec cet instrument. *Voyez* les mots FAUCILLE, FAUX.

Le froment étant coupé, on le laisse sur le champ un jour ou deux, ou même plus, suivant son degré de maturité, suivant qu'il est plus ou moins mêlé d'herbes qu'il faut faire faner, et suivant que le temps le permet. On le lie au milieu du jour, quand il n'est pas tout-à-fait assez sec, et s'il l'est assez, lo matin et le soir. Dans le premier cas, on évite qu'il ne fermente en gerbe, et dans le second, qu'il ne s'égraine. Les liens se font ou avec du bois flexible, ou, ce qui est préférable sous bien des rapports, avec de la paille de seigle, ou de blé même, battue à l'avance, ou sans être battue et prise sur la javelle. On met les gerbes en tas, pour avoir la facilité de les donner aux charretiers qui conduisent et chargent les voitures. Tant que le ciel est beau, la récolte se fait avec peu d'embarras; mais s'il vient à pleuvoir, et que le mauvais temps dure, les soins augmentent : on interrompt, on reprend souvent à plusieurs fois la moisson, et on est sans cesse occupé à faire sécher les gerbes, pour pouvoir les emmener. L'industrie a fait imaginer de les arranger par divisions d'une douzaine, les épis en haut, laissant entre elles un petit intervalle pour la circulation de l'air. On les couvre toutes supérieurement avec une de ces gerbes qu'on écarte et qu'on dispose en chapeau; les épis en bas et qu'on lie. Si l'on craint qu'un seul lien ne suffise pas pour la retenir contre l'effort du vent, on en ajoute un second. J'ai vu cette pratique dans quelques parties de la Belgique et dans les Ardennes; elle m'a paru bien entendue.

Pour perdre le moins possible de grains, il y a des cultivateurs qui mettent de grandes toiles sous les voitures.

On entasse le froment ou dans des granges, ou dans des moies ou meules, placées dehors et près de la ferme. Les pays de grande culture, tels qu'il y en a dans le nord de la France, renferment la majeure partie des gerbes de leurs récoltes; ils ne font des moies que quand ils n'ont pas assez de granges, ou que la récolte est plus abondante qu'à l'ordinaire. Je ne connois pas d'endroits où on les fasse mieux que dans les environs de Paris. Souvent le blé y reste un an ou deux sans être battu; il est donc essentiel qu'elles soient bien construites. Tout l'art consiste à les élever au-dessus du sol par le moyen de fagots ou de pierres, et à leur donner une forme pyramidale qui les empêche d'être dérangées par les vents, et fasse couler la pluie sur la paille longue dont on les recouvre, sans que l'intérieur soit mouillé. Dans les climats méridionaux, pays de petite culture, on n'attend que la fin de la moisson pour battre tout le froment et le serrer dans les greniers. Les granges y sont inutiles; on réunit auprès de l'aire toutes les gerbes.

L'action de séparer le froment de ses balles est le battage. Dans la plus grande partie de la France, l'on ne bat qu'avec l'instrument appelé *fléau.* Les pays méridionaux, tels que les ci-devant Gascogne, Languedoc, Gévaudan, Provence, Comtat Vénaissin, Dauphiné, Roussillon, etc., font fouler leurs blés par les pieds des animaux; encore plusieurs cantons de ces pays se servent-ils du fléau seul, ou concurremment avec le foulage, ou pour le compléter. En général dans les climats chauds, où les espèces ou variétés de froment tiennent peu dans leurs épis, et où la chaleur en rompt facilement l'adhérence, on se trouve bien du foulage, qui ne réussiroit pas dans les climats froids et tempérés, tant à cause des espèces ou variétés de froment qu'on y cultive, que de la difficulté de les séparer de leurs enveloppes.

Dans certaines circonstances on bat le blé au tonneau ou à la table; c'est un bon moyen pour obtenir de la semence grosse et pure et avoir de la paille propre à faire des liens. Pour cette opération on établit près d'un mur un tonneau ou une table, le batteur délie la gerbe, prend autant de tiges que ses mains peuvent en embrasser, présente les épis du côté du tonneau ou de la table et frappe à grands coups pour en faire jaillir tout le froment, qui se répand dans l'aire et en plus grande quantité entre le mur et le tonneau ou la table.

Au lieu de faire fouler le froment par les pieds des animaux, on a imaginé depuis quelque temps, pour l'usage des pays méridionaux, un rouleau que traîne un cheval ou un mulet. Ce moyen paroît économique et propre à accélérer l'opération. J'ai donné dans l'Encyclopédie méthodique des détails sur les diverses manières de battre. *Voyez* les mots BATTAGE, et ROULEAU A DÉPIQUER.

Il ne suffit pas de bien cultiver le froment, il faut encore en conserver les récoltes. Les animaux l'attaquent avec voracité; il est très sujet à fermenter, motifs qui doivent engager à en prendre soin. Cet objet est de la plus grande importance. Je l'ai traité dans l'Encyclopédie méthodique avec tout le développement dont il m'a paru susceptible; je crois devoir y renvoyer. On y verra que le blé se conserve, 1° en gerbes dans des granges ou bâtimens fermés, ou au dehors dans des meules ou moies, ou gerbiers ou chaumiers ; 2° en épis séparés des tiges, ce qui est rare et ne peut avoir lieu que pour de petites quantités ; 3° en grains, sortis des balles et mêlés avec elles, soit dans des greniers, soit dans des granges, les plaçant entre des lits de gerbes pour les tenir secs ; 4° en grains dégagés des balles, nettoyés et purs qu'on porte dans des greniers faisant partie des bâtimens de la ferme et au-dessus de l'habitation, ou dans des greniers isolés et élevés au-dessus du sol comme en Suisse ; 5° dans des paniers de paille en cône renversé, tels que je les ai vus et décrits en 1773 ; 6° en sacs isolés, à la manière indiquée par M. Parmentier ; 7° dans des moies de paille d'orge, comme on le fait dans l'île de Fortaventure, une des Canaries, ainsi que j'en ai été informé et que je l'ai fait connoître ; 8° dans des souterrains ou mettamores ou matmoures, espèces de greniers inaccessibles à l'impression de l'air, sur lesquels le baron de Servières a fait et publié des recherches ; 9° en les exposant au ventilateur, tel que j'en ai vu un à Denainvilliers chez MM. Duhamel ; 10° en les étuvant suivant la méthode de ces deux frères qui en ont donné l'exemple et facilité les moyens ; 11° enfin en les faisant bien sécher au soleil de la manière dont l'a exécuté M. Caillault à l'Ile-de-France, pratique qui ne convient qu'à un pays où la chaleur est grande.

On a trois manières de calculer ce qu'on retire d'un champ de froment en déterminant : savoir, le produit brut, le produit comparé à la semence et le produit net, défalcation de la semence. Si on ne compte que le produit brut, on risque de se tromper, parcequ'il est possible qu'on ait employé plus de semence qu'il n'en falloit ; même erreur si on s'attache au produit comparé à la semence, quand on en a mis trop peu, pour profiter de tout ce que le champ devoit en avoir. Le seul et le plus certain produit est le produit net ; c'est ce qui reste, les frais prélevés. D'après cette base on ne s'égare pas et on sait ce qu'un champ a réellement donné à celui qui l'a cultivé. Il n'y a personne qui ignore que l'on obtient d'un arpent de terre (supposons-le de cent perches, de vingt-deux pieds carrés), depuis trois setiers nets (deux cent quarante liv. ancienne mesure de Paris), jusqu'à huit ou dix, selon que le sol est mauvais ou qu'il est fertile, bien fumé, bien labouré, et selon l'espèce ou variété de froment.

Ce n'est pas en considérant ce que peut produire un grain de blé semé seul, soit exprès, soit par hasard, qu'on doit statuer sur ce qu'on a droit d'attendre d'un champ entier. On se tromperoit étrangement si on raisonnoit d'après quelques faits cités d'une extrême abondance. Ici, un grain a donné trente-sept épis, qui ont rendu seize cent cinquante-trois grains ; là, sur un épi de blé d'Afrique on a compté quatre cents tiges ; ailleurs on a vu d'une seule touffe de blé sortir cent dix-sept tiges. Dans un village de la Beauce, j'ai trouvé soixante épis sur un pied de blé, et soixante-trois sur un autre. Chacun pouvoit avoir douze calices d'un côté et douze de l'autre, et chaque calice contenir quatre grains, ce qui faisoit en tout cinq mille sept cent soixante, etc. Cette manière d'apprécier la production du froment seroit très défectueuse. Elle prouve seulement la possibilité physique d'une grande multiplication. Il y a loin de là à ce que présente la culture en grand. Parmi les grains qu'on sème, beaucoup ne lèvent pas, soit parcequ'ils ont été trop enfoncés, soit parcequ'ils sont recouverts de mottes ou de pierres ou mangés par les animaux : une partie est étouffée par les mauvaises herbes ou par les autres tiges mêmes du blé ; toutes celles d'un pied ne s'élèvent pas assez pour porter des épis, la sève étant employée pour la nourriture des plus fortes : dans les épis plusieurs calices d'en bas et d'en haut n'ont pas de fleurs ; dans ceux du milieu, qui en ont, il y a presque toujours une fleur, et souvent deux qui avortent et ne portent pas de grains ; encore le peu de grains qui résultent des calices du milieu sont-ils petits et moins remplis de farine que les autres, etc. Il faut donc abandonner l'idée qu'avec très peu de blé on auroit une récolte immense, et substituer au possible ce qu'il y a de réel et d'effectif dans une récolte.

L'emploi du froment est trop répandu pour qu'il soit besoin d'en parler. Les tiges vertes conviendroient bien pour donner du vert aux chevaux qu'on croit devoir mettre pour quelque temps à ce régime : tous les bestiaux en sont friands ; les effanures sont mangées avec avidité par les vaches et les bêtes à laine. La paille sèche garnit souvent les râteliers, et sert pour des couvertures de bâtimens, pour des litières et fumiers. Le grain, donné en nature et sans être moulu, nourrit très bien les bestiaux. Les hommes en font des gruaux qu'ils servent sur leurs tables. Le plus grand usage est de le moudre pour en extraire le son destiné à alimenter les animaux de basse-cour, et la farine qu'on pétrit pour faire notre pain. Cette farine est composée de deux substances, l'une amilacée ou amidonnée, et l'autre glutineuse, qu'on a nommée *végéto-animale*, parcequ'elle participe des deux règnes. C'est à elle qu'on attribue la qualité fermentescible du blé. Elle est en quantité plus ou moins considérable dans les différens fromens : il y en a qui par livre en ont cinq onces, tandis que d'autres en ont à peine deux. Le blé de mars m'en a donné plus que la plupart des blés semés en automne. Ayant fumé un champ avec le parcage de mouton et de chèvres, le fumier de cheval, celui de vaches, l'urine de l'homme, le sang de bœuf, des débris de plantes, de la fiente de pigeons et de la poudrette, ou matière fécale sèche, il en est résulté qu'une livre de farine de la portion fumée avec l'urine de l'homme a donné six onces de partie glutineuse; une livre de la portion fumée avec de la poudrette a donné quatre onces, et toutes les autres cinq onces; une partie non fumée a donné le même poids de cette matière. Le froment dont j'avois extrait la farine étoit un froment sans barbes à épis blancs. J'en conclus que l'engrais n'a aucune part à la formation de cette substance, dont la quantité varie à raison des sortes de froment cultivées dans le meme sol.

On moud avec facilité les blés tendres; il n'en est pas de même des blés durs; il faut les humecter un peu auparavant. Dans un essai que j'en ai fait faire, on a employé huit pintes d'eau par setier de Paris (de deux cent quarante livres). On versoit l'eau sur le froment avec un arrosoir, et on le remuoit à la pelle. Au bout de vingt-quatre heures il a été en état d'etre moulu.

Au mot PAIN je donnerai la comparaison des farines de diverses sortes de froment et des qualités respectives des pains qui en résultent. Je réserve aussi pour cet article la manière dont je suis parvenu, avant la révolution, à connoître combien il se consommoit à Paris de cette denrée, ainsi que beaucoup d'autres. L'étendue de celui-ci exige que je m'arrête. (TES.)

FROMENT D'INDE. C'est le MAÏS. *Voyez* ce mot.

FROMENTACÉES. Nom générique des graminées qui se rapprochent du froment, et qui fournissent des grains pour la nourriture de l'homme. On les appelle plus communément CÉRÉALES. *Voyez* ce mot.

FROMENTAL. Espèce du genre avoine, qui fournit un excellent fourrage. *Voyez* AVOINE.

FRONCLE, ou mieux, FURONCLE. *Voyez* CLOU. (VÉTÉRINAIRE.)

FROUMAY. Fromage dans le département du Var.

FROUMENTANE. Synonyme de fromental dans le département du Var.

FRUCTIFICATION. On entend par le terme de fructification l'ensemble des phénomènes qui composent l'acte de la formation des graines, ou, en d'autres termes, de la reproduction sexuelle des végétaux. Les organes de la fructification sont donc ceux de la FLEUR et du FRUIT. (*Voyez* ces mots.) C'est sur les organes de la fructification que sont exclusivement établies toutes les classifications faites sur le règne végétal; et on conçoit d'après cela combien leur étude est importante pour la botanique. Gesner paroît être le premier qui ait senti l'importance de ces organes et la convenance de les prendre pour base des classifications. Examinons cependant jusqu'à quel point cette possession exclusive qu'on leur a attribuée est fondée : si on considère les classifications sous le point de vue pratique, c'est-à-dire quant à la facilité de trouver le nom des plantes, les organes de la fructification ont l'avantage de présenter des formes variées, faciles à définir, et généralement constantes dans chaque espèce; mais il faut avouer aussi qu'ils offrent un inconvénient grave, celui de n'exister que pendant une portion très courte de l'année, de sorte qu'il est impossible de trouver le nom d'une plante dès qu'elle n'est pas en fructification. Il seroit à désirer, sur-tout pour les agriculteurs, qu'on pratiquât des méthodes exactes pour découvrir le nom des plantes hors des époques de leur floraison : les jardiniers distinguent très bien les espèces et même les variétés d'arbres au milieu de l'hiver à l'aspect de leur écorce, de leurs boutons, de leurs ramifications. Pourquoi aucun d'entre eux n'a-t-il consigné dans une classification pratique les marques auxquelles il reconnoît ces arbres? Combien un pareil travail ne seroit-il pas utile pour que les voyageurs, par exemple, pussent pendant l'hiver reconnoître et transplanter dans les jardins les arbres intéressans qu'ils rencontrent? Les plantes germantes offrent une foule de caractères particuuliers d'après lesquels on pourroit les classer et les faire reconnoître, ce qui seroit souvent d'utilité pratique dans les grands jardins. Il en est de même de plusieurs autres organes.

Si nous considérons les classifications sous le point de vue philosophique, c'est-à-dire comme des moyens de grouper les végétaux selon leur degré plus ou moins grand de ressemblance intrinsèque, la question devient plus compliquée. Il me paroît certain que toute fonction, pourvu qu'elle soit complètement connue, peut servir de base à une classification naturelle, et que l'une de ces classifications sera la vérification de l'autre. A cet égard, les végétaux peuvent offrir deux bases principales de classification, les organes de la fructification et ceux de la nutrition. Par quelle raison tous les botanistes ont-ils, d'un commun accord et avec raison, donné la préférence au premier. La cause s'en trouve dans la nature même des végétaux. Un végétal est un être organisé dépourvu de mouvement locomobile; donc il ne peut aller chercher sa nourriture; il faut, pour qu'il puisse vivre, que sa nourriture se présente à lui d'elle-même, qu'il puisse la saisir sans effort quelconque; qu'elle l'entoure pour ainsi dire, puisqu'il ne pourroit diriger vers elle l'organe absorbant. Toutes ces conditions d'existence ont été remplies par les matières inorganiques répandues sur le globe, telles que l'eau et l'air; mais puisque les alimens de tous les végétaux sont sensiblement les mêmes, les organes de nutrition doivent offrir aussi une grande ressemblance entre eux, et c'est en effet ce que l'on observe; par conséquent, il

seroit très difficile, pour ne pas dire impossible, de classer les
végétaux (si ce n'est en quelques groupes généraux), d'après
les organes de la nutrition ; et c'est avec pleine raison que
tous les botanistes ont choisi pour cela les organes de la fructification : observons au reste, à l'appui de ce que j'ai dit plus
haut, que les seules coupes qu'on ait pu établir dans le règne
végétal, d'après les organes de la nutrition, coïncident avec
les classes primitives de la classification naturelle déduite de
ceux de la fructification. *Voyez* le mot VÉGÉTAL. (DEC.)

Dans un très grand nombre de cas, la fructification est le
principal but, et même le seul but de la culture. Il est donc
de première importance pour les cultivateurs de connoître les
moyens de l'assurer ; mais ces moyens sont influencés par tant
de causes perturbatrices, que réellement ce n'est jamais qu'au
hasard qu'on doit des résultats avantageux. Le but de cet ouvrage est principalement de diminuer autant que possible l'action de ces causes. *Voy.* aux mots FÉCONDATION, AVORTEMENT,
COULURE, FLEUR, FRUIT, etc. B.)

FRUIT. Le mot de fruit est employé dans plusieurs acceptions
différentes. Quelquefois les agriculteurs désignent très improprement sous ce nom les tubercules charnus ou autres produits
utiles des plantes ; plus souvent on le réserve aux fruits charnus
qui servent à notre nourriture, et c'est dans ce sens que les
arbres qui les produisent sont exclusivement nommés arbres
fruitiers. Le véritable sens du mot fruit est beaucoup plus général : tout ovaire fécondé est un fruit ; toute plante porte un
fruit ; mais ici il est nécessaire de faire quelques distinctions.
En botanique on distingue, 1° le fruit *simple* qui n'est composé que d'un seul ovaire, par exemple la CERISE ; 2° le fruit
multiple qui est composé de plusieurs ovaires, lesquels appar-
tenoient originairement à une même fleur, par exemple la
FRAMBOISE ; 3° le fruit *composé* ou *aggrégé*, c'est-à-dire formé
par la réunion ou le rapprochement de plusieurs ovaires qui
proviennent originairement de fleurs différentes ; tels sont par
exemple le cône du PIN, la baie du GENEVRIER, le fruit du
MURIER, etc.

La figure réelle du fruit est souvent altérée ou masquée,
parceque certains organes propres à la fleuraison persistent autour de lui, et souvent s'y réunissent de manière à en faire
réellement partie. Ainsi, par exemple, le fruit de l'ACAJOU et
celui de la FIGUE se composent des ovaires fécondés ou du
fruit proprement dit et du pédoncule devenu charnu après la
fleuraison. Le fruit de la FRAISE est composé d'un grand nombre d'ovaires placés sur une espèce de réceptacle que quelques
botanistes modernes ont nommé *polyphore* ; le cône du PIN et du
SAPIN est formé non seulement par les ovaires fécondés, mais par

les bractées persistantes et ligneuses qui les entourent; la noix du CYPRÈS ne diffère du cône que parceque ses bractées sont presque soudées ensemble : et la baie du GENEVRIER, de l'EPHEDRA rentre dans la même classe, et offre des bractées charnues à leur maturité, toutes soudées ensemble. C'est encore la persistance du style qui produit sur les fruits les pointes ou les appendices dont ils sont quelquefois surmontés ; mais aucun organe ne produit plus de changement sur le fruit que le calice ou le périgone. Sous ce point de vue on distingue le fruit *nu ;* c'est celui dont toute la figure se montre dès la base, et dont le calice est libre et caduc, par exemple la cerise ; le fruit *voilé,* c'est-à-dire qui est caché en partie par le calice, lequel n'adhère pas avec lui, par exemple la jusquiame; le fruit *couvert* ou entièrement caché par un calice non adhérent. Quelquefois ce calice qui entoure le fruit devient lui-même succulent, comme dans la blitte appelée vulgairement épinard-fraise. Le fruit *involucré* ou recouvert par les organes extérieurs, tels que le spathe ou l'involucre ; enfin le fruit *adhérent* ou *infère,* c'est-à-dire dont l'ovaire est naturellement soudé avec le calice, par exemple la poire.

Quelle que soit la forme d'un fruit, il est toujours composé de deux parties essentielles : 1° la *graine* ou *semence,* qui est destinée à reproduire un nouvel individu ; elle porte le nom d'ovule avant la fécondation, et de graine après qu'elle a été fécondée ; elle adhère au fruit par un filament particulier qui se nomme *cordon ombilical;* 2° le *péricarpe,* qui est l'enveloppe dans laquelle la graine ou les graines sont renfermées : le lieu du péricarpe auquel les graines sont attachées porte le nom de *placenta.* Pour l'histoire détaillée de ces organes, *voyez* les mots GRAINE et PÉRICARPE.

Ce seroit ici le cas d'énumérer les différentes structures connues des botanistes; mais ces formes se rapportant spécialement à la forme du péricarpe, c'est à cet article seulement que nous les exposerons.

Après avoir étudié d'une manière générale la structure des fruits, il faudroit tracer ici l'histoire de leur développement; mais cette partie de la physique végétale, quoique fort intéressante, n'a pas encore été suffisamment étudiée, et offre en effet beaucoup de difficultés. A peine la fécondation est-elle achevée que les sucs qui nourrissoient également toutes les parties de la fleur cessent d'alimenter d'abord les étamines, puis la corolle, souvent aussi les styles et le calice; ces sucs se dirigent tous sur l'ovaire : ils font d'abord grossir la graine, puis à mesure dilatent le péricarpe. Dans cette période de la vie du végétal, il arrive souvent que les graines avortent. Cet accident, quelquefois régulier dans certaines espèces, paroit tenir à diverses causes très différentes. Tantôt le péricarpe charnu prend un si grand développement que les graines sont comme étouffées dans l'intérieur, et ne peuvent facilement recevoir ni la fécondation ni la nourriture; tantôt l'une des loges de l'ovaire, ou l'une des graines, ayant été fécondée avant les autres, se développe la première, et, par son développement précoce, étouffe et fait avorter ses voisines. C'est à cette cause, très générale dans les végétaux, qu'on doit attribuer certains avortemens constans dans certaines espèces. Ainsi, bien que les ovaires du chêne aient toujours trois loges, le gland n'en a jamais qu'une. Le même fait est très commun dans les palmiers. Une dernière cause de l'avortement des graines qui mérite d'être étudiée, et qui tient aux lois les plus secrètes de la vie des végétaux, est qu'en général les plantes qui se multiplient aisément de boutures donnent peu de graines fertiles. Ainsi, par exemple, les végétaux cultivés de boutures depuis très longtemps, tels que le bananier, l'arbre à pain, la canne à sucre, plusieurs plantes grasses vivaces, ne donnent plus de graines fertiles.

L'anatomie des fruits annonce une différence importante entre les fruits secs et les fruits charnus. Dans les premiers, l'épiderme est muni d'une multitude de pores corticaux qui permettent la transpiration; dans les seconds, au contraire, on ne trouve que peu ou point de pores corticaux : par conséquent, dans ces derniers il n'y a point de véritable transpiration; toute ou presque toute la sève qui y est introduite peut rester dans leur tissu et le développer. Une seconde cause contribue encore à fixer une partie de cette sève dans le tissu du fruit : c'est qu'à sa base se trouvent souvent des articulations ou des nodosités qui empêchent ou retardent la marche de la sève descendante. Il est si vrai que ces deux causes concourent à la grosseur qu'acquièrent les fruits charnus, qu'on peut, en leur donnant plus d'intensité, augmenter la grosseur ou accélérer la maturité d'un fruit. Ainsi, quant au premier objet, on sait que l'un des moyens d'augmenter la grosseur des fruits est de diminuer la foible transpiration qu'ils exercent encore par les pores du tissu cellulaire. C'est dans ce but qu'on les place de préférence à l'abri du vent qui favorise l'évaporation, qu'on les garantit du soleil, et qu'on les enferme dans des sacs ou des bouteilles. C'est pour la même cause que lorsque l'on cueille certains fruits, tels que les pêches ou les poires, avant leur maturité, on doit les tenir dans des lieux obscurs, parceque la lumière favoriseroit trop l'évaporation.

Quant à l'action des articulations pour accélérer la maturité, nous en avons des preuves multipliées dans l'ensemble des phénomènes de la végétation, et une expérience directe vient ici à notre appui. Lanery a remarqué que si l'on coupe un anneau circulaire d'écorce au-dessus d'un fruit, on accélère sa maturité, parcequ'on arrête la marche de la sève descendante.

Parmi les causes qui accélèrent la maturité, l'une des plus singulières sont les piqûres des insectes. Tout le monde sait que les fruits verreux mûrissent avant les autres. Est-ce en empêchant l'arrivée des nouveaux sucs, est-ce en altérant ceux qui sont déjà dans le fruit, est-ce en excitant l'irritabilité de la fibre que les piqûres des insectes accélèrent la maturité? Quoi qu'il en soit, ce phénomène est trop commun dans nos campagnes pour être révoqué en doute.

Pendant la jeunesse des fruits, les sucs qui y arrivent ne servent qu'à les grossir, et ils conservent leur saveur acerbe ou acide jusqu'à la dernière époque de la maturation : alors les pores du tissu cellulaire s'obstruent par le dépôt successif d'une petite quantité de matières terreuses ; celles-ci sont très visibles dans les poires, par exemple. Les pédoncules, obstrués eux-mêmes, ne fournissent plus qu'une moindre quantité de sève ; l'oxygène dû à la décomposition de l'acide carbonique ne pouvant plus s'échapper, se jette sur le mucilage du fruit, le colore et le change en matière sucrée. Cette marche peut même se suivre dans des fruits détachés de l'arbre : elle présente une foule de variations qu'il seroit inutile de rapporter, et souvent difficile d'exposer avec exactitude dans l'état actuel de la science.

L'étude des fruits, des plantes, connue récemment sous le nom de *carpologie*, n'a commencé à prendre quelque précision que sous la main de Gœrtner; elle est d'une grande importance pour l'étude des rapports naturels des végétaux. Les ressemblances qui existent dans les fruits et les graines étant au nombre de celles sur lesquelles on peut établir les classifications les plus sûres, cette étude doit encore intéresser, parcequ'elle présente une multitude de phénomènes curieux.

La plupart des végétaux mûrissent leurs fruits en plein air ; mais il en est quelques uns qui sont doués de la propriété singulière de mûrir leurs fruits sous terre. Ainsi, par exemple, le TREFLE SOUTERRAIN recourbe après la fleuraison son pédicule vers le sol, et ses graines mûrissent sous terre. Dans l'ARACHIDE (*voyez* ce mot) les fleurs inférieures qui sont sous terre sont les seules dont le fruit parvienne à maturité. Dans la VESCE AMPHICARPE on trouve deux sortes de fruits, les uns en plein air, d'autres plus petits sous terre ; mais ces derniers ne sont point, comme on l'a dit, nés sur les racines; ils sont portés sur des rameaux inférieurs qui se sont trouvés comme enterrés et étiolés entre les pierres et les graviers où la plante croît naturellement. (DEC.)

Les fruits proprement dits sont un objet de grande importance pour l'agriculture. Sur eux repose la nourriture secondaire des habitans de beaucoup de parties de la France pendant une moitié de l'année. S'ils ne contiennent pas autant de parties nutritives que les graines et les racines alimentaires, on peut en manger une plus grande quantité sans inconvénient, ce qui en définitif les met sur la même ligne. Leurs sucs abondans ont la propriété de rafraîchir le sang, de lui donner plus de fluidité. Si on les considère du côté de l'agrément, on trouvera qu'eux seuls sont en possession de captiver un grand nombre de sens à la fois. La variété de leurs couleurs attire l'œil et le flatte ; l'odorat est charmé par leur suavité ou le parfum qu'ils exhalent ; leurs formes arrondies et gracieuses invitent la main à les toucher ; enfin la délicatesse de leur chair, leur suc parfumé et leur saveur variée à l'infini réjouissent le palais, font les délices du goût.

On compte en ce moment en Europe environ douze cents variétés, races ou sous-variétés de fruits différens, dont les deux tiers peuvent être servis sur les tables crus, cuits ou confits au sucre. L'autre tiers est employé à faire du cidre ou autres boissons alimentaires. Ces variétés ont été produites par soixante-dix espèces, qui font partie de trente-sept genres différens, et appartiennent à dix-huit familles de plantes distinctes.

Voici ces genres aux articles desquels on renvoie le lecteur.

Amentacées..	Chêne. Noisetier. Hêtre. Châtaignier.	Rosacées.....	Framboisier. Rosier. Azerolier. Néflier. Cormier. Poirier. Pommier. Cognassier. Prunier. Cerisier. Abricotier. Amandier. Pêcher.
Berbéridées..	Vinetier.		
Bicornes....	Airelle. Arbousier.		
Conifères...	Pin.		
Ebenacées...	Plaqueminier.		
Glyptospermes.	Anone.		
Hespéridées..	Citronnier.		
Jasminées...	Olivier.	Sarmentacées..	Vigne.
Laurinées...	Laurier.	Saxifragées...	Groseiller.
Légumineuses.	Caroubier.	Térébinthacées.	Pistachier. Noyer.
Myrthoïdes..	Goyavier. Grenadier.	Urticées.....	Figuier. Mûrier.
Rhamnoïdes..	Jujubier.		

Les fruits des arbres ou arbustes peuvent être rangés sous quatre classes différentes, savoir, les *fruits en baie*, les *fruits à pepins*, les *fruits à noyau* et les *fruits secs* ou *capsulaires*. Cette division est assez généralement suivie par les cultivateurs. D'autres personnes les divisent en fruits d'été, d'automne et d'hiver.

Quoique cette manière de diviser les fruits coupe presque tous les rapports naturels qui existent entre les familles, les genres, les espèces et même les variétés, cependant, comme il ne s'agit pas de classer les arbres, mais seulement d'indiquer les généralités sur les moyens de récolter leurs fruits et de les conserver, on suivra cette dernière division, qui paroît devoir être adoptée ici avec d'autant moins de difficulté, que les fruits de chacune de ses séries exigent à peu près les mêmes procédés pour leur récolte et pour leur conservation. Ces procédés sont très simples pour les fruits d'été et pour la plus grande partie de ceux d'automne, mais ils le sont beaucoup moins pour ceux d'hiver.

Les fruits d'été sont ceux qui mûrissent dans le cours de cette saison, tels que les cerises, les abricots, les framboises, les prunes, les premières figues, quelques espèces de poires, etc. Parmi ceux d'automne, on compte les mûres, les pêches, grand nombre d'espèces de poires, de pommes, de raisins, les figues tardives, etc. Ces fruits destinés à subvenir aux besoins des hommes et des animaux dans une saison où leur sang a besoin d'être rafraîchi par des alimens aqueux, acides et balsamiques, n'ont point la faculté de se conserver, et doivent être mangés aussitôt qu'ils sont mûrs. Tout consiste donc à choisir le point de leur maturité et à les cueillir avec les précautions requises.

La maturité de ces sortes de fruits s'annonce par des signes qui ne sont pas les mêmes dans toutes les espèces, ni même pour toutes les variétés de la même espèce. La grosseur est ordinairement le premier indice qui l'annonce, ensuite la couleur, puis l'odeur.

Lorsqu'un fruit est parvenu à sa grosseur naturelle, qu'exposé à l'action du soleil il est coloré d'une teinte vive, et que l'odeur qu'il exhale commence à parfumer l'atmosphère, alors on peut risquer de le cueillir. Un indice moins variable et plus sûr est celui de la consistance ou de la solidité des fruits. Un fruit pressé légèrement cède-t-il sous les doigts, on peut le cueillir en toute assurance; il est mûr. Mais il faut être extrêmement circonspect sur cette épreuve qui, faite maladroitement sur un fruit délicat dont la maturité est encore éloignée, pourroit le faire pourrir, ou du moins en rendroit le suc âcre et désagréable. C'est sur-tout à l'égard des pêches, des figues, des ananas, des bananes, etc., que cette circonspection devient plus nécessaire.

Lorsque ces fruits sont destinés à n'être mangés que quelques jours après leur récolte, il est à propos de les cueillir avant leur maturité parfaite, et, autant qu'il est possible, de les détacher de leurs branches avec leur queue. S'il s'agit de les transporter à quelque distance, on les place dans des corbeilles, isolés les uns des autres, au moyen des feuilles de vigne, pour qu'ils ne se froissent pas, et on a soin qu'ils n'éprouvent en chemin que le moins de secousses possible; mais quelque précaution qu'on prenne, quelque bien conservés qu'ils arrivent, ces fruits n'auront ni le même goût, ni la même saveur que ceux qui auront été cueillis à leur point de maturité et mangés dans la même journée.

On ne s'appesantira pas sur les caractères qui indiquent la maturité des diverses espèces de fruits d'été ou d'automne, parceque l'expérience est le meilleur, et presque le seul guide qui doit diriger à cet égard. En détachant un fruit d'un arbre et en le goûtant, on reconnoîtra mieux le véritable point de maturité, qu'on ne sauroit le faire au moyen de tous les indices qu'on pourroit donner. On passera donc aux fruits d'hiver.

A proprement parler, il n'existe point de fruits qui mûrissent sur les arbres fruitiers pendant l'hiver, au moins dans le climat de la France; mais on entend, par cette dénomination, les fruits qui mûrissent l'automne, et qui, conservés avec les précautions requises, se perfectionnent dans le fruitier et se mangent pendant l'hiver. Ils sont de deux sortes; les uns sont charnus et pulpeux, les autres sont secs et capsulaires.

Parmi les premiers, il en est qu'on doit récolter à l'approche des gelées blanches, et d'autres qu'il faut laisser sur les arbres jusqu'à ce qu'ils aient éprouvé quelques gelées.

Dans le nombre de ceux qui doivent être récoltés avant les gelées sont comprises une partie des nombreuses variétés de poires, de pommes, les diverses espèces d'oranges, de grenades, de raisins, etc.

Lorsque la sève descend des arbres vers leurs racines, que les feuilles jaunissent et commencent à tomber de l'extrémité des tiges, les fruits, privés alors de sucs nourriciers, ne profitent que très peu et même point du tout.

En les laissant sur l'arbre, il seroit à craindre que l'humidité froide de cette saison, la longueur des nuits et les petites gelées ne parvinssent à les détériorer ou ne rendissent leur conservation plus difficile. Il faut donc les cueillir auparavant.

On choisit pour cela le milieu d'un beau jour, qui ait été précédé, s'il est possible, de deux ou trois jours semblables. S'il régnoit un vent du nord, la récolte n'en seroit que plus avantageuse encore, parceque ce vent, sec de sa nature, a la propriété de resserrer les pores des fruits et de les rendre moins perméab'es à l'humidité. On les cueille avec leur queue autant qu'il est possible. On les dépose à mesure dans des paniers que l'on vide avec précaution dans des mannes, lesquelles sont transportées dans le FRUITIER. *Voyez* ce mot. Il faut bien prendre garde de les entamer ou de les meurtrir pendant la série de ces opérations.

Les fruits verreux sont ceux dans lesquels des insectes, tels que des CHARANÇONS, des PYRALES, des TEIGNES, des TIPULES, des MOUCHES, etc., ont déposé leurs œufs, et aux dépens desquels vivent leurs larves jusqu'à l'époque de leur transformation. Ces fruits mûrissent ordinairement avant ceux qui sont sains, et tombent souvent avant leur maturité. *Voyez* les articles des insectes ci-dessus dénommés.

Cet article seroit susceptible de beaucoup plus grands développemens, mais ces développemens ne seroient que des doub'es emplois, puisque chaque sorte de fruit, comme je l'ai dit plus haut, en a un particulier. (TH.)

FRUITS MOUS. *Voyez* BLOSSISSEMENT.

FRUITS TOURNÉS. *Voyez* TOURNÉS.

FRUITIER. FRUITERIE. La connoissance des procédés mis en usage pour conserver les fruits entiers, soit en les séchant au soleil ou au four, soit en les mettant dans le vinaigre, le sirop de sucre ou l'alcohol, ne sauroit être indifférente à personne, parceque dans une année abondante en fruits on pourroit, à la faveur de quelques fonds, prolonger leur durée et se ménager une ressource dans celle où ce genre de récolte seroit réduit à peu de chose.

On compte maintenant en Europe, suivant le calcul de notre collègue Thouin, article ARBRE du nouveau Dictionnaire d'histoire naturelle, environ onze cents variétés races ou sous-variétés de fruits différens, dont près de deux tiers peuvent être servis crus, cuits ou confits sur la table, l'autre tiers employé à faire du cidre, du poiré et d'autres boissons vineuses; ces variétés sont le produit de soixante-dix-huit espèces, qui font partie de soixante-sept genres différens, et appartiennent à dix-huit familles distinctes.

Mais dans ce très grand nombre de richesses variées du règne végétal on ne connoît guère que les fruits cueillis en automne susceptibles de se perfectionner au fruitier et de fournir au dessert une de ses ressources principales pendant l'hiver, car la plupart des fruits à noyaux recueillis au-delà de la provision sont portés en été au marché ou vendus sur l'arbre ; il n'y a donc que les pommes et les poires d'automne auxquelles il soit possible de conserver leurs vives couleurs, leurs formes gracieuses, leur chair délicate et leur suc parfumé, sur-tout lorsqu'ils n'ont pas trop de maturité ; c'est pour elles qu'on destine un endroit particulier de la ferme, dans lequel on garde aussi les raisins.

Ce n'est pas qu'il faille toujours réserver un local exprès pour garder les fruits en bon état ; les simples habitans de la campagne, ceux qui ont le bon esprit d'environner leurs petits héritages de quelques arbres fruitiers, sont encore loin d'avoir à leur disposition des emplacemens commodes pour remplir cet objet ; ils parviennent cependant à conserver de beaux fruits, même dans le local qu'ils habitent le jour et la nuit ; les tiroirs d'une armoire, un coffre, une caisse, une boîte, suffisent, sur-tout lorsqu'ils ont eu la précaution de ne procéder à la cueillette que par un beau temps, et après que les fruits ont reçu sur l'arbre, pendant une couple d'heures, les rayons du soleil

Pour soustraire les fruits au contact de l'air extérieur et de la lumière, empêcher qu'ils ne se touchent, on a proposé de les envelopper dans du papier ; mais les fréquentes visites qu'exige un fruitier bien garni rendent ce moyen pour ainsi dire impraticable, et occasionnent une perte de temps considérable sans aucun résultat avantageux, puisqu'on parvient au même but avec le soin de tenir les fenêtres continuellement fermées ; d'ailleurs le papier dont le fruit est emmailloté ne permettoit plus de juger si leur surface se recouvre de quelque point d'altération. Il faudroit, pour s'en assurer, le démailloter, et la visite du fruitier, qui peut se faire en moins d'une demi-heure, exigeroit alors une demi-journée en hiver, et deviendroit une occupation pénible pour la ménagère, qui bientôt négligeroit son emploi.

Le temps de cueillir les fruits dépend de leur exposition, et la manière d'y procéder influe sur leur conservation. Après avoir disposé le local destiné à le recevoir, on choisit, autant qu'on le peut, un beau temps vers les deux heures après midi ; on détache le fruit de l'arbre l'un après l'autre ; on le place avec précaution dans des paniers de moyenne grandeur, en évitant sur-tout de les heurter et de les meurtrir, car ce seroit leur imprimer le principe de l'altération, qu'ils ne manqueroient pas de communiquer au fruit sain qu'ils toucheroient.

Une règle dont on ne doit pas s'écarter pour la récolte de certains fruits, tels que les pommes et les poires d'automne, c'est de les cueillir huit jours avant leur maturité ; elles acquièrent par le mouvement végétatif qui continue d'avoir lieu au fruitier plus d'odeur, de saveur et de qualité pour se conserver long-temps; d'ailleurs, peu de pommes mûrissent sur l'arbre.

Il faut prendre garde aussi d'empiler les fruits dans de grandes mannes, de les amonceler, sous le prétexte qu'ils ont besoin de ressuyer et de fermenter; il vaut mieux les étaler; en roulant les uns sur les autres ils se froissent et ne tardent point à avoir une tache, c'est-à-dire un point de pourriture très prochaine; il convient de les exposer toute une journée au soleil s'ils ont été récoltés humides, et le matin de ne les renfermer qu'après qu'ils ont perdu cette espèce de principe volatil vivifiant qui complète la maturité. On doit se garder de les essuyer, vu que leur surface semble être recouverte d'un duvet qui constitue ce qu'on nomme la fleur; or ce duvet, de nature gommeuse, venant à se dessécher insensiblement, fait les fonctions de vernis, bouche les pores, empêche la communication de l'air et l'évaporation de l'humidité intérieure.

Quand on veut prolonger la jouissance du fruit d'été spécialement, dont la durée est si passagère, il faut ne cueillir et transporter au fruitier, où la maturité s'opère promptement, que le fruit nécessaire pour la consommation de quelques jours, parceque celui qui reste à l'arbre mûrit beaucoup moins vite; en ne l'en détachant qu'au fur et à mesure des besoins on prolonge leur usage d'un mois et plus. Il faut néanmoins l'avouer, si les fruits apportent avec eux un principe de pourriture, le local, quelque bien disposé qu'il soit, ne sauroit concourir à leur conservation. On a vu des fruits déposés sains au fruitier, attaqués bientôt par les vers, parcequ'à côté d'eux on avoit placé des fruits verreux.

Le gouvernement des fruits regarde spécialement la maîtresse de maison; mais, comme nous l'avons déjà fait remarquer, les primeurs en aucun genre ne figurent point sur la table du fermier; il dédaigne également cette nomenclature fastidieuse de tant de fruits différents; attaché aux meilleures espèces, il doit en meubler le verger, et borner ses soins à les perfectionner; si l'on voit dans les campagnes tant de mauvais fruits, c'est qu'en général leurs habitans, plus curieux de la quantité que de la qualité, sacrifient souvent l'une à l'autre, et ne prodiguent leurs soins qu'aux arbres qui rapportent plus constamment et plus abondamment n'importe quel fruit.

Une cave extrêmement sèche et assez profonde pour que la chaleur puisse s'y soutenir d'une manière invariable dans toutes les saisons, entre le dixième et le onzième degré du thermomètre de Réaumur, est sans contredit le meilleur fruitier qu'on puisse se procurer; les pièces au rez-de-chaussée, et même à un pied plus bas que le sol, y sont donc très propres; mais il faut qu'elles soient orientées au sud-est, ayant une porte et un tambour; que les fenêtres n'y soient pas trop multipliées; qu'elles aient chacune, du côté du midi et du levant, un double châssis en vitrage bien scellé, des contrevens et des rideaux, afin d'intercepter à volonté la lumière et toute communication avec l'air extérieur. Elles doivent avoir au nord un mur de forte épaisseur sans ouverture, et présenter dans leur intérieur un carré long, d'une grandeur proportionnée à la quantité de fruit qu'il s'agit de serrer à l'abri des alternatives du chaud et du froid, de la sécheresse et de l'humidité, qui ont une action si directe sur les fruits. Il faut avoir soin qu'il ne soit pas à proximité des latrines, des fumiers, des eaux stagnantes, qui y porteroient leur mauvaise odeur et une humidité surabondante. Il faut également les éloigner des fours et des serres chaudes, qui en feroient trop varier la température.

Le fruitier doit être planchéyé, boisé, et garni, tout autour, de tablettes espacées entre elles, depuis huit jusqu'à quinze pouces de distance; au milieu de la pièce est un autre corps de tablettes à double face; mais ces tablettes, au lieu d'être en planches, sont formées souvent de tringles à claire-voie dans toute la longueur, posées les unes au-dessus des autres, de deux à trois pieds de largeur, environnées de toutes parts d'un petit rebord, éloignées des murs, pour pouvoir circuler librement tout autour et éviter l'humidité; mais avant d'y déposer le fruit, il faut avoir l'attention de bien nettoyer le local dans toutes ses parties, de le tenir ouvert pendant quelque temps pour en renouveler l'air et expulser toutes les mauvaises odeurs.

On se sert de différens moyens pour garnir les tablettes destinées à recevoir les fruits; les uns les recouvent d'une mousse fine, sèche et légère quand elles sont en planches, ou d'une couche de paille de seigle, de graine de millet ou de sable de rivière sec et très fin; il y en a qui, au lieu de tablettes en bois, emploient des claies d'osier qui les remplacent dans certaines parties. Le foin et le son devroient rarement servir à cet usage à cause de leur propension à contracter de l'odeur et à fermenter; mais ces différentes substances, quelle qu'en soit la nature, doivent, excepté les corps de tablettes qui sont permanens, être renouvelées tous les ans.

Pour étendre et ranger les fruits d'une manière convenable, il faut mettre à la suite les uns des autres ceux des mêmes variétés, en observant d'en faire trois divisions, suivant qu'ils sont plus ou moins beaux, qu'ils promettent une plus longue garde, ou qu'ils doivent être mangés plus tôt. Il faut les distribuer par rangées sur les tablettes, excepté devant les fenêtres, et les placer à quelque distance en tout sens les uns des autres ; s'ils n'étoient pas isolés, il seroit à craindre qu'ils se conservassent moins long-temps, et qu'un fruit qui viendroit à s'altérer ne gâtât son voisin.

La manière de placer les fruits sur les tablettes varie ; les uns veulent que ce soit sur la queue, d'autres sur la partie opposée, qu'on appelle l'œil, ou sur les côtés ; mais ces différentes manières paroissent assez indifférentes pour la conservation des fruits ; ce qui ne l'est pas est le soin qu'on doit prendre de les visiter fréquemment pour séparer à temps ceux qui commencent à s'altérer.

Dès que les fruits sont ainsi rangés il faut s'abstenir de fermer la porte et les fenêtres du fruitier pendant les premiers jours, à moins qu'on ne redoute la gelée ou un temps trop humide ; quatre belles journées suffisent pour enlever toute l'humidité dont le fruit pourroit être chargé. Huit jours après il reste exactement clos ; on tire même les rideaux afin qu'il règne intérieurement une grande obscurité ; car l'effet de la lumière est contraire à la garde des fruits, elle avance la maturité.

L'expérience ayant démontré que les raisins se gardoient mieux suspendus en l'air par l'extrémité de la grappe que posés à plat sur des tablettes, ou mis dans des caisses, dans des tonneaux, environnés de son, de sciure de bois ou de cendres, on a imaginé pour cela des cerceaux de différens diamètres qui entrent les uns dans les autres, et qui, attachés au plancher du fruitier, forment des girandoles étagées, lesquelles peuvent, dans un petit espace, avoir un grand nombre de grappes de raisins. On attache le plus ordinairement ces grappes aux créneaux par le plus gros bout de leurs queues, et on fait en sorte qu'elles ne se touchent pas.

D'autres au contraire les suspendent par le petit bout ; ils prétendent, avec raison, que les grains des grappes ainsi suspendus, étant moins serrés les uns contre les autres, sont moins sujets à se gâter ; mais, quelle que soit celle de ces deux méthodes qu'on adopte, il n'est pas moins essentiel à la conservation des grappes de les visiter souvent pour couper avec des ciseaux les grains qui commencent à se pourrir, et exposeroient la totalité de la grappe à se gâter.

Il existe une multitude de recettes plus ou moins préconisées pour conserver les fruits, mais la plupart sont plus amusantes qu'utiles ; telle est par exemple celle qui consiste à recouvrir le fruit d'un léger vernis à l'esprit de vin. Tel est encore le procédé dont se servent quelques curieux qui, ayant de magnifiques poires dont ils désirent prolonger la durée pour en faire des présens, passent un fil au milieu de la queue, en bouchant le trou et couvrant la queue d'une goutte de cire d'Espagne, après quoi ils mettent ce fruit dans un cornet de papier, et font sortir ce fil par la pointe du cornet pour le suspendre.

Au reste, les soins principaux qu'exige une fruiterie, c'est de la garantir du froid à la faveur d'une bonne couverture et d'un poêle à roulettes. Une gelée médiocre peut détruire en une nuit toute la provision, malgré tous les soins de calfeutrer les fenêtres.

Un verre rempli d'eau, placé au milieu du fruitier lorsqu'il gèle, indique qu'il est temps de recourir au moyen proposé. On ne doit ni les jeter ni les approcher du feu, mais les plonger à plusieurs reprises dans de l'eau froide, les retirer et les mettre à sécher; ils peuvent alors servir encore aux mêmes usages, pourvu qu'on ne diffère pas de les consommer.

Le gouvernement de la fruiterie est encore le lot de la ménagère; elle doit la visiter fréquemment, en retirer avec soin tous les fruits qu'elle juge être arrivés au point de leur maturité, séparer ceux qui commencent à se gâter et qui pourroient gâter les autres, les donner aux animaux de basse-cour ou en préparer des compotes qui, à la faveur d'une forte cuisson, se conservent un certain temps; elle doit y multiplier ces moyens mécaniques de destruction des souris et des rats, parceque les appâts ordinaires ont trop d'inconvéniens; elle doit interdire l'accès de la fruiterie à une trop vive lumière et à une chaleur qui excède dix à onze degrés; enfin changer de place les fruits encore sains, mais qui menacent de s'altérer. C'est en prenant tous ces soins minutieux qu'on jouit de la ressource des fruits pendant la morte-saison (P.)

FRUTILLE, *Frutilla* (nom espagnol). Fruit du FRUTILLER ou fraisier du Chili, l'un des quoinios, et la plus forte race de toutes. *Voyez* FRAISIER.

FUIE. Colombier à pigeons fuyards.

FUMÉE. Eau chargée d'huile, d'acide, de gaz de différentes espèces, quelquefois d'alkali volatil et même de substances minérales, qui se dégage des matières animales et végétales en combustion, et qui, en se dissolvant dans l'air, dépose sur les corps froids les matières fixes qu'elle contient. Ces matières sont ce qu'on appelle la SUIE. *Voyez* ce mot.

La fumée est un véritable savon qui, en se dissolvant ou en s'appliquant sur les objets propres à la nourriture de l'homme, leur communique son âcreté et son odeur particulière. On dit alors qu'ils sentent la fumée.

Tout le monde sait que la fumée rend désagréables les mets préparés sur le feu; mais beaucoup de personnes ignorent qu'elle gâte également les fruits et les légumes pendans sur pied qui sont long-temps exposés à son action.

C'est principalement à la fumée qu'on doit attribuer la difficulté de cultiver certaines plantes délicates dans les villes.

L'air atmosphérique, en grande masse, décompose très rapidement la fumée. On n'aperçoit plus aucune trace de l'immense quantité de celle qui se produit dans les cheminées de Paris, à la hauteur des grands édifices de cette capitale et à une petite distance autour de ses murs. Mais la fumée en grande masse décompose à son tour l'air atmosphérique renfermé dans un petit espace, et le rend promptement impropre à la respiration des animaux et des plantes. Un animal est asphyxié dans une chambre remplie de fumée; une plante y perd ses feuilles.

Les effets de la fumée sur les organes des animaux sont une grande irritation à la gorge et autour des yeux, et ensuite une suffocation accompagnée de toux et même de convulsions. Aussi l'emploie-t-on pour forcer les renards, les blaireaux, les lapins, les anguilles, et autres animaux de sortir de leurs terriers; pour éloigner les cousins, les taons, les stomoxes, et autres insectes qui tourmentent les hommes et les animaux; aussi fatigue-t-elle souvent les hommes qui s'exposent à son action, ou qui font du feu dans des cheminées qui ne sont pas construites selon les règles de l'art. *Voyez* au mot CHEMINÉE. Qu'ils sont à plaindre ces cultivateurs dont l'ignorance ou l'indolence est telle qu'ils ne savent ou ne peuvent pas construire une cheminée! La misère n'entre pour rien dans ce cas, puisqu'avec de la terre et quelques heures de travail on peut s'en procurer par-tout. Qui croiroit qu'il y en a encore de tels en France et encore plus dans le reste de l'Europe! Leur feu placé au centre de leur chaumière répand une fumée qui ne peut sortir que par la porte ou par les jointures du toit, les fentes des murs, et qui par conséquent les enveloppe perpétuellement. J'ai eu occasion de m'arrêter et même de coucher pendant mes voyages dans des habitations ainsi disposées. Ainsi j'en parle avec connoissance de cause.

Dès les temps les plus anciens on a indiqué la fumée comme un bon moyen d'empêcher les effets des gelées du printemps sur les espaliers qui entrent en fleurs, sur les vignes qui commencent à pousser leurs bourgeons, etc. Olivier de Serres en recommande l'emploi. Des lois l'ordonnent dans quelques cantons de l'Allemagne méridionale. Elle agit dans ce cas de deux manières, et en accélérant, par la chaleur qu'elle porte avec elle, la fonte de la glace qui s'est formée sur la surface ou dans l'intérieur du bois, et en interceptant les rayons du soleil qui, en se portant sur les globules de glace ou d'eau, faisant l'office de lentille, auroient brûlé l'écorce. Il est fâcheux qu'elle soit si difficile à employer ; car par son moyen on pourroit assurer la conservation des récoltes dans tous les pays où elles ont à craindre les gelées du printemps. On trouve dans le huitième volume des mémoires de la société d'agriculture de la Seine un excellent rapport sur cet objet. J'y renvoie le lecteur, ainsi qu'au mot VIGNE.

La FLAMME (*voyez* ce mot) est la fumée en état de combustion.

Il est des moyens de faire consumer toute la fumée, et par conséquent de la faire servir à augmenter l'intensité ou l'étendue du feu qui l'a produite. Si je ne les fais pas connoître c'est que je ne le puis en peu de mots, qu'ils appartiennent à l'art des constructions, et que la plupart sont hors de la portée des simples cultivateurs.

Quelques bois donnent plus de fumée que les autres, ou de la fumée dont les proportions des principes sont moins variables. Ainsi en brûlant du pin ou du sapin, il en résulte une fumée plus chargée de parties huileuses, qui, condensées, donnent ce qu'on appelle le noir de fumée, d'un si grand emploi dans la peinture et dans la confection de l'encre à imprimer. Ainsi le résidu de la fumée du charbon de terre contient souvent beaucoup d'alkali volatil, qui peut être employé à faire du sel ammoniac. Ainsi en brûlant du hêtre on obtient une fumée plus acide, qui, condensée dans l'eau, forme ce qu'on appeloit autrefois l'acide pyroligneux, et qu'on emploie dans les arts, principalement dans la fabrication des couleurs pour les indiennes.

Il étoit réservé à M. J. B. Mollerat de perfectionner l'art de tirer parti des produits de la fumée. Il a en effet établi une manufacture en grand, c'est-à-dire qu'il met dans le commerce une grande quantité de fort vinaigre (acide pyroligneux), et qu'il peut y mettre beaucoup d'huile extrêmement propre pour goudronner les vaisseaux, les bois qu'on veut garantir de la riture, etc. *Voyez* au mot BOIS.

Si la ménagère redoute la fumée, qui rend pénible le séjour de sa maison, qui noircit ses meubles, qui altère la saveur de ses alimens, elle sait en tirer parti sous quelques rapports d'économie domestique. Chez les sauvages, ou dans des pays peu peuplés, par exemple, on expose à la fumée le surplus des viandes et du poisson qu'on n'a pu consommer frais, et par ce moyen on les conserve plusieurs mois propres à être mangés. Dans ceux qui le sont le plus, on exécute souvent la même opération. Qui n'a pas goûté du bœuf d'Irlande, des jambons de Mayence, des andouilles de Troyes, des harengs saures, tous articles fumés? Dans les grandes fabriques on a des bâtimens construits exprès, mais dans les ménages particuliers la cheminée suffit le plus souvent. Il est des pays, principalement dans le nord, où elle est toute l'année garnie ainsi de viandes, qu'on change de place à mesure qu'elles s'imprègnent de l'acide de la fumée; car quoique désagréables au goût pour ceux qui n'y sont pas accoutumés, elles plaisent plus que les fraîches à ceux qui en font constamment usage.

Voyez au mot CHEMINÉE les moyens d'empêcher le refoulement de la fumée dans les appartemens. (B.)

FUMEE. (ANIMAUX PRIS DE LA) MÉDECINE VÉTÉRINAIRE. Lorsque, par l'imprudence d'un bouvier ou d'un berger, le feu vient à prendre dans une étable où se trouvent rassemblés des bœufs et des moutons, ces animaux sont tout à coup suffoqués par la fumée, si elle est abondante, tandis qu'ils ne sont attaqués que d'une toux violente lorsqu'elle est peu considérable. La fumée étant un composé d'eau, d'acide, d'huile, etc., on doit bien comprendre qu'entrant dans la trachée artère, elle irrite et picote la membrane interne des bronches, en rétrécit les parois, prend la place de l'air, comprime les vaisseaux sanguins, et occasionne la mort.

Les animaux pris de la fumée ne périssent donc que par le défaut de l'air, et par la pléthore ou l'engorgement des vaisseaux pulmonaires; ils jettent ordinairement le sang par le nez.

Il est urgent de remédier à la toux de ceux qui ne sont pas suffoqués, par la saignée à la veine jugulaire, si c'est un cheval ou un bœuf, et aux veines de la mâchoire si c'est un mouton, et de répéter même la saignée; après quoi on donne à l'animal des lavemens émolliens, et on lui fait des fumigations de même nature. *Voyez* FUMIGATION. (R.)

FUMELER. C'est arracher le chanvre mâle dans le département des Deux-Sèvres.

FUMETERRE, *Fumaria*. Genre de plantes de la diadelphie hexandrie et de la famille des papaveracées, qui renferme une trentaine d'espèces dont une est commune dans les champs et fort employée en médecine, et dont deux ou trois autres se cultivent dans les jardins pour l'agrément.

La FUMETERRE OFFICINALE a une racine annuelle pivotante; une tige creuse, anguleuse, rameuse, haute de huit à dix pouces; des feuilles alternes, pétiolées, deux fois ailées avec impaire, composées de folioles cunéiformes et glauques; des fleurs rougeâtres, tachées de pourpre et disposées en épis terminaux ou opposés aux feuilles. On la trouve très abondamment dans les champs labourés, les jardins, les vignes. Elle fleurit pendant presque tout l'été. Sa saveur est très amère, ce qui lui a fait donner le nom vulgaire de *fiel de terre*. On la regarde comme apéritive, incisive, diurétique ét fébrifuge. On en fait usage en décoction et en extrait. Les vaches et les moutons la mangent, mais les autres bestiaux n'en veulent pas.

Cette plante est si abondante dans certains champs en friche, qu'elle en couvre la surface, et lorsqu'on la laboure et qu'on l'enterre elle engraisse la terre, lui tient lieu de fumier, d'où le nom qu'elle porte. Elle est très propre en effet, par l'étendue de son fanage, l'épaisseur de ses feuilles, à remplir cet objet. On peut aussi l'arracher et l'apporter sur le fumier pour en augmenter la masse. Il est surprenant, vu la rapidité de sa croissance et l'abondance de sa fane, qu'on ne la sème pas exprès pour l'enterrer au moment de sa fleuraison comme le SARRASIN, la FÈVE DE MARAIS, la RAVE, etc. *Voyez* ces mots.

La FUMETERRE JAUNE a la racine vivace, des tiges quadrangulaires, charnues, rameuses, hautes de six à huit pouces ; des feuilles pétiolées, très découpées ; des fleurs jaunes disposées en grappes à l'extrémité des tiges. Elle se trouve dans les lieux ombragés des montagnes du midi de l'Europe et fleurit pendant presque toute l'année. On l'emploie fréquemment à la décoration des jardins, à laquelle elle contribue par ses feuilles qui restent vertes pendant une grande partie de l'année et qui sont fort nombreuses, et par ses belles fleurs. On la met en bordure, on en fait des touffes, on la place sur-tout, avec grand avantage, sur les murs et les rochers. Toutes espèces de sols lui conviennent, excepté ceux qui sont trop aquatiques. Ses touffes sont mieux garnies et ses feuilles d'un plus beau vert lorsqu'elle est exposée à l'ombre. On la multiplie par ses semences, qu'on répand ou dans le lieu même qu'on veut en garnir, ou dans une planche bien meuble et exposée au levant. On la multiplie encore en déchirant ses vieux pieds en automne. Lorsqu'elle se plaît dans un endroit, elle se sème assez d'elle-même pour qu'on soit dispensé de s'en occuper.

La FUMETERRE BULBEUSE a les racines bulbeuses ; les tiges simples de cinq à six pouces ; des feuilles alternes, pétiolées, composées, à folioles lobées, incisées et obtuses ; les fleurs blanches, bleues, roses ou pourpres, assez grandes et disposées en épis lâches à l'extrémité des tiges. On la trouve en Europe dans les bois. Elle fleurit au commencement du printemps. Comme ses fleurs font un bel effet au printemps, on la cultive souvent dans les parties ombragées des jardins. On la multiplie de semences, qu'on soigne comme celles de la précédente, ou plus souvent par la séparation de ses bulbes, qui sont de la grosseur d'un pois, toujours doubles sous la même enveloppe, et tantôt solides, tantôt creuses en dedans. La séparation de ces bulbes doit se faire tous les trois ou quatre ans au milieu de l'été, même sans ce motif, parceque quand elles sont trop rapprochées la tige profite peu, et que d'ailleurs est utile de les changer de place.

Les mulots et les cochons aiment beaucoup ces bulbes, et les vaches les feuilles qu'elles produisent.

La FUMETERRE TOUJOURS VERTE a les feuilles bipinnées, persistantes ; les fleurs d'un pourpre pâle avec le sommet jaune et le calice violet. Elle est originaire du Canada et fleurit au milieu de l'été. C'est une charmante plante qu'on cultive dans quelques jardins, mais qui a l'inconvénient d'être annuelle. (B.)

FUMIER. Ce mot, pris dans toute sa rigueur, indique la paille qui a servi de litière aux animaux domestiques, qui s'est mêlée avec leur fiente, qui s'est imbibée de leur urine, qui s'est ensuite décomposée par une sorte de fermentation. Ici, et dans tout le cours de cet ouvrage, je l'emploie dans une acception un peu plus générale, c'est-à-dire que je l'applique à toutes les matières, végétales ou animales, susceptibles de se décomposer à l'air et de fournir du terreau, principal aliment solide des plantes. J'appelle AMENDEMENT, la MARNE, la CHAUX, le PLATRE, etc., que beaucoup d'écrivains rangent parmi les ENGRAIS. *Voyez* ces mots.

L'objet que j'entreprends de traiter succinctement a déjà donné lieu à de nombreux écrits dans lesquels des opinions diamétralement opposées se trouvent développées. Les concilier seroit impossible. C'est en remontant aux principes, en interrogeant de nouveau l'expérience que je chercherai à rendre cet article instructif et court.

De tous les engrais, le fumier est le plus généralement employé et le plus facile à se procurer par-tout où on nourrit les bestiaux à l'écurie, où on leur donne de la litière pour se coucher. On ne peut trop en fabriquer. Les cultivateurs doivent par-tout multiplier leurs bestiaux proportionnellement à l'étendue de leurs terres, afin d'augmenter leurs produits en fumier, diminuer autant que possible, par un assolement bien entendu, le besoin de fumier sur une partie de leurs terres, pour en répandre davantage sur l'autre. « Le bien labourer et le bien fumer, dit Olivier de Serres, est tout le secret de l'agriculture. » Il est des cantons de la France où les fumiers sont l'objet des soins des cultivateurs, où on cherche constamment tous les moyens d'en augmenter la masse, d'en perfectionner la qualité ; mais, il faut l'avouer, dans le plus grand nombre de lieux la plus grande incurie règne à leur égard. D'où vient cette indifférence ? De l'ignorance et des préjugés. Il m'a été impossible de faire entendre à des cultivateurs que leur fumier délavé par les eaux avoit perdu une portion de son activité, que des plantes inutiles, les débris de leur jardin et de leur cuisine, les animaux morts, les excrémens humains, etc., en augmentoient la qualité. Tant qu'une éducation première, fondée sur de bonnes bases, ne sera pas introduite dans les campagnes, on ne pourra espérer de perfectionnement complet en agriculture. Si nos voisins ont, en si peu d'années, surpassé leurs maîtres, c'est que le plus simple agriculteur est instruit et accoutumé à réfléchir sur ce qui se fait, et peut juger de ce qui se doit faire.

Mais comment agit le fumier sur les plantes? de diverses manières; 1° lorsqu'il est nouveau et en masse, par sa chaleur; 2° lorsqu'il est nouveau et divisé, par les sels et l'espèce de savon qu'il contient; 3° lorsqu'il est décomposé, changé entièrement en terreau, en fournissant le mucilage qui fait la principale nourriture des plantes. Il agit encore mécaniquement lorsqu'il est nouveau, en soulevant la terre, en la rendant plus perméable aux racines, et lorsqu'il est pourri en conservant plus long-temps l'humidité si nécessaire à toute végétation. Il contient de plus des gaz ou les élémens des gaz qui agissent sur les plantes de différentes manières. *Voyez* le mot Gaz.

De là, on peut conclure que l'emploi des fumiers doit varier, et il varie en effet entre des mains éclairées, autant qu'il y a de nature de terrain et de sortes de culture. Je reviendrai plus bas sur cet objet.

Il s'agit actuellement de savoir ce que contient le fumier.

Kirwan, dans son mémoire sur les engrais, a donné l'analyse des fumiers de vache, de cheval et de mouton; mais il ne paroît pas y avoir mis l'exactitude nécessaire, puisqu'il n'y a pas trouvé de gaz, ni d'huile dans l'état frais; qu'il a même négligé l'eau dans le premier et le dernier. Il ne nous a donc appris que ce qu'il est le moins important de savoir, c'est-à-dire quelles étoient les proportions des parties fixes. Je vais cependant insérer ici le résultat de son analyse.

			charbon,	chaux,	argile,	silex,	sels fixes.
Fumier de	vache,	sur	3,75	1,20	0,15	2,4	0,6
	cheval,	105 liv.	10,2	1,50	0,50	3,0	0,21
	mouton.		25,0	10,28	3,00	29,0	0,72

Le fumier de vache pourri a donné 1,360 pouces cubiques d'hydrogène carburé, 120 pouces cubiques de gaz acide carbonique, 81 livres d'eau, 10 de charbon, 3 de chaux, 0,6 d'argile, 5 de silex; 0,65 d'ammoniac, 0,35 de sels fixes.

Si cette seconde analyse pouvoit être comparée à la première, il seroit possible d'en tirer quelques conclusions utiles. Considérée sous un point de vue absolu, elle donne lieu à beaucoup d'objections que je me dispenserai de développer, comme n'intéressant en aucune manière l'agriculture.

Lorsqu'on réunit une certaine quantité de fumier frais, il ne tarde pas à s'établir dans sa masse une espèce de fermentation qui s'annonce par une chaleur quelquefois si considérable, qu'elle l'enflammeroit s'il n'étoit pas aussi humide. (*Voyez* aux mots INCENDIE et FOIN.) Il se dégage en même temps une grande quantité d'eau mêlée de quelques portions de gaz, et probablement l'air ou l'eau; peut-être ces deux ensemble sont-ils décomposés, et leurs principes fixés dans le résultat. C'est dans cet état qu'on l'emploie à la fabrication des couches, à la couvaison artificielle des œufs, et à quelques autres usages. Bientôt il s'affaisse, il noircit, il se refroidit; les pailles et autres substances végétales ou animales qui entroient dans sa composition se dénaturent; enfin, après un temps plus ou moins long, et dépendant autant de sa quantité que de la chaleur de l'atmosphère et de l'eau qu'il a reçue, il est changé en une masse noire, grasse, homogène, qui n'est que du terreau mêlé à des sels de différentes espèces, des terres, de l'huile et de l'eau, ainsi que l'indique l'analyse de Kirwan. *Voyez* TERREAU et HUMUS. *Voyez* aussi le mot PAILLE BRULÉE.

Dans ce dernier état, il est en grande partie dissoluble dans l'eau; et lorsqu'on le conserve dans un lieu abrité de la pluie, il n'est plus susceptible de s'altérer.

Les cultivateurs emploient le fumier dans tous les états par lesquels il passe depuis le moment où il sort de l'écurie jusqu'à celui où il est arrivé au dernier degré de sa décomposition, c'est-à-dire qu'il a été transformé en terreau. Mais n'est-il pas une époque où il est plus avantageux de l'employer?

Dans la composition des couches, on ne peut faire entrer que du fumier nouveau, comme je l'ai déjà fait observer. Il ne s'agit donc ici que de son emploi comme engrais.

Une opinion presque générale veut que le fumier le plus consommé soit le meilleur; en conséquence dans les cantons de la France où on passe pour mieux se conduire à cet égard, on ne le répand sur les terres que six mois au moins après qu'il a été tiré de l'écurie; cependant il est quelques cantons, comme dans les environs de Meaux, où on le porte sur les terres avant qu'il ait fermenté. C'est aussi l'usage de la plupart des jardiniers.

Cette discordance dans la pratique a déterminé quelques agronomes français et anglais à rechercher, dans ces derniers temps, par des expériences comparatives faites dans la même terre, le même jour, avec du fumier de la même étable, lequel du frais ou du consommé étoit le plus avantageux.

Le champ dans lequel du fumier consommé avoit été enfoui donna, la première année, des produits plus abondans; mais la seconde année, ce fut le tour de celui où le fumier frais avoit été enterré. La troisième année, ce dernier étoit encore le plus beau. Ce résultat est entièrement conforme à la théorie ; car si le fumier n'agit que comme le terreau, c'est seulement lorsqu'il est réduit en cette substance, qu'il est devenu soluble dans l'eau, qu'on doit le regarder comme remplissant véritablement sa destination. Or, ainsi que je l'ai annoncé plus haut, celui qui est complètement consommé a seul cette qualité. Il faut donc que celui qui ne l'est pas se décompose dans la terre, et six mois au moins lui sont nécessaires pour cela.

D'après ces résultats, on doit conclure que lorsqu'on n'a en vue que la récolte prochaine, il faut préférer le *fumier fait* ; et que lorsqu'on a en vue de donner à la terre un engrais durable, on doit employer le *fumier long*, pour me servir des expressions consacrées ; que cependant, en définitif, les principes du fumier ne sont perdus que lorsque les eaux pluviales les entraînent.

Mais beaucoup de circonstances secondaires, si je puis employer ce mot, viennent déranger l'application de ce principe général. Ainsi, comme le fumier agit aussi mécaniquement, le *long* est préférable dans les terres argileuses pour en diminuer la ténacité : ainsi, comme le fumier *fait* conserve long-temps l'eau des pluies, on doit le choisir pour le répandre sur les terres sèches et chaudes. On a observé de plus que le fumier trop consommé portoit souvent son odeur ou sa saveur dans les racines qu'on cultive pour la nourriture des hommes et des animaux. Donc il faut employer celui qui ne l'est pas pour les pommes de terre, les carottes, les panais, les navets, etc. Il en est de même pour la vigne, si sensible à l'influence des engrais qu'on lui donne. En général, comme je l'ai déjà fait remarquer, le fumier frais est toujours dans le cas d'être préféré dans les jardins régulièrement cultivés et susceptibles d'être arrosés ; c'est le seul qu'emploient les maraîchers des faubourgs de Paris, si éclairés par l'expérience dans la pratique de leur art.

Un autre avantage du fumier frais que je ne dois pas passer sous silence, c'est que les urines des bestiaux qui lui sont adhérentes sont un stimulant fort avantageux au succès de la végétation, et qu'il est bon par conséquent de ne pas laisser perdre. Or, ces urines sont décomposées dans le fumier vieux lorsqu'il a été convenablement fabriqué ; elles sont entraînées par les eaux pluviales ou par leur simple écoulement lorsqu'il a été mal conduit. Je voudrois aussi parler des gaz qui se dégagent du fumier en fermentation ; mais je n'ai pas de données assez certaines sur ce qui les concerne pour l'entreprendre. Quant à la chaleur que quelques agriculteurs veulent que le fumier frais porte dans la terre, c'est un être de raison ; les parcelles de fumier se décomposent sans en donner aucun indice, lorsqu'elles sont isolées.

Arthur Young, dans son Essai sur les engrais, cite une nombreuse série de faits pour prouver que le fumier long doit être, dans la grande culture, préféré en toutes circonstances, excepté pour le blé, qu'il prétend qu'on ne doit jamais immédiatement fumer, à raison des graines de mauvaises herbes que le fumier porte avec lui. Je ne puis que renvoyer à son ouvrage ceux qui voudroient de plus grands détails à cet égard.

On ne peut nier qu'il y a moins de pertes à employer le fumier au sortir de l'étable, mais aussi il y a plus d'embarras, puisqu'il faut le porter sans retard sur les champs, et l'enterrer tout de suite. Cette pratique seroit impossible dans les principes de culture qui prévalent encore en France en ce moment, parceque c'est toujours la terre destinée à porter du blé qu'on charge d'engrais. Mais lorsqu'un bon système d'assolement sera adopté, et il faudra bien qu'il le soit tôt ou tard, on pourra alors l'exécuter à la rigueur, puisque dans tous les mois de l'année on aura des semis ou des plantations à faire.

Cette question étant suffisamment éclaircie, je reviens aux différentes manières de fabriquer le fumier, ou du moins aux principales de ces manières, car il y en a presque autant que de cantons.

Dans quelques localités, on laisse les fumiers s'accumuler dans les étables pendant des six mois de suite, et ou on les porte de suite dans les champs, ou on les entasse pendant six mois dans la cour pour les faire pourrir. Ces fumiers sont sans doute excellens dans le premier cas, puisqu'ils n'ont pas perdu par l'évaporation ou par le lavage des pluies les principes contenus dans les urines et dans les excrémens des animaux ; mais la santé des animaux ne permet pas d'approuver une pareille pratique qu'heureusement les cris de la raison et de l'intérêt font abandonner de plus en plus chaque jour. *Voyez* Écurie et Etable.

Dans les environs de Paris, on sort les fumiers de l'écurie au moins une fois par semaine, et on les répand le plus également possible sur la surface de la cour un peu creusée à cet effet. On trouve à cette méthode l'avantage de ne pas perdre les excrémens des bestiaux et des volailles qui fréquentent la cour, et de permettre à ces dernières de rechercher les graines qui sont restées dans les épis ou qui appartiennent aux mauvaises herbes qui ont été ramassées avec la paille ; mais elle rend malsaine la plupart des fermes ; et le fumier perpétuellement délavé par les eaux pluviales perd, au moins à sa surface et dans ses parties les plus élevées, tous les principes stimulans et huileux qu'il contient. Ces inconvéniens sont moindres lorsqu'on ne laisse que quelques semaines ce fumier ainsi éparpillé, qu'on le transporte sur les terres avant qu'il soit décomposé.

J'observe que j'ai rarement vu ce fumier donner des signes de chaleur, de sorte qu'il se décompose avant de subir cette sorte de fermentation, sans laquelle beaucoup de cultivateurs pensent qu'il ne peut pas devenir un bon engrais.

Enfin, dans d'autres endroits, et c'est le plus grand nombre, on tire le fumier des étables à des époques plus ou moins rapprochées, et on en fait des tas réguliers ou irréguliers dans un coin de la cour, où tantôt il est sur une élévation qui facilite l'écoulement des eaux pluviales qui le traversent, et qui entraînent toutes ses parties solubles, et quelquefois même les insolubles, tantôt dans un enfoncement où se rendent toutes les eaux pluviales, et où il est noyé au point de ne pouvoir pas fermenter, et de perdre, par leur décomposition, une partie de ses principes fertilisans. C'est à l'occasion de ces derniers fumiers qu'on a publié tant de méthodes de perfectionnement.

Voici les principes.

Les fumiers au sortir de l'étable contiennent des portions solubles; ils deviennent eux-mêmes en partie solubles par suite de leur décomposition; et ce n'est qu'autant qu'ils ont des portions solubles qu'ils produisent l'effet qu'on en attend. Il faut donc les disposer de telle manière que ces portions solubles ne s'écoulent pas, ou que si elles s'écoulent elles se rassemblent dans un local où on puisse les reprendre à volonté.

D'après ce simple exposé, il semble que les premières choses à faire seroient, 1° de paver la surface du sol pour empêcher l'infiltration de ces parties solubles, et de donner au pavé une inclinaison propre à les conduire dans une citerne ou un fossé revêtu en pierre; 2° d'établir au-dessus de ce sol un hangar propre à empêcher les eaux des pluies d'entraîner ces parties solubles sans cependant empêcher l'action de l'air, si importante à considérer, puisque sans elle il n'y a pas de décomposition; 3° de rassembler le fumier qui sort des étables et de l'amonceler régulièrement comme on le fait dans la fabrication des couches sans trop le presser; 4° de pratiquer des arrosemens légers et fréquens pour entretenir une humidité constante et égale dans la masse, et d'employer à ces arrosemens, autant que possible, l'eau de fumier, l'urine humaine, les lavures de la cuisine, enfin toutes les eaux chargées de matières animales ou végétales qu'on peut se procurer sans frais.

Beaucoup de cultivateurs ont obtenu et obtiennent encore sans doute de grands avantages, relativement à la quantité et à la qualité de leurs fumiers, de l'emploi de cette méthode;

mais, malgré que tout doive faire concourir à l'adopter, elle est si peu employée en France que je n'en ai vu que deux ou trois exemples.

Les cultivateurs de Mesle se sont rendus célèbres dans le département des Deux-Sèvres par la manière de fabriquer le fumier, et ils le vendent deux fois plus cher que celui des environs. Leur méthode ne consiste qu'à le déposer dans des caves, et à ne l'employer que six à huit mois après.

En demandant à des cultivateurs qui ne nioient pas les bons effets de la méthode que je viens d'indiquer, les motifs qui les engageoient à se refuser à la légère dépense que leur occasionneroit son adoption, ils m'ont observé que ce fumier abrité devenoit toujours CHANCI (*voyez* ce mot), et qu'alors il perdoit la plus grande partie de sa qualité. En effet, le fumier longtemps conservé dans l'étable, abandonné dans un lieu clos, chancit toujours; mais c'est qu'il n'a pas assez d'eau pour se décomposer ni assez d'air pour se dessécher. C'est donc à cette circonstance, c'est-à-dire au défaut de soin, qu'on doit chaque année la perte, ou mieux, la diminution de quantité de fumiers qui eussent immensément augmenté les productions territoriales !

La manière irréfléchie avec laquelle on construit presque par-tout les tas de fumier en plein air donne d'ailleurs fréquemment lieu à cet inconvénient. Il suffit en effet qu'on ait trop pressé ce fumier dans une partie, qu'on y ait mis beaucoup de bouses de vaches, pour que l'eau des pluies ne puisse pénétrer, c'est-à-dire, pour que la partie inférieure chancisse. Combien y a-t-il de cultivateurs qui ne se soient pas trouvés dans le cas de voir leurs fumiers ainsi chancis par couches ou par place, quelques précautions qu'ils aient fait prendre? Il est des années où tous les fumiers en offrent lorsqu'ils n'ont pas été régulièrement arrosés, ou qu'ils n'ont pas, comme on dit, le *pied dans l'eau.*

J'ai bien souvent examiné des fumiers chancis pour chercher à deviner comment les petits filamens blancs qui sont fort analogues aux racines des champignons, à ce que Necker appelle *carcite*, pouvoient les altérer au point d'en rendre la paille cassante au moindre effort, et incapable de donner de la chaleur nouvelle lorsqu'on la mettoit une seconde fois en tas, et qu'on la mouilloit. Dans ce cas elle suit les phases de la décomposition putride C'est avec ce fumier qu'on compose, avec le plus d'avantage, les couches à CHAMPIGNONS. *Voyez* ce mot. Lorsqu'il est réduit en terreau il ne m'a pas paru moins propre que le terreau des couches, qui ont fermenté, à l'engrais des terres; mais son terreau conserve une couleur brune blanchâtre qui le fait toujours distinguer des autres.

Comme je ne puis prétendre à convaincre tous les cultivateurs de l'avantage qu'il y a d'employer le fumier frais, je vais leur indiquer la méthode la plus conforme aux principes pour disposer les fumiers de manière à en tirer tout le parti possible.

Dans la partie de la cour la plus voisine des écuries, mais cependant à quelque distance de ces dernières, à l'exposition du nord, s'il est possible, on fera une fosse carrée, de deux à trois pieds au plus de profondeur, et d'une étendue proportionnée à la quantité de fumier qui doit y entrer annuellement. On en pavera le sol avec de larges pierres plates, ou bien, à défaut de pierres, on la couvrira d'un lit d'argile et on fera un mur autour. C'est là qu'on déposera les fumiers à mesure qu'on les tirera des écuries, ayant soin de les répandre toujours également, et de les presser médiocrement. Dans un des angles il y aura un réservoir un peu plus profond que le carré, et d'une largeur proportionnée à celle de ce carré, dans lequel, par un petit aqueduc, se rendront les eaux pluviales qui auront traversé le fumier, eaux qu'on reportera, dans la sécheresse, sur le tas, avec les urines de la maison, les eaux de lessive, les eaux de savon, les eaux de vaisselle, etc.

A cette disposition, qui pare à tous les inconvéniens autres que ceux de la surabondance des pluies, on pourra en tout temps ajouter un hangar, comme je l'ai dit plus haut.

Quelques cultivateurs font autant de tas de fumier qu'il y a de mois dans l'année, afin d'en connoître les points de décomposition au moment de l'emploi. Cette pratique peut être bonne dans certains cas, mais elle est superflue dans d'autres. Dailleurs, à moins qu'on ne retourne et mêle le tas à plusieurs reprises, il y aura toujours des parties qui échapperont à cette décomposition.

Ce remuement du fumier est d'usage dans plusieurs cantons, où on n'en veut que de très consumé. Il a ses avantages et ses inconvéniens. D'après les principes que j'ai développés au commencement de cet article, on doit encore le regarder comme superflu dans le plus grand nombre des cas. Je le crois par exemple nécessaire lorsque le fumier devient chanci.

Il est des cultivateurs qui ne veulent pas qu'on mette sur leur fumier autre chose que de la paille, sous prétexte que toute autre substance, si elle est animale, l'infectera; si elle est végétale, nuira à sa fermentation, soit en se décomposant plus promptement, soit en se décomposant plus lentement, et augmentera les frais de son transport si elle est minérale.

Ces inconvéniens sont vrais; mais leur valeur est bien peu

de chose quand on considère les avantages qu'il y a à effectuer ces mélanges.

L'expérience prouve que les engrais animaux sont les plus puissans de tous, et qu'ils activent les engrais végétaux, c'est-à-dire le fumier. Toutes les fois qu'on jettera sur le fumier les animaux morts ou leurs diverses parties, telles que les poils, les cornes, les ongles, le sang, les os, les coquilles, la fiente des oiseaux, les excrémens humains, etc., on le rendra meilleur.

Comme les charognes et les excrémens peuvent nuire à la santé et causent un dégoût difficile à surmonter, je préférerai toujours d'avoir, à quelque distance de la maison, une fosse dans laquelle ils seront successivement enfouis ou stratifiés ; fosse dont la terre ne sera retirée qu'après la décomposition complète de ces matières. *Voyez* COMPOST et FOSSE A FUMIER.

Quant aux plantes, ou parties de plantes, leur plus ou moins prompte décomposition n'est pas un motif suffisant d'exclusion, à moins que le fumier ne soit destiné à former des couches, parceque la plus aqueuse, comme la plus ligneuse, contient des principes fertilisans, et que si elle ne produit pas son effet cette année, elle le produira l'année prochaine. C'est cette conviction qui me détermine à conseiller de couper et de porter sur le fumier toutes les grandes plantes que les bestiaux refusent de manger, plantes si abondantes dans certains cantons de bois et de marais, et que j'ai dû signaler, comme propres à cet usage, aux articles qui les concernent. Les plantes de la famille des crucifères, dans la composition desquelles entrent des principes analogues à ceux des animaux, favorisent, comme la chair de ces derniers, la décomposition des fumiers et méritent quelque préférence dans ce cas. La tourbe améliore aussi les fumiers lorsqu'on l'introduit dans leur masse en petite proportion.

Quant aux mélanges minéraux, l'expérience et la théorie se réunissent pour prouver leur efficacité. Au premier rang est la chaux vive en poudre et en petite quantité. Elle accélère considérablement la décomposition du fumier et active prodigieusement son action. Il n'y a pas de doute pour moi que ces effets ne soient dus à la propriété qu'elle a de rendre soluble le terreau qui ne l'est pas encore ; car elle agit plus et plus promptement sur le fumier consommé ; car, et Arthur Young le reconnoît lui-même, elle sert peu sur les terrains pauvres, c'est-à-dire qui ne contiennent pas de terreau, et offre des résultats étonnans sur les marais desséchés, les tourbières, etc., lieux où abondent les produits végétaux. Tout cultivateur pressé de profiter de ses fumiers, et il y en a peu qui ne le soient pas, doit donc faire saupou-

'drcr son fumier de chaux éteinte à l'air, chaque fois qu'il les fait charger de celui qu'on tire de l'écurie. De la chaux vive et de la chaux en trop grande abondance ou en masse le brûleroit. *Voyez* au mot CHAUX.

Le plâtre a des effets semblables à ceux de la chaux, mais à un moindre degré, lorsqu'on le répand sur la terre avant les semailles. Il en est de même des cendres de bois, de la pierre CALCAIRE réduite en poudre et de la MARNE. *Voyez* ces mots.

La terre franche, quelles que soient les proportions de son mélange, n'améliore pas proprement le fumier; mais en se chargeant de ses principes volatils et solubles, elle en empêche la déperdition. Il est donc très avantageux, dans beaucoup de cas, de le stratifier avec elle. On a nouvellement donné à cette réunion, et autres analogues, le nom de COMPOST, nom auquel je renvoie le lecteur.

Je ne connois pas assez quelle est l'action des métaux, de leurs oxides et de leurs sels sur le fumier, pour en parler longuement. Je sais seulement que l'oxide de fer ou rouille lui est extrèmement nuisible. C'est le seul qui, par son abondance, soit dans le cas d'être mêlé avec lui. Les cultivateurs doivent donc éviter d'employer dans leurs composts de la mine de fer, des ochres et même des terres trop jaunes ou trop rouges.

Les cendres de tourbe, de charbon de terre et autres qui contiennent des sels et des matières minérales, favorisent l'action des fumiers. Il en est de même du sel marin. Mais il faut que toutes ces matières soient en petite quantité.

Les pailles de froment, de seigle, d'orge et d'avoine, doivent donner des fumiers particuliers, puisqu'il entre des principes différens ou en différentes proportions dans leur composition, qu'elles se décomposent plus ou moins promptement. L'avoine, par exemple, d'après l'analyse de Vauquelin, fournit plus de silice que le blé. Il doit même y avoir des variations à cet égard dans les variétés de la même espèce. Le chaume du blé du midi, qui est solide et dur, ne peut pas se décomposer aussi promptement que tel chaume du nord, qui a les qualités contraires. Les cultivateurs ont des faits, des observations de pratique à cet égard; mais je ne les trouve consignés dans aucun ouvrage. Sans doute les résultats de cette différence ne sont pas assez importans pour mériter la peine d'être pris en considération; cependant je crois qu'elles devroient faire la matière d'expériences comparatives.

Il n'en est pas de même des différences que présentent les fumiers relativement aux animaux qui ont concouru à leur formation; car elles sont très distinctes, comme le prouvent les noms donnés à ces fumiers.

Le fumier de cheval est appelé *chaud*, parcequ'il a une grande tendance à fermenter, et qu'il active la végétation plus que les autres. C'est lui dont on fait le plus fréquemment usage dans les jardins, sur-tout dans la fabrication des couches.

Dans la ci-devant Flandre, on évite de se servir du fumier de cheval pour les terres destinées à porter du lin. J'en ignore la cause; mais je soupçonne que c'est parcequ'il ne conserve pas autant que les autres l'humidité de la terre.

Le fumier de vache (ou de bœuf) est appelé *froid*, par comparaison au précédent. Cette qualité, il la doit sans doute à la viscosité des excrémens de ces animaux, viscosité telle qu'elle s'oppose à toute fermentation, et ne permet aucune action engraissante. Il faut que cette viscosité soit détruite par les pluies ou les insectes, comme le prouvent les bouzes isolées dans les pâturages, pour que ce fumier remplisse sa destination. *Voyez* Bouze et Bouzier.

En général, comme on donne beaucoup moins de litière aux vaches qu'aux chevaux, leur fumier est composé en plus grande partie de leurs excrémens, ce qui fait qu'il est préférable pour les terres sèches et maigres, auxquelles il communique sa viscosité, et dans lesquelles il conserve plus long-temps l'eau des pluies. Sa propriété de fermenter lentement et foiblement le rend également utile pour fabriquer les couches qui demandent peu de chaleur et qui doivent durer long-temps.

Deux autres conséquences de la même propriété sont, 1° que les effets du fumier de vache durent plus long-temps, c'est-à-dire que de deux champs égaux, en un sol ni sec ni humide, dans lesquels on aura enterré du fumier de cheval et du fumier de vache en même quantité, le dernier donnera constamment des récoltes moins belles, mais en donnera encore de belles lorsque le premier paroîtra épuisé; 2° que la chaux est d'un emploi bien plus avantageux pour le fumier de vache que pour celui de cheval. J'en ai vu faire l'expérience comparative.

Dans beaucoup de fermes on mélange le fumier de cheval avec le fumier de vache en le sortant de l'écurie; dans beaucoup d'autres on en fait un tas séparé. D'après l'observation précédente, on sent en effet que celles de ces fermes qui ont des terres de natures analogues entre elles n'ont pas d'intérêt à faire la séparation de ces fumiers, mais qu'il n'en est pas de même de celles qui en exploitent en même temps de très sèches et de très humides. Olivier de Serres, et beaucoup de cultivateurs modernes, pensent qu'il ne faut jamais exécuter cette séparation dans d'autres cas que celui de la fabrication des couches, parceque les qualités de ces deux sortes de fumier se compensent.

Le fumier de mouton passe pour très actif. Comme les crottes qui entrent dans sa composition, souvent en majeure partie, se pulvérisent difficilement, il n'agit d'abord presque qu'à raison de sa paille imprégnée d'urine ; mais les effets du reste de ses principes se font sentir avec avantage les années suivantes. On est presque par-tout dans la mauvaise habitude de laisser tout l'hiver le fumier de mouton dans les bergeries, et quelquefois même encore une partie de l'été, afin, dit-on, de donner de la chaleur aux moutons, de le laisser s'améliorer, et de pouvoir le transporter immédiatement sur les terres. Les inconvéniens de cette pratique, relativement au premier objet, seront développés à l'article Mouton, article auquel je renvoie le lecteur.

Il est une autre manière de tirer parti de l'engrais provenant des moutons. Il en sera fait mention au mot Parc.

Les fumiers de chèvre et de lapin diffèrent peu de ceux de mouton, et ne sont pas assez abondans pour mériter d'en être distingués.

Quelques agriculteurs regardent le fumier de cochon comme très bon, d'autres le dédaignent à raison de son peu d'énergie. Peut-être ont-ils raison les uns et les autres. En effet, on ne peut nier que les alimens n'influent prodigieusement sur la composition des excrémens, et la nourriture des cochons est très variée. Nul doute pour moi qu'un cochon nourri d'orge ou d'autres grains, de glands, de châtaignes ou d'autres fruits, fournira un fumier bien plus abondant en carbone que celui qui sera nourri de laitues, de choux, de pommes de terre, de raves, de son, de lait caillé, etc. Au reste, nulle part, que je sache, le fumier des cochons n'entre pour beaucoup dans la composition des engrais, parceque presque par-tout on leur ménage la litière et que rarement ils sont en grand nombre dans la même ferme. Leurs excrémens sont généralement mêlés avec le fumier de vache.

La paille, le chaume, le foin, les feuilles des arbres, les grandes plantes inutiles, les tiges des pois, des haricots, des pommes de terre, etc. ; les racines du chanvre, du lin, etc., et en général toutes les matières végétales, amoncelées et mouillées, se transforment en fumier, sans doute moins actif que celui qui sort des écuries, mais enfin qui remplit aussi sa destination. Je ne puis donc trop répéter que les cultivateurs n'en doivent pas laisser perdre la plus petite parcelle.

Quelques conséquences théoriques, déduites des expériences de Théodore de Saussure sur la végétation, portent à croire que le fumier fabriqué avec des plantes coupées avant leur floraison doit être meilleur que celui de paille sèche. Très fréquemment on utilise comme litière du foin gâté, des plantes marécageuses coupées exprès; cependant je ne sache pas qu'on ait examiné la nature et les effets de leur fumier comparativement à ceux du fumier qu'on emploie généralement. Cette matière me paroît digne de l'attention des agronomes éclairés et amis de la science.

Mais il ne suffit pas à un cultivateur d'avoir beaucoup de fumier, de savoir bien le composer, il faut encore qu'il connoisse le véritable moment et la meilleure manière de l'employer.

L'époque où il convient de porter le fumier sur la terre a été un objet de discussions très vives entre les agriculteurs, parceque chacun raisonnoit d'après sa propre expérience, sans considérer les principes et la différence des circonstances. En effet, on peut juger par ce qui a été dit précédemment, 1° que le fumier frais peut être employé long-temps avant les semailles, puisqu'il faut qu'il se décompose pour produire son effet; 2° que les terrains secs et sablonneux, pour lesquels le fumier très consommé est un amendement en même temps qu'un engrais, à raison de sa propriété de conserver l'humidité pendant long-temps, doivent être fumés la veille même des semailles.

Il vient d'être récemment introduit en Angleterre deux procédés de culture dont les effets sont très conformes à la théorie, et qui méritent par conséquent d'être adoptés en France.

Le premier, c'est de ne répandre le fumier sur toutes les cultures qu'au moment même où les plantes qui en sont l'objet entrent en végétation, c'est-à-dire généralement au commencement du printemps; pour cela il faut, le plus souvent on le pense bien, du fumier très consommé, afin qu'on puisse le répandre également au pied de ces plantes, et qu'étant soluble, il entre plus facilement dans la terre pour nourrir les racines. C'est encore un cas pour lequel il est bon de faire de cette sorte de fumier. M. Maurice, à qui on doit un traité des engrais, préconise beaucoup cette pratique, des bons effets de laquelle il a été souvent témoin.

Le second, c'est de semer les graines des plantes sur le fumier même, et de les enterrer l'un et l'autre en même temps. Pour cela on a inventé un semoir qui verse le fumier et la semence séparément, mais presque en même temps. Je ne connois pas cet instrument, mais Arthur Young en vante beaucoup les utiles effets. Sans lui on peut difficilement semer ainsi les petites graines autrement qu'en faisant des rigoles et y étendant le fumier, puis y jetant ces graines à la pincée, ce qui n'est praticable qu'en petit; mais pour qui sait qu'elle est l'influence des premiers momens de la germination sur la vigueur des plantes pendant toute leur vie, c'est une très bonne opération. Le semis du blé en boulettes, proposé à la société d'a-

griculture de Versailles dans ces derniers temps, remplit le
même objet avec beaucoup de facilité; mais je ne crois pas
qu'il le remplisse assez complètement, ces boulettes ne réunissant pas assez d'engrais pour agir pendant long-temps.

Quelles que soient l'époque et la manière adoptée pour enterrer le fumier, l'important est qu'il soit répandu promptement,
également, à une profondeur convenable et en quantité suffisante, mais non éxagérée; promptement, pour qu'il ne soit pas
desséché par le soleil ou délavé par les pluies; également,
afin que toutes les plantes jouissent des avantages qu'il procure;
à une profondeur convenable, parceque s'il étoit enterré de
six pouces, lorsqu'il est destiné à augmenter la récolte du blé
dont les racines ne s'approfondissent pas au-delà de trois, il
seroit inutile; en quantité suffisante, pour qu'il remplisse bien
son objet; mais non exagéré, parceque le trop d'engrais ou
brûle les jeunes plantes, ou les fait perir d'indigestion, ou les
fait pousser tout en herbe : ce dernier inconvénient n'est,
il est vrai, applicable qu'aux cultures destinées à donner de la
graine; mais le nombre de ces cultures est considérable *Voyez*
au mot ENGRAIS.

Les fermiers ne donnent aucune raison plausible de la quantité de fumier qu'ils emploient; c'est l'usage qui les guide.

Pour obtenir quelques données certaines sur cet objet, mon
savant confrère Yvart propose de faire une série d'expériences,
dont il a donné le tableau, que je copie ici.

Charges de fumier.	Charges de terre.	Charges de fumier.	Charges de terre.
20	—	50	40
20	5	50	50
20	10	60	—
20	15	60	50
20	20	60	60
30	—	70	—
30	10	70	70
30	20	80	—
40	30	80	80
40	—	100	—
40	30	100	80
	40	100	100

Les Anglais possèdent encore une machine qui s'adapte à la
charrue, et qu'ils appellent *coutre à écumoir*, avec laquelle
ils enterrent le fumier à la profondeur qu'ils désirent. Qui
n'est pas, chaque année, scandalisé de la manière irrégulière et
incomplète avec laquelle le fumier est enterré chez nous? Qui
n'a pas remarqué des millions de fois dans les champs de blés
ces places plus verdoyantes qui indiquent le peu de soin du
laboureur à égaliser la dispersion de son fumier? J'ai vu des
champs où plus de la moitié étoit hors de terre par suite du
mauvais labourage qu'on avoit donné à ces champs.

Il y a deux manières de répandre le fumier, à la fourche et à la main. Cette dernière, qui ne s'emploie guère que pour celui qui est très consommé, est dégoûtante à l'excès. Je ne vois jamais de jeunes filles l'exécuter sans gémir sur leur triste sort. Si au lieu de lever ce fumier du tas avec des fourches, comme on le pratique dans tant d'endroits, on le coupoit avec une bêche, en mottes minces, on pourroit éviter d'opérer ainsi. En général, je crois qu'il seroit bon de diviser ainsi tous les fumiers, même les moins consommés, lorsqu'ils sont destinés à être enterrés à la charrue. Il ne s'agit pour y parvenir que d'avoir des bêches très acérées.

Avec des soins, dit Maurice, les étables donnent moyen de créer une très grande quantité de fumier. Pour cela il faut nourrir au vert, mettre beaucoup de litière, et empêcher que les urines ne se perdent.

« Cette dernière attention est sur-tout importante pendant l'été, quand on nourrit au vert, parcequ'alors la quantité des urines est beaucoup plus grande. C'est à cette plus grande quantité des urines, et, en général, à la supériorité de la nourriture des chevaux, qu'est dû l'avantage de leur fumier sur celui des bêtes à cornes; car il faut remarquer que si le fumier des chevaux est supérieur dans l'écurie, il est inférieur à celui des vaches quand ces derniers sont au pâturage. »

Cette remarque de Maurice s'explique par ce que j'ai dit plus haut à l'occasion du fumier de cochon. C'est à l'avoine que mangent les chevaux à l'écurie qu'est due la meilleure qualité de leur fumier.

Je citerai encore un passage d'Olivier de Serres, parcequ'il contient une observation digne d'être prise en considération.

« Les anciens ont fait grand cas du fien de l'asne, même Palladius qui le met au premier rang pour les jardins, d'autant que cette beste mange fort lentement, et par ce moyen digérant bien la viande (le fourrage) en rend le fumier qualifié en perfection. » (B.)

FUMIER VERT. On donne ce nom, en quelques lieux, au fumier qui n'est pas consumé. Ce fumier répandu sur les terres argileuses les divise, et par conséquent les amende, mais il ne les engraisse que lorsqu'il s'est décomposé, c'est-à-dire la seconde année. Il ne convient pas sur les terres légères, qui demandent un engrais immédiatement soluble, et propre à retenir l'humidité si nécessaire à toute végétation. (B.)

FUMIGATION. On a donné ce nom au développement de vapeurs odorantes ou acides qu'on a crues long-temps propres à purifier l'air des appartemens ou des écuries trop resserrés ou habités par des hommes ou des animaux malades.

Le vinaigre, la poudre à canon, le soufre, les baies de genièvre , la résine de gaïac et autres , les plantes de la famille des labiées , etc., servoient le plus ordinairement aux fumigations.

Aujourd'hui il est reconnu que ces fumigations masquent seulement l'odeur qui accompagne presque toujours l'air insalubre, et on ne les emploie plus que dans le cas où on ne peut faire usage du nouveau moyen trouvé par Guyton-Morveau , moyen qui est mortel pour les animaux, et qui altère beaucoup certains meubles, sur-tout ceux d'étoffes teintes.

Pour exécuter les fumigations selon l'ancienne méthode , on fait rougir une pelle à feu, ou on place au milieu de l'appartement ou de l'étable un réchaud rempli de charbons allumés, et on jette dessus la substance qu'on désire employer.

J'ai décrit au mot DÉSINFECTION le nouveau moyen imaginé par M. Guyton-Morveau; j'y renvoie le lecteur. (B.)

FURET. Quadrupède du genre des belettes, originaire des côtes septentrionales de l'Afrique , que la nature a destiné à s'opposer à la trop grande multiplication des lapins , et qu'on emploie très utilement à leur chasse dans les parties de l'Europe où ces derniers sont naturels ou naturalisés.

Comme la belette , le furet a le corps allongé , les jambes courtes et le poil fauve. Il est presque deux fois plus gros. Son instinct le porte à entrer dans les terriers des lapins et à y tuer ceux qu'elle y trouve pour en sucer le sang.

C'est en profitant de cet instinct qu'en nourrissant des furets en domesticité , en les muselant et en les introduisant dans un terrier de lapins , on peut être certain de faire sortir ceux qui s'y trouvent et de les prendre dans le filet qu'on a fixé à l'ouverture de ce terrier.

On élève les furets dans un tonneau défoncé d'un bout, au fond duquel on met de la paille , et on les nourrit de pain, de lait, d'œufs et de temps en temps de viande. Ils font deux portées par an , chacune de cinq à neuf petits. (B.)

FURONCLE. *Voyez* CLOU.

FUSAIN, *Evonymus*. Genre de plantes de la pentandrie monogynie, et de la famille des rhamnoïdes, qui renferme sept espèces d'arbrisseaux, dont cinq se cultivent dans nos jardins, qu'ils ornent principalement quand ils sont en fruits.

Les fusains ont tous les rameaux tétragones; les feuilles entières, opposées; les fleurs petites et disposées en bouquets à la place des feuilles de l'année précédente. Leurs fruits sont des capsules succulentes, colorées en rouge ou en jaune, ayant quatre à cinq angles obtus, par lesquels elles s'ouvrent et laissent voir les semences couvertes d'une membrane pulpeuse encore plus vivement colorée que la capsule.

Le FUSAIN D'EUROPE, ou *bonnet de prêtre*, s'élève à douze ou quinze pieds. Ses branches sont nombreuses, opposées comme les feuilles, et de couleur verte. Ses fleurs sont d'un blanc sale, et ses fruits d'un rouge vif. On le trouve très communément par toute l'Europe, dans les bois, les buissons et les haies. Il fleurit au milieu du printemps. Ses fruits se colorent en automne, et restent sur l'arbre pendant tout l'hiver. Son bois est cassant et se fend aisément. Les luthiers en font usage. On en fabrique des vis, des fuseaux, des lardoires, des moules, des aiguilles à tricoter et autres objets. Le charbon qu'il donne est très léger et très recherché des dessinateurs pour faire des esquisses, parcequ'il s'efface facilement.

Les teinturiers tirent une mauvaise couleur des fruits de cet arbuste, qui sont très âcres et purgatifs ou émétiques à un haut degré. On les emploie infusés dans le vinaigre pour guérir la gale des animaux domestiques, et réduits en poudre pour faire mourir les poux des enfans.

Lorsque le fusain est successivement taillé en têtards à un pied de distance, il forme de fort bonnes haies par le nombre et l'entrelacement de ses rameaux. Il produit d'agréables effets soit au second, soit au premier rang des massifs des jardins paysagers, même isolé à quelque distance de ces massifs. Dans ce dernier cas, il demande à n'être point altéré dans sa forme naturelle, car la serpette ne fait que lui nuire. On le multiplie de graines, de marcottes, de boutures et de rejetons. Toute espèce de terre, pourvu qu'elle ne soit pas très aride ou très marécageuse, lui convient. Ses semences se sèment au printemps, lèvent la même année, et le plant qui en provient peut être repiqué, à six à huit pouces de distance, dès l'année suivante. Une seconde transplantation plus écartée a lieu deux ans après, et à cinq ans les pieds sont assez forts pour être mis en place. Les marcottes et les boutures s'effectuent également au printemps, et accélèrent la jouissance de deux et même de trois ans.

Ce fusain offre deux variétés fort saillantes : le *fusain à fruits roses*, et le *fusain à fruits blancs*. Toutes deux sont aussi agréables que l'espèce, et contrastent avec elle ; aussi les multiplie-t-on beaucoup par les mêmes moyens qu'elle, ou par la greffe sur elle.

Le FUSAIN A LARGES FEUILLES a les feuilles trois fois plus larges que celles du précédent, et s'élève à la moitié de sa hauteur. Il est originaire des Alpes et des montagnes de l'Allemagne. On le cultive beaucoup dans les jardins paysagers, et on le multiplie comme le précédent.

Le FUSAIN GALEUX a les rameaux couverts de tubercules noirâtres et très rapprochés. Il est naturel aux montagnes de l'Allemagne. On le cultive à raison de sa singularité, car il ne jouit d'aucun agrément

Le FUSAIN A FLEURS POURPRES est suffisamment caractérisé

par son nom. Il est originaire d'Amérique. Ses agrémens sont peu saillans, mais il fait variété, et c'est quelque chose. On le multiplie de boutures, de marcottes, et par la greffe sur l'espèce commune.

Le FUSAIN D'AMÉRIQUE a les capsules couvertes de tubercules; ses feuilles subsistent pendant une partie de l'hiver. Il est originaire de l'Amérique septentrionale, et se multiplie comme le précédent. Ses agrémens sont également peu marqués.

Le FUSAIN ODORANT est originaire du Japon. On vante beaucoup la suavité de l'odeur de ses fleurs. Il ne se voit dans aucun jardin de France. (B.)

FUSAIN BATARD. On a donné ce nom au CELASTRE GRIMPANT.

FUSÉE. Maladie du canon des chevaux caractérisée par du pus qui se conserve dans les aponévroses des muscles, et qui forme des abcès qui s'ouvrent successivement.

Cette maladie n'est pas toujours facile à guérir; souvent elle occasionne la chute du sabot ou des ongles. On lui oppose de profondes scarifications et les remèdes internes et externes indiqués pour les ABCÈS. *Voyez* ce mot. (R.)

FUSTET. Arbuste du genre sumac, qui croît dans les parties méridionales de la France, et dont toutes les parties donnent une teinture jaune peu solide. *Voyez* SUMAC. (B.)

FUTAIE. Bois qu'on laisse croître jusqu'à ce qu'il soit arrivé au maximum de sa croissance, maximum indiqué par le COURONNEMENT (*voyez* ce mot) de la plupart des arbres qui le composent.

Les CHÊNES, les FRÊNES, les HÊTRES, les PINS, les SAPINS et les MÉLÈZES, sont presque les seules espèces qu'on fasse croître en futaie, parceque ce sont celles qui fournissent le meilleur bois pour la charpente des maisons et des vaisseaux, et autres objets de haut service; mais toutes les espèces inférieures peuvent se trouver et se trouvent en effet presque toujours mêlées avec elles. *Voyez* aux mots FORÊT, BOIS, AMÉNAGEMENT.

Il y a des futaies pleines, des futaies sur taillis, des demi-futaies, des futaies sur semis, des futaies sur souche, etc.

Autrefois les futaies pleines étoient très communes en France. Aujourd'hui il y en a fort peu. Il n'est plus possible aux particuliers d'en former, sous peine de se ruiner à raison de l'impôt qui pèse sur elles comme sur les autres natures de bien. (B.)

FUTAILLE. On donne ce nom à tous les vaisseaux en bois de petite ou moyenne grandeur qui ont une forme à peu près cylindrique, et qui sont destinés à contenir du vin ou d'autres liqueurs. *Voyez* le mot TONNEAU. (D.)

G.

GABRÉ. Dans le département du Var c'est le eoq d'Inde. *Voyez* Dindon.

GADOUE. Dans quelques lieux on donne ce nom aux vidanges des latrines ; dans d'autres, aux boues et immondices des villes. *Voyez* aux mots Excrémens humains et Boue des villes.

Les gadoues sont un excellent engrais.

GAGNAGE. On appelle ainsi les terres ensemencées sur lesquelles il est défendu de faire paître les troupeaux, ou les terres non ensemencées sur lesquelles il est permis de mener paître les mêmes bestiaux. Ce mot signifie aussi le produit des récoltes.

GAIGNIER. *Voyez* Gainier.

GAILLET. *Voyez* Caillelait.

GAIN. Dans l'état primitif des sociétés l'agriculture n'avoit pour but que d'obtenir des moyens de subsistance plus certains et plus abondans que ceux que pouvoient donner la chasse ou les fruits sauvages. Bientôt celui qui avoit trop de blé l'échangea contre celui qui avoit trop de moutons. Enfin la monnoie servit d'intermédiaire entre ces échanges, les pauvres se chargèrent de cultiver les terres des riches, les impôts furent établis, et les cultivateurs furent obligés de calculer les dépenses et les recettes pour savoir si, à la fin de l'année, il y avoit perte ou gain pour eux.

Dans l'état actuel des choses il est plus important que jamais de calculer en agriculture. Toute opération véritablement agricole doit toujours produire un gain, sans quoi on seroit autorisé à taxer de folie celui qui la feroit ; aussi me suis-je fait un devoir de repousser tous ces conseils, fruits d'une théorie mensongère ou d'un charlatanisme déhonté, qui ne tendent qu'à faire faire des dépenses exagérées relativement aux profits présumables. Autant il est coupable de se refuser à des avances propres à augmenter les produits du sol, autant il est blâmable de se livrer à des spéculations fausses, lorsqu'on peut facilement s'assurer de leurs résultats par des expériences en petit. Les personnes riches qui veulent sacrifier quelques fonds à des travaux agricoles, et qui savent d'avance ce qu'elles font, sont seules excusables.

Il arrive souvent que, par avidité pour le gain, des cultivateurs s'exposent à des pertes. Ainsi celui qui veut nourrir plus de bestiaux que sa terre ne le comporte, qui force les engrais dans ses terres à blé, qui accélère la croissance de ses légumes par des arrosemens exagérés, qui marcotte toutes les branches de ses arbustes précieux, etc., etc., peut souvent être forcé à des dépenses non prévues, à des retards considérables et même à des pertes totales.

Je pourrois beaucoup étendre les réflexions que ce sujet appelle ; mais ce sont des faits qu'elles doivent naître. (B.)

GAINE. Botanique. Nom que l'on a donné à la forme particulière de certaines parties des plantes, comme au tube des étamines dans les fleurs à fleurons, aux pétales des fleurs à fleurons et demi-fleurons, aux feuilles de quelques graminées, etc., etc. (R.)

GAINIER, *Cercis.* Genre de plantes de la décandrie monogynie et de la famille des légumineuses, qui renferme deux espèces d'arbres très employées à la décoration des jardins, et dont on peut tirer un parti utile relativement à l'économie domestique dans les parties méridionales de la France.

Le GAINIER COMMUN, *Cercis siliquastrum*, Lin., plus connu sous le nom d'*arbre de Judée*, a une tige en zigzag dans sa jeunesse et recouverte d'une écorce rougeâtre ; ses feuilles sont alternes, pétiolées, uniformes, très entières, luisantes, d'un beau vert, larges de trois à quatre pouces ; ses feuilles exhalent une odeur résineuse qui n'est pas désagréable, soit lorsqu'on les froisse, soit pendant les jours chauds. Ses fleurs sont rouges et disposées en petits paquets le long des branches et des rameaux, et paroissent avant les feuilles ; ses fruits sont longs de trois à quatre pouces et bruns. Il croît naturellement dans les parties méridionales de l'Europe et dans la Turquie d'Asie, principalement en Judée. Sa hauteur surpasse rarement vingt à vingt-cinq pieds. C'est un des arbres les plus agréables de ceux qu'on cultive dans les jardins ; aussi les Espagnols l'appellent-ils *arbre d'amour.* Il convient également à tous, parcequ'il se prête facilement aux formes qu'on veut lui donner et qu'il souffre aisément la tonte. Il fleurit au commencement du printemps. Le nombre et la vivacité de ses fleurs, qui ne sont point cachées par des feuilles, le fait alors briller de tout l'éclat des feux de l'aurore. Plus tard il développe ses feuilles dont la largeur et la belle couleur font les délices de l'été. En effet leur ombre est impénétrable et elles ne sont attaquées par aucun insecte. Les chèvres et sans doute les autres bestiaux les repoussent. On couvre les murs avec cet arbre, on en fait des palissades, on en fabrique des berceaux, on en forme des boules dans les jardins réguliers. On le place par-tout dans les jardins paysagers, et partout il se fait admirer. Tantôt dans ces derniers on ne lui laisse qu'une tige, tantôt on en fait des trochées, des buissons, mais rarement on l'y taille. Il contraste merveilleusement avec les cytises des Alpes, les cerisiers à fleurs doubles, les mahalebs et autres arbres de diverses couleurs qui fleurissent en même temps. Ses fleurs varient dans toutes les nuances du rouge et même en blanc, et on peut par conséquent les nuancer à volonté. Elles restent près d'un mois sur l'arbre, ce qui ajoute encore à leurs agrémens. Comme elles ont une saveur piquante et agréable, on les met souvent dans les salades et on les confit comme les capres, et pour le même usage, avant leur épanouissement. *Voy.* au mot CAPRIER. Les gousses qui leur succèdent restent sur l'arbre pendant toute l'année, ce qui est un inconvénient, mais c'est le seul que je lui connoisse.

Le bois du gaînier, dit Varennes de Fenilles, est agréablement veiné ou plutôt chamarré et flambé de noir, de vert et de quelques taches jaunes sur un fond gris. Il prend un beau poli et pèse 47 livres 15 onces 4 gros par pied cube. Il paroît d'après cela qu'on en pourroit faire de charmans meubles; mais comme il est rare d'en voir de forts échantillons, il ne s'emploie pas à cet usage. On ne s'en sert qu'à brûler.

Les plus mauvaises terres conviennent au gaînier; il ne se refuse à croître que dans celles qui sont trop argileuses et trop aquatiques; ainsi il est bien des cantons où il seroit avantageux de le planter pour tirer un produit du sol. Je pourrois citer les plaines crayeuses de la ci-devant Champagne, les montagnes pelées de la ci-devant Bourgogne, de la ci-devant Provence, etc. La rapidité de sa croissance les premières années de sa repousse est un sûr garant pour moi des bénéfices qu'on peut espérer de sa coupe triennale. Il y a tant de terrains abandonnés en France comme trop maigres pour semer du blé, qu'un bon citoyen doit saisir les occasions d'indiquer les moyens de les utiliser d'une autre manière. Les taillis formés de ces arbres n'exigeroient que deux ou trois binages pendant les premières années de leur plantation et dureroient des siècles.

On sème les graines de gaînier au printemps, lorsqu'il n'y a plus de gelées à craindre, dans une planche bien préparée et exposée au levant ou au midi. Le plant ne tarde pas à lever. L'hiver suivant, du moins dans le climat de Paris et autres plus septentrionaux, on couvre ce plant de litière ou de fougère pour le garantir des gelées auxquelles il est très sensible. Ce plant reste dans la planche du semis l'année suivante encore toute entière, après quoi il se lève pour être repiqué en pépinière à la distance de quinze à vingt pouces, ou, lorsqu'on en veut planter un taillis, à trois pieds au moins. Cette grande distance est nécessaire, soit dit en passant, parceque les repousses de cet arbre ne sont jamais droites, qu'elles divergent sur leur souche, et que par conséquent il leur faut de l'espace si on ne veut pas qu'elles se croisent au point de se nuire et de rendre le passage impossible. Les racines du gaînier sont très sensibles au hâle et à la gelée, par conséquent il ne faut jamais arracher que ce qu'on peut planter en une ou deux heures au plus.

Le plant placé dans la pépinière pousse foiblement la première année, et ses tiges, dans le climat de Paris, gèlent en partie l'hiver suivant. Pour remédier à cet inconvénient, on les coupe rez terre l'hiver suivant, et l'été elles repoussent avec une vigueur telle qu'elles surpassent du double en automne la hauteur qu'elles avoient l'année précédente (souvent quatre à cinq pieds); c'est alors qu'on le met sur un brin dans le cas où on voudroit en faire des tiges; cependant il faut encore le laisser au moins trois ans dans la pépinière, ce qui fait huit ans. Quand on le destine à former des buissons ou des palissades, on peut le planter à demeure dès la sixième. Il doit alors avoir huit à dix pieds de haut. J'observerai que chaque hiver il perd, dans le climat de Paris, la sommité de sa tige, et qu'il répare toujours cette perte de lui-même. Arrivé à huit ans il n'éprouve plus cet inconvénient que dans les grands hivers, mais plus au nord il y est exposé plus long-temps, ainsi que le remarque Dumont-Courset, dans son excellent ouvrage intitulé *le Botaniste cultivateur* ; aussi dans ce climat ne doit-on pas les élever sur une seule tige et sur-tout les tondre. Cette dernière considération est fondée sur ce que la tonte retarde la pousse des bourgeons, et que ces bourgeons ayant moins de temps pour se changer en bois, pour s'aoûter comme disent les jardiniers, ils sont plus sensibles à la gelée.

Le GAINIER DU CANADA a les feuilles acuminées et d'un vert moins glauque que celles du précédent. Ses fleurs sont plus petites et plus pâles. Il est originaire de l'Amérique septentrionale. On croit généralement qu'il est moins grand et moins beau que le précédent; mais c'est une erreur, ainsi que je l'ai observé en Caroline, où il est fort commun, et où on l'appelle *bouton rouge.* Il a sur lui l'avantage de ne pas geler dans le climat de Paris. Au reste il en diffère fort peu. On ne le trouve que dans quelques pépinières où on le multiplie par le semis de ses graines, et par sa greffe, à œil dormant, sur l'espèce commune. (B.)

GAISAILLA. Manouvrier qui, dans le département de la Haute-Garonne, se charge par bail de la culture des fermes à moitié fruit, pour plusieurs années.

GALACTOMÈTRE. Cet instrument a été proposé en Angleterre et essayé en France pour déterminer la quantité d'eau que se permettent d'introduire dans le lait ceux qui le débitent. Il n'est pas douteux que, comme beaucoup d'autres alimens et boissons, le lait n'exerce aussi la cupidité des marchands et qu'il ne se glisse quelques fraudes dans son commerce ; on peut aisément les découvrir à la faveur d'organes exercés : il existe des palais doués d'un sentiment assez exquis pour saisir tout d'un coup non seulement les différens laits entre eux, mais encore les nuances qui caractérisent chacun en particulier, le lait extrait de la veille ou du jour, le lait écrémé ou non, celui qu'on a exposé au feu ou qu'on a étendu d'eau, ou auquel on a ajouté des décoctions mucilagineuses pour augmenter sa consistance. On peut sans doute allonger le lait en y ajoutant une certaine quantité d'eau sans que sa couleur soit sensiblement affoiblie ; mais cette fraude, la plus commune de celles dont on accuse les laitières, ne sauroit guère être saisie que par les sens : on a bien recommandé l'emploi d'un pèse-liqueur particulier ; mais cet instrument, dont on n'a pas assez calculé la résistance dans les fluides très composés, tenaces et visqueux, demande une sorte d'exercice pour être manié utilement.

D'ailleurs il est insuffisant pour déterminer dans quelle proportion l'eau se trouve mélangée, attendu que le lait varie à la journée de pesanteur spécifique. Tous les galactomètres que j'ai examinés démontrent que le lait abondant en crème est spécifiquement plus léger que celui riche seulement en fromage, et qu'ils indiquent le même degré pour le meilleur lait comme pour le plus médiocre.

Nous ferons la même observation relativement aux différens pèse-liqueurs qu'on a imaginés et proposés pour s'assurer de la quantité de gélatine contenue dans un bouillon de viande; mais ces différens moyens, beaucoup trop vantés, sont bons en théorie et dans les laboratoires des physiciens, mais ils ne valent absolument rien à la pratique. (Par.)

GALANGA ou LANQUAS , *Maranta* , Lin. Nom d'une herbe exotique qui croît dans les pays chauds des deux Indes, et qu'on y cultive principalement pour sa racine. Elle a des feuilles simples et alternes qui embrassent la tige de leur base, et des fleurs terminales et disposées en grappes lâches ou en panicules. Cette plante, qui est de la monandrie monogynie, appartient à la famille des BALISIERS, et se rapproche beaucoup des AMOMES. On en distingue trois ou quatre espèces. La plus connue est le GALANGA OFFICINAL, *Maranta galanga*, L., dont la racine est employée depuis long-temps en médecine. Sa tige est droite et lisse; ses feuilles sont lancéolées et distiques; ses fleurs blanchâtres, et ses fruits rouges et de la grosseur à peu près des baies de genevrier. Cette espèce offre deux variétés connues sous le nom de *grand* et de *petit galanga.* Dans l'une et l'autre, la racine est tubéreuse, noueuse, inégale et genouillée; mais celle du petit galanga est plus petite et de meilleure qualité. Elle a la grosseur du doigt, une couleur brune en dehors et rougeâtre en dedans, et une odeur vive et aromatique; sa saveur, un peu amère, pique et brûle le gosier, comme font le poivre et le gingembre. On nous apporte cette racine séchée, coupée par tranches ou en petits morceaux. On la tire de la Chine et des Indes orientales, où elle croît d'elle-même, et où les habitans la cultivent. Il faut la choisir saine, nourrie, compacte, odorante, d'un goût piquant. Les Indiens s'en servent, ainsi que de celle du grand galanga, pour assaisonner leurs mets; et nos vinaigriers les font entrer dans leurs vinaigres pour leur donner de la force. Dans l'Inde on tire des fleurs du galanga une huile pure, qui est aussi rare que précieuse. Une goutte de cette huile suffit pour embaumer deux livres de thé.

Les autres galangas croissent en Amérique dans les lieux humides, marécageux ou voisins des ruisseaux. A la Guiane, les Caraïbes cultivent près de leurs habitations l'espèce à feuilles de balisier, *Maranta arundinacea*, L., et en mangent la racine cuite sous la cendre, pour faire passer les fièvres intermittentes. Ils emploient également cette racine comme spécifique contre les blessures faites par des flèches empoisonnées ; ils l'écrasent et l'appliquent en forme de cataplasme sur la partie blessée ; elle attire le poison et guérit la plaie, pourvu qu'elle ait été appliquée assez tôt. Cette propriété et l'usage que ces Indiens font des tiges de la même plante, pour en former leurs flèches, a fait donner à cette espèce de galanga le nom d'*herbe à flèches*, ou de *roseau à flèches*.

On tire aussi de cette racine une fécule en la râpant dans l'eau sur un tamis qui retient sa partie filandreuse. Cette fécule ne diffère pas sensiblement de celle de la pomme de terre, lorsqu'elle a été comme elle lavée dans plusieurs eaux. On commence à en faire un fréquent usage dans quelques colonies sur la table des riches. On appelle cette fécule *salep*.

Les galangas ne peuvent être élevés en France que dans les serres chaudes. Ils aiment une terre substantielle, mais légère. On les multiplie par leurs racines, et ils exigent les mêmes soins que beaucoup d'autres plantes de la zone torride. (D.)

GALANTHINE, *Galanthus*. Plante de l'hexandrie monogynie et de la famille des narcissoïdes ; à racine bulbeuse ; à feuilles longues et étroites, sortant de la racine au nombre de trois ou quatre ; à fleur blanche, solitaire et recourbée à l'extrémité d'une hampe de six à huit pouces de haut ; qu'on trouve dans les bois des montagnes, par toute l'Europe, et qu'on cultive dans les jardins à raison de l'élégance de son port, et sur-tout de la précocité de sa fleur, une des premières qui s'épanouissent.

En effet, cette plante, que l'on confond souvent avec le PERCE-NEIGE (*voyez* ce mot), fleurit dès le mois de février, par conséquent à une époque où les fleurs sont encore fort rares. On la multiplie par la séparation de ses caïeux, et on la place au pied des arbres, au milieu des gazons dans les jardins paysagers, où elle brille plus que dans les parterres, quoique cependant on l'y introduise souvent. Il convient de lui laisser former touffe, et pour cela de ne la relever que tous les trois ou quatre ans. Une terre sèche et légère est celle qui lui convient. (B.)

GALE. MÉDECINE VÉTÉRINAIRE. Tous les animaux domestiques sont sujets à la gale, et le chien plus que les autres. Elle cause souvent de grandes pertes parmi les moutons. C'est une maladie éruptive, qui se communique, et qui est due sans doute à plusieurs causes, jusqu'à présent peu recherchées. Il paroît cependant que le séjour des animaux dans des écuries malsaines et une nourriture de mauvaise qualité sont celles de ces causes qui la font le plus souvent naître. Les animaux qui restent toute l'année à l'air, qui ne mangent que de l'herbe fraîche, en sont rarement attaqués. Telle exploitation rurale est perpétuellement infestée de cette maladie, tandis que telle autre, qui n'en est séparée que par un fossé, n'en offre jamais. Il ne faut que des soins pour arriver à ce résultat, et des soins fort peu pénibles.

La première attention, lorsqu'un animal est attaqué des premiers symptômes de la gale, c'est de le séparer des autres, de le mettre dans un lieu sec et aéré, et de changer sa nourriture, de lui en donner une rafraîchissante; s'il est gras on la lui ménagera, s'il est maigre on l'augmentera.

Dans tous les animaux, la gale se guérit plus facilement en été qu'en hiver, dans les pays tempérés que dans les climats très chauds et très froids, dans les terrains secs et élevés que dans les lieux humides ou marécageux, dans les jeunes animaux que dans les vieux.

Les symptômes extérieurs de la gale sont d'abord la rougeur et la démangeaison de la partie affectée; quelquefois des écailles blanches; ensuite des trous ou des fentes superficielles, d'où suinte une humeur très âcre. Les poils tombent en tout ou en partie, lorsque la gale est arrivée à ce degré toutes les humeurs se détériorent. Il n'y a plus de sommeil; les alimens ne profitent plus, et l'animal meurt étique après des souffrances très prolongées. Il vaut toujours mieux le tuer que de le laisser arriver à ce point.

Le premier moyen curatif à mettre en usage, après que l'animal malade a été isolé et qu'il a été mis dans l'impossibilité de se gratter, soit avec les dents, soit avec les pattes, soit contre un corps quelconque, c'est de lui couper le poil sur la partie affectée, de le frotter soit avec un linge rude, soit avec une brosse, une étrille, une lame de couteau émoussée et autre instrument, et de le couvrir d'un linge imbibé d'une décoction de guimauve ou de mauve. On répète ce traitement deux, trois ou même quatre fois par jour.

Lorsque la gale n'affecte que les pieds ou la queue on gagne à les faire tremper dans la décoction.

Pendant ce traitement on donnera à l'animal un breuvage dans lequel on aura fait fondre, par pinte, une once de nitre et deux onces de tartre. Une pinte pour les gros animaux et un quart de pinte pour les petits sont les doses convenables à donner chaque jour le matin; tous les trois à quatre jours on pourra ajouter à ce régime, si son effet n'est pas assez marqué, un bol composé d'une once de fleur de soufre et de quatre gros d'antimoine diaphorétique non lavé et en poudre, l'un et l'autre incorporés dans du miel.

Lorsque la maladie est prise à temps, et qu'il n'y a pas des causes qui la rendent plus grave, elle doit céder à ce traitement qui n'a aucun inconvénient. Si elle résistoit alors il faudroit employer des répercutifs doux, et ensuite de plus énergiques.

Une infusion de tabac dans de l'urine humaine, infusion avec laquelle on frotte deux fois par jour la partie galeuse, est un de ces remèdes vulgaires qui produit souvent d'excellens effets.

L'emploi de l'Huile empyreumatique (*voyez* ce mot) est

presque toujours suivi de succès, sur-tout pour les brebis et et autres animaux de leur taille.

Si ces remèdes peu dangereux ne remplissoient pas leur objet, on auroit recours aux dissolutions des oxides de plomb ou de mercure, dans du vinaigre ou dans des corps gras, ou même seuls, et réduits en poudre; mais ils doivent être administrés par un vétérinaire instruit, parcequ'en répercutant l'humeur de la gale et se répandant avec elle dans la circulation, ils peuvent produire des accidens très graves et conduire rapidement à la mort. Un grand nombre de mérinos ont péri en entier l'année dernière (1808) pour avoir été frottés d'onguent gris (onguent mercuriel); d'autres pour l'avoir été avec de l'oxide rouge du même métal. On sait combien les préparations des oxides de plomb sont dangereuses pour l'homme, et elles ne le sont pas moins pour les animaux.

Je n'ai point parlé des onguens, même de l'onguent citrin, si réputé dans ce cas, parceque les praticiens éclairés les regardent comme plus nuisibles qu'utiles. En effet, ils empêchent la sortie de l'humeur sortie, qui, dans les commencemens sur-tout, doit être le but du traitement; le seul bien qu'ils fassent c'est de suspendre les démangeaisons.

Un animal qu'on regarde comme guéri de la gale doit être purgé deux fois à huit jours de distance, immédiatement après qu'on a cessé le traitement.

Comme c'est sur les moutons que la gale exerce le plus de ravage, il sera de nouveau question de son traitement à leur article.

Il ne paroît pas que la gale humide de l'homme, celle qui est due à un insecte du genre des tiques, attaque les animaux. (B.)

GALE. Maladie des arbres. On a donné ce nom à des protubérances petites et nombreuses qui se remarquent souvent sur les branches, les feuilles et même les fruits des herbes et des arbres.

Un très grand nombre de causes font naître ces protubérances.

Le plus souvent ce sont les premiers rudimens des champignons des genres Puccinie, Uredo, Ecidie, Trichie, Lycogale, Érysiphé, Tuberculaire, Spherie, Nemaspore, Xylome, Hypodenne, Opégraphe, Verrucaire. Voyez ces mots.

Quelquefois ce sont des aspérités organiques sur lesquelles les observateurs n'ont pas encore porté leurs regards, ou des retraits produits par la mort partielle de segmens ou de points de l'écorce. Dans ce dernier cas les protubérances sont peu inégales.

En général les agriculteurs sont rarement dans le cas de redouter la gale dans les herbes et les arbres en état de bonne végétation, et ils ont peu de moyens pour s'opposer à son développement dans ceux chez qui elle est, comme cela arrive le plus souvent, un symptôme de mort.

Quant aux protubérances produites par des insectes, *voyez* GALLE. (B.)

GALÉ, *Myrica*. Genre de plantes de la diœcie tétrandrie et de la famille des amentacées, qui renferme une huitaine d'arbustes presque tous propres aux sols marécageux, qui ont éminemment la propriété d'absorber l'air impur qui s'en exhale, et par conséquent de rendre leur séjour plus salubre. Sous ce rapport et sous d'autres moins importans, il mérite d'intéresser les cultivateurs.

Les deux seules espèces dans le cas d'être citée sont,

Le GALÉ ODORANT, *Myrica gale*, Linn., qui a les feuilles alternes, lancéolées, dentelées à leur pointe, glauques et parsemées de points résineux. Il croît en Europe dans les marais, et y forme des buissons de trois ou quatre pieds de haut, qui fleurissent au milieu du printemps, et avant la pousse des feuilles. Toutes ses parties, et sur-tout ses fruits, ont une odeur forte et aromatique, et servoient autrefois à assaisonner les mets. De là le nom de *piment royal*, de *poivre de Brabant* qu'il porte encore. On s'en est aussi servi en guise de thé, mais on a reconnu qu'elles affectoient le cerveau.

Cet arbuste, comme je l'ai dit plus haut, a la propriété d'absorber l'hydrogène des marais, et par conséquent d'en rendre le séjour moins dangereux, ainsi, au lieu de le détruire par-tout, comme on le fait généralement, on devroit le multiplier, pour assurer la santé des riverains. Les deux buts qu'on se propose en l'arrachant sont d'avoir du bois pour se chauffer et de donner moyen aux herbes propres à la nourriture des bestiaux de croître à sa place; mais on peut satisfaire au premier en le coupant seulement, et le second est très incomplètement rempli, puisque le galé croît ordinairement dans des fondrières où les bestiaux ne peuvent aller sans danger que pendant quelques mois de l'été, et les plantes qui viennent dans ces sortes de lieux ne sont rien moins que de leur goût.

On cultive quelquefois le galé odorant dans les jardins paysagers, sur le bord des eaux, dans les lieux frais et exposés au nord. Il se place au premier ou au second rang des massifs. On le multiplie de graines, qu'on sème dans une terre très légère, aussitôt qu'elles sont recueillies et qu'on arrose abondamment. Le plant reste dans la même place pendant deux ans, et ensuite se repique dans l'endroit le plus frais possible, à six à huit pouces de distance. Au bout de deux autres années on peut le mettre en place. On le multiplie aussi par marcottes, et comme les demandes qu'on en fait sont peu considérables, c'est à ce moyen seul qu'il se borne ordinairement, attendu qu'il est le plus rapide, puisqu'en un an on peut avoir des pieds propres à être mis en place. Il fournit encore des moyens de reproduction par rejetons et par déchirement des vieux pieds.

Le GALÉ CIRIER, *Myrica cerifera*, Lin. , a les feuilles alternes, lancéolées, plus ou moins dentées, ponctuées de fauve, légèrement pubescentes dans leur jeunesse et d'un vert obscur. Leur longueur est de deux à trois pouces au moins ; elles restent vertes toute l'année. Ses fruits, qui naissent toujours sur le vieux bois, sont entourés d'une matière analogue à la cire, ou du moins qui a la propriété de brûler comme elle; aussi l'a-t-on appelé l'*arbre à la cire*, le *porte-cire*, etc. Il croît dans les marais de l'Amérique septentrionale, où on en distingue deux variétés : l'une qui ne s'élève que de trois à quatre pieds, et qui ne gèle pas dans le climat de Paris; c'est le *cirier de Pensylvanie*, dont les feuilles sont larges et peu dentées ; l'autre qui parvient à douze et quinze pieds, et qui ne peut passer l'hiver en pleine terre dans le même climat; c'est le *cirier de la Caroline*, dont les feuilles sont plus étroites et plus profondément dentées. J'ai observé d'immenses quantités de ce dernier pendant mon séjour en Amérique. Tous deux améliorent l'air des marais encore mieux que le galé odorant; tous deux exhalent, dans la chaleur, une odeur forte et aromatique qui porte à la tête, mais qui ne fait aucun mal ; tous deux enfin fournissent de la cire à peu près également, parceque si le premier a les fruits plus gros, le second les a plus nombreux.

La cire que fournit le cirier est verte, et les bougies qu'on en fabrique donnent une flamme très triste ; aussi dans le pays même, en Caroline par exemple, il n'y a que les nègres qui en récoltent pour cet objet. Leur procédé consiste à couper les branches de cirier les plus chargées de fruits, et de faire tomber ces fruits sur un endroit où la terre a été nettoyée et battue ; ensuite de les ramasser et de les mettre dans des sacs qu'ils plongent entièrement dans une chaudière d'eau bouillante. La chaleur ne tarde pas à faire fondre la cire, qui sort à travers la toile et monte à la surface de l'eau, d'où on l'enlève avec des cuillers. Ce procédé se répète jusqu'à ce qu'on ait la quantité de cire désirée. Comme les graines restent sur l'arbre une partie de l'hiver, on a trois ou quatre mois pour s'occuper de cet objet. Les nègres ne se donnent pas la peine de fabriquer des bougies ; ils se servent de cette cire, en en mettant dans un vase, avec une mèche de coton c'est-à-dire qu'ils en composent des lampions.

Quoique tout moyen d'augmenter les ressources des hommes doive être saisi, je ne puis être d'avis que la culture du cirier dans nos marais, pour sa cire, puisse être un objet de produit utile, à moins qu'on n'en trouve un emploi autre que celui d'éclairer. Je voudrois cependant qu'on l'y introduisît en grand, pour en améliorer l'air et en tirer parti pour le chauffage. Rien n'est plus facile que sa multiplication. En effet, il produit une immense quantité de graines qui, semées comme il a été dit plus haut, donnent au bout de quatre ans du plant bon à être mis en place. Toutes ses branches couchées en terre fournissent des marcottes bien enracinées dans la même année. Chacun de ses pieds déchiré en donne autant de nouveaux qu'il y avoit de rameaux. Il pousse chaque année, sans qu'on s'en mêle, lorsqu'il est dans un terrain favorable, un grand nombre de rejetons ; et le plus petit morceau de ses racines, coupé et mis séparément en terre, forme un nouveau pied. Ces nombreux et certains moyens de multiplication ont été donnés à cet arbuste pour qu'il fût toujours très abondant ; aussi couvre-t-il la majeure partie des marais de l'Amérique. On le place en Europe dans les jardins paysagers, sur le premier ou second rang des massifs, sur le bord des eaux, aux expositions ombragées. Il vient bien hors de l'eau, mais il lui faut toujours une terre très fraiche. (B.)

GALÉGA, *Galega*. Plante à racine rameuse, vivace ; à tiges droites, fistuleuses, cannelées, presque ligneuses, rameuses, hautes de deux à trois pieds ; à feuilles pétiolées, stipulées, ailées avec impaire, composées de sept ou neuf folioles ovales, lancéolées, échancrées au sommet, longues d'un pouce et plus ; à fleurs blanches disposées en grappes et pendantes au sommet de longs pédoncules terminaux et axillaires ; qui fait partie d'un genre dans la diadelphie décandrie et dans la famille des légumineuses.

On trouve le galéga dans les parties méridionales de l'Europe, dans les terrains gras et frais, sur le bord des eaux, et on le cultive dans les jardins à raison de la beauté de sa fane et de la longue durée de ses fleurs, qui s'épanouissent successivement jusqu'aux gelées.

C'est dans les parterres, sur le bord des massifs, le long des ruisseaux, que se plante le galéga dans les jardins paysagers. Il faut que ses touffes ne soient ni trop petites ni trop grosses pour produire tout leur effet. Un terrain substantiel, plutôt léger que fort, est celui qui lui convient le mieux ; cependant il s'accommode plus ou moins de tous. On le multiplie par le semis de ses graines, en place ou dans une planche exposée au levant et bien préparée ; mais comme elles se répandent toujours assez, et même souvent plus qu'on ne veut, on a rarement recours à ce moyen : on se contente de lever les jeunes pieds crus naturellement autour des vieux, ou on déchire ces derniers.

Les feuilles du galéga ont une odeur aromatique et une saveur d'abord douce et ensuite âcre. On les regarde comme sudorifiques et alexitères, mais on en fait peu d'usage en médecine.

L'abondance de la fane du galéga, et la facilité de le cultiver, ont fait désirer d'en former des prairies artificielles ; mais il est peu du goût des bestiaux, qui n'en mangent que les plus jeunes pousses, encore pas beaucoup à la fois, ainsi que je m'en suis assuré en Italie, le long des chemins et dans les pâturages, où ses touffes restent entières. Il seroit peut-être possible cependant de les y accoutumer ; mais alors on auroit toujours l'obstacle de la dureté des tiges. Je ne me suis pas aperçu que dans les parties méridionales de la France, ni nulle part, on le cultivât pour cet objet. C'est réellement dommage. Un écrivain a annoncé l'avoir cultivé dans cette intention et y avoir trouvé beaucoup de profit; cependant j'ai tout lieu de croire que le fait est faux. Cette plante vient si haute, pousse un si grand nombre de tiges, qu'il semble qu'on trouveroit de l'utilité à la cultiver uniquement pour faire de la litière ou pour chauffer le four ou pour faire de la potasse. C'est aux propriétaires des départemens du midi sur-tout, qui manquent si souvent de fumier et de bois, à vérifier cette conjecture par l'expérience. Dans tous les cas, il seroit un bon amendement pour les terres dans un système régulier d'assolement.

On appelle vulgairement le galéga *rue de chèvre, lavanèse, faux indigo*. On en peut, dit-on, obtenir une fécule bleue analogue à celle de l'indigo; mais il faut qu'elle soit en bien petite quantité, puisqu'on n'a pas cherché à en tirer parti pour la teinture. (B.)

GALÉOPE, *Galeopsis*. Genre de plantes de la didynamie gymnospermie, et de la famille des labiées, qui renferme deux espèces assez communes dans les champs et les bois pour mériter l'attention des cultivateurs, et par conséquent pour être mentionnées ici.

Le GALÉOPE DES CHAMPS, *Galeopsis ladanum*, Lin., a les tiges tétragones, rameuses, velues, hautes de huit à dix pouces; les feuilles opposées, sessiles, linéaires, lancéolées, rarement dentelées, rudes au toucher, longues d'un pouce; les fleurs rouges et disposées en verticilles dans les aisselles des feuilles supérieures. C'est une plante annuelle qu'on trouve très abondamment dans les champs incultes, le long des chemins, sur le revers des fossés, sur-tout dans les terrains argileux, qu'elle préfère. Elle fleurit pendant une partie du printemps et de l'été. Les bestiaux, excepté les chevaux, la mangent sans la rechercher beaucoup.

Le GALÉOPE PIQUANT a les tiges tétragones, brunes, légèrement velues, rameuses, hautes d'un à deux pieds; les feuilles opposées, pétiolées, ovales, aiguës, obtusément dentées, longues de deux à trois pouces; les fleurs rouges, disposées en verticilles, très denses dans les aisselles des feuilles supérieures, et pourvues de calices à dents très piquantes. Il croît dans les bois humides, dans les haies, sur le bord des fossés, etc. Il est annuel comme le précédent, et est mangé par tous les bestiaux, mais seulement dans sa jeunesse.

Ces deux plantes sont quelquefois si abondantes qu'il peut être profitable de les faire arracher, soit pour augmenter la masse des fumiers, soit pour en fabriquer de la potasse. J'ai pour moi l'expérience pour ce dernier article. (B.)

GALÈRE. Espèce de petite charrue avec roulette, dont on se sert dans les jardins pour ratisser et unir le sol; elle fait trois fois l'ouvrage des autres ratissoires. On distingue la galère à main, et la galère à cheval. La première est propre au ratissage des grandes allées, dont le sol est tendre et sablé ; la seconde est utile pour le ratissage des avenues ou allées d'un sol plus solide, mais humecté par la pluie. Cet instrument est composé d'un fer tranchant et de deux brancards réunis par deux traverses et surmontées, vers leur extrémité postérieure, de deux espèces de cornes ou barres de bois courbes. On place un cheval entre les brancards. La galère ou ratissoire forme alors un angle, et permet à la lame tranchante de fer d'entrer dans la terre, et de la soulever plus ou moins, suivant que le jardinier presse de ses deux mains les barres de bois. (D.)

GALÉRUQUE, *Galeruca*. Genre d'insectes de la classe des coléoptères, qui renferme plus de cent espèces, toutes vivant aux dépens des feuilles des arbres et des plantes, et causant ou pouvant causer, par conséquent, des dommages aux cultivateurs.

Il y a de grands rapports de forme et de mœurs entre les GALÉRUQUES, les CHRYSOMÈLES, les CRIOCÈRES et les ALTISES. *Voyez* ces mots. Leurs larves diffèrent encore moins. Ce sont des vers à six pattes, à tête écailleuse, et à corps mou, qui se nourrissent de la substance des feuilles, et qui se transforment en nymphes, puis en insectes parfaits, et vivent plus ou moins de temps, suivant les espèces.

L'espèce la plus importante à connoître est

La GALÉRUQUE DE L'ORME, *Galeruca calmariensis*, Fab., qui est d'un jaune obscur avec une tache noire sur le corselet et une ligne longitudinale de même couleur, et quelquefois deux sur chaque élytre. Sa longueur varie entre deux à trois lignes. Sa larve vit sur l'orme, dont elle crible les feuilles de trous si nombreux qu'elles ne conservent plus de parenchyme, et qu'elles cessent de remplir leurs fonctions. Plusieurs fois j'ai vu, aux environs de Paris, ces arbres avoir l'apparence de la mort et réellement suspendre leur végétation dès le milieu de l'été, et par conséquent être considérablement retardés dans leur accroissement, sans compter le désagrément du défaut de verdure. Ces larves sont noires et glutineuses et exhalent, lorsqu'on les écrase, une odeur nauséabonde. Il en est de même de l'insecte parfait : ce dernier passe l'hiver sous les écorces, sous les pierres, dans les fentes des murs. Il offre deux et peut-être même quelquefois trois générations dans le cours d'un été.

Les seuls moyens de destruction qu'on puisse proposer c'est de rechercher les insectes parfaits dans les premiers beaux jours du printemps sous les écorces des ormes ou dans les cavités qu'elles présentent, et de les écraser ; car comment atteindre des milliers, et quelquefois des millions de larves, qui sont collées sur les feuilles d'un arbre de quarante pieds de haut ?

Le bouleau, l'aune et le saule nourrissent aussi des galéruques, qui les dépouillent quelquefois de leurs feuilles ; mais comme ces arbres sont loin des regards habituels des cultivateurs, ils y font peu attention. (B.)

GALET. On donne ce nom aux cailloux roulés, ordinairement arrondis et plus larges qu'épais, qui se trouvent dans le fond et sur les flancs des vallées des montagnes primitives, ou sur les bords de la mer.

Ces galets couvrent des espaces si considérables dans toutes les parties du monde, que l'agriculteur ne peut s'empêcher de réfléchir sur leur formation et sur les moyens de diminuer les obstacles qu'ils apportent à ses travaux.

Il est des galets calcaires, il en est de schisteux; cependant le plus grand nombre, c'est-à-dire les véritables galets, sont tous quartzeux. Quelquefois ce sont des fragemens de granits, mais le plus souvent des morceaux de pierres plus dures, telles que le quartz, le porphyre, les roches glanduleuses, les grès primitifs, etc. Tous proviennent de la destruction des montagnes, et ont été mis en cet état par le seul effet du mouvement des eaux.

Ce fait, si évident aux yeux des géologues, doit être difficilement senti par un cultivateur qui n'est pas sorti de son pays, et qui voit des galets sur le sommet des montagnes comme dans les vallées; mais il n'en est pas moins vrai que par-tout où il s'en trouve il y a eu un fond de rivière ou de mer. Les Alpes, par exemple, qui envoient leurs détritus à l'embouchure du Rhône, du Pô, du Rhin et du Danube, par le moyen de ces fleuves, ont dû être trois ou quatre fois plus hautes qu'elles ne le sont en ce moment, pour avoir pu fournir l'immense quantité de galets qui se trouvent accumulés dans toute l'étendue du cours de ces mêmes fleuves dans une largeur et une profondeur effrayantes. Les montagnes étant plus hautes, les fleuves eux-mêmes étoient plus considérables, c'est-à-dire qu'ils avoient pour lit toute l'étendue des vallées dont ils n'occupent plus en ce moment qu'une petite portion. Le Rhône, par exemple, étoit large de plus d'une lieue dans certains endroits. Il passoit par-dessus la vallée où se trouve Lyon, pour s'étendre dans la plaine du Dauphiné, toute formée par ses galets; aussi trouve-t-on de ces mêmes galets presque au sommet de la montagne qui le sépare de la Saône à son entrée dans la ville.

Tous les jours il se forme encore des galets dans les vallées des montagnes; il suffit d'avoir passé quelques jours, à l'issue de l'hiver, sur-tout dans les plus élevées, dans celles du St-Gothar par exemple, pour être convaincu de la rapadité de la destruction de ces montagnes. Ce n'étoit pas à cette époque, et cependant il se passoit rarement une heure, pendant que je m'y trouvois, sans que j'entendisse le bruit des rochers s'éboulant dans les torrens. Ces pierres s'éclatent par suite de leurs chocs, par l'action du froid et du chaud, par l'effet du cours des eaux. Elles s'usent d'abord dans leurs angles, ensuite dans leur surface, et diminuent chaque jour de volume, jusqu'à ce qu'elles aient été déposées par une grande crue d'eau hors du lit du torrent; mais là, restant exposées à l'air, elles éprouvent un autre genre de décomposition à leur surface, c'est-à-dire qu'elles se changent en argile, qui plus tendre cède très rapidement à une nouvelle action des eaux; de sorte que le plus gros caillou, avec le temps (des milliers d'années peut-être), se résout entièrement en argile.

Il y a tout lieu de présumer que c'est à cette cause qu'on doit attribuer la grande quantité d'argile qu'on trouve toujours unie aux galets, ou mieux, dans laquelle les galets sont enfouis; argile fort différente de celle dont on trouve des filons ou des masses dans les montagnes primitives, et de celle qui forme des bancs si étendus et si épais dans les pays à couche, argile ordinairement fertile, et qui laisse jusqu'à un certain point filtrer l'eau des pluies; car elle est plutôt frayable que coriace, lors même qu'elle est mouillée, à raison de ce que la silice y domine. *Voyez* ARGILE.

Actuellement que la diminution progressive de la masse des eaux ne permet plus le transport des grosses pierres loin des montagnes dont elles faisoient partie, il ne parvient plus que de petits galets et de l'argile dans les plaines; et les hautes vallées des montagnes se comblent. Par-tout où j'ai voyagé j'ai remarqué ce fait. Ainsi le débouquement des vallées des royaumes de Galice et des Asturies en Espagne est formé de galets d'un demi-pied de diamètre; aux environs de Léon ils sont déjà de moitié plus petits, et vingt lieues plus loin ce ne sont plus que des graviers. La vallée du Pô, celle du Rhône et celle du Rhin, dans ce que j'en ai visité, m'ont offert les mêmes observations.

Les terrains à galets doivent donc être divisés en plusieurs classes relativement à la culture.

1° Ceux des vallées des montagnes sont sans argile ou avec de l'argile. Les premiers, toujours dans le voisinage des torrens, se plantent en saules, en argousiers, en tamarisques, en aunes ou autres arbustes qui les fixent, et permettent à l'argile apportée par les alluvions de s'y arrêter. Les seconds se cultivent le plus souvent en prairies. Les uns et les autres sont sujets à être dévastés par les grandes eaux.

2° Les terrains à galets, à l'embouchure des grandes vallées, et presque en plaine. Les uns sont secs et presque incultivables par défaut d'eau. Les autres, dans lesquels il entre une certaine portion d'argile, produisent des récoltes passables. On améliore les uns et les autres en les débarrassant le plus possible des gros galets, dont on fait des tas de distance en distance. J'ai vu des terrains de la seconde espèce ne montrer presque que des pierres, et cependant pouvoir être appelés fertiles.

3° Les terrains à galets qui en contiennent fort peu ou de forts petits. Ils sont ordinairement très fertiles, et peuvent se cultiver par toutes les méthodes. Les prairies artificielles leur conviennent beaucoup, et ils sont fort propres à recevoir le système d'assolement des Anglais. Comme leur profondeur est généralement très considérable, on peut les améliorer encore en les défonçant ou en les labourant le plus bas possible. La marne, la chaux et autres amendemens calcaires leur sont extrêmement avantageux.

Il y a aussi des galets provenant de la décomposition des montagnes à couches qui contiennent du silex. Les plaines arides qui ont été formées par les laisses de la Seine, au-dessous de Paris, telles que la plaine de Grenelle, la plaine des Sablons, la plaine de Genevillers, etc., en sont formées; mais comme le silex est bien moins dur que le quartz des montagnes, ces galets sont généralement très petits; ils portent le nom de GRAVIER. *Voyez* ce mot.

Quant aux galets des bords de la mer, ils ont deux origines: ou ce sont ceux des montgnes primitives qui ont été apportés par les fleuves, et qui sont repris par les vagues qui les étendent le long des côtes, ou ce sont des portions de rochers détachés par les flots mêmes, et arrondis par leur frottement continuel les uns contre les autres. Il y a deux sortes de ces derniers. Les uns, comme ceux des environs de Cherbourg, sont des portions de granits ou autres roches primitives. Les autres, comme ceux des environs du Havre ou de Dieppe, sont des silex enlevés aux montagnes de craie qui forment la côte. Je parlerai au mot DUNE des moyens de rendre les uns et les autres productifs.

Une des grandes causes qui empêchent de tirer parti des terres ainsi formées par les alluvions anciennes des grands fleuves, c'est qu'elles manquent constamment d'eau, et que les puits qu'on est forcé d'y creuser sont très coûteux, d'une conservation fort incertaine et peu abondans, sur-tout lorsqu'on s'éloigne des montagnes.

Dans beaucoup de cantons, on n'a que des galets pour pierre à bâtir. Leur forme arrondie, leur poli, leur constante irrégularité, et la presque impossibilité de les tailler, ne permet cependant pas d'en construire des maisons agréables et solides. Aussi les fait-on alterner avec des assises de briques, quelquefois avec des planches, pour leur donner, autant que possible, ces deux avantages. Le mieux seroit de les noyer dans la chaux, *voyez* BÉTON; mais cette substance est ordinairement fort rare dans les pays où on est réduit au galet. On les emploie aussi à paver les rues, témoin Lyon et beaucoup d'autres villes plus au midi, et à ferrer les grandes routes; ce à quoi ils sont très propres. (B.)

GALINE. Poule dans le département du Var.

GALIPOT. Résine à demi liquide qui coule de différens pins, principalement du pin maritime, soit naturellement, soit par incision, et qu'on emploie, après lui avoir fait subir des préparations, à différens usages dans les arts et dans la marine.

Voici les procédés qu'on suit pour l'extraire:

Quand les pins ont acquis la grosseur de la cuisse, on fait au pied, tout près des racines, une entaille de la largeur de la main et d'une hauteur double. L'année d'après on en fait une seconde au-dessus de la première, et ainsi de suite. Huit ans après on fait de nouvelles entailles à côté des premières également en commençant par le bas.

Pendant l'hiver il suinte de cette plaie un suc résineux concret qu'on nomme BARRAS, et pendant l'été un suc résineux liquide.

Ces deux produits ramassés se vendent rarement à part. On les fond ensemble pour faire ce qu'on appelle BRAI SEC, RÉSINE JAUNE, POIX RÉSINE.

La partie la plus fluide du galipot reste au fond des vases d'où on la soutire quelquefois, et on a ce qu'on appelle *térébenthine de soleil*, bien différente des véritables térébenthines par sa consistance épaisse et ses propriétés.

Distillé avec de l'eau dans un alambic, le galipot fournit une huile essentielle très fluide, qu'on appelle *huile de rase*, et qui sert dans les peintures communes.

Un beau pin fournit par an douze à quinze livres de résine, et en peut fournir pendant quinze à vingt ans. *Voyez* au mot PIN. (B.)

GALLE. Productions de diverses formes qui naissent sur les arbres et les plantes par suite de la piqûre de plusieurs espèces d'insectes, principalement de ceux du genre DIPLOLEPE. Les autres, qui sont formées par des PUCERONS, des PSYLLES, des MOUCHES, etc., s'appellent FAUSSES-GALLES. *Voyez* ces mots.

Les galles nuisent nécessairement aux arbres et aux plantes sur lesquelles elles se trouvent, en ce qu'elles consomment une partie de la sève destinée à les faire croître, mais elles sont cependant peu remarquées des agriculteurs, parcequ'elles sont rares sur les végétaux qu'on cultive le plus fréquemment.

La formation des galles est encore un mystère, c'est-à-dire qu'on sait bien que tel insecte les produit en déposant ses œufs dans l'intérieur de l'écorce, mais qu'on ignore comment cette introduction détermine une excroissance de différente nature, et cependant presque toujours régulière et de même forme dans la même espèce. En effet il est des galles globuleuses, grosses et petites, à surface unie, à surface inégale, de coniques, de fusiformes, de feuillues, de velues, de fongueuses, d'osseuses, de membraneuses, etc. Leur étude est principalement du ressort du naturaliste.

Les galles les plus communes et les plus dans le cas par conséquent de frapper les yeux des cultivateurs sont,

La GALLE DU ROSIER, vulgairement appelée BEDEGUARD; elle est recouverte de longs filamens rougeâtres et pinnés, croît sur la tige du rosier sauvage, et acquiert quelquefois deux pouces de diamètre. Sa présence nuit beaucoup à l'accroissement de la branche sur laquelle elle se trouve; cependant je ne me suis jamais aperçu que quelque abondante qu'elle fût (et j'en ai vu quelquefois des pieds couverts), elle donnât lieu à la mort de l'arbre. Elle jouissoit autrefois d'une grande réputation médicale, mais ses vertus se réduisent à celles de l'écorce du rosier, c'est-à-dire à être légèrement amère et astringente. C'est un diplolèpe qui la produit.

De tous les arbres d'Europe et d'Amérique, ainsi que je l'ai observé, les chênes sont ceux qui produisent le plus de galles et un plus grand nombre d'espèces. On y trouve la GALLE FONGUEUSE qui croît à l'extrémité des rameaux et qui est quelquefois de deux pouces de diamètre, la GALLE EN GRAPPE DE RAISIN qui naît sur les fleurs mâles; elle n'a que deux à trois lignes de diamètre et est demi-transparente; la GALLE EN ARTICHAUT qui vient en place des boutons à bois; la GALLE DES FEUILLES qui se voit si fréquemment sur la surface inférieure des feuilles; sa forme, sa grosseur et sa couleur peuvent être comparées à celles des cerises à demi mûres; la GALLE EN CHAPEAU qui croît dans le même endroit et qui ressemble à une lentille; la GALLE DES RACINES que j'ai figurée dans le Journal de Physique, an 6 ; elle est ligneuse et grosse comme le poing; enfin, la GALLE DU TOZA, la GALLE GLUTINEUSE qui se ressemblent tant, et la GALLE DU COMMERCE, qui viennent toutes trois sur les rameaux de l'année précédente.

Toutes ces galles sont produites par des DIPLOLEPES (voyez ce mot) et parmi elles il n'y a que la dernière qui soit utile. On l'emploie dans la teinture et dans la médecine comme astringente. Elle vient sur une espèce de chêne qu'Olivier a figuré dans son intéressant voyage dans l'empire ottoman, chêne qui croît abondamment dans l'Asie mineure. Voyez au mot CHÊNE. Elle est l'objet d'un commerce d'une grande importance pour la ville d'Alep qui en est le dépôt. Elle doit sa supériorité sur les autres galles du chêne à la surabondance de tanin qu'elle contient.

La GALLE DU CHARDON HEMORRHOIDAL naît sur la tige, ou mieux est le renflement de la tige du chardon des champs, de celui qui, dans les pays où la culture alterne n'est pas en usage, nuit si fort aux récoltes. Elle a joui d'une grande réputation; mais le progrès des lumières l'a mise à sa véritable place. On ne croit plus que portée dans la poche elle guérisse les hémorrhagies.

La GALLE DE LA TERRETTE qui se produit sur les tiges et les feuilles du lierre terrestre. On l'a quelquefois mangée, et en effet son goût est agréable. Elle est si commune certaines années, dans certains lieux, qu'on pourroit en tirer parti sous ce rapport.

Ces deux galles sont encore produites par des DIPLOLEPES.

Les feuilles des saules et des osiers sont souvent si surchargées de galles oblongues, également saillantes en dessus et en dessous, qu'elles cessent de remplir leur destination. Leur production est due à un TENTHREDE. Voyez ce mot.

Les rameaux des mêmes arbres et ceux du frêne sont très souvent surchargés de grappes brunes difformes, qui subsistent pendant l'hiver et qui nuisent prodigieusement à leur croissance. Ce sont encore des galles ; mais quelques soins qu'on ait pris , et moi aussi, pour connoître l'insecte qui les produit, on n'a pas encore pu y parvenir.

Les ormes sont souvent couverts de vessies creuses de la grosseur d'une pomme , tantôt ouvertes, tantôt fermées, qui sont dues à la piqûre d'un puceron. Ces vessies déforment les arbres et nuisent à leur croissance autant que les grappes de l'article précédent.

Ces deux sortes de galles sont presque les seules contre lesquelles l'agriculteur doive employer des moyens de répression. Il faut les abattre avec le croissant, au commencement de l'automne, pour que leur multiplication ne s'augmente pas l'année suivante, et que les arbres ne paroissent pas désagréables à la vue lorsqu'ils auront perdu leurs feuilles. (B.)

GALLE-INSECTE. *Voyez* au mot COCHENILLE.

GALLERIE , *Galleria.* Nouveau nom imposé par Fabricius aux deux insectes anciennement connus sous le nom de FAUSSE-TEIGNE DE LA CIRE , insectes dont les cultivateurs doivent étudier les mœurs , afin de pouvoir s'opposer plus facilement aux ravages qu'ils exercent si souvent dans leurs ruches.

La plus grande espèce , la GALLERIE DE LA CIRE proprement dite, a environ cinq à six lignes de long. Elle est grise avec quelques lignes ou points noirâtres sur le bord interne de ses ailes supérieures, qui sont disposées en toit et postérieurement échancrées.

La plus petite, la GALLERIE ALVÉOLAIRE, n'a que trois lignes de long ; sa tête est jaunâtre ; ses ailes sont presque parallèles au sol et d'un gris obscur.

Leurs chenilles ne différent presque qu'en grandeur et ont positivement la même manière d'être , de sorte que ce que je dirai de l'une conviendra à l'autre. Elles ont seize pattes , sont blanchâtres et offrent quelques longs poils noirs. Leur tête est brune. Tantôt l'une est la plus commune , tantôt l'autre ; mais en général c'est la plus grosse que j'ai le plus fréquemment observée dans les ruches des environs de Paris.

Ce n'est pas aux dépens du miel, comme le croient quelques personnes , mais aux dépens de la cire que vivent les chenilles des galleries. Elles ne sont pas plutôt sorties de l'œuf qu'elles entrent dans les gâteaux vides de miel et de couvain, en mangent la substance et s'y construisent un tuyau de soie qu'elles fortifient avec des parcelles de cire et leurs excrémens. Ces tuyaux sont toujours parallèles aux faces des gâteaux dans toutes les directions possibles. Tant que les chenilles sont petites et peu nombreuses , elles causent de foibles dommages ; mais elles parviennent rapidement à deux lignes de diamètre , et font, dans les pays chauds , deux générations par an , de sorte que si on ne s'oppose pas à leurs ravages , elles ont bientôt détruit toute la cire. Alors les abeilles n'ayant plus de place pour mettre leur couvain, ou pour déposer leur miel, périssent ou sont forcées d'abandonner la ruche.

Parvenues à tout leur accroissement, c'est-à-dire, aux environs de Paris, au commencement de juin, les chenilles des galleries quittent ordinairement le gâteau et vont dans un des coin de la ruche se bâtir une coque avec les mêmes matériaux que leur tuyau, et elles s'y transforment en chrysalides, d'où sortent un mois après les insectes parfaits.

Il est à remarquer que les abeilles, qui ne souffrent jamais d'animaux étrangers dans leurs ruches, laissent tranquilles les chenilles des galleries, quoiqu'il leur fût très facile de les tuer à coups d'aiguillons à travers de leurs tuyaux qui sont presque à claire-voie.

Les insectes parfaits ne sont pas plutôt nés qu'ils s'occupent du soin de la reproduction. Ils s'accouplent, pondent et meurent dans l'espace de très peu de jours.

On s'aperçoit de la présence des chenilles des galleries aux grains de cire qui couvrent le plancher de la ruche, et on apprécie l'étendue de leurs dévastations à la grande abondance de ces grains.

Il a été indiqué de nombreuses recettes pour détruire les chenilles des galleries, mais aucune ne remplit son objet. Il est presque impossible de les aller chercher au milieu des gâteaux, et elles ne les quittent, comme je l'ai observé plus haut, qu'au moment de se transformer en chrysalides. C'est donc à cette époque qu'on doit les rechercher, en soulevant les ruches, pour les écraser. On peut aussi s'opposer à leur reproduction en faisant la chasse aux insectes parfaits au moment de leur naissance. En conséquence un cultivateur actif ira à leur chasse au commencement de juillet. Il les trouvera le soir et le matin hors de la ruche, sous sa chemise, sous son plancher. Il pourra même mettre alors une pierre plate, relevée d'un côté, dans le voisinage de l'entrée de la ruche, afin de les déterminer à se réfugier dessous et de pouvoir plus facilement les écraser.

Mais ces moyens sont insuffisans pour anéantir ces redoutables ennemis des abeilles. C'est en ne laissant que peu de temps la même cire dans les ruches qu'on peut parvenir à s'en débarrasser. En conséquence celles de ces ruches dont la disposition est telle qu'on puisse en ôter tous les ans la moitié, ou le tiers, ou le quart de la cire, doivent être préférées aux communes. *V.* au mot ABEILLE. (B.)

GALVANISME. Depuis long-temps on savoit que quand on mettoit dans sa bouche en même temps une pièce d'argent et une pièce de plomb ou mieux de zinc, on éprouvoit une sensation particulière qu'on ne pouvoit comparer à aucune autre ; mais on n'avoit pu en rendre raison.

Galvani, professeur de physique à Bologne, ayant mis ensemble des métaux différens en contact avec les muscles de grenouilles écorchées, observa qu'il en résultoit des convulsions analogues à celles qu'elles éprouvoient par l'électricité.

Volta, combinant ces deux expériences, imagina de superposer des disques d'argent et de zinc, de cuivre et de plomb, en les séparant par du carton ou de la laine mouillée. Il obtint de cet appareil, en touchant avec la main ou un corps métallique en même temps le haut et le bas de la pile, des effets analogues à ceux de l'électricité, principalement la commotion, l'étincelle, la propriété de s'accumuler dans les métaux, etc.

Les métaux qu'on emploie à produire le galvanisme ne tardent pas à s'oxider à leur surface, et lorsque cette surface est altérée à un certain point, ils n'en donnent plus jusqu'à ce qu'on les ait décapés dans un acide, ou polis de nouveau.

L'eau est absolument nécessaire à la production du galvanisme, et, d'après les expériences non contestées de Wollaston et de Nicholson, le galvanisme décompose l'eau.

De là il semble qu'on peut conclure que la matière du galvanisme et par suite celle de l'électricité est l'hydrogène dans sa plus grande pureté.

J'ai parlé du galvanisme à raison de son analogie, si ce n'est son identité, avec l'électricité, et parceque peut-être joue-t-il aussi un rôle dans la nature. Ce qu'il y a de certain, c'est que son emploi a donné des résultats plus avantageux que l'électricité dans les cas de paralysie, de rhumatisme, d'imbécillité, etc., parcequ'il y a plus d'affinité entre lui et le fluide nerveux qu'entre ce dernier et l'électricité.

Le cuivre et le zinc sont les métaux qui produisent le plus abondamment le fluide galvanique. De larges disques ne sont pas plus avantageux que ceux qui n'ont que deux à trois pouces de diamètre ; mais plus il y a de ces disques au-dessus les uns des autres, et plus il y a d'effet. On emploie des tubes de verre pour soutenir ces piles élevées, parceque le verre n'est pas plus conducteur du galvanisme que de l'électricité.

Je renvoie aux ouvrages des physiciens ceux qui désireroient de plus grands détails sur le galvanisme, qui ne date que de 1792, et qui par conséquent est une découverte de fraîche date. (B.)

GANGLION. Médecine vétérinaire. Tumeur dure, sensible dans le commencement, qui arrive aux tendons des extrémités du cheval.

Le ganglion présente des variétés dans sa grosseur et dans sa figure ; on en voit dont la grosseur égale celle d'une aveline, d'autres celle d'une muscade, d'autres celle d'une noix, et nous en avons vu même un, dans un cheval de carrosse, de la grosseur d'un œuf de pigeon.

Le siège de cette tumeur n'est pas précisément situé dans le corps du tendon, mais seulement dans ses enveloppes; elle fait boiter l'animal.

La cause éloignée du ganglion est rapportée à des Coups, des Chutes, des Contusions, des Efforts, etc. (*V.* tous ces mots); tandis que la cause prochaine est attribuée à des humeurs qui, s'étant peu à peu accumulées et épaissies entre les fibres et les tuniques, forment une tumeur de la grosseur ci-dessus déterminée.

Le ganglion, lorsqu'il est récent, se guérit assez facilement, en appliquant des cataplasmes émolliens de feuilles de mauve, de pariétaire, etc., et en faisant succéder à ces topiques les frictions résolutives et spiritueuses, telles que l'eau-de-vie camphrée. Quand tous ces moyens n'ont pas le succès désiré, il faut avoir recours à l'application du feu ou cautère actuel; mais si la tumeur est parvenue à un volume considérable, il n'y a pas d'autres ressources qu'à traiter le ganglion comme on feroit pour une tumeur enkystée (*voyez* Kyste), c'est-à-dire l'inciser avec le bistouri, pour en faire sortir l'humeur enkystée. En faisant l'incision, il faut bien prendre garde de blesser le tendon. Cette dernière pratique est préférable à l'application des caustiques et à l'extirpation : il est rare qu'un artiste sage et éclairé ait recours à celle-ci, parcequ'il en connoît le danger.

Il ne faut pas confondre le ganglion avec ce qu'on appelle la Nerfférure. (*Voyez* ce mot, où on trouvera les signes caractéristiques qui la feront distinguer de l'autre.) (R.)

GANGRÈNE. Médecine vétérinaire. Comme cette maladie est des plus graves, et très souvent suivie de la mort, ceux qui n'ont pas fait les études nécessaires en médecine ne sauroient la traiter : il faut donc recourir promptement aux maîtres de l'art, c'est-à-dire aux vétérinaires.

Son existence se manifeste par la mort de la partie qu'elle attaque, par son immobilité et par sa froideur; lorsqu'elle est précédée d'une tumeur, on lui donne le nom de *gangrène humide*, et lorsqu'elle paroît sans tuméfaction, celui de *gangrène sèche.*

On connoît donc la présence de la gangrène humide, lorsqu'il se forme dans une des parties qui entrent dans la structure d'un animal quelconque une tumeur tendue et très dure, accompagnée d'une chaleur brûlante et quelquefois douce, que le tact indique dans la partie qui se gangrène, dont la consistance devient flasque, lacérable, et où le mouvement musculaire cesse; quelquefois la pulsation de l'artère subsiste, quelquefois elle disparoît.

A ces signes succèdent la chute du poil qui garnit la partie gangrenée, la séparation de l'épiderme avec la peau, le déchirement de son tissu, le suintement d'une sérosité putréfiée; et enfin une couleur verdâtre ou livide et une puanteur cadavéreuse annoncent sa mortification absolue.

Parmi les causes qui produisent les signes caractéristiques de la gangrène humide, l'une est prochaine et les autres sont éloignées.

La cause prochaine de la gangrène humide a lieu toutes les fois que le principe vital est anéanti dans les parties qu'elle afflige ; en conséquence de l'engorgement et de la surabondance des fluides, qui, en les surchargeant, croupissent et se putréfient d'autant plus promptement, qu'ils sont plus alcalescens et exposés à une chaleur plus âcre et à l'action de l'air ; de sorte que ce mouvement de putréfaction favorise le rapprochement des molécules sulfureuses, volatiles, et des sels alkalis volatils, et leur combat mutuel établit la cause prochaine de la gangène humide.

Les causes éloignées de cette sorte de gangrène sont les contusions, l'étranglement, l'infiltration, les inflammations, la brûlure, la morsure des bêtes venimeuses et la pourriture.

1° Dans les violentes contusions, les petits vaisseaux sont rompus, les fluides épanchés dans le tissu cellulaire s'y coagulent, d'autres fluides restent interceptés dans le tissu des vaisseaux ; de là l'origine de la putréfaction. Alors la nature, voulant écarter les obstacles, y pousse le sang avec plus de force ; de là naissent la fluxion, l'engorgement, la phlogose et la douleur dans les parties affectées ; les nerfs qui ont été déchirés dans la contusion suppurent ou se gangrènent promptement par la chaleur qui est augmentée dans ces parties.

Il arrive souvent que la commotion des nerfs accompagne la contusion, ce qui produit leur stupeur ; l'irradiation vivifiante du fluide nerveux est interceptée, par conséquent la partie se relâche davantage ; ce relâchement fournit un nouveau principe à la gangrène, principalement si la commotion s'étant transmise au cerveau par la charpente osseuse, elle a occasionné le délire ; car il arrive par-là que la nature est détournée de l'ouvrage de la résolution et de celui de la suppuration ; la stase, source de la putréfaction, est rendue plus considérable.

Mais s'il y a plaie, et par conséquent si l'air a accès dans la partie lésée ; si la plaie est profonde, si elle se creuse des sinus, d'où les fluides viciés sortent difficilement, s'il y a beaucoup de vaisseaux détruits, et une grande acrimonie dans la partie ; toutes ces causes réunies donnent lieu à une gangrène qui fait de prompts ravages : la matière gangreneuse gagnant les vaisseaux voisins, déjà privés de la vie, elle les infecte et les corrompt ; car rien n'est plus capable de dissoudre les chairs et de pourrir les fluides, à moins que la force vitale, qui s'efforce d'établir la suppuration, ne chasse cette matière et n'empêche l'effet de la contagion ; mais si elle n'en peut venir à bout, la chair sphacélée infecte du même vice celle qui lui est contiguë, les vaisseaux capillaires suçant, pour ainsi dire, la matière de la pourriture, à moins qu'ils ne soient remplis par les fluides qu'ils reçoivent par l'endroit opposé. Le tissu des chairs étant ainsi engorgé, privé d'action et de chaleur remarquable, bientôt la artie affectée devient verdâtre ou livide ; il se forme un cercle autour de la contusion, lequel s'étend insensiblement loin du centre de la partie, et désigne la gangrène humide causée par contusion.

2° L'étranglement peut être aussi une des causes éloignées de la gangrène humide ; car si les veines, et particulièrement les artères sont rétrécies par les aponévroses et les membranes par des ligatures, par des compressions, par des blessures de nerfs, ou par une matière irritante quelconque, la circulation languit aussitôt entre l'obstacle et le cœur, et dans les rameaux des parties voisines.

Alors, si ce sont les veines qui éprouvent l'étranglement et l'enflure, avec une phlogose qui est passagère, cet état contre nature se termine par la gangrène, et produit la grande mollesse qu'on remarque dans le tissu des parties, après que l'inflammation s'est dissipée.

Mais si l'étranglement occupe les artères, quelquefois il ne paroît point de tumeur extérieurement, mais simplement une mollesse qui fait des progrès rapides ; d'autres fois il existe une tumeur inflammatoire ; elle est d'abord accompagnée de tension qui dégénère bientôt en œdème et ensuite en sphacèle, à cause de l'épanchement qui se fait du sang et de la lymphe dans le tissu cellulaire.

Mais si les ligatures étranglent seulement les veines, il en naît une grande tumeur, l'engorgement et la gangrène, et si elles compriment les artères, elles donnent souvent lieu à une gangrène sèche, parceque la compression des veines détermine un grand gonflement, et celle des artères, l'atrophie et la gangrène sèche.

Et si les blessures faites par des clous, par des chicots, ou par un instrument tranchant quelconque, intéressent les nerfs ou les fibres, sans les couper transversalement, et si elles occasionnent l'irritation des aponévroses, il survient promptement une gangrène des parties voisines, dont la cause est l'étranglement, laquelle n'est accompagnée d'aucune enflure remarquable, et dont les progrès sont accélérés par l'application des remèdes spiritueux et aromatiques. On la traite avec plus de succès en faisant de profondes incisions, lesquelles relâchent et ôtent l'étranglement : les huiles appliquées chaudement calment les douleurs pour la même raison.

Mais s'il arrive que la gangrène ne se montre que plusieurs jours après la blessure, alors l'étranglement naît d'une cause physique, savoir, du fluide corrompu qui occupe le fond de la plaie et irrite les membranes ; et cet étranglement occasionne une gangrène qui s'étend au loin.

3° L'infiltration est une des causes éloignées de la gangrène humide ; car toutes les fois que la lymphe, la sérosité, le pus, ou toute autre humeur putrescible prend la place de la graisse dans le tissu cellulaire, elle produit une tumeur molle, flasque, peu douloureuse. Les sources qui la produisent sont le relâchement qui a précédé l'engorgement, la quantité du fluide qui est engorgé, l'obstruction des vaisseaux sanguins, et l'étranglement des veines, qui provient de la pression extérieure qu'elles souffrent, et du serrement spasmodique que leur cause l'irritation.

Tous les animaux qui ont été attaqués de plusieurs hémorragies, de diarrhées, ou qui ont été trop saignés; ceux qui sont affligés de maladies chroniques, accompagnées de fièvre putride, maligne, d'ulcères, etc. sont sujets à être attaqués de la gangrène causée par l'infiltration; car toutes les fois que le sang passe plus difficilement dans les veines, et est poussé par derrière, il s'arrête dans les extrémités artérielles sanguines, distend les lymphatiques, et la lymphe dont il est chargé entre en plus grande quantité dans le tissu cellulaire, d'où il a peine à revenir dans le torrent de la circulation; parceque la graisse qui circule lentement dans le même tissu n'est guère putrescible à cause de sa viscosité. Or, les humeurs séreuses qui sont en stagnation relâchent les solides; et si la chaleur et l'acrimonie surviennent, elles se corrompent et déterminent la gangrène.

4° Les inflammations peuvent être encore les causes éloignées de la gangrène humide, soit à raison de l'engorgement et de la tension qui les accompagnent, soit à raison de l'étranglement des vaisseaux, causé par l'irritation des nerfs et des aponévroses; les simples et grandes inflammations qui sont traitées par des suppuratifs âcres produisent le même effet.

Les inflammations malignes paroissent érysipélateuses au premier aspect, peu enflées, mais froides au toucher, et comme dures, sans aucune élasticité ou tension.

Les inflammations caustiques, telles qu'on en observe dans l'anthrax, se guérissent quelquefois heureusement à la faveur de la suppuration qui survient, et procurent la chute de l'escarre sèche et noire; mais d'autres fois elles corrompent les chairs jusqu'aux os.

Les inflammations érysipélateuses âcres produisent une autre sorte de gangrène; car l'ardeur inflammatoire dépend ou des principes mécaniques; savoir, d'une forte attrition des artères et des humeurs, ou des principes physiques; savoir, de l'âcreté caustique des humeurs, laquelle occasionne des phlyctènes qui accompagnent les érysipèles et une chaleur dévorante; bientôt la partie affectée devient œdémateuse, et la gangrène se répand au loin.

Enfin l'engorgement considérable qui a lieu dans l'inflammation produit une gangrène qui, quoiqu'elle soit accompagnée d'une grande tumeur qui devient livide et s'amollit, est distinguée de l'inflammation maligne. La gangrène est prochaine, si la tumeur diminue, si la chaleur s'éteint, si les chairs s'amollissent, s'affaissent, et si la douleur disparoît.

5° La brûlure produit aussi la gangrène; car une partie qui est profondément brûlée est bientôt atteinte du sphacèle ou de la gangrène sèche; les chairs voisines, à cause de l'influx du sang et de l'inflammation accompagnée de tension qui surviennent sont attaquées de la gangrène humide.

6° Tous les herbivores, les chiens de chasse, les chats, etc., sont exposés aux morsures des animaux venimeux ; la gangrène qui en résulte se manifeste par le grand abattement, les syncopes, les sueurs froides, les vomissemens dans les animaux non ruminans, et les coliques violentes qui accompagnent quelquefois la morsure de la vipère. Dans la partie blessée, il y a une douleur forte, vive : avec la douleur, la tension et l'inflammation qui dégénèrent en une mollesse œdémateuse ; le poil se hérisse, s'écarte et tombe par place ; il s'élève de grandes taches d'un rouge noirâtre, qui annoncent la mortification prochaine.

Les désordres qui troublent toute l'économie animale dépendent de l'impression funeste du genre nerveux. Cette pernicieuse substance attaque directement le principe de la vie : aussi n'a-t-on pas cru qu'il y ait d'autre indication à remplir dans la cure de ces plaies que de combattre la malignité du venin par des remèdes pris intérieurement.

Si les accidens sont l'effet de l'étranglement, les incisions aussi profondes que les piqûres faites par les dents de l'animal changeroient la nature de la plaie, et pourroient empêcher l'action du virus. Le cautère actuel ou potentiel concourroit peut-être à produire un changement qui affoibliroit ou détruiroit la faculté délétère de ce même virus.

7° Il arrive souvent que la pourriture est une des causes éloignées de la gangrène humide : mais avant que de parler des différentes espèces de pourriture qui causent la gangrène, nous observerons,

1° Que les solides et les fluides qui forment les individus qui composent les différentes espèces d'animaux sont susceptibles de putréfaction, qu'ils y tendent continuellement, et qu'ils ne pourroient exister sans les efforts que fait la nature pour la prévenir, la retarder ou la détruire ;

2° Que la disette des fourrages et leurs mauvaises qualités produisent fréquemment des maladies putrides et des gangrènes ; parceque le défaut du chyle, sa mauvaise qualité ou sa putridité doivent nécessairement causer ou hâter celle du sang ;

3° Qu'une trop grande quantité de bile peut, en accélérant le mouvement intestin d'animalisation, trop disposer le chyle à la putréfaction ;

4° Que le mouvement trop ralenti des fluides fait languir les excrétions : ce que les fluides contiennent de putride, n'étant pas évacué, corrompt ce qui est sain, et hâte la putréfaction de ce qui dégénère. Le mouvement progressif ne s'oppose plus ; ou que foiblement, au développement de l'air fixe, et les humeurs abandonnées presqu'à elles-mêmes dans un lieu chaud et humide subissent le mouvement intestin dont elles sont susceptibles, celui de putréfaction. C'est ainsi que le défaut d'exercice produit des maladies putrides, que les violentes inflammations, les contusions, les extravasations des fluides causent la gangrène;

5° Que le mouvement trop accéléré des fluides tend à la désunion des parties qui les composent, à la dissipation de leur air fixe, et à une chaleur trop vive qui en hâte la putréfaction. De là un exercice trop violent peut de même produire des maladies putrides, et les maladies inflammatoires dégénèrent presque toujours en putrides et en gangrène;

6° Qu'un air humide diminue la transpiration insensible, et absorbe difficilement la matière de cette excrétion. Les vapeurs aqueuses de l'atmosphère pénètrent, remplissent les pores de la peau, affoiblissent le ressort et l'action des solides qui poussent au dehors cette matière, la partie la plus volatile, et peut-être la plus proche de la putréfaction. Dès-lors il n'est pas étonnant qu'elle corrompe le sang, si elle y est retenue : d'ailleurs l'humidité de l'atmosphère, qui ne permet pas aux parties aqueuses de s'exhaler, laisse le passage libre à la partie aérienne des humeurs, et cause la putridité, et la putridité, la gangrène;

7° Qu'un air chaud augmente la transpiration et la perte de l'air fixé par cette excrétion, et produit le mouvement intestin putréfactif, et la mortification;

8° Qu'un air chaud et humide, soufflant en même temps, occasionne et accélère la putréfaction; et s'il dure trop long-temps, il en résulte des maladies putrides et épizootiques;

9° Qu'un air chargé d'exhalaisons putrides ne fait sentir que trop souvent les pernicieux effets des miasmes qu'il contient dans les lieux bas, humides, marécageux, où les végétaux se putréfient, dans tous les endroits où l'air n'est point renouvelé, dans les écuries, les étables et les bergeries qui sont trop remplies d'animaux, et dans celles qui sont malpropres.

Les molécules putrides, répandues dans leur atmosphère, affoiblissent l'élasticité et l'électricité de l'air : absorbées par les pores de la peau et des poumons, les animaux les avalent avec leur salive et leurs alimens; elles pénètrent par ces différentes voies, et se mêlent avec le fluide qu'elles corrompent, en y agissant comme ferment, et leur communiquant le mouvement intestin dont elles sont agitées.

10° Les animaux les plus sujets à contracter les maladies putrides sont les tempéramens bilieux et les pléthoriques, ceux qu'on livre à des travaux excessifs, ou qu'on abandonne à un repos immodéré; ceux qui mangent trop, ou ceux qui souffrent la faim; ceux à qui on donne des fourrages d'une mauvaise qualité, ou à qui l'on en distribue qui sont corrompus; ceux qui habitent des lieux bas, des pays chauds, des endroits humides, marécageux, et ceux enfin qui respirent un air putride.

11° Nous observerons enfin que toutes ces causes de la putridité peuvent, dans le cheval ou dans le bœuf qui a des dispositions à la contracter, agir séparément ou plusieurs ensemble ; elles peuvent produire la pourriture dans toute leur machine, ou dans une partie seulement. Cette pourriture se bornera aux fluides, ou elle s'étendra jusqu'aux solides : les effets qui en naîtront se manifesteront dans une partie externe, ou dans les premières voies, ou dans la masse du sang. Pour indiquer l'usage de ces remèdes dans ces différentes circonstances, on examinera d'abord quel est celui qu'on doit en faire :

1° Dans les maladies produites par la putréfaction qui affecte une partie externe, et la gangrène ;

2° Dans celles qui sont occasionnées par la putridité, qui a son siège dans les premières voies, et qui y produisent la gangrène ;

3° Dans celles où la masse du sang est elle-même dans un état putride, et qui cause la gangrène.

I. Avant que d'indiquer l'usage des remèdes dans les maladies produites par la putréfaction qui affecte une partie externe et la gangrène, il faut observer qu'elle ne parvient à l'état de gangrène que lorsqu'une inflammation ou une contusion violente paroît ne se terminer ni par la résolution, ni par la suppuration ; lorsque le pus d'un ulcère dégénère, que les chairs deviennent molles, et que la suppuration diminue ou est plus abondante ; lorsque le sang de l'animal qui en est atteint est âcre, putride ; lorsqu'il a souffert la faim, qu'il est malpropre, qu'on l'a nourri de végétaux corrompus, qu'on l'a livré à des travaux excessifs ; lorsqu'il respire un air putride ; lorsque la douleur, la chaleur, la tension qui accompagnent l'inflammation diminuent ; que le poil se hérisse et tombe ; que la couleur de la peau change ; qu'il s'élève sur la surface de la partie enflammée de petites ampoules pleines d'une sérosité rougeâtre ; lorsque la suppuration d'un ulcère devient fétide, que le pus est dissous, que la surface des chairs prend une couleur noirâtre, et que les bords s'enflamment, se gangrènent ; que le froid, la mollesse et l'insensibilité de la partie augmentent ; et enfin lorsqu'elle exhale une odeur cadavéreuse, et que sa mortification est complète.

La pourriture est aussi une des causes éloignées de la gangrène, lorsqu'elle attaque une partie de l'animal vivant, soit parceque des sucs viciés y abordent, soit parcequ'ils s'y corrompent, soit parceque l'un et l'autre y concourent. Dans le premier cas, la cause sera générale ; dans le second, elle sera particulière ou locale ; et dans le troisième, elle sera mixte.

Dans la cause générale, toutes les humeurs sont putrides ou infectées par une matière âcre particulière qui les corrompt. Il n'est pas étonnant que dans les maladies qui en sont la suite, comme les fièvres putrides, malignes et pestilentielles, les fièvres purulentes, occasionnées par la résorption du pus, des suppurations internes, des ulcères externes, que dans toutes ces maladies on voie quelquefois subitement paroître des pourritures, des gangrènes, ou des dépôts qui en sont bientôt suivis.

Les fluides corrompus et putrides, en abordant dans une partie, y produisent plutôt la gangrène que dans un autre. Si elle est plus éloignée du centre de la circulation, si elle est comprimée, engorgée, ulcérée ; enfin si la circulation y est gênée, les gangrènes sèches se manifestent, et les tumeurs deviennent quelquefois tout à coup gangreneuses.

Dans la cause particulière, la masse totale des fluides n'est pas corrompue, et la putridité de la partie dépend uniquement de ce que les liqueurs y circulent difficilement ou y croupissent. Enfin le vice peut-être général et local en même temps ; et cette cause, que j'ai appelée *mixte*, peut à bien plus forte raison produire la putridité, et la putridité, les gangrènes dont j'ai fait mention.

Toutes ces causes ne font cependant que disposer à la putridité : la cause immédiate du mouvement intestin de putréfaction, dans une partie d'un animal vivant, est toujours la perte de l'air fixe, favorisée par l'action de l'air extérieur. Tant que la circulation subsiste dans l'ordre naturel, que les solides ont leur ressort, leur action, les fluides leurs qualités convenables, et que la peau n'est point altérée, la nature les défend des impressions de l'air extérieur, et s'oppose au trop grand développement, et conséquemment à la perte de l'air fixe que pourroient faire les substances animales.

Mais si des fluides séjournent long-temps hors des voies de la circulation, et qu'ils ne puissent pas y rentrer, comme dans les contusions considérables, dans quelques œdèmes, dans les abcès qu'on tarde trop à ouvrir, il s'excite à la longue un mouvement intestin de putréfaction, la peau s'altère, l'air fixe se dissipe ; et si le tissu de la peau vient alors à être totalement détruit, si les matières qui ont séjourné long-temps se font jour d'elles-mêmes, ou que l'art en procure l'expulsion, la pourriture se manifeste bien plus vite et fait des progrès rapides ; l'air extérieur exerce tout son pouvoir, et l'air fixe se dissipe en très grande quantité.

La même chose arrive si les solides sont trop et trop long-temps distendus à cause des obstacles qui s'opposent à la liberté de la circulation, et des efforts que fait la nature pour les enlever. C'est ce qui s'observe dans les inflammations violentes qui sont occasionnées par quelques irritations, par quelque obstruction, par quelque compression constante, par une fracture ou une luxation, etc. Alors ces solides perdent leur ressort ; leur adhérence mutuelle est diminuée ; le séjour, la chaleur de l'inflammation excitent dans les fluides un mouvement intestin qui, contenu dans de justes bornes, auroit produit la suppuration, mais qui, poussé trop loin, cause la putréfaction.

La perte du ressort des solides occasionne encore la putridité, lorsqu'une sérosité trop âcre, trop abondante, pénètre leur tissu et diminue le point du contact des fibrilles et de leurs élémens, lorsque des sucs nourriciers ne réparent point leurs pertes, ou que la foiblesse de la circulation favorise leur inertie.

Dans tous ces cas, les liqueurs séjournent et se corrompent. C'est ainsi que la pourriture et la gangrène se manifestent quelquefois dans l'hydropisie, dans les œdèmes des vieux animaux, et chez ceux qui sont épuisés par des travaux trop longs et trop pénibles, ou qu'on a alimentés avec des fourrages corrompus.

L'application des huileux sur la peau, sur-tout s'il y a inflammation ; celle des âcres emplastiques qui suppriment la transpiration ; celle des astringens et des répercussifs violens sur une partie enflammée produisent encore la putridité, en augmentant la chaleur de l'inflammation.

Si une partie d'un animal quelconque a été exposée à un froid excessif, la putridité ne tarde pas à se manifester, sur-tout si on la présente brusquement à un feu vif. Le froid avoit coagulé les humeurs, ralenti et même arrêté la circulation ; l'air fixe s'étoit développé, les solides étoient distendus, la chaleur y a excité un mouvement intestin qui a décidé la putridité. Le seul moyen de parer à un semblable accident est de frotter la partie gelée avec de la glace ou de la neige, et de ne la faire passer qu'insensiblement à un air plus doux. Par cette précaution, l'air fixe est de nouveau absorbé par les humeurs, les principes ne sont point désunis, et les vaisseaux reprennent leur action.

Enfin, si la peau a été divisée, enlevée, détruite, comme dans une plaie, une brûlure, un ulcère, les vaisseaux délicats altérés, les liqueurs extravasées étant à découvert, l'air extérieur agira sur ces substances, l'air fixe s'en dégagera, et sa dissipation produira dans cette partie la pourriture, et celle-ci la gangrène, sur-tout si cet air extérieur est putride. Alors en effet son peu d'élasticité s'opposera moins au développement et à la dissipation de l'air fixe ; les molécules putrides dont il est chargé infecteront, corrompront les liqueurs et les gangrèneront.

Comme il est impossible de rappeler à la vie une partie qui est gangrénée, pour l'en préserver il étoit essentiel de connoître les différens symptômes de la putridité qui la produit. Leur variété doit nécessairement faire varier les indications et les remèdes qu'on doit employer à cet effet. Si la partie est enflammée, on se servira des aqueux, des émolliens, etc. ; si le sang ou quelques autres liqueurs se trouvent extravasées, et qu'elles ne puissent pas rentrer dans les voies de la circulation, on en procurera l'issue le plus tôt qu'il sera possible. Si la sérosité s'est épanchée dans le tissu cellulaire ; si le ressort des solides est affoibli ; si la circulation languit, on emploiera les stimulans, les toniques ; on fera usage des répercussifs si la partie est contuse ; on recourra aux vulnéraires, aux balsamiques, aux digestifs, si elle est blessée ou ulcérée.

Dans tous ces cas, il est quelquefois utile et nécessaire d'employer les saignées, les purgatifs, les diaphorétiques, les diurétiques, les cordiaux, et même les antiseptiques fébrifuges. Il n'est pas moins nécessaire de donner aux animaux malades de bons fourrages que l'on tirera principalement des antiseptiques diététiques, de les tenir très proprement. Il est aussi très essentiel de mettre en usage tous les moyens possibles de purifier l'air, soit en diminuant, soit en chassant, soit en corrigeant les exhalaisons putrides qui, en donnant naissance à la pourriture, deviennent les causes médiates de la gangrène.

Pour diminuer la quantité des exhalaisons, il faut mettre peu d'animaux dans les écuries, dans les étables, dans les bergeries, etc.; en éloigner avec le plus grand soin tout ce qui peut infecter, et veiller à la plus grande propreté. C'est en renouvelant l'air qu'on chassera les exhalaisons pernicieuses. Pour y réussir, on s'attachera à procurer une issue à l'air intérieur, et à donner entrée à l'extérieur. On ouvrira les portes et les fenêtres ; on corrigera les exhalaisons putrides en faisant plusieurs fois par jour bouillir du vinaigre, brûler des aromates, et sur-tout enflammer du nitre sur des charbons ardens.

Si ces premiers secours sont insuffisans, et que l'air fixe ait commencé à se dissiper, et qu'il ait déjà excité un mouvement intestin de putréfaction dans les fluides, ceux-ci étant corrompus ont déjà affoibli le tissu, le ressort des solides, et altéré leur cohésion. Pour y remédier, il faut rendre l'air fixe, et, pour produire cet effet, recourir aux antiseptiques externes proprement dits. Ces remèdes sont tous tirés des substances résineuses ou gommo-résineuses, qui contiennent beaucoup d'air fixe, fermentent très long-temps lorsqu'elles sont mêlées avec des substances animales putrides, et par cette raison conviennent dans tous les cas où l'on observe un état putride dans une partie externe, quelle qu'en soit la cause. Aussi l'observation journalière apprend-elle que dans ces circonstances on se sert avec succès des décoctions ou infusions d'aristoloche, d'iris de Florence, de zédoaire, d'alliaire, de scordium, d'abrotonum, d'absinthe, de menthe, de camomille, etc., avec lesquelles on fomente la partie malade ; que l'esprit-de-vin camphré, les teintures de myrrhe, d'aloès, etc., mêlées avec les infusions et les décoctions appropriées, sont encore très efficaces, employées en fomentations; mais que rien n'égale la vertu antiseptique de la décoction de quinquina. De simples fomentations seroient cependant insuffisantes dans les ulcères putrides : il faut les couvrir de plumasseaux chargés d'onguent de styrax, et trempés dans quelques unes des liqueurs ou des décoctions désignées ci-dessus, et sur-tout dans la décoction de quinquina. Mais si l'état de putridité vient d'une cause interne, il est à propos d'employer en même temps les antiseptiques internes proprement dits; ils sont même quelquefois très utiles dans les putridités externes, de même que les purgatifs, sur-tout si les animaux malades respirent un mauvais air, et principalement s'ils y mangent, parcequ'ils avalent une grande quantité de miasmes putrides qui corrompent les sucs et les matières contenues dans les premières voies, et disposent à la gangrène.

Les remèdes antiseptiques ne sont pas toujours assez puissans pour rétablir dans un état sain une partie absolument putride : ils corrigent la putridité, ils en arrêtent les progrès, et rendent peu à peu aux vaisseaux leur force et leur mouvement oscillatoire, aux humeurs leur consistance ; ils font naître autour de la partie putride une inflammation suivie d'une suppuration, à l'aide de laquelle tout ce qui ne peut pas être rétabli dans un état sain est séparé et détruit. C'est ce qu'on observe journellement dans les états gangreneux.

Mais l'usage des antiseptiques n'est pas indifférent, sur-tout si on les emploie avant que les fluides soient devenus putrides, et que les solides aient perdu leur ressort ; car si l'on s'en servoit plus tôt on causeroit ce que l'on voudroit prévenir : on produiroit une plus grande roideur dans les fibres déjà trop tendues, un épaississement et une glutinosité plus considérables dans les humeurs; on augmenteroit l'inflammation ; on la rendroit irrésoluble, et même incapable de se terminer par suppuration; on y attireroit peut-être la pourriture et la gangrène. On ne doit donc s'en servir que lorsque la chaleur, la mollesse des chairs, la dissolution, la mauvaise qualité et la fétidité du pus indiquent un état putride dans les liqueurs, et un défaut d'action dans les fibres.

Enfin si l'on ne peut prévenir, ni retarder, ni détruire les progrès de la pourriture, les solides perdent entièrement leur force, leur cohésion, leur mouvement ; les fluides tombent dans une dissolution totale ; ils restent ou desséchés, ou extravasés, ou corrompus ; l'organisation des uns et des autres est absolument détruite, il n'est plus possible de les rappeler à la vie. L'unique moyen qui reste à la nature est d'empêcher que l'altération et la putridité ne se communiquent aux parties saines, et d'exciter une inflammation autour de la partie gangrénée, pour séparer et faire tomber ce qui est mort par le moyen de la suppuration. L'art, pour seconder les vues de la nature et décider une inflammation salutaire, doit mettre en usage des médicamens fort irritans, comme le sel ammoniac, l'eau phagédénique, les cendres gravelées, l'onguent égyptiac, la pierre à cautère et les autres escarotiques. On joint à l'usage de ces remèdes celui de quelques liqueurs convenables ; par exemple, des décoctions d'aristoloche, de scordium, d'absinthe, de sauge, de rue, de quinquina, des baumes naturels, des teintures de myrrhe;

d'aloès, de l'eau-de-vie camphrée, du vinaigre aromatisé, etc., dont on fomente la partie. On peut même approcher avec succès le cautère actuel de la partie malade en la touchant légèrement; mais si la gangrène pénètre profondément, on fait des scarifications jusqu'au vif : elles ont deux avantages ; elles procurent une issue aux fluides putrides, et elles donnent lieu aux médicamens de pénétrer et de se faire sentir. On emploie les mêmes moyens dans l'ulcère gangreneux, lorsque la pourriture s'étend toujours, soit en profondeur, soit en surface, et que les bords enflammés se gangrènent. Il convient encore en même temps de donner les antiseptiques internes, comme les décoctions de chicorée sauvage, de galanga, de gentiane, de camomille, de quinquina, d'absinthe, de petite centaurée, etc.

II. Les matières putrides qui sont contenues dans les premières voies du cheval, du bœuf ou de la brebis, etc., y causent souvent la gangrène. Elles se manifestent par une diminution de l'appétit, par un léger dégoût, par des envies fréquentes de boire, par une bouche pâteuse, par l'odeur un peu aigre et pourrie des vapeurs qui sortent des estomacs par la bouche. Le dégoût devient plus considérable; l'animal perd totalement l'appétit, les envies de boire sont plus pressantes, les vapeurs qui sortent des premières voies plus putrides, les coliques et les diarrhées se manifestent; l'animal se plaint, s'agite; le ventre se soulève, se météorise, s'enflamme; les excrémens sont très fétides : enfin l'animal est accablé, affaissé ; il ne désire plus rien ; la face interne des lèvres est jaunâtre, quelquefois d'un brun livide, noir ; le ventre reste soulevé, tendu et froid ; les évacuations qui se font par l'anus, sans qu'il paroisse y contribuer, exhalent une odeur cadavéreuse. Ces derniers signes annoncent que les premières voies sont frappées de gangrène.

Pour rendre raison de ces phénomènes, il est à propos d'examiner ce qui se passe lors de la digestion. Cette fonction ne peut s'opérer que par un mouvement intestin qui s'excite entre les parties insensibles des alimens mêlés avec les sucs digestifs, duquel mouvement il résulte une liqueur douce, homogène, blanche, que l'on appelle *chyle*. La chaleur du lieu, les restes du dernier repas, les liqueurs digestives, le mouvement péristaltique, celui du diaphragme et des muscles de la cavité de l'abdomen et les battemens des gros vaisseaux voisins, favorisent le mouvement intestin, mais il doit être contenu dans de justes bornes ; car s'il est continué trop long-temps il passera à une fermentation acide, et de là, si rien ne s'y oppose, à une fermentation putride. Les causes capables de produire ces effets sont, 1° le trop long séjour que font les matières alimentaires dans les premières voies, comme dans les animaux qui mangent trop, dans ceux dont on trouble les digestions par des travaux trop longs et trop pénibles, dans ceux qu'on n'exerce pas suffisamment, etc.; 2° la mauvaise qualité des alimens qui contiennent peu d'air fixe, et qui par conséquent n'en fournissent pas assez pour arrêter les progrès de la fermentation, du nombre desquels sont les foins, les pailles, les regains, les avoines gâtés, etc. ; 3° la dépravation putride des sucs digestifs, qui deviennent alors un puissant ferment putréfactif; dépravation qui peut être occasionnée par un air putride qui, en se mêlant avec la salive dans la bouche, la corrompt, et, étant avalé avec elle, corrompt ensuite les sucs gastriques. Cette dépravation peut provenir aussi du défaut d'alimens, ou de leurs mauvaises qualités, ou de la corruption de la masse du sang, d'où il ne peut se séparer que des humeurs corrompues. On conclut donc, de ce qui vient d'être dit, que toutes les causes qui sont capables de produire une fermentation putride dans les premières voies du cheval ou du bœuf, etc., peuvent aussi les gangrener.

Pour prévenir une terminaison aussi funeste à la vie des animaux que redoutable à ceux qui exercent la médecine vétérinaire,

1° On empêchera que la quantité des matières putrides n'augmente dans les premières voies.

2° On évacuera ces matières.

3° On réparera le mal qu'elles auront causé, et on rétablira les parties et les fonctions dans l'état sain.

On satisfera à la première indication par la diète ; sans cette précaution, quel désordre ne produiroit-on pas, puisque l'estomac du cheval, ou ceux du bœuf, ou ceux des autres animaux ruminans sont remplis de matières putrescentes, que les alimens augmenteroient nécessairement. On pourra donc leur donner de temps en temps quelques poignées d'herbes fraîches qui contiennent beaucoup plus d'air fixe que les sèches, et on leur associera quelques plantes aromatiques; on les soumettra à un exercice convenable, on les abreuvera d'eau froide ; on donnera aux animaux qui auront des renvois les remèdes absorbans unis aux aromatiques, les acides, les amers, suivant que ces renvois seront aigres, nidoreux ou insipides. On fera vomir les chiens, et l'on purgera les animaux qui ne vomissent pas avec le séné, l'aloès, la rhubarbe, la casse, la manne, les tamarins, la crème de tartre, etc.

Mais si les matières putrescentes ne se bornent pas à l'estomac du cheval ou à ceux du bœuf qui en est atteint, et qu'elles occupent en même temps tout le canal intestinal, la nature pour les évacuer excite des renvois, des diarrhées, des borborygmes; dans ce cas, l'estomac est hors d'état de digérer des alimens solides : on ne doit donc en prescrire que sous forme fluide, tels que les décoctions d'orge, d'avoine, l'eau miellée, à laquelle on peut ajouter un peu de vinaigre. On doit aussi recourir aux purgatifs; mais il n'en faut employer que de doux, afin de ne pas produire d'irritation : pour cela on donne la préférence à ceux qu'on tire du règne végétal, sur-tout à ceux qui sont les plus antiseptiques, soit par leur qualité gommo-résineuse, comme la rhubarbe, les follicules, les feuilles de séné, etc., soit par la qualité fermentescible de leurs corps muqueux ou sucrés : tels sont la casse, la manne, les tamarins, etc. Ceux-ci, associés avec les précédens, diminuent et empêchent l'irritation qu'ils pourroient occasionner. On joint avec succès à ces médicamens des sels neutres, et surtout le nitre et la crème de tartre, lorsqu'il y a beaucoup de chaleur. Il est aisé de voir que les purgatifs bien administrés peuvent non seulement évacuer les matières putrides, mais encore les corriger.

Après que les matières putrides ont été suffisamment évacuées, on connoît que les fonctions digestives ne se rétablissent point, lorsque le dégoût, les renvois, les flastuosités, les coliques et les diarrhées séreuses subsistent. C'est dans ces circonstances que les antiseptiques fébrifuges font des prodiges; ils donnent aux solides leur ton, et aux sucs digestifs leur qualité naturelle. Ceux qu'on emploie le plus fréquemment sont la menthe, la petite centaurée, la camomille, l'absinthe, les coins, les écorces de citrons et d'oranges, l'aunée, l'angélique, les baies de genièvre, la mirrhe, le cachou, la cascarille, le quinquina, etc. Il est bon de les associer avec quelques purgatifs, comme la rhubarbe, l'aloès, etc. : par le moyen de ces médicamens, tout ce qui reste de putride dans les premières voies, ou ce qui peut y être nouvellement déposé, ainsi que le résidu des premières digestions qui sont toujours mauvaises, sont expulsés, et on prévient les rechutes.

Mais, pour que les antiseptiques puissent occasionner quelques évacuations, il faut que le système des solides soit relâché; que les matières à évacuer aient acquis une fluidité convenable. Or, ce relâchement, cette fluidité n'existent que sur la fin de la maladie. Ces médicamens étant astringens, ils ne peuvent que donner du ton à des solides déjà trop distendus, et resserrer les orifices des vaisseaux excrétoires. De plus, en ne donnant point d'eau aux animaux malades, ils ne peuvent point délayer les matières et les disposer à être évacuées. Les antiseptiques placés dans le commencement de la maladie ne pourroient donc que supprimer les évacuations que la nature produit; loin de les favoriser, ils ne pourroient qu'occasionner des obstructions, des inflammations dans les viscères contenus dans la cavité de l'abdomen, et la gangrène.

Mais si tous ces secours sont insuffisans; que les effets de la putridité se manifestent avec plus de force et de malignité; que l'acrimonie irrite les solides; que le mouvement intestin de putréfaction les attaque; que les orifices des vaisseaux excrétoires se resserrent et se dessèchent; que les liqueurs soient très corrompues; qu'il ne se fasse point d'évacuation; ou que, s'il s'en fait par les différens organes excréteurs, et que ce ne soit que des matières crues, des sérosités jaunâtres ou noirâtres, alors l'air fixe, qui se dégage des matières putrides, reprend son élasticité, distend le canal intestinal qui a beaucoup perdu de son ressort et de son action, le ventre se soulève. La nature, troublée du danger qui menace l'animal, dirige toutes ses forces vers les viscères de l'abdomen ; elle y produit ou augmente les embarras, les engorgemens des vaisseaux ; de là naissent les dispositions inflammatoires ; si l'inflammation est poussée trop loin, elle augmente la putréfaction, et elle peut se terminer par la gangrène.

Mais il est possible de prévenir quelquefois ces malheurs en s'appliquant à corriger la putridité, en faisant avaler aux animaux qui en sont attaqués les décoctions tièdes de riz, d'orge, d'avoine, adoucies avec le miel, la bière, le cidre récent ; en leur donnant fréquemment et à petite dose le jus de citron, avec le sel d'absinthe ; et pour calmer l'acrimonie des matières putrides on aura recours aux semences froides, aux doses répétées d'huile de lin, aux décoctions de mauve nitrées, aux vapeurs des décoctions des plantes émollientes placées sous le ventre de l'animal, aux lavemens plus ou moins répétés, faits avec les mêmes décoctions, auxquelles on ajoute du nitre, du vinaigre, etc. C'est à l'aide de ces médicamens internes et externes que le médecin vétérinaire pourra faciliter la coction et la séparation de ce qui a été altéré par la putréfaction, mais en ranimant en même temps, ou soutenant les forces vitales, s'il est nécessaire, par les cordiaux aromatiques.

Lorsque la nature indiquera que la matière est cuite, et prête à être évacuée ; lorsque la langue s'humectera, que le ventre s'affaissera, qu'il se fera des déjections de matières un peu plus liées, c'est alors que les purgatifs conviendront, et qu'en secondant les efforts de la nature, ils accéléreront la cure de la maladie ; mais si on les employoit avant le temps marqué par les signes qui viennent d'être décrits, loin d'obtenir ce que l'on désireroit, on irriteroit, on accéléreroit ou l'on augmenteroit l'inflammation. Il est cependant quelques purgatifs que l'on peut mettre en usage dans tous les temps de la maladie, qui, loin d'irriter, sont adoucissans, et qui peuvent même, en quelque manière, être regardés comme antiseptiques, tels sont l'huile de lin, la manne, la casse, les tamarins, le nitre, la crème de tartre, etc. Ces purgatifs conviennent sur-tout lorsqu'on a perdu les premiers jours de la maladie sans procurer des évacuations. Telles sont les attentions que l'on doit avoir pour remplir la seconde indication, qui consiste à évacuer les matières putrides.

On remplira la troisième indication, en réparant le mal que les matières putrides auront causé, en redonnant aux solides leur ton, aux fluides leurs qualités ; on y parviendra en administrant le quinquina, la petite centaurée, l'absinthe, la germandrée, la gentiane,

la chicorée sauvage, la myrrhe, le camphre, la gomme ammo-
niaque, après avoir suffisamment évacué les matières putrides.

Si enfin la putréfaction a tellement altéré les solides, que leur
ressort soit perdu; s'ils sont devenus des instrumens inutiles, dont
la nature ne puisse presque plus se servir; si la machine tend à sa
destruction; si l'odeur des évacuations et de l'haleine des animaux
malades annonce que la putréfaction est portée au plus haut point;
dans cette fâcheuse extrémité, l'art a bien peu de ressources, parceque la nature ne lui en fournit pas. Réveiller et soutenir les forces
par les stimulans, les vésicatoires, les cordiaux les plus puissans,
sur-tout par les alexipharmaques et les aromatiques, administrer les
boissons froides, leur réunir les acides les plus puissans, sur-
tout l'acide vitriolique qui, par sa qualité astringente, est propre à
suspendre le progrès et les effets de la putridité; donner le quinquina à grandes doses et répétées plusieurs fois par jour : tels sont
les secours que l'on peut tenter dans une extrémité aussi pressante;
s'ils ne sont suivis d'aucun succès, la putridité contenue dans les premières voies les gangrène, et donne la mort au sujet qui en est atteint.

III. Les animaux ne sont que trop souvent les victimes de ces
maladies où la masse du sang est elle-même dans un état de putridité
qui donne lieu à la gangrène.

On ne peut douter de la vérité de cette proposition; car si l'on
tire du sang des animaux qui sont attaqués de quelques fièvres putrides, malignes, on reconnoît qu'il est non seulement d'une odeur
fétide, mais putride et dissous; il est même quelquefois si puant,
sur-tout dans les fièvres malignes, qu'à peine en peut-on supporter
les exhalaisons. La corruption de toutes les sécrétions et de toutes
les excrétions que l'on remarque dans la plupart des maladies épizootiques et enzootiques, par l'odeur fétide du sang nouvellement
tiré, par la couleur tannée de la sérosité, et par la dissolution du
coagulum, prouve qu'il est réellement putride; son état de pourriture peut provenir de la putréfaction des matières contenues dans
les premières voies, de la suppression de la transpiration et de la
contagion régnante. Les matières putrides qui, dès les premières
voies, passent dans le sang, et celles que la suppression de la transpiration oblige à y refouler, corrompent nécessairement la masse
du sang. La contagion la dissout et la corrompt très promptement;
elle affoiblit la force des solides, elle affecte même jusqu'aux nerfs.

S'il arrive que ces différentes causes qui corrompent la masse
du sang excitent une inflammation simple, mais violente, produite par un engorgement considérable, ou par une matière trop
âcre pour que la nature en puisse faire la coction, la corruption
devient bientôt la cause éloignée de la gangrène par laquelle elle
se termine.

En effet, les animaux qui depuis long-temps respirent, dans les
écuries, dans les étables, dans les bergeries où on les loge, un air

humide, putride; ceux qui sont voisins des marais, des étangs, de la mer; ceux qu'on n'exerce pas suffisamment, ceux qu'on nourrit avec des végétaux corrompus, ou d'une mauvaise qualité, deviennent pesans, paresseux, leur haleine est puante, leur poil se hérisse, leurs jambes se meuvent difficilement, leur respiration est laborieuse; au moindre mouvement leur pouls est lent, inégal; ils éprouvent des coliques, des hémorragies dont le sang est dissous et noirâtre; tous ces symptômes deviennent plus graves à mesure que l'âcreté de la matière putride contenue dans la masse du sang fait des progrès; le sang que les hémorragies donnent n'est plus qu'une sérosité rougeâtre ou noirâtre, la respiration est très gênée, les animaux malades sont atrophiés, leurs urines et leurs déjections par l'anus sont très fétides et noires; leur pouls est très petit, foible, inégal, intermittent; leurs corps exhalent une odeur cadavéreuse; la maladie se termine par la gangrène et par la mort des sujets qu'elle a attaqués.

Après la mort, les cadavres se corrompent promptement. Leurs ouvertures montrent dans différentes cavités, sur-tout dans l'abdomen, des épanchemens sanieux plusieurs parties et plusieurs viscères gangrenés.

La corruption successive du sang et des humeurs décompose les globules qui composent ces fluides, laisse échapper l'air fixe qui entroit dans leur composition. Les fluides atténués s'extravasent, enfilent des vaisseaux qui dans l'ordre naturel leur sont fermés; ils circulent lentement et difficilement. Les sécrétions se font imparfaitement, les liqueurs excrémentielles qui en sont le produit ne peuvent réparer les pertes que souffre le corps, les solides tombent dans un relâchement vicieux.

Ce qui est à faire dans cette circonstance consiste à rendre aux solides et aux fluides l'air fixe qu'ils ont perdu; et pour suivre avec succès cette indication, on pourra avoir recours à toutes les substances végétales : en effet, quelles que soient leurs qualités sensibles, elles sont toutes capables de fournir de l'air fixe. On leur fera boire de la bonne eau; on les tiendra proprement; on renouvellera l'air de leurs demeures, on les soumettra à un exercice modéré; on les purgera avec des médicamens doux; on les mettra à l'usage des sucs ou des infusions de cresson de fontaine, de becabunga, de moutarde, etc.

Mais dès que les symptômes de la gangrène se manifestent, et qu'ils font des progrès, on a recours au quinquina; on a joint à son usage celui des astringens, et sur-tout si les accidens sont pressans, celui de l'acide vitriolique, dont l'effet est prompt et sûr.

On conclura de ce qui vient d'être dit que la pourriture est une des causes éloignées de la gangrène, soit qu'elle attaque les parties externes, soit qu'elle ait son siège dans les premières voies, ou dans la masse du sang. Dans ce dernier cas, les cadavres des animaux qui succombent à la putridité fébrile du sang, se corrompent en peu d'heures, ils enflent prodigieusement ; lorsqu'on en fait l'ouverture, ils répandent une infection qui est affreuse ; le sang contenu dans les gros vaisseaux est dans un état de dissolution manifeste ; on trouve des épanchemens dans la tête, dans la poitrine et dans la cavité de l'abdomen ; plusieurs viscères sont couverts de taches gangreneuses, plusieurs se mettent en lambeaux sous les doigts ; les uns sont en suppuration, les autres sphacélés ; le cœur et le foie sont d'un volume extraordinaire, etc. Tel est le précis des funestes ravages qu'opère la putridité fébrile du sang dès qu'elle est parvenue à son dernier degré.

Enfin la cure des gangrènes humides produites par les contusions, l'étranglement, l'infiltration, les inflammations, la brûlure et la morsure des bêtes venimeuses, consiste à diminuer l'engorgement, 1° par la diète, les boissons liquides résolutives, et par des saignées réitérées ; 2° par des scarifications qui doivent pénétrer tantôt jusqu'au tissu cellulaire, tantôt jusqu'aux muscles engorgés, selon le siège du mal.

Alors le chirurgien vétérinaire doit opérer de manière à procurer l'évacuation totale des sucs corrompus, et à emporter les chairs qui ne sont pas en état de pouvoir être revivifiées. Il peut encore réduire les chairs en escarres par le feu, l'huile bouillante, l'huile de térébenthine, par les esprits acides concentrés seuls, ou dulcifiés avec l'esprit-de-vin, et employer ensuite les antiseptiques, les résolutifs, et les suppuratifs, si la partie est menacée d'une gangrène superficielle ; mais si elle est profonde et que la corruption des os et des membres soit si grande qu'il n'y ait point d'espérance de résoudre l'engorgement, ses soins resteront sans succès, à moins que le propriétaire n'aime mieux se conserver un animal inutile, ayant un membre ou une portion de membre de moins, alors il auroit recours à l'amputation. J'en ai vu un exemple. Un faon apprivoisé, dont le boulet d'une des extrémités antérieures fut attaqué d'une gangrène humide, en conséquence d'une violente luxation qu'il s'étoit faite ; les os qui formoient le boulet n'étoient presque plus unis que par les ligamens ; toutes les parties molles qui les couvroient étoient non seulement dépourvues de tout sentiment et de toutes actions organiques, mais la dissolution putride dont elles étoient attaquées exhaloit une odeur vraiment cadavéreuse. La personne chargée de l'éducation du jeune faon, s'apercevant que les progrès rapides de la pourriture avoient mis à découvert l'union de l'os du paturon avec le canon, coupa les ligamens qui assujettissoient encore ces deux os, pansa l'extrémité inférieure du canon, et conserva la vie à son élève, que la gangrène lui auroit enlevé, si elle n'eût pas séparé les parties mortes des vivantes.

Dans les contusions, plus l'inflammation, la tension et la douleur sont grandes, plus elles sont périlleuses, plus aussi les contusions entraînent de stupeur, à cause de la commotion qu'ont soufferte les nerfs, plus elles menacent de danger.

Si la tumeur qui en résulte est peu élevée, la chaleur suffoque; si la partie est lourde, privée d'action et de tension, ou si elle est sensible et molle comme de la pâte, on a à craindre l'étranglement des vaisseaux artériels; mais si, à la suite d'une plaie, la tumeur est considérable, que le poil se hérisse et tombe, que la tumeur paroisse sous une couleur livide ou d'un rouge noir, cela indique l'étranglement des veines. Dans ce cas, les aromatiques et les stimulans chauds sont pernicieux; l'unique ressource consiste dans les incisions par lesquelles le chirurgien vétérinaire emporte les nerfs ou les tendons blessés, et qui mettent les aponévroses en liberté; mais ces incisions doivent pénétrer plus loin que le tissu cellulaire, pour atteindre jusqu'à l'endroit des aponévroses.

Dans l'infiltration qui est causée par des hémorragies excessives, par des saignées trop multipliées, la gangrène est rarement à craindre de la part de cette cause. Les remèdes internes et les analeptiques sont indiqués dans ces cas; mais si l'infiltration provient de la dissolution putride des humeurs, ou d'une fièvre maligne, putride, ou de la suppuration d'un ulcère interne; si après un long temps l'une ou l'autre de ces causes excite une inflammation érysipélateuse, elle est suivie d'une gangrène incurable et mortelle. C'est en vain qu'on entreprend de la combattre par les diurétiques et les cathartiques : on ne fait par-là qu'abattre les forces; les scarifications qu'on y pratique hâtent la mort, et tous les secours deviennent inutiles.

On peut traiter l'éréthisme ou la crispation des aponévroses par les relâchans, comme une diète humectante, des saignées répétées, des topiques émolliens; si ces secours ne suffisent pas, il faut inciser assez profondément les aponévroses, en couper les brides, et si elles occupent les os, il faut que les incisions pénètrent jusqu'à eux. Il faut enfin ôter à la partie irritée sa trop grande sensibilité; ce qui s'obtient par les caustiques, comme l'huile de térébenthine, d'œillets, de cannelle, ou l'huile distillée de cette plante aromatique; si ces remèdes sont insuffisans, il faut employer l'huile bouillante.

Dans les inflammations gangreneuses, ou elles dépendent d'une cause externe ou interne; si elles dépendent d'une cause interne, les sacrifications jusqu'au vif ne soulagent jamais. De plus, les inflammations qui viennent de cause interne sont ou externes ou internes. Les internes dépendent d'un principe délétère mêlé avec les humeurs que les saignées ne peuvent ôter; par conséquent les saignées y sont rarement praticables; on n'a de ressource que dans les antidotes, les cordiaques, et les alexipharmaques; mais ces inflammations internes, quand la douleur est assoupie, dégénèrent si rapidement en gangrène qu'elles ne donnent pas le temps d'appliquer aucun remède.

6.   20

Les inflammations gangreneuses externes ne causent pas une mort si certaine ; car il est de ces gangrènes qui sont critiques ; et celles qui ne le sont pas ne s'étendent pas souvent au-delà de la partie enflammée , et même la suppuration survenant, la partie gangrenée se sépare spontanément des chairs vives.

Il faut cependant prendre garde que la matière putride qui s'engendre ne gagne les parties voisines, ce qui est à craindre dans les inflammations gangreneuses causées par engorgement, mais qui l'est beaucoup plus dans les gangrènes sèches ou dans les inflammations caustiques , telles que les érysipèles , les escarotiques , les anthrax , les croûtes gangreneuses , etc.

Pour procurer la suppuration dans les inflammations mortes , il faut administrer intérieurement et extérieurement des remèdes stimulans et qui augmentent la chaleur ; les résolutifs et les diaphorétiques actifs sont des topiques très convenables dans ce cas , de même que les sétons , les vésicatoires ; mais si la gangrène existe déjà , il y a lieu d'espérer , quand ses limites sont fixées et quand les bords de l'inflammation s'apprêtent à suppurer : dans ce cas on doit, avec le scapel, couper ou emporter les parties mortes, sans toucher aux chairs vives ; mais si le progrès de la gangrène cessant il ne paroît aucune marque de suppuration, on doit cautériser les parties mortes avec l'esprit de nitre , afin d'exciter la suppuration dans celles qui sont vivantes , et de détruire la matière putride.

Les érysipèles gangreneux, ou l'engorgement qu'ils produisent, occupent une très grande étendue ; leur curation demande qu'on détruise l'engorgement des parties mortes, qu'on préserve de la corruption les humeurs de ces parties, en empêchant le mouvement intestin d'agir ; qu'on irrite les chairs voisines pour les faire suppurer, et qu'on procure la séparation des chairs mortes par la suppuration.

Les antiputrides qui conviennent dans ce cas sont le vinaigre , l'esprit-de-sel et de soufre délayé dans de l'eau , les sels neutres , principalement le sel ammoniac, l'esprit-de-térébenthine , l'essence de Rabel, l'esprit-de-nitre dulcifié par une égale quantité d'esprit-de-vin , le sel marin , le nitre , les résines et les baumes , la térébenthine , la myrrhe , le camphre , le styrax , la poix , le vin , l'eau-de-vie, l'esprit-de-vin ; les dessiccatifs balsamiques, comme la myrrhe, la colophane, l'aloès, la résine ; les caustiques ardens , comme l'huile bouillante, le fer chaud , la rouille , l'esprit-de-nitre chargé de mercure, l'eau phagédénique.

Dans la brûlure qui détruit seulement la peau sans pénétrer plus avant, la douleur est plus grande et plus opiniâtre que lorsque les chairs mêmes sont brûlées ; car les tuyaux sécrétoires étant irrités versent une sérosité âcre et copieuse, qui rend la maladie plus longue , si l'on y applique des onctueux. Il faut, avant que l'engorgement et la tumeur soient formés, attirer au dehors les parties ignées par la solution de vitriol, l'encre, le sperme de grenouille, le blanc d'œuf, la noix de galle, les vulnéraires et les herbes astringentes; l'engorgement étant sur le point de se former, les émolliens, les relâchans, les adipeux, les onctueux, l'huile et le beurre sont indiqués. Si, malgré ces remèdes, l'inflammation survient, on doit faire des fomentations avec l'eau tiède, user des mucilages, de laitage et de farineux, auxquels on mêle les anodins quand l'inflammation est violente; on met quelquefois en usage les anodins un peu volatils, tels que le camphre, les fleurs de sureau, les feuilles de tabac, de jusquiame, la fiente d'oiseaux; si la chaleur n'est pas considérable, des oignons cuits ou triturés conviennent; enfin si la partie brûlée donne une suppuration putride, les antiseptiques sont indiqués, tels que le vin, l'eau-de-vie, le nitre, le sel marin, etc.

Ceux-là agissent prudemment qui n'emploient que le vin pendant tout le temps que la sensibilité de la partie ne permet pas de mettre en usage l'eau-de-vie, qu'ils emploient ensuite pure jusqu'à l'entière guérison : il est souvent avantageux d'user des feuilles vertes de tabac ou de poirée, qu'on applique sur des plumasseaux trempés dans le vin, et qui par ce moyen ne s'attachent pas à la plaie.

La gangrène sèche est celle qui n'est point accompagnée d'engorgement, et qui est suivie d'un dessèchement qui empêche la partie morte de tomber en dissolution putride; la partie commence à devenir froide; la chaleur cesse avec le jeu des artères; ces vaisseaux se resserrent par leur propre ressort; les chairs mortifiées deviennent plus fermes, plus coriaces et plus difficiles à couper que les chairs vives. Les parties sont mortes bien avant qu'elles se dessèchent.

La cause matérielle de la gangrène sèche est un sang très visqueux, tenace, noirâtre, qui a perdu sa sérosité par la chaleur, les sueurs, et qui, à cause de sa grande sécheresse, ne peut pas se corrompre.

Il arrive souvent, dans les gangrènes externes dont les animaux sont attaqués, que la peau se dessèche, se racornit, et que la partie qui en est atteinte, au lieu de se corrompre comme dans les gangrènes humides, se durcit. D'ailleurs, toutes les parties des animaux où la circulation est gênée sont sujettes aux gangrènes sèches; c'est ce que l'on observe dans les maladies qui proviennent de la putréfaction du sang.

L'indication générale qui se présente dans la cure de la gangrène sèche consiste à prévenir le mal, à en arrêter les accidens, et à le guérir lorsqu'il est arrivé. On doit avoir recours aux médicamens indiqués pour le traitement des différentes maladies qui lui auroient donné naissance. (R.)

GANT DE NOTRE DAME. On appelle ainsi la DIGITALE A FLEURS ROUGES, l'ANCHOLIE, la CAMPANULE A GRANDES FLEURS, et le TAMINIER. *Voyez* ces mots.

GANTELÉE. Nom vulgaire du TAMINIER.

GAOU. Dans le département du Nord c'est le coq.

GARACHE. Ce sont les guérets dans le département du Var.

GARANCE, *Rubia*. Genre de plantes de la tétrandrie monogynie, et de la famille des rubiacées, qui renferme sept espèces, dont une est l'objet d'une importante culture, ses racines étant d'un grand usage dans la teinture, à laquelle elle fournit une couleur rouge solide.

La GARANCE DES TEINTURIERS, la seule dont il sera ici question, est originaire des parties méridionales de l'Europe et septentrionales de l'Asie. Elle a les racines vivaces, longues, rampantes, jaunes en dehors, rouges en dedans, et souvent longues de plus de deux pieds ; ses tiges sont annuelles, quadrangulaires, hérissées de pointes, branchues, grêles, rampantes ou grimpantes; ses feuilles sont verticillées au nombre de cinq à six, lancéolées, rudes au toucher, dentées, longues de deux pouces ; ses fleurs sont jaunâtres, disposées en panicules terminales, et accompagnées de petites feuilles opposées en forme de bractées. Elles paroissent au milieu de l'été, et les fruits, qui mûrissent au milieu de l'automne, sont noirs.

Comme toutes les autres plantes cultivées depuis long-temps, la garance s'est améliorée dans le sens que l'homme attache à ce mot, c'est-à-dire qu'elle a augmenté en grosseur dans toutes ses parties, et principalement dans ses racines, ou qu'elle a formé plusieurs variétés plus avantageuses que la sauvage, dans leur emploi en teinture. Celle de ces variétés qui mérite d'être plus certainement préférée des cultivateurs est celle connue à Smyrne sous les noms d'*azala*, *lizari* ou *izari*, et dont l'ancien gouvernement avoit fait venir une si grande quantité de graines, parceque ses racines donnent plus de couleur et une couleur plus foncée. En général les garances des pays chauds valent mieux que celles des pays froids ; c'est pourquoi il est toujours bon, lorsqu'on en cultive dans ces derniers pays, d'y semer des graines venues du midi. Ce fait a été constaté plusieurs fois par des expériences positives.

Les racines de la garance étant l'objet de sa culture, il faut la diriger de manière à lui en faire produire le plus possible et de plus grosses ; en conséquence un terrain très léger, et en même temps frais et très substantiel, est celui qui convient à cette plante. C'est dans le choix et les préparations de ce terrain que réside presque tout le secret de sa culture, culture sur laquelle on a écrit tant de volumes.

Ainsi on ne doit consacrer que de bons terrains à la culture de la garance, et les défoncer auparavant à deux pieds de profondeur au moins. Si on a de ces terrains dans les pays chauds, qui soient susceptibles d'irrigation, on les préferera.

Généralement on fume médiocrement en France les terres qu'on destine à recevoir de la garance; mais il y a lieu de croire qu'on a tort. On doit plutôt restreindre l'étendue des plantations que d'économiser les engrais, parceque des pro-ductions foibles coûtent autant de travail, et se vendent moins bien. Le fumier stratifié avec de la terre un an d'avance, et probablement encore mieux stratifié avec des curures d'étang, des boues de ville, est, d'après des expériences citées par Arthur Young, préférable pour cet objet à celui qui sort de l'écurie.

On a remarqué, en Angleterre, qu'il valoit mieux planter la garance après des récoltes de céréales que dans des terrains où il y avoit eu des fourrages, probablement parceque la terre dans le premier cas est plus ameublie.

C'est à la fin de l'automne qu'il faut s'occuper de la prépa-ration des champs destinés à recevoir de la garance, afin de pouvoir la semer ou planter à la fin de l'hiver.

Il y a trois voies employées pour former une garancière ; savoir, le semis en place, le semis dans une pépinière pour en transplanter les produits, le déchirement des racines prises dans une ancienne plantation.

La graine de garance étant de nature cornée demande à être semée avant sa dessiccation, sans quoi elle se durcit au point de ne plus germer, ou de ne germer qu'au bout de deux ou trois ans. Lorsqu'on ne peut l'employer de suite, il faut donc la garder dans de la terre ou du sable humide, la stra-tifier, comme disent les jardiniers. La plus grosse et la plus mûre est la meilleure.

Le semis en place, le plus dans la nature, et le plus conve-nable à toute culture qui a la production des racines pour but, s'exécute de trois manières : à la volée, en rayons ou en planches.

A la volée, on risque d'être obligé, l'hiver suivant, de beau-coup arracher et beaucoup planter, pour éclaircir les endroits trop épais, et regarnir ceux qui sont trop clairs. De plus, cette manière ne permet pas de faire les binages annuels avec la même économie et la même facilité. On la pratique cependant le plus généralement en France.

En rayons, on répand la graine sur des lignes parallèles écartées d'un pied et demi ou deux pieds. On a la facilité de faire aisément des binages dans l'intervalle des rayons, et de butter les pieds lorsque cela devient nécessaire.

En planches, on divise le champ en planches alternative-ment de quatre et de six pieds de large. Les premières sont creusées d'un demi-pied de profondeur, et la terre jetée sur les secondes. C'est dans ces premières qu'on sème la garance, soit à la volée, soit en rayons écartés d'un pied.

Dans les pays chauds, où les printemps sont souvent fort secs, les semis en place ne réussissent qu'autant qu'on peut les arroser par irrigation ; mais comme on n'a que rarement ce moyen en sa disposition, on est presque toujours obligé de semer la graine serrée et à la volée, dans des jardins ou au voisinage des eaux, afin de pouvoir arroser le plant à la main, pour ensuite le repiquer dans des locaux disposés comme il vient d'être dit. Cette manière est donc intermédiaire entre les semis et les plantations.

Lorsqu'on arrache une garancière, on met de côté les plus belles têtes des racines, et après les avoir déchirées de manière à ce que chacune ne réunisse plus que deux ou trois bourgeons, on les plante dans le terrain où on veut en établir une nouvelle.

Quand on ne détruit pas des vieilles plantations, on se procure du plant en arrachant les pousses latérales des plus forts pieds de celles qu'on a à sa disposition ; mais il ne faut employer ce moyen qu'à la dernière extrémité ; car il est prouvé, par beaucoup d'observations faites en Angleterre et ailleurs, que rien ne contribue plus à en diminuer le produit. Cette diminution, toutes choses égales d'ailleurs, a été trouvée d'un septième dans un cas où on n'avoit cependant pas outré les enlèvemens.

La voie des plantations procure plus promptement un résultat, mais il est moins beau et moins bon ; et de plus, quand on la pratique pendant une trop longue succession d'années, sans en renouveler le type par la semence, la garance dégénère au point de ne plus remplir qu'imparfaitement son objet. Voilà pourquoi beaucoup de cultivateurs français ont perdu la confiance des fabricans, qui préfèrent aujourd'hui tenir leur garance des pays étrangers.

On a calculé qu'il falloit environ vingt livres de graines pour garnir un arpent de Paris.

C'est pendant tout le cours de l'hiver qu'on sème et qu'on plante la garance ; mais il faut faire en sorte que ces opérations soient complètement terminées avant le milieu de février.

La première année du semis, la garancière fait peu de progrès. On se contente de la sarcler et de lui donner un léger binage d'été.

La seconde année, le plant a déjà assez acquis de force pour donner des graines, qu'on recueille si on en a besoin.

A cette époque, les soins que demande le plant rentrent dans ceux qu'il faut donner aux garancières établies par voie de plantation.

GAR

Pour planter la garance, on fait un trou avec un plantoir, et on y introduit la racine garnie de ses boutons et on bouche le trou avec le même instrument, ou bien on fait une rigole de six pouces de profondeur avec la pioche ou la bêche ; on y dépose les pieds, et on recouvre le tout avec la terre de la rigole qu'on pratique ensuite à côté pour continuer la plantation. Il faut qu'il n'y ait pas plus de deux pouces de cette terre au-dessus du collet de la racine.

La distance entre les pieds doit être au moins de six pouces, et dans les bonnes terres on gagne toujours à les espacer de huit à dix.

Les racines étant très sensibles au hâle, il faut n'en arracher que ce qu'on peut planter dans la journée, et avoir soin de les tenir dans des paniers couverts.

Plus le climat est méridional et plus il faut planter de bonne heure ; en septembre et octobre, par exemple, à Avignon et à Montpellier.

La culture des garancières semées à la volée se fait à la houe. Elle ne diffère pas des autres quant au nombre des façons et à leur époque.

Dans les garancières en rangées, écartées de dix-huit pouces, on peut employer indifféremment la houe ou la charrue (celle appelée cultivateur principalement), mais plus sûrement la première.

Celles des garancières en planches sont cultivées à la charrue dans les grands intervalles ; celles où est le plant le sont à la houe.

Les labours à faire aux garancières la seconde année de leur semis et la première de leur plantation sont un binage au printemps, un autre en été, et un labour un peu profond à la fin de l'automne. Ceux de l'année ou des années suivantes sont les mêmes.

Au premier de ces binages on recouvre de terre une partie des pousses, ou mieux, on butte les pieds pour augmenter la nourriture des grosses racines par la multiplication des petites; je dis des grosses, car les petites sont inférieures pour la teinture.

Avant le second, on coupe souvent les tiges de la garance pour les donner aux bestiaux qui les aiment beaucoup, et dont elles ne rendent le lait et les os rouges qu'autant qu'il s'y trouve des racines mêlées. Quelques agronomes conseillent de faire, comme on le pratique en Flandre, jusqu'à trois coupes de ces feuilles; mais c'est qu'ils ignorent, ces agronomes, que les plantes vivent et croissent autant au moyen de leurs feuilles que de leurs racines, et que l'opération ci-dessus, sur-tout lorsqu'elle est faite au printemps, retarde considé-

rablement le grossissement des racines, seul but de cette culture.

Dans ces diverses opérations, les racines de la garance s'élèvent toujours en même temps qu'elles s'étendent, de sorte que
si on les laissoit cinq ou six ans en place, les buttes deviendroient
extrêmement hautes et extrêmement larges et couvriroient tout
le sol; mais où trouver la terre pour la formation de ces buttes?

De toutes les méthodes de cultiver la garance, la plus conforme à la nature de cette plante et à l'objet qu'on se propose,
celle par conséquent qu'on doit adopter, est la méthode du
Levant, apportée en France par Althen.

Au Levant donc, et actuellement dans quelques parties de
la France sans doute, on forme des plates-bandes d'inégale
largeur, alternativement creuses et élevées (plates-bandes dont
j'ai parlé plus haut), et on sème ou plante la garance dans celles
qui sont creuses. En automne de la seconde année du semis, ou
de la première de la plantation, on remplit la fosse, et l'année
suivante on l'élève d'un demi-pied au-dessus du sol naturel, au
moyen de la terre de la plate-bande vide. Au printemps de la
troisième année, on l'élève encore de quelques pouces. Il en
résulte que les racines inférieures trouvant une humidité convenable à la profondeur où elles sont, poussent vigoureusement,
et que les supérieures, trouvant constamment une terre nouvelle et bien divisée, poussent également avec la plus grande
force. De là leur nombre et leur grosseur.

On peut, on doit même planter des légumes de courte durée dans les espaces vides, attendu que les pieds de garance
ne les garnissent guère qu'à la fin de la seconde et même seulement pendant la troisième année.

Il est généralement reconnu que les racines de garance ne
sont propres à donner beaucoup de parties colorantes à la teinture que la troisième année; ainsi c'est en octobre ou novembre
de cette troisième année qu'il faut les arracher. Si elles restoient
un ou deux ans de plus en terre, quelques unes, les plus grosses,
pourriroient, et d'un côté le produit qu'on en retireroit ne
seroit plus proportionné aux dépenses, et de l'autre celles
pourries altéreroient la qualité de la teinture. C'est pour ne
pas suivre cette règle que les garances du nord de la France se
sont discréditées dans le commerce, comme je l'ai déjà dit, et
qu'on leur préfère les étrangères à un prix bien plus élevé.

Un seul pied de garance de trois ans a été trouvé, en Angleterre, de plus de quarante livres de France. Ce même pied ne
diminua par la dessiccation que de six septièmes, tandis que la
réduction du poids est ordinairement de sept huitièmes dans le
même cas. Cela prouve qu'il est toujours avantageux, sous le
point de vue du produit définitif, d'avoir de gros pieds, c'est-

à-dire de bien amender et cultiver la terre, et de laisser les pieds trois ans en terre.

Lorsqu'on veut arracher une plantation de garance on doit commencer par faire, sur un de ses côtés, une tranchée de deux pieds de profondeur et de largeur pour aller attaquer les racines par leur partie inférieure; à ce moyen on les tire sans efforts et sans perte. Il ne faut pas craindre la dépense de l'opération ainsi faite, parcequ'elle est couverte, avec un grand bénéfice, par le produit des racines qu'on perd en fouillant simplement la terre au pied de chaque touffe, et encore plus en employant la charrue ordinaire qui approfondit si peu.

En Angleterre on arrache la garance avec la *charrue à grandes roues*, attelée de douze chevaux, charrue qui soulève la terre à dix-huit pouces de profondeur et qu'on devroit bien introduire dans la culture françoise. *V.* CHARRUE, pl. C, *fig*. 4.

La garance arrachée doit être lavée à grande eau, épluchée de ses parties pourries, séparée de ses boutons et de ses plus petites fibrilles; mais on se donne rarement la peine de le faire.

De tout temps on a préféré la racine de garance séchée et pulvérisée pour l'employer en teinture, quoique ces opérations doublent presque sa valeur. Dambournay a cru faire une importante découverte en conseillant de se servir des fraîches, et on le peut sans doute dans quelques cas; mais Chaptal, dans son nouveau Traité de la teinture sur coton, assure positivement qu'il résulte de ses expériences que la garance fraîche ne donne ni une couleur aussi vive, ni une couleur aussi solide, ni autant de couleur que la sèche, et Chaptal est tout autrement clairvoyant que l'étoit Dambournay.

Ainsi il faut faire dessécher la garance. Pour cela on la dépose sous un hangar à l'abri de la pluie, et lorsqu'elle a perdu la plus grande partie de son eau de végétation, qu'elle est devenue molle, c'est-à-dire après dix à douze jours, on la porte ou dans un four dont on a retiré le pain, ou au soleil. Ordinairement on est obligé de la passer deux fois au four. Lorsqu'elle est assez sèche, ce qu'on reconnoît à la facilité avec laquelle on la casse, on la bat légèrement avec un fléau. La terre, les petites racines, l'épiderme s'en séparent. Ce sont ces dernières parties qui forment ce qu'on appelle la *garance robée*, garance avec raison si peu estimée et qu'on ne devroit pas introduire dans le commerce. Ce ne sont donc que les grosses racines qu'on réduit en poudre, opération qui se fait ou dans des moulins à tan ou dans des moulins à farine, et dont les cultivateurs se chargent rarement.

Souvent, après qu'on a nettoyé les racines sèches avec le van, on les passe dans des cribles d'osier pour séparer les plus grosses des petites, les premières étant d'une qualité supérieure et se vendant par conséquent davantage.

L'important est de brusquer assez la dessiccation pour que les racines ne noircissent ni ne moisissent, car dans ces deux cas elles perdent beaucoup de leur valeur. Les précautions qu'on emploie en Hollande pour dessécher la garance lui donnent assez de supériorité pour que, quoiqu'inférieure en réalité, elle se vende aussi-bien que celle des parties méridionales de la France. Il faut aussi, lorsqu'elles sont desséchées, les conserver dans un endroit exempt d'humidité et bien aéré.

La garance *grappe* est la garance moulue la plus riche en principes colorants. On l'obtient, dit-on, en passant au tamis la poudre au moment même qu'elle sort du moulin. Probablement c'est celle qui est fournie par l'écorce de la racine.

Les procédés de la culture de la garance et de la préparation de ses racines, après qu'elles ont été arrachées, sont bien plus compliqués dans les auteurs qui en ont parlé que dans ce que je viens d'exposer ; mais j'ai cru devoir me borner à décrire ceux qui sont conformes aux principes d'une saine physique, et ils suffiront à tout cultivateur intelligent qui voudra les mettre en pratique. Il n'est peut-être pas de culture qui ait été plus chargée d'opérations, non seulement inutiles et coûteuses, mais même diamétralement opposées au but. Il étoit temps d'y porter le flambeau de la raison.

La culture des plantes pivotantes, telles que les betteraves, les carottes, les pommes de terre, la luzerne, etc., convient beaucoup immédiatement après celle de la garance, parceque cette dernière divise beaucoup et profondément le terrain. En général on obtient d'excellentes récoltes sur les champs dont elle vient d'être arrachée, lors même qu'on n'y a pas mis de fumier, et cela doit entrer en considération dans le calcul du produit d'une garancière. *Voyez* ASSOLEMENT.

La garance, restant trois ans en terre, paye par conséquent la rente, l'impôt et le travail de cette terre pendant cet espace de temps : aussi est-ce une des cultures les plus coûteuses ; ses bénéfices devroient être toujours fort élevés, et ils le sont souvent ; mais aussi elle devient quelquefois onéreuse. En effet il suffit que les fabriques de teinture soient approvisionnées, et il est de leur intérêt de s'approvisionner toujours, pour qu'elle diminue de valeur dans le commerce. Il suffit d'une déclaration de guerre pour qu'elle tombe en peu de jours à un taux plus bas que celui auquel elle revient au cultivateur. D'après cela je ne la conseillerai qu'aux propriétaires riches qui peuvent attendre, en la gardant en magasin, que les circonstances redeviennent plus favorables à la vente.

On ne remet ordinairement de la garance dans un terrain que plusieurs années après qu'il en a porté ; cependant Arthur-Young établit par des calculs très plausibles qu'il y auroit un grand profit à en mettre deux fois de suite. Il se fonde principalement sur la bonne préparation que la précédente culture et l'arrachage donnent à la terre. Les luzernes, les houblons restent en effet plus de temps dans le même lieu, et ils ne sont pas changés de place, et la terre n'est pas défoncée à quatre pieds comme dans le cas proposé par l'agriculteur anglais ; cependant cela est contraire au principe des assolemens, et je ne pense pas, en conséquence, qu'il soit avantageux de le faire.

La racine de garance est employée en médecine comme astringente, apéritive et diurétique. Elle teint en rouge les os des animaux qui en mangent. Elle contient une couleur jaune très dissoluble dans l'eau et une couleur rouge qui l'est moins. C'est cette dernière qui est la plus importante pour les arts. Outre sa propriété de teindre la laine, la soie et même le coton, on s'en sert encore comme intermédiaire pour fixer les autres couleurs sur les toiles imprimées. (B.)

GARANTIE. Il est des marchandises qui ont des défauts cachés qui les rendent moins utiles ou même inutiles aux acquéreurs, et qui n'auroient certainement pas été achetées si ces défauts eussent été connus d'eux.

La morale universelle exige que dans ce cas le vendeur déclare les défauts de la marchandise, et par-tout les lois regardent comme frauduleuses les transactions où cela n'a pas eu lieu, dans le cas où il y auroit réclamation de la part de l'acquéreur.

C'est particulièrement aux bestiaux, et sur-tout aux chevaux que les cas de ce genre s'appliquent fréquemment. On les a appelés CAS RÉDHIBITOIRES. *Voyez* ce mot, et le mot RÉDHIBITION.

Comme les cultivateurs sont fréquemment dans la nécessité de vendre ou d'acheter des denrées ou des animaux qui ont des altérations ou des vices cachés, je crois devoir copier ici les articles du Code Napoléon qui ont trait à cet objet.

Art. 1641. Le vendeur est tenu de la garantie à raison des défauts cachés de la chose vendue qui la rendent impropre à l'usage auquel on la destine, ou qui diminuent tellement cet usage que l'acheteur ne l'auroit pas acquise, ou n'en auroit donné qu'un moindre prix s'il les avoit connus.

Art. 1625. La garantie que le vendeur doit à l'acquéreur a deux objets ; le premier est la possession paisible de la chose vendue ; le second les défauts cachés de cette chose ou les vices rédhibitoires.

Art. 1642. Le vendeur n'est pas tenu des vices apparens et dont l'acheteur a pu se convaincre lui-même.

Art. 1643. Il est tenu des vices cachés quand même il ne les auroit pas connus, à moins que dans ce cas il n'ait stipulé qu'il ne sera obligé à aucune garantie.

Art. 1644. Dans le cas des articles 1641 et 1643, l'acheteur a le choix de rendre la chose, et de se faire restituer le prix, ou de garder la chose et de se faire rendre une partie du prix, telle qu'elle sera arbitrée par experts.

Art. 1645. Si le vendeur connoissoit les vices de la chose, il est tenu, outre la restitution du prix qu'il aura reçu, de tous les dommages et intérêts envers l'acheteur.

Art. 1646. Si le vendeur ignoroit les vices de la chose, il ne sera tenu qu'à la restitution du prix, et à rembourser à l'acquéreur les frais occasionnés par la vente.

Art. 1647. Si la chose qui avoit des vices a péri par suite de sa mauvaise qualité, la perte est pour le vendeur, qui sera tenu envers l'acquéreur à la restitution du prix, et aux autres dédommagemens expliqués dans les deux articles précédens. Mais la perte arrivée par cas fortuit sera pour le compte de l'acheteur.

Art. 1648. L'action résultant des vices rédhibitoires doit être intentée par l'acquéreur dans un bref délai, suivant la nature des vices rédhibitoires et l'usage du lieu où la vente a été faite.

Art. 1649. Elle n'a pas lieu dans les ventes faites par autorité de justice. (B.)

GARAVAL. Ancienne mesure de capacité. *Voyez* MESURE.

GARBE, GARBÈRE. Gerbe et meule de blé dans le département de Lot-et-Garonne.

GARDE. *Voyez* ENGARDE.

GARDE-CHASSE. Les riches propriétaires mettant souvent une plus grande importance à la conservation du gibier de leurs domaines qu'à celle du produit de leurs récoltes, ils ont en conséquence donné ce nom à l'homme préposé dans l'origine pour garantir ces dernières des atteintes des malfaiteurs ou des bestiaux.

Comme les véritables agriculteurs doivent craindre la multiplication du gibier sur les terres qu'ils cultivent, ce mot ne peut entrer dans un dictionnaire qui leur est consacré. Je n'en parle que parcequ'il existe dans la langue. (B.)

GARDE-ROBE. Les jardiniers donnent quelquefois ce nom à l'ARMOISE AURONE. *Voyez* ce mot.

GARDES CHAMPÊTRES. On ne peut croire, dans les départemens éloignés de la capitale, que près Paris, et dans beaucoup d'autres parties de la France, les fruits, les légumes sont cultivés en plein champ sans clôtures, sans qu'on ait à craindre leur enlèvement; que les bestiaux, sur-tout les troupeaux de moutons, y sont nombreux, multipliés, et que les prairies artificielles, les plantes fourrageuses n'y sont pas dévastées. On ne pourroit persuader ces faits dans beaucoup de nos départemens livrés au pillage, et où à peine les plus importantes récoltes sont en sûreté.

Des gardes champêtres bien payés, bien surveillés, des magistrats, des tribunaux respectés, une certaine habitude d'administration qui supplée à la loi, voilà tout ce mystère expliqué. MM. les préfets peuvent rendre ce bienfait général, aidés de la force puissante du gouvernement. Ce seroit le plus grand bienfait pour l'agriculture et la prospérité de la plupart de nos départemens, où le zèle et les talens des bons cultivateurs deviennent inutiles, faute de protection et d'assurance, si j'ose ainsi parler, dans les lois.

Il est, dans plusieurs cantons près Paris, une institution qui m'a paru si utile, que je ne puis qu'exprimer le vœu de la voir devenir générale. Les principaux propriétaires ou fermiers de plusieurs communes contiguës s'assemblent et arrêtent un rôle de *tournées de surveillance* que chacun est obligé de faire à son tour sans pouvoir y manquer. Ces *tournées* se font toujours à cheval. On examine si les terres, les bois, les prairies n'ont point souffert de dommages; on fait note des observations et des plaintes. Les gardes champêtres sont mandés, réprimandés, destitués (et j'ai dit qu'ils étoient bien payés, ce qui les attache à leur place); ces prudhommes eux-mêmes se font quelquefois recevoir gardes champêtres, afin de pouvoir constater et dénoncer les délits. Ils surveillent et les propriétés, et les habitans, et les gardes eux-mêmes; leur position, leur fortune leur donnent de la prépondérance, et un puissant appui aux gardes champêtres.

Que cet exemple soit imité, que cette institution devienne générale; mais qu'elle soit fortement encouragée, soutenue par MM. les préfets et sous-préfets, enfin par le gouvernement, avec le concours duquel *tout est possible ou impossible aujourd'hui ;* et je ne crains point d'assurer que la bonne agriculture de quelques départemens s'étendra sur tout le sol français. Les lumières ne manquent pas; ce sont les moyens ou plutôt la possibilité de les employer. (CHAS.)

GARENNE. Lieu peuplé de lapins à demi domestiques, et qui est tantôt un canton simplement gardé, tantôt un grand espace clos de mur, tantôt une petite enceinte disposée pour les nourrir à la main.

Les lois sur la chasse actuellement existantes ne permettent plus d'établir de garennes non murées telles qu'il y en avoit autrefois, pour le malheur des cultivateurs. Celles qui sont closes ne diffèrent pas des parcs, et n'ont pas besoin d'être particulièrement décrites. Je n'ai donc ici qu'à indiquer la construction de celles que tout propriétaire peut se procurer lorsqu'il est curieux d'avoir toujours une centaine de lapins à sa disposition.

A une petite distance de la maison, dans l'enceinte du jardin p'utôt qu'ailleurs, creusez un fossé circulaire, ou de toute autre forme, de six pieds de large et de trois à quatre pieds de profondeur, autour d'un espace de six toises de diamètre, et rejetez-en la terre sur cet espace, de manière qu'elle forme un talus de ce côté jusqu'au fond du fossé. Construisez ensuite une enceinte de pieux de cinq à six pieds de hauteur sur le bord extérieur du fossé, en y laissant une porte fermant à clef, et bâtissez sur cinq ou six autres pieux de même hauteur un léger toit de chaume de trois toises de diamètre au milieu de la butte. Si la terre est argileuse ou pierreuse, il faudra, avec des pierres ou des planches, ménager aux lapins des trous dans la partie remuée; mais si elle est légère ou sablonneuse, on leur laissera le soin d'en faire.

Cette fabrique, qui peut devenir toujours un objet de décoration, est fort peu coûteuse, et remplit mieux son objet que tout autre moyen, attendu que les lapins y sont toujours exposés au grand air dans un terrain sec, et peuvent se mettre à l'abri de la pluie quand ils le jugent à propos. Les seuls soins à avoir c'est d'enlever une fois par semaine les restes de leur manger et leur crottin, articles qui fournissent un excellent fumier. On leur jette à manger par la porte, avec l'attention de placer ce manger, quand il pleut ou qu'il y a de la neige, sous la couverture du centre.

Les lapins ainsi nourris n'ont pas la chair mollasse et insipide de ceux qui sont enfermés dans des clapiers ou des tonneaux, et exigent moins de soins. Il faut seulement veiller à ce qu'il n'y ait pas trop de mâles, et à ce que les chats, les fouines et autres animaux destructeurs ne trouvent pas moyen de pénétrer dans leur enceinte. Ce dernier but est quelquefois difficile à remplir.

On conçoit bien que les mesures données ne sont pas de rigueur, et qu'on peut faire cette espèce de garenne aussi grande qu'on le juge à propos.

Voyez pour le surplus au mot LAPIN. (B.)

GARENNE DE POISSON. Espace d'eau, entouré de claies, dans lequel on met momentanément le poisson destiné à repeupler un étang.

Quelquefois cette garenne est remplacée par un grand filet. *Voyez* ÉTANG.

Un CANAL, un VIVIER (*voyez* ces mots) peuvent aussi être regardés comme des garennes à poisson (B.)

GARILLUNE. On appelle ainsi les étalons dans le département du Var.

GAROU. Espèce de LAURÉOLE.

GARRET. *Voyez* GUÉRET.

GARROUIL. Nom du maïs dans le département des Deux-Sèvres.

GASPILLA. Synonyme de grapiller dans le département de Lot-et-Garonne.

GASSE. C'est une flaque d'eau dans le département des Deux-Sèvres.

GASTINE. Ancien mot qui signifie terre inculte, lande. C'est de lui que vient le nom du Gâtinais.

GATINA. Nom d'un bœuf brun dans le département des Deux-Sèvres.

GATTILIER, *Vitex*. Genre de plantes de la didynamie angiospermie et de la famille des pyrénacées, qui renferme une demi-douzaine d'espèces d'arbrisseaux, dont deux se cultivent dans les jardins à raison de leurs agrémens.

Le GATTILIER COMMUN, plus connu sous les noms d'*agnus castus*, d'*arbre au poivre*, s'élève à dix ou douze pieds, le plus souvent en buisson; ses rameaux sont opposés, tétragones, grisâtres; ses feuilles opposées, digitées, c'est-à-dire composées de cinq ou sept folioles lancéolées, étroites, pointues, inégales, molles, très entières et pubescentes; ses fleurs sont petites, violettes et disposées en longs épis à l'extrémité des rameaux. Il croît naturellement sur le bord des eaux dans les parties méridionales de l'Europe. Toutes ses parties, lorsqu'on les froisse ou dans la chaleur, exhalent une odeur forte analogue à celle du camphre, et ses fruits sont âcres et aromatiques. On l'a regardé, on ne sait sur quel fondement, car son odeur forte semble indiquer le contraire, comme propre à affoiblir la disposition aux jouissances de l'amour.

Cet arbuste s'emploie avantageusement à l'ornement des jardins, soit d'ornement, soit paysagers. Dans les premiers il se place au milieu des plates-bandes, et on y arrête sa croissance par le moyen de la serpette. Dans les seconds on le met au second rang des massifs ou isolément sur le bord des eaux. Il contraste fort bien avec la plupart des autres arbustes, et par la couleur et par la forme de ses feuilles. Il fleurit à une époque où les fleurs sont devenues rares, c'est-à-dire au milieu de l'été ; et quoique les siennes soient petites, elles sont si nombreuses et forment des épis si élégans, qu'on les considère toujours avec plaisir. Tous terrains lui sont bons, pourvu qu'ils soient un peu humides. Il craint les gelées, dans le climat de Paris, et demande par conséquent à y être abrité, et même couvert pendant les hivers ; cependant, comme il est rare que ses racines soient frappées de mort, elles repoussent au printemps des jets qui font bientôt oublier la perte des tiges. Plus au nord, il est fort difficile de le conserver en pleine terre. Il y en a une variété à fleurs blanches et une autre à larges feuilles.

Le GATTILIER DÉCOUPÉ, *Vitex negundo*, a les feuilles composées de trois ou de cinq folioles lancéolées et profondément découpées. Ses fleurs sont bleuâtres ou blanches et commencent à se développer dès le mois de juin. On le croit originaire de la Chine. Il est plus agréable que le précédent, et craint aussi les hivers rigoureux dans le climat de Paris. Sa hauteur surpasse rarement trois à quatre pieds.

Les gattiliers se multiplient de semences qu'on place dans une terre bien ameublie, à l'exposition du midi ou du levant, ou mieux dans des terrines sur couche et sous châssis. Elles lèvent la première année, mais le plant fait si peu de progrès qu'on peut le laisser trois ans dans l'endroit du semis, pendant lequel temps il faut le sarcler et l'arroser souvent, le couvrir ou le rentrer pendant l'hiver. On le repique ensuite à un pied de distance ou dans des pots isolés, et on lui donne les mêmes soins. Ce n'est que trois ans après qu'il est assez fort pour être planté à demeure.

Cette lenteur dans la croissance des gattiliers venus de semences fait qu'on préfère les multiplier par la voie des marcottes et des boutures qu'on fait au printemps, les dernières dans un sol humide et chaud ou sur couche et sous châssis. Elles ne réussissent pas toujours, quelques précautions qu'on prenne. Les marcottes s'enracinent souvent la première année, et immanquablement la seconde. On peut souvent les placer à demeure en les relevant. (B.)

GAUDE. Espèce de plante du genre des RÉSÉDAS (*voyez* ce mot), qui est naturelle à la France, et qu'on cultive dans quelques cantons pour l'usage de la teinture, à laquelle elle fournit une couleur jaune solide.

Cette plante est annuelle et s'élève à trois ou quatre pieds, et même davantage. Sa racine est pivotante; sa tige rameuse et striée; ses feuilles alternes et lancéolées; ses fleurs verdâtres et disposées en longs épis terminaux. On la trouve le long des chemins, dans les friches, les taillis, etc., où elle fleurit au milieu de l'été.

Non seulement on cultive la gaude nécessaire aux manufactures nationales, mais encore pour l'exportation dans les pays du nord, où on en fait une grande consommation. Aussi est-elle d'un bon produit dans certaines années ; mais comme les évènemens politiques, et la faculté qu'elle a de se conserver long-temps au même degré de bonté, font que ce produit est sujet à diminuer sans qu'on puisse toujours le prévoir, je conseillerai aux cultivateurs voisins des grandes villes de fabriques, de se livrer à sa culture, mais de le faire avec assez de modération pour qu'une variation en moins n'influe pas trop sur leurs revenus.

Toute terre, même un peu aquatique, convient à la gaude, qu'on appelle aussi *vaude* ou *herbe à jaunir*. Cependant si elle vient plus grande, si elle se ramifie davantage dans les bons fonds, elle fournit plus de matière colorante dans les mauvais, sur-tout dans ceux qui sont sablonneux et secs. Tout se réunit donc pour qu'on la place dans ces derniers sols, dont en général on est embarrassé de tirer parti, et qui plus que les autres ont besoin de recevoir de longs Assolemens. *Voyez* ce mot.

Ainsi c'est sur les terres à seigle, et après des récoltes successives de ce grain, de raves, de trèfle, de pommes de terre, etc., etc., que je crois qu'il faut semer la gaude une fois tous les huit à dix ans.

On a varié d'opinion sur l'époque où il convient de semer la gaude ; mais le raisonnement indique que c'est en automne pour les départemens méridionaux, et au printemps pour les septentrionaux ; car quoiqu'elle ne craigne pas les gelées du climat de Paris, elle doit craindre celles des climats plus au nord, puisqu'on ne la trouve pas en Suède. Comme sa graine est très fine, il faut la mélanger avec du sable pour la répandre sur le sol, afin qu'elle soit plus également dispersée, et herser légèrement, et même point du tout.

Un seul labour après la récolte suffit pour cette plante, qui, ainsi qu'on peut le préjuger par ce que j'ai dit plus haut, ne demande jamais de fumier.

Après l'hiver, lorsque la gaude forme déjà sur la terre des rosettes de feuilles d'un à deux pouces de diamètre, on la sarcle soit simplement, en arrachant les herbes qui ont crû avec elle, soit par un binage. Cette dernière méthode est assez générale ; cependant je crois qu'elle devient superflue, d'après l'observation, faite plus haut, que ce ne sont pas de belles tiges qu'il convient de faire croître, mais des tiges abondamment pourvues de fécule colorante. Dans l'un ou l'autre de ces cas, on éclaircit le plant dans les lieux où il est trop épais, et on regarnit les places où il est trop écarté. Dès que les tiges montent, on cesse d'entrer dans le champ.

Dans les terrains gras, on peut être quelquefois obligé à un sarclage d'automne; mais je puis assurer, pour l'avoir personnellement observé, que cela n'est jamais, ou au moins presque jamais nécessaire dans ceux que j'ai indiqués comme les plus propres à la culture de cette plante.

L'époque de la récolte de la gaude dépend et du temps et du climat dans lequel on a semé, et de la constitution de l'année. C'est en général à la fin de l'été. On juge assez certainement qu'elle est arrivée lorsqu'on voit la couleur verte de la tige passer au jaune, lorsque la moitié des capsules laissent tomber la graine qu'elles contiennent. Il est bon de choisir pour cette opération un temps humide, afin de pouvoir tirer plus facilement la racine de terre, et perdre le moins possible de graine.

Le plant arraché est mis en petites bottes et transporté sur-le-champ à la maison, autour de laquelle on le disperse brin par brin, ou poignée par poignée, contre les murs, les haies et autres endroits exposés au soleil, afin qu'il sèche rapidement et complètement. Lorsque la dessication est terminée, ce qui ne demande ordinairement que peu de jours, on secoue les brins sur un drap ou dans un tonneau pour en réunir la graine, et on en forme de nouveau des bottes, qu'on amoncelle dans des greniers ou sous des hangars bien aérés où elles attendent le moment de la vente.

Quelques agronomes ont proposé de couper la gaude, au lieu de l'arracher, et ils se sont fondés sur ce que la racine ne donne que fort peu de couleur, et que les pieds repoussant fourniroient une nouvelle récolte; mais leurs conseils n'ont pas été suivis, parceque les teinturiers exigent qu'elle ne soit pas privée de la racine, et qu'on ne pourroit la leur vendre mutilée avec avantage.

On reconnoît à la seule inspection que la gaude est d'une bonne qualité lorsqu'elle est d'un beau roux verdâtre, et qu'elle n'est point ramifiée. Celle qui est verte indique ou qu'elle a crû dans un terrain trop gras, ou qu'elle a été cueillie avant sa parfaite maturité. Celle qui est noirâtre ou tâchée de noir montre qu'elle n'a pas été bien desséchée, ou qu'elle a été mouillée depuis qu'elle est récoltée.

Comme je l'ai observé plus haut, la gaude peut se garder, sans altération dans ses principes, un nombre d'années indéterminé, pourvu qu'elle ait été bien desséchée, et qu'elle soit renfermée dans un lieu exempt de toute humidité. On dit même qu'elle s'améliore en vieillissant.

Telle est la méthode la plus simple et la plus convenable

pour cultiver la gaude. M. Mordret, qui a publié un ouvrage sur cette plante dans ces dernières années, propose de la semer dans les taillis la première année de la coupe, pour utiliser les places vides. Je lui observerai que rarement le sol des taillis est assez mauvais, même dans les sols les plus arides, pour que les tiges de cette plante ne s'y ramifient pas, ce qui, comme on l'a vu, nuit à sa vente. Si je conseillois cette opération, ce ne seroit pas pour en tirer parti sous le point de vue de la teinture, mais pour obtenir des tiges fortes et bien pourvues de branches qu'on couperoit avant leur complète maturité, soit pour être apportées sur le fumier, et augmenter ainsi la masse des engrais, soit pour être brûlées dans des fosses de manière à en obtenir des cendres riches en POTASSE. *Voyez* ce mot.

Je doute, malgré l'autorité de quelques agronomes, que les bestiaux aiment les feuilles de la gaude, parceque rarement les pieds qui se trouvent dans les pâturages sont broutés par eux.

La gaude est une assez belle plante pour mériter de figurer dans les parterres et sur le bord des massifs dans les jardins paysagers. De loin sur-tout elle produit de l'effet à raison de son port et de sa grandeur. Ses racines passent pour apéritives, et ses feuilles pour diaphorétiques.

Le meilleur procédé pour obtenir la couleur de la gaude est de faire bouillir l'étoffe dans une solution de tartre, de sel marin, de nitrate de bismut, et de la tremper de suite dans une décoction de cette plante. Cette opération est assez facile pour que toute personne qui veut l'entreprendre puisse espérer de réussir; aussi étoit-ce la couleur que nos pères savoient le mieux faire. On obtient toutes les nuances qu'on désire du même bain, selon l'époque où on y plonge l'étoffe. La gaude solidifie les autres couleurs qu'on mélange avec elle, entre autres le bleu de Prusse. (B.)

GAUDE. Nom donné à la bouillie de maïs dans la Bourgogne, et par suite à la farine même. *Voyez* MAïs.

GAULE. Ancienne mesure de longueur. *Voyez* MESURE.

GAULE. On donne ce nom, dans beaucoup de départemens, à des perches longues et menues.

GAULER. C'est faire tomber les noix, les pommes à cidre, les châtaignes, les glands, les faînes, etc., avec des gaules.

On a beaucoup disserté sur la question de savoir s'il étoit plus avantageux que nuisible de gauler les arbres. Point de doute que le gaulage ne casse une infinité de petites branches qui auroient donné du fruit l'année ou les années suivantes; mais y a-t-il d'autres moyens de cueillir économiquement les fruits désignés plus haut? Malgré les cris de quelques personnes on continuera à gauler; mais on peut le faire avec plus ou moins de précaution, et ce sont ces précautions que je recommande aux cultivateurs jaloux de conserver leurs arbres en bon rapport. (B.)

GAULIS. Dans quelques endroits on désigne par ce nom un taillis épais et en bon fonds dont toutes ou la plus grande partie des tiges sont propres à faire des gaules. (B.)

GAURAT. On donne ce nom, dans le département de la Haute-Garonne, aux brebis attaquées de la pourriture.

GAYAC, *Guaiacum*, Lin. Grand arbre exotique de la décandrie monogynie, et de la famille des RUTACÉES, qui croît naturellement sur les montagnes des pays chauds de l'Amérique, et dont le bois et la résine sont estimés et recherchés pour les divers usages auxquels on les emploie dans la médecine et dans les arts. On connoît deux espèces de gayac; l'une est le GAYAC OFFICINAL, *Guaiacum officinale*, Lin., qu'on trouve à Saint-Domingue et dans les autres Antilles; l'autre est le GAYAC A FEUILLES DE LENTISQUE, ou *bois saint*, qui vient dans les mêmes îles et au Méxique. Toutes les deux ont leurs feuilles opposées et ailées sans impaire, et leurs fleurs disposées en faisceaux à l'extrémité des rameaux; mais dans la première espèce les feuilles ont quatre ou six folioles ovales et obtuses; et dans la seconde, elles en ont huit à dix ovales, oblonges et pointues. D'ailleurs celle-ci ne s'élève jamais à la même hauteur que l'autre.

Le bois de gayac a fort peu d'aubier; il est dur, pesant, résineux, d'une odeur tant soit peu aromatique, et d'un goût amer et un peu âcre; sa couleur est jaune-noirâtre. Ce bois a toujours été regardé comme un bon sudorifique, et on en faisoit autrefois un grand usage pour les maladies vénériennes; mais le mercure lui a été substitué avec avantage. Cependant sa décoction ou celle de son écorce est encore utile pour emporter les affections vénériennes légères qui n'ont point encore infecté la masse entière du sang; cette décoction fait la base des tisanes sudorifiques ordonnées en pareil cas; on la prescrit aussi avec succès dans les maladies scrofuleuses.

La résine du gayac, qui en découle naturellement ou par incision, a les mêmes propriétés que le bois; on la nomme improprement gomme de gayac.

Le bois de cet arbre est si dur qu'il émousse tous les outils dont on se sert pour le couper. On l'emploie, aux Antilles, à construire les roues et les dents des moulins à sucre; on en fait des manches d'outils et d'autres ustensiles, même de très beaux meubles. Il est excellent, et l'un des meilleurs bois connus pour faire des poulies.

Ces arbres croissent avec une lenteur extrême, même dans leur pays natal. On ne peut les élever en Europe qu'en serre chaude, et les y multiplier que par leurs semences, qu'on est obligé de faire venir des pays chauds; encore faut-il qu'elles soient bien fraîches pour germer dans nos climats. Il seroit donc plus sûr d'en transporter de jeunes plants de nos îles, lesquels, traités avec les mêmes soins que les autres arbres exotiques, pourroient se fortifier, et parvenir insensiblement à un certain degré de force et de hauteur. (D.)

GAZ. Substance mise à l'état aériforme par son union intime avec le calorique.

Ainsi les gaz ont les propriétés physiques de l'air, c'est-à-dire sont invisibles, compressibles, comme lui; mais ils en diffèrent par leur composition chimique. Ils ne reprennent un état liquide ou solide que lorsqu'ils ont été décomposés par l'union d'un de leurs principes avec une autre substance, bien différens en cela de la vapeur, qui redevient liquide ou solide par le seul dégagement du calorique qui la formoit.

L'air lui-même n'est toujours air que parcequ'il est formé de la réunion de deux gaz.

Les gaz les plus simples et qu'il est le plus important de connoître sont, le gaz OXYGÈNE, le gaz AZOTE, le gaz HYDROGÈNE; tous les autres sont des surcomposés; ainsi le gaz acide carbonique, qui paroît jouer un si grand rôle dans la végétation, est la combinaison du carbone avec le gaz oxygène; le gaz ammoniacal que fournit la décomposition des substances animales, la combinaison du gaz azote et du gaz hydrogène; le gaz hydrogène carboné, qui est le résultat de la décomposition des plantes sous l'eau, la combinaison de l'hydrogène avec le carbone; les gaz hydrogène phosphoré et hydrogène sulfuré, qui s'annoncent par une odeur si fétide, la combinaison du phosphore ou du soufre avec l'hydrogène; le gaz acide muriatique oxygéné, qu'on emploie aujourd'hui si utilement au blanchiment des toiles, la combinaison de l'acide du sel marin avec une nouvelle proportion d'un de ses principes, c'est-à-dire d'oxygène; enfin il en est de même des gaz acide sulfurique, acide nitrique, acide fluorique, etc.

Tout ce qu'il peut être utile à un agriculteur de connoître sur l'influence des gaz sera mentionné aux articles des substances qui leur servent de base; ainsi je renvois le lecteur aux mots OXYGÈNE, AZOTE, HYDROGÈNE, CARBONE, ACIDE et AMMONIAC. (B.)

GAZ DÉPHLOGISTIQUÉ. *Voyez* OXYGÈNE.

GAZ HEPATIQUE. *Voyez* HYDROGÈNE SULFURÉ.

GAZ INFLAMMABLE. *Voyez* HYDROGÈNE.

GAZ MEPHITIQUE. *Voyez* ACIDE CARBONIQUE, CARBONE et CHARBON.

GAZ PHLOGISTIQUÉ. *Voyez* AZOTE.

GAZAILLE. C'est en Médoc ce qu'ailleurs on nomme
CHEPTEL. *Voyez* BAIL.

GAZON. On appelle généralement ainsi l'herbe peu élevée
qui garnit un terrain, et plus particulièrement les graminées à
feuilles fines qui tapissent les allées des parterres et des bosquets des jardins. Les prairies, au printemps ou en automne,
c'est-à-dire lorsque leur herbe est courte, forment de véritables gazons. On applique aussi le même nom au terrain même
couvert de gazon. Un gazon ne diffère pas d'une pelouse ; cependant il semble qu'on entend plus particulièrement par cette
dernière dénomination les gazons des lieux secs et montueux,
parsemés de plantes d'un grand nombre d'espèces et donnant
des fleurs agréables à la vue et à l'odorat, telles que le ser-
polet, la violette, le lotier, la coronille, la potentille, etc.

Il n'est point de beau paysage, point de beau jardin sans
gazon ; aussi les amateurs de la nature perfectionnée, si je
puis employer ce terme, c'est-à-dire des jardins paysagers,
n'épargnent-ils aucun soin, aucune dépense pour s'en procurer. Les Anglais jouissent, sous ce rapport, d'une réputation
de supériorité qu'ils méritent, mais qu'ils doivent moins à l'art
qu'à la nature de leur climat. En effet, un sol frais et humide
sera toujours plus avantageux pour former de beaux gazons
qu'un sol sec et chaud. Si les gazons de Londres sont plus verts
et plus durables que ceux de Paris, ces derniers le sont plus que
ceux de Lyon et encore plus que ceux de Marseille, de Florence, de Rome et de Naples. Ainsi ce n'est pas en semant de
la graine de gazon anglais, comme on ne le fait que trop,
qu'on peut obtenir, dans les climats chauds, de beaux gazons ;
mais en cherchant dans les campagnes environnantes les graminées les plus appropriées à la nature du sol, et en les semant,
ou en enlevant, dans ces campagnes, des mottes de gazon naturel
pour les plaquer dans le lieu qu'on veut garnir de verdure.

La plante que l'on emploie le plus fréquemment en Anglé-
terre, pour les gazons, est le *ray-grass* ou IVRAIE-VIVACE,
Lolium perenne, Lin., et elle mérite cette préférence par l'intensité de la couleur de ses feuilles et par l'abondance de ses
rejets latéraux. Plus on la foule et mieux elle remplit son objet,
ce qui est un avantage précieux qu'elle ne partage guère
qu'avec le PATURIN ANNUEL, *Poa annua*, Lin. On ne se refuse
pas cependant, dans cette île, à former des gazons avec les
PATURINS DES PRÉS, TRIVIAL et autres, les FLAUX, *Phleum*, L. ; le
DACTYLE, les TRÈFLES REMPANS DES PRÉS et autres. Ces espèces
appartiennent toutes à des terrains gras et frais, et cependant
beaucoup de jardins sont construits dans des sols secs et arides.
Dans ce cas on a à choisir parmi les FÉTUQUES, les CANCHES,
les HOULQUES, les BRIZES, genres dont les espèces ont généra-

lement les feuilles plus fines , mais d'une couleur moins vive et
qui , d'ailleurs , isolent leurs touffes et souffrent plus difficilement d'être foulées aux pieds.

Souvent j'ai entendu se plaindre que les gazons semés d'une
seule espèce de graine, avec les précautions requises , et qui
étoient d'abord très beaux , ne tardoient pas à se détériorer , à montrer où des places vides ou des plantes étrangères ; et en effet des pieds aussi nombreux et aussi rapprochés que ceux d'un semis de cette sorte ne dévoient pas
tarder à épuiser le sol des sucs propres à leur nature , et
par conséquent à périr , à céder leur place à des plantes
d'une espèce différente. Cela prouve donc que le principe des
assolemens doit être suivi, dans ces sortes de semis, encore
plus rigoureusement que dans les autres cultures, si on veut
que leur résultat conserve une belle apparence. Je veux dire
qu'il faut labourer les gazons tous les cinq à six ans dans les
mauvais sols , et tous les dix à douze dans les bons sols , pour
les resemer, si cela est possible , avec une nouvelle espèce
de graminée , en fumant la terre , ou les recouvrir chaque
hiver, si on veut qu'ils durent plus long-temps , de deux ou
trois lignes de terre neuve ou de terreau.

Ces deux moyens, convenablement employés, doivent donner les plus beaux gazons possibles ; mais ils exigent des
frais qui ne peuvent être supportés que par des propriétaires
riches. Je ne les conseille, en conséquence, que dans les
petits jardins, ou pour les parties des grands qui sont le plus
à la portée de la maison.

Par-tout on dit vulgairement, la *mousse mange le gazon ;*
et en effet, tout gazon finit par être remplacé par la mousse,
et c'est une des preuves les plus certaines de la nécessité d'alterner. Quels sont les gazons qui en sont le plus tôt couverts?
Ceux qui sont dans les terrains les plus arides , dans les
lieux les plus ombragés, c'est-à-dire qui épuisent le plus tôt le
sol, qui périssent le plus tôt faute d'air. Quels sont les moyens
de détruire la mousse? La-terre de rapport, le fumier, la
chaux, le plâtre; enfin tout ce qui rend à la terre de nouveaux principes de végétation ou active ceux qu'elle contient.
L'enlèvement de la mousse avec un râteau , comme on le fait
souvent, loin d'être avantageux est nuisible, en ce que cette
mousse rend à la terre, par sa destruction annuelle, des élémens
réparateurs.

Le semis d'un gazon demande de nombreuses précautions
pour qu'il remplisse son but. Il faut d'abord que la terre
ait été plusieurs fois labourée, afin qu'elle soit bien meuble ;
puis il faut la niveler dans certains cas, et toujours en rendre
la surface aussi exempte d'inégalités que possible ; ensuite

répandre la semence et la recouvrir par le moyen de la herse et mieux encore du râteau. Toutes ces opérations ne laissent pas que d'être difficiles à bien faire. Le printemps et un temps pluvieux sont préférables pour les entreprendre. Cependant les semis d'automne ont l'avantage de donner une herbe plus forte dont on peut par conséquent jouir dès l'été suivant. Généralement on sème épais, sous le spécieux prétexte qu'il vaut mieux perdre un peu de graine que d'avoir des places à regarnir l'année suivante. Le vrai est que rarement la moitié de la graine de gazon semée lève, et ce sans qu'il y ait de la fraude de la part des marchands, et qu'ainsi il est le plus souvent indispensable d'en répandre beaucoup.

Le gazon ne doit pas se couper la première année de sa plantation, quoiqu'on le fasse dans beaucoup de lieux ; il faut se contenter de le débarrasser par des sarclages des plantes étrangères qui ont levé avec lui. La seconde année et les suivantes on regarnit en hiver les places vides, on le coupe trois ou quatre fois dans le courant de l'été, et on le roule chaque fois, c'est-à-dire qu'on fait passer sur toutes ses parties un cylindre de pierre ou de fer qui écrase toutes les petites aspérités du terrain et élargit les touffes pour les faire taller davantage. Il est toujours utile de l'arroser pendant les chaleurs, lorsqu'on en a la facilité, et de le sarcler à toutes les époques.

Une précaution à prendre pour conserver plus long-temps ces gazons bien garnis, c'est de ne laisser jamais fleurir les graminées ou autres plantes qui les composent. Cela est fondé sur ce que la formation de la graine est ce qui épuise le plus le sol, et que telle espèce qui ne subsisteroit que trois ans dans la même place, abandonnée à elle-même, y subsiste dix, si on coupe ses tiges à mesure qu'elles s'élèvent.

Les gazons de ce degré de perfection ne se placent guère que dans le parterre, aux environs de la maison, car ils deviennent d'un entretien coûteux. Ceux qui garnissent les allées, les salles de verdure, ne sont presque par-tout que des pelouses ou des prairies naturelles qu'on fauche un peu plus souvent, et qu'on débarrasse par des sarclages des plantes qui, par leur grandeur, nuiroient au coup d'œil, ou étoufferoient les autres. Pour semer ces pelouses ou ces prairies, on se sert des graines qui tombent du foin entassé dans les greniers, et, autant que possible, des graines de celui crû dans une terre de même nature, car rien de plus contraire à la raison que de choisir, comme quelques agronomes l'ont conseillé, des graines de foin des prés bas pour semer dans un sol sec, ou des graines de foin des prés secs pour semer dans un terrain humide. Les semis de cette sorte doivent toujours être très épais, parceque la graine, comme je l'ai dit plus haut, a rarement plus de sa moitié propre à lever, et que beaucoup de ces graines appartiennent à des espèces ou qui ne subsisteront pas naturellement ou qu'on sera obligé d'arracher à raison de leur grandeur, ou par d'autres motifs. Au reste, le terrain doit être labouré à la charrue, et rendu aussi uni que possible par le moyen de la herse. Ces sortes de gazons contenant une grande variété d'espèces peuvent subsister long-temps sans être labourés de nouveau, et si leur aspect général flatte moins la vue, le détail de merveilles qu'offrent les plantes qui les composent en dédommage. Le plus souvent on ne coupe ces gazons qu'une fois ou deux, comme les prairies naturelles, de sorte qu'ainsi qu'elles ils sont émaillés de fleurs dans la saison. Ce sont ceux qu'on voit exclusivement dans les parties méridionales de l'Europe et chez les amateurs peu fortunés.

Une autre manière de former des gazons qui rentre généralement dans cette dernière, mais qui cependant produit quelquefois des effets fort rapprochés de la première, c'est de lever ceux qui se trouvent le long des chemins, dans les pâturages, sur les pelouses, et de les apporter dans le lieu qu'on veut garnir. Pour cela on emploie une bêche ou une large pioche avec laquelle, pendant les jours doux de l'hiver, on coupe des mottes d'un pied carré ou à peu près, et de trois à quatre pouces d'épaisseur. Ces mottes, apportées dans le jardin, sont rapprochées, fixées sur le sol au moyen d'un battoir, et arrosées. Au printemps elles poussent comme si elles n'avoient pas changé de lieu, et souvent le gazon, dont les racines pénètrent dans la terre neuve sur laquelle il repose, devient, presque sans soin, superbe dès la première année. Il est cependant bon d'arroser pendant les chaleurs du premier été ce gazon artificiel, car c'est là son moment de crise, surtout lorsque le sol où on l'a placé est sec par sa nature.

Lorsque ces gazons plaqués sont en pente on les assujettit avec des petits piquets de bois de six à huit pouces de long qu'on enfonce entièrement. C'est ainsi qu'on revêt les berges et les parois des fossés, pour augmenter leur durée, leurs agrémens, et en tirer un parti utile dès la première année.

Les mottes de gazon prises sur le bord des chemins en bons fonds donnent des gazons plus fins que celles prises dans les prés et les pâturages, parceque le piétinement des hommes et des animaux n'y a conservé que l'ivraie vivace, le paturin des prés et quelques autres graminées qui ne redoutent point ce piétinement. C'est donc là qu'il faut aller chercher celles qu'on veut employer dans les lieux les plus soignés des jardins. On doit en enlever le dactyle pelotonné qui s'y rencontre.

Le fumier doit être mis avec précaution sur les gazons, de quelque nature qu'ils soient, parceque, ou il les fait périr par l'abondance du carbone qu'il contient, ou il les fait pousser avec trop de force dans certaines places, ce qui détruit le charme du coup d'œil. Il vaut toujours mieux, comme je l'ai dit plus haut, mettre du terreau sur ceux qui sont fins, et des terres nouvelles, des curures d'étangs, etc. sur les autres. Ce moyen est certainement, je le répète, le plus sûr pour les conserver, pendant de longues années, dans un état satisfaisant de beauté, parcequ'il apporte de nouveaux sucs et fait pousser de nouvelles racines au-dessus des anciennes. *Voyez* ASSOLEMENT et GRAMINÉE.

On a disputé sur la question de savoir si les animaux pâturans nuisoient ou non au gazon. Je dirai qu'ils lui nuisent par leur piétinement et leurs excrémens, s'il s'agit des gazons soignés où tout est régulier, mais qu'ils nuisent moins qu'ils n'embellissent les autres, en y portant le mouvement et la vie. Les seuls soins à avoir des gazons, dans ce cas, c'est de faire répandre leurs excrémens toutes les semaines le plus exactement possible, et de faire remplir tous les hivers, avec de la terre de rapport, toutes les inégalités produites dans le sol par leur piétinement. Il ne faut cependant pas que ces bestiaux soient trop multipliés. Les jeunes chevaux et les vaches sont ceux qui produisent le plus d'effet. Les brebis n'y ont de valeur que lorsqu'elles y sont peu nombreuses et qu'elles ont des petits.

On dira peut-être que je n'ai pas indiqué quels lieux du jardin devoient être semés ou plantés en gazon. Comment l'aurois-je fait ? Cela ne dépend-il pas et de la nature du jardin et du goût du propriétaire ? Les uns veulent beaucoup de fleurs, d'autres beaucoup d'ombre, d'autres beaucoup de gazons. Les premiers ne mettent de gazon que dans les intervalles des plates-bandes de leurs parterres, les seconds dans quelques unes des allées de leurs bosquets. Les troisièmes, pour qui j'écris ceci, forment ordinairement une vaste prairie irrégulière devant la façade de leur habitation, prairie interrompue seulement sur ses bords antérieurs par quelques plantations d'arbustes ou de fleurs, et vers son extrémité par un ruisseau ou un petit lac, et d'autres prairies plus petites dans les clairières de leurs bosquets ou sous leurs arbres même. *Voyez* au mot JARDIN, et aux mots qui traitent des plantes énumérées au commencement de cet article.

On peut dire, en principe général, qu'il y a des gazons dans tous les lieux qui ne sont pas cultivés, et où ne croissent pas des arbres, des arbustes et des grandes plantes. Ils constituent les friches. Lorsqu'on les laboure ils rendent à la terre, par leur décomposition, plus d'humus qu'ils ne lui en ont enlevé,

de-là vient qu'ils sont mis par les agriculteurs au rang des
engrais.

Une grande question est celle de savoir s'il vaut mieux
conserver cet humus en nature que de le brûler pour en
avoir la cendre. Quelque favorable que paroisse l'expérience
en faveur de cette dernière pratique, je persiste à croire qu'il
ne faut ECOBUER que dans les terrains ARGILEUX et TOUR-
BEUX. *Voyez* ces trois mots. (B).

GEAI. Oiseau du genre des corbeaux, qui se distingue par
sa grosse tête un peu hupée, grisâtre, avec des lignes longitudinales, courtes et noires en dessus, et une grosse tache noire
triangulaire de chaque côté au-dessous des yeux, par son dos
bleuâtre, par son ventre rougeâtre, par son croupion blanc, par
ses ailes, dont les plus grandes plumes sont noires, bordées de
blanc, les moyennes blanches, les petites bleues, transversalement tachées de noir et de blanc, par sa queue noire, etc.
Voyez au mot CORBEAU.

La longueur du geai est d'environ un pied, et sa grosseur
de quatre pouces. Il se trouve dans toute l'Europe dans les
taillis, les vergers, se nourrit de graines et substances animales, fait son nid au printemps sur un arbre peu élevé, y
pond quatre à cinq œufs verdâtres avec des taches brunes, vit
en petites sociétés pendant l'hiver, crie souvent et fort, etc.

Tantôt le geai a été regardé comme un ennemi de l'agriculture, parcequ'il mange le blé, le chènevis et autres graines,
beaucoup d'espèces de fruits, comme les cerises, les prunes,
les pêches, les abricots, etc.; tantôt comme un auxiliaire du
laboureur, parcequ'il détruit une immense quantité d'insectes
ou de larves d'insectes, principalement de chenilles, de vers
de plusieurs sortes, etc. Le vrai est qu'il fait le bien et le mal
conformément à son instinct, qu'il y a autant de raisons pour
le respecter que pour le détruire. Les chasseurs doivent le
poursuivre avec plus d'ardeur que les cultivateurs, parceque
mangeant les œufs des oiseaux, il nuit à leurs plaisirs, sans
leur offrir de compensation.

On prend les geais à la pipée avec une grande facilité, pour
peu qu'on sache contrefaire la chouette, oiseau qu'ils ont en
grande haine. On les prend aussi à l'abreuvoir pendant l'été,
soit avec des gluaux, soit avec des collets, soit avec des ra-
quettes. Leur pétulance habituelle et leur méfiance naturelle
ne permettent pas de les approcher facilement pour les tuer
avec le fusil; aussi n'est-ce guère qu'au vol qu'on s'en procure
de cette manière.

La chair des geais est peu estimée en France; on en fait plus
de cas en Allemagne. Celle des jeunes y est regardée comme
égale en bonté à celle des grives.

Comme le geai a un très brillant plumage, qu'il apprend aisément à parler, et qu'il s'apprivoise sans peine, les enfans des
laboureurs en élèvent souvent en cage. (B.)

GELATINE. Substance qui sert de base à la peau des animaux, ainsi qu'aux cartilages et aux aponévroses. On la trouve
aussi dans les os, dans le sang, etc. C'est elle qui constitue ce
qu'on appelle les gelées animales et la colle-forte. Elle est soluble dans l'eau et se putréfie facilement à l'aide de l'eau et de
la chaleur.

Le tannin agit sur la gélatine; il la rend indissoluble et incorruptible. C'est sur cette propriété qu'est fondée l'art du tan-
neur.

La différence entre la gélatine et le mucilage végétal paroît
peu considérable; cependant leurs propriétés sont fort différentes. Il en est de même quand on la compare à l'ALBUMINE.
Voyez ce mot.

Considérée comme aliment, la gélatine est d'une importance si majeure, que quelques personnes prétendent que c'est
elle seule que s'assimilent les personnes qui ne vivent que
de viande. C'est un excellent engrais; mais elle coûte trop à
séparer des parties avec lesquelles elle est mélangée, pour qu'il
puisse jamais être avantageux de l'isoler dans cette intention.
Ce sont les animaux entiers qu'il faut stratifier avec de la terre
franche, lorsqu'on veut en tirer parti sous ce rapport.

La fabrication de la colle-forte est un article assez important
pour qu'on ne blâme pas les cultivateurs qui perdent de grands
animaux de ne pas extraire celle qui se trouve dans leurs aponévroses et leurs cartilages. *Voyez* COLLE (B.)

GELÉE. On donne ce nom à l'action, sur l'eau libre ou
combinée dans des corps, du froid porté à un certain degré.

La cause générale du froid est toujours due à la diminution
du calorique que verse le soleil sur la surface de la terre. Cette
cause est directe et alternativement générale pour la moitié de
la terre pendant l'hiver, c'est-à-dire lorsque les rayons du
soleil sont très obliques. Elle est indirecte, en tout temps,
pour certains lieux, lorsque les vents viennent du pôle ou
passent sur le sommet des montagnes toujours glacées.

Il est convenu, en France, de regarder le zéro du thermomètre de Réaumur comme le point où commence la gelée,
et quoique cela ne soit pas rigoureusement vrai, il n'y pas
d'inconvénients pour les agriculteurs de se conformer à cette
convention.

Un des effets généraux du froid est de diminuer le volume
des corps, un de ceux de la gelée est de consolider l'eau en
augmentant son volume. De là la théorie des accidens qui sont

la suite de la congellation des liquides dans les animaux et dans les végétaux, puisque d'un côté y ayant condensation et de l'autre développement, il s'ensuit presque toujours des lésions et par conséquent une désorganisation qui conduit le plus souvent à la mort. *Voyez* au mot GLACE.

On trouve tous les degrés de gelées depuis celle qu'on appelle gelée blanche jusqu'à celle qui consolide le mercure, et qu'on suppose la plus forte que l'homme puisse supporter sans mourir. L'intensité de ces gelées est d'autant plus considérable, qu'on approche des pôles, centres des glaces éternelles. Il ne gèle jamais, dit-on, entre les tropiques. Il gèle rarement et foiblement, pendant l'hiver, depuis les tropiques jusqu'au quarante-cinquième degré. Il gèle souvent et quelquefois très fortement, également pendant l'hiver, depuis le quarante-cinquième degré jusqu'au cercle polaire. Il gèle presque toute l'année au-delà du cercle polaire, et sur le sommet des hautes montagnes, quelle que soit leur latitude.

Le vent du nord est celui qui détermine le plus souvent les gelées dans notre hémisphère. C'est au contraire le vent du sud dans l'hémisphère austral. La cause en est que ce vent, sortant de régions toujours glacées, est complètement privé de calorique, et absorbe, dans son passage, celui qui se trouve à la surface des corps. Il résulte de ce fait que les lieux abrités de ce vent par des montagnes, des forêts, des murs, des haies, etc., encore plus l'intérieur des maisons, des orangeries, des serres, etc., sont moins sujets à la gelée. De là la théorie des ABRIS. *Voyez* ce mot.

Toujours il gèle plus fortement par un temps sec que par un temps humide; mais la gelée a souvent des suites plus graves pour la végétation dans ce dernier cas. Lorsque le dégel est lent la désorganisation des corps vivants est moins considérable.

L'action de la gelée sur l'eau a d'autant plus d'intensité, que cette eau est moins profonde, plus tranquille et plus pure, ainsi on voit les petites flaques geler plus promptement que les étangs, ces derniers plus promptement que les rivières et les eaux salées.

La neige est l'eau en vapeurs subitement gelée. La grêle, l'eau gelée subitement au moment même où ces vapeurs se résolvoient en pluie. Le givre et la gelée blanche sont de l'eau en vapeur gelée autour des corps plus froids. Ici il y a une véritable attraction. *Voyez* aux mots NEIGE, GRÊLE et GIVRE.

Tous les animaux et toutes les plantes ne sont pas également sensibles à la gelée. Ceux ou celles des pays chauds périssent aussitôt qu'ils en ont éprouvé l'atteinte au plus foible degré. Il faut une plus grande intensité à ceux ou à celles des pays tempérés. Enfin ceux ou celles des zones glaciales supportent sans

inconvéniens les plus fortes. Quelle est la cause de ce fait? On
l'ignore. L'organisation de ces animaux et de ces végétaux ne
diffère pas dans leurs parties principales, du moins en apparence, et plusieurs peuvent, comme l'expérience le prouve,
s'accoutumer peu à peu au degré de froid qui d'abord les faisoit périr. Quelques physiciens ont prétendu que la sécheresse de la fibre étoit une condition indispensable à la conservation des animaux et des végétaux dans les zones glaciales;
mais l'anatomie n'a pas prouvé que la renne, que le coq de
bruyère, qui ne vivent que dans les contrées glacées, aient
la fibre plus sèche que l'axis et que le francolin qui habitent
l'Afrique. On trouve sous le cercle polaire des plantes aussi
aqueuses que sous l'équateur, telles que la grassette, le mé-
nianthe, l'angélique, le seneçon, le calla, etc.

Ce qui a probablement porté à cette opinion, c'est la remarque que les plantes étiolées, celles qui sortent de terre,
les jeunes bourgeons des arbres, qui sont généralement très
tendres et très aqueux, gèlent plus facilement que les mêmes
plantes et les même bourgeons plus âgés qui sont aoûtés, pour
me servir de l'expression des jardiniers.

Les plantes des pays chauds transportées dans les climats
froids sont les plus sensibles à la gelée. La connoissance du
degré de froid qu'elles peuvent supporter est indispensable aux
cultivateurs, afin de régler leurs opérations en conséquence.
Des règles générales ne peuvent pas suppléer à cet égard aux
faits, c'est-à-dire que telle plante que son apparence extérieure et le climat d'où elle provient fait croire devoir geler
plus facilement qu'une autre, résiste davantage au froid. Il en
est de même dans le sens contraire. On voit par exemple des
plantes de Laponie, ou du sommet des Alpes, geler tous les
printemps dans les jardins de Paris, au grand étonnement de
ceux qui ne savent pas qu'étant dans leur pays natal couvertes
de neige pendant six mois de l'année, elles ne sont pas dans le
cas d'éprouver les atteintes d'un grand froid, et que la chaleur
du soleil y est déjà forte lorsqu'elles se découvrent.

De toutes les plantes celles qui sont le plus facilement ou
le plus complètement frappées de la gelée sont les annuelles,
dont il n'étoit pas nécessaire que l'organisation fût aussi solide.

Les arbres dont le bois est le plus dur, et qui se plaisent
même dans les zones froides, sont quelquefois tués par les gelées très foibles. Il en est d'autres, l'orme par exemple, dont
les racines y sont extrêmement sensibles, lorsque leur bois
et même leurs fleurs ne les redoutent pas.

Quelquefois les arbres sont longitudinalement fendus par
l'effet d'une forte gelée, et leurs fentes ne se réunissent jamais. Ces fentes intérieures portent le nom de GELIVURE ou

CADRAN. Elles se recouvrent de nouveau bois, et s'annoncent souvent par une exostose longitudinale.

D'autres fois la gelée porte son action sur quelques parties du liber, et alors il y a des solutions de continuité entre les couches de l'arbre qui durent autant que lui. Si tout le liber geloit, l'arbre périroit. On appelle cet accident FAUX AUBIER.

Dans l'un et l'autre de ces cas, le bois perd de sa qualité pour la charpente et la menuiserie.

La gelée cause beaucoup de dommages aux jeunes plantes et aux bourgeons lorsqu'elle est accompagnée d'humidité, et qu'il se forme des glaçons qui sont fondus par le soleil. On ne voit malheureusement que trop fréquemment les arbres fruitiers, en espalier par exemple, présenter, le lendemain d'une telle gelée, une quantité de taches brunes sur leur écorce et sur leurs feuilles, taches qui se touchent quelquefois, qui souvent causent la mort de l'arbre, et nuisent toujours à ses productions. On appelle cet accident BRULURE. On croit qu'il est produit par la convergence des rayons du soleil dans les globules de glace, qui alors font l'office de lentilles de verre.

Quelques physiciens repoussent cette explication ; cependant il est de fait que la brûlure n'a pas lieu lorsque le soleil ne paroît pas sur l'horizon le lendemain d'une gelée humide, et qu'on parvient presque toujours à l'empêcher en arrosant de grand matin les arbres pour lesquels on la craint, avec de l'eau à une température plus élevée, ou en les couvrant de paillassons ou de toiles, ou même seulement en dirigeant sur eux une épaisse fumée.

On a cité un fait qui doit avoir ici sa place. Des seigles commençoient à monter en épis lorsqu'il survint de la neige et de la glace. Un propriétaire fit passer sur plusieurs de ses champs, à diverses reprises, un cordeau qui fit tomber cette neige et cette glace. Le soleil parut, fut chaud, et les seigles opérés furent conservés, tandis qu'ils furent fortement endommagés dans le voisinage.

Lorsqu'après un dégel il survient une gelée subite et forte, les cultivateurs éprouvent encore de très grands dommages, parcequ'alors les plantes sont attendries par la chaleur et pénétrées d'humidité.

C'est sur-tout lorsque les arbres sont en fleurs que la gelée fait beaucoup de tort, parceque les diverses parties de ces fleurs sont très tendres, très aqueuses, et que les étamines et le pistil sont essentiels à la formation du fruit. Aussi combien souvent est-on privé d'abricots, de pêches, même des autres fruits par l'effet des gelées du printemps ?

Lorsque des arbres fruitiers se trouvent dans des vallons humides, au milieu des bois marécageux où il y a privation de courant d'air, ils sont bien plus sujets à couler que quand ils sont sur des hauteurs ou dans des plaines. C'est ce qui doit engager à ne jamais planter d'arbres dans les vignes qui sont au-delà du quarante-cinquième degré, et à dégager toujours le pourtour des jardins des eaux surabondantes et des arbres trop touffus. J'ai habité dans un vallon, au milieu de la forêt de Montmorency, où l'on ne pouvoit planter d'arbres à noyaux par cette cause. Les cerisiers même y fournissoient rarement du fruit. Il y geloit deux mois plus tard que dans ce qu'on appelle proprement la vallée de Montmorency, vallée qui est large et découverte. J'ai habité au milieu des forêts de la Caroline, c'est-à-dire à huit ou neuf degrés plus au sud que Marseille, et là l'olivier, le liège, le grenadier, etc., qui y ont été transportés, gèlent tous les printemps.

Cependant c'est dans les lieux exposés au nord, et où l'humidité de l'air se conserve par conséquent le plus long-temps, que les arbres des pays chauds se garantissent le mieux contre les atteintes de la gelée. Ce fait, qui se voit tous les jours dans les pépinières, s'explique par l'uniformité plus grande de la température de ces lieux.

Les fruits et les racines potagères telles que les poires, les pommes, les pommes de terre, les oignons, etc., etc., qu'on conserve pendant l'hiver, sont sujets à se geler lorsqu'on ne les met pas à l'abri des grands froids soit dans des trous profonds, soit dans des caves, des chambres exactement fermées, etc. Quelquefois, lorsque ce cas est arrivé, on parvient à les remettre dans leur état primitif, en les plongeant dans l'eau froide. *Voyez* Serre a légumes.

De même, quand les membres d'un animal sont gelés, il faut les frotter doucement avec de la neige, ou lorsqu'on n'en a pas, les frotter avec des linges imbibés d'eau froide jusqu'à ce que le mouvement soit revenu. Si on les approchoit du feu, ils se sphacèleroient, et la gangrène ne tarderoit pas à y causer les plus rapides ravages.

Si la gelée cause des dommages aux cultivateurs, elle leur rend aussi quelques services. En général, elle fait disparoître les maladies qui sont produites par l'excès de l'humidité de l'air, occasionne la mort de beaucoup des insectes qui dévorent les plantes ou leurs produits. Les viandes, et en général toutes les substances alimentaires aqueuses, se conservent beaucoup plus long-temps pendant la gelée qu'en tout autre état de l'atmosphère.

Les mottes de terre laissées par les labours sont divisées par la gelée, et réduites en très petites parcelles. Quelques écrivains ont beaucoup vanté les résultats de cet effet sur les champs ensemencés en blé avant l'hiver; mais ils n'ont pas fait attention que si les pieds qui sont enfoncés sont réchaussés dans ce cas, ceux qui se trouvent sur les mottes périssent presque toujours.

Dans les pays granitiques les gelées produisent sur les terres cultivées des effets qui concourent puissamment à la foiblesse des récoltes qu'on y fait. La glace qui s'y forme est composée de filets perpendiculaires au sol, et presque parallèles entre eux, d'après l'observation de Desmarets, observation que j'ai plusieurs fois vérifiée; et ces filets s'élèvent d'autant plus que la gelée est plus forte. Il en résulte que la terre est soulevée souvent de deux à trois pouces, et que les racines du seigle, du blé, etc., se trouvent mises à nu au moment du gel et du dégel, ce qui occasionne la mort des pieds. *Voyez* Journal de Physique, 1783.

Une gelée pas trop forte, mais de longue durée, est, pendant l'hiver, une présomption en faveur d'une abondante récolte pour l'année prochaine. L'alternative des gelées et des dégels est au contraire un signe défavorable.

Dans le climat de Paris les gelées sont rarement assez fortes pour faire périr les arbres et arbustes de pleine terre qui sont susceptibles de leurs atteintes, et encore moins leurs racines, que d'ailleurs on peut surcharger de terre ou d'autres objets.

Les tiges des plantes se mettent à l'abri soit par des couvertures, soit en les enfermant dans des cages de bois, soit en les couchant en terre. Ce dernier moyen est employé en grand pour la vigne sur les bords du Rhin. Les jeunes plantes, qui, comme je l'ai dit plus haut, sont plus délicates, se recouvrent également de litière, de feuilles sèches, de fougère, etc. Ces deux derniers articles sont préférables, comme ne portant pas avec eux des principes de fermentation. Quelquefois cependant les plantes sont encore trop foibles pour en supporter le poids, et alors on établit un châssis de baguettes le moins élevé possible, et on place dessus les couvertures, en garnissant les côtés avec exactitude. Le plus grand inconvénient de ces couvertures est l'excès d'humidité; c'est pourquoi il est souvent nécessaire de les retourner pour les faire sécher, quoique cette opération soit toujours nuisible aux plants. Le mieux est de les mettre le plus tard possible et de ne les ôter que lorsqu'il n'y a absolument plus de gelées à craindre, par un temps doux et couvert; car le soleil, ou seulement un air sec, en frappant subitement les plants attendris par l'humidité et le défaut de lumière, pourroit les tuer instantanément, ou au moins endommager leur tige de manière à ce qu'ils s'en ressentent pendant toute la durée de leur vie.

Il arrive souvent que les cultivateurs éprouvent des gelées

hâtives en automne et tardives au printemps, qui leur font éprouver de grandes pertes.

Lorsque, dans le climat de Paris, les gelées d'automne arrivent en septembre, elles trouvent la pousse d'août encore tendre et la font périr. Il en résulte, outre la perte des branches, que la sève, que devoient fournir les feuilles pendant le reste de la saison pour fortifier les racines, n'a pas lieu, et que ces racines ne font au printemps suivant que de foibles pousses. Aussi souvent, quand ce sont de jeunes plants, est-il plus avantageux de les rabattre rez terre que de les laisser avec une tête mutilée. Les environs de cette capitale ont éprouvé, en 1804, une gelée de cette sorte qui a causé de grandes pertes aux pépinières, et sur les effets de laquelle Thouin a publié un excellent mémoire dans les Annales du Muséum. Quand les mêmes gelées arrivent plus tard, au milieu d'octobre par exemple, elles n'agissent plus sur le jeune bois, mais elles accélèrent la chute des feuilles, ce qui produit toujours un peu de mal par la même cause.

Les gelées tardives du printemps sont plus fréquentes dans le climat de Paris que les précédentes, mais aussi leurs inconvéniens sont moins graves pour les arbres et arbustes déjà grands. Cependant elles occasionnent toujours un affoiblissement dans la force végétative, un retard dans la végétation, et elles déforment les têtes. C'est aux semis qu'elle cause le plus de mal; souvent, en une nuit, elle les fait périr sans ressources, soit qu'ils soient ou ne soient pas levés. C'est au moyen des paillassons, des cloches, des châssis vitrés ou non vitrés, qu'on parvient à sauver ceux de ces semis qu'on est forcé de faire de bonne heure. Pour les autres il faut attendre le plus possible; on gagne presque toujours à le faire. (B.)

GELÉE BLANCHE. Très petits cristaux de glace qui se fixent sur les plantes en général et sur tous les corps qui se trouvent dans le voisinage de la surface de la terre, au printemps et en automne, c'est-à-dire au moment du passage du froid au chaud et du chaud au froid. Ils sont formés par les vapeurs qui, selon la différence de température de l'air ou de la terre, tantôt s'abaissent, tantôt s'élèvent. On doit la considérer comme de la rosée qui s'est glacée par suite du froid de la nuit avant d'être réunie en gouttes. *Voyez* au mot Rosée.

Il n'y a donc jamais de gelée blanche lorsque la différence de la température de l'air et de la terre est peu considérable, et lorsque le froid est beaucoup au-dessous du zéro du thermomètre, et lorsqu'il y a beaucoup de vent qui disperse les vapeurs. *Voyez* au mot GIVRE.

Les effets des gelées blanches sur les plantes ne diffèrent pas des autres qui ont le même degré d'intensité qu'elles;

seulement il faut faire entrer en considération l'excès d'humidité qui les caractérise. *Voyez* l'article précédent. (B.)

GÉLIS, GÉLIVURE. Maladie des arbres qui se reconnoît
à des fentes plus ou moins nombreuses, plus ou moins larges,
allant de la circonférence au centre.

On attribue généralement la gélivure, ainsi que son nom
l'indique, aux fortes gelées, et il n'y a pas de doute que la
plus grande partie des arbres gélivés ne le soient par cette
cause; toute personne qui a vécu dans les pays à bois, ou
qui a cultivé des arbres fruitiers, doit en avoir acquis personnellement des preuves dans les grands hivers. Cependant j'ai
beaucoup de motifs pour croire qu'une grande sécheresse produit quelquefois le même effet.

Je me rappelle avoir vu vendre, dans ma jeunesse, une plantation d'aune placée sur les bords d'un ruisseau qui avoit été
détourné avant un été extrêmement sec, et que l'acquéreur, qui
ne put pas en faire des sabots, attribua aux deux causes précédentes la gélivure de ces aunes.

Ordinairement, sur-tout quand l'arbre est jeune, la gélivure
se recouvre de bon bois, ainsi on ne peut la reconnoître qu'en
travaillant l'arbre qui en est affecté. Toujours elle diminue
la valeur du bois destiné à de hauts services, comme charpente, marine, etc. Il n'y a pas de remède contre cette maladie.

Voyez aux mots Bois, Couches ligneuses, Gelée, Cadran
et Roulure.

La gélivure entrelardée est une autre maladie du bois dans
laquelle une portion plus ou moins grande de l'intérieur est
morte. Elle diffère peu du faux aubier, mais cependant en
diffère. Tout ce que j'ai dit au mot Faux aubier, relativement aux inconvéniens de cet accident, s'applique ici. Quant
aux causes, elles sont encore peu connues. (B.)

GENESTROLE. Nom vulgaire du genêt des teinturiers.

GENÊT. Race de chevaux de petite taille, très forte et très
vive, qu'on élève en Espagne.

GENÊT, *Genista*. Genre de plantes de la diadelphie décandrie, et de la famille des légumineuses, qui renferme, en
y comprenant les spartions, genre dont les caractères sont
peu différens, et dont les espèces portent toutes le nom de
genêts, plus de cinquante espèces, dont plusieurs sont, ou
utiles dans l'économie rurale, ou employées à la décoration
des jardins.

Celles de ces espèces les plus importantes à faire connoître
aux cultivateurs sont,

Le genêt commun, ou *genêt à balais*, ou *genêt proprement
dit*, qui croît dans les bois en terrain aride, dans les pâturages
sablonneux, dans les landes les plus stériles des parties méri-

dionales et moyennes de l'Europe. C'est un arbrisseau de cinq
à six pieds de haut, mais qui s'élève quelquefois trois ou quatre
fois davantage. Ses jeunes rameaux sont anguleux et d'un
vert foncé. Il a deux sortes de feuilles, les inférieures ternées
et velues, les supérieures simples et glabres, toutes si caduques, qu'on a souvent peine à en voir après la floraison. Ses
fleurs, grandes, jaunes, foiblement odorantes, sont insérées
dans les aisselles des feuilles supérieures et en majeure partie
unilatérales.

Presque par-tout le genêt est regardé comme un arbuste de
nulle valeur, que l'on doit abandonner à la classe la plus pauvre des habitans des campagnes, et cependant il est un de
ceux dont on peut tirer, et dont on tire même quelquefois
le parti le plus utile dans les sols qui lui sont propres,
c'est-à-dire dans les landes et autres lieux de même nature.
Sans lui, à quoi serviroient beaucoup de coteaux à pente rapide, de rochers arides et décharnés? Il remplit sur-tout les
clairières des bois en terrain maigre, et les utilise. Dans tous
ces lieux il crée la terre végétale qui doit un jour rendre le sol
fertile. Sans doute il est des productions plus avantageuses à multiplier que le genêt, mais il en est peu d'une plus sûre et plus
rapide croissance.

Ne serviroit-il qu'à brûler et à faire des balais, ce seroit
déjà quelque chose; mais ses graines sont très recherchées par
les poules; ses jeunes pousses sont du goût des bestiaux, servent
dans beaucoup de lieux à lier la vigne. On en tire aux environs
de Pise une filasse propre à faire de la toile, après les avoir
fait rouir à la manière du chanvre; on les emploie à tanner
ou corroyer les cuirs. On en fait de la litière; on les enterre
pour suppléer au fumier, etc. Les échalas faits avec le tronc
sont très durables.

Il est beaucoup de lieux dans les parties méridionales de
l'Europe (il ne se trouve point dans les septentrionales, et est
même quelquefois détruit par les gelées dans le climat de Paris)
où on le cultive d'une manière régulière pour ces divers objets,
et encore pour le brûler afin d'en tirer de la POTASSE (*voyez*
ce mot), afin de répandre ses cendres sur le sol, afin d'enterrer en entier ses branches dans sa jeunesse, ou en partie
dans sa vieillesse, comme je viens de le dire.

La graine de genêt est lancée au loin, au moment de sa maturité, par l'élasticité et le mouvement de torsion de sa gousse.
Il faut donc la cueillir un peu avant cette maturité, et la laisser
se compléter dans un grenier bien aéré. On reconnoît qu'elle
peut l'être, sans inconvénient, à la couleur noire de la gousse.
Pour faire de bons semis il faut la mélanger avec trois ou
quatre fois plus de terre ou de sable, la garder jusqu'au

printemps dans le coin d'un hangar, dans un cellier ou autre lieu analogue fermé aux poules et aux souris.

Après un léger labour on sème de l'avoine, et on la herse; ensuite on répand la graine de genêt sans la herser, car elle ne peut pas souffrir d'être enterrée. Beaucoup de personnes n'ont pas pu la faire lever, pour n'avoir pas fait cette attention. L'avoine lui fournit un ombrage favorable pendant la première année, et paye les frais de l'opération.

Si on a eu intention de faire venir un bois pour fournir des fagots, on sèmera clair; si on veut avoir du fourrage, de la litière ou de l'engrais, on sèmera épais. Dans ces derniers cas, la seconde année on coupera les tiges, encore peu ligneuses, avec la faux, à quelques pouces de terre, jusqu'à trois fois. Deux ans après on y mettra de nouveau la charrue, et on y sèmera du seigle, puis des pommes de terre, des haricots, etc., puis du trèfle ou du sainfoin, ensuite du sarrasin ou de l'avoine, et on recommencera. Par ce moyen on aura un assolement régulier et très productif pour des terres de la plus mauvaise nature.

On peut aussi, la seconde année, mettre la charrue dans le semis à la fin de l'été, et enterrer le tout pour engrais. Je n'approuve pas cependant cette opération, attendu que le genêt est une plante peu charnue, et qu'il y en a d'autres, tels que le sarrasin, la rave, la vesce, le lupin, etc., qui conviennent mieux dans ce cas.

J'ai vu sur les montagnes de la Galice, dans des terrains schisteux, terrains qui lui conviennent par excellence, des pieds de genêt de 20 à 30 pieds de haut. Ce qui fait qu'ils parviennent à une si grande hauteur, c'est qu'on y sait les cultiver d'une manière conforme aux principes. 1° Les plantations sont closes, de sorte que les bestiaux ne peuvent y entrer. 2° La seconde année, et successivement jusqu'à la douzième, je crois, on arrache chaque hiver une certaine quantité de pieds et toujours les plus foibles; ainsi les plus forts trouvent plus d'espace à mesure qu'ils grandissent, et profitent en même temps des espèces de labours, qui sont la suite de l'arrachis des foibles. 3° Lorsque les pieds laissés sont arrivés au maximum de leur croissance, ils sont aussi arrachés, et le terrain semé en maïs, ou autre objet, pendant plusieurs années consécutives. *Voyez* mon Voyage en Espagne, inséré dans le Magasin encyclopédique, an 8 de la république.

Je regrette beaucoup de n'avoir pas séjourné plus long-temps dans cette partie de l'Espagne, qui m'a offert plusieurs pratiques de cultures dignes d'être connues.

Lorsqu'on coupe les branches de genêt, il en repousse d'autres ; mais quand on coupe le tronc, les racines meurent. Il vaut donc toujours mieux arracher les pieds, quand on ne les destine pas à fournir du fourrage, que de les couper, puisqu'on profite des racines, qui sont généralement assez grosses et fort longues. On défend cette opération dans les bois nationaux, où on permet cependant aux pauvres de *faire du genêt*, c'est-à-dire de le couper ; mais je crois qu'on a tort, car le petit labour qu'elle produit favorise la levée des graines des arbres de haute stature, ou la croissance des plantes déjà venues.

L'élégance du port du genêt, la permanence de sa couleur verte, et l'éclat de ses fleurs, le rendent très propre à orner les jardins paysagers. Il doit toujours y figurer lorsque la nature du sol le permet. (Il se refuse aux terrains humides.) Comme sa transplantation est incertaine, sur-tout quand il a commencé à donner des fleurs, il vaut beaucoup mieux le semer que de le planter. C'est au second ou au troisième rang des massifs, sur la pente des coteaux, dans le voisinage ou entre les fentes des rochers, qu'il produit les plus agréables effets. On ne doit lui faire sentir le tranchant de la serpette qu'à la dernière extrémité.

Dans quelques endroits on confit les boutons à fleur du genêt en guise de CAPRES. *Voyez* ce mot. Ces boutons sont sujets à devenir semblables à une capsule, par suite de la piqûre d'un insecte voisin des tipules, insecte que j'ai décrit, et dont j'ai observé le premier les mœurs. Il appartient au genre *cecidomye* de Latreille. J'ai vu une année la graine manquer presqu'entièrement dans la forêt de Montmorency par le fait de cet insecte, qui a à peine une ligne de long.

Le GENÊT D'ESPAGNE, *Spartium junceum*, Lin., a les rameaux cylindriques, opposés, flexibles, pleins de moelle, enfin semblables aux tiges des joncs ; un très petit nombre de feuilles simples, alternes et lancéolées ; beaucoup de fleurs grandes, jaunes, odorantes. Il s'élève à six ou huit pieds, et fleurit pendant une partie de l'été. On le trouve dans les parties méridionales de l'Europe aux lieux sablonneux et arides. Les gelées du climat de Paris lui sont beaucoup plus nuisibles qu'au précédent ; cependant on l'y cultive très fréquemment en pleine terre, parceque ce n'est que dans les hivers très rigoureux, c'est-à-dire de loin en loin, qu'il en est frappé, et que ses racines, repoussant après la coupe du tronc, le mal est bientôt réparé. Les effets qu'il produit dans les jardins paysagers sont fort différens de ceux du précédent, de sorte qu'ils ne se nuisent pas réciproquement. La douce odeur de ses fleurs l'appelle près de l'habitation, autour des fabriques, des bancs et autres lieux de repos. Il peut être isolé avec avantage ; c'est même exclusivement ainsi qu'on le place dans les parterres, sur les terrasses où on le voit fréquemment taillé en boule, avec ou sans tige, car il se prête beaucoup plus facilement au caprice du jardinier que le précédent. Son odeur se fait principalement sentir le soir. On le multiplie de graines, qui se sèment au printemps à l'exposition du levant, et dont les plants sont repiqués l'année suivante à six ou huit pouces de distance dans un autre lieu. Deux ans après il doit être mis en place, car plus tard sa reprise est très incertaine.

Ce n'est pas seulement comme arbuste d'agrément que le genêt d'Espagne peut être considéré : Broussonnet, dans le Journal de Physique d'avril 1787, nous a appris qu'il pouvoit devenir, au moins pour les départemens méridionaux, l'objet d'une culture importante, soit comme plante propre à donner de la toile, soit comme plante propre à nourrir les moutons.

Dans les environs de Lodève, on sème de temps immémorial le genêt d'Espagne dans les lieux les plus arides, sur les coteaux les plus en pente. C'est en janvier, et après un léger labour, qu'on fait cette opération. On doit employer plutôt trop de semence que peu, parcequ'il arrive souvent qu'elle n'est pas bonne, et qu'on peut toujours éclaircir, de manière à ce qu'il y ait deux pieds d'intervalle entre chaque plant.

Au bout de trois années, pendant lesquelles on n'a qu'à défendre la plantation des bestiaux, elle commence à donner des rameaux assez longs pour être coupés et employés à la fabrication de la filasse.

C'est dans le courant du mois d'août que se fait la récolte du genêt d'Espagne pour cet objet. On rassemble les rameaux en petites bottes qu'on met à tremper quelques heures dans l'eau après leur dessiccation, et qu'on fait ensuite rouir dans la terre en les arrosant tous les jours. Au bout de huit à neuf jours on ôte les bottes de terre, on les lave à grande eau, on les bat et on les fait sécher.

Pendant l'hiver, quand les travaux de la terre sont suspendus, on TILLE (voyez ce mot) les rameaux du genêt d'Espagne. Le fil qui en provient est un peu gros, parceque n'étant pas un objet de commerce, sa filature ne se perfectionne pas ; mais tel qu'il est il suffit exclusivement aux besoins du ménage de plusieurs milliers de familles. Je possède un morceau de toile que m'a donné Broussonnet, et j'ai pu personnellement juger qu'elle n'est inférieure, en apparence, à celle de chanvre que par des causes faciles à faire disparoître. Je dis en apparence, parceque je crois m'être assuré que le fil avec lequel elle a été fabriquée est inférieur en force à celui de chanvre de même diamètre. Je ne dis pas cela pour éloigner de la culture du genêt d'Espagne sous ce rapport ; car qui ignore qu'entre les fils de chanvre il y a des différences de plus de moitié ?

Dans les Cevennes, les moutons sont nourris pendant l'hiver presque exclusivement avec des feuilles sèches. Les rameaux de genêt leur fournissent une nourriture fraîche, et par conséquent très précieuse. Ils la préfèrent en tout temps à toutes les autres.

On ne conduit pas les troupeaux dans les genetières avant trois ans. Tous les deux ans on coupe les tronçons, et tous les six ans les souches. Par ce moyen les genêts durent long-temps et fournissent annuellement de nombreux rameaux. Quand il fait mauvais temps, les bergers vont couper les rameaux et les apportent à la bergerie.

Lorsque les moutons mangent exclusivement et pendant long-temps du genêt, ils deviennent sujets à une maladie inflammatoire des voies urinaires, maladie qui cède promptement à des boissons rafraîchissantes et au changement de nourriture. Les fruits paroissent influer plus particulièrement que les feuilles sur le développement de cette maladie.

Les rameaux de genêt d'Espagne peuvent suppléer l'osier dans le plus grand nombre des cas où il s'emploie comme lien.

Les abeilles recherchent beaucoup les fleurs de cet arbuste, ainsi que celles des autres espèces de genêt.

Toutes ces considérations doivent engager à cultiver le genêt d'Espagne en grand, même aux environs de Paris, dans tous les lieux où la nature sablonneuse ou rocailleuse du sol repousse la plupart des autres cultures, et où on veut spéculer sur l'éducation des moutons et des lapins; car ces derniers aiment avec passion le même arbrisseau, ainsi que j'ai eu occasion de m'en assurer.

Ses graines sont très recherchées des poules, des perdrix, etc.

Le GENÊT DES TEINTURIERS a les feuilles simples, lancéolées, glabres; les rameaux cylindriques, les gousses glabres. Il se trouve dans toute l'Europe aux lieux arides, et principalement dans les pâturages des montagnes calcaires. Il s'élève à deux ou trois pieds au plus, et fleurit au milieu du printemps. C'est un très agréable arbuste, qu'il faut encore moins oublier dans les jardins paysagers que le premier dont j'ai parlé. Sa place est au dernier rang des massifs, au milieu des gazons, dans les interstices des rochers. Rarement on le cultive avant de l'y placer, parceqn'il est aussi expéditif et plus sûr de le semer en place. Il donne des fleurs dès la troisième année. On peut le couper rez terre aussi souvent qu'on veut.

Tous les bestiaux, sur-tout les chevaux et les moutons, aiment ce genêt lorsqu'il est jeune. On prétend qu'il donne au lait des vaches qui s'en nourrissent un goût désagréable ; cependant j'ai habité un pays où il est extrêmement commun , et où le lait est fort bon. Autrefois les teinturiers employoient , sous le nom de GENESTROLE, ses sommités pour obtenir une couleur jaune ; mais aujourd'hui on en fait très rarement usage, attendu que la gaude donne la même nuance plus solide.

Le GENÊT DE SIBÉRIE diffère peu de celui-ci, mais s'élève plus haut et est plus paniculé. On le cultive dans quelques pépinières pour le placer dans les jardins paysagers, où il offre un aspect différent du précédent. C'est de marcottes ou par déchirement des vieux pieds qu'on le multiplie principalement, quoique la voie des semences soit presque aussi prompte.

Le GENÊT A TIGE AILÉE, *Genista sagittalis*, Lin., a les tiges presque herbacées, demi-couchées, articulées, ailées, longues d'un pied ; les feuilles simples, ovales, sessiles ; les fleurs terminales et disposées en épi court. Il croît dans les sols secs, et principalement dans ceux qui sont calcaires. J'ai souvent vu des lieux qu'il couvroit entièrement. Ses fleurs s'épanouissent au printemps. C'est une plante fort singulière que tous les bestiaux mangent volontiers. On peut la placer dans les gazons des jardins paysagers. On l'appelle *Genistelle*.

Il y a encore le GENÊT MONOSPERME dont les fleurs sont blanches et odorantes; le GENÊT PURGATIF, dont les fleurs sont jaunes et solitaires, qui est connu sous le nom de *griot* dans le midi; le GENÊT A FLEURS VELUES, dont les fleurs sont jaunes et couvertes de poils blancs ; le GENÊT COUCHÉ, dont les fleurs sont jaunes et trois par trois dans les aisselles des feuilles, qui tous se trouvent dans les pâturages des parties méridionales de la France, et sont mangés par les bestiaux.

Le GENÊT D'ANGLETERRE et le GENÊT D'ALLEMAGNE se distinguent par les épines dont ils sont hérissés. Ils sont peu différens l'un de l'autre , et croissent tous deux dans les terrains argileux, sablonneux et humides en même temps. Ils accompagnent souvent la bruyère ciliée. Les bestiaux recherchent leurs jeunes pousses, qui ne sont pas garnies d'épines. On peut les employer à garnir les bords des haies composées. Il ne faut pas les confondre avec l'AJONC, qu'on appelle *genêt épineux* dans beaucoup de lieux, et qui se trouve très souvent avec eux. (B.)

GENÊT EPINEUX. *Voyez* AJONC.

GENETTE ou JANNETTE. On donne ce nom au NARCISSE DES PRÉS.

GENEVRETTE. Boisson fabriquée avec divers fruits sauvages, et qu'on aromatise avec des baies de genièvre. Cette boisson, dont les cultivateurs font encore usage dans quelques cantons de la France, annonce le défaut de lumières et d'industrie agricole, et par suite la misère. Par-tout il est possible de se procurer une boisson plus agréable et plus saine avec aussi peu de dépense , au moyen des fruits cultivés ou des céréales. *Voy.* Boisson, Cidre, Vin, Bière et Genevrier. (B.)

GENEVRIER , *Juniperus.* Genre de plantes de la diœcie monadelphie et de la famille des conifères, qui renferme une douzaine d'arbres ou d'arbustes, presque tous intéressans sous quelques rapports, dont un est très commun dans plusieurs cantons de la France, et dont trois ou quatre autres peuvent se cultiver en pleine terre dans le climat de Paris.

Le genevrier commun a le tronc rougeâtre, écailleux ; les rameaux nombreux ; les feuilles verticillées trois par trois , linéaires, aiguës, sessiles, roides, piquantes, ouvertes, glabres, avec deux lignes blanchâtres en dessous ; les fleurs axillaires, et le fruit noirâtre, de deux lignes de diamètre. Il est toujours vert, fleurit en mai, s'élève quelquefois à douze ou quinze pieds, mais se tient plus fréquemment en buisson de deux ou trois, et croît très abondamment dans les bois arides, sur les collines sèches de beaucoup de contrées de l'Europe. Toutes ses parties exhalent une odeur résineuse, aromatique, sur-tout quand on les brûle , et son tronc, dans les pays chauds, laisse fluer une résine qui a les mêmes qualités à un plus haut degré. Ses baies ont une saveur âcre , un peu amère. On en fait un grand usage en médecine et dans l'économie domestique; beaucoup de quadrupèdes et d'oiseaux, principalement la grive tadorne, en sont très friands. Elles communiquent aux urines une odeur de violette, échauffent, augmentent la transpiration insensible , donnent du ton à l'estomac et aux autres viscères, réveillent le genre nerveux, et, dit-on, purifient l'air des appartemens. On en tire une huile essentielle, un extrait; on en fait un vin, une eau-de-vie, etc. , etc.

Dans les pays de montagnes, les pauvres fabriquent des boissons (une espèce de bière ou une espèce de cidre , , dans lesquelles entre une certaine quantité de baies de genièvre. Ces boissons, qu'on appelle *genevrette*, déplaisent d'abord à ceux qui n'y sont pas accoutumés, mais on s'y fait bientôt ; j'ai long-temps habité une localité où on en fait un usage général, quoique la vigne y croisse. Divers procédés sont employés pour les fabriquer. Voici les deux principaux.

Prenez quantité égale d'orge et de baies de genièvre, trois boisseaux par exemple. Faites bouillir la première pendant un quart d'heure dans l'eau , et jetez-y la seconde aussitôt que vous aurez retiré le chaudron du feu. Ensuite versez le tout dans un tonneau à moitié plein d'eau, que vous boucherez exactement pendant deux ou trois jours, puis auquel vous donnerez de l'air pour favoriser la fermentation. Quelques personnes ajoutent de la mélasse ou de la cassonnade pour rendre la liqueur plus forte. Cette liqueur est petillante et buvable huit jours après le commencement de sa fermentation. C'est une véritable bière imparfaite, où le genièvre remplace le houblon.

Ramassez trois ou quatre boisseaux de pommes ou de poires, soit cultivées, soit sauvages ; les premières sont meilleures, mais les secondes plus économiques. Ecrasez-les grossièrement, faites-en bouillir une partie, un quart par exemple, et jetez le tout, avec trois boisseaux de graines de genièvre, dans un tonneau que vous conduirez comme il a été dit précédemment.

Dans beaucoup de cantons, on remet de l'eau dans le tonneau à mesure qu'on en consomme la liqueur ; mais en agissant ainsi il arrive une époque où la liqueur n'est plus spiritueuse. En conséquence, et vu le peu de dépense de la fabrication, je voudrois qu'on n'en remît au plus qu'une fois, c'est-à-dire lorsqu'il est à moitié vide, sauf à mélanger d'eau les premières portions de liqueur qu'on en tirera, si elle se trouve trop forte.

Ces liqueurs, dans quelques proportions qu'on les compose, sont sujettes à se tourner en vinaigre, ou à devenir vapides positivement comme le vin. Aussi quelques cultivateurs mettent dans le tonneau de la petite centaurée, ou de l'absinthe pour empêcher ou retarder ces effets. Elles sont, je le sais par expérience, très rafraîchissantes et très fortifiantes ; mais elles ne valent jamais le plus mauvais vin.

Les habitans du nord de l'Europe font une grande consommation de baies de genièvre, pour faire ce qu'ils appellent l'*eau-de-vie de genièvre*. C'est tout simplement de la mauvaise eau-de-vie de grain dans laquelle on a fait infuser ces baies. La meilleure a été distillée dessus. C'est une liqueur stomacale, mais qui agit beaucoup sur les nerfs. Les gens de mer sur-tout en font un très grand usage.

Quant à l'emploi des baies de genièvre brûlées pour corriger le mauvais air des appartemens, il est de beaucoup diminué depuis que la chimie nous a appris que leur bonne odeur ne servoit qu'à masquer la mauvaise. On préfère aujourd'hui, avec raison, pour désinfecter, ou un ventilateur, ou un acide réduit en vapeur, ou la combustion de la poudre à canon, ou un feu de paille.

Quatre variétés, ou peut-être quatre espèces, se remarquent dans le genevrier commun. Celui en arbre, principalement abondant dans les parties méridionales de l'Europe, et qu'on trouve même dans le climat de Paris, à Fontainebleau, par exemple ; celui en buisson, le plus répandu par toute l'Europe ; et le genevrier de montagne habitant le nord de l'Europe et les plus hautes Alpes. Ce dernier, dont les feuilles sont plus larges et plus courtes, les fruits plus petits, a toujours les tiges couchées ou rampantes. Les pieds que j'ai observés au sommet des Alpes et ceux que j'ai vu cultiver aux environs de Paris, ne différoient point ; c'est pourquoi je le regarde comme une véritable espèce. Enfin le genevrier de Suède, qui a les branches plus droites, les feuilles plus étroites et plus écartées, les fruits plus allongés. Il s'élève à dix ou douze pieds. Miller le regarde aussi comme une espèce distincte, et je ne puis qu'être de son avis.

Il est des pays où le sol est presque entièrement couvert de genevriers, et j'ai cru remarquer que ce sont principalement les calcaires. Là on les arrache ou on les coupe pour brûler, soit au foyer, soit au four, pour en former des haies sèches qui durent peu, parceque les feuilles tombent facilement. Dans ceux où se trouvent les genevriers en arbre, on en fabrique du merrain pour faire des seaux où l'eau se conserve mieux, à raison de l'incorruptibilité de son bois. On se sert aussi de ce bois pour de petits ouvrages de tour. Il est rougeâtre, joliment veiné, et sa teinte s'avive avec le temps. Son grain est fin et susceptible d'un beau poli. Son odeur est douce et agréable. Il pèse sec 41 livres 2 gros par pied cube, d'après Varennes de Fenilles.

Une terre sèche et légère est celle qui convient au genevrier. Il aime l'ombre dans sa jeunesse sur-tout. On le place quelquefois dans les jardins paysagers, où il contraste avec les arbres à larges feuilles. Lorsque la serpette ne contrarie pas sa croissance, il prend ordinairement une forme très pittoresque. C'est en avant des massifs, ou au troisième rang de ces massifs, qu'il produit le plus d'effet. Lorsqu'on veut le faire monter en arbre, il faut successivement et lentement supprimer ses branches inférieures, mais les couper toujours à un pouce du tronc, pour empêcher une trop grande déperdition de résine. Cette résine, dont j'ai déjà parlé, a été long-temps regardée comme celle qui fournissoit le sandaraque ; mais on sait aujourd'hui que cette dernière provient du THUYA ARTICULÉ, figuré dans la Flore atlantique de Desfontaines.

Dans quelques pays on fait des haies de genevriers, mais je n'en ai jamais vu qui fussent d'une bonne défense. Toujours il y manquoit quelques pieds.

On multiplie le genevrier presque exclusivement de semences, quoiqu'il reprenne de marcottes et de boutures, parceque ces dernières manières ne fournissent que des arbres irréguliers et de peu de durée.

Les graines se sèment, aussitôt qu'elles sont récoltées, dans un terrain sec exposé au levant et bien labouré. Quelques unes lèvent au printemps suivant, la plupart la seconde année, et d'autres la troisième. Ainsi, il faut laisser le plant au moins deux ans en place. Si on retardoit au printemps le semis des graines, leur germination seroit encore plus prolongée. Au bout

de deux ans donc on lèvera les plants au printemps, lorsque
leur sève commencera à s'émouvoir, autant que possible avec
leur motte, et on les plantera à un pied de distance au moins
dans une autre place, où ils resteront deux autres années. C'est
à cette époque qu'il convient de les planter à demeure ; car,
plus tard, ils risqueroient de ne pas reprendre. Il est extrêmement rare que les pieds arrachés dans les bois réussissent.

Le GENEVRIER OXYCÈDRE a beaucoup de rapports avec le
précédent ; ses feuilles sont plus grandes, plus glauques en
dessous ; ses fruits plus gros, rougeâtres, et marqués de deux
lignes blanches. Il est originaire des parties méridionales de
l'Europe. On le cultive dans quelques jardins des environs de
Paris, où il est susceptible des impressions de la gelée. Sa hauteur est de dix à douze pieds. On retire de son bois, distillé à
la cornue, une huile essentielle fétide, qu'on appelle *huile de
cade*, nom vulgaire de cet arbuste, et dont on fait usage dans
la médecine et dans l'art vétérinaire.

Les GENEVRIERS D'ESPAGNE, DE PHÉNICIE s'éloignent également fort peu des genevriers communs. Ils sont trop rares dans
nos jardins pour qu'il soit nécessaire de les mentionner particulièrement ici.

Le GENEVRIER SABINE a les feuilles très courtes, aiguës,
érigées, alternativement opposées en sens contraire, décurrentes à leur base, et très rapprochées. Ses baies sont d'un
bleu noirâtre. Il croît naturellement sur les montagnes des
parties méridionales de l'Europe, et s'élève de huit à dix pieds.
Dans la chaleur, ou lorsqu'il est froissé, il exhale une odeur
aromatique très pénétrante, qui déplaît à beaucoup de personnes. Son goût est amer et résineux. On en fait un grand
usage en médecine comme emménagogue ; mais son emploi
doit être dirigé par des mains exercées, car il peut devenir
dangereux.

On distingue communément deux espèces ou deux variétés
de sabine, sur lesquels les botanistes ne sont point d'accord
égard ; l'une mâle, qui est celle que je viens de décrire, et
l'autre qu'on appelle *femelle* ou *commune*. Cette dernière
s'élève moins, a les branches plus étalées et les feuilles plus
longues. Elle fournit une sous-variété à feuilles panachées de
jaune.

Il est à remarquer que quoique ces deux variétés aient été
figurées comme véritablement mâle et femelle, toutes les deux
le sont indifféremment.

Les sabines peuvent se multiplier avec avantage de graines ;
mais comme elles reprennent de boutures avec la plus grande
facilité, on préfère généralement ce moyen. On fait ces boutures au printemps, et on les place dans un lieu légèrement

ombragé. Elles sont déjà bonnes à être levées dès l'année suivante; mais ordinairement on les laisse deux ou trois ans dans la même place pour pouvoir les planter ensuite directement à demeure. Elles sont d'un très petit effet dans les jardins paysagers. C'est entre les buissons du premier rang des massifs, ou contre les rochers ou les murs exposés au midi, qu'elles se mettent. Elles supportent assez bien la tonte.

Le GENEVRIER DE VIRGINIE, autrement appelé *cèdre rouge*, *cèdre de Virginie* ou de *Caroline*, est un arbre de trente à quarante pieds de haut, qui forme naturellement la pyramide, dont l'écorce est rougeâtre et écailleuse; les feuilles ternées; les unes petites, ovales, imbriquées et très rapprochées; les autres plus longues, aiguës et ouvertes; les baies petites, ovales, très nombreuses et bleuâtres. Il croît naturellement et très abondamment dans les cantons les plus sablonneux des parties méridionales de l'Amérique septentrionale. J'en ai observé de grandes quantités en Caroline, où son bois est extrêmement estimé à raison de son incorruptibilité, de sa bonne odeur et de sa jolie couleur rouge. On en fait des seaux, des baquets, des bardeaux, de la charpente, de la boiserie, des canots, des bordages supérieurs de vaisseaux, des constructions dans l'eau, des meubles, dont l'odeur éloigne les insectes destructeurs, et, depuis que le genevrier des Bermudes est devenu rare presque exclusivement, les enveloppes des crayons de mine de plomb, ou mieux de plombagine. Son seul inconvénient est d'être tendre et cassant quand il n'est pas d'une grande épaisseur. C'est un des plus utiles présens que l'Amérique ait faits à l'Europe. Il y a déjà long-temps qu'il a été introduit en France, et il est aujourd'hui très commun aux environs de Paris. Le jardin du Petit-Trianon sur-tout en montre une grande quantité de pieds de quinze à vingt pieds de haut, et ils ne contribuent pas peu à ses agrémens. Ils sont beaux par leur verdure qui est perpétuelle, par la délicatesse de leur feuillage, par la couleur jaunâtre que prennent les pieds mâles lors de leur floraison, par la couleur bleue que prennent les pieds femelles lors de la maturité de leurs graines, couleur qui subsiste une partie de l'automne et de l'hiver. Ils produisent également de bons effets isolés au milieu des gazons, et en groupes sur le bord des massifs, lorsqu'ils sont placés avec intelligence. On peut quelquefois supprimer les branches inférieures pour les faire monter plus rapidement en arbre; mais en général il n'est pas bon de leur faire sentir le tranchant de la serpette. Ceux de ces pieds de Trianon qui sont femelles se chargent ordinairment de tant de graines, qu'ils pourroient chaque année suffire à la plantation de plusieurs arpens de terres incultes, de sables arides, de bruyères, incapables de recevoir d'autres arbres. Son accroissement est assez lent dans ces sortes de terres. Quand elles sont un peu meilleures, il pousse avec assez de rapidité; mais son bois est, dit-on, inférieur en qualité. Il craint beaucoup l'argile et l'eau. On le multiplie positivement comme le genevrier commun; ainsi ce que j'ai dit plus haut lui convient parfaitement.

Quelques cultivateurs ont cru voir deux espèces dans cet arbre; mais je puis assurer que ce ne sont que des variétés, puisque les graines cueillies sur le même pied les fournissent, et que souvent après quelques années une se change en l'autre.

Je fais des vœux bien sincères pour que cet arbre précieux soit bientôt multiplié en France au point de couvrir nos landes et nos montagnes pelées. J'ignore s'il viendroit aussi bien dans les sols calcaires que dans les sables quartzeux; mais je suppose qu'il réussiroit par-tout où croît le genevrier commun.

Les GENEVRIERS DES BERMUDES et DES BARBADES se rapprochent de ce dernier et sont plus grands. On en emploie beaucoup le bois, qui est aussi odorant, tendre, cassant et incorruptible dans l'eau, aux constructions navales, à la charpente et à la menuiserie, etc., etc. Mais comme ils sont fort rares en France et exigent au moins l'orangerie dans le climat de Paris, je n'en parlerai pas avec détail. On m'a dit que le premier, avec lequel on faisoit autrefois les enveloppes des crayons, disparoissoit de son sol natal. Le second se trouve aussi à la Jamaïque, à Cuba, à Saint-Domingue et autres îles du golfe du Mexique, où il est connu sous le nom de CÈDRE.

Le genevrier commun et même celui de Virginie est sujet à donner naissance à un genre de plante de la famille des champignons, que Micheli a appelé *puccinie*, et Hedwig, *Gymnoporange*, qui fait naître des nodosités sur ses rameaux et occasionne souvent la mort des pieds. Ces plantes sont gélatineuses, brunes ou jaunes, rameuses ou non; la sécheresse les rend presque invisibles, et la pluie les développe absolument comme les tremelles, parmi lesquelles on peut les ranger. J'ai vu des arbres qui en étoient si chargés qu'ils paroissoient hideux. Il n'y a pas d'autre moyen de s'en débarrasser que de couper les branches qui en sont attaquées et de les brûler. Elles multiplient avec une prodigieuse rapidité. (B.)

GENIPAYER D'AMÉRIQUE, *Genipa Americana*, Lin. Arbre d'une grandeur médiocre qui croît aux Antilles et dans quelques parties du continent de l'Amérique méridionale. Il appartient à la pentandrie monogynie de Linnæus, et à la famille des RUBIACÉES de Jussieu. Le génipayer a une tige droite, des branches disposées alternativement, des feuilles entières, opposées, presque sessiles, qui tombent tous les ans, et des fleurs odorantes, d'un blanc jaunâtre; son fruit, qui se mange, est gros à peu près comme un citron, rond et charnu, et contient une pulpe aigrelette et blanchâtre, dont le suc teint tout ce qu'il touche d'une couleur noire qui s'efface d'elle-même au bout de quelques jours. Les Indiens se colorent la peau avec ce suc pour effrayer leurs ennemis à la guerre. Le bois de cet arbre ne peut être employé que vieux; on le polit aisément; on en fait des montures de fusils, des brancards et des filières de charpente. Il est sujet à être attaqué par l'humidité et par les fourmis de bois.

Je ne sache pas que le génipayer soit cultivé dans aucun pays; il pourroit cependant figurer agréablement dans les vergers des contrées où il vient naturellement. Il se plaît sur les lieux élevés. En Europe, on ne peut avoir cet arbre qu'en serre chaude. (D.)

GENISSE. Jeune vache qui n'a pas encore produit. *Voyez* au mot VACHE.

GENISTELLE. C'est le GENÊT A TIGES AILÉES. *Voyez* ce mot.

GENOUILLET. Nom vulgaire du MUGUET POLYGONATE.

GENRE. Dénomination qui sert à indiquer un groupe de quadrupèdes, d'oiseaux, de poissons, de reptiles, de vers, d'insectes, de plantes, etc. qui se conviennent par un caractère commun. Ce caractère doit être le plus inhérent à leur organisation, et le moins variable possible.

Les genres, disent la plupart des naturalistes, ne sont point dans la nature. Je nie cette proposition. Il n'est personne qui ne reconnoisse que l'âne ne diffère presque pas du cheval, que l'oie a les plus grands rapports avec le canard, que la carpe et la brême s'éloignent peu l'une de l'autre, que le crocodille ne se distingue du lézard que par des nuances peu importantes, que les divers escargots, que les divers hydatides se conviennent par la plupart de leurs rapports, que le hanneton vulgaire doit être rapproché du hanneton solsticial, que la rose à cent feuilles et la rose de Provins sont toutes deux des roses. Le vrai est qu'il est beaucoup de genres qui sont circonscrits d'une manière très incomplète; mais ce ne sont pas ceux-là qu'il faut considérer lorsqu'on parle d'une manière générale, ce sont ceux qui ont un caractère commun si prononcé qu'on ne puisse jamais douter qu'un animal ou une plante leur appartienne. Ainsi, qui pourroit nier qu'un faucon soit un faucon, un charançon un charançon, un trèfle un trèfle ?

Les caractères des genres doivent être exclusivement pris des parties qui décident le plus puissamment de l'organisation, et par suite des mœurs des animaux. Linnæus, celui des naturalistes modernes qui le premier s'est fait une idée précise des genres, et en a appliqué le principe en homme de génie, dans l'immortel ouvrage intitulé *Systema naturæ*, à toutes les classes où il lui a été possible de le faire. Les dents et le bec, qui servent à manger, sont les organes qui influent le plus sur les quadrupèdes et les oiseaux, aussi sont-ce ces parties qui servent de premier caractère pour l'établissement des genres qui les concernent. L'extrémité des pieds, qui décident si souvent de la manière d'être, est employée en second. Les poissons, les reptiles, les vers et les insectes ne se prêtoient pas aussi facilement à la même marche ; et Linnæus, pressé par le temps, a laissé à ses successeurs le soin de leur faire l'application de sa méthode. Cela a déjà été fait, et d'une manière supérieure, par Fabricius et encore mieux par Latreille, pour les insectes, dont tous les genres sont aujourd'hui établis sur les organes de la manducation. Espérons que ce qui reste à entreprendre pour compléter le plan tracé et commencé par Linnæus le sera bientôt.

Quant aux plantes, la marche devoit être différente, puisqu'elles ne se nourrissent pas à la manière des animaux; mais Linnæus a su cependant ne pas s'écarter de son principe en choisissant les organes de la génération et le résultat de la génération (le fruit) pour établir leurs genres. En effet, ces organes sont essentiels, doivent influer sur toute l'habitude végétale, et se trouver dans toutes les plantes. Aussi n'y a-t-il pas de doute pour moi que, malgré les immenses avantages des familles naturelles, fondées au reste sur la même base, le système sexuel traversera les siècles.

Mais, dira-t-on, tel genre établi par Linnæus d'après ces caractères a cependant été divisé, et ses divisions encore subdivisées par ses successeurs. Cela est vrai, mais cependant demande une explication.

Ce célèbre naturaliste, fondateur de la plus brillante école qui ait jamais existé dans cette partie de la science, a conçu un immense ouvrage que le temps et sa position ne lui ont pas permis d'amener à la perfection ; et il a dû, pour faire adopter son plan, s'écarter le moins possible des idées généralement reçues, c'est-à-dire ne créer de nouveaux genres, et par conséquent de nouveaux noms, que lorsque cela étoit indispensable.

C'est d'après ces circonstances et ces principes qu'il a réuni toutes les chauves-souris dans un même genre, qu'il en a agi de même relativement aux faucons, aux lézards, aux mouches, aux bignones et à des centaines d'autres genres que depuis on a, avec raison, subdivisés en circonscrivant davantage les caractères sur lesquels ils étoient fondés. La plupart de ces nouveaux genres, il les avoit indiqués par des subdivisions qui ne laissent aucun doute sur ses motifs.

Beaucoup de genres de Linnæus sont donc devenus aujourd'hui des types de familles. Ceux qui ont été faits à leurs dépens seront à leur tour subdivisés, lorsque le nombre de leurs espèces se sera multiplié au point d'en rendre la recherche difficile. C'est ici le cas de dire que les genres devant être considérés comme des abstractions imaginées pour soulager la mémoire, autant il est regrettable d'avoir de ces genres composés d'une ou deux espèces seulement, autant il est désirable de pouvoir subdiviser ceux qui en contiennent cinquante, cent, deux cents, etc.

L'étude des genres a des applications utiles en agriculture. Ainsi ce n'est, quoi qu'en disent quelques charlatans, que parmi les espèces du même genre qu'on peut espérer obtenir des mulets ou des hybrides. Ainsi, ce n'est que sur des plantes du même genre, ou de genres très voisins, qu'on doit faire des greffes. Ainsi la culture d'une espèce nouvellement arrivée peut être, avec probabilité de succès, assimilée à celle des espèces anciennement connues de son genre.

Je pourrois beaucoup étendre cet article, mais je me borne à ces considérations générales, par la nécessité d'être court sur tous les objets de théorie. Je renvoie pour le surplus aux mots PLANTE, BOTANIQUE, ESPÈCE. (B.)

GENTIANE, *Gentiana.* Genre de plantes de la pentandrie digynie, et de la famille de son nom, qui renferme plus de cinquante espèces, presque toutes susceptibles d'embellir les jardins, mais généralement fort difficiles à y cultiver.

Les plus marquantes de ces espèces sont,

La GENTIANE JAUNE, ou la *grande gentiane*, qui a la racine épaisse, spongieuse, pivotante, vivace; la tige simple, lisse, haute de trois à quatre pieds; les feuilles radicales, pétiolées, ovales, luisantes, d'un vert jaune, à cinq nervures, longues de six à huit pouces; les feuilles caulinaires sessiles et même connées; les fleurs jaunes, très ouvertes et disposées en verticiles dans les aisselles des feuilles supérieures. Elle croît naturellement sur les pelouses des montagnes élevées, dans les bois peu fourrés, et fleurit au milieu de l'été. C'est une superbe plante qui orne dans le grand genre les lieux où elle se trouve; mais on ne peut pas l'employer à la décoration des jardins. Nulle parts, quelques précautions qu'on ait prises, je n'ai vu conserver plus de deux ou trois ans de suite les jeunes pieds qu'on y avoit transportés. Ses graines y lèvent rarement, et, lorsqu'elles lèvent, le plant qui en provient périt presque toujours la première année.

On fait un assez fréquent usage de sa racine en médecine; elle est fort amère et passe pour tonique, stomachique, vermifuge et antiseptique; ses larges feuilles servent aux habitans des montagnes pour recouvrir le beurre qu'ils portent au marché.

La GENTIANE d'AUTOMNE, *Gentiana pneunomanthe*, Lin., a la racine vivace; la tige simple, rougeâtre; les feuilles opposées et linéaires, les fleurs grandes, droites, d'un beau bleu, axillaires et terminales. On la trouve en Europe dans les prés humides; elle fleurit à la fin de l'été, et se fait remarquer dans quelques endroits par son abondance.

La GENTIANE A GRANDES FLEURS, *Gentiana acaulis*, Lin. a la tige très courte; les feuilles ovales, lancéolées, formant une petite rosette étalée sur la terre; la fleur solitaire d'un beau bleu, et longue d'un à deux pouces. Elle croît naturellement sur les montagnes des Alpes et des Pyrénées, et se cultive dans quelques jardins; c'est une charmante plante quand elle est bien garnie de ses fleurs, qui subsistent pendant une partie du printemps. Elle demande une terre de bruyère et de l'ombre. On la multiplie presque exclusivement par ses rejets, qu'elle pousse abondamment, et qu'on sépare en automne.

C'est en touffes ou en bordures dans les plates-bandes exposées au nord, sur les rochers et les murs des fabriques des jardins paysagers qu'on la place le plus avantageusement.

La GENTIANE AMARELLE a la tige anguleuse et brune, les feuilles sessiles, ovales, pointues, d'un vert foncé; les fleurs ternées sur des pedoncules terminaux. Elle est annuelle, et croît quelquefois en immense quantité sur les collines calcaires. Les bestiaux n'y touchent pas.

La GENTIANE CROISETTE a les racines traçantes; les tiges simples, couchées à leur base; les feuilles opposées, lancéolées, amplexicaules; les fleurs bleues, sessiles, axillaires et terminales. On la trouve sur les montagnes, dans les bois, principalement dans les sols calcaires. Elle seroit propre à la décoration des jardins; mais, ainsi que la première, il est presque impossible de l'y conserver Elle fleurit au milieu de l'été.

La GENTIANE CENTAURELLE, ou la *petite centaurée*, fait aujourd'hui partie du genre CHIRONE. *Voyez* ce mot. (B.)

GÉOGRAPHIE AGRICOLE ET BOTANIQUE. On entend par géographie botanique cette partie de la science des végétaux où l'on recherche la connoissance de la patrie naturelle des

plantes et les lois d'après lesquelles les végétaux sont diversement distribués sur la surface du globe. La géographie agricole est de même cette partie de l'agriculture qui s'occupe de
la comparaison des productions et des cultures des différens
climats. Ces deux branches des connoissances naturelles ont
entre elles de si grands rapports, que nous croyons convenable
de les réunir en un seul article. Il convient d'examiner d'a-
bord les végétaux dans leur état de nature et de liberté, pour
déduire ensuite de cet examen les connoissances applicables à
l'agriculture. Dans cet article, comme dans la plupart de
ceux de ce Dictionnaire, nous avons principalement en vue
le territoire continental de la Fance.

§. 1ᵉʳ PRINCIPES GÉNÉRAUX DE GÉOGRAPHIE BOTANIQUE. Si
l'on examine d'une manière générale la disposition des végétaux sur la surface du globe dans leur état de nature, et indépendamment des modifications que l'homme y a apportées,
il semble que cette disposition a été déterminée par deux sortes
de causes, que je désignerai sous les noms de causes *géogra-
phiques* et *physiques*. En effet, les pays éloignés les uns des
autres, et sur-tout ceux qui sont séparés par des espaces tels
que les graines des végétaux ne puissent les franchir, présentent des végétations différentes; ainsi, par exemple, quoiqu'il
fût sans doute possible de trouver dans l'Amérique septentrionale certains points tout-à-fait semblables à l'Europe par
la nature du sol, sa hauteur, sa température, on n'y trouveroit pas une seule des plantes qu'on trouveroit dans le lieu correspondant d'Europe. La position géographique de ces deux
pays a donc influé sur le choix des végétaux qui croissent
spontanément dans chacun d'eux. Le globe, considéré sous ce
point de vue, quoiqu'encore imparfaitement connu, présente
un certain nombre de régions botaniques tellement tranchées
qu'on ne peut les méconnoître. La Nouvelle-Hollande, le cap
de Bonne-Espérance, le Sénégal et pays voisins, le bassin de
la Méditerranée, l'Europe septentrionale, semblent en fournir
des exemples qu'il seroit facile de multiplier. Quelques naturalistes, frappés de ce fait général, ont imaginé que dans le
centre de chacune de ces régions se trouvoit une montagne de
laquelle les végétaux de cette région se seroient répandus au
moment ou la surface de la terre auroit été abandonnée par
les eaux; mais il me semble évident, au contraire, que les
montagnes, bien loin d'être des centres de végétation, sont
au contraire des obstacles qui empêchent les végétaux d'un
pays de se propager dans les pays voisins, et doivent par conséquent servir quelquefois de limites aux régions botaniques.
Ces limites sont déterminées en général par quatre causes différentes; savoir, 1° par des déserts sablonneux que les graines

ne peuvent franchir, comme le Sahara ; 2° par des mers trop vastes et trop anciennes pour que les graines d'une rive soient portées à l'autre, comme on le voit dans l'Océan ; la Méditer-ranée au contraire présente la même végétation sur ses deux côtes, et ce n'est pas l'un des moindres argumens de ceux qui prétendent que cette mer a été formée, par un évènement accidentel, à une époque postérieure aux grandes catastrophes générales qui ont donné à notre globe l'aspect qu'il nous pré-sente ; 3° les chaînes de montagnes servent encore de limites aux végétaux, pourvu qu'elles se prolongent dans un espace assez long ; 4° enfin les différences de latitude et de hauteur absolue qui tendent à changer brusquement la température d'un pays à l'autre empêchent les végétaux de l'un d'eux de s'étendre dans l'autre ; mais ces deux dernières causes agissent d'une manière bien moins puissante que les deux premières.

Abandonnons maintenant ces considérations trop générales pour être très précises, et examinons les causes qui dans une même région déterminent la station des plantes dans différens points. Ces causes semblent se réduire à trois principales, la température, le mode d'arrosement, et la nature du sol. Ce sont celles que j'ai désignées plus haut sous le nom de causes physiques.

La température est celle qui exerce l'action la plus évidente sur la végétation. Tout le monde sait que généralement les plantes des pays chauds ne peuvent vivre dans les pays froids, et que réciproquement plusieurs plantes de ceux-ci ne peuvent vivre dans les climats trop chauds ; mais non seulement on doit étudier sous ce rapport la température moyenne des pays, mais on doit même entrer dans quelques détails plus circonstanciés. Il faut examiner, dans chaque pays, la température des diverses saisons ; ainsi le degré moyen du froid de l'hiver est l'une des circonstances qui nous frappe le plus, et à cet égard les moindres différences sont importantes. Les pays où il ne gèle jamais pen-dant l'hiver, ceux ou la gelée n'est jamais assez forte pour at-teindre les sucs stagnans dans l'intérieur des troncs, ceux enfin où la gelée est chaque hiver assez forte pour pénétrer dans le tissu des végétaux, sont trois classes de régions dont la végéta-tion doit différer ; mais l'intensité avec laquelle les différens végétaux, par un effet de leur structure, résistent à la gelée, modifient ces classes générales. Ainsi, en général, les arbres qui perdent naturellement leurs feuilles pendant l'hiver résistent mieux au froid que ceux qui les conservent, et qui ont par con-séquent leur sève encore en mouvement pendant la gelée. Les arbres résineux résistent plus facilement que ceux dont les sucs ne sont pas résineux ; les herbes, dont la tige est annuelle et la racine vivace, résistent mieux au froid que celles dont la tige est vivace; les herbes annuelles qui fleurissent de bonne heure et qui germent avant l'hiver résistent moins facilement aux climats du nord que celles qui fleurissent assez tard pour ne germer qu'au printemps. Les arbres monocotylédones paroissent moins propres à résister au froid de l'hiver que les dicotylédones, ce qui me paroît tenir à ce que la plupart ont leurs feuilles persistantes, et que leur tronc n'est pas revêtu par une écorce qui sert dans les dicotylédones d'habit contre le froid, et qui est organisée d'une manière favorable pour remplir cet objet, soit par la nature de ses sucs, soit par la disposition de ses couches superposées, soit par la carbonisation habituelle de sa surface. Enfin les plantes de nature sèche résistent mieux au froid que celles qui sont charnues ou aqueuses, et dans les hivers, dans les climats secs, le même degré de froid détermine bien plus rarement la gelée des plantes que lorsqu'il arrive dans une époque ou dans un pays humide.

La température du printemps influe beaucoup aussi, et sous d'autres rapports, sur la vie des végétaux: ainsi tout le monde sait que les pays sujets aux gelées tardives du printemps sont plus dangereux pour les végétaux que ceux qui n'ont pas de pareils accidens, lors même que l'hiver seroit moins froid dans les premiers. Les végétaux qui fleurissent et se chargent de feuilles au premier printemps, ceux qui n'ont pas de bourgeons écailleux, périssent plus facilement que les autres dans les pays sujets au retour des froids au printemps. On croit généralement favoriser la végétation des plantes délicates en les exposant au midi, ce qui est vrai dans plusieurs cas, mais ce qui est faux dans les pays sujets aux gelées printanières; dans ceux-ci il convient de placer les plantes délicates de manière à les empêcher de pousser trop tôt, afin que le froid ne les surprenne pas.

La température de l'été, qui ne varie que par l'intensité de la chaleur, ne produit pas des accidens aussi graves que ceux causés par le froid. Cependant cette saison présente encore quelques considérations importantes; lorsque l'été est très chaud et en même temps fort sec, presque toutes les plantes délicates, et sur-tout celles des pays du nord, périssent facilement. Lorsque l'été commence d'une manière très brusque, les jeunes plantes, qui n'ont commencé à germer que depuis peu de temps, périssent par l'effet de la chaleur. Enfin certaines plantes exigent pour le développement de leurs fleurs un degré de chaleur assez élevé, de sorte que lors même que, par la structure de leurs tiges et de leurs feuilles, elles pourroient vivre dans un climat assez froid, elles ne peuvent cependant fructifier que dans un pays dont l'été soit chaud; d'où résulte que dans l'état sauvage leur race seroit promptement détruite dans un climat où elles vivroient sans porter de graines ; dans l'état de culture, au contraire, on multiplie par les boutures, les marcottes, etc. , dans les climats froids , ces plantes qui n'y peuvent produire de graines. L'été présente encore des différences entre les pays dont la température moyenne est la même. Ainsi il est très long dans les pays voisins des tropiques, et dans les plaines ; il est très court dans les pays voisins du pôle, et sur les hautes montagnes. Dans ces dernières contrées il arrive souvent que les plantes annuelles n'ont pas le temps de mûrir leurs graines, et c'est pourquoi on ne voit point de plantes annuelles dans les hautes montagnes et si peu dans les pays très septentrionaux ; la longueur proportionnelle des jours et des nuits est aussi très différente dans les pays voisins de l'équateur ou du pôle, et quoiqu'on n'ait pas encore bien étudié les végétaux sous ce point de vue , on peut déjà présumer, d'après les expériences faites sur l'influence de la lumière , que ces diversités dans la distribution de la chaleur doivent influer sur les végétaux.

L'automne qui est la saison de la maturité des graines est très importante pour les plantes annuelles ; toutes les plantes annuelles à fleur tardive sont naturellement exclues des pays où l'automne est trop pluvieuse pour la maturité de leur graine. Quant aux plantes vivaces cet effet est moins dangereux, parcequ'il suffit que leurs graines mûrissent une fois de temps en temps pour que l'espèce puisse se soutenir dans un pays. Les gelées précoces de l'automne agissent sur les végétaux en sens inverse de celles du printemps.

Il seroit facile de multiplier ces exemples de l'influence que la température de chaque saison exerce sur les végétaux de manière à empêcher telle espèce de plante de croître dans tel climat. Ce que j'en ai dit est peut-être déjà trop développé pour ceux qui ont l'habitude de réfléchir sur ces matières.

On sait généralement que la hauteur du sol au-dessus du niveau de la mer détermine d'une manière assez marquée l'habitation des plantes ; ainsi tout le monde a remarqué qu'en gravissant des montagnes élevées on voit les végétaux généralement confinés entre certaines limites de hauteur. Cette hauteur du sol au-dessus du niveau de la mer agit sur la végétation sous différens points de vue qu'il est nécessaire de distinguer pour se faire une idée exacte du phénomène. La principale de toutes est que la température moyenne va en décroissant d'une manière assez régulière, à mesure que le niveau du sol est élevé au-dessus de la mer, de sorte que la hauteur agit sur la température de la même manière que l'éloignement de l'équateur. Dans les latitudes et les hauteurs moyennes, 200 mètres ou 100 toises d'élévation agissent sur la température à peu près comme un degré de latitude. On conçoit, d'après cela, que les plantes des pays froids doivent naître sur les hautes montagnes à des latitudes fort inférieures à celles où on les trouve ordinairement. C'est ainsi que plusieurs plantes du Groenland et de la Laponie croissent sur les sommités des Alpes et des Pyrénées. Cette hauteur agit encore sur les végétaux, en ce qu'elle les place dans des lieux fort exposés au vent, en ce qu'elle les met à portée d'être arrosés d'eau très fraîche qui provient de la fonte des neiges, et même en ce que pendant l'hiver ces plantes sont couvertes d'une couche épaisse de neige qui les garantit des gelées trop intenses. C'est pour cette dernière cause que certaines plantes alpines gèlent en hiver dans des climats beaucoup moins froids que leur climat natal. Jusqu'ici nous avons vu que la hauteur absolue du sol n'influe sur les végétaux que d'une manière indirecte, c'est-à-dire par la diminution de température qui y est réunie; mais la diminution de la densité de l'air agit-elle réellement sur les végétaux? C'est une question délicate et qui me paroît loin d'être résolue. La rareté de l'air laisse, comme on sait, un passage plus libre aux rayons solaires; de sorte que leur action est plus vive sur les hautes montagnes que sur les plaines; et par conséquent la végétation, toutes choses d'ailleurs égales, doit être plus active dans les pays élevés que dans les pays bas, comme l'expérience paroît le prouver : le même effet est produit dans les pays du nord par la longueur des jours. D'un autre côté, les végétaux ont besoin d'absorber une certaine quantité de gaz oxygène dans l'air pendant la nuit; et comme ils en trouvent moins dans l'air plus rare des montagnes, ils doivent y vivre ou plus languissamment ou plus difficilement. Il semble, d'après les expériences de M. Théod. de Saussure, que les plantes qui croissent le mieux dans les hautes Alpes sont celles qui ont besoin d'absorber une moindre quantité d'oxygène pendant la nuit : la brièveté des nuits des pays voisins des pôles les assimile encore aux hautes montagnes sous ce point de vue. Ce n'est que sous ces deux rapports que je puis concevoir l'action directe de la rareté de l'air sur les végétaux; et ces deux causes me paroissent bien foibles, comparées à l'action puissante que la température exerce sur eux. On trouve au reste de grandes anomalies dans la hauteur comparative à laquelle la même plante parvient dans diverses circonstances. Dans les pays situés sous l'équateur, les deux côtés de la montagne ont sensiblement la même température, et celle-ci est uniquement déterminée par la hauteur. C'est pour cette raison que M. de Humboldt a trouvé tant de fixité dans la hauteur à laquelle les plantes croissent sur les montagnes de l'Amérique méridionale, et qu'il a pu en tracer le tableau inté-

ressant qu'on peut voir dans sa Géographie des Plantes; mais
il en est autrement des pays éloignés de l'équateur. Dans ceux-
ci, le flanc méridional d'une montagne a une température différente du flanc septentrional; de sorte que les hauteurs auxquelles les plantes croissent sur ces deux côtés sont nécessairement différentes.

Le mode d'arrosement naturel des végétaux est une circonstance qui influe puissamment sur la facilité avec laquelle chaque plante peut croître dans tel ou tel terrain; et à cet égard
l'eau agit sous divers rapports sur la végétation. La quantité
absolue d'eau dont les plantes ont besoin pour leur nourriture
est variable selon leur tissu, et chacun sait combien les différences sont grandes à cet égard : certaines plantes veulent
être plongées dans l'eau; d'autres flotter à sa surface; celles-
ci croître sur le bord de l'eau, et avoir leurs racines toujours humectées; celles-là vivre dans un sol ou légèrement
humide ou presque sec. A cet égard, les plantes qui résistent
le plus facilement à l'extrême sécheresse sont, 1° les arbres et
les herbes à racines très profondes, parceque celles-ci peuvent
toujours trouver un peu d'humidité dans la couche inférieure
du sol; 2° les plantes qui évaporent très peu par leur surface,
ou en d'autres termes qui sont munies d'un petit nombre de
pores corticaux, telles sont les plantes grasses, qui peuvent
par cette raison passer plusieurs mois sans être arrosées. Les
causes d'après lesquelles certains végétaux peuvent résister à
la décomposition pendant un séjour prolongé dans l'eau ne
sont pas si faciles à déterminer. Nous voyons que la plupart
de ces plantes aquatiques secrètent de leur surface une
espèce d'humeur visqueuse qui paroît l'oindre et les garantir du contact immédiat de l'eau; mais deux plantes qui,
par la nature de leur tissu, ont besoin d'une égale quantité
d'eau, exigent souvent qu'elle leur soit apportée d'une manière différente : les unes vivent de préférence dans un terrain continuellement imbibé d'une douce humidité; d'autres
préfèrent ceux qui sont très secs pendant une partie de l'année,
et sont comme inondés dans d'autres saisons; celles-ci aiment
à croître dans un terrain qui leur cède facilement l'humidité;
celles-là dans un sol qui la retienne obstinément : on en voit
qui préfèrent recevoir l'eau par leurs racines, et d'autres par
leur surface entière. Ces diverses circonstances sont certainement déterminées par l'organisation, mais elles échappent
encore à nos moyens anatomiques.

L'eau est le véhicule qui transporte dans les végétaux toutes
les matières utiles à leur nutrition, et par conséquent la nature
des substances dissoutes dans l'eau doit influer puissamment
sur la possibilité qu'auront certains végétaux à croître dans

certains lieux. Les différences à cet égard sont beaucoup moins grandes qu'on ne pourroit le penser, parceque les alimens des végétaux varient peu d'espèce à espèce : la plus remarquable est celle qui provient de la dissolution du sel marin dans l'eau ; c'est ce qui arrive au bord de la mer et des salines. Un grand nombre de végétaux ne peuvent vivre dans un pareil terrain ; quelques uns au contraire y prospèrent mieux qu'ailleurs, et c'est pour cette raison que les plantes du bord de la mer, et celles qui croissent dans les marais salés de l'intérieur des terres, sont les mêmes. Les autres substances dissoutes dans l'eau dans l'état naturel paroissent avoir moins d'influence sur la végétation ; cependant c'est probablement à quelque circonstance analogue à celle-ci qu'on doit rapporter quelques habitudes bien connues de certaines plantes, telles que celles de vivre au bord des vieux murs, ou auprès des cabanes des pasteurs dans les montagnes. L'abondance et la qualité de la nourriture qu'on donne aux plantes est très importante pour l'agriculteur qui veut non seulement voir les plantes vivre, mais encore les voir prospérer, tandis que dans l'état sauvage les plantes naissent indifféremment par-tout où elles peuvent exister. Il résulte de là que l'étude des terrains divers influe moins sur les lois de la géographie botanique que sur celles de la géographie agricole ; il en résulte aussi que c'est souvent une mauvaise méthode de culture que d'imiter trop exactement la nature du sol où la plante croissoit dans son état sauvage.

La nature du sol influe sur l'habitation des végétaux sous différens points de vue. Ainsi le degré de sa mobilité ou de sa ténacité est une circonstance essentielle à étudier pour concevoir les causes des habitudes des plantes : les terrains sablonneux sont ceux qui présentent un plus grand nombre de végétaux qui leur soient propres. En effet, tous les arbres élevés dont les racines ne sont pas très considérables et ramifiées, toutes les herbes à larges feuilles en sont exclues, parceque ces plantes, qui offrent beaucoup de surface au vent, seroient trop vite déracinées dans un terrain mobile. Certaines plantes à racines très délicates ne peuvent vivre que dans des terrains assez légers pour ne pas présenter d'obstacles, tels sont les protea, qui ont la plupart de leurs racines revêtues d'une écorce charnue et facile à altérer ; telles sont encore, par une circonstance inverse de celle-ci, les bruyères, qui ont des racines grêles, sèches et singulièrement fragiles : ces plantes sont celles qu'on trouve dans la nature, et qu'on cultive dans le terreau de bruyère. Les végétaux qui croissent dans les rochers ont des racines généralement fortes et comme ligneuses ; les plantes qui, comme les bulbes, poussent chaque année des feuilles qui ont besoin de percer la terre, ne peuvent vivre que dans un terrain léger. Il seroit facile de multiplier ces exemples. J'en ai dit assez, je pense, pour prouver que le degré de ténacité du sol doit influer beaucoup sur le choix des végétaux qui peuvent vivre dans chaque localité.

Mais ici se présente une nouvelle question, c'est de savoir si la nature chimique des terres qui composent la base du sol influe sur la distribution générale des plantes. Si l'on considère les plantes dans l'état de culture, cette circonstance doit être prise en considération, ne fût-ce que pour modifier un peu la culture, selon les circonstances. Dans l'état naturel, cette différence peut bien avoir quelque action sur la végétation. En effet, les terres étant douées à des degrés différens de la propriété d'absorber, de retenir et de lâcher l'humidité, de se réduire en sable ou en gravier, de s'échauffer plus ou moins par les rayons solaires, etc., ces circonstances peuvent influer sur la végétation. Il me semble cependant que cette action est bien foible dans la réalité. En effet, les plantes ne croissent que dans le terreau, lequel est toujours composé d'un mélange de plusieurs terres. Sans doute tel terrain convient mieux à telle ou telle plante; mais la différence n'est jamais assez grande pour que celle-ci ne puisse pas vivre lorsque le hasard aura fait développer ses graines sur un autre terrain : aussi quoique certains végétaux soient plus communs dans tel terrain, je puis assurer qu'à l'exception de certaines plantes rares (qui doivent par cette raison être exclues de l'examen actuel) je ne connois aucune plante qui soit spécialement confinée à certains terrains. Ainsi quoique le buis soit très commun dans les terrains calcaires, on le trouve en assez grande quantité dans un terrain schisteux, près de Gèdres dans les hautes Pyrénées, et dans un sol granitique en basse Bretagne, près de Vannes; quoique le châtaignier se plaise particulièrement dans les terrains argilo-quartzeux, on le trouve aussi dans le pied du Jura qui est calcaire, dans les terrains volcaniques de l'Etna, etc. Si l'on examine l'ensemble de la végétation de la France, on se convaincra davantage du peu d'importance que la nature chimique des terrains a dans la géographie botanique ; ainsi on trouveroit à peine quelque plante du Jura, lequel est tout calcaire, qui, selon les circonstances, ne se trouvât ou dans les Vosges qui sont toutes granitiques, ou dans la partie granitique des Alpes.

La lumière est un des corps qui influe le plus puissamment sur la vie des végétaux, et, à cet égard, comme à tous les autres, il se présente des variations dans la structure des plantes qui influent sur leur habitation. Certaines, telles que les champignons, n'ont pas besoin de l'intermède de la lumière pour décomposer le gaz acide carbonique; celles-là peuvent vivre indifféremment dans des lieux peu ou point éclairés. Dans celles même des plant s qui, étant de couleur verte, ont besoin de l'action de la lumière, on conçoit que l'intensité nécessaire à chacune d'elles peut être différente, et que par conséquent quelques unes auront besoin de vivre dans des lieux très ombragés, tandis que d'autres exigeront l'action de la lumière directe du soleil ; ce qui nous explique pourquoi certaines plantes croissent à l'ombre des forêts, et certaines sous le soleil le plus brûlant. Je crois que la grande difficulté qu'on éprouve à cultiver les plantes alpines dans les jardins de la plaine est de leur donner à la fois la température fraîche et la lumière intense qu'elles trouvent sur les hautes montagnes.

Nous venons de parcourir les principales causes qui influent sur la végétation. Pour nous faire une idée de leur manière d'agir, représentons-nous que chaque année une énorme quantité de graines produites par les végétaux existans sont répandues sur la surface du globe, et dispersées par les vents et par diverses causes : toutes celles de ces graines qui tombent dans un lieu propre à la vie de l'espèce à laquelle elles appartiennent se développent ; ensuite parmi les graines nées sur le même terrain les plus fortes, les plus grandes, celles enfin auxquelles ce terrain convient le mieux s'y développent en nombre et en dimensions, et étouffent les autres. Telle est la marche générale de la nature ; c'est par l'effet de ce mécanisme qu'on conçoit pourquoi plus un pays ou un terrain est favorable à la végétation, plus le nombre des espèces y est considérable ; tandis qu'au contraire, dans les terrains de médiocre qualité, on ne trouve qu'un petit nombre d'espèces qui se développent bien et étouffent toutes celles auxquelles ce terrain ne convient que médiocrement. Ces causes générales agissent depuis si long-temps, que la plupart des espèces sont maintenant fixées, et qu'on ne les voit guère se propager hors de leur pays natal autrement que par la main des hommes. *Voyez* ASSOLEMENT.

§. 2. GÉOGRAPHIE BOTANIQUE DE LA FRANCE. Sous le rapport de la végétation, la France peut se diviser en cinq grandes régions déterminées par la majorité des plantes propres à chacune d'elles : savoir, la région *maritime*, qui s'étend tout du long des bords de la mer et dans les salines de l'est ; la région *méditerranéenne*, qui s'étend le long de la Méditerranée, et est bornée par les Pyrénées, les Corbières, la Montagne Noire, les Cevennes, les Alpes et les Apennins ; la région *des montagnes*, qui comprend les sommités des Alpes, des Pyrénées, du Jura, des Monts-d'Or, des Vosges, des Cevennes et des Apennins ; la région *occidentale*, qui va du pied des Pyrénées jusqu'en Bretagne ; et la région *des plaines*, qui occupe toutes les vastes plaines de l'est et du nord.

La région des plantes maritimes est la plus prononcée de toutes, parcequ'elle est déterminée par la nature même de l'aliment nécessaire à ces végétaux ; aussi ces plantes se trouvent-elles loin de la mer par-tout où il y a de l'eau salée ; ainsi les salicornes, et plusieurs autres plantes maritimes, croissent à Dieuse en Lorraine, dans les marais salés. Hors ce cas très naturel, je n'ai vu qu'un petit nombre de plantes vraiment maritimes s'éloigner de la mer : ainsi le *salsola tragus* remonte le long des graviers du Rhône jusqu'à Avignon, et même jusqu'à Pierre-Benite, près Lyon, mais en bien petite quantité. J'ai retrouvé quelques pieds du *tamarix gallica* entre Trobe et Carcassonne, au pied d'un côteau ; j'ai trouvé le *cochlearia officinalis* à la montagne de Neouviella, dans les Pyrénées, à plus de vingt myriamètres directs de la mer, et à environ seize cents mètres au-dessus de son niveau. Les autres exceptions qu'on pourroit indiquer sont plus apparentes que réelles ; on abuse beaucoup en botanique du terme de maritime. Il existe en effet trois sortes de stations sur les bords de la mer : 1° les plantes croissent dans la vase salée ou dans un terrain humecté d'eau salée ; 2' on les trouve sur les rochers au bord de la mer, dans des lieux où elles ne peuvent absorber d'eau salée par leurs racines, mais où cependant l'influence de la mer se fait sentir sur leur feuillage, qu'elle rend glauque et plus charnu ; mais plusieurs des plantes de cette classe ne sont pas essentiellement maritimes, telles que le *scabiosa maritima*, le *galium maritimum*, qui viennent indifféremment loin et près de la mer ; 3° il est une classe de plantes qui croissent dans les sables mobiles au bord de la mer. Parmi celles-ci les unes ont des racines très profondes, et qui parviennent jusqu'à l'eau salée ; on ne les trouve jamais qu'au bord de la mer, par exemple, l'*echinophora spinosa*, l'*eryngium maritimum*, etc. ; les autres ont des racines superficielles, ne se nourrissent point d'eau salée, et viennent dans le sable, souvent loin de la mer ; telles sont *corrigiola littoralis*, *silene bicolor*, etc.

La région *méditerranéenne* a reçu ce nom parceque les mêmes végétaux ou des végétaux peu différens entre eux occupent presque toute l'enceinte de la Méditerranée. En France, cette région est circonscrite par les Pyrénées, les Corbières, les Montagnes Noires, les Cevennes, les Alpes, les Apennins ; par-tout où cette chaine existe bien prononcée, on voit le passage presque subit d'une région à l'autre. Toutes les plantes vraiment méditerranéennes occupent le revers méridional de la montagne, et les plantes des plaines ou des basses montagnes occupent le revers septentrional. Au contraire, dans les lieux où la chaîne des montagnes s'abaisse, les plantes méditerranéennes dépassent quelquefois leurs limites naturelles ; ainsi quelques unes d'entre elles s'avancent jusque dans le bas Dauphiné, au travers de la fissure qui donne passage au Rhône. Mais le canton où la limite de la région méditerranéenne est la moins prononcée, c'est l'espace qui se trouve entre les Montagnes Noires et les Corbières. Il existe entre ces deux chaînes une petite crête qui n'a que deux cents mètres de hauteur ; c'est celle que le canal des deux mers franchit à Naurouse. Toute la partie à l'est de cette petite chaîne doit appartenir à la région de la Méditerranée ; mais comme cette partie n'est point abritée des vents, l'olivier et plusieurs plantes délicates du midi ne peuvent parvenir jusqu'à la limite, et ne passent guère Carcassonne. D'un autre côté, comme cette limite est peu prononcée, plusieurs plantes méditerranéennes plus dures la franchissent, et parviennent dans le bassin de la Garonne et du Tarn ; ce bassin est lui-même abrité du nord par la chaîne de collines qui, commençant au nord-est d'Albi, accompagne la rive droite du Tarn jusqu'à sa jonction avec la Garonne et la rive droite de la Garonne jusqu'au-delà d'Agen. Ce bassin est remarquable en ce qu'on y trouve éparses çà et là des plantes méditerranéennes qui, ayant franchi leurs limites, se sont naturalisées au milieu d'une végétation qui rappelle d'ailleurs celle des plaines du nord de la France. Mais je reviens à la circonscription des plantes méditerranéennes ; elles occupent toutes les basses Corbières et toute la plaine du Roussillon. Toute la portion des Pyrénées voisine de la mer n'offre que les plantes des garigues du Languedoc. La région méditerranéenne se prolonge dans la France italienne au sud de l'Apennin ; et plus l'espace entre l'Apennin et la mer est resserré, plus le climat de cet espace est chaud. Quoique la région méditerranéenne soit bien prononcée, on pourroit la diviser en trois provinces ; 1° celle du Languedoc, qui comprend le Roussillon et la partie de la basse Provence, à l'ouest de Toulon : on y trouve en abondance le *quercus coccinellifer*, le *rhamnus infectorius*, et toutes les espèces désignées par les botanistes sous les épithètes de *monspeliensis* ou *narbonensis*. 2° L'espace compris entre Toulon et l'extrémité de l'état de Gênes, près Chiavari ; l'oranger, le caroubier et le dattier y viennent en pleine terre : on y trouve sauvages le *chamærops humilis*, les *euphorbia dendroïdes* et *spinosa*, le *galium rubrum*, etc. 3° Le pays qui s'étend de Sarzane à l'extrémité de la Toscane, en en exceptant les sommités des Apennins, est moins chaud, quoique plus méridional que le précédent : on y trouve communément le *scabiosa uxireta*, le *satureia juliana*, le *statice denticulata*, etc. Dans toute la région méditerranéenne, les plantes qui lui sont propres s'élèvent sur les montagnes qui lui servent de limites jusqu'à la hauteur d'environ cinq cents mètres : on ne trouve au-dessus que des plantes de pays beaucoup plus froids; et dans presque toute cette longue chaine on voit l'aspect de la végétation changer assez subitement à la hauteur de cinq cents mètres environ. Dans cette région, et sur-tout près des côtes, on trouve un très grand nombre de végétaux qu'on avoit long-temps regardés comme tout-à-fait propres à la Barbarie.

La *région montagnarde* est moins prononcée que les deux précédentes. Elle se compose des sommités des Alpes, des Pyrénées, des Monts-d'Or, des Apennins, des Cevennes, des Vosges et du Jura, qui sont plus élevées au-dessus de la mer que cinq à six cents mètres; mais cette limite est peu précise par les causes que j'ai indiquées plus haut. Une observation constante, c'est que la végétation des vallées est toujours analogue avec celle des plaines où les vallées aboutissent. Ainsi les vallées des Pyrénées orientales qui descendent dans le Roussillon présentent toutes les plantes méditerranéennes: celles de l'Arriège et de la Haute-Garonne ont les végétaux communs dans la plaine de Toulouse, et celles des Hautes-Pyrénées et des Basses-Pyrénées, dont les eaux se dirigent vers l'Adour, participent à la végétation de l'ouest. Quoique je n'ose séparer toutes les hautes montagnes, à cause de leur extrême analogie entre elles, je dois cependant observer que les Pyrénées et les Alpes ont chacune un grand nombre de végétaux qui leur sont propres. Si l'on vouloit diviser les plantes montagnardes en classes d'après leur station, on devroit distinguer celles qui croissent dans les montagnes où la neige est perpétuelle, et celles qui croissent dans les montagnes où la neige n'est pas perpétuelle. Cette différence en établit une très grande dans la vie des plantes.

La *région occidentale* est plus prononcée qu'on ne pourroit le croire; mais elle l'est moins cependant que les précédentes: si je voulois désigner cette région par une plante qui y fût partout très commune, et qui manquât dans tout le reste de la France, je choisirois l'*erica ciliaris*, arbrisseau dont les fleurs éclatantes décorent dans toute cette région la triste stérilité des landes; cette région s'étend depuis les Pyrénées jusqu'à la petite chaîne des montagnes d'Arasse, qui occupe le centre de la Bretagne; sa largeur est variable, selon que le terrain est plus ou moins plat, et cette circonstance rend la limite de cette région peu prononcée; les causes physiques qui donnent à la végétation de cette partie de la France un aspect particulier sont le peu d'élévation du sol au-dessus du niveau de la mer ; l'exposition des Pyrénées qui, en garantissant les landes du midi, les rend moins chaudes qu'elles ne devroient l'être, et diminue la différence que la latitude sembleroit devoir établir entre le sud et le nord de cette région ; l'influence uniforme des vents d'ouest très communs dans toute cette partie de l'Europe ; enfin l'uniformité de température produite par le voisinage de la mer ; et la mer agit ici sous deux rapports, comme masse considérable dont la température varie peu, et qui sert à maintenir les corps environnans à son niveau ; comme surface liquide, qui est plus sujette à l'évaporation pendant l'été que pendant l'hiver, et par conséquent tend à rafraîchir l'air d'autant plus qu'il est plus chaud. On conçoit au reste que les causes qui déterminent la ressemblance des végétaux des départemens des Landes et du Morbihan doivent agir d'une manière analogue sur le reste de l'Europe occidentale : aussi trouve-t-on dans la région de l'ouest plusieurs plantes de Portugal, telles que *ophioglossum lusitanicum*, *pinguicula lusitanica*, etc., et quelques autres qui croissent spontanément en Islande, telles que l'*arbutus unedo*, le *menziesia dabœcia*, etc. En général la région de l'ouest présente des hivers plus doux et des étés moins chauds qu'on ne les trouveroit à latitude égale dans la région des plaines ; les végétaux du midi y vivent plus certainement à cause de la douceur de l'hiver, mais leurs fruits y mûrissent plus difficilement à cause de la moindre chaleur de l'été. Ajoutons encore que le vrai pin maritime et le chêne tauzin sont les deux grands arbres qui forment les forêts de cette région, et qu'ils manquent dans le reste de la France.

Quant à la région des plaines, il me paroît inutile d'entrer dans aucun détail à son égard ; elle est suffisamment caractérisée par l'absence des circonstances propres à chacune des précédentes.

§. 3. Considérations sur la géographie agricole de la France. Plusieurs de ceux qui ont écrit sur l'agriculture de la France d'une manière générale ont compris combien il seroit intéressant de pouvoir diviser la France en un certain nombre de régions agricoles, de manière à présenter l'ensemble de son agriculture avec clarté et brièveté ; mais cette entreprise présente des difficultés, et qui tiennent à la nature même du sujet. En effet l'agriculture n'est point un art simple, mais la réunion d'un grand nombre d'opérations qui dépendent de principes totalement différens les uns des autres ; de sorte que lorsqu'on divise la France sous un certain point de vue, on est obligé de négliger l'examen de tous les autres ; tandis que si l'on cherche à saisir une moyenne entre ces différens points de vue, on tombe absolument dans le vague et l'incertain. Il faudroit d'abord pouvoir bien distinguer pour chaque pays ce qui, dans le choix des objets ou des moyens de culture, est dû à des circonstances purement physiques ou à des circonstances morales. Je m'explique : la culture de chaque province se détermine, 1° par le climat; 2° par la nature du sol; 3° par la routine qui existe toujours chez les cultivateurs, et cette routine, bien qu'elle soit elle-même un résultat de l'expérience de leurs pères relativement à la nature physique du pays, dépend aussi de plusieurs autres causes, telles, par exemple, que les législations qui ont régi cette province pendant des temps plus ou moins longs, et qui ont fait naître ou ont étouffé tel ou tel usage ; les relations commerciales que cette province a eues, lesquelles ont établi dans certains climats des cultures qui y ont été une fois avantageuses et qui ont cessé de l'être ; les colonisations de peuplades étrangères qui, venant s'établir dans le pays, y ont apporté des usages calculés sur la nature physique de la patrie que la colonie a abandonnée, plutôt que sur celle de celui où elle arrive. Enfin l'influence plus ou moins considérable des hommes qui, par leurs lumières et leur importance, ont pu modifier les usages établis. 4° La culture est encore jusqu'à un certain point soumise à l'action actuelle des circonstances politiques, commerciales et morales que je viens d'énumérer. La réunion de toutes ces causes, qui se compliquent à l'infini, rend une géographie agricole presque impossible à faire avec exactitude ; pour y parvenir, il faudroit faire autant de classifications différentes qu'il existe d'objets dans l'agriculture. Rozier a bien senti l'hétérogénéité des principes qui influent sur l'agriculture ; mais lorsqu'il a voulu établir les régions agricoles déterminées par les circonstances physiques, il nous paroît s'être attaché à une idée essentiellement vicieuse ; il a divisé la France d'après les bassins déterminés par les diverses chaînes de montagnes et indiqués par le cours des rivières : il divisa la France en quatorze bassins dont quatre grands, ceux du Rhône, de la Seine, de la Loire et de la Garonne, et dix petits ; savoir, ceux de la Basse-Provence, du Bas-Languedoc, de la Navarre, des landes de Bordeaux, de la Saintonge, de la Bretagne, de la Picardie, de l'Artois, de la Meuse et de la Moselle: Mais quel rapport peut-il exister entre la culture et la présence de telle ou telle rivière ? Qu'ont de commun, par exemple, les pays situés dans la vallée du Rhône ? On y trouve trois ou quatre agricultures entièrement différentes par la nature des plantes cultivées et par les méthodes de culture.

Rozier et Arthur Young se sont plus rapprochés de la nature lorsqu'ils ont divisé la France d'après la culture générale de certains végétaux, qui déterminent pour ainsi dire la moyenne du climat et l'aspect général de chaque pays. Nous

suivrons ce principe, en nous permettant quelques modifications aux classes établies par ces célèbres agronomes. Je divise,
relativement aux plantes cultivées, et par conséquent aussi relativement au climat, la France en sept régions ; savoir, celles
des orangers, des oliviers, du maïs, de la vigne, des pommiers
à cidre, des montagnes, enfin des plaines du nord.

La *région des orangers* existoit à peine dans l'ancienne
France : elle comprend les points les plus abrités de la France
méditerranéenne ; elle commence à Hyères, et se prolonge à
l'est dans les vallons abrités du nord, et ouverts au midi des
départemens des Alpes maritimes, de Montenotte et de Gênes.
Je ne comprends dans cette région que les points où les orangers viennent en pleine terre, et non les pays où, comme à
Perpignan, à Montpellier, à Toulon même et à Pise, on ne
les peut conserver qu'en espalier, et même souvent en les couvrant de paille pendant l'hiver. Dans la région des orangers
se trouvent d'autres cultures qui seroient impossibles dans le
reste de la France ; savoir, celle du caroubier, qu'on trouve
principalement entre Nice et Monaco ; celle du dattier, qui
est sur-tout très abondant à la Bordighiera ; celle enfin des
citronniers et des cédrats, qu'on trouve mêlés avec les orangers
dans plusieurs vallons de la rivière de Gênes. C'est dans cette
partie qu'on doit tenter la naturalisation des plantes des pays
les plus chauds.

La *région des oliviers* correspond exactement avec ce que
j'ai désigné, dans l'article de la géographie botanique, sous le
nom de région méditerranéenne : elle commence à l'est des
Pyrénées et des Corbières, et se prolonge au sud de la Montagne
Noire, des Cevennes, des Alpes, de l'Apennin. Dans toute
cette vaste étendue les oliviers occupent les coteaux et les
plaines un peu sèches. Ils s'élèvent sur les revers des montagnes et dans les vallées jusqu'à la hauteur d'environ cinq cents
mètres ; sur les limites, soit en hauteur, soit en étendue de la
région, les oliviers sont sujets à geler dans les hivers trop
froids ; cette circonstance détermine la fixité de cette limite,
qui ne paroît pas avoir sensiblement changé depuis deux mille
ans. Dans la région des orangers les oliviers acquièrent une
grandeur extraordinaire et ne gèlent jamais : dans la région
des oliviers sans orangers, les premiers gèlent quelquefois, et
n'atteignent jamais une grandeur aussi considérable que dans
la rivière de Gênes. Avec les oliviers se trouvent plusieurs
autres cultures qui sont nécessairement exclues du reste de la
France ; telles sont le caprier, qu'on cultive sur-tout à Toulon et en Toscane ; le grenadier, qui forme les haies près de
Montpellier, et dont les fruits mûrissent sur-tout à Toulon ; le
jujubier, qu'on cultive dans tout le Bas-Languedoc et la Pro-

vence, etc. On y trouve sauvages un grand nombre de végétaux dont les agriculteurs savent tirer parti ; tels sont le tournesol des teinturiers, le redoul (*coriaria myrthifolia*), le chêne au kermès, le nerprun des teinturiers, le garou, les lavandes, le cade, le thym, la sauge, et un grand nombre d'autres qui sont autant d'objets de récolte et d'exportation de la région des oliviers ; on peut espérer d'y acclimater avec succès la plupart des cultures et des végétaux de la Barbarie, de l'Orient, plusieurs des plantes du cap de Bonne-Espérance et du Japon.

La *région du maïs* est moins prononcée que les deux précédentes, parceque le maïs, étant annuel, ne nous indique que la température de l'été et non celle de l'hiver ; c'est par cette raison qu'il prospère également dans des pays très différens les uns des autres ; on le trouve en grande culture dans tout le bassin de la Garonne, dans la Bourgogne, une partie de la Franche-Comté et le Piémont ; on le retrouve encore cultivé en grand, mais principalement pour l'usage de la volaille, dans les environs du Mans, beaucoup au nord de la limite qui lui est tracée par Arthur Young. Le maïs peut se cultiver dans les montagnes à une assez grande hauteur ; j'en ai trouvé dans les Pyrénées occidentales à une élévation que je n'ai pu mesurer exactement, mais que je ne puis estimer moindre de mille mètres. Dans la même région où le maïs prospère, on peut employer les terrains inondés à la culture du riz, comme on le voit en Piémont et comme on l'avoit tenté en Bourgogne, où on y a renoncé à cause de l'insalubrité que cette culture occasionne.

La *région des vignes* parvient plus loin, vers le nord, que les précédentes ; à l'ouest de la France la vigne parvient jusqu'à Susinio et Trenier en Basse-Bretagne ; si l'on suit sa limite septentrionale en allant à l'est, on la retrouve à Tillière entre Verneuil et Nonancourt, à Coucy au nord de Soissons, et sur les rives de la Moselle et du Rhin. Il est remarquable que cette culture atteint plus loin vers le nord du côté de l'est que du côté de l'ouest de la France ; cette circonstance, bien remarquée par Arthur Young, tient à la réunion de plusieurs causes : 1º la culture des pommiers à cidre s'étant établie en Bretagne, celle de la vigne y a été moins profitable et a été abandonnée, car il paroît par d'anciennes chartes qu'il existoit de la vigne en Bretagne et même en Normandie ; 3º les provinces de l'ouest ont par les causes énumérées plus haut des hivers moins froids et des étés moins chauds que celles de l'est ; or la vigne ne craignant point le froid de l'hiver peut venir indifféremment dans les deux pays, mais son fruit doit mûrir plus complètement à latitude égale dans les provinces de l'est, et comme cette maturité est la circonstance la plus essentielle pour le cultivateur,

il est naturel que la culture se soit plus avancée au nord vers
l'est que vers l'ouest. Quant à la limite de hauteur que la vigne
peut atteindre, je la crois un peu inférieure à celle du maïs;
les vignes les plus élevées que je connoisse ne dépassent pas sept
cents mètres de hauteur. La culture de la vigne se présente sous
des formes très différentes; dans la Toscane on la fait monter
sur les arbres et on établit des festons de vigne d'un arbre à
l'autre; dans le Piémont et plusieurs parties de la Provence
et du Dauphiné on la cultive en hutins, c'est-à-dire en lignes
séparées par des espaces cultivés en céréales; dans le Languedoc on la cultive en vignes proprement dites, en ayant
soin d'espacer beaucoup les ceps et de laisser les sarmens traîner à terre sans soutien; enfin dans presque tout le reste de la
France on la cultive en vignes proprement dites et en ayant
soin de soutenir chaque cep avec un échalas; il seroit facile
de montrer que ces différences sont liées avec les différens
climats.

La *région des pommiers à cidre* est plutôt déterminée par
l'usage que par la nature; elle occupe les ci-devant provinces
de la Bretagne, de la Normandie, et la partie occidentale de
la Picardie; elle se lie presque nécessairement avec un système
de culture très différent de celui des pays de vignobles; elle
suppose des pays plats et dont l'été n'est pas très chaud.

La *région des montagnes* est bien caractérisée; elle occupe
toutes les sommités des Alpes, des Pyrénées, des Cevennes,
des Monts-d'Or, des Vosges, du Jura et de l'Apennin, qui sont
au-dessus de cinq à sept cents mètres; ces sommités ont pour
principaux produits ceux des forêts et des prairies naturelles;
parmi les plantes alimentaires on n'y peut cultiver que le seigle,
le sarrasin, la pomme de terre, le chou, etc.; dans l'Apennin
le châtaignier y forme la base des forêts et la principale culture; dans les Alpes, les chênes, les hêtres, les pins, les sapins, les mélèzes, forment les forêts selon les diverses hauteurs;
dans les Pyrénées les chênes et les pins à crochet remplissent
la même utilité : les prairies naturelles présentent dans toutes
ces montagnes beaucoup d'analogie quant aux plantes qui les
composent et à l'usage qu'on en tire.

Enfin la *région des plaines du nord* comprend la Belgique,
la Flandre, l'Artois et les provinces situées vers le nord de la
Meuse, de la Moselle et du Rhin, où la vigne n'est pas parvenue; la culture générale de ces provinces est celle des céréales et des prairies, la boisson habituelle est la bière, pour
la fabrication de laquelle on cultive le houblon et l'orge. Les
produits de cette région sont moins nombreux, mais plus sûrs
que ceux des provinces méridionales; la culture y est généra-

lement mieux soignée ; elle y est peut-être plus facile, parceque le climat y offre moins de variations que dans le midi.

Je pense que les sept régions que je viens d'indiquer font
assez bien connoître la culture générale et le climat de la
France ; cependant, pour tracer une vraie géographie agricole,
il faudroit comparer toutes les provinces relativement aux assolemens , aux instrumens de culture , aux enclos, etc., etc.
J'indique ces objets de recherches pour que le lecteur sente
qu'on ne doit pas prendre d'une manière trop absolue les divisions que j'ai tracées plus haut , mais je n'ose me livrer à aucun détail sur ces matières, soit à cause de leur difficulté , soit
dans la crainte de prolonger au-delà des bornes un article déjà
peut-être très long. (DEC.)

GÉOLOGIE. C'est la science qui apprend à connoître la
composition des couches de la terre et les différens phénomènes
qu'elles présentent. Elle est très utile aux agriculteurs, puisque
c'est sur la terre qu'ils agissent, que chaque terre a des qualités
qui lui sont propres, et que le mélange de différentes terres
augmente presque toujours leur fertilité. Je ne puis cependant
que leur donner ici un rapide énoncé de ce qu'elle comprend.
Je renvoie aux écrits de Lamétherie, de Faujas, d'A. Bron-
gniart, etc., et des autres savans, ceux qui voudroient l'étudier
avec toute l'étendue nécessaire.

Rechercher comment et pourquoi le globe terrestre existe
est une chose complètement futile , puisqu'il est impossible de
se former des idées positives sur cet objet. Il est de la suprême
sagesse de l'homme qui aime réfléchir de savoir ignorer les
causes premières, et de porter toute son attention sur l'étude
des phénomènes généraux, ainsi que sur le détail des rapports
et des différences que présentent la nature des substances et
l'immense quantité d'êtres qui existent.

Les divers systèmes qui, dans tous les temps, ont été publiés
sur cet objet, ne méritent sous aucun rapport l'attention des
hommes raisonnables. Ce sont des romans plus ou moins
ingénieux, plus ou moins agréablement écrits, mais qui n'ont
aucune base réelle.

On ignore encore quelle est la nature du noyau du globe
terrestre ; c'est par conséquent à sa croûte que je bornerai
mes recherches.

Les matières qui composent les couches supérieures de la
terre présentent des faits qui prouvent d'une manière indu-
bitable qu'elle a été formée dans l'eau, et cela successivement, c'est-à-dire que ces matières , ou quelques unes de ces
matières, offrent des cristaux qui donnent encore à l'analyse
ce qu'on appelle leur eau de cristallisation , que telle de ces
matières est toujours recouverte par telle autre et ne la re-

couvre jamais, que toutes forment des couches plus ou moins
régulières, plus ou moins horizontales, plus ou moins épaisses.

L'observation nous a appris de plus que ces matières se
sont déposées dans l'ordre suivant : 1° le granit ; 2° le gneiss ;
3° les schistes ; 4° les calcaires anciens; 5° les grès ; 6° les argiles anciennes ; 7° les calcaires secondaires ; 8° les argiles secondaires ; 9° les couches d'alluvion, c'est-à-dire les sables, les
marnes, les terres géoponiques, etc. Je ne mentionnerai pas ici
une infinité de substances qui se trouvent mélangées avec celles
ci-dessus, et qui s'y rapportent; mais je dois parler encore des
métaux qui se trouvent le plus souvent dans des fentes, qu'on
appelle *filons*, ou en couches, ou en amas. Les principaux de
ces métaux sont l'or, l'argent, le cuivre, le plomb, le mercure,
l'arsenic, le zinc, l'antimoine, et sur-tout le fer, le plus abondant de tous et le plus utile à l'agriculture, le seul qui, dans
son état de mine, soit dans le cas d'influer sur les produits des
récoltes.

L'observation prouve encore qu'il y a une grande différence,
sous tous les rapports, entre les premières et les dernières de
ces substances, ce qui a fait diviser les couches en primitives,
secondaires, tertiaires et d'alluvion.

Les couches primitives sont celles qui sont composées de
pierres qui ne renferment aucune trace de corps organisés,
c'est-à-dire de coquilles et autres productions de la mer. On
suppose qu'elles ont été formées dans un océan qui ne contenoit aucun être vivant. Les granits, les gneiss et beaucoup de
schistes forment ces couches qui, loin d'être horizontales, sont
presque toujours fort peu inclinées, et même quelquefois perpendiculaires à l'horizon. On a bâti beaucoup d'hypothèses
pour expliquer ce fait d'après la supposition que ces couches
ont été primitivement horizontales; mais il y a de puissans
motifs de croire qu'elles ont toujours été comme elles sont en
ce moment, seulement que leur rapport avec l'axe de la terre
a changé par le déplacement de cet axe.

Les couches secondaires offrent une espèce de schiste, des
marbres et autres calcaires, des argiles, etc. Elles contiennent
des helemnites, des ammonites, des gryphites, des terebra-
tules et autres coquilles, des empreintes de poissons, ou des
parties osseuses de poissons qui ne vivent plus dans les mers
actuelles. Ces couches sont encore quelquefois irrégulières,
mais moins souvent que celles indiquées plus haut.

C'est exclusivement dans ces sortes de terrains que se trouvent les Houilles ou charbons de terre (*voyez* ce mot), que
beaucoup de circonstances, tels que des empreintes de feuilles,
des moules de poissons et souvent les restes d'une évidente
apparence organique, indiquent être le produit de l'accumu-

lation dans certains golfes voisins des anciennes rivières, des arbres nés sur les montagnes primitives, à peu près comme on voyoit naguère le fleuve Saint-Laurent, le Mississipi, l'Amazone, etc., charrier à la mer les arbres tombés dans leurs eaux.

Les couches tertiaires sont uniquement composées de calcaire, rarement pur, c'est-à-dire formant des roches presque toujours mélangées de sable et d'argile, et dans lesquelles on trouve des coquilles, vivant actuellement dans les mers des pays chauds. Il y a même tout lieu de croire que ces pierres ont été entièrement formées par des coquilles, dont la plus grande partie a été détruite, soit par le frottement, soit par l'infiltration des eaux chargées d'acide carbonique. Ces couches, qui forment ce qu'on appelle dans beaucoup de cantons la pierre à bâtir, sont toujours horizontales, et annoncent évidemment avoir été formées, non par cristallisation comme le granit, mais par des dépôts successifs dans de l'eau tranquille.

Les couches d'alluvion sont celles qui ont été formées par les mers actuelles, ou par les rivières qui descendent des montagnes. Elles sont composées de sable, soit calcaire, soit quartzeux, et d'argile. Les gypses ou pierres à plâtre doivent être rangés parmi elles, parcequ'il paroît qu'ils ont été formés, à peu près à la même époque, dans des lacs d'eau douce. Dans ces couches on rencontre aussi des coquilles, souvent en immense quantité, comme à Grignon; mais elles y sont libres.

Le propre de toute cristallisation, c'est d'attirer les parties similaires; ainsi lorsque le granit cristallisa, ses cristaux se groupèrent dans certains lieux plus abondamment que dans d'autres; de là les montagnes qui furent ensuite successivement recouvertes des autres substances déposées par les eaux, de manière que le granit n'est resté à nu que dans un petit nombre de lieux, c'est-à-dire dans le centre des groupes les plus considérables.

Les montagnes jouent un grand rôle dans la géologie, et influent prodigieusement sur l'agriculture même des plaines les plus éloignées. C'est d'elles que sortent toutes les rivières; ce sont elles qui déterminent la direction des vents, et par conséquent la chute des pluies fécondantes; elles forment les abris les plus puissans, etc. Leur étude a été de tout temps regardée comme extrêmement intéressante sous un grand nombre de rapports. Tout nous indique que les primitives ont été beaucoup plus élevées qu'elles ne le sont en ce moment (peut-être dix fois plus), et que les rivières qui en descendoient rouloient un volume d'eau proportionné à leur hauteur. Leur diminution est due à l'action de l'air et de l'eau, des alternatives du chaud et du froid. Le granit même, malgré sa dureté,

non seulement n'est pas exempt de décomposition, mais même
se décompose plus facilement que le calcaire primitif. Aussi
dans les Pyrénées, ainsi que l'a prouvé Ramond ; aussi dans
les Alpes, comme l'a souvent vu Saussure ; aussi aux environs
d'Autun, de Moulins, etc, ainsi que je l'ai observé, ce calcaire
est-il plus élevé que le granit auquel il étoit jadis adossé. Il
suffit d'avoir voyagé dans les hautes montagnes pour s'être
assuré de la rapidité de cette décomposition. Les fragmens
des rochers supérieurs couvrent les vallées, et sont entraînés
dans les plaines et même jusqu'à la mer, lorsqu'ils sont assez
durs pour résister au frottement. Ils forment autour des hautes
chaînes, telles que les Alpes, les Pyrénées, des terrains d'alluvion d'une grande étendue, et en général peu fertiles, à
raison des cailloux et de l'argile qui y surabondent.

Les montagnes continuent donc à s'abaisser ; mais lorsqu'elles se sont arrondies à leur sommet, que la végétation
les couvre, leur diminution est moins accélérée. Il n'y a plus
que les pluies d'orages qui, entraînant la terre qui les recouvre, produisent cet effet ; aussi les agriculteurs, pour éviter
cet inconvénient, et pour d'autres bonnes raisons, devroient-
ils toujours laisser en bois ou en prairies naturelles les terrains
très en pente, et le sommet des montagnes.

Je dois encore parler des volcans, de ces imposantes montagnes produites par les déjections des feux souterrains. Tout
ce qu'on a écrit pour expliquer leur cause ne satisfait pas à
l'ensemble des phénomènes. Les bons esprits doivent donc se
borner à observer leurs effets, et à étudier les matières qu'ils
rejettent. Ces volcans ont été autrefois beaucoup plus nombreux
qu'aujourd'hui ; le sol du centre de la France, de la ci-devant
Auvergne et contrées voisines du côté du midi, plusieurs portions considérables de l'Italie, une grande partie des bords du
Rhin, en étoient couverts. Il paroît constant que le voisinage
de la mer est indispensable à l'entretien de leurs feux, et qu'ils
se sont éteints à mesure qu'elle s'est retirée de leur pied.

Les eaux qui font partie constituante, ou au moins inté-
grante, de presque tous les corps, font un article essentiel et
fort important de la géologie. Il paroît, par beaucoup de
faits, que leur masse étoit beaucoup plus considérable autrefois
qu'elle ne l'est en ce moment, soit qu'une partie se soit pré-
cipitée, comme quelques auteurs l'ont écrit, dans des cavernes
au centre de la terre, soit, ce qui est plus probable, que cette
partie se soit décomposée et transformée en solide, par l'effet de
l'action vitale, dans les animaux et dans les végétaux.

L'eau salée ne diffère de l'eau douce que parcequ'elle tient
en dissolution différens sels, principalement le muriate de
soude. On a beaucoup écrit sur la cause de la salure de la mer ;

mais un esprit juste peut dire qu'on ne la connoît pas encore.

Les eaux sont élevées dans l'atmosphère par l'effet de la chaleur dans un véritable état de dissolution ; elles y forment ensuite, par une sorte de suspension, ces nuages que promènent les vents, nuages qui se fondent en pluie par diverses causes. C'est par la répétition des mêmes phénomènes que s'entretient la vie dans les animaux et dans les végétaux ; car sans eau la terre seroit complètement inhabitable. Il y a une communication perpétuelle de la mer aux montagnes par l'air, et des montagnes à la mer par les rivières.

Chaque espèce de terre, lorsqu'elle est pure, ne peut être d'aucune utilité directe sous les rapports agricoles, car toutes sont infertiles ; mais lorsqu'elles sont mélangées dans certaines proportions, elles donnent des produits plus ou moins considérables selon la quantité d'eau et de la chaleur dont elles ont été imprégnées. Au reste, rien de plus rare qu'une terre pure. Il en est même qu'on n'a jamais trouvé telle dans la nature ; mais dans leurs mélanges sans nombre, il en est où une domine plus que les autres, et on leur donne, dans ce cas, le nom de l'espèce dominante.

Les terres, pour être fertiles, doivent être légères, afin de permettre aux racines des plantes et à l'eau d'y entrer avec facilité ; elles doivent être compactes, afin que l'eau s'y conserve pendant les plus longues sécheresses.

Toute espèce de terre peut être rendue fertile par des mélanges, excepté la terre magnésienne, qui, lorsqu'elle entre pour plus d'un cinquième dans une composition de terre quelconque, la rend inapte à toute production végétale.

Le terreau (ou l'humus) produit de la décomposition des animaux ou des végétaux, est la terre végétale par excellence ; mais il ne fait partie de la science géologique qu'à raison de son mélange avec les autres terres, mélange heureusement très fréquent. L'industrie des cultivateurs doit toujours tendre à augmenter, soit par des fumiers, soit par d'autres moyens, la portion de cet humus qui se trouve naturellement dans la localité sur laquelle il opère.

Comme j'ai traité de tous les objets que j'ai énumérés dans cet article aux articles qui les concernent, j'y renvoie les lecteurs qui voudroient avoir des notions plus étendues à leur égard sous les rapports de l'agriculture et autres. (B.)

GÉONOMIE. Science qui a pour objet d'apprendre à connoître la composition des terres. Ce mot est peu souvent employé. Voyez TERRE, HUMUS, ARGILE, CALCAIRE, SILICE.

GÉOPONIQUE (TERRES). Quelques écrivains donnent ce nom aux terres susceptibles d'être cultivées en céréales quelle que soit daïlleurs leur composition. On peut, en général , les définir des terres ARGILEUSES, CALCAIRES ou SILICEUSES mélangées deux par deux , ou toutes ensemble dans diverses proportions , dans lesquelles entre plus ou moins de terre VÉGÉTALE ou HUMUS , *voyez* tous ces mots. Au reste ce mot n'est point connu dans la pratique ordinaire de l'agriculture.

GÉRANION , *Geranium.* Genre de plantes de la monadelphie décandrie et de la famille des géranoïdes , qui renferme plus de deux cents espèces, la plupart propres au cap de Bonne-Espérance , et qui se cultivent fréquemment dans nos jardins à raison de la beauté de leurs fleurs ou de la bonne odeur de leurs feuilles. Plusieurs des autres, indigènes à l'Europe , peuvent servir au même usage et sont ou très communs ou employés en médecine. On les appelle vulgairement BEC DE GRUE.

Les espèces du Cap de Bonne-Espérance sont toutes d'orangerie , et par conséquent hors du nombre de celles qui doivent être mentionnées ici ; mais leur culture est si générale et si étendue, que je ne puis me dispenser d'en dire un mot.

Ce genre a été divisé nouvellement en trois autres : ÉRODIE, qui a la corolle régulière, cinq étamines fertiles et des glandes ; PÉLAGORNION, qui a la corolle irrégulière, sept étamines fertiles, et point de glandes ; GÉRANION, qui a la corolle régulière , dix étamines fertiles et point de glandes. Les cultivateurs n'ayant pas encore adopté cette nomenclature , quelque bonne qu'elle soit , je ne la suivrai pas ici.

Les plus remarquables des espèces du Cap , et en même temps les plus communes dans nos jardins , sont , le GÉRANION DES JARDINS, *Geranium zonale* , Lin. , qui a les feuilles cordiformes, lobées, tachées de brun circulairement ; les fleurs rouges et disposées en ombelles. Il varie beaucoup par ses couleurs. Le G. A FEUILLES EN CŒUR, qui a la tige ligneuse ; les feuilles cordiformes, grandes , dentées , velues ; les fleurs nombreuses , disposées en ombelles , rouges avec des taches pourpres sur les deux pétales supérieures. Le G. ODORANT, dont les feuilles sont arrondies, cordiformes, molles, velues, d'une odeur aromatique très forte ; les fleurs petites et blanches. Le G. ÉCARLATTE, *G. inquinans*, Lin. , qui a les feuilles réniformes, orbiculaires , lobées, épaisses , pubescentes, un peu visqueuses ; les fleurs d'un rouge très vif ; ses feuilles froissées ont une odeur désagréable et tachent les doigts en jaune. Le G. A FLEURS EN TÉTE ; ses feuilles sont cordiformes, à cinq lobes, velues, d'une odeur de rose ; ses fleurs rougeâtres , petites , disposées en tête sessile. Le G. TÉRÉBENTHINIER , a les feuilles palmées, lobées, légèrement velues , très odorantes ; les fleurs pourpres , striées et disposées en tête. Le G. ÉCLATANT, *g. fulgidum* , a les feuilles presque sessiles, velues , à trois découpures pinnatifides ; les fleurs très petites, mais d'un rouge ponceau des plus vifs. Le G. SUAVE , *g. extipulaceum*,

L. , a les feuilles cordiformes, pubescentes, blanchâtres, à trois lobes trifides ; les fleurs d'un rouge pâle et d'une odeur douce et fort agréable. Le G. TRISTE , a les feuilles toutes radicales, sur-composées et velues ; les fleurs d'un vert jaunâtre, marquées de taches noires et d'une excellente odeur de girofle ; sa racine est tubéreuse et on le multiplie par la séparation des tubercules qu'elle produit. Le G. MULTIFIDE , *g. radula* , Lin. , a les feuilles découpées jusqu'au pétiole en lanières multifides , rudes au toucher et roulées à leurs bords ; ses fleurs sont d'un rouge pâle avec des stries plus foncées.

Toutes ces espèces, et beaucoup d'autres qui s'en rapprochent, sont toujours vertes, plus ou moins ligneuses, plus ou moins charnues , et généralement sensibles aux plus petites gelées. La plupart fleurissent pendant toute l'année , quelques unes au printemps et en automne seulement. Elles doivent être rentrées à l'orangerie de fort bonne heure, placées le plus près possible du jour et très peu arrosées pendant qu'elles y restent, parcequ'elles ont de grandes dispositions à la pourriture. Il faut les visiter souvent , les nettoyer de leurs feuilles moisies , de leurs branches mortes. Il est bon en général de rapprocher ces branches en automne , parcequ'on risque moins de perdre les pieds , et qu'elles en pousseront de nouvelles au printemps suivant. On les change chaque année de pot, pour qu'elles aient plus d'espace et de la terre nouvelle. Une terre franche, plutôt maigre que grasse , est celle qui leur convient le mieux, parcequ'elles se nourrissent autant, et peut-être plus, par leurs feuilles et leurs tiges que par leurs racines , et qu'une végétation trop forte nuit à l'éclat de leurs fleurs et à la conservation de leurs pieds.

Ces géranions se multiplient tous de graines, au *triste* près ; mais comme le moyen des boutures est le plus rapide , et aussi sûr que facile, on l'emploie presque exclusivement depuis qu'on les cultive , ce qui a amené la stérilisation de plusieurs.

Les graines de ceux qui en donnent encore se sèment au printemps dans des terrines sur couche et sous châssis. Le plant qui en provient se repique dans des pots ordinairement la seconde année, et du reste se cultive comme les vieux pieds.

Les boutures se font pendant presque toute l'année , mais principalement en été , en terrines qu'on place également sur couche et sous châssis. Elles s'enracinent si promptement, qu'on peut toutes les séparer et les repiquer dans des pots particuliers dès l'automne ; cependant il vaut mieux attendre après l'hiver.

Pendant l'été ces géraniions ne demandent qu'à être binés une ou deux fois et largement arrosés pendant les grandes chaleurs. On les place sur les murs des terrasses , les marches des escaliers , autour des plates-bandes des parterres , sur les fenêtres des appartemens. On les enterre quelquefois avec leur pot dans les jardins paysagers. En général une exposition abritée et chaude leur est avantageuse. Ils perdent beaucoup à être mis à l'ombre.

Les géranions d'Europe qu'il convient de citer ici sont,

Le GÉRANION SANGUIN, qui a les racines vivaces; les tiges nombreuses, velues, hautes d'un pied; les feuilles opposées, longuement pétiolées, orbiculaires, velues, à cinq ou sept lobes trifides; les fleurs larges d'un pouce, violettes et portées sur de longs pédoncules axillaires et solitaires. On le trouve dans les bois secs et montagneux, où il fleurit en été. Il varie dans les nuances de ses fleurs qui, quelquefois même, deviennent blanches. Il orne beaucoup les lieux où il se trouve, et peut être introduit avec avantage dans les jardins, sur-tout dans les jardins paysagers. On le multiplie par ses graines ou par éclat de ses racines. Les bestiaux le mangent.

Le GÉRANION COLOMBIN a les tiges couchées; les feuilles découpées en cinq parties pinnées, et les fleurs d'un bleu clair portées sur de longs pédoncules. Il est annuel et croît souvent avec une grande abondance dans les champs en friche, le long des haies, des chemins, etc. Il fleurit pendant l'été. Les chèvres et les moutons le mangent.

Le GÉRANION MOLLET se rapproche beaucoup du précédent; ses feuilles sont plus petites, moins divisées et plus velues, et ses fleurs presque rouges. Il croît dans les mêmes lieux.

Le GÉRANION A FEUILLES RONDES diffère si peu du précédent, que quelques auteurs les ont regardés comme des variétés l'une de l'autre. Il est également commun. On l'appelle vulgairement *pied de pigeon.*

Le GÉRANION STRIÉ, qui a les feuilles à cinq lobes et très grandes; les fleurs blanches véinées de rouge.

Le GÉRANION NOUEUX dont les feuilles sont à cinq lobes et les fleurs violettes.

Le GÉRANION DES BOIS, dont les feuilles sont ombiliquées, à cinq lobes, dentées, et les fleurs purpurines.

Le GÉRANION NOIRATRE, qui a les feuilles à cinq lobes, velues, et les fleurs d'un violet-noirâtre.

Le GÉRANION DES PRÉS, dont les feuilles sont très grandes, a sept lobes pinnatifides, les supérieures sessiles, les fleurs blanches rayées de violet.

Le GÉRANION DES MARAIS, qui a les feuilles à cinq lobes un peu ridées et velues, les fleurs rougeâtres et veinées.

Toutes ces espèces se trouvent dans les parties méridionales de l'Europe ou dans les montagnes de l'intérieur de la France. Elles forment de belles touffes vivaces très propres à orner les jardins paysagers, où on les place entre les buissons des derniers rangs des massifs, ou à quelque distance de ces mêmes massifs, ou au milieu des gazons. On les multiplie de graines et plus facilement par le déchirement de leurs racines, qui toutes sont grosses et traçantes.

Le GÉRANION CICUTIN a les feuilles radicales étalées sur terre, pinnatifides ; les fleurs petites, purpurines et striées. Il est annuel et se trouve très abondamment en France dans les lieux incultes et sablonneux. Il fleurit pendant tout l'été. Les bœufs et les chevaux le mangent. Dans quelques cantons, et principalement aux environs de Paris, on l'arrache en novembre pour le donner aux vaches, qui sont sur-tout très friandes de sa racine. Dans d'autres on l'emploie en médecine en place du suivant.

On appelle quelquefois cette espèce le GÉRANION MUSQUÉ à cause de la légère odeur de ses feuilles lorsqu'on les froisse.

Le GÉRANION ROBERTIN, plus connu sous le nom d'herbe à Robert, a les tiges rougeâtres, les feuilles divisées en trois lobes pinnatifides ; les fleurs rouges. Il est annuel, croît naturellement dans les lieux ombragés autour des masures, sur les vieux murs et les décombres. Il fleurit en été. Son odeur, lorsqu'on l'écrase, est forte et désagréable. On le regarde comme un astringent excellent pour arrêter les hémorragies, guérir les blessures, etc. et en conséquence on en fait un fréquent usage dans les campagnes. (B.)

GERBE. Faisceau de BLÉ, d'ORGE ou d'AVOINE coupés et liés.

La grosseur des gerbes varie selon les pays ; mais en général doit être telle qu'on puisse facilement les porter d'une seule main, et les jeter à quelque distance, sans un mouvement trop violent.

On trouvera aux mots précités quelques données plus précises sur cet objet. Faire une gerbe bien et vite n'est pas donné à tout le monde. Il faut et de l'intelligence et de la pratique.

GERBÉES. Dans quelques lieux c'est la paille qui a été la plus brisée par le battage, principalement celle de l'avoine, et qu'on donne pour nourriture aux bestiaux ; dans d'autres, au contraire, c'est la paille de seigle ou de blé qu'on a battue de manière à ne pas la briser afin de l'employer à lier la vigne, les espaliers, les salades, etc. Voyez PAILLE. (B.)

GERBER LES TONNEAUX. C'est les mettre les uns sur autres.

GERBIER. Lieu ou on amoncelle des gerbes ou amoncellement des gerbes. Voyez au mot GRANGE.

GERÇURE Petite fente qui se forme dans le bois, soit par l'effet de la gelée, soit par l'effet de la dessiccation. Dans le premier cas la gerçure ne diffère pas de la GELIVURE. Voyez ce mot. Le second cas n'a lieu que lorsque l'arbre est privé d'une partie ou de la totalité de son écorce, ou qu'il est abattu. *Voyez* au mot Bois. (B.)

GERMAIN (POIRE DE SAINT·). *Voyez* POIRIER.

GERMANDRÉE , *Teucrium.* Genre de plantes de la didynamie gymnospermie et de la famille des labiées , qui renferme une soixantaine d'espèces, dont quelques unes sont si communes en Europe , qu'il seroit blâmable à un cultivateur de ne pas les connoître.

Les espèces dans le cas d'être ici citées sont ,

La GERMANDRÉE SAUVAGE , *Teucrium scorodonia* , Lin. Elle a les racines traçantes , vivaces; les tiges quadrangulaires et velues ; les feuilles opposées, pétiolées, en cœur, dentelées et ridées ; les fleurs d'un blanc jaunâtre, et disposées en épi unilatéral à l'extrémité des tiges. On la trouve très abondamment dans les bois sablonneux, sur les montagnes arides; sa hauteur surpasse ordinairement un pied. Elle répand , lorsqu'on la froisse , une odeur forte et désagréable , ce qui lui a fait donner le nom vulgaire de *sauge des bois.* Sa saveur est un peu âcre et amère. On la regarde comme apéritive, sudorifique, vulnéraire; mais on n'en fait guère usage que dans les campagnes. Les bestiaux ne la mangent qu'à défaut d'autre nourriture, et elle donne au lait une odeur d'ail désagréable. Quelquefois elle est si abondante qu'il devient avantageux de la couper pour augmenter la masse des fumiers , ou pour en chauffer le four , ou pour en obtenir de la potasse, et même de l'arracher , pour donner moyen de pousser à l'herbe propre à la pâture des bestiaux.

La GERMANDRÉE AQUATIQUE. Elle a les tiges quadrangulaires , velues ; les feuilles sessiles , ovales , oblongues , dentées, velues ; et les fleurs rougeâtres , géminées dans les aisselles des feuilles. Elle croît naturellement dans les marais, sur le bord des étangs , et s'élève rarement à plus d'un pied. Tout ce qui a été dit de la précédente lui convient entièrement. Elle est vivace comme elle.

La GERMANDRÉE MARITIME, *Teucrium marum* , Lin. , a les feuilles pétiolées , ovales , aiguës , velues en dessous , très petites ; et les fleurs rougeâtres disposées en épis tournés d'un seul côté à l'extrémité des rameaux. Elle est vivace , et se trouve sur les bords de la mer dans les parties méridionales de la France. On la cultive dans quelques jardins, à raison de son odeur qui est agréable, mais si pénétrante , qu'elle fait éternuer. Elle est tonique , céphalique et antihystérique. Elle attire tellement les chats qu'ils ne tardent pas à la détruire à force de se frotter dessus, si on ne la garantit pas de leurs atteintes. Aussi lui donne-t-on vulgairement le nom d'*herbe aux chats.* Sa hauteur est d'un à deux pieds. Elle craint les gelées et les pluies de l'hiver dans le climat de Paris.

La GERMANDRÉE OFFICINALE, *Teucrium chamædrys*, Linn. Elle a les racines fibreuses, traçantes; les tiges carrées, à moitié couchées par terre, velues; les feuilles pétiolées, ovales, crénelées; les fleurs rouges, axillaires et ternées. On la trouve très abondamment sur les coteaux secs et arides, dans les bois, les fentes des rochers, etc. Elle est vivace et fleurit pendant tout l'été. Ses feuilles ont une odeur légèrement aromatique et un goût amer. On en fait un fréquent usage en médecine comme toniques, stomachiques, fébrifuges, incisives et emménagogues, sous le nom de *petit chêne.*

La GERMANDRÉE LUISANTE ressemble beaucoup à la précédente, mais est trois à quatre fois plus grande dans toutes ses parties. On la place avec avantage le long des bosquets dans les jardins paysagers, qu'elle orne sur-tout pendant l'hiver, conservant ses feuilles toute l'année. On la multiplie par le déchirement de ses vieux pieds, opération facile parcequ'elle trace beaucoup.

La GERMANDRÉE D'HYRCANIE a les tiges de deux à trois pieds de haut, droites, tétragones, rameuses, velues; les feuilles pétiolées, cordiformes, oblongues, obtuses, crénelées, ridées; les fleurs d'un pourpre foncé, disposées en épis serrés, terminaux et très longs. Elle est vivace et originaire de Perse. On la cultive dans quelques jardins, où elle produit de fort agréables effets lorsqu'elle est en fleur, c'est-à-dire à la fin de l'été. On pourroit la multiplier de semences, cependant on se contente généralement de déchirer ses pieds, parcequ'elle est peu recherchée.

La GERMANDRÉE DE MONTAGNE, *Teucrium montanum*, Lin., a les racines vivaces; les tiges presque ligneuses, couchées; les feuilles linéaires, lancéolées, très entières, velues en dessous; les fleurs blanchâtres et disposées en corymbe terminal. Elle croît sur les montagnes arides et pierreuses, et y forme des touffes d'un aspect fort agréable; son odeur est aromatique, et sa saveur amère.

Il y a encore la GERMANDRÉE TOMENTEUSE, la GERMANDRÉE BOTRYDÉ, la GERMANDRÉE JAUNE, qui se trouvent dans les parties méridionales de la France, et qui ont les mêmes vertus que les précédentes. (B.)

GERME. Nom des agneaux femelles dans le département des Ardennes.

GERME. Le mot de germe a été pris, en botanique, dans diverses acceptions. Linnée donnoit ce nom à la partie qui se trouve à la base du pistil, et qui renferme les rudimens des graines. Les botanistes modernes y ont le plus souvent substitué celui d'ovaire, qui est moins sujet à équivoque (*Voyez* FLEUR et PISTIL.) Quelques botanistes ont aussi désigné sous le nom de germe la partie de la graine qui est le vrai rudiment de la nouvelle plante ; mais le nom propre de cet organe est celui d'embryon. (*Voyez* les mots GRAINE, EMBRYON. Enfin, Bonnet, et les sectateurs de la théorie de l'emboîtement des germes, ont entendu ce mot dans un sens vague, et plutôt métaphysique que physique, pour le rudiment d'un être ou d'une partie d'un être. Sous ce nom d'emboîtement des germes on désigne la théorie qui suppose que toutes les parties des êtres organisés sont formées dès l'origine, et toutes emboîtées les unes dans les autres, de telle sorte que le premier marron, par exemple, ait renfermé tous les marronniers qui se sont développés depuis. Ce système est opposé à ceux de l'épigenèse et des forces plastiques, qui supposent que les organes existans des animaux ou des végétaux peuvent réellement former des organes ou des êtres nouveaux. Ces discussions sont beaucoup au-dessus de l'ordre des choses sur lesquelles nous pouvons avoir des connoissances exactes ; aussi nous ne croyons pas devoir nous arrêter long-temps à les développer : nous dirons seulement que dans les parties du phénomène qui sont perceptibles pour nous, les choses se passent comme si l'emboîtement des germes (tout inconcevable qu'il est pour notre entendement) étoit vrai, c'est-à-dire que nous ne voyons jamais que des développemens d'organes, et jamais des formations d'organes. Ainsi les observations de Haller sur le poulet ont montré que le jeune animal existe déjà dans l'œuf, et en général que les nouveaux êtres organisés existent déjà dans leur mère. Certains animalcules infusoires, tels que les volvox, montrent trois et quatre générations emboîtées l'une dans l'autre. Dans le règne végétal, on trouve des exemples analogues : certaines fleurs prolifères laissent voir la fleur de l'année prochaine toute formée dans l'ovaire de la fleur actuelle. Il est des palmiers qui, lorsqu'on les coupe en long, laissent voir les fleurs qui se développeront successivement pendant six ou sept ans de suite. Quelles sont les bornes, quelles sont les lois de cet emboîtement visible en quelques cas ? C'est ce que nous ignorons, et heureusement la solution de cette question influe peu sur le reste de la science naturelle. (DEC.)

GERMÉ. Nom du gazon dans le département du Var.

GERMINATION. La germination est ce phénomène par lequel une GRAINE (*voyez* ce mot), auparavant inerte et comme morte, reprend son mouvement vital et commence à se développer. Dès qu'une graine mûre se trouve placée dans des circonstances convenables, elle absorbe de l'humidité, elle se gonfle ; ses cotylédons grossissent ; sa radicule s'allonge, son enveloppe se rompt ; la radicule sort par cette fissure et se dirige vers la terre ; la plumule se dresse, se dégage de l'enveloppe ; les cotylédons s'étalent, fournissent à la plantule la nourriture qu'ils contiennent ou qu'ils élaborent, puis ils se flétrissent, tombent ou se détruisent, et la germination est opérée. D'après cet exposé rapide du phénomène, on voit que pour s'en faire une idée juste il convient d'examiner séparément les circonstances extérieures et intérieures qui influent sur la germination.

De toutes les circonstances externes, la plus essentielle pour la germination est la présence de l'eau. Elle agit dans cette opération comme corps humectant, comme moyen de changer en émulsion les matières contenues dans la graine, et comme véhicule pour y introduire des substances nouvelles. Quelques physiologistes ont prétendu qu'elle se décomposoit dans cette opération ; mais cette idée est encore loin d'être prouvée. Les graines absorbent en germant une quantité d'eau toujours supérieure à leur propre masse ; cependant si la quantité d'eau dont la graine est entourée est trop considérable, elle empêche la germination, soit en donnant au sol une mobilité trop grande, soit en favorisant la putréfaction de la graine ou de la jeune plante.

L'air, en tant que contenant de l'oxygène, est aussi nécessaire à la germination. Malgré quelques expériences, probablement peu exactes, on reconnoît maintenant, d'après celles de Sennebier et de Huber, que la germination ne s'opère point dans tous les gaz qui ne contiennent point d'oxygène : on sait de plus que la germination peut s'opérer dans un gaz, pourvu que celui-ci contienne au moins un huitième de son volume en gaz oxygène ; que la proportion la plus favorable pour la germination est que le gaz contienne une partie d'oxygène sur trois d'azote, ce qui s'éloigne peu de la proportion de l'atmosphère ; enfin qu'une plus grande dose d'oxygène accélère trop la germination, et affoiblit la plantule. D'après ces expériences on sait, par exemple, qu'une graine de laitue absorbe pendant sa germination une quantité d'oxygène égale au poids de 26 milligrammes d'eau. Non seulement l'oxygène sous forme de gaz contribue à favoriser la germination, mais il paroît qu'il a la même influence dans d'autres cas. Ainsi M. de Humboldt a encore observé que l'acide muriatique oxygéné accélère beaucoup la germination ; il a vu, par exemple, des graines de cresson alénois trempées dans cet acide germer au bout de trente-six heures : il semble même que les oxides métalliques auxquels l'oxygène est peu adhérent, tels que celui de manganèse, hâtent la germination. On a cru long-temps que l'oxygène, dans tous ces cas, étoit absorbé par la graine ; M. Théodore de Saussure a prouvé au contraire, par des expériences très délicates, que ce gaz oxygène se combine avec le carbone surabondant de la graine, et forme de l'acide carbonique qu'on retrouve dans l'eau et l'air du bocal, lorsqu'on fait germer des graines en vase clos.

L'eau et l'air seroient inutiles à la germination, s'ils n'étoient favorisés par un certain degré de chaleur. Si la température est assez froide pour geler l'eau, ou assez chaude pour la vaporiser, la germination est impossible. Entre ces deux extrêmes on remarque que la germination est d'autant plus prompte que la température est plus élevée.

La lumière, au contraire, n'a aucune action favorable sur la germination, et paroît même la retarder. Si, comme le prouvent plusieurs faits, elle favorise la décomposition de l'acide carbonique, elle doit nuire en effet à une opération qui n'a lieu que par la formation d'une certaine quantité d'acide carbonique.

Le sol lui-même influe sur la germination, non seulement en fournissant à la jeune plante un aliment convenable, mais encore en lui servant de support et d'appui : sous ce double point de vue, il ne doit être ni trop mou ni sur-tout trop tenace. La profondeur à laquelle les graines doivent être enfouies, pour que la germination puisse avoir lieu, est déterminée pour chaque graine par trois circonstances : 1° que cette profondeur ne soit pas telle que la graine ne puisse pas recevoir assez d'oxygène ; 2° que sa plumule puisse s'allonger jusqu'à la surface du sol ; 3° que le terrain ne soit pas tellement tenace que la plumule ne puisse le percer. En général, les graines les plus petites doivent être semées plus près de la surface,

Une graine placée dans des circonstances favorables pour la germination absorbe de l'eau ; celle-ci pénètre soit par la cicatricule de la graine, comme dans le blé, soit par la superficie entière, sauf la cicatricule, comme dans le haricot : dans les deux cas, elle va se rendre au point où la radicule touche l'enveloppe ; elle pénètre l'extrémité de la radicule ; elle entre ensuite dans les cotylédons qu'elle gonfle, ce qui force l'enveloppe à se rompre, et alors la radicule sort et pompe sa nourriture dans le sol.

Si nous cherchons à apprécier l'emploi de chaque partie de la graine pour la germination, nous voyons d'abord que l'enveloppe sert à protéger les cotylédons de l'humidité et de la décomposition, et à diriger le fluide aqueux vers la radicule ; mais dans des expériences soignées, et en garantissant les cotylédons de la trop grande humidité, on peut faire germer des graines dépouillées de leur enveloppe.

L'usage du périsperme dans la germination n'est pas encore connu : probablement il sert à fournir de la nourriture à l'embryon ; mais son absence dans un grand nombre de végétaux prouve qu'il ne joue pas un rôle très essentiel.

Les cotylédons servent à la germination, 1° en forçant, par leur gonflement, la rupture des enveloppes de la graine ; cette puissance des cotylédons semble analogue à la force avec laquelle l'eau s'élève dans les tubes capillaires : on n'a point encore expliqué comment s'opère l'ouverture des noyaux ligneux. 2° Les cotylédons servent principalement à fournir à la jeune plante la nourriture nécessaire à son développement. On peut cependant faire germer une graine dicotylédone avec un seul cotylédon, pourvu qu'on ait soin de mastiquer la coupe pour l'empêcher de se pourrir. On peut même faire développer pendant quelque temps un embryon sans cotylédons ; mais dans le premier cas on n'obtient qu'une plante foible, et dans le second elle est encore plus débile et périt bientôt. Parmi les cotylédons, il en est qui sont très charnus et dépourvus de pores ; ceux-ci fournissent à la plante une nourriture toute préparée, tels sont ceux des haricots : ceux au contraire qui sont foliacés et munis de pores, comme ceux de la laitue, tirent de l'atmosphère une partie de la nourriture qu'ils transmettent à la plante.

Puisque la germination peut s'opérer sans l'enveloppe de la graine, sans cotylédons, il paroît que la plantule est la seule partie essentielle ; encore voit-on, d'après les expériences de Vastel et de Lefébur, répétées par MM. Thouin et La Billardière, qu'on peut faire germer des haricots, tantôt en coupant perpétuellement leur radicule, tantôt en coupant leur plumule : ni l'une ni l'autre de ces parties ne compose donc pas essentiellement l'individu. Le centre de la vie du végétal seroit-il placé au collet, comme l'ont pensé quelques écrivains ? La vie est-elle plutôt répandue jusque dans les moindres parties de la plante ?

L'un des phénomènes les plus remarquables de la germination est l'énergie et la permanence de la direction des parties qui se développent ; la radicule tend toujours à descendre ; la plumule toujours à monter. Si l'on retourne une ou plusieurs fois une graine germante, ces deux organes se retournent aussi pour reprendre leur direction primitive. Duhamel, Hunter et plusieurs autres physiciens ont fait à cet égard plusieurs expériences qui n'ont point donné l'explication du phénomène, mais qui ont servi à en prouver la constance. M. Knight semble avoir été plus heureux ; il a pensé que le seul moyen de découvrir la cause de ce fait étoit de trouver une exception au fait général. Il a soupçonné qu'un phénomène qui ne semble avoir de rapport qu'avec la direction des corps pesans livrés à eux-mêmes devoit tenir à la même cause, c'est-à-dire à la gravitation ; il a donc cherché à soustraire les graines germantes à la gravitation ; pour cela il a disposé une roue verticale de manière à y placer des graines enveloppées de mousse sur toute la circonférence ; il a fait mouvoir cette roue assez vite pour que les graines fussent dans un temps très court dans toutes les positions relativement à la gravitation qui devenoit nulle pour elles ; ces graines n'étoient donc réellement soumises qu'à la force centrifuge : il est arrivé que ces graines, pendant leur germination dans ces circonstances, ont toutes dirigé leurs radicules vers la circonférence et leurs plumules vers le centre ; par conséquent la force centrifuge a fait sur elles ce que la gravitation fait dans l'état ordinaire des choses. Mais comment la gravitation peut-elle opérer deux effets opposés, de faire descendre la radicule et monter la plumule ? La chose paroît s'expliquer d'après la différence du mode d'accroissement de ces deux organes. Les racines ne croissent que par leur extrémité, par conséquent chaque petite partie encore molle et flexible qui s'ajoute à l'extrémité de la radicule doit, par la pression de la gravitation, tendre à descendre ; les tiges, au contraire, croissent par la totalité de leur surface dans leur jeunesse ; supposons, en conséquence, qu'une jeune tige croisse obliquement, ses sucs, par un effet de la gravitation, se déjetteront un peu vers son côté inférieur, lequel recevant plus de nourriture croîtra davantage ; mais si les fibres du côté supérieur restent plus courtes, il faudra bien nécessairement que l'extrémité se redresse. Quoique la dernière partie de cette explication puisse paroître un peu mécanique, j'ai cru devoir rapporter en détail et l'hypothèse de M. Knight et sa belle expérience, parcequ'il tend à faire concevoir un fait regardé jusqu'ici comme incompréhensible.

Voyez les mots SEMIS, COUCHES, CHASSIS, SERRE, EAU, ARROSEMENT, AIR, CHALEUR, GAZ, FRUIT, GRAINE, SEMENCE, VÉGÉTATION. (DEC.)

GERMOIR. On donne ce nom à un trou fait en terre, à une caisse ou à un pot, les uns et les autres destinés à recevoir les graines qui demandent à être mises en terre immédiatement après leur chute de l'arbre, mais qu'on ne veut cependant semer qu'au printemps. Ces graines sont celles qui contiennent beaucoup d'huile susceptible de rancir, comme les amandes, les noix, les noisettes, etc., ou celles d'une nature cornée qui se dessèchent au point de ne pouvoir plus ensuite absorber l'eau nécessaire à leur germination, comme les châtaignes, les glands, etc.

En général toutes les graines des arbres et des plantes indigènes gagnent à être semées aussitôt que cueillies, et par conséquent à être mises au *germoir* ou en *jauge*, car ce mot est aussi employé ; et si on ne le fait pas toujours, c'est à raison de l'embarras ou de l'ignorance.

La nécessité d'économiser le terrain et le temps dans les grandes pépinières fait qu'on y met toujours au germoir les graines qui ne lèvent que la seconde année, comme celles des néfliers, des sorbiers, des aliziers, des épines, etc. Par ce moyen quelques pieds carrés suffisent pour renfermer ce qui couvrira ensuite un arpent.

C'est toujours dans un terrain sec qu'on doit établir les germoirs. Lorsqu'on préfère les caisses et les pots, et qu'on les préfère principalement pour les graines précieuses, ou peu nombreuses, ou très petites, on y stratifie ces graines avec du sable, et on rentre les caisses dans l'orangerie, dans la cave ou sous un hangar.

Il est indispensable de semer les petites graines avant qu'elles soient germées, pour que leur plantule, ou leur plumule, ou l'une et l'autre à la fois, ne soient pas cassées dans l'opération, de sorte que pour elles le mot germoir n'est pas exact. La plupart des pépiniéristes n'ôtent le plus ordinairement du germoir les grosses graines, principalement les noix, les amandes, les glands, etc., que lorsque leur germination est déjà fort avancée, afin de pouvoir casser l'extrémité de la plumule et empêcher par-là la formation du Pivot. *Voyez* ce mot. Lorsque ces graines sont destinées à être semées dans la place où doit rester l'arbre qu'elles produiront, circonstance où il est toujours utile que cet arbre soit pourvu d'un pivot, il est préférable de les mettre en terre avant leur germination. Les glands, dont l'objet est de créer une forêt, sont principalement dans ce dernier cas.

Plus on veut retarder la germination des graines qu'on met au germoir, et plus il faut les enterrer, ou les mettre en lieu frais lorsqu'elles sont dans des caisses ou des pots. (B.)

GEROFLE. *Voyez* Girofle.

GESSE, *Lathyrus*. Genre de plantes de la diadelphie décandrie et de la famille des légumineuses, qui renferme plus de trente espèces, la plupart extrêmement recherchées des bestiaux, et dont quelques unes se cultivent pour le fourrage, pour la graine et d'autres pour l'agrément.

Ce genre est extrêmement voisin des Vesces. *Voyez* ce mot.

Les espèces de gesses ont toutes les tiges anguleuses, grimpantes ; les feuilles alternes, accompagnées de grandes stipules, composées d'une ou de deux paires de folioles opposées attachées à des pétioles terminés en vrilles. Leurs fleurs sont portées sur de longs pédoncules axillaires, et ordinairement peu nombreuses. Celles qu'il est le plus important aux cultivateurs de connoître sont ,

La gesse cultivée. Elle a les feuilles composées tantôt de quatre, tantôt de deux folioles; ses pédoncules portent une seule fleur bleuâtre ; ses légumes sont ovales, comprimés avec deux carènes sur leur dos ; ses graines sont presque toujours obtusément cubiques. Elle est annuelle et croît naturellement dans les blés des parties méridionales de l'Europe. Il y en a une variété plus grande à fleurs et à fruits blancs, qu'on estime davantage dans quelques endroits. On la cultive et pour son fourrage et pour sa graine, qu'on nomme vulgairement le *pois gesse*, le *pois breton*, la *lentille d'Espagne*, etc. Sa récolte paroît être plus avantageuse que celle des pois gris et de la vesce dans les parties méridionales de l'Europe, mais être inférieure dans les parties septentrionales. Elle vient avec succès dans les sols les plus médiocres où ces deux autres plantes ne prospèreroient point ; c'est donc pour ces sols principalement qu'il faut la réserver. Au reste, elle produit les mêmes bons effets relativement à l'amélioration de la terre, sur-tout pour la nettoyer des mauvaises herbes. *Voyez* aux mots Vesce , Pois et Assolement.

Dans les parties méridionales de la France on sème en automne , et dans les parties septentrionales aussitôt que les gelées ne sont plus à craindre, sur une terre préparée par deux labours. Si la terre est humide , ou si la pluie survient peu après, elle lève promptement et foisonne beaucoup. Elle ne doit être ni trop claire ni trop épaisse. Si on la semoit par rangée et qu'on la binât comme on fait en Angleterre, on en obtiendroit des récoltes bien plus abondantes. En la coupant avant la floraison on peut compter sur une nouvelle récolte l'année suivante , mais en général on la fauche pour fourrage quand ses fleurs sont à moitié passées, ou pour ses graines lorsque la plus grande partie sont mûres. On peut aussi avec grand succès l'enterrer à la charrue au moment de sa floraison comme Engrais. *Voyez* ce mot.

Comme fourrage, la gesse convient à tous les bestiaux ; les bœufs, les vaches, les brebis la mangent avec la plus grande avidité, mais les moutons l'aiment encore plus, soit fraîche, soit sèche. Elle les tient bien en chair et les engraisse même. Sa graine , bouillie ou réduite en farine grossière , est excellente pour les mêmes animaux et encore plus pour les cochons qu'elle engraisse bien plus promptement et à meilleur marché que l'orge. En effet elle est très sucrée, et , d'après l'expérience faite par Dussieux aux environs d'Angoulême, quatre boisseaux semés sur un arpent ont produit douze setiers, ce qui est beaucoup plus que ne produit l'orge. On en nourrit aussi toute espèce de volaille.

Les hommes mêmes mangent habituellement la gesse dans les parties méridionales de la France, soit verte, soit sèche. Les habitans pauvres s'en nourrissent presque exclusivement pendant une partie de l'année. Entière elle est difficile à digérer pour les estomacs délicats, à raison de la dureté et de l'épaisseur de sa peau; mais réduite en purée, sur-tout verte, elle est très agréable au goût, ainsi que j'ai eu plusieurs fois occasion de m'en assurer. On la mange aussi grillée sur les charbons ou dans la poêle comme les châtaignes. C'est dans quelques endroits l'amusement des enfans dans les soirées de l'hiver. Ainsi grillée et réduite en poudre on en fait une espèce de café dont j'ai goûté et qui vaut autant et plus que celui d'orge, de chicorée, etc.

C'est principalement l'humidité surabondante qui, dans toute l'étendue de sa durée, nuit le plus à la gesse; aussi n'on culüve-t-on que fort peu dans le climat de Paris et encore moins dans ceux qui sont plus septentrionaux; aussi les Anglais, qui recherchent toutes les plantes propres à varier la série de leurs assolemens, la connoissent-ils à peine. J'ai remarqué d'ailleurs que la saveur des graines récoltées aux environs de Paris étoit bien inférieure à celles crues aux environs de Bordeaux, et il en est sans doute de même de la fane pour les animaux.

Au reste, il est rare qu'on cultive cette plante avec intelligence dans les départemens méridionaux. La plupart des champs que j'en ai vus semés en étoient très peu garnis, et elle y avoit à peine deux pieds de hauteur. On m'a dit pour excuse qu'il falloit donner de l'espace aux tiges pour ramper puisqu'on ne leur donnoit pas de rames, et qu'on ne l'employoit que sur les plus mauvais terrains.

Dussieux a publié un très bon mémoire sur cette plante dans les mémoires de l'ancienne société d'agriculture de Paris, trimestre d'hiver, 1788.

La GESSE CHICHE, *Lathyrus cicera*. Lin., a les feuilles composées de deux folioles; les pédoncules à une seule fleur rouge; les légumes ovales, comprimés et canaliculés sur leur dos. Elle est annuelle, croît naturellement en Espagne, et s'y cultive comme la précédente, à laquelle elle ressemble beaucoup, principalement pour ses fruits qu'on y appelle *petits poids chiches* et qu'on y estime beaucoup.

La GESSE ANGULAIRE a les tiges très anguleuses; les feuilles composées de deux folioles très aiguës, ou mieux linéaires; les fleurs rouges et solitaires. Elle est annuelle et croît dans les blés des parties méridionales de la France. Je l'ai vue si abondante dans les environs d'Autun et de Lyon, qu'elle nuisoit beaucoup aux récoltes. Ses tiges se tiennent presque droites et forment de très grosses touffes. Le goût que les bestiaux témoignent pour

elle sembleroit devoir la faire cultiver pour fourrage. J'ose la
recommander aux cultivateurs des parties moyennes et méridionales de la France. Les cantons où je l'ai observée en plus
grande quantité offroient un sol granitique ou schisteux de fort
médiocre qualité, et elle s'y élevoit cependant à plus de deux
pieds.

La GESSE SANS FEUILLES, *Lathyrus aphaca*, Lin., a les tiges
foibles, anguleuses; des stipules opposées, cordiformes, très
larges, glabres, appliquées l'une contre l'autre; les vrilles
simples et les fleurs jaunes et solitaires. Sa hauteur est d'environ un pied. Elle croît dans les blés en terrains secs, sur-tout
dans les parties méridionales de la France. Souvent elle nuit
aux récoltes. J'ai vu des blés dont toutes les tiges en étoient
entourées. Certains cultivateurs ne la voient cependant pas avec
peine aussi abondante, parcequ'étant extrêmement du goût
des bestiaux, elle améliore la paille dans laquelle elle reste. Je
ne puis, malgré que je reconnoisse la réalité de cet avantage,
approuver qu'on ne cherche pas à la détruire; car en définitif
elle nuit certainement aux récoltes. Il est aujourd'hui prouvé
que l'on obtient des produits d'autant plus abondans qu'on
isole plus les plantes qui les fournissent, qu'on tient la terre
plus nette de mauvaises herbes. Les ouvrages d'Young prouvent que ce principe s'applique même aux prairies artificielles,
c'est-à-dire qu'une luzerne, par exemple, privée des graminées et autres plantes qui y abondent si souvent, rapporte beaucoup plus. Si les cultivateurs veulent mêler de la gesse sans
feuilles à leurs pailles, qu'ils la sèment séparément avec
quelques grains de seigle ou d'orge pour servir de soutien
au plant; mais la gesse cultivée et plusieurs autres lui sont
préférables. *Voyez* MÉLANGE.

La GESSE ODORANTE, qu'on appelle vulgairement *pois odorant*, *poids de senteur*, a les feuilles composées de deux folioles ovales-oblongues, les pédoncules supportant deux grandes
fleurs; les légumes hérissés de poils. On la croit originaire de
l'Inde. Elle est annuelle et s'élève à trois ou quatre pieds.
On la cultive depuis un temps immémorial dans les jardins à
raison de l'excellente odeur de ses fleurs, qui varient dans
toutes les nuances du rouge, du bleu et du blanc. L'opinion
de quelques personnes est que la variété à étendard rose et à
ailes et carène blanches est originaire de Sicile; mais cela n'est
rien moins que certain.

Les tiges grimpantes de la gesse odorante la rendent peu
propre à la décoration des parterres; aussi est-ce contre un
mur, sur lequel on peut la palissader, qu'on la place ordinairement. Elle gagne de plus à cette situation plus de chaleur ainsi que plus de sécheresse, et elle en a besoin pour dé-

velopper tout l'arome de ses fleurs. Pour la semer, on jette, en automne ou au printemps, trois ou quatre graines dans une petite cavité, au préalable garnie de terreau bien consommé. Les semis d'automne ont l'avantage de donner des pieds plus précoces et plus beaux, mais ils sont exposés aux gelées du printemps; en conséquence, dans le climat de Paris et dans ceux qui sont plus septentrionaux, on le pratique peu. Ces semis n'exigent d'autres soins que d'être sarclés et binés deux ou trois fois. On donne des rames aux pieds qui ne peuvent être palissadés. Quelquefois aussi on sème la gesse odorante dans des pots, soit pour en garnir des gradins, soit pour la palissader contre les montans des fenêtres des appartemens; alors il faut mettre dans ces pots une bonne terre légère et arroser fréquemment, jusqu'à l'époque de l'épanouissement des fleurs. Quand on a su graduer convenablement ces semis on se procure des fleurs depuis le mois de juin jusqu'aux gelées; on peut même en prolonger la jouissance pendant l'hiver et au printemps suivant, en coupant les tiges avant leur complet développement, et en rentrant les pots dans l'orangerie.

On place la gesse odorante dans les jardins paysagers contre les fabriques, les monumens, dans les corbeilles qu'on ménage au milieu des gazons. Comme elle demande un peu de culture, on l'unit difficilement aux arbres des premiers rangs des massifs, parmi lesquels elle feroit cependant un bon effet.

C'est toujours la graine des premières gousses mures qu'on doit récolter pour les semis. Les autres peuvent être données avec avantage aux volailles de toute espèce. Tous les animaux recherchent également sa fane.

La GESSE TUBÉREUSE, vulgairement appelée *méguzon*, *macjon*, *gland de terre*, etc., a la racine tubéreuse; les feuilles composées de deux folioles ovales, obtuses, mucronées; les fleurs roses au nombre de cinq à six sur le même pétiole. On la trouve dans les blés de l'Europe moyenne et méridionale, où elle fleurit au milieu de l'été. Elle est vivace. Ses fleurs ont une odeur douce fort agréable et forment des bouquets très élégans. Ses racines sont réellement fibreuses, traçantes; mais de distance en distance elles produisent des renflemens noirs, ovales, de la grosseur du pouce, et quelquefois ces renflemens contiennent une chair tendre, blanche, dont la saveur approche beaucoup de celle de la châtaigne. On les mange généralement soit cuites dans l'eau, soit cuites sous la cendre. J'en ai fait, dans ma jeunesse, une grande consommation; aussi suis-je plus disposé que d'autres à les vanter. Parmentier, à qui on en doit l'analyse, a reconnu qu'elles contenoient de l'amidon, du sucre et une substance glutineuse, c'est-à-dire qu'elles offrent les mêmes élémens que le blé et qu'on peut en fabriquer du pain. On les récolte à la suite des labours d'automne et d'hiver, et on peut les garder jusqu'au milieu du printemps en jauge ou à la cave.

Cette plante, depuis sur-tout que nous avons la pomme de terre, ne peut pas être un objet utile de culture sous le point de vue de ses racines ; mais, quoi qu'on en dise, il me semble qu'il n'y a pas de motifs pour qu'en la plantant dans un sol convenable elle ne donne pas une récolte quelconque. On devroit probablement la multiplier par ses graines plutôt que par ses racines ; mais j'avoue n'avoir aucun fait à l'appui de cette opinion.

Les bestiaux aiment beaucoup ses fanes, et les cochons sont d'ardens destructeurs de ses tubercules, ainsi que les mulots et les campagnols.

Comme cette plante demande un terrain cultivé, elle ne peut concourir à l'embellissement des jardins paysagers ; et comme elle change tous les ans de place, on ne peut la mettre dans les parterres.

La GESSE DES PRÉS a les feuilles composées de deux folioles lancéolées ; les fleurs jaunes, au nombre de six à huit, très rapproché sur le même pédoncule. Elle est vivace, s'élève d'un à deux pieds, et fleurit au milieu de l'été. On la trouve dans les prés, souvent en très grande abondance. Tous les bestiaux, et sur-tout les vaches, en sont extrêmement friands. Arthur Young la met au-dessus de tous les autres fourrages, soit pour la quantité, soit pour la qualité de sa fane. Cependant on peut croire qu'il exagère. Je ne sache pas qu'on la cultive dans aucune partie de la France. Elle mérite certainement qu'on répète les essais faits en Angleterre et qu'on constate ses produits d'une manière positive.

La GESSE DE MARAIS a les feuilles composées de quatre ou de six folioles oblongues, mucronées ; les vrilles rameuses ; les fleurs bleuâtres au nombre de cinq à six, sur un pédoncule commun. Elle est vivace et se trouve dans les lieux humides, sur le bord des ruisseaux, même dans l'eau. Ses fleurs ne s'épanouissent qu'à la fin de l'été. Tous les bestiaux la mangent. Elle semble par la largeur de ses feuilles et par sa propriété de croître dans les marais, c'est-à-dire dans un sol où il y a peu de bonnes plantes fourrageuses, devoir l'emporter sur la précédente aux yeux des agriculteurs ; mais j'ignore s'il a été fait des essais pour l'utiliser sous ce rapport.

La GESSE DES BOIS a les feuilles composées de deux folioles ensiformes, très pointues ; les vrilles bifides ; les fleurs roses, grandes, réunies au nombre de cinq à six à l'extrémité des pédoncules. Elle croît dans les bois en bons fonds, s'élève de trois ou quatre pieds, et fleurit à la fin de l'été. Tous les bestiaux la mangent. On pourroit l'employer à la décoration des jardins paysagers et autres, si on n'avoit pas la suivante qui lui est préférable.

La GESSE A LARGES FEUILLES a les feuilles composées de deux folioles ovales, aiguës, roides; les vrilles trifides; les fleurs rouges, au nombre de dix ou douze sur chaque pédoncule. On la trouve dans les bois des montagnes. Elle fleurit à la fin de l'été. Les caractères qui la séparent de la précédente sont peu sensibles; aussi quelques botanistes la regardent-ils comme une simple variété. Sa hauteur surpasse souvent six pieds, et lorsqu'elle est couverte de fleurs, elle produit un très bel effet; aussi la multiplie-t-on dans les jardins paysagers, au pied des buissons des premiers et seconds rangs des massifs, au sommet desquels elle grimpe. Tous les bestiaux aiment ses feuilles, et toutes les volailles ses graines. On l'appelle vulgairement *pois vivace, pois éternel, pois à bouquets*. Ses racines sont si longues qu'on peut difficilement l'arracher lorsqu'elle commence à porter des fleurs, c'est-à-dire après trois ans; aussi, quand on veut la multiplier, faut-il la semer, soit en place, soit dans une terre préparée et exposée au nord, pour en relever le plant la seconde année et le mettre à demeure. Ce semis doit se faire en automne ou au premier printemps. Quelquefois on la plante aussi dans les grands parterres, et on lui laisse faire touffe; mais les jardiniers se plaignent qu'elle trace trop, et qu'on ne peut l'arrêter.

Les tiges de cette gesse, qui sont quelquefois de la grosseur d'un tuyau de plume, sont trop dures pour être mangées par les bestiaux, et c'est sans doute un des motifs pour lesquels on ne la cultive pas pour fourrage; cependant la multitude de ses feuilles et l'abondance de ses graines devroient lui mériter les regards de la grande agriculture. Ses fanes sèches peuvent être employées à chauffer le four. Lors même qu'on ne rechercheroit que la graine pour les volailles, qui l'aiment beaucoup, il y auroit, ce me semble, du bénéfice à en attendre. Je la recommande donc à ceux que leur position met à portée de faire des essais en ce genre. On peut en trouver facilement de la graine au jardin du Muséum et autres des environs de Paris. (B.)

GIBIER. On entend particulièrement par ce mot les animaux sauvages qui servent à la nourriture de l'homme. Ainsi les cerfs, les lièvres, les perdrix, les canards sauvages sont du gibier. Les loi- actuellement existantes autorisent chaque propriétaire à détruire le gibier sur sa terre, ce qui me dispense de développer les inconvéniens qui résultent pour l'agriculture de sa trop grande multiplication. Qui de nous, actuellement hommes faits, n'a pas vu une bande de sangliers, de cerfs, anéantir en une nuit, au moment de la moisson, la plus belle récolte de blé ; les lièvres et les lapins dévorer en détail le produit des plaines les plus fertiles ; les perdrix et les faisans obliger les laboureurs à répandre trois fois plus de semence de blé que le terrain ne le comportoit ? Jetons un voile sur les vices de notre ancienne législation relative aux chasses, et faisons des vœux pour que les sages lois qui existent s'exécutent dans toute leur étendue pour l'avantage général de la société. On trouvera à l'article de chaque espèce de gibier des détails sur la manière de le chasser et de le prendre avec des pièges. (B.)

GIBOULÉE. Pluie subite et de peu de durée qui est communément froide et accompagnée de vent. C'est sur-tout au printemps que les giboulées sont fréquentes. Celles de mars sont célèbres. Plusieurs causes concourent ensemble ou séparément à les produire ; mais la principale paroît être l'action de deux vents qui agissent en sens contraire. Comme elles changent rapidement la température de l'air, elles doivent nuire à la végétation, c'est-à-dire troubler l'ascension de la sève, arrêter la fécondation des fleurs prêtes à s'ouvrir, suspendre la germination déjà commencée des graines, etc., etc. ; mais il n'y a aucun moyen de s'opposer à leurs effets : à peine le jardinier le plus expérimenté peut-il les prévoir quelques instans avant leur chute pour couvrir ses couches de paillassons, abriter ses tulipes, ses œillets avec des toiles. *Voyez* aux mots PLUIE et VENT. (B.)

GICLET, *Momordica elaterium*. Cette espèce de momordique de Linné mériteroit, comme Jussieu en convient, qu'on rétablît pour elle le genre *elaterium* de Tournefort, à raison de la manière dont ses graines et la pulpe juteuse qui les accompagne s'échappent par un trou qui se trouve à l'extrémité inférieure du fruit lorsqu'il se détache de son pédicule. Le nom d'*elaterium* convient bien à cette sorte de ressort qui a lieu d'une autre manière dans diverses momordiques. Celle-ci a reçu, par cette même raison, les noms de *concombre gicleur, concombre vesceur, concombre d'attrape* : on l'a aussi nommée concombre sauvage et concombre d'âne. Ce concombre ne peut guère être comparé qu'à un cornichon : il n'acquiert la grosseur d'aucun concombre, et reste vert, mais d'un vert glauque assez pâle, comme tout le reste de la plante.

Cette espèce a pour particularité de ne point allonger, comme les autres cucurbitacées, de longs rameaux traînans. Ses tiges rameuses sont courtes, et se soutiennent en touffe, sorte de disposition qui se retrouve dans une race rachitique de pépon, nommée le *pastisson*. D'accord avec cette structure, les vrilles sont supprimées ; on ne retrouve à la place qu'une sorte d'écaille qui peut en être le rudiment. *V.* CUCURBITACÉES.

Cette plante est purgative dans toutes ses parties, les feuilles plus que les racines, et les fruits encore plus. Leur suc exprimé purge avec violence, procure une copieuse évacuation de sérosités, cause des coliques vives, des épreintes, et souvent l'inflammation des intestins. On en prépare un extrait qui est moins actif, et qui porte le nom d'*elaterium*. L'usage des racines ne peut être prescrit légèrement, ni même celui de l'extrait, dont la dose est d'un à deux grains pour l'homme. On s'en sert ordinairement pour aiguillonner d'autres purgatifs.

Le suc appliqué extérieurement amollit les tumeurs dures. Quoique ce remède ait été singulièrement vanté par les anciens, il vaut mieux recourir à des remèdes plus doux, même pour les animaux. (Duch.)

GIGOT. On a donné trivialement ce nom à l'iris fétide, parcequ'il sent le met qu'il indique.

GINGEMBRE. Espèce du genre Amome. *Voyez* ce mot.

GINGKO, *Salisburia.* Arbre à écorce blanchâtre, à feuilles fasciculées, pétiolées, cunéiformes, bilobées, déchirées, striées, coriaces, d'un beau vert, larges de deux pouces, qui forme un genre dans la monœcie polyandrie.

Le gingko a été d'abord observé au Japon par Kœmpfer, qui rapporte qu'on le cultive généralement pour son fruit, dont l'amande crue ou cuite est un très bon manger. Depuis on l'a apporté en Europe où on le cultive pour l'agrément, et où il a fleuri pour la première fois il y a peu d'années. C'est un très grand arbre, dont les branches sont alternes et presque toujours perpendiculaires les unes sur les autres, dont le bois est tendre et fort rempli de moelle. La forme et la disposition singulière de ses feuilles le font remplir une place distinguée dans les jardins paysagers, où on le place, soit en avant des massifs, soit contre quelque fabrique, soit au milieu des gazons, mais toujours de manière à ce qu'il soit bien en vue. Il perd ses feuilles pendant l'hiver. On le multiplie par marcottes, par boutures, par section de racines. Les premières ne s'enracinent ordinairement que la seconde année, et même souvent que la troisième, lorsqu'elles sont faites dans des pots en l'air. Les secondes doivent, dans le climat de Paris, être faites avec des pousses de l'année, auxquelles on donne un talon de bois de la pousse précédente, et placées sur couches et sous châssis, dans des terrines remplies de bonne terre franche, mêlée de terreau. Elles prennent racines dans l'année, mais poussent d'abord fort lentement. Ce n'est qu'à la seconde ou à la troisième année qu'il faut les repiquer dans des pots isolés ou en pleine terre. En Amérique, où j'ai cultivé aussi le gingko, j'allois plus vite; car les branches de deux à trois pieds de haut, mises en terre ont poussé du double dès la première année. La multiplication par section de racines s'opère, ou en sépa-

rant une racine d'un vieux pied, et en présentant son gros
bout au jour, sans l'arracher, ou en l'arrachant, la coupant
par tronçons de six pouces, et la traitant positivement comme
les boutures.

Une terre un peu forte, légèrement humide, et une exposition chaude, paroissent être ce qui convient au gin-ko ; mais il
végète cependant dans toute espèce de terre et à l'exposition
du nord. Il ne craint point les gelées. Cependant, quand il est
jeune, on doit le couvrir par précaution pendant l'hiver, ou le
rentrer dans l'orangerie.

Les amis de l'agriculture doivent désirer que cet arbre porte
bientôt des graines en Europe, et qu'on le multiplie avec encore plus d'activité qu'on ne l'a fait jusqu'à présent. Il fut si
recherché dans les premiers temps de son arrivée en France,
qu'on en payoit les pieds jusqu'à quarante écus, ce qui lui
fait donner le nom d'*arbre aux quarante écus*. (B.)

GINSEN, ou GINSENG, *Panax*, Lin. Plante de la famille
des ARALIES, très célèbre en Orient par les vertus merveil-
leuses qu'on attribue à sa racine. Elle croît dans les forêts de
la Tartarie, sur le penchant des montagnes, entre le trente-
neuvième et le quarante-septième degré de latitude septentrionale. On la trouve aussi dans la Pensylvanie et le Canada.
Les Chinois la nomment *pet-si*, et les Iroquois *garentoguen*,
mots qui signifient dans les deux langues *cuisse d'homme*,
parceque sa racine en a à peu près la forme. Cette racine est
charnue, un peu raboteuse, et le plus souvent partagée en
deux branches pivotantes, garnies de quelques menues fibres ;
sa couleur est roussâtre en dehors, jaunâtre en dedans ; son
goût légèrement âcre et amer, son odeur aromatique et assez
agréable. La tige du ginseng s'élève communément à un pied ;
elle est droite et unie, et se divise à son sommet en trois pétioles
disposés en rayons, qui soutiennent chacun une feuille composée de cinq folioles inégalement dentées. Du point de division
des trois pétioles s'élève un pédoncule commun portant une
petite ombelle garnie de fleurs d'un jaune herbacé. Ces fleurs
sont hermaphrodites sur certains pieds, et mâles sur d'autres.
Les premières ont un petit calice à cinq dents, cinq pétales
égaux, cinq courtes étamines et deux styles à stigmate simple.
Le fruit qui leur succède est une espèce de baie contenant deux
semences unies et convexes.

Les Asiatiques, les Chinois sur-tout, regardent la racine de
ginseng comme une panacée ; ils y ont recours dans toutes
leurs maladies. Aussi est-elle très recherchée par ces peuples,
et toujours très chère ; elle se vend en Chine trois livres
d'argent la livre. On ne cultive point cette plante, parcequ'elle croît d'elle-même en abondance ; mais la récolte

s'en fait d'une manière solennelle et au profit de l'empereur.

Cette récolte, qui est longue et pénible, commence à l'entrée de l'hiver. Quand le temps approche, on entoure de
garde les déserts et les forêts où le ginseng croît, pour empêcher les voleurs d'en prendre; malgré cette précaution,
beaucoup de Chinois trouvent le moyen de pénétrer dans ces
déserts pour aller chercher cette racine, au risque de perdre
leur liberté et le fruit de leur peine s'ils sont surpris. On
emploie ordinairement dix mille Tartares à en faire la récolte.
Cette espèce d'armée se partage le terrain sous divers éten-
dards : chaque troupe, au nombre de deux ou trois cents,
s'étend sur une même ligne, jusqu'à un point marqué,
en gardant de dix en dix une certaine distance. Dans cet
ordre, ils cherchent la plante avec soin; elle croît à l'ombre
dans les forêts, sur le bord des rivières, autour des rochers,
parmi les épines et les buissons, et au milieu de toutes sortes
d'herbes. Les Tartares pénètrent dans tous ces lieux, s'avançant insensiblement sur le même rhmb; ils parcourent, pendant un certain nombre de jours, l'espace qu'on leur a marqué. Dès que le terme est expiré, les mandarins, placés avec
leurs tentes dans les lieux propres à faire paître leurs chevaux, envoient visiter chaque troupe, pour leur intimer leurs
ordres, et pour s'informer si leur nombre est complet. En cas
que quelqu'un manque, comme il arrive assez souvent, ou
pour s'être égaré dans ces déserts, ou pour avoir été dévoré
par les bêtes féroces, on le cherche un jour ou deux, après
quoi on recommence le même travail. Ces Tartares éprouvent
de rudes fatigues dans cette expédition. Ils n'ont ni tentes ni
lits, chacun d'eux étant assez chargé de sa provision de millet
rôti au four dont il doit se nourrir tout le temps du voyage.
Ainsi ils sont obligés de dormir sous quelques arbres, se couvrant de branches ou de quelques écorces qu'ils trouvent. Les
mandarins leur envoient de temps en temps quelques pièces
de bœuf ou de gibier, qu'ils dévorent après les avoir exposées
un moment au feu.

C'est ainsi que ces dix mille hommes passent six mois de
l'année, depuis le commencement de l'automne jusqu'à la fin
du printemps, pour la recherche d'une racine dont la principale vertu est vraisemblablement de produire un grand revenu
à l'empereur de la Chine. On conserve pour ce prince le
ginseng qui a été ramassé sur les montagnes de *Tsu-toang-seng*,
comme le meilleur. Tout celui qu'on recueille en Tartarie,
chaque année, doit être porté à ses douanes; il en prélève
deux onces pour les droits de capitation de chaque Tartare
employé à cette récolte, ensuite il paye le surplus une certaine

valeur, et le fait vendre à un prix beaucoup plus haut dans
son empire, où il ne se débite qu'en son nom : ce débit est
toujours assuré ; c'est par ce moyen que les nations européennes qui trafiquent à la Chine s'en pourvoient, et en
particulier la compagnie hollandaise des Indes orientales, qui
vend presque tout le ginseng qui se consomme en Europe. Il
n'a commencé à y être connu qu'en 1610. Des Hollandais curieux en apportèrent les premiers en revenant du Japon ; il
se vendoit alors au-dessus du poids de l'or. Mais on en avoit
peu entendu parler en France avant l'arrivée des ambassadeurs de Siam, qui, entre autres présens, en donnèrent à
Louis XIV.

Comme cette racine est très chère, on lui substitue souvent
dans le commerce d'autres racines étrangères d'un moindre
prix, telles que celle du *behen blanc* (*centaurea behen*, Lin.)
ou celle du *nin sin*, *berle de la Chine* (*sium ninsi*, Lin.) qui
est une plante fort différente, qu'on a confondue mal à propos
avec le ginseng. Il faut choisir le ginseng qui est récent, odorant,
et non carié ni vermoulu. Les Tartares ont une manière particulière de le préparer. Pour en conserver les racines, ils enterrent dans un même lieu tout ce qu'ils ont pu en récolter pendant dix ou quinze jours. Peu de temps après, ils les déterrent,
les ratissent ou les brossent pour les nettoyer, et les trempent
ensuite dans une légère décoction presque bouillante de graines de millet et de riz ; puis ils les exposent à la fumée d'une
espèce de millet jaune, qui est renfermé dans un vase avec
un peu d'eau ; les racines sont alors placées sur de petites traverses de bois, et s'imbibent ainsi peu à peu sous un linge ou
sous un autre vase qui les couvre. Par ce procédé, elles prennent extérieurement une couleur jaune ou rousse qu'elles
conservent en se desséchant, et elles acquièrent une telle dureté, qu'elles paroissent résineuses et comme demi-transpa-
rentes. Après qu'elles ont été bien séchées, on en retranche
les fibres ; et lorsque le vent du nord souffle, on a soin de les
placer à sec dans des vases de cuivre très propres et qui ferment bien. On fait un extrait des plus petites racines, et on
conserve les feuilles de la plante pour les employer comme
du thé.

Miller (Dict. des jardiniers) dit que des racines de ginseng,
recueillies en Amérique, et apportées en Angleterre, ayant
été autrefois envoyées à la Chine, produisirent d'abord un
revenu considérable ; mais la grande quantité qu'on y en
porta ensuite ayant rendu cette denrée trop commune, elle
y perdit beaucoup de son prix. « Cette plante, ajoute-t-il, a
été introduite dans les jardins anglais, où on la cultive à l'ombre et dans un sol léger ; elle y a profité et produit des fleurs :

ses semences y mûrissent même chaque année ; mais aucune n'a germé ; car j'en ai semé pendant plusieurs années après leur maturité, sans aucun succès. J'en ai aussi semé plusieurs fois dans différentes situations de celles qui m'avoient été envoyées d'Amérique, et je n'ai pas été plus heureux. Il paroît que les missionnaires, d'après leur propre récit, n'ont pas eu un meilleur succès ; car, quoiqu'ils aient souvent semé ces graines à la Chine même, ils n'ont jamais pu obtenir aucune plante. D'après cela, je crois qu'il est nécessaire qu'il y ait des plantes mâles près des hermaphrodites, pour rendre les semences prolifiques ; car toutes celles que j'ai vues et cultivées ne produisoient que des fleurs hermaphrodites : et bien que leurs semences aient paru mûrir parfaitement, cependant aucune n'a réussi, quoiqu'on les ait laissées trois ans en terre sans les remuer. (D.)

GIP. Nom du plâtre dans le département du Var.

GIRANDOLE. Disposition des arbres fruitiers qui a été à la mode pendant quelques années, mais dont on voit actuellement fort peu d'exemples. C'est une QUENOUILLE ou une PYRAMIDE (voyez ces mots), dont le tronc est alternativement garni et dégarni de branches, c'est-à-dire présente une suite d'étages.

La formation des girandoles diffère fort peu de celle des quenouilles. On emploie également pour ces deux sortes de tailles des arbres nains greffés rez terre, et qui sont garnis de branches latérales dans toute leur longueur. Leur conduite est la même, excepté dans la distribution des branches, qui dans les girandoles sont étagées à des distances déterminées, et chaque étage de branches diminue d'épaisseur ainsi que de largeur depuis le bas de l'arbre jusqu'à son sommet, fixé ordinairement à dix ou douze pieds. Ces étages sont ronds ou carrés. On donne à celui le plus rapproché de terre dix pouces d'épaisseur sur environ deux pieds de diamètre, et au dernier du haut cinq pouces d'épaisseur sur une largeur de six pouces. L'arbre se termine ensuite en une pyramide plus ou moins aiguë. Les gradins intermédiaires entre ces deux extrémités ont plus ou moins d'étendue et d'épaisseur, selon qu'ils sont plus ou moins rapprochés du haut ou du bas. Les espaces vides qui se trouvent entre chaque gradin diminuent aussi successivement d'étendue. Le premier a un pied et le dernier six pouces. Le procédé qu'on emploie pour tailler les arbres ainsi symétrisés est beaucoup plus rigide, mais est le même que pour les quenouilles et les pyramides. On sent assez les différences qu'il faut y apporter sans qu'il soit nécessaire de les détailler. *Voyez* au mot TAILLE. (TH.)

GIRANDOLE. Nom jardinier de l'AMARYLLIS ORIENTAL. On

donne aussi ce nom à la Charagne et au Plumeau. *Voyez* ces mots.

GIRAUMON. Ce nom d'usage pour plusieurs belles races de pépon, cultivées dans les Antilles, paroît leur avoir été donné comme comparant leur grosseur à des monts girans ou tournans, ou avec moins d'hyperbole à des rochers roulans. Quant à leur origine elle pourroit être japonaise. Toutes se rapportent à l'espèce du Pépon. *Voyez* ce mot. (Duch.)

GIROFLE. Nom vulgaire du chervi à Lyon.

GIROFLE (CLOU DE). *Voyez* au mot Giroflier.

GIROFLIER ou GEROFLIER AROMATIQUE, *Caryophillus aromaticus*, Lin. Arbre étranger de moyenne grandeur, de la famille des myrtes, qui croît naturellement aux Indes, principalement dans les îles Moluques, et qui donne le clou de girofle dont on fait usage dans la cuisine et en médecine, ainsi que dans l'art du liquoriste et du parfumeur. Le giroflier s'élève communément depuis dix-huit pieds jusqu'à trente, avec une cime assez large et disposée en pyramide. Son tronc est anguleux dans sa partie inférieure, et revêtu d'une écorce grisâtre. Ses feuilles sont opposées et entières, à bords un peu ondés; elles ressemblent assez aux feuilles du laurier commun, et sont friables comme celles-ci, lorsqu'on les presse entre les doigts. A leur surface inférieure on aperçoit à la loupe de petits points résineux. Les fleurs, qui sont odorantes, naissent en corymbes à l'extrémité des rameaux, portées trois par trois sur des pédoncules communs. Un corymbe est composé au moins de neuf fleurs, le plus souvent de quinze, quelquefois de vingt-une. Chaque fleur a un petit calice oblong fait en entonnoir, et découpé à son extrémité en quatre parties pointues; une corolle à quatre pétales, de nombreuses étamines rassemblées en quatre paquets, et un style à stigmate simple. Ce sont toutes ces parties qui, avant leur parfait développement, forment ce qu'on appelle le clou de girofle du commerce; car ce clou n'est autre chose que la fleur entière du giroflier cueillie avant la fécondation du pistil, et que l'on fait ensuite sécher. Si on laisse au germe le temps d'être fécondé et de grossir, il devient alors une baie coriace, ovoïde, d'un rouge brun ou noirâtre, qui est le véritable fruit connu dans les boutiques par le nom d'*antofle de girofle* ou *clou marue.* Il est propre à la reproduction, mais moins aromatique et beaucoup moins estimé dans le commerce que le clou de girofle ordinaire ou le *clou fleur;* ce dernier est même le seul marchand.

Les fruits qu'on laisse sur le giroflier, et qui dans leur état de fleurs ont échappé à ceux qui font la récolte des clous de girofle, se remplissent en grossissant d'une gomme dure et noire qui a une odeur agréable et un goût fort aromatique. Ils tombent d'eux-mêmes l'année suivante, et servent à la plantation de nouveaux girofliers ; car étant semés ils germent, et dans l'espace de cinq ou six ans ils forment des arbres qui donnent du fruit.

§. 1. *Introduction du giroflier dans les colonies francaises.* Avant la découverte d'un passage aux Indes par le Cap de Bonne-Espérance, le commerce du girofle et des autres épiceries étoit entre les mains des Vénitiens, qui achetoient ces sortes de denrées aux Egyptiens et aux Arabes, et les revendoient aux peuples de l'Europe. Au 15ᵉ siècle les Européens pénétrèrent dans les contrées mêmes d'où venoient ces productions si recherchées. Les Portugais furent les premiers qui s'établirent dans quelques unes des îles qui les fournissent ; mais ils en furent bientôt chassés par les Hollandais. Dès cette époque ces derniers cherchèrent à faire le commerce exclusif des épiceries, et ils y parvinrent. Toutes les îles Moluques produisoient alors du clou de girofle. Ne pouvant posséder, garder ou surveiller toutes ces îles, les Hollandais y firent arracher tous les plants de giroflier, excepté dans celle d'Amboine, où ils les conservèrent. C'est d'Amboine qu'ils ont toujours tiré et qu'ils tirent encore tout le girofle qu'ils appportent en Europe ou qu'ils distribuent dans les autres parties du monde. Leurs précautions et leur surveillance aussi active qu'ombrageuse, pour empêcher les autres nations de participer à ce commerce, ont eu pendant long-temps leur effet ; mais elles n'ont pas empêché les Français de pénétrer à la fin dans les îles à épiceries, et d'en enlever plusieurs plants de girofliers et de muscadiers, qu'ils ont depuis naturalisés dans leurs colonies d'orient et d'occident.

Cette espèce de conquête fut due à M. Poivre, qui, plein d'amour pour son pays, et non moins recommandable par ses talens que par ses vertus, conçut et exécuta le projet d'affranchir l'Europe d'un monopole odieux. C'est à lui que la France doit la possession du giroflier et du muscadier. Il eut l'adresse de se les procurer dans le cours de ses voyages aux Grandes-Indes, et il en introduisit la culture à l'Ile-de-France, pendant qu'il étoit intendant de cette colonie. En 1769, il expédia de cette île deux petits bâtimens, le *Vigilant* et l'*Etoile du matin*, commandés l'un par M. de Trémigon, l'autre par M. d'Etcheveri ; M. Provost, ancien écrivain des vaisseaux de la compagnie des Indes et ami de M. Poivre, fut de cette expédition qu'il devoit particulièrement diriger. Les deux bâtimens firent ensemble le voyage de Manille ; et après avoir passé à Mindanao et touché à Gilolo, ils visitèrent plusieurs petites îles, où leurs recherches furent infructueuses. Les Hollandais avoient pris soin d'en arracher tous les plants de giroflier et de muscadier. Alors les commandans jugèrent à propos de se séparer, pour suivre, chacun de leur côté, une route différente.

M. Provost s'étoit embarqué avec M. d'Etcheveri. Ces deux navigateurs, parfaitement d'intelligence, parcoururent tout l'est des Moluques, abordèrent plusieurs fois à l'île de Céram ; et enfin ils obtinrent des rois de Gébi et de Palam, souverains indépendans des Hollandais, un grand nombre de plantes des deux arbres précieux et un plus grand nombre de baies et de noix fécondes. M. d'Etcheveri échappa à son retour à une escadre hollandaise. Il rejoignit M. de Trémigon au point convenu. On partagea entre les deux vaisseaux les jeunes plants, les baies de girofle et les noix muscades, et ils arrivèrent à l'Ile-de-France le 24 juin 1770.

Ce n'avoit pas été une petite entreprise ; son succès pouvoit être regardé comme un évènement heureux pour la France. Tous ceux qui l'avoient tentée avant M. Poivre avoient péri victimes des rigueurs et de la vigilance des Hollandais. L'habileté et les lumières que ce vertueux administrateur devoit à ses différens voyages, et sur-tout la réputation qu'il s'étoit faite auprès des princes du pays, pouvoient seules vaincre les obstacles que la compagnie hollandaise opposoit aux navigateurs qui cherchoient à pénétrer dans les Moluques. Cependant il ne se borna pas à cette expédition. Une seconde fut faite par ses ordres en 1771 et 1772, et, plus heureuse que la première, elle assura pour toujours aux colonies françaises la possession du giroflier et du muscadier.

M. Poivre établit alors à l'Ile-de-France un magnifique jardin, dans un lieu appelé *Montplaisir*, et qui étoit peu distant de la mer. Ce jardin, qu'il céda depuis au roi, fut consacré à l'éducation et à la culture de toutes les plantes utiles des deux hémisphères, mais principalement à celles des arbres précieux qu'il venoit de conquérir sur les Hollandais. Après son départ de cette île, il en confia la direction aux soins de M. Céré. Il s'y trouvoit alors trente-huit girofliers et quarante-six muscadiers. Bientôt M. Céré multiplia tellement les uns et les autres, qu'il put en fournir aux habitans de l'île de Bourbon, et en faire des envois considérables à Cayenne et à la Martinique.

Les premiers clous que les girofliers de l'Ile-de-France produisirent furent maigres et secs, provenans d'arbres encore peu vigoureux ; mais les années suivantes les mêmes arbres, devenus plus forts, donnèrent des clous plus beaux et mieux nourris. En 1775, ou peu d'années après, un bâtiment envoyé de l'Ile-de-France à Cayenne, par les ordres du ministère français, apporta pour la première fois dans la Guiane des plants d'épiceries et quelques autres productions de l'Inde. Les plants de girofliers furent ceux qui arrivèrent en meilleur état. On en distribua quelques uns à divers habitans de la colonie, pour essayer le canton et l'exposition qui leur conviendroient le mieux. En 1779 et 1780 on fit un établissement sur le continent à quatorze lieues de Cayenne, pour y cultiver en grand les girofliers qui avoient parfaitement réussi, et avoient donné leurs fruits. On en éleva successivement sur ce terrain, nommé *la Gabrielle*, quatre mille quatre cents pieds, depuis 1779 jusqu'en 1784. En 1785 les arbres les plus anciens, qui avoient alors six ans, commencèrent à montrer quelques fleurs. On recueillit deux livres et demie de girofle. En 1786, on en récolta quatre-vingt-quinze livres; et en 1787, deux cent soixante-treize livres. Le tout fut envoyé chaque année au ministre, qui chargea Lavoisier d'examiner la qualité de cette épicerie, en s'adjoignant quelques commerçans. Le résultat de cet essai fut que le clou de girofle de Cayenne égaloit en bonté le girofle marchand de l'Inde; on en trouva même dans celui de la Guiane qui rendoit plus d'huile essentielle.

Depuis 1787, M. Martin, botaniste chargé de la direction des jardins et pépinières de Cayenne, a rendu l'habitation de la Gabrielle une des plus belles qu'il soit possible de voir en fait de culture; en 1792 elle contenoit quatre mille cinq cents girofliers plantés anciennement. Ce botaniste en faisoit alors une nouvelle plantation qui devoit beaucoup augmenter l'ancienne. Cet établissement est aujourd'hui dans un très bel état. En 1800 on y a récolté vingt-six milliers de clous de girofles; et si la mortalité sur les girofliers n'avoit pas eu lieu, on en auroit eu trente-six à quarante milliers. Aussi apporte-t-on depuis quelques années de Cayenne des clous de girofle en assez grande quantité. Il en a été vendu à Bordeaux, dès 1791, sept cents livres à un prix supérieur à celui des clous des Moluques. Avant la révolution, des plants de girofliers avoient été transportés de la Guiane à la Martinique. Cette île ayant resté pendant une grande partie de la guerre entre les mains des Anglais, nous ignorons si les girofliers y ont réussi.

Par ce qui précède, on voit qu'il est très facile de naturaliser cet arbre dans les contrées chaudes de l'Amérique. Il seroit donc à souhaiter qu'à la paix on s'occupât d'en élever beaucoup dans les Antilles, principalement dans la malheureuse île de Saint-Domingue, où ils prospèreroient sans doute. On pourroit cultiver en même temps, ainsi qu'à Cayenne, les autres arbres à épiceries. Un établissement semblable demanderoit à être dirigé par un homme actif et éclairé, plein d'amour pour les sciences et pour son pays, et il en résulteroit une nouvelle branche de culture et de commerce très avantageuse à la France.

§. 2. *Culture du giroflier.* L'éducation de cet arbre demande beaucoup de soins. Le vent, le soleil, la sécheresse lui sont également contraires, et tous les terrains ne lui sont pas propres. Il aime de préférence les terres fortes, profondes et fraîches ; dans tout autre sol il réussit mal. On sème sa graine ou baie à trois pouces de profondeur, et on la couvre légèrement, sans remplir tout-à-fait le trou qui l'a reçue, afin que ses rebords puissent former comme une espèce d'abri autour d'elle. Pour la garantir de la trop grande ardeur du soleil, et pour conserver au sol sur lequel elle est semée toute sa fraîcheur, on couvre sa surface d'une mince couche de feuilles, et on arrose, avec l'attention de jeter l'eau également, afin de ne pas déplacer ou déterrer la graine.

La transplantation du giroflier exige quelques précautions. Comme le moindre contact de l'air altère subitement sa racine, composée d'une grande quantité de petites ramifications très déliées, on doit, autant qu'il est possible, lever le jeune plant avec la terre qui l'environne ; le trou dans lequel il est mis ne doit pas être rempli entièrement ; on laisse autour une cavité de cinq à six pouces au moins, qu'on garnit avec des feuilles sèches, et chaque trou est entouré de branchages destinés à écarter les rats et autres animaux nuisibles. Il seroit peut-être convenable, pour éviter les dangers de la transplantation, de semer le giroflier dans le lieu où il doit rester ; mais qu'il soit semé ainsi ou transplanté, il importe toujours de lui donner de l'ombre dans son enfance, de manière cependant qu'il ne soit pas privé des influences de l'air, et qu'il puisse recevoir avec la rosée les douces pluies et toutes les émanations de l'atmosphère dont il a besoin pour s'élever. Les arbres dont le feuillage est clair et léger, et dont les racines ne s'étendent pas fort loin, tels que les cocotiers, les lataniers et autres palmiers, sont, par ces deux raisons, très propres à protéger sa croissance. Des défrichemens partiels faits au milieu des bois, dans des lieux humides, seroient encore plus favorables à la culture de cet arbre. En général l'exposition qui lui convient est celle du sud ou de l'est ; à l'ouest il éprouve l'après-midi une trop vive chaleur dans les temps de sécheresse.

L'étendue considérable de la tête du giroflier jointe à la foiblesse naturelle de ses branches, et même de son tronc, semble s'opposer à ce qu'il soit élevé en arbre, parceque présentant alors, par sa prodigieuse ramification, un grand obstacle au vent, dont il ne pourroit soutenir le choc, il seroit bientôt renversé. C'est par cette raison qu'aux Iles-de-France et de

Bourbon, où les ouragans sont fréquens, on a soin de le tenir bas, comme à huit, neuf ou dix pieds d'élévation, et de laisser dix à douze pieds de distance entre les différens pieds. On suit à peu près cette méthode à Cayenne, et on n'enlève point les branches basses.

Dans l'Inde on multiplie le giroflier, non seulement de graines, en semant le *clou matrice*, mais encore de boutures coupées dans le temps où la sève commence à monter. Par cette dernière méthode on jouit plus tôt. Elle a lieu à Cayenne dans l'habitation des épiceries dite la Gabrielle, dont il a déjà été parlé.

Aux îles Moluques les girofliers commencent à fructifier à l'âge de trois ans ; mais communément ils n'entrent en rapport qu'à la cinquième année. La récolte se fait depuis le mois d'octobre jusqu'au mois de février. Le moment où l'on cueille les fleurs pour en obtenir le clou est celui où, devenues rouges, elles conservent encore leurs pétales roulés sur eux-mêmes, et formant au sommet du clou une sorte de calotte arrondie. Ces fleurs sont ramassées avec les mains ; on les fait tomber au moyen de longs roseaux, soit sur la terre nue, soit sur des linges étendus sous les arbres. Les clous nouvellement cueillis sont d'une couleur rousse tirant sur le noirâtre, mais en séchant ils deviennent presqu'entièrement noirs. On les fait sécher soit à la fumée, soit à la chaleur du soleil, soit dans une étuve. Ce dernier moyen de dessiccation conserve au clou toute son huile ; car il en contient beaucoup, et il est aisé de s'en apercevoir en déballant les clous apportés des Indes. Pour peu qu'on y touche les mains en sont imprégnées.

A l'âge de dix à douze ans les girofliers des Moluques donnent communément de deux à quatre livres de clous, deux livres quand on les a étêtés pour les défendre de la violence des ouragans, et quatre livres ou à peu près, quand on les a laissé venir en arbres. Il faut cinq mille clous pour faire une livre ; l'arbre qui fournit deux livres donne donc dix mille clous, ce qui est considérable.

§. 3. *Propriétés et usage du clou de girofle.* L'huile qu'on retire par expression des clous récens est épaisse, roussâtre et odorante ; celle qu'on retire des clous secs par la distillation est essentielle et aromatique. On obtient cette dernière de la manière suivante : on humecte une certaine quantité de clous de girofle à la vapeur de l'eau bouillante ; et on les place dans cet état sur une toile étendue au-dessus d'un verre rempli aux trois quarts d'eau pure. Les clous sont couverts immédiatement avec une capsule de fer battu, mince, et remplie de braise mêlée à plus ou moins de cendre ; l'huile essentielle de girofle tombe dans le vase et se précipite au fond de l'eau. Sa couleur est d'abord d'un brun doré ; elle rougit en vieillissant. Son odeur est forte, et sa saveur âcre et brûlante. Cette huile est soluble dans l'esprit-de-vin ; elle est plus active que celle de cannelle. Employée en liniment avec quatre ou six parties de graisse de porc, elle augmente la sensibilité et le mouvement des membres dans les affections vaporeuses ; on s'en sert aussi de la même manière pour frotter les parties paralysées.

Tout le monde sait l'usage qu'on fait des clous de girofle dans la cuisine. En certains pays ils sont tellement recherchés, qu'on en met dans toutes les sauces et tous les ragoûts. Les parfumeurs les pulvérisent et en mêlent la poudre à d'autres substances pour composer différentes odeurs. Ils tirent sur-tout un grand parti de l'huile essentielle. (D.)

GIROFLIER, VIOLIER, GIROFLÉE, *Cheiranthus*, Lin. Genre de plantes de la tétradynamie siliqueuse et de la famille des crucifères, qui renferme près de quarante espèces, dont plusieurs sont cultivées dans nos jardins, et y produisent de nombreuses variétés.

Les auteurs qui ont confondu les juliennes avec les giroflées n'ont pas fait attention que les fleurs des premières sont dépourvues de style, que leurs semences sont sans rebord, et que leurs siliques ne sont point tétragones. La forme de la plante n'est pas non plus la même.

Je dis giroflée et non giroflier, parceque le nom de la fleur a prévalu sur celui de la plante en France et dans une partie de l'Europe. On ne se sert même en France de l'expression violier que dans quelques départemens éloignés. Mais ce nom n'est pas donné aux espèces jaunes, qu'on distingue par l'expression de *ramoneurs*.

La GIROFLÉE DE MURAILLE, *Cheiranthus cheiri*, Lin. La racine de cette plante est pivotante, dure, un peu fibreuse, très garnie de chevelu. Ses tiges nombreuses, de trente à quarante centimètres d'élévation, sont fermes et rameuses. Ses rameaux un peu anguleux forment un buisson bien garni. Ses feuilles sont éparses, entières, lancéolées, pointues, lisses et adhérentes aux tiges. Ses fleurs sont jaunes, d'abord en corymbe, ensuite en grappe, se développent à mesure que les tiges s'allongent et s'élèvent. Elles sont munies d'un calice coloré.

Cette espèce est vivace ; elle est commune en France, et se trouve sur les vieux murs et les rochers. La plante s'y sème et s'y perpétue sans soins.

La GIROFLÉE DES ALPES, *Cheiranthus Alpinus*, Lin. On distingue cette espèce de la précédente, en ce que ses feuilles sont linéaires, cunéiformes et denticulées. Sa tige simple, d'environ dix-huit centimètres, est terminée par un corymbe de six fleurs d'un jaune pâle. Elle croît dans les montagnes.

La GIROFLÉ CORNUE, *Cheiranthus cornutus*, Lin. Ses tiges ont de soixante-dix à quatre-vingt-dix centimètres. Elles sont simples, dures et foibles. Les feuilles sont éparses, linéaires, longues, recourbées, un peu glauques et entières. Les fleurs sont grandes, d'un jaune pâle, en épis. La silique est terminée par le style persistant.

Cette espèce nous vient de Sibérie, et est la seule dont les fleuristes conservent les plantes à fleurs simples pour l'ornement de leurs parterres.

Ce sont ces trois espèces qui ont fourni toutes les variétés à fleurs doubles recherchées pour la fleur comme pour le parfum, entre autres *la baguette d'or* ou la grande giroflée jaune, qui, quand elle est bien soignée, devient un arbuste, et se conserve huit à dix ans. Ses fleurs sont d'un jaune mêlé de bistre. Le *bâton d'or*, qui dure aussi plusieurs années, et dont les rameaux fort longs sont garnis de fleurs écartées les unes des autres, de couleur jonquille ; et le *rameau d'or*, dont les fleurs plus larges que celles du précédent et plus rapprochées sont de la couleur du citron.

GRANDE GIROFLÉE, *giroflée des jardins*, *giroflée de Calabre*, ou *d'Italie*, ou *du Cap*, *Cheiranthus incanus*. C'est le *cheiranthus coccineus* ou la *giroflée de Brompton* de Miller. Quelques jardiniers la nomment *tronc de chou*.

Ses racines, conformées comme les précédentes, ont beaucoup moins de chevelu. Sa tige unique et forte s'élève à la hauteur de deux à trois pieds ; ses feuilles sont longues, velues, réfléchies sur leurs bords, les inférieures se détachent à mesure que la plante croît. Cette remarque de Rozier est commune aux autres espèces, mais plus sensible dans celle-ci, ainsi que la marque qu'elles laissent sur le tronc. La partie supérieure de cette tige est garnie de fleurs assez éloignés, mais proportionnées à la force de la plante ; elle forme comme un épi pyramidal de deux pieds de long. Il y a plusieurs feuilles des aisselles desquelles il sort de petites branches également garnies de fleurs ; on s'en procure par les semis de plusieurs couleurs.

Il y en a une autre espèce très rapprochée de celle-ci que Dumont Courset nomme *cheiranthus tenuifolius*, et Rozier GI-ROFLIER ORDINAIRE. Sa tige est rameuse, frutescente ; ses feuilles filiformes, très entières, fasciculées, un peu soyeuses ; sa tige, ses feuilles, ses fleurs sont beaucoup plus petites que celles de la précédente. Ce qui la caractérise, dit Rozier, est la manière dont sont disposés les rameaux sur le tronc à peu près comme les bras d'un lustre, avec cette différence que ceux du bas sont les plus allongés, et ceux du sommet sont plus courts. Tous montent à peu près à une égale hauteur, et forment une tête presque plate en dessus. Il y en a de plusieurs couleurs, comme rouges, violets, blancs, panachés, etc. Rozier la distingue d'une autre espèce parfaitement semblable, mais dont les fleurs plus grosses sont toujours violettes ou violettes et blanches. Je crois que ce n'est qu'une variété de cette espèce.

J'en connois une autre espèce qui diffère peu de la précédente pour la forme, les fleurs et la végétation ; mais les feuilles sont lisses et d'un vert luisant. Miller la distingue sous le nom de *Cheiranthus glaber*, GIROFLÉE GLABRE. On la nomme en Bretagne *kiri*. Elle réunit les mêmes couleurs que la précédente. Je la crois la même que celle connue dans plusieurs départemens sous le nom de *giroflée grecque*.

La GIROFLÉE CHOU OU CHIFFONNÉE, *Cheiranthus fenestralis*, Lin., me paroît également une variété de la giroflée ordinaire. Son feuillage recoquillé lui a fait donner ce nom. Toutes ces espèces sont vivaces et bisannuelles.

La GIROFLÉE ANNUELLE ou *d'été*, ou *quarantaine*, *Cheiranthus annuus* de Linnée. Ces dénominations lui viennent de sa végétation. On la nomme annuelle parcequ'elle ne vit ordinairement qu'une année, quoiqu'on la conserve souvent deux ans dans nos jardins, sur-tout les simples, dont la graine provenant de la seconde fleur fournit plus de doubles d'été, parcequ'elle fleurit dans cette saison, et quarantaine, parceque quarante ou cinquante jours après être sortie de terre elle a déjà des boutons. Elle diffère peu de la giroflée ordinaire pour la forme des fleurs; mais la plante est plus petite, la tige un peu herbacée divisée vers son sommet en rameaux lâches et peu nombreux, garnis de feuilles éparses, lancéolées, obtuses, veloutées et d'un vert blanchâtre. Ces fleurs réunissent les mêmes couleurs que la précédente; il y en a de blanches, rouges, violettes et panachées; mais elles naissent en bouquets, et offrent des pétales plus larges et un peu échancrés. Les siliques sont cylindriques et aiguës au sommet.

Culture des giroflées. Les fleuristes, qui recherchent beaucoup les giroflées, et particulièrement les doubles, les simples ne se conservant que pour en obtenir de la graine, à l'exception de celle de Sibérie, qu'on met en place pour l'ornement, et quelquefois la grande giroflée dont les fleurons sont très larges, ont deux moyens pour s'en procurer, les semences et les boutures. Les semences leur fournissent de nouvelles variétés, les boutures les conservent. Mais la facilité avec laquelle on obtient des doubles de toutes les variétés qui ne sont pas à fleurs jaunes, et la vigueur des plantes de semence comparées

avec celles provenant de boutures, a fait abandonner cette
méthode qu'on a réservée pour les giroflées jaunes. J'ai cependant connu un amateur qui avoit un assez beau pied de
grande giroflée rouge sur sa fenêtre. Tous les deux ans, il en
faisoit des boutures dont il conservoit la plus belle pour remplacer l'ancien pied. Quand les mouvemens révolutionnaires
me firent abandonner mon pays natal, il y avoit dix ans qu'il
suivoit cette marche ; mais c'étoit sur le bord de la mer, où
cette plante se plaît, et est bien plus vigoureuse que dans l'intérieur des terres. La grande difficulté est de se procurer de
bonne graine, c'est-à-dire de celle qui fournit beaucoup
de plantes à fleurs doubles. Chaque auteur propose un moyen
pour en obtenir. Les uns, qui tiennent encore à l'opinion que
la lune influe à cet égard sur les semences, recommandent de
semer trois ou quatre jours avant la pleine lune de mars. Les
autres, supposant que plus une plante est vigoureuse, et plus
elle fournira de fleurs doubles, parcequ'ils regardent la multiplication des pétales comme l'effet d'une surabondance de sève,
invitent à ne prendre que les graines de la tige principale dont
les siliques sont plus nourries, et à ne choisir que les inférieures de cette tige qui sont toujours plus fortes que les supérieures. C'est l'opinion de Rozier.

D'autres au contraire veulent qu'on rejette les graines des
siliques de la tige principale, et qu'on ne ramasse que celles
des tiges latérales. C'est ce qui se fait ordinairement dans les
lieux où ces plantes sont vigoureuses, parceque pour donner
de la force et de l'étendue aux branches latérales, on est dans
l'usage de pincer la principale tige.

J'ai toujours suivi cette méthode avec succès pendant que
j'ai vécu à Brest, où j'étois souvent embarrassé pour la graine,
parceque sur cent pieds j'en avois à peine un simple. Voici la
marche que je suivois, et qui d'accord avec les principes émis
à l'article FLEURS DOUBLES (*voyez* ce mot), m'a toujours assez
bien réussi.

Comme j'étois dans l'usage de pincer la tige principale, je
ne pouvois prendre de graine que sur les latérales ; mais après
que la fleur étoit passée, j'avois l'attention de couper tous les
rameaux jusqu'aux feuilles. Il en sortoit de nouvelles branches
qui fleurissoient l'année suivante, et me donnoient de la
graine. Je laissois la graine dans les siliques, où je l'ai conservée très bonne pendant quatre ans. Je ne la semois jamais
que la seconde année après la récolte.

Rozier cite l'auteur de la Culture de différentes fleurs, qui
veut qu'on ne choisisse la graine que sur des plantes chétives
et irrégulières, formées dans des siliques monstrueuses et re-

coquillées. Ce n'est que sur les branches latérales qu'on trouve de pareilles siliques et à la seconde récolte.

Tous ces soins agissent jusqu'à un certain point sur l'augmentation des fleurs doubles; mais le climat et l'influence de l'air y sont pour beaucoup, et les données que nous avons ne sont pas telles que nous puissions établir de règles qui réussissent parfaitement par-tout. Le fait suivant en est la preuve.

Forcé de quitter Brest pour éviter les vengeances des révolutionnaires qui me poursuivoient pour avoir dénoncé Marat et Robespierre à la barre de la Convention, pour avoir fait faire scission avec les jacobins de Paris à la même époque, etc., je vins me réfugier à Rennes, où j'avois acheté un beau jardin, et j'y portai mes graines. J'y semai celle de giroflée quarantaine dont j'avois eu de trop l'année précédente. Comme elles avaient été presque toutes doubles cette année, je m'attendois que la graine ayant une année de plus, je n'en aurois pas une simple. Je me trompois, il y en eut la moitié, ce qui me convainquit que le climat et la nourriture influoient beaucoup sur ce point. Comme les côtes sont souvent arrosées par des eaux de pluies chargées de quelques portions de sel marin, je crus qu'il entroit pour beaucoup dans cet effet, et qu'il contribuoit également à la beauté de ces plantes. Je salai donc un peu les terreaux que je mêlois aux terres destinées aux giroflées, et je m'en trouvois bien. On ne sauroit croire combien l'air de la mer influe sur cette plante. J'ai vu aux environs de Saint-Malo des giroflées rouges de la grande espèce garnir des plates-bandes de quatre pieds de large. Il n'y en avoit qu'au milieu de la plate-bande, et elles y étoient à quatre pieds de distance.

La seule giroflée double de Sibérie que j'aie vue étoit venue dans l'anse de Kruon, auprès de Brest, où M. Laurent, cultivateur aussi instruit qu'estimable, qui dirigeoit et dirige encore le jardin botanique de Brest, en avoit semé des milliers sans pouvoir en obtenir. Elle étoit pourpre noirâtre, et chaque fleur de la largeur d'un écu de six livres. Je l'apportai à Rennes, où je lui donnai tous mes soins inutilement. Après en avoir fait plusieurs élèves de boutures, je la perdis en l'an 8. Elle y avoit toujours mal végété.

Ces expériences m'engagent à inviter ceux qui sèment des giroflées à saler légèrement le terrain qu'ils emploient pour les semis.

Rozier pense qu'il faut changer sa graine au moins tous les deux ans, et en tirer d'un pays éloigné. Je crois que les plantes auroient une plus forte végétation; mais j'ignore si elles doubleroient plus.

On regarde fort peu à la terre qu'on donne aux giroflées.

parcequ'elles viennent assez bien par-tout. Les jaunes, qui poussent sur les vieux murs, nous indiquent le genre de terre qui leur convient; quant aux autres, une bonne terre potagère bien douce suffit.

On sème les giroflées au printemps sur couche, ou dans des terrines qu'on y place, ou enfin dans une planche bien exposée et bien garnie de terreau très consommé, plus pour ameublir la terre que pour fournir beaucoup de nourriture à la plante. Il faut semer clair sur-tout la grande espèce : les graines ne tarderont pas à lever. Les soins qu'elles exigent alors consistent à leur donner de l'air lorsque le temps est doux, et à les couvrir si le temps est à la gelée, à détruire les mauvaises herbes, et à donner la chasse aux limaces qui les recherchent beaucoup. Quand les plantes ont pris de la force, on les place dans des pots qu'on met à l'ombre, ou sous un châssis dans une couche tiède. Dans les climats tempérés, on les met en pleine terre, et on les couvre si le soleil est vif jusqu'à la reprise. On choisit un temps couvert pour cette opération. Elles demandent peu d'arrosemens, et un binage ou deux leur suffisent. On transplante plus tard les giroflées quarantaines. On attend qu'elles marquent, c'est-à-dire que les boutons à fleurs soient assez développés pour reconnoître les doubles et les simples. Les boutons des simple sont allongés, ceux des doubles sont courts, ronds au centre et aplatis à la partie supérieure. Si on les ouvre, et qu'on les examine avec attention, on distinguera la fleur au fond du calice, et si on peut compter plus de quatre pétales, il est facile de juger la plante. Les jardiniers qui les cultivent se trompent rarement au coup d'œil. J'ai vu plusieurs d'entre eux employer un autre moyen pour reconnoître les doubles. Ils rompoient un petit bouton et le brisoient avec les dents. Si elle croquoit sous la dent, ils jugeoient que la plante étoit simple; mais dans le cas contraire, ils la croyoient double. J'ai fait l'expérience, et elle m'a réussi.

Quand on plante les giroflées quarantaines, on leur coupe l'extrémité de la tige jusqu'aux feuilles, c'est-à-dire la partie qui formeroit un rameau de fleurs. Cette opération tend à déterminer la sève à se porter aux yeux qui sont aux aisselles des feuilles, et à les nourrir suffisamment pour qu'ils s'étendent et forment la boule. Ils font un très joli effet dans cet état, et j'ai vu beaucoup d'amateurs n'employer que cette plante pour l'ornement de leurs parterres, après en avoir enlevé les oignons, pattes et griffes de fleurs printanières. Comme cette plante effrite peu la terre, elle ne l'appauvrissoit pas assez pour nuire aux plantes automnales, comme les balsamines, les œillets d'inde, etc., qu'on ne doit placer qu'en pots dans les parterres destinés au premier usage. Le coup d'œil étoit fort agréable, sur-tout lorsque le hasard avoit fait mélanger les couleurs.

Mais la coupe du rameau principal retardant la fleuraison des giroflées, on n'auroit pas joui long-temps de leurs fleurs jusqu'au moment de la plantation des jacinthes, tulipes et anémones, si on n'avoit pas pris la précaution de semer sous les baches ou châssis, et à défaut dans les serres aux mois de novembre ou décembre; on gagnoit trois mois par cette méthode. On repiquoit les jeunes plants dans des pots de quatre à cinq pouces, qu'on enterroit dans une plate-bande au midi, et où ils restoient jusqu'au moment de la levée des oignons. Ils étoient déjà en fleurs ou étoient prêts à y entrer. On pouvoit juger les couleurs, et après avoir labouré ses planch s, on y apportoit les giroflées qu'on dépotoit avec soin pour ne pas rompre leurs mottes, et on les y plaçoit en mettant une blanche auprès d'une rouge ou d'une violette, etc. Les giroflées ne souffroient nullement de cette transplantation, et le parterre étoit fleuri tout l'été.

Les amateurs qui sont riches en jeunes myrtes en pots, en orangers greffés à la Pontoise, et autres petits arbustes en pots, rendront leurs parterres très agréables s'ils placent une de ces plantes entre chaque pied de quarantaine. Ils enterreront ces arbustes avec leurs pots, pour pouvoir les enlever à l'automne.

Quant aux autres espèces, comme elles fournissent plus de simples que de doubles, qu'elles ne marquent qu'à l'automne, et qu'elles passent difficilement l'hiver dehors, lorsque le jeune plant a pris de la force dans le semis, on l'enlève, on lui pince l'extrémité de la racine, et on le plante à un pied ou un pied et demi de distance dans une planche. On l'y laisse jusqu'à la fin du mois de septembre; on les examine alors pour distinguer les doubles des simples, et on met les doubles en pots. Si le froid devient vif on les rentre dans la serre, mais le plus tard qu'il est possible, parceque cette plante aime beaucoup l'air et la lumière, et qu'elle craint l'humidité. Il est utile de les tirer de la serre quand le temps est doux, sauf à les rentrer s'il survient des gelées. Au retour de la belle saison, on les sort de la serre et on les laisse en pots ou on les dépote, comme les quarantaines, pour les mettre en pleine terre.

On juge pourquoi je recommande de pincer l'extrémité des racines et de les écarter au moins d'un pied quand on les repique. La racine principale étant pincée ne s'allonge plus, et il est facile de les empoter sans rompre la motte ni couper les racines, et la distance d'un pied ou d'un pied et demi, suivant l'espèce, facilite les moyens de l'enlever en mottes, sans nuire aux plantes voisines. Ceux qui plantent à demeure ne doivent pas couper l'extrémité des racines.

Les giroflées jaunes exigent les mêmes soins pour les semences. Mais si on a la facilité de se procurer des démolitions de vieux murs pour mêler avec la terre ou le terreau, on ne doit pas négliger cette précaution ; on passe bien ces démolitions au crible de fil de fer ou de laiton pour en tirer les pierres. Comme elles sont moins sensibles au froid que les autres, on les repique en pleine terre et on juge à la fleur ceux que l'on doit conserver. On en est quitte, si le froid est rigoureux, pour les couvrir quelques jours dans l'hiver.

Il ne faut pas négliger de soigner quelques pieds de giroflées simples comme les doubles.

J'ai dit qu'on ne semoit les giroflées jaunes comme les autres espèces que pour s'en procurer de doubles, qu'on multiplioit ensuite de boutures. Celle de Sibérie est presque la seule de toutes les giroflées dont les simples sont recherchées. Les giroflées jaunes doubles présentent beaucoup de facilité pour leur multiplication par boutures. Elles poussent aux aisselles des feuilles, qui abondent le long des tiges, une petite branche au printemps. Ce sont ces branches qu'on emploie pour les boutures. On ne coupe ni on ne rompt ces branches, mais on les détache de la tige en les serrant avec le pouce et l'index auprès de la tige et en les tirant du haut en bas, de sorte qu'elles ont un petit talon qui se détache du corps de la tige. On les pique dans des terrines ; mais avant de les piquer on fait ordinairement usage d'un des moyens employés pour la reprise des boutures. Les uns les exposent au soleil une heure ou deux, et les piquent ensuite ; d'autres, après les avoir exposées au soleil, font une incision au talon, d'autres ploient la partie de la bouture mise en terre presqu'en demi-cercle ; d'autres tordent un peu cette partie. On emploie une terre douce et légère pour les boutures.

On étouffe ces boutures pendant quinze jours ou trois semaines sous un châssis, et on les arrose fréquemment, ou bien, à défaut de châssis et de cloches ou verrines, on les place à l'ombre. A cette époque on leur donne de l'air et un peu de soleil, et insensiblement on les expose au plein soleil. Cette marche précipite la végétation et la pousse des racines. Lorsque les plantes sont bien reprises on les tire de la terrine pour les mettre en pleine terre ou en pots, suivant l'usage auquel on les destine. Plusieurs amateurs replantent toutes les boutures en pleine terre, et au mois de septembre ils mettent en pots les plantes dont ils ont besoin. Cette méthode avance plus les plantes, et il n'y a aucun danger à la suivre, quand on est assuré de les enlever avec leurs mottes. Mais si la qualité de la terre ne le permet pas les plantes pourroient souffrir de cette transplantation à l'entrée de l'hiver, elles seroient plus difficiles à conserver. On donne un peu plus d'eau aux espèces jaunes qu'aux autres. Enfin, en les repiquant, on pince l'extrémité de la tige pour forcer la plante à pousser des branches latérales et pour qu'elle forme un buisson. C'est au mois de mai qu'on fait cette opération. Plus tôt les branches ne seroient pas suffisamment aoûtées, plus tard elles seroient trop dures et reprendroient plus difficilement. On choisit un temps couvert pour le repiquage, et on arrose ensuite. Quant à la transplantation en mottes, un temps couvert vaut également mieux ; mais les plantes ne peuvent guère souffrir quand le soleil se montreroit.

Si au lieu de faire un buisson on veut élever la giroflée jaune sur une tige d'un pied pour former sa tête en boule, il ne faut pas pincer l'extrémité de sa tige et la laisser s'élever. Quand elle est parvenue à la hauteur qu'on désire, on la pince pour déterminer la sortie des branches latérales. On coupe les branches latérales qui poussent avant que la tige ait atteint cette hauteur. Peu d'amateurs en cultivent de cette manière, parcequ'ils sont persuadés que cette plante ne vit pas plus de trois ans. Je l'ai pensé comme eux jusqu'à ce que l'expérience m'ait détrompé.

J'avois à Brest un fort pied de l'espèce nommée bâton d'or à fleurs couleur de jonquille, et comme cette plante souffre peu l'hiver dans ce climat, où les myrtes vivent en pleine terre, je l'avois placé contre un treillage où je l'avois palissé. Sept ans après l'avoir planté je retournai à Brest, et je le vis couvert de plus de soixante rameaux. Il annonçoit encore de la vigueur.

Cette différence de durée entre les giroflées en pleine terre et en pots m'étonna et me fit en rechercher la cause. L'examen me la fit connoître. Les giroflées jaunes de semence ont quelques fortes racines environnées de chevelu ; mais les boutures de plusieurs variétés n'ont que des racines très foibles, et elles sont chargées de chevelu qui traverse en tout sens la terre et garnit les parois du pot. La terre étant bien rassise et le chevelu poussé, l'eau y pénètre avec peine et s'échappe le long des parois, ou si elle trouve des passages pour parvenir dans l'intérieur de la motte, elle y séjourne et cause la moisissure des racines.

Les amateurs, pour prévenir ces inconvéniens, qui accélèrent la perte de leurs giroflées, les transplantent tous les ans, mais suivant l'usage ordinaire, c'est-à-dire qu'ils taillent la motte, la diminuent pour placer de nouvelle terre dans le pot ; mais il arrive par cette méthode qu'ils mutilent à pure perte les racines, et qu'ils ne détruisent pas la cause du mal qui est au centre de la motte, et la plante périt souvent l'année suivante. Ils ne réussiront à les conserver qu'en employant la méthode suivante pour le dépotage. Il faut enlever la motte du pot avec beaucoup de précaution. Le moindre effort la sépareroit de la plante à qui il ne resteroit que très peu de racines et de chevelu, et qui seroit exposée à périr. On prend cette motte qu'on soutient en dessous et qu'on n'enlève pas en tirant par la tige ; on la plonge dans un baquet plein d'eau, et peu à peu on sépare la terre des racines qui se divise et se précipite au fond du baquet. Quand la terre est détachée des racines, il est facile de les examiner et d'enlever tout ce qui n'est pas sain. L'opération terminée on empote la plante qu'un ouvrier tient à la hauteur convenable pendant qu'un autre divise les racines, les étend dans le pot et les garnit de terre. On porte ensuite la plante à l'ombre ou sous un châssis où elle reste jusqu'à la reprise. En suivant cette marche et en augmentant la grandeur des pots à raison de la force de la plante, on en prolonge l'existence pendant plusieurs années.

Je finirai cet article par les observations suivantes de Rozier : la culture des provinces méridionales ne convient point à celles du nord, ni celle du nord à celles du midi. Toutes les giroflées en général craignent peu la gelée si la plante n'est pas humide. Pendant l'hiver, dans les provinces du midi, les feuilles tombent et s'inclinent contre terre, de sorte que le pied est caché par elles. Mais comme elles ne le touchent pas, l'humidité concentrée sous cette voûte cause la ruine de la plante pour peu que la saison soit pluvieuse et qu'il survienne des gelées. Si ces feuilles sont exhaussées, s'il règne un courant d'air, la plante brave la rigueur du froid. La prudence exige donc que l'art vienne au secours de la nature. A cet effet on prend des liens de paille de seigle dont on enveloppe le pied, en observant de relever par dessus toutes les feuilles. S'il survient de la neige, des froids trop vifs ou de très longues pluies, on fera très bien de les couvrir avec de la paille menue, afin de détourner les eaux, et sur-tout afin de prévenir le passage subit du froid à la chaleur causée par le soleil.

Dans les provinces du nord où les pluies sont fréquentes, l'humidité habituelle et les froids trop vifs, il est très important de transporter des jardins dans les serres les giroflées et principalement celles qui commencent à marquer. Cette opération a lieu en octobre ou en novembre, suivant la saison. On range chaque pied séparément dans une terre peu humide, et de rang en rang on peuple la serre. Il vaut beaucoup mieux les mettre dans des vases, parcequ'ils seront tout prêts pour le printemps suivant, et il est plus facile de les manier pendant l'hiver, de délivrer les rameaux des feuilles pourries, etc. La serre doit être bien éclairée et très sèche. Les giroflées craignent très peu la sécheresse dans cette saison ; elles ont beau avoir les feuilles flétries et pendantes, un peu d'eau les ranime au besoin, et dans cet état la gelée n'a presqu'aucune prise sur elles.

Cependant si le froid devient trop rigoureux, si l'on craint que la serre ne soit pas assez chaude, on fera très bien de les porter dans des caves, où l'humidité de l'atmosphère qui y règne suffira à leur entretien. Dès que le grand froid sera passé, on ouvrira les portes et les soupiraux de la cave, afin de les accoutumer peu à peu à l'air extérieur. On les reportera ensuite dans la serre ; et insensiblement, dans la saison, on les fera passer à l'air libre. Si on les expose tout à coup au grand soleil et à un air chaud, il est fort à craindre qu'elles ne périssent. On fera donc très prudemment de choisir un jour couvert ou de placer les vases sous des hangars à l'air libre ; enfin, quelques jours après on les exposera au soleil, et on les arrosera si elles en ont besoin. Ces ménagemens deviennent nécessaires, sur-tout lorsque le sommet des rameaux a blanchi par un séjour trop long dans l'obscurité, et ils demandent à n'être frappés du soleil que lorsqu'ils ont repris leur couleur verte.

A ces sages observations, j'ajouterai que les giroflées aiment un climat tempéré et qu'on doit les exposer plus ou moins au soleil suivant la latitude où l'on se trouve.

Usage des giroflées. Tout le monde connoît l'emploi de ces plantes pour l'ornement de nos jardins. Tous les amateurs les recherchent, à l'exception de ceux qui ne se livrent qu'à la culture d'une ou deux fleurs.

Les fleurs de la giroflée jaune sont en usage en médecine comme anodines, céphaliques, diurétiques, incisives. Elles ont ces propriétés, mais à un foible degré. (Fée.)

GIROFLIER DE MAHON. *Voyez* Julienne.

GIRONILLE. C'est dans quelques cantons la caucalibe.

GIROU. Nom du gouet dans le département des Deux-Sèvres ; on en arrache sa racine pour la nourriture des cochons. (B.)

GISSANT (BOIS). Celui qui est coupé et jeté par terre.

GIVRE. Cristaux de glace qui se fixent sur les corps, lorsque le froid est à un certain degré et que l'air est très chargé d'humidité. Il n'y a qu'une nuance entre le givre et la gelée blanche ; mais cette nuance est caractérisée ; cette dernière est produite par l'eau dissoute dans l'air, eau qui auroit produit la rosée à un degré de froid moins considérable, tandis que le premier est formé par la précipitation des vapeurs suspendues dans l'air, c'est-à-dire des brouillards. *Voyez* aux mots Eau, Rosée, Vapeur, Brouillard et Gelée blanche. Du reste, le même degré de froid suffit dans les deux cas, et ce degré ne descend pas beaucoup au-dessous du zéro du thermomètre.

Pour expliquer d'une manière convenable la formation du givre et sa précipitation sur les corps, il faudroit parler des lois de la cristallisation, des affinités électives, entrer dans de longs détails de théorie qui intéressent peu les cultivateurs. Je me contenterai donc de dire ici que le givre augmente tant que sa cause subsiste, et qu'il charge quelquefois tellement les arbres et les plantes, qu'il en fait rompre les rameaux. Les pertes que les cultivateurs sont susceptibles d'éprouver dans leurs jardins ou leurs vergers par le givre deviennent quelquefois considérables. Il peut même réduire à leurs seules grosses branches des arbres entiers, ainsi que j'en ai l'expérience. Le seul moyen de prévenir les désastres qu'il produit, c'est lorsqu'on s'aperçoit qu'il fait plier les branches d'une certaine force et qu'on peut craindre leur rupture, de le faire tomber en secouant la branche ou en la frappant avec une perche. Un feu de paille allumé sous l'arbre produiroit aussi le même résultat. (B.)

GLACE. Eau qui s'est solidifiée par la perte d'une partie de son calorique. *Voyez* aux mots Eau, Calorique, Chaleur, Gelée, Congellation, Grêle, Neige, Givre.

Le degré de froid propre à changer l'eau en glace est le même dans tous les climats. Il est indiqué par le terme de zéro du thermomètre de Réaumur, construit à cet effet au moyen de la glace fondante.

La formation de la glace commence toujours par la surface.

De deux vases pleins d'eau celui qui est hermétiquement fermé ne gèle qu'à un degré de froid beaucoup plus considérable; ce qui s'explique par la plus grande lenteur de la dispersion du calorique de l'eau qu'il contient.

Un léger mouvement accélère la formation de la glace, probablement par la même raison. Une agitation forte et continue s'y oppose pendant fort long-temps, parceque tout mouvement produit de la chaleur; de là vient que les rivières gèlent plus difficilement que les étangs.

Il y a toujours dégagement d'air pendant la formation de la glace. Lorsque cette formation est rapide, cet air produit des bulles dans cette glace, ainsi qu'il n'est personne dans les pays du nord qui ne puisse l'observer toutes les années.

Le volume de la glace est plus considérable que celui de

l'eau qui l'a produite; c'est pourquoi elle casse les vases les plus solides dans lesquels elle s'est formée lorsque l'ouverture de ces vases est plus petite que leur capacité; c'est pourquoi elle flotte sur les rivières, les étangs, etc.

Comme tous les corps qui peuvent passer de l'état liquide à l'état solide, la glace est susceptible de cristalliser. On aperçoit les élémens de sa cristallisation dans les vases où l'eau se prend avec lenteur. On les retrouve dans le givre et la grêle. Sa forme est un octaèdre équilatéral.

Les eaux chargées de sels se glacent plus lentement que les eaux pures.

On peut produire de la glace dans les climats les plus chauds, par le moyen de liquides plus évaporables que l'eau, et qui lui enlèvent le calorique. Ces liquides sont l'esprit-de-vin ou alcohol, et encore mieux l'éther.

Lorsque la glace se fond elle produit du froid dans les corps environnans et dans l'air, parcequ'elle reprend le calorique qui lui est nécessaire pour être eau. C'est sur ce principe qu'est fondé l'art du *glacier*, art peu à la portée des cultivateurs, à raison de la dépense qu'il exige, mais qui a des avantages réels d'hygienne.

La médecine vétérinaire comme la médecine humaine peut faire usage de la glace dans les indigestions, les inflammations, etc.

Les agriculteurs des pays septentrionaux ressentent fréquemment des inconvéniens causés par la glace. On a dit que la *gelure* des plantes (les effets de la gelée) étoit produite parceque la sève des plantes étoit glacée; mais cela n'est pas encore prouvé, car beaucoup de ces plantes gèlent à un degré inférieur à celui où l'eau pure se glace, et il est telle plante abondante en suc qui ne gèle jamais, tandis que telle autre d'une nature en apparence fort sèche gèle très facilement. *Voyez* sur cet objet un excellent mémoire de M. Thouin, inséré dans les Annales du Muséum en 1806.

Lorsque sur les champs susceptibles d'être inondés pendant l'hiver il se forme de la glace, elle peut nuire aux récoltes de deux manières : en privant pendant trop long-temps les blés du contact de l'air, ou en les arrachant. J'ai eu occasion d'observer une fois ce dernier fait qui doit être fréquent dans certains pays. Les feuilles des blés avoient été prises dans une nappe de glace qui, par un commencement de fonte, fut séparée de la terre d'une à deux lignes et ensuite soulevée par l'arrivée d'une grande quantité d'eau.

Les champs voisins des grandes rivières sont exposés, dans les inondations produites par la fonte des neiges, à être couverts par les glaces que ces rivières charrient. Les dommages qu'éprouvent les cultivateurs par cette cause sont quelquefois immenses. Non seulement les blés et autres céréales sont exposés à être labourés, pourris, mais les arbres peuvent être cassés, les murs de clôture renversés, les chemins bouleversés, les ponts, les moulins et autres usines renversés. Les désastres que causent les évènemens de ce genre sont souvent considérables. J'ai vu plusieurs fois des monceaux de glaces de cinq à six pieds d'élévation sur les champs des bords de la Seine, monceaux qui n'étoient fondus que quinze jours et même trois semaines après le complet dégel.

Les deux circonstances dont il vient d'être question sont heureusement bornées à certaines localités. Il n'en est pas de même d'un autre effet de la glace. C'est celui qu'on appelle le *déchaussement des blés*, non qu'il agisse seulement sur les céréales, mais parceque c'est sur elles qu'il cause le plus de dommages. Pour le comprendre il faut se rappeler que la glace augmente de volume relativement à l'eau avec laquelle elle est produite. Lors donc qu'une terre légère imbibée d'eau est frappée de la gelée, cette terre se soulève de quelques lignes, et le blé qu'elle nourrissoit est arraché d'autant. D'un autre côté le calorique contenu dans les végétaux diminue les effets de cette gelée autour de chaque pied de blé, qui se trouve ainsi au milieu d'un petit entonnoir, ce qui fait que, lorsque le dégel arrive, la terre ne retombe pas dans la place où elle étoit d'abord, mais à deux, trois et quelquefois même six lignes de distance. Ce fait, je l'ai observé plusieurs fois. Les terres très riches en humus, même un peu tourbeuses, et les terres granitiques (*voyez* GELÉE) sont les plus sujettes à ce grave inconvénient, contre lequel il n'y a pas de remède. Le quart, le tiers, la moitié, et plus d'un semis, qui avoit la plus belle apparence, est quelquefois anéanti par cette cause. Je connois une localité, ancien marais défriché et d'une excellente nature, où il a fallu renoncer à faire des semis d'automne, parceque sur trois ans, deux au moins ne fournissoient pas de récoltes par cette cause. *Voyez* pour le surplus au mot GELÉE.

La glace qui se forme sur les étangs a quelquefois pour les poissons qui s'y trouvent des inconvéniens graves, soit en interceptant la communication avec l'air, soit en favorisant l'accumulattion des gaz délétères, principalement de l'hydrogène carburé entre elle et l'eau. On doit à Varennes de Fenilles un excellent mémoire sur cet objet. Le remède c'est de casser la glace de distance en distance, d'y faire des trous suffisamment grands pour que le poisson puisse respirer un air nouveau. *Voyez* au mot ÉTANG. *Voyez* aussi ARTICHAUT.

Les tuyaux de bois ou de plomb qui conduisent de l'eau étant susceptibles de se briser lorsque cette eau se congèle, il faut avoir soin de les vider , ou de les tenir seulement à moitié pleins pendant le fort de l'hiver. (B.)

GLACE (POMME DE). *Voyez* POMMIER.

GLACIALE. Plante du genre des ficoïdes , fort remarquable en ce que toutes ses parties , excepté les fleurs , sont couvertes de globules , qui ont la forme , la couleur et l'éclat de cristaux de glace, et que ces globules augmentent d'autant plus qu'il fait plus chaud. Cet effet , qui rend cette plante intéressante , et qui est réellement très remarquable, se produit par une extravasation de la sève sous l'épiderme.

On cultive la glaciale dans quelques jardins par curiosité , et aux Canaries pour, en la brûlant , en obtenir de la soude.

Sa culture dans le climat de Paris consiste à la semer en avril ou mai , sur couche et sous châssis, dans des terrines remplies de terre de bruyère , et de la repiquer , seule à seule, dans des pots qu'on place contre un mur exposé au midi , et qu'on arrose abondamment. Une fois introduite dans nos jardins des parties méridionales de la France , elle s'y reproduit chaque année de ses semences.

Je ne crois pas qu'il soit avantageux de semer la glaciale dans les sables des bords de la Méditerranée, sables où elle se plaît beaucoup , pour chercher à en tirer parti en imitant les habitans des Canaries; car nous avons des plantes d'une plus grande hauteur et d'une plus rapide croissance qui peuvent nous fournir de la SOUDE. *Voyez* ce mot. (B.)

GLACIÈRES. ARCHITECTURE RURALE. Nous avions d'abord eu le dessein de ne donner qu'un supplément à cet article de Rozier, qui est très bien fait sous le rapport théorique, mais incomplet sous celui de l'exécution. Mais, pour l'intelligence de notre supplément , il falloit rappeler les excellens principes qu'il donne sur cette espèce de construction rurale ; ce qui auroit singulièrement allongé notre travail et exigé des répétitions toujours fatigantes pour le lecteur. Nous avons donc cru mieux faire en fondant ensemble les deux articles, et en traitant des glacières d'une manière plus complète et plus méthodique. D'ailleurs , en comparant l'article *glacière* de Rozier avec le nôtre, on reconnoîtra facilement ce qui lui en appartient.

SECT. Ire. *Des glacières.* Tout le monde sait qu'une glacière est un ouvrage d'art spécialement destiné à conserver de la glace pendant les plus grandes chaleurs de l'été. Les glacières ne doivent pas être tout-à-fait regardées comme des ouvrages de luxe; car l'usage des boissons à la glace est absolument nécessaire dans les départemens méridionaux , pour pouvoir y supporter sans peine les plus grandes chaleurs. Il produit cet effet sur les hommes, non pas, ainsi qu'on le croit communément, parceque cela rafraîchit, mais parceque cet usage donne du ton à l'estomac et remonte tous les ressorts de la machine.

Une glacière offre encore un autre avantage, qui est inappréciable pour ceux qui vivent à la campagne pendant l'été ; c'est celui de pouvoir y conserver les viandes et autres provisions qui se corrompent par-tout ailleurs, et souvent dans la journée même, pendant cette saison.

D'ailleurs, lorsque le local s'y prête, la construction d'une glacière n'est pas coûteuse ; et nous ne voyons pas pourquoi, dans une semblable position, l'homme aisé se priveroit d'une chose à la fois utile et agréable.

Nous allons indiquer les travaux que sa construction exige suivant la nature plus ou moins favorable du terrain, afin que les propriétaires soient à même d'évaluer les dépenses que ces différentes circonstances pourront leur occasionner.

Nous parlerons aussi des glacières nouvellement exécutées dans l'Amérique septentrionale, et qui sont construites dans des principes contraires à ceux admis jusqu'ici dans cette espèce de construction.

Sect. II. *Détails de construction des glacières telles qu'on est dans l'usage de les exécuter en France.* Les qualités qui constituent une bonne glacière de cette espèce sont, 1° d'être toujours saine et sans aucune humidité ; 2 de jouir constamment d'une température assez froide pour empêcher la glace de s'y fondre ; 3° de n'avoir aucune communication immédiate avec l'air extérieur, lors même que l'on est obligé d'y pénétrer pour en retirer la glace destinée à la consommation journalière.

Pour obtenir les qualités essentielles, on choisit un terrain sec qui ne soit point, ou qui soit peu exposé au soleil. On y creuse une fosse de quatre à cinq mètres de diamètre par le haut, et finissant en bas comme un pain de sucre renversé, dont la pointe auroit été un peu tronquée. Sa profondeur ordinaire est d'environ six mètres. Plus une glacière est profonde et large, et mieux la glace et la neige s'y conservent.

Il est bon de revêtir cette fosse depuis le bas jusqu'en haut d'un petit mur de moellons de deux à trois décimètres d'épaisseur bien enduit avec du mortier, et de percer dans le fond un puits de deux tiers de mètre de diamètre, et d'un mètre un tiers de profondeur. On garnit ensuite le dessus de ce puits d'un grillage de fer pour laisser passer l'eau qui s'écoule du massif de glace.

Au lieu du mur dont on vient de parler, quelques uns revêtissent la fosse d'une cloison de charpente garnie de chevrons lattés, et font descendre la charpente jusqu'au bas de la glacière, au fond de laquelle ils pratiquent le petit puits pour l'écoulement de l'eau.

D'autres n'y font point de puits ; mais, pour en tenir lieu, ils ne font descendre la charpente que jusqu'aux trois quarts de la profondeur de la glacière. Ils ménagent ensuite, à huit ou dix décimètres du fond, un bâtis de charpente en forme de grilles, sous laquelle l'eau s'écoule quand les grandes chaleurs font fondre la glace.

Si le terrain où est creusé la glacière est bon et bien ferme, on peut se passer de charpente et mettre la glace dans le trou sans rien craindre ; mais il faut toujours garnir le fond et les côtés avec de la paille, afin que la glace ne soit pas en contact immédiat avec le terrain de la fosse.

On couvre le dessus de la glacière en paille attachée sur une charpente élevée en pyramide, de manière que le bas de cette couverture pende jusqu'à terre.

Pour entrer dans la glacière, on pratique, au nord de sa position, un vestibule d'environ deux mètres deux tiers de longueur sur huit à dix décimètres de largeur intérieure, et on le couvre également en paille. Ce vestibule est garni de deux portes, l'une intérieure et l'autre extérieure. Elles servent à entrer dans la glacière et à en sortir, sans permettre aucune communication directe de l'air extérieur avec l'air intérieur ; et c'est dans ce vestibule qu'en été l'on peut très bien conserver les viandes, le beurre, etc.

Enfin, on a l'attention d'éloigner les eaux pluviales de la glacière, en les détournant par des rigoles convenablement disposées.

Tels sont les moyens les plus économiques de construire une glacière dans les terrains les plus favorables. Ils sont particulièrement employés dans les places de guerre : les glacières y sont placées dans le terre-plein des bastions, ou des ouvrages avancés, et elles y sont ombragées par des plantations ; la glace s'y conserve très bien ; mais leur service est un peu gêné par la position de la charpente sur le bord même de la fosse.

Pour obvier à cet inconvénient, on construit dans son pourtour, et à cinq ou sept décimètres de son bord, un mur circulaire de deux mètres de hauteur et d'un demi-mètre d'épaisseur, qui lui procure une clôture encore plus fraîche, et forme autour de cette fosse un marchepied très commode pour les ouvriers. C'est alors sur ce mur extérieur que l'on pose la charpente du toit, et on la prolonge sur le terrain environnant comme nous venons de l'indiquer.

Lorsqu'on ne craint pas la dépense, on voûte le dessus de la glacière ; elle en devient meilleure. On peut alors la couvrir en paille, comme dans la construction précédente ; ou mieux, et lorsque cela est possible, on en recouvre extérieurement toute la maçonnerie, d'abord avec un lit de glaise bien corroyée d'un demi-mètre d'épaisseur, et ensuite avec un lit de terre végétale de la plus grande épaisseur possible, afin de préserver la couche de courroi des effets de la sécheresse.

Cette construction devient plus dispendieuse que la première; mais la glacière est beaucoup meilleure, et elle présente la facilité de l'entourer de plantations de grands arbres, et même de garnir sa partie supérieure en arbustes à racines déliées qui assureront à l'air intérieur de la glacière une température toujours également fraîche. D'ailleurs ces mondrains décorés de semblables plantations font un effet pittoresque dans les jardins d'agrément.

Jusqu'ici la dépense de construction d'une glacière n'est pas assez grande pour excéder les facultés pécuniaires de l'homme aisé, parceque nous la supposons placée dans un terrain de qualité favorable. Mais lorsque le sol est naturellement susceptible d'humidité, la dépense augmente dans la proportion de son intensité, parceque, pour pouvoir y conserver la glace, il faut encore plus de précautions et des travaux d'autant plus multipliés que le terrain devient plus ingrat.

Du moment que le sol ne peut plus absorber promptement et naturellement l'humidité, il faut, pour ainsi dire, isoler la fosse de tout le terrain environnant, afin de pouvoir procurer à l'air intérieur de la glacière une température constamment sèche. A cet effet, on est quelquefois obligé, particulièrement dans les terrains argileux et marneux, d'élever un second mur autour du cône, à six ou huit décimètres de distance, et de remplir l'entre-deux de ces murs d'argile fortement corroyée. De plus, dans ces natures de terrain, le puits du fond du cône ne peut pas absorber les eaux qui s'écoulent de la glace, comme dans les sols perméables; il est donc nécessaire de procurer un écoulement extérieur à ces eaux, car le puits pourroit en être rempli, et leur contact avec la glace la feroit fondre.

Mais, pour pouvoir effectuer cet écoulement, il faut que le fond du puits se trouve à un niveau un peu plus élevé que celui d'une partie du terrain environnant, autrement il seroit impossible de procurer une pente convenable au conduit souterrain qui doit dégorger les eaux de ce puits. D'un autre côté, ce conduit, ou raie couverte, établit nécessairement une communication directe entre l'air extérieur et celui de l'intérieur de la glacière, et cette communication peut quelquefois avoir une influence fâcheuse sur sa température intérieure; c'est du moins ce qui est arrivé à la glacière de Pont-Chartrain, et que feu M. de Parcieux est parvenu à corriger d'une manière simple et ingénieuse : nous l'indiquerons au mot PUISARD. Pour prévenir cet inconvénient, il est nécessaire de prolonger le plus qu'il est possible l'issue de cette raie couverte, et d'en recouvrir l'empierrement avec une couche de terre d'épaisseur convenable.

Enfin, dans les terrains exposés aux inondations, on ne peut pas creuser en terre le cône d'une glacière. Les eaux y pénétreroient à la longue, malgré les précautions que l'on pourroit prendre pour l'en préserver. Le puits même doit en être élevé au-dessus du sol, afin d'assurer l'écoulement des eaux de glace qui s'y réunissent. Il faut donc s'attendre à une très grande dépense, si l'on veut se procurer une bonne glacière dans des localités aussi ingrates, du moins en conservant la forme qu'on est dans l'usage de leur donner en France.

Nous examinerons dans la section quatrième s'il ne seroit pas possible d'en adopter une autre.

Nous terminerons donc cette section en faisant observer que quelquefois la glace fond dans une glacière nouvellement construite, parceque ses murs ne sont pas assez secs; mais que, lorsqu'elle a été bien faite, la glace n'y fond plus la seconde année.

SECTION III. *Détails de construction d'une glacière américaine.* Ceux que nous allons donner ici sont tirés d'un ouvrage de M. Bordley intitulé : *Essais and notes on husbandy and rural affaires*, 1 vol. in 8°, Philadelphie, pag. 304. Nous les devons à la complaisance de M. le sénateur Volney qui a vu ces glacières sur les lieux.

« En 1771 (c'est M. Bordley qui parle), je construisis dans la péninsule de la Chesapeack une glacière sur un terrain plat, dont le niveau étoit seulement élevé de 17 pieds au-dessus des plus hautes inondations d'une rivière salée, et à 80 yards (1) de ses bords. J'eus un soin particulier, *selon l'usage alors dominant*, d'empêcher que l'air n'y pénétrât. La capacité de la fosse étant de 1728 pieds cubes, on put y arranger jusqu'à 1700 pieds cubes de glace; mais la glace se fondit même avant l'été, parceque la fosse étoit trop humide, et la glacière trop close. Effectivement, lorsqu'on la creusa, l'on aperçut un peu d'humidité au fond, et, pour une glacière, un peu est trop. La moindre humidité, soit au fond, soit sur les côtés, s'élève en vapeurs aux parois du dôme par l'effet d'une chaleur qui est encore de beaucoup supérieure au degré de congélation; car, dans les puits les plus profonds

_____

(1) Le yard est de 33 pouces 9 lignes un tiers de France.

et les plus frais, le thermomètre marque environ neuf degrés de température au-dessus de zéro, et, la glacière étant bien close, les vapeurs retombent sur la glace faute de soupirail par où s'échapper. D'où il résulte, 1° que si une glacière bien close n'est pas souvent ouverte, elle devient tout-à-fait chaude, et que la glace se ramollit à la surface comme de la neige ; 2° *qu'aucune profondeur* ne peut préserver la glace de fusion, et même que c'est en voulant donner trop de profondeur à une glacière qu'elle est plus tôt exposée à cette *moiteur du sol* qui la fait fondre.

« Quelques années après je fis une autre glacière à 150 yards de la précédente, mais je procédai sur d'autres principes. Mon principal objet fut d'avoir de *l'air* et de la ventilation, et, afin d'obtenir *sécheresse et fraîcheur*, je conçus l'idée d'isoler du terrain la masse de glace, en la mettant dans une cage de bois éloignée d'un pied par en bas, et de deux pieds à deux pieds et demi par en haut, de la clôture de la glacière. La fosse fut creusée dans un lieu *exposé au vent et au soleil*, afin de la rendre bien sèche ; la profondeur fut de neuf pieds anglais. La cage fut placée dans cette fosse, et le vide entre ses parois et celles de la cage fut rempli avec de la paille bien sèche et bien foulée, comme étant le plus mauvais conducteur de la chaleur. Cette cage contenoit à peine 700 pieds cubes de glace, c'est-à-dire la moitié des glacières ordinaires. Je la couvris d'une petite cloison de planches mal jointes pour la préserver de la pluie plutôt que pour la clore. Les côtés de cette maison étoient élevés de cinq à six pieds, et je laissai au faîte du toit un soupirail recouvert. Le dessus de la cage fut aussi couvert de paille après avoir été remplie de glace.

« L'on usa largement et sans économie des 700 pieds cubes de glace, et cependant elle dura, sans se fondre, aussi longtemps que la quantité double de la glacière d'*Union-Street* à Philadelphie, dont le terrain, élevé en tertre, est totalement sec et graveleux, mais qui est fermée selon les principes ordinaires. »

Une autre glacière construite suivant les principes de M. Bordley est celle de *Glocester-Point*. Le fond de sa caisse est établi à trois pieds seulement au-dessus du niveau des plus hautes eaux, et elle n'est enterrée que de trois pieds. Mais, suivant les détails que nous en a donnés M. de Volney, cette glacière présente quelques différences avec celles de M. Bordley. 1° Au lieu de la petite maison en planches mal jointes pour enclore la cage, on a remblayé les côtés extérieurs de cette clôture jusqu'à la hauteur du bas de la couverture qui est ici en paille ; 2° la cage est recouverte par un toit particulier en planches mal jointes, et cette couverture intérieure n'existe pas dans le premier exemple. D'ailleurs tout le reste est parfaitement semblable. Doit-on attribuer ces différences à un perfectionnement, ou à des circonstances locales? C'est ce qu'il ne nous est pas possible de décider, n'ayant point encore assez de données sur les propriétés de ces nouvelles glacières.

Section IV. *Comparaison des glacières françaises avec les glacières américaines.* Quelqu'opposés que paroissent être les principes qui servent de bases à la construction de ces deux espèces de glacières, il n'en est pas moins constant qu'en France la glace se conserve très bien, et pendant long-temps, dans celles qui sont hermétiquement closes, lorsque d'ailleurs elles sont construites avec toutes les précautions que nous avons indiquées; mais que, dans les terrains naturellement humides ou exposés aux inondations, leur construction occasionne des dépenses auxquelles l'homme simplement aisé ne pourroit pas toujours se livrer.

D'un autre côté, il est également prouvé par le rapport des voyageurs que dans l'Amérique septentrionale, et sous une température analogue à la nôtre, on construit d'excellentes glacières sur des principes absolument différens, et que leur construction devient comparativement d'autant moins dispendieuse, que les circonstances locales sont plus défavorables à ce genre d'établissement.

En effet, on a vu que dans les terrains les plus favorables et les plus perméables à l'eau la construction d'une glacière ordinaire n'étoit pas d'une grande dépense. Cependant, pour que la glace puisse s'y bien conserver, il faut que la fosse ait un certain volume dont le *minimum* paroît fixé à environ mille quatre cents pieds cubes, et pour la consommation d'un ménage d'une aisance ordinaire, trois ou quatre cents pieds cubes de glace sont plus que suffisans. Dans ce cas il y a donc une dépense superflue de construction et d'entretien qui devient inévitable.

Dans les mêmes circonstances locales la construction d'une glacière américaine d'une égale capacité seroit tout aussi coûteuse que celle d'une glacière ordinaire; mais elle a sur celle-ci l'avantage de pouvoir être réduite sans aucun inconvénient à des dimensions proportionnées aux besoins du ménage; et cette réduction diminuera nécessairement, et dans une proportion quelconque, la dépense de sa construction.

L'adoption de ces nouvelles glacières, même dans les circonstances les plus favorables, seroit donc économique et conséquemment avantageuse.

Mais c'est dans les terrains les plus ingrats que les glacières de M. Bordley présentent le plus d'avantages économiques. Les dépenses de construction sont à peu près les mêmes, quelle que soit la nature du terrain, parceque la clôture extérieure est toujours subordonnée à la commodité du service qui est constante, et que les dimensions de la cage peuvent toujours être réduites dans des proportions relatives aux besoins de la consommation du ménage, tandis que les dépenses de construction d'une glacière ordinaire dans un terrain naturellement humide augmentent dans la progression de son humidité.

Il seroit donc à désirer que l'on pût adopter en France les glacières de M. Bordley, et, pour en faciliter l'exécution, nous en avons projeté un modèle que l'on trouvera dans notre Traité d'architecture rurale.

Section V. *Gouvernement des glacières.* Quelle que soit d'ailleurs la manière dont on auroit construit une glacière, il faut la remplir et la gouverner avec les mêmes soins et les mêmes précautions.

« Pour la remplir, on choisit un temps sec et froid, afin que la glace ne se fonde point.

« Le fond de la glacière est ordinairement construit à claires-voies par le moyen d'un bâtis de charpente. (Dans les glacières américaines le fond de la cage tient lieu de cette charpente).

« Avant que d'y poser la glace, on couvre ce fond d'un lit de paille, et on en couvre également tous les côtés en montant, en sorte que la glace ne touche qu'à la paille et non aux parois des murs ou de la cage.

« On met donc d'abord un lit de glace sur le fond garni de paille, puis un autre. Plus ces lits sont entassés sans aucun vide, et mieux ils se conservent. On bat la glace avec des maillets sur le bord de la glacière avant de l'y jeter, afin qu'elle fasse corps. Sur le premier lit de glace on en met un autre, et ainsi successivement jusqu'au haut de la glacière, sans aucun lit de paille entre ceux de la glace. Pour la bien entassser, on la pile avec des mailloches ou des têtes de cognée. On jette un peu d'eau de temps en temps, afin de remplir les vides par de petits glaçons, en sorte que le tout se congelant fait une masse que l'on est obligé de casser ensuite par morceaux pour s'en servir.

« La glacière étant remplie, on couvre la glace avec de la paille par le haut comme par le bas et par les côtés; par dessus cette paille on met des planches que l'on charge de grosses pierres pour tenir la paille serrée.

« La neige se conserve aussi-bien que la glace dans les glacières. On la ramasse en grosses pelottes, on les bat et on les presse le plus qu'il est possible; on les range et on les accommode dans la glacière, de manière qu'il n'y ait point de jour entre elles, en observant de garnir en paille le fond et les côtés, comme pour la glace. Si la neige ne peut pas se serrer et faire corps, ce qui arrive quand le froid est grand, il faudra jeter un peu d'eau dessus; elle se gèlera aussitôt avec la neige, et pour lors il sera aisé de la reduire en masse. Elle se conservera bien mieux dans la glacière si elle y est pressée, battue, et un peu arrosée de temps en temps. Il faut choisir de beaux jours et un temps sec pour la neige, autrement elle se fondroit à mesure qu'on la prendroit. Il ne faut pourtant pas qu'il gèle trop fort, parcequ'on auroit trop de peine à la lever. » (De Per.)

Il y a des glacières naturelles dans certaines grottes, c'est-à-dire qu'il y a des lieux souterrains où la glace se conserve naturellement toute l'année et par le même principe. C'est pendant l'hiver que cette glace fond le plus. *Voyez* au mot Glacier l'explication de ce phénomène. (B.)

GLACIERS. On donne ce nom à des masses énormes de glaces, ou mieux, de neige glacée qui, sous toutes les latitudes, même sous l'équateur, couvrent le sommet des hautes montagnes pendant toute l'année et depuis un nombre de siècles incommensurable.

Il sembleroit au premier aperçu que les glaciers n'ont point d'influence sur l'agriculture, puisque leurs environs ne sont point susceptibles d'être cultivés; mais le fait est qu'ils en ont une très étendue et très puissante.

On ne peut nier en effet que les hautes chaînes de montagnes ne soient la cause de la nature des vents et des pluies; or les glaciers, étant les points les plus élevés de ces chaînes, doivent y concourir plus que les autres.

Il n'y a de véritables glaciers en France que dans les Alpes. Il n'est aucun de ceux qui ont séjourné dans leurs basses vallées, et je suis du nombre, qui n'ait éprouvé ces variations subites de température qui sont occasionnées par le froid déversé par les vents qui ont passé sur les glaciers, variations qui nuisent nécessairement aux cultures de ces vallées. C'est à eux probablement que les vents d'est et de nord-est doivent d'être si froids dans le climat de Paris et même dans la plus grande partie de la France. Qui ignore combien ces vents sont nuisibles à la végétation quand ils durent long-temps, et de tous les vents ce sont ceux qui, en France, ont cette faculté au plus haut degré? La sécheresse qui les accompagne presque toujours est indépendante des glaciers; elle est due à l'élévation de la chaîne des Alpes, comme je le prouverai au mot Montagne.

Un autre effet des glaciers c'est d'entretenir les grands fleuves. Le Rhône, le Rhin, etc., sortent de ceux des Alpes; l'Amazone, l'Orénoque, etc., de ceux des Cordilières.

Les glaciers fondent par dessous pendant l'hiver par suite de la chaleur de la terre, chaleur qui s'est accumulée pendant l'été, et qui n'arrive à son *minimum* qu'au commencement du printemps sous les glaciers, d'après les belles observations de Saussure. Pendant l'été ils fondent par dessus, moins par l'effet direct des rayons du soleil, effet très peu considérable dans ces hautes régions, que par celui des vents chauds et des pluies.

Ce que les glaciers présentent de remarquable intéresse bien plus les naturalistes que les agriculteurs. Je n'entrerai pas en conséquence dans de plus grands détails à leur égard. Je dirai seulement qu'ils s'étendent aux dépens des pâturages qui les avoisinent lorsque plusieurs hivers successifs sont abondans en neige ou sont suivis de plusieurs étés froids, et qu'ils diminuent dans le cas contraire, mais qu'il paroît qu'en définitif ils gagnent du terrain probablement par suite de la cause générale, cause encore peu connue, qui amène une diminution progressive dans la chaleur de la terre. (B.)

GLACIS. Partie des jardins en pente douce et couverte de gazons. *Voyez* au mot GAZON.

GLADIOL. *Voyez* GLAYEUL.

GLAIREUX. La plupart des fruits n'offrent, dans les premiers temps de leur évolution, qu'une consistance glaireuse à l'intérieur. Peu à peu ils se consolident et arrivent au point de pouvoir reproduire la plante dont ils sortent. Ce fait est principalement remarqué dans les noix, parceque se mangeant souvent avant leur complète maturité (les cerneaux), on est exposé à les ouvrir lorsqu'elles sont encore à l'état glaireux. *Voy*. NOYER et PLANTE. (B.)

GLAIS. *Voy*. GLAYEUL.

GLAISE. Dans beaucoup de cantons on donne généralement ce nom aux différentes espèces d'argile, ou de terres argileuses; mais dans quelques uns on le restreint à une de ces espèces qui est très chargée de fer et de sable, et qui contient en outre un peu de calcaire, c'est-à-dire à une marne très argileuse. On la reconnoît à sa couleur d'un jaune foncé, et à la facilité avec laquelle elle se délaye dans l'eau. C'est dans des sols qui en sont composés que se plaisent le TUSSILAGE COMMUN, le LAITRON DES CHAMPS, le COQUERET ALKEKENGE, etc. Ordinairement elle est extrêmement aride pendant les chaleurs de l'été et impraticable après les pluies; aussi est-elle d'un très mauvais rapport et d'une culture fort difficile. Elle forme ce qu'en quelques endroits on appelle des TERRES FROIDES. Quelquefois il s'y forme, par suite de l'abondance et de la permanence des eaux, des fondrières dangereuses pour les hommes et les animaux domestiques, c'est-à-dire des places où on enfonce par son propre poids sans pouvoir s'en retirer. On ne peut la rendre fertile que par le moyen de la marne très cal-

caire, ou mieux, de la pierre calcaire réduite en très petits fragmens. On en fabrique d'assez bons âtres de four et de cheminée ; elle remplace très bien la chaux dans les bâtisses rurales.
On en tire encore d'autres services, mais on ne peut en fabriquer de bonne tuile, et encore moins de bonne poterie. Du
reste tout ce qui a été dit des propriétés de l'ARGILE lui convient; c'est pourquoi je renvoie le lecteur à cet article. (B.)

GLAISIÈRE. Lieu où on tire de l'argile pour la fabrication
des tuiles ou de la poterie. Dans quelques endroits on donne
aussi ce nom aux cantons très argileux, lors même qu'on n'en
exploite pas l'argile. *Voy.* au mot ARGILE. (B.)

GLAITERON. Nom vulgaire de la LAMPOURDE.

GLANAGE. En coupant les blés et autres céréales, il tombe
isolément des épis qui pourroient être réunis par le propriétaire
au moyen d'un râteau, mais que presque par-tout on abandonne
aux pauvres qui les ramassent à la main. C'est ce qu'on appelle
le *glanage.* Je ne m'élèverai pas contre cet usage qui existe de
toute ancienneté, et qui semble être une reconnoissance du
droit naturel qu'ont tous les hommes aux fruits de la terre ;
cependant il a de graves inconvéniens. D'un côté il donne lieu
à de véritables vols, soit directs, lorsque les glaneurs prennent
le blé dans les javelles ou dans les bottes, soit indirects, lorsqu'ils s'entendent avec les moissonneurs pour laisser tomber
exprès beaucoup d'épis. Les règlemens de police qui existent
presque par-tout pour prévenir ces inconvéniens ne sont point
et ne peuvent être rigoureusement exécutés. De l'autre côté, le
glanage favorise la paresse, et la plupart des glaneuses, si elles
vouloient travailler, gagneroient plus qu'en glanant.

Je crois donc que sous tous les rapports il est de l'intérêt des
campagnes que le nouveau code rural restreigne le plus possible la faculté de glaner. *Voyez* GRAPILLAGE. (B.)

GLAND. Fruit du CHÊNE.

GLAND DE TERRE. C'est la GESSE TUBÉREUSE.

GLANDÉE, l'action de ramasser ou de faire manger les
glands par les cochons.

GLANDES. Organes ressemblant plus ou moins à de petits
tubercules ou à de petites vésicules qu'on remarque sur les
parties extérieurs ou intérieures de beaucoup de plantes, et
que, par analogie, on suppose servir, comme dans les animaux,
à sécréter les sucs propres et autres fluides de ces plantes.

Raï Malpighi et Grew ont les premiers parlé des glandes,
comme faisant partie de l'organisation végétal. Depuis eux
Guettard les a fait servir à la formation des genres et à la dé-
termination des espèces. Malgré les recherches de ces savans
et d'un grand nombre d'autres, il suffit d'examiner quelque
unes de ces glandes pour s'assurer qu'elles appartiennent à

des organes fort différens, que beaucoup sont plutôt des réservoirs. En effet, les vésicules des feuilles des orties, celles des millepertuis, des myrtes, etc., ne montrent aucune organisation intérieure. Celles des feuilles de cerisiers, des pêchers, des bouleaux, ne laissent fluer aucun liquide, tandis que celles des psoraliers, des rossolis, des calices des rosiers, etc., sécrètent évidemment quelque chose.

Je n'entreprendrai pas de discuter plus au long cette matière, qu'il n'est pas directement utile aux agriculteurs de connoître à fond. *Voyez* PLANTE. (B.)

GLAYEUL, *gladiolus*. Genre de plantes de la triandrie monogynie et de la famille des IRIDÉES, qui renferme plus de cinquante espèces, la plupart propres au Cap de Bonne-Espérance. Je ne parlerai que de celle d'Europe, la seule qui puisse se conserver en pleine terre dans le climat de Paris.

Le GLAYEUL COMMUN est une plantes à racine bulbeuse, solide; à tige simple, haute d'un à deux piéds; à feuilles alternes, engaînantes, ensiformes, striées et très entières; à fleurs rouges, assez grandes, disposées en épi lâche et presque toujours tournées d'un seul côté, qui est celui du soleil. On le trouve dans les champs et les prés des parties méridionales de l'Europe. Il est vivace et fleurit au milieu de l'été. L'éclat de ses fleurs et leur nombre le rendent propre à orner les jardins; aussi l'y cultive-t-on fréquemment. Une bonne terre et une exposition chaude sont ce qui lui convient le mieux. On le multiplie de graines qu'on sème ou aussitôt qu'elles sont récoltées, ou au printemps, lorsqu'il n'y a plus de gelée à craindre, dans une terre bien préparée et bien exposée. Le plant levé se sarcle, se bine, s'arrose au besoin, et se couvre de litière pendant l'hiver. Ce n'est qu'au bout de trois ans qu'on le relève de son semis pour le planter à six ou huit pouces de distance. Il ne fleurit guère qu'à la cinquième ou sixième année, aussi emploie-t-ton rarement ce moyen de multiplication; on préfère celui des cayeux dont le glayeul, lorsqu'il est dans un lieu convenable, fournit chaque année au-delà des besoins. Ces cayeux se relèvent à la fin de l'automne, lorsque les tiges sont complètement fanées et se repiquent peu après. Ils fleurissent généralement à la seconde ou troisième année, selon leur force.

On place le glayeul dans les parterres, le long des terrasses des jardins français, et en avant des massifs, au milieu des gazons, contre les fabriques des jardins paysagers. Par-tout il se fait admirer par l'éclat de ses fleurs dont on regrette le défaut d'odeur et la disposition unilatérale.

En général il est bon de ne relever les pieds du glayeul que tous les cinq à six ans, afin qu'ils fassent touffe et qu'ils prennent toute la hauteur dont ils sont susceptibles. On doit les enterrer à une certaine profondeur, trois ou quatre pouces, par exemple, car leur bulbes sont exposées à périr par suite des hivers rigoureux. Il fournit beaucoup de variétés dans les nuances du rouge, variétés qui se dégradent jusqu'au blanc, et qui bien disposées dans un parterre produisent d'agréables effets.

Les tubercules du glayeul râpés dans l'eau donnent une fécule qui ne diffère pas de celle de la pomme de terre, et qu'on peut manger comme elle. Ils sont donc dans le cas de devenir une ressource dans les temps de disette. On prétend qu'appliqués en cataplasme ils guérissent les écrouelles. Les cochons les aiment beaucoup. (B.)

GLAYEUL DE MARAIS. C'est l'IRIS PSEUDACORE.

GLAYEUL PUANT. C'est l'IRIS FÉTIDE.

GLEUCOMÈTRE (œNOLOGIE). Les modernes l'ont indiqué comme propre à déterminer la quantité de matière sucrée contenue dans le moût de raisins; ils ont appelé *gleucœnomètre* celui qui fixe le moment où il s'agit de décuver.

Ces deux instrumens, quoique appliqués déjà avec avantage dans des vignobles renommés, ont donné lieu à diverses réclamations de la part de propriétaires des vignes qui se sont fait un devoir de les essayer avant de prononcer. Les reproches qu'ils leur font, c'est de n'avoir qu'une marche irrégulière et nullement conforme aux bases annoncées. Il paroît difficile, si leurs expériences sont exactes, de parvenir à affoiblir la force de leurs objections. Les nôtres se borneront à cette simple observation : si le moût ne contenoit que deux principes, la matière sucrée et l'eau de végétation, le gleucomètre pourroit en déterminer les proportions ; mais le suc des raisins renferme encore des matières extractives, colorées et salines qui doivent faire varier considérablement la marche de cet instrument.

Le gleucœnomètre n'a pas plus de puissance pour fixer l'instant du décuvage, puisqu'il doit varier également selon les circonstances, dont les principales sont les qualités recherchées dans le vin par les consommateurs, la durée qu'on a besoin de lui procurer, enfin l'usage auquel on le destine. Si on ne faisoit qu'une espèce de vin, cet instrument perfectionné seroit utile; mais l'un veut un vin gazeux, l'autre un vin spiritueux, l'un un vin sucré, l'autre un vin pourvu de beaucoup d'arome, ce qui fait varier le temps de la fermentation.

Le moût du raisin du midi doit sa densité au mucoso sucré ; celui du nord au contraire la doit à la matière extractive et sa-

line plus abondante, ce qui m'a fait avancer dans mon instruction sur les moyens de suppléer le sucre dans les principaux usages qu'on en fait pour la médecine et l'économie domestique, qu'il falloit borner l'usage du gleucomètre à chaque atelier. J'ajoute aujourd'hui, d'après M. Chaptal, qu'on
ne peut pas y prendre des termes rigoureux pour diriger d'a-
vance la conduite des propriétaires de vignobles pour divers
climats ; ainsi le gleucomètre gradué pour le midi ne sauroit
servir de guide au nord, et *vice versâ*.

Puisqu'il seroit très utile de posséder des instrumens capables de déterminer positivement la quantité de matière sucrée contenue dans le moût, et sa spirituosité, puisque les
signes adoptés par le simple vigneron pour fixer le moment du
décuvage varient selon les cantons, et que les palais invoqués
dans cette circonstance sont souvent les instrumens les plus
infidèles, sur-tout quand ils sont blasés par l'abus des boissons
vineuses et alcoholiques, il est convenable de continuer les
recherches commencées pour donner au gleucomètre et à
l'œnomètre, qui ne sont dans leur état actuel qu'ébauchés,
toute la perfection dont ils sont susceptibles. Nous invitons
donc les œnologues à peser ces considérations avant de proposer l'adoption de ces deux instrumens ; nous pensons qu'en
général on devroit toujours être très circonspect quand il est
question de mettre dans le commerce un instrument qui n'est
propre qu'à augmenter la confusion dans une matière où il est
déjà si difficile de s'entendre, ou tout au moins à faire perdre
un temps considérable dans les comparaisons fastidieuses avec
le pèse-liqueur de Baumé, auquel il faudra toujours en revenir, quoiqu'il ne puisse fournir une règle sûre pour juger
de la qualité des moûts entre eux. (Par.)

GLOBULAIRE, *Globularia*. Genre de plantes de la tétrandrie monogynie, qui renferme une dixaine d'espèces, dont
deux sont assez abondantes dans quelques cantons pour mériter l'attention des cultivateurs.

Ces deux espèces sont,

La GLOBULAIRE COMMUNE qui a la racine vivace ; les tiges
herbacées, hautes de trois à quatre pouces ; les feuilles radicales étalées et tridentées ; les caulinaires alternes et lancéolées ; les fleurs bleues, roses ou blanches, et disposées en tête
terminale. Elle croît naturellement sur les pelouses des montagnes, dans les bois peu fourrés, et fleurit à la fin du printemps. Son goût est amer ; aussi les bestiaux ne la mangent-
ils pas, et nuit-elle souvent aux pâturages. On la regarde
comme vulnéraire et détersive.

La GLOBULAIRE TURBITH, *Globularia alypum*, Lin., a les
feuilles alternes, lancéolées, tridentées ou entières ; les fleurs

bleuâtres, disposées en petites têtes à l'extrémité des tiges qui sont frutescentes, et hautes de six à huit pouces. Elle croît sur les montagnes des parties méridionales de l'Europe, et fleurit au milieu de l'été. Ses feuilles sont encore plus amères que celles de la précédente, et purgent si violemment par haut et par bas, qu'on a donné à la plante le nom latin de *frutex terribilis*. On les emploie quelquefois en médecine.

Ces deux plantes pourroient servir à l'ornement des jardins, car elles ont un aspect agréable, et conservent leurs feuilles tout l'hiver; mais elles sont très rebelles à la culture, et il leur faut, lorsqu'on les place au milieu des gazons, dans les jardins paysagers, un sol et une exposition qu'il n'est pas toujours facile de leur donner. (B.)

GLOUTERON. Nom vulgaire de la LAMPOURDE, de la BARDANE et du CAILLELAIT ACCROCHANT, toutes plantes dont les fruits, ou leurs enveloppes, s'attachent aux habits des passans.

GLYCINE, *Glycine*. Genre de plantes de la diadelphie décandrie et de la famille des légumineuses, qui renferme plus de quarante espèces, dont deux se cultivent en pleine terre dans le climat de Paris, et peuvent s'employer à la décoration des jardins paysagers.

La GLYCINE TUBÉREUSE a les racines traçantes et garnies de distance en distance de tubérosités oblongues; les tiges volubles, très longues; les feuilles ailées, composées de cinq ou sept folioles ovales, pointues, glabres; les fleurs de plusieurs nuances de rouge, et disposées en grappes serrées, pendantes sur des pédoncules axillaires. Elle croît naturellement dans les parties méridionales de l'Amérique septentrionale. On la cultive dans nos jardins, où elle se palissade contre les murs, contre les berceaux, etc. Un terrain léger et chaud est celui qui lui convient le mieux. Rarement elle donne des fruits dans le climat de Paris; mais elle ne se multiplie pas moins abondamment. Ses racines poussant de nombreuses tiges dont chacune, séparée en automne, fournit un nouveau pied l'année suivante, et chaque tubérosité de ces racines pouvant remplir le même objet, lorsqu'on arrache le pied en entier. Le plus grand inconvénient de cette plante, c'est que ses tiges ne sortent pas de terre toutes les années à la même place, et que par conséquent on n'est jamais certain de pouvoir leur donner la disposition convenable.

J'ai observé la glycine tubéreuse dans les bois sablonneux de la Caroline, qu'elle embellit par ses nombreuses grappes de fleurs. Les cochons en recherchent beaucoup la racine, qui, quoique très dure, peut être également mangée par l'homme, si j'en juge par un essai que j'ai fait.

La GLYCINE FRUTESCENTE a les racines traçantes; les tiges ligneuses, volubles, velues dans leur jeunesse ; les feuilles ailées, composées de neuf à onze folioles ovales, pointues, velues sur leurs nervures, d'un vert noir ; les fleurs de plusieurs nuances de bleu, et disposées en épis serrés et pendans à l'extrémité de pédoncules axillaires. Elle est originaire du même pays que la précédente, s'élève au-dessus des plus grands arbres, et offre une tige de presque un pouce de diamètre à sa base. On la cultive aussi dans nos jardins, où elle se dispose de la même manière. Elle demande un terrain gras et un peu humide quoique chaud, redoute peu les hivers, et se multiplie par drageons enracinés, par marcottes et par graines, lorsqu'elle en donne, ce qui est très rare, même en Amérique. Les gelées lui font quelquefois du tort, ainsi il est toujours prudent de couvrir son pied aux approches de l'hiver, et de la placer dans les meilleurs abris. Cette plante, grimpant naturellement sur un buisson ou sur un arbre isolé, dans un jardin paysager, produit un très agréable effet lorsqu'elle est en fleur, et elle fleurit souvent deux fois par an ; savoir, à la fin du printemps et au milieu de l'automne. Une fois plantée elle ne demande plus de culture. L'inconvénient rapporté à l'occasion de la précédente n'a pas lieu pour elle. (B.)

GNAPHALE, *Gnaphalium.* Genre de plantes de la syngénésie superflue et de la famille des corymbifères, divisé par la plupart des botanistes français en cinq genres, mais qu'on croit devoir conserver ici, à raison du grand nombre de rapports extérieurs qui existent entre les différentes espèces, et pour se conformer à l'usage.

Ce genre renferme près de cent cinquante espèces, la plupart propres au Cap de Bonne-Espérance et à l'Europe ou contrées voisines. Ce sont des plantes couvertes d'un duvet blanchâtre ; à feuilles alternes, peu aqueuses ; à fleurs disposées en corymbes terminaux, qui se conservent long-temps après leur dessèchement, et qu'à raison de cette propriété on appelle *immortelles*, quoique ce mot doive appartenir plus particulièrement aux Xéranthèmes. *Voyez* ce mot.

Une partie des gnaphales offre des calices jaunes, et l'autre des calices blancs, ce qui forme naturellement deux divisions faciles à saisir.

Parmi les premières il faut noter ici comme cultivées en pleine terre, ou croissant naturellement en Europe,

La GNAPHALE CITRINE, *Gnaphalium stœchas*, Lin., qui croît dans les parties méridionales de l'Europe. C'est un arbuste fort rameux, d'environ deux pieds de haut, dont les tiges sont grêles ; les feuilles linéaires ; les fleurs jaunes et disposées en corymbes très serrés à l'extrémité des rameaux. Il fleurit pendant tout l'été, et reste vert toute l'année. C'est pour

les jardiniers la petite *immortelle jaune*. On le cultive fréquemment dans les jardins, où il se place, soit dans les plates-
bandes, soit contre les murs, soit dans des pots. Cette dernière
manière est peut - être la plus avantageuse dans le climat de
Paris, car il est sensible aux grands froids de l'hiver. Il demande une terre légère, une exposition chaude et peu d'arrosemens. On le multiplie de semences et de boutures ; mais cette
dernière manière est la seule employée, en ce qu'elle est aussi
sûre et aussi rapide que la première est incertaine et lente. On
la pratique au milieu de l'été, dans une terre bien préparée
et exposée au levant, ou mieux, dans des terrines sur couches
et sous châssis. Le plant qui en résulte peut être relevé dès
l'hiver suivant ; mais en général on attend la seconde année,
époque où il est généralement en état d'être mis en place.
Quelquefois on multiplie aussi cette plante par l'éclatement
de ses tiges.

La GNAPHALE D'ORIENT est légèrement frutescente, a les
feuilles radicales obtuses, et les caulinaires aiguës ; les fleurs
grandes, jaunes, et portées sur de longs pédoncules disposés
en corymbe. Elle est originaire d'Afrique, s'élève d'un à deux
pieds, et se cultive depuis fort long-temps dans nos jardins,
sous le nom de *grande immortelle jaune*. Ses fleurs, comme
celles de la précédente, et encore mieux qu'elles, peuvent,
lorsqu'elles sont cueillies un peu avant leur épanouissement, se
conserver, se sécher avec l'apparence de la vie, et servir ainsi
à orner les appartemens pendant les frimas. On la multiplie
par boutures, qu'on fait dans le courant de l'été, et qu'on
traite ensuite comme celle de l'espèce précédente. On éclate
aussi ses racines.

Ces deux plantes trouvent difficilement leur place dans les
jardins paysagers ; ce n'est guère que contre des fabriques,
des rochers où elles peuvent rencontrer la chaleur nécessaire. Aussi, depuis que ces sortes de jardins ont pris faveur,
sont-elles moins communes qu'autrefois.

La GNAPHALE JAUNE BLANCHE est annuelle. Sa tige est haute
d'un à deux pieds, droite et rarement rameuse ; ses feuilles
amplexicaules, linéaires, lancéolées, les inférieures obtuses,
les supérieures aiguës ; les fleurs petites, jaunâtres, et disposées en bouquets axillaires et terminaux. On la trouve dans les
bois des parties méridionales de l'Europe.

Parmi les gnaphales à fleurs blanches, je citerai principalement,

La GNAPHALE DES JARDINS, *Gnaphalium margaritaceum*,
Lin., qui a les racines vivaces, traçantes ; les tiges herbacées,
hautes d'un pied, rameuses ; les feuilles linéaires, lancéolées ;
les fleurs blanches à l'extérieur, et disposées en corymbe ter-

minal. Elle est originaire des hautes montagnes de l'Europe et des parties septentrionales de l'Amérique. On la cultive dans les jardins sous le nom d'*immortelle blanche*. Elle y forme des touffes souvent très étendues, dont la blancheur contraste toujours avec le terrain ou le feuillage des plantes voisines. Ses fleurs sont épanouies depuis la fin de l'été jusqu'aux premiers froids. Elle ne craint point les gelées, et se multiplie avec la plus grande facilité par le moyen des rejets et du déchirement des vieux pieds. C'est véritablement la plante des jardins paysagers ; car il suffit d'en planter çà et là quelques pieds pour qu'elle trace et couvre bientôt des espaces considérables. On la met ordinairement entre les buissons des derniers rangs des massifs, sur les pelouses, contre les rochers, les fabriques, enfin par-tout où la terre et l'exposition lui conviennent. Comme les autres espèces, on peut dessécher ses fleurs sans qu'elles paroissent avoir cessé de végéter ; mais dans ce cas elle se conserve moins bien que les deux premières.

La GNAPHALE DIOIQUE, ou le *pied de chat*, a les racines vivaces, traçantes ; les tiges simples ; les feuilles radicales spatulées ; les fleurs dioïques, ramassées en tête à l'extrémité des rameaux et les écailles intérieures de leur calice plus longues. On la trouve dans toute l'Europe sur les montagnes sèches, dans les pâturages, auxquels elle fait quelquefois beaucoup de tort par son abondance. Elle s'élève de deux à trois pouces au plus, et fleurit au milieu de l'été. Ses sommités passent pour détersives, béchiques et incisives. Les cochons recherchent ses racines, les moutons mangent quelquefois ses feuilles, mais les autres bestiaux la refusent.

Cette plante, dont les fleurs varient en rouge et en blanc, fait assez bien sur les pelouses des jardins paysagers ; il est souvent difficile de l'y introduire ; mais quand une fois on y est parvenu et que le terrain lui plaît, elle se multiplie d'elle-même au point de couvrir exclusivement des espaces considérables. C'est, comme la précédente, uniquement par le déchirement des vieux pieds qu'on la multiplie.

La GNAPHALE DES BOIS a la tige herbacée, haute d'un à deux pieds et plus ; les feuilles lancéolées ; les fleurs petites et disposées en paquets sessiles, axillaires ou terminaux. Elle croît dans les bois et fleurit au milieu de l'été. Il est certains endroits où elle est si commune, qu'elle couvre entièrement le terrain. Les bestiaux n'y touchent pas. On ne peut en tirer d'autre usage que de la faire concourir à l'augmentation des fumiers, ou à chauffer le four.

La GNAPHALE DE FRANCE, *Filago Gallica*, Lin., est annuelle, a les tiges herbacées, droites, dichotomes, hautes de six à huit pouces; les feuilles linéaires; les fleurs petites, blanchâtres, réunies dans les aisselles des tiges à leur extrémité. On la trouve très abondamment dans les champs stériles de presque toute l'Europe, sur-tout dans ceux qui sont secs et argileux.

La GNAPHALE DES CHAMPS, *Filago arvensis*, Lin., est annuelle, a les tiges herbacées, droites, paniculées, hautes de deux à trois pouces; les feuilles oblongues, lancéolées; les fleurs blanches et disposées en petits groupes dans les aisselles des tiges et à l'extrémité des rameaux. Elle est très abondante dans les champs sablonneux et arides de presque toute l'Europe.

Ces deux plantes, qui se ressemblent beaucoup, et que tous les bestiaux, excepté les moutons, refusent, couvrent quelquefois le terrain des jachères au point de le faire paroître couvert de neige. Elles sont toujours l'indice de sa mauvaise qualité. On n'en peut tirer aucun parti. Dans quelques endroits on les appelle *cotonnières*. Linnæus en avoit fait un genre particulier sous le nom de *filago*, sur des caractères mal observés. (B)

GNAVELLE. *Scleranthus*. Genre de plantes de la décandrie digynie et de la famille des portulacées, qui renferme trois ou quatre petites plantes peu remarquables, mais qui sont quelquefois très abondantes dans les champs.

La GNAVELLE VIVACE croît dans les terrains sablonneux et incultes sur le bord des champs. C'est sur sa racine que vit la COCHENILLE POLONAISE. Elle s'élève à peine de deux pouces.

La GNAVELLE ANNUELLE se trouve également dans les lieux sablonneux. Sa grandeur est encore moindre que la précédente.

On ne tire aucun usage de ces deux plantes, que les chevaux aiment cependant beaucoup. (B.)

GNEISS. Sorte de pierre qui ne se trouve que dans les montagnes primitives, et qui est toujours superposée aux granits, des élémens desquels elle est formée. Généralement sa couleur est d'un gris brillant, à raison de la grande quantité de mica qui entre dans sa composition, et elle est rude au toucher, parceque les parties quartzeuses y sont fort abondantes et font divisées.

C'est toujours par couches plus ou moins épaisses que se trouve le gneiss. Il est souvent recouvert par des schistes micacés dont il diffère peu, par des grès et des marbres primitifs. Sa décomposition est très lente et très incomplète; aussi les montagnes qui en sont composées, et à la surface desquelles il se montre, sont-elles très peu susceptibles d'amélioration agricole. C'est en bois qu'elles doivent être plantées, si on ne veut pas les voir se dépouiller rapidement de la petite épaisseur de terre végétale qu'elles offrent.

C'est principalement dans les gneiss que se trouvent les mines métalliques.

Les gneiss ne servent qu'à la bâtisse des maisons rurales et à la fabrique des pierres à aiguiser, pierres qu'on emploie pour donner le fil aux instrumens tranchans, et sur-tout aux faux, et qui sont généralement inférieures à celles faites avec le grès. On donne à ces pierres une forme aplatie, allongée, analogue à celle d'une navette. (B.)

GOBE. Médecine vétérinaire. Les moutons comme les autres animaux ruminans ont l'habitude de se lécher, et ce qui, chez ces derniers, est le résultat de cette habitude, c'est-à-dire les Égagropiles (voyez ce mot) s'appelle gobe chez eux.

Comme les égagropiles, les gobes sont indigestibles. Lorsqu'elles deviennent trop grosses ou trop nombreuses elles font périr l'animal. Comme le plus souvent elles sont enduites d'une concrétion bilieuse qui empêche de reconnoître leur origine, l'ignorance les a attribuées à la malveillance. Il n'y a pas encore long-temps qu'on croyoit, et on croit peut-être encore dans quelques cantons, que les gobes sont des compositions artificielles que des bergers mécontens, que des voisins jaloux, que des ennemis acharnés font avaler aux moutons. Des procès suivis d'amendes ruineuses, même des peines afflictives, ont souvent été le résultat de cet absurde préjugé. Ce n'est que depuis l'établissement des écoles vétérinaires que les tribunaux ne reconnoissent plus les gobes comme des instrumens de vengeance. Honneurs leur soient rendus !

Il n'y a point de moyen d'empêcher les gobes de se former, ni de moyen de les faire sortir des estomacs des moutons. Le mieux est de tuer les bêtes qu'on soupçonne en avoir au point de craindre leur mort. Le refus de manger, la tristesse, l'amaigrissement, sont les symptômes de cet état, mais ils sont communs à beaucoup d'autres maladies.

Le plus fâcheux, c'est que les agneaux qui tètent y sont aussi sujets, parcequ'ils avalent la laine qui s'est détachée de la mère, et s'est appliquée sur son pis.

Les moutons qui ne se lèchent pas ou qui ne lèchent pas les autres sont aussi exposés à avoir des gobes, parcequ'ils mangent la laine qui s'est dispersée sur les fourrages, ou qu'en prenant du fourrage qui est tombé sur d'autres ils leur arrachent un peu de laine. (B.)

GOBELET. Sorte de disposition d'arbres fruitiers qui ne diffère des buissons que parceque le bas est intérieurement aussi large que le haut. On ne voit plus guère d'arbres disposés de cette manière dans les jardins des environs de Paris. *Voyez* au mot BUISSON. (B.)

GOBET. Variété de POIRE et de CERISE.

GODET. Nom employé par les fleuristes pour désigner les fleurs monopétales.

GODIN. Nom d'un jeune bœuf d'un an dans le département des Ardennes.

GOEI. Nom d'un froment carré et barbu qu'on cultive beaucoup dans le département des Deux-Sèvres.

GŒMON. On appelle ainsi, dans quelques endroits, le VAREC que les flots de la mer jettent sur le rivage. *Voyez* ce mot et le mot ALGUE.

GOITRE. MÉDECINE VÉTÉRINAIRE. Tumeur plus ou moins grosse, remplie d'eau, qui se forme sous la mâchoire des moutons, et qui paroît ou disparoît selon qu'il fait humide ou sec, que l'animal a fatigué, ou s'est reposé. On l'appelle aussi *bourse, ganache, game* ou *gamme*. C'est un des symptômes de la pourriture. Tous les moyens qu'on a indiqués pour la faire disparoître ne produisent aucun résultat utile, si, en même temps, on ne traite la maladie principale. Je renvoie, en conséquence, au mot POURRITURE et au mot MOUTON. (B.)

GOMBAUT. Nom créol de la KÉTMIE ESCULENTE.

GOMME. Matière sans odeur, sans saveur, demi-transparente, qui s'extravase de beaucoup de végétaux, se dessèche à l'air, et se dissout dans l'eau sans changer de nature. Elle n'est point ramollie par la chaleur, et brûle sans flamme en laissant beaucoup de charbon. Elle diffère si peu du mucilage, qui est une des parties constituantes des plantes, que la plupart des physiologistes la regardent comme n'en étant pas distincte; mais je crois qu'on doit la considérer comme formée de composans plus épurés, ou plus intimement combinés, puisqu'elle n'est naturellement produite que par quelques espèces. Elle offre à l'analyse les mêmes principes que l'amidon, la manne, le sucre, de manière qu'elle s'en rapproche infiniment; aussi peut-on s'en nourrir en cas de besoin, et les peuples d'Afrique s'en nourrissent-ils souvent dans leurs courses à travers les déserts.

Fourcroy et Vauquelin ont observé que la gomme pouvoit être décomposée par l'acide nitrique et l'acide muriatique oxygéné, et donner de l'acide sacharin et de l'acide citrique, qui ne sont que des modifications l'un de l'autre. *Voyez* au mot ACIDE. Elle résiste long-temps à la fermentation lorsqu'elle est pure et dissoute dans l'eau; mais elle favorise celle des matières muqueuses avec lesquelles on la mêle.

Il n'y a pas de doute que la gomme ne soit due à l'acte de

la végétation ; mais nous n'avons aucune donnée pour en expliquer la formation. C'est un de ces secrets de la nature que nous ne dévoilerons probablement jamais. Quoique répandue dans toutes les parties des plantes, c'est de l'écorce qu'elle flue le plus abondamment. Les vieux arbres et les arbres malades en fournissent davantage que ceux qui sont jeunes et bien portans. Il en est de même de ceux qui offrent beaucoup de fruits. Ces faits semblent annoncer que sa surabondance est l'effet d'un véritable affoiblissement de la végétation ; cependant quelques personnes, et principalement les cultivateurs, pensent qu'elle est la cause première de cet affoiblissement. Peut-être peut-on concilier ces deux opinions en disant que la formation de la gomme est tantôt cause et tantôt effet dans ce cas.

On augmente considérablement la production de la gomme par des blessures à l'écorce, aux fruits, aux feuilles des arbres qui en fournissent. C'est toujours de la partie supérieure des plaies qu'elle découle, d'où on peut conclure qu'elle est apportée par la sève descendante ; mais est-elle contenue dans des vaisseaux particuliers ? C'est ce qui n'est pas encore complètement constaté.

Les arbres à fruits à noyaux sont ceux qui, en Europe, donnent le plus de gomme, tels que le PÊCHER, l'AMANDIER, l'ABRICOTIER, le PRUNIER et le CERISIER. Leur gomme est connue sous le nom de *gomme de pays*. Elle est peu estimée, parcequ'elle est colorée, et qu'elle ne se dissout qu'imparfaitement dans l'eau ; cependant elle est l'objet d'un délit qu'il faut signaler. Des hommes qui se vouent à la récolter parcourent les campagnes, blessent ceux de ces arbres qu'ils rencontrent, sur-tout les cerisiers, pour en augmenter la production, ce qui les affoiblit et finit par les faire mourir. Un sévère arrêt du parlement de Paris put seul arrêter les dommages que les propriétaires d'arbres à noyaux éprouvoient par cette cause dans les environs de Paris ; mais la révolution en a fait oublier les dispositions, et il est nécessaire que le Code rural les rappelle.

Les gommes dont on fait le plus d'usage dans les arts et dans la médecine sont les *gommes arabique et de Sénégal*, fournies par des arbres du genre de l'ACACIE, *Mimosa nilotica et Senegal*. Toutes deux se dissolvent complètement dans l'eau ; la seconde est plus blanche que la première. Ce sont celles dont les Arabes se nourrissent lorsqu'ils manquent de subsistances d'un autre genre, ainsi que je l'ai dit plus haut.

C'est principalement dans la taille et la greffe que la production de la gomme a des inconvéniens. Aussi les arbres à noyaux doivent-ils être conduits différemment des autres dans ces deux circonstances. Lorsqu'on ne choisit pas le moment convenable pour la première de ces opérations, la greffe est *noyée*, comme disent les jardiniers, et ne réussit pas. La seconde peut nuire infiniment à la production du fruit et même à la durée de la vie de l'arbre, lorsqu'elle est faite à contre-temps. Il est de fait que, le cerisier excepté, tous les arbres à gomme que nous cultivons vivent un petit nombre d'années en comparaison des autres. On trouvera à l'article de chacun d'eux ce qu'il convient de savoir pour éviter les suites de l'extravasation, soit naturelle, soit artificielle de la gomme. J'y renvoie le lecteur.

Dans beaucoup de plantes le suc gommeux est mêlé avec le suc résineux; de là les gommes-résines, dont on fait un si grand usage en médecine. Elles ont en partie les propriétés des gommes, et en partie celles des résines, c'est-à-dire qu'il s'en dissout plus ou moins dans l'eau et plus ou moins dans l'alcohol; je dis plus ou moins, parceque les proportions varient dans chaque espèce. Toutes peuvent être regardées, lorsqu'elles sont dissoutes, comme des émulsions; aussi, sont-elles pour la plupart blanches avant leur dessiccation, quoiqu'ordinairement colorées après, même très fortement, témoin la gomme gutte, le sang de dragon, la gomme laque, etc. *Voyez* au mot RÉSINE. (B.)

GOMME ADRAGANTE. Gomme d'une nature particulière fournie par plusieurs plantes du genre des ASTRAGALES. On en fait un grand usage dans la pharmacie.

GOMME ARABIQUE. *Voyez* au mot ACACIE.

GOUDRON. Matière liquide, noirâtre, composée de résine à demi décomposée ou brûlée, et unie à un suc propre. On l'a retire, par la combustion, de presque toutes les espèces de PINS et de SAPINS. *Voy.* ces mots. C'est un véritable savon, mais d'une nature particulière, dont on fait un grand usage dans les arts, principalement dans la marine pour retarder la décomposition des bois ou des cordages qui restent exposés aux alternatives de l'action de l'air et de l'eau. Dans beaucoup de pays on s'en sert aussi pour graisser les essieux des voitures et les tourrillons des machines, soit seul, soit en le mêlant avec de l'argile ou autre ingrédient.

Comme la fabrication du goudron est par-tout un article d'industrie agricole, je vais entrer dans quelques détails sur ce qui la concerne, en déclarant que je ne l'ai suivie que dans deux endroits, en Amérique où on emploie le pin des marais, et dans les landes de Bordeaux où on fait usage du pin maritime.

Le but de l'opération par laquelle on se procure le goudron est d'en obtenir le plus possible de la même quantité de bois; mais il ne paroît pas que nulle part on le remplisse, c'est-à-dire que toujours il y en a de brûlé plus ou moins, selon le degré d'habileté des ouvriers. Pour en produire qui fût toujours de même qualité, il faudroit employer des fourneaux de tôle ou de fonte de fer; mais ou son bas prix ordinaire ne permet pas de faire les avances nécessaires, ou l'ignorance des fabricans ne leur fait pas concevoir la possibilité d'une amélioration à leur pratique.

Le goudron du nord de l'Europe est le plus estimé. On le retire du pin d'Écosse et du pin mugho.

Dans la basse Provence c'est le pin d'Alep qui le fournit, et dans la haute, le pin de Genève, et peut-être aussi le cimbro.

Celui du nord de l'Amérique, qui paroît très recherché, provient probablement du pin d'encens.

Dans chacun de ces lieux on emploie des procédés différens.

Pour bien opérer il faut que le bois soit à moitié sec, et que la combustion se fasse fort lentement; cependant on satisfait rarement à ces deux données.

Dans les landes de Bordeaux les fourneaux sont en brique et ont une forme conique tronquée. La largeur de leur base est ordinairement de quatre toises, et leur hauteur d'une toise et demie, ainsi que je l'ai vérifié sur les lieux. Ils sont établis sur un pavé en brique au milieu duquel est une rigole qui aboutit à une gouttière en bois, laquelle elle-même aboutit à un baquet.

On coupe les pins en morceaux de trois pieds de long et d'un pouce d'épaisseur; on met ces morceaux dans le fourneau de manière que l'air circule facilement entre eux, et on charge le tout de gazon. Le feu se met par dessus dans des places où on n'a pas mis de gazon. Il gagne petit à petit, et petit à petit il fait fondre et couler le goudron sur le pavé, et de là dans le baquet d'où on l'enlève à mesure pour être mis dans des barils.

Lorsqu'on juge que tout le bois est consumé, ce qui est indiqué par la cessation de la fumée et de l'écoulement du goudron, on ferme les trous supérieurs avec des gazons, et quelques jours après on retire le charbon, qui est d'une excellente qualité et qui se vend bien.

En Provence, les fourneaux sont d'argile mêlée de pierres, et ont la forme d'un œuf. Leur grandeur varie beaucoup. C'est par un trou percé dans son pourtour, vers le fond, que sort le goudron. Là, on coupe le bois plus court qu'à Bordeaux et on l'arrange plus régulièrement, c'est-à-dire qu'on le dispose en grilles superposées les unes aux autres. Du reste on met le feu et on le conduit comme il a été dit plus haut.

En Caroline, où le bois de pin n'a d'autre valeur que celle de la main-d'œuvre de sa coupe, on procède d'une manière plus grossière, c'est-à-dire qu'on se contente de faire, en plein air, sur le sommet d'un cône de terre de trois à quatre pieds de hauteur, et d'un diamètre de douze ou quinze pieds, formé avec la terre retirée du fossé qui l'entoure, un amas de bois de pin fendu en petits morceaux, et de le recouvrir de feuilles vertes et autres objets propres à diminuer l'action de l'air sur le feu. Le goudron coule dans le fossé et se rassemble dans de petits creux pratiqués à cet effet, d'où on l'enlève avec une cuiller pour le mettre dans des baquets, où il dépose la terre et autres impuretés dont il s'est chargé, puis on le met en baril.

Dans ces trois procédés il se brûle beaucoup de résine et on perd la fumée, qui, condensée, produiroit ce qu'on appelle *noir de fumée*, et qui est l'objet d'un commerce et d'une fabrique particulière. Il seroit donc à désirer, comme je l'ai dit plus haut, qu'on substituât des fourneaux portatifs en tôle ou en lames de fonte à ceux actuellement en usage.

Le produit d'un fourneau varie, et d'après la qualité du bois employé, et d'après le plus ou moins d'habileté de celui qui l'a arrangé, de celui qui a conduit le feu, etc. Rarement, lorsqu'on emploie le pin le plus *gras*, c'est-à-dire le plus chargé de résine, il est du quart, le plus ordinairement il est de dix à douze pour cent. En Caroline il est souvent de moins de six à raison de l'infiltration qui a lieu dans la terre. *Voyez* pour le surplus aux mots BRAI, RÉSINE, GALIPOT, TÉRÉBENTHINE, etc.

Il y a une vingtaine d'années que le lord Dondenald a annoncé qu'on pouvoit retirer, par une distillation en grand, un véritable goudron de la HOUILLE. Son procédé a été répété avec succès à Paris par Faujas Saint-Fonds, et il a même été constaté que ce goudron étoit supérieur à celui des pins pour le service de la marine. Nulle part cependant on n'a établi en France de fourneaux pour cet objet. Je n'en parle que pour mémoire, car un établissement de ce genre ne peut être formé par un cultivateur.

Le goudron passe pour détersif, résolutif et dessiccatif. On s'en sert pour guérir la gale des moutons. Les agriculteurs devroient en faire un grand emploi pour couvrir leurs instrumens aratoires, car avec très peu de dépense ils les conserveroient beaucoup plus long-temps en les préservant de l'altération que leur causent les alternatives de la pluie et de la sécheresse. En Angleterre les charrues, les charrettes, les échelles, et autres articles d'utilité journalière dans une ferme, sont souvent peintes ou goudronnées, et cela se voit très rarement en France. D'où vient le peu d'importance que nous mettons à la conservation de nos effets aratoires? de notre ignorance sans doute, car c'est dans les cantons de la France où les cultivateurs sont les moins instruits et les plus pauvres que je les ai vus le plus négligés. Dans combien de fermes y a-t-il des hangars pour mettre les charrettes à l'abri des injures de l'air ? fort peu. On peut dire que la construction d'un hangar est un objet de dépense considérable ; mais peut-on également dire que quinze à vingt sous, mettez même trois francs, qu'il en pourra coûter pour goudronner une charrette, qui a deux ou trois cents francs de valeur, en soit une ? Il est cependant vrai qu'une telle opération suffira pour que cette charrette dure le double de ce qu'elle auroit duré sans elle.

Les toiles destinées à servir de couvertures aux charrettes, à couvrir des articles de récolte, les filets employés à garantir les cerises et autres objets du bec des oiseaux, les cordes sujettes à être mouillées, etc., etc., doivent l'être également.

Les fers même, lorsqu'ils n'éprouvent pas de frottemens journaliers, gagnent beaucoup à être goudronnés, soit par une simple application, soit, ce qui vaut beaucoup mieux, par leur immersion, étant très chauds, mais non rouges, dans du goudron.

Enfin le goudron me paroît si important pour les cultivateurs, que je voudrois que tous en eussent un baril chez eux ; c'est une petite dépense.

Lorsqu'on veut faire ce qu'on appelle BRAI GRAS, qui n'est que le goudron moins chargé de sève et plus chargé de charbon, on ménage le feu de manière à le faire durer plus longtemps, et on s'oppose à ce que le goudron sorte du fourneau. La fabrication de ce BRAI GRAS est fort difficile, parceque trop de feu le brûle et trop peu ne le produit pas. Il ne diffère au reste de la poix noire que par une nuance, c'est-à-dire que cette *poix noire*, ou mieux, une de ses espèces, n'est que du goudron complètement desséché. On peut en faire usage dans la greffe en fente.

On dit vulgairement qu'une bouteille est goudronnée, lorsqu'on a recouvert son bouchon d'une couche de résine. *V.* au mot RÉSINE. (B.)

GOUET, *Arum*. Genre de plantes de la gynandrie polyandrie, et de la famille des aroïdes, qui renferme une trentaine d'espèces dont quelques unes sont propres à l'Europe, et dont quelques autres, qui ne se trouvent que dans les parties les plus chaudes de l'Asie, de l'Afrique et de l'Amérique fournissent aux hommes une nourriture abondante.

Les espèces dans le cas d'être citées ici sont,

Le GOUET COMMUN, *Arum maculatum*, Lin. Il a la racine vivace, tubéreuse ou charnue, et remplie d'un suc laiteux ; les feuilles toutes radicales, longuement pétiolées, engainantes, hastées, à oreilles divergentes, entières, luisantes, d'un vert foncé, souvent taché de noir, longues de huit à dix pouces; la tige ou hampe simple, striée, uniflore, haute de six à huit pouces; la fleur verte en dehors, jaunâtre ou rougeâtre en dedans, avec un spadix pourpre et des fleurs jaunes; les fruits écarlates. Il croît très abondamment dans les haies, les bois et autres lieux ombragés où la terre est légère et fertile. Ses feuilles sont des premières à pousser au printemps, et ses fleurs s'épanouissent en mai. On le connoît vulgairement sous le nom de *pied de veau*. Sa saveur est âcre et piquante, sur-tout celle de la racine; cette dernière purge violemment par haut et par bas; cependant on la donne aux cochons dans quelques endroits, principalement dans le département des Deux-Sèvres, où elle porte le nom de *girou*.

On emploie cette racine en médecine comme incisive, détersive et expectorante; mais il faut la faire doser par une main exercée. Desséchée elle diminue beaucoup en âcreté, ce qui prouve que c'est à son eau de végétation qu'elle doit cette qualité. Réduite en pâte et préparée comme la cassave, elle fournit une partie fibreuse qu'on peut manger sans inconvénient. Râpée dans l'eau et traitée comme la pomme de terre dans le même cas, elle donne un amidon qui n'a aucun des inconvéniens précités, et qu'on peut également manger. *Voyez* aux mots MÉDICINIER et POMME DE TERRE.

Parmentier a annoncé, dans son patriotique ouvrage sur les substances alimentaires, que cette racine pouvoit être d'une grande ressource dans les temps de disette, et j'en ai fait l'expérience pendant ma retraite dans la forêt de Montmorency, à l'époque de la terreur. Quoique la fécule que j'en ai retirée eût, malgré les lavages, conservé un goût particulier, j'en ai mangé plusieurs fois sans inconvénient, en la faisant cuire dans du lait. J'avois compté sérieusement sur les ressources que pouvoit me procurer cette racine pour moi et mon monde, si les subsistances eussent continué à rester aussi rares après comme avant la mort de Robespierre. Les environs seuls de ma demeure pouvoient me tranquilliser à cet égard pour plusieurs années, tant le gouet commun y est abondant. On a proposé de soumettre cette plante à une culture réglée; mais outre qu'elle ne croît bien que dans les lieux ombragés et les terres légères, elle ne peut jamais être mise en comparaison avec les racines alimentaires les moins productives. Il faut donc, je le répète, se contenter de regarder comme un supplément dans les cas extraordinaires les racines des pieds qui croissent spontanément.

On peut même employer la racine de gouet commun

en guise de savon, car elle fait mousser l'eau lorsqu'on l'écrase entre les mains.

Les taches qu'on remarque sur les feuilles de cette plante ne constituent pas une espèce, comme quelques botanistes l'ont cru.

Le GOUET D'ITALIE, qui a toutes ses parties plus grandes et les feuilles veinées de blanc, se confond très fréquemment avec le gouet commun. Il est aussi abondant dans les départemens méridionaux que ce dernier l'est dans les septentrionaux. Ses propriétés sont absolument les mêmes.

Le GOUET SERPENTAIRE, ou plus communément la *serpentaire*, a la racine vivace, tubéreuse, presque sphérique; la tige droite, simple, cylindrique, lisse, marbrée de brun, haute de deux à trois pieds; les feuilles alternes, pétiolées, engaînantes, à cinq ou sept lobes lancéolés, entiers et pétiolés, la fleur solitaire au sommet de la tige, verdâtre en dehors, d'un rouge pourpre en dedans, et souvent longue de plus d'un demi-pied. Il croît naturellement dans les parties méridionales de l'Europe aux lieux ombragés. C'est une plante d'un port très pittoresque; mais son odeur est cadavéreuse au point d'attirer les insectes qui vivent de charogne, tels que les sylphes, les nitidules, etc. Malgré cet inconvénient, on la place quelquefois dans les jardins paysagers entre les buissons des premiers rangs des massifs, derrière les fabriques, etc. Elle fleurit au milieu de l'été. On la multiplie presqu'exclusivement par la division de ses tubercules, division qu'on effectue en automne, lorsque la tige est entièrement fanée, la voie des graines étant très longue, et les demandes de cette plante dans le commerce peu nombreuses. Ces tubercules, lorsqu'ils sont trop petits, se repiquent sur-le-champ en pépinière dans un sol bien préparé, et y restent pendant deux ou trois ans; mais généralement on coupe le pied en deux ou trois portions, et on met sur-le-champ les morceaux en place, à la profondeur au moins d'un demi-pied. Il y a bien à craindre la pourriture résultant d'une large plaie, mais l'impatience de jouir fait passer par-dessus cet inconvénient. Comme ces tubercules craignent les fortes gelées, il est bon de les couvrir de litière dans les hivers rigoureux. Les qualités et les propriétés de cette espèce ne diffèrent pas de celles du gouet commun.

Le GOUET COLOCASE a la racine tubéreuse et grosse; les feuilles toutes radicales, peltées, en cœur ovale; les fleurs plus courtes que les pétioles, et verdâtres en dehors. Elle est originaire des pays intertropicaux, et se cultive en Asie, en Afrique et en Amérique, comme plante alimentaire. En effet, on mange ses racines et ses feuilles dans beaucoup de contrées, et dans quelques unes elles font la base de la subsistance du peuple. Sa racine est lactescente, âcre, lorsqu'elle est fraîche, et fort douce lorsqu'elle est cuite. Elle contient une grande quantité de fécule qu'on peut en extraire en la râpant dans l'eau ; c'est ce qui la rend si nourrissante et en même temps si facile à digérer. Ses feuilles se mangent également crues ou cuites ; elles remplacent le chou dans les pays chauds, c'est-à-dire qu'on les met cuire avec de la viande pour en faire des potages. Je les ai trouvées peu sapides ; cependant les personnes qui y sont accoutumées les estiment beaucoup, et les préfèrent à beaucoup d'autres légumes.

La culture de la colocase est une de celles à laquelle on a dû s'attacher davantage dans les pays populeux comme l'Inde, la Chine, etc., ou habités par des hommes paresseux, comme l'Afrique, parceparceparce qu'elle fournit le plus de subsistance dans le plus petit espace et avec le moins de peine possible. En effet on rapporte que quelques perches de terre, qui en sont plantées, suffisent pour faire vivre une famille entière.

Pour que cette plante prospère, il lui faut un terrain constamment humide, ou au moins susceptible d'être facilement arrosé. On la multiplie par les petits tubercules qu'on sépare du gros, et qu'on plante isolément dans un lieu légèrement labouré, à la distance de vingt à trente pouces. On bine cette plantation plusieurs fois dans l'année, et on peut commencer à en manger les feuilles dès le milieu de l'été, et les racines vers la fin de l'automne. Très rarement ces plantes portent des fleurs, et presque jamais du fruit, comme la plupart de celles qu'on multiplie depuis long-temps autrement que par graines.

Ainsi que toutes les autres plantes qu'on cultive depuis long-temps, la colocase offre un grand nombre de variétés qui, dans chaque pays, portent des noms différens. On en voit plusieurs figurées dans Rumphius, dans Margrave; d'autres indiquées dans la Flore économique des îles de la mer du Sud, etc.

Il est même des espèces qui se confondent avec ces variétés ; tel est le *gouet esculent* de Linnæus, que Lamarck croit être une variété, mais qui, d'après les observations que j'ai faites en Caroline, où je l'ai vu en fleur, doit être regardé comme une espèce distincte.

Le GOUET SAGITTÉ qui croît dans les îles de l'Amérique, et le GOUET MUCRONÉ qui se trouve dans les grandes Indes, se rapprochent encore beaucoup de la colocase, et se cultivent comme elle pour ses feuilles et ses racines. La manière de les ...... doit peu différer. Au reste, il nous manque encore .... données sur ces plantes, et on doit désirer que quelques voyageurs instruits nous apprennent les diverses manières de les cultiver en usage dans les Indes, en Afrique et en Amérique. (B.)

GOUJON, *Cyprinus gobio*, Lin. Petit poisson du genre des carpes qui se plaît dans les rivières sablonneuses, et qu'on peut mettre avec avantage dans les étangs dont le fond est de même nature, et l'eau continuellement renouvelée. Sa longueur n'est que de trois à quatre pouces ; mais sa multiplication est excessive et sa chair excellente. On dit qu'il y a en Allemagne des lacs où il est si abondant, qu'on est souvent obligé de donner aux cochons le superflu de ce que sa pêche fournit à la consommation.

On doit mettre des goujons dans les étangs où se trouvent des brochets et des truites, pour servir de nourriture à ces voraces poissons; mais ils ne sont point désirables dans ceux qui sont principalement destinés aux carpes, parcequ'à raison de leur grand nombre ils affament ces dernières.

Les caractères distinctifs du goujon se tirent des deux barbillons qui sortent de son museau et des taches brunes dont son corps est parsemé. *Voyez* au mot Cyprin. (B.)

GOURDE, *Cucurbita leucantha latior*. C'est la grosse Calebasse des nageurs. *Voyez* ce mot.

GOURGANE. Variété de fève qui est plus petite, mais plus tendre que l'espèce commune.

GOURMAND. On appelle ainsi dans la pratique du jardinage des branches nouvelles qui se développent avec une vigueur de végétation très remarquable, et qui, absorbant toute la sève, affament et font même périr les branches anciennes.

La production des gourmands est un effort que fait la nature contrariée par l'homme pour reprendre ses droits. En effet il est très rare qu'il s'en montre sur les arbres des forêts, et même sur ceux qui ont été plantés, mais qu'on abandonne à e. x-mêmes. C'est sur les espaliers, les éventails, les buissons, les pyramides, les quenouilles, les nains, et autres arbres rigoureusement soumis au tranchant de la serpette, et ceux surtout de ces arbres qui sont greffés sur des sujets d'une nature plus foible qu'eux, qu'on les voit se succéder avec d'autant plus de rapidité et de danger que la main qui les conduit est plus ignorante.

Mais ces gourmands si funestes aux arbres fruitiers qui, s'ils ne les font pas mourir, détruisent au moins leur bonne ordonnance, c'est-à-dire l'équilibre mis dès leur première jeunesse entre leurs diverses branches, sont pour es jardiniers habiles une ressource précieuse pour rétablir un arbre sur le retour.

On trouvera aux mots Arbre, Espalier, Contr'espalier, Buisson, Taille, Palissage, Ebourgeonnement, Pêcher, Abrico-

TIER, POMMIER et POIRIER tout ce qu'il convient de savoir à cet égard.

Je dois cependant observer encore ici que la suppression des gourmands pendant la force de leur végétation, suppression à laquelle on n'est que trop porté, loin de remplir le but qui la fait faire, affoiblit beaucoup l'arbre, 1° par l'extravasation considérable de sève qu'elle cause ; 2° par la pousse qu'elle détermine d'une nouvelle production du même genre plus abondante. Les meilleurs moyens d'arrêter les gourmands, c'est ou de tordre leur extrémité sans la casser ni la couper, ou d'enlever une portion annulaire de leur écorce à quelque distance de leur base, ou de la courber fortement. (TH.)

GOURME. Maladie plus ou moins inflammatoire avec écoulement muqueux par les naseaux, ou dépôt purulent sous la ganache ou autre partie de la tête, qui affecte la plupart des chevaux depuis l'âge de deux ans jusqu'à celui de quatre à cinq.

Cette maladie, comme la gourme des enfans, semble être une crise que les animaux doivent éprouver, car peu l'évitent.

Elle a des connexions évidentes avec la sortie des dents et la consolidation des chairs. Elle est quelquefois provoquée par la contagion ; mais on ne peut dire qu'elle soit contagieuse, puisqu'elle ne se montre que sur le jeune âge et rarement plusieurs fois dans le même sujet. En rechercher la cause est superflu, car on ne la connoît pas. On dit qu'elle est plus rare dans les pays chauds.

Lorsque la gourme se manifeste seulement par un simple écoulement d'humeurs par les naseaux, sans être accompagnée de fièvre, de dégoût, de battemens de flancs, de toux pénible, elle est facile à guérir. La maladie pouvant communiquer, il faut séparer l'animal qui en est atteint de ceux qui ne le sont pas, le mettre à l'eau blanche ordinaire (*voyez* BOISSON) et à la paille pour toute nourriture, lui envelopper la ganache d'une peau d'agneau, la laine en dedans, après avoir frotté le dessous de cette partie, à l'endroit des glandes lymphatiques, avec un peu d'onguent d'althéa. Si, au milieu de la glande engagée, on sent une pelotte dure et que la douleur soit vive, il faut favoriser la formation du pus, en appliquant un cataplasme composé de quatre oignons blancs et de quatre poignées de feuilles d'oseille, le tout cuit et incorporé dans du sain-doux.

Quant à la gourme qui est accompagnée de fièvre, de dégoût, de tristesse, de battement de flancs, de toux pénible, de difficulté de respirer, elle est plus rebelle. La saignée est utile dans ce cas, lorsque sur-tout l'inflammation est considérable. Des décoctions de plantes émollientes en vapeurs, en injection et en cataplasme font aussi un grand bien. Quelquefois un cautère ou un séton devient indispensable.

Il arrive encore assez souvent que la gourme se complique avec d'autres maladies, et c'est alors qu'elle devient réellement dangereuse. Jusqu'à ces derniers temps on ne savoit pas l'en distinguer, et les remèdes étoient souvent contradictoires. Toujours un vétérinaire éclairé doit rechercher dans les maladies des chevaux de deux à cinq ans s'il n'y a pas complication de gourme et les traiter en conséquence. *Voyez* ANGINE, CACHEXIE, FLUXION PÉRIODIQUE, HYDROPISIE, SPASME, CHARBON, etc.

Souvent la gourme grave exige l'ouverture de la poche d'eustache, parceque c'est là où le dépôt se fait le plus volontiers, et alors il faut faire l'HYOVERTÉBROTOMIE. *Voyez* ce mot.

Les symptômes de la gourme simple se confondent souvent avec ceux de la morve. Un vétérinaire prudent doit donc toujours supposer que c'est plutôt la première que la seconde de ces maladies, lorsque ces symptômes se montrent dans un jeune cheval, et cependant prendre les précautions convenables pour empêcher la communication de ce cheval avec les autres.

Il est des gourmes imparfaites qu'on appelle *fausses gourmes*. Elles se développent dans les poulains de moins de deux ans, qui sont foibles par leur constitution ou qui le sont devenus par une cause quelconque. Ces gourmes, qui nuisent beaucoup à l'accroissement de ces animaux, s'arrêtent et se raniment à différentes fois. Un régime rafraîchissant et nourrissant en même temps est ce qu'on peut leur opposer de mieux. Mettre au vert, si la saison le permet, est toujours le plus avantageux des remèdes dans ce cas ; mais il faut éviter les pluies et les nuits froides, pour que la transpiration ne soit pas répercutée.

Toute écurie dans laquelle on a tenu des chevaux attaqués de la gourme, même la plus bénigne, doit être exactement nettoyée de son fumier, les râteliers et mangeoires lavés, et les murs blanchis à la chaux. *Voyez* DÉSINFECTION. (B.)

GOURRET ou GOURRI. Petit cochon.

GOUSSE. BOTANIQUE. La gousse, ou le légume, est une espèce de PÉRICARPE (*voyez* ce mot), qui ressemble assez à la silique par la forme et la réunion de ses panneaux ou battans, par deux sutures longitudinales ; mais elle en diffère en ce que les semences qu'elle renferme ne sont attachées par le cordon ombilical qu'à une suture, au lieu qu'elles le sont aux deux dans la silique. La forme de la gousse varie beaucoup ; elle est ovale et arrondie dans beaucoup d'astragales, linéaire dans le galéga, cylindrique dans le lotier, rhomboïdale dans l'arrête-bœuf, gonflée et remplie de semences dans le pois, renflée en forme de vessie, mais sans être remplie de semences dans le baguenaudier, contournée en spirale dans la luzerne, articulée dans le sainfoin d'Espagne, partagée par divers étranglemens dans la coronille; formée de petites portions qui semblent soudées les unes aux autres dans l'*ornithopus* ou pied-d'oiseau, profondément échancrée à l'un de ses bords dans le fer-à-cheval, *hypocrepis*, L. La gousse est uniloculaire, dans la plupart des légumineuses, mais quelquefois elle est biloculaire, comme dans l'astragale et la bissérule. (R.)

GOUTTE. Médecine vétérinaire. Cette maladie est très rare dans les animaux. L'animal goutteux ne peut ni se tenir long-temps couché, ni marcher. L'articulation affectée de la goutte est douloureuse et chaude, les muscles qui entourent l'articulation, et ceux qui servent au mouvement des os articulés sont tendus, contractés, et permettent à peine à l'articulation de se mouvoir.

Nous n'avons observé cette maladie qu'une fois sur un bœuf âgé de huit ans. Cet animal ne pouvoit rendre aucun service; il mangeoit beaucoup; les deux jarrets et les deux genoux étoient gonflés alternativement, et jouissoient à peine d'un mouvement sensible. Nous apprîmes que cet animal étoit attaqué de cette maladie depuis dix-huit mois, et qu'il y avoit des temps où il souffroit moins, et qu'il paroissoit mouvoir l'articulation avec moins de peine. Nous nous étions proposé d'appliquer les vésicatoires sur les deux parties affectées, si le propriétaire n'eût préféré de le faire égorger pour en vendre la chair.

Il nous est impossible de déterminer un traitement fondé sur l'observation, puisque nous n'avons jamais été à portée de combattre cette maladie; mais à juger par analogie et par les effets des remèdes sur l'homme attaqué de la goutte, il nous paroît que la saignée doit être proscrite. N'auroit-on rien à craindre de cette pratique? Ne seroit-elle pas capable de causer des métastases fâcheuses, de déranger l'effort de la nature et de l'affoiblir? Les purgatifs ne doivent pas non plus être donnés sans nécessité; il est seulement permis d'entretenir la liberté du ventre par des lavemens. Les répercussifs, appliqués à titre de topiques, doivent être également bannis, par les métastases funestes auxquelles ils pourroient donner lieu; on ne risqueroit rien néanmoins de se servir de fleur de sureau ou de camomille et de la mie de pain bouillie dans le lait; ce remède pourroit soulager l'animal. Le feu ou cautère actuel n'auroit aucun succès, la cautérisation ne devant être employée que pour les douleurs fixées depuis un certain temps; lorsqu'elles sont errantes, comme dans la goutte, le feu ne feroit que les déplacer. « L'usage du moxa, dit M. Pouteau, avoit été introduit en Angleterre pour la guérison de la goutte. On fut bientôt désabusé de ce remède ; la goutte quittoit l'articulation cautérisée, et alloit se jeter sur une autre. Lorsqu'on emploie ce remède, on ne consulte pas assez la nature de la goutte, et la manière d'agir du remède. » Les eaux thermales employées en douches ou en bains, méritent d'être recommandées, de même que le bain de marc de raisins, qui est un des meilleurs fortifians qu'on puisse employer en pareil cas. On a vu encore sur l'homme de très bons effets de l'application de l'esprit-de-sel avec l'huile de térébenthine. Ne feroit-on pas bien de les tenter sur les animaux? De tous les quadrupèdes l'âne est le plus sujet à la goutte. (R.)

GOUTTE DE LIN. C'est la CUSCUTE.

GOUTTE-SEREINE. MÉDECINE VÉTÉRINAIRE. C'est une affection des yeux de l'animal, dans laquelle la vue est totalement perdue, quoique ces organes paroissent beaux extérieurement et sans aucune tache ; la prunelle ou pupille est seulement un peu plus dilatée que dans l'état naturel.

On est fondé à croire que cette maladie, qui a plusieurs degrés, dépend de la compression et de la paralysie des nerfs optiques. Les observations anatomiques dans les animaux attaqués de ce mal ont montré dans le cerveau des vaisseaux engorgés, des épanchemens séreux et sanguins, le dessèchement et la pourriture des nerfs optiques, des abcès comprimant ces cordons, des tumeurs lymphatiques, des excroissances charnues, etc.

L'aveuglement de l'animal arrive quelquefois tout d'un coup, et quelquefois d'une manière presqu'insensible, ce qui fait distinguer la goutte-sereine en parfaite et en imparfaite.

Outre qu'en examinant les yeux de l'animal au grand jour on observe le même degré de dilatation dans la pupille, on peut s'apercevoir encore de cette maladie lorsqu'il marche, et à la manière dont il place les oreilles ; il lève les pieds très haut, soit au pas, soit au trot ; les oreilles, l'une en avant et l'autre en arrière, alternativement, et souvent toutes les deux en avant.

A l'égard des topiques ophtalmiques tant vantés, j'ose avancer qu'ils sont tous inutiles, et que la maladie est incurable. (R.)

GOUTTIÈRE. Tronc d'arbre creusé dans sa longueur, ou feuilles de fer-blanc, recourbées en demi-cercle et soudées à la suite les unes des autres, et se plaçant au-dessous de la saillie des toits, dans le but de réunir les eaux de pluie et de les conduire à un lieu donné, soit pour en profiter, soit seulement pour les empêcher d'endommager les murs, les cultures, ou de nuire aux passans.

Rarement les maisons rurales ont des gouttières ; cependant ce sont principalement elles qui devroient en être pourvues , à raison de la mauvaise qualité des matériaux avec lesquels elles sont construites, de la nécessité de profiter des abris que donnent leurs murs , et dans certaines localités de ne pas perdre les eaux pluviales. *Voyez* aux mots CONSTRUCTIONS RURALES, CITERNE et EAU. (B.)

GOUTTIÈRE DES ARBRES. Maladie qu'on reconnoît à un écoulement d'eau plus ou moins sanieuse, par un ou plusieurs trous, par une ou plusieurs fentes qui se sont formées par suite même de la maladie, ou par d'autres circonstances dans le tronc des arbres , souvent même à l'insertion des racines. Elle a presque toujours pour cause le retranchement des grosses branches trop près du tronc. En effet, la plaie ne se recouvrant pas et sa surface se fendillant, l'eau des pluies pénètre dans le corps de l'arbre, y cause un chancre ou ulcère, d'abord peu dangereux en apparence , mais qui s'augmente en largeur, et se prolonge souvent jusqu'aux racines , détruit la presque totalité du bois, rend l'arbre creux, et par suite inutile à toute autre chose qu'à brûler. La gouttière ne se montre que lorsque cet ulcère a fait assez de progrès pour qu'il y ait, à l'endroit de la plaie, un trou capable de recevoir une certaine quantité d'eau à la fois, eau qui filtre lentement le long du tronc en se chargeant d'une partie de sève , et qui suinte souvent, même pendant les plus grandes sécheresses, par les ouvertures citées plus haut. Il faut distinguer cette maladie des vrais ulcères qui sont produits par un vice intérieur aux arbres qui n'ont jamais été mutilés, et qui s'étendent plus souvent en montant qu'en descendant. La sanie de ces dernières n'est composée que de sève et de suc propre ; aussi est-elle beaucoup plus épaisse et plus fétide.

On peut retarder la destruction d'un arbre qui montre une ou plusieurs gouttières , en bouchant les trous par lesquels l'eau s'introduit dans leur intérieur, avec de la chaux , du plâtre , de l'argile, etc.; mais on ne peut l'empêcher, car le mal continue à faire des progrès lors même que la cause première est anéantie.

Ce sont donc des moyens préservatifs dont il faut qu'un agriculteur s'occupe. En conséquence, si une grosse branche est cassée par la foudre, par le vent, etc. , il unira la plaie au moyen de la serpe , et la recouvrira d'onguent de St.-Fiacre pour faciliter son recouvrement. En conséquence, s'il est forcé de retrancher une maîtresse branche , au lieu de la couper comme on le pratique presque toujours rez du tronc, et de faire regarder le ciel à la plaie , il la coupera à quelques pouces de ce tronc, plus ou moins selon sa grosseur, et de manière que les eaux pluviales ne puissent pas tomber sur la plaie qu'il recouvrira de plus avec de l'onguent de Saint-Fiacre. Par ce procédé le chicot se desséchera rapidement, et s'il ne se recouvre pas d'écorce, il restera sain pendant un long espace de temps.

Les arbres à bois tendre et à sève abondante, comme les saules, les peupliers, sont plus sujets aux gouttières que les autres. Ceux qui croissent dans les lieux marécageux sont dans le même cas, et encore plus ceux qu'on étage ou étête sans précaution. Que de milliers et même de millions d'ormes, plantés sur les routes dans l'intention de les faire servir un jour au charronnage, sont perdus par cet important objet, avant qu'ils soient arrivés au milieu de leur carrière, par l'effet des gouttières produites par un élagage inconsidéré.

Dans quelques endroits, on appelle les gouttières des ABREU-VOIRS. *Voyez* ce mot. (B.)

GOUTTIÈRE DU PÉTIOLE DES FEUILLES. On dit que le pétiole d'une feuille est creusé en gouttière, ou canaliculé, lorsqu'il est creux dans sa partie supérieure. *Voyez* PÉTIOLE.

GOUYAVIER ou POIRIER DES INDES, *Psidium*, Lin. Nom d'un petit arbre ou arbrisseau exotique de la famille des myrtes, qui croît naturellement aux Indes orientales et dans plusieurs contrées de l'Amérique, principalement aux Antilles, où il est très commun. Sa présence est presque toujours l'indice d'un bon terrain. Il s'élève ordinairement à neuf ou dix pieds, a un tronc rougeâtre et très lisse, des feuilles ovales, simples et opposées, et des fleurs blanchâtres et à cinq pétales, qui viennent aux aisselles des feuilles et des rameaux, et qui ont à peu près la grandeur de celles du cognassier. Ses fruits, qu'on appelle *gouyaves*, sont des baies sphériques ou ovoïdes, grosses comme une petite pomme, qui portent à leur sommet une couronne, et qui contiennent une pulpe succulente d'une odeur et d'un goût très agréables. Cette pulpe est blanche, rougeâtre ou couleur de chair, selon la variété. Elle a une vertu astringente. On en fait des gelées, des compotes et des conserves très bonnes. Les gouyaves se mangent aussi crues; elles ont quelquefois le parfum de la framboise ou de la fraise. Les semences mêlées à la pulpe ne se digèrent point; les hommes et les animaux les rendent entières, et elles conservent toujours leur faculté végétative. Aussi le gouyavier se multiplie-t-il beaucoup dans son pays natal; on est souvent obligé de l'arracher. Son bois et bon à brûler, et on en fait d'excellent charbon pour les forges.

Quelques naturalistes, ayant remarqué que cet arbre avoit des boutons écailleux, ont pensé que, par cette raison, il pour-

roit être introduit dans le midi de la France. On l'élève en
effet avec succès dans la ci-devant Provence, où il réussit et
croît en pleine terre. Dans le nord, il demande à être tenu,
en hiver, dans une serre chaude ; mais il peut y fleurir et y
fructifier, s'il est traité avec soin. (D.)

GOUYE. Servante de ferme dans le département de Lot-et-
Garonne.

GRADINS. En jardinage on nomme ainsi des bancs de bois,
ou de petits degrés faits en pierre ou en plâtre, qu'on élève et
dispose les uns au-dessus des autres sur un plan incliné, soit
au dehors, soit dans l'intérieur d'une serre ou orangerie, pour
y placer les fleurs et les plantes qu'on veut conserver dans des
pots. Leur hauteur et leur largeur respectives doivent être
proportionnées à celles des pots qu'on y met. En établissant
ces gradins, on a ordinairement trois objets en vue. Le premier, c'est de pouvoir réunir dans un lieu donné un plus grand
nombre de plantes ; car cette disposition permet d'y en placer
un cinquième environ de plus que si elles étoient rangées les
unes derrière les autres sur un plan horizontal. Le second
objet des gradins, s'ils sont dans une serre, est de faire
jouir les plantes des influences de l'air et de la lumière ; et,
s'ils sont au dehors, de les garantir du vent, de la pluie et de
la trop grande ardeur du soleil ; dans ce dernier cas, la réunion des gradins, qui prend alors le nom de théâtre ou d'amphithéâtre, doit être couverte d'un toit, et entourée, sur deux
ou trois côtés, par des toiles ou des planches. C'est ainsi qu'on
dispose les nombreuses variétés d'œillets, d'oreilles d'ours,
de reines marguerites, dont on a bien nuancé les couleurs,
ou qu'on réunit sous un même point de vue un grand nombre
d'autres plantes d'âge, d'espèce et de hauteur différentes. Enfin
par la disposition ingénieuse des gradins, le jardinier ou l'amateur, pouvant aisément substituer à des plantes dont la fleur est
passée d'autres plantes prêtes à fleurir, se procure ainsi un parterre incliné toujours garni, qui offre à son œil enchanté un
aspect continuel de fraîcheur et de verdure que ne sauroient
avoir les plantes mises en pleine terre et de niveau. Ces am-
phithéâtres artificiels sont une imitation de la nature, qui en
présente en grand de très beaux sur le penchant des collines
et des montagnes. On l'a imitée d'une manière plus parfaite
dans cette partie du jardin du Muséum impérial qui descend,
sur quatre côtés, en pente rapide jusqu'au bord d'un grand
bassin rempli d'eau. Les deux buttes du labyrinthe d'arbres
verts, formées en quelque sorte de gradins de terre couverts
de verdure et presque insensibles, présentent un double amphithéâtre plus naturel encore.

Un amateur, soigneux de ses plantes, doit visiter souvent

les gradins qu'elles ornent, pour en chasser les insectes nuisibles. Il doit aussi déplacer quelquefois les pots, et les exposer à un air plus libre, lorsque la température du soir et de la saison le permet ; sans cette attention, la respiration et l'inspiration des plantes sont gênées, leur transpiration s'arrête, et elles souffrent.

Dans les serres, il y a des gradins à un étage et à plusieurs étages. Les premiers ne sont autre chose qu'une simple tablette qui règne tout le long et contre les appuis des croisées, et sur laquelle on place de préférence les plantes qui, par leur âge et leur constitution, ont besoin d'une plus grande quantité de lumière. Entre cette tablette et les gradins à plusieurs étages qui portent les autres plantes on laisse un espace vide pour pouvoir passer dans la serre.

En général on doit éviter, autant qu'il est possible, l'exposition de l'ouest pour les plantes rangées en amphithéâtre, soit dans une serre ou orangerie, soit au milieu d'un jardin. (D.)

GRAIN. Ancienne mesure de pesanteur. *Voyez* MESURE.

GRAINE. BOTANIQUE. La graine est l'œuf du végétal, ou, en d'autres termes, le rudiment d'une nouvelle plante semblable à celle qui l'a produite, vivifié par la fécondation, et enveloppé de toutes parts par des tuniques propres. Elle peut être, en certaines circonstances, confondue avec d'autres organes doués comme elle de la faculté de reproduire un végétal, tels que les bourgeons, les tubercules, les bulbes, les gongyles ; mais elle en diffère, parcequ'elle est précédée par la fécondation, qu'elle est revêtue de tégumens complets qu'elle doit rompre au moment de sa sortie, qu'elle est munie d'organes particuliers destinés à préparer la première nourriture de la jeune plante, qu'enfin ses tégumens se développent avant les organes qu'ils renferment.

Les graines sont attachées au péricarpe par le moyen d'un filet nommé *cordon ombilical* (podosperme, selon Richard), qui sert à le faire communiquer avec les organes de la fécondation, et à lui apporter sa nourriture : pour ce double but, ce cordon paroît composé de deux ordres de vaisseaux. La partie du péricarpe à laquelle les cordons ombilicaux sont attachés porte le nom de *placenta* (trophosperme, selon Richard). La place de la graine où le cordon ombilical aboutit se nomme *cicatricule*, *hyle* ou *ombilic*. On peut, avec quelque peine à la vérité, y distinguer deux points toujours rapprochés ; l'un, qui est le lieu où aboutissent les vaisseaux destinés à nourrir la graine, porte le nom d'*omphalode* ; l'autre, qui paroît être l'aboutissement du vaisseau descendant du pistil, a reçu le nom de *micropyle* ; le côté de la graine où est l'*ombilic* est toujours regardé comme la base de la graine, quelles que soient la forme et la position de celle-ci, et le côté opposé en est considéré comme le sommet.

On peut distinguer dans les graines trois sortes d'organes, les tuniques extérieures ou accessoires, la tunique propre, l'amande ou la substance même de la graine.

Les tuniques externes ont été regardées, par la plupart des botanistes, comme parties de la graine; par quelques uns, comme M. Richard, comme parties du péricarpe. Ces organes ne sont pas d'une très grande importance, puisqu'ils manquent dans le plus grand nombre des végétaux. On a coutume de ranger dans cette classe trois organes très différens, l'arille, la pulpe et l'épiderme. L'arille est un tégument membraneux ou charnu adhérent à l'ombilic, formé par la prolongation du cordon ombilical, et recouvrant la graine en tout ou en partie. Le macis de la muscade est un arille incomplet; la robe du café un arille complet. La pulpe mucilagineuse qui enveloppe la graine et remplit la loge de certains fruits a été considérée par Gœrtner comme une tunique; on la voit dans le coing, la casse, etc. L'épiderme est une membrane très menue qui recouvre certaines graines, et couvre entièrement leurs tuniques propres. Elle n'est jamais lisse, et porte toujours les poils lorsque la graine en est munie; ainsi c'est sur l'épiderme qu'est placé le coton du cotonnier, les soies des bombax, et probablement la chevelure des épilobes, qu'on ne doit point confondre avec l'aigrette des composées, qui est une espèce de calice.

La tunique propre de la graine a été considérée par Gœrtner comme essentiellement composée de deux tuniques, l'extérieure lisse, dure, qu'il a nommée *test*; l'intérieure membraneuse, qu'il nomme *membrane interne*; mais comme ces deux prétendues tuniques ne peuvent jamais être séparées sans déchirement, il est plus conforme de les considérer, avec M. Richard, comme formant un seul tégument dont les deux surfaces offrent, comme dans les feuilles, une organisation. M. Richard a désigné ce tégument sous le nom de périsperme; mais comme ce terme est depuis long-temps appliqué à un autre organe, nous proposerons, pour éviter toute équivoque, de le désigner sous le nom de *spermoderme*, qui signifie peau de la graine.

Le lieu où le cordon ombilical s'attache à la graine est, comme nous l'avons dit, nommé ombilic : ce cordon perce la surface externe du spermoderme; mais lorsqu'il arrive que l'embryon n'est pas placé devant l'ombilic, le cordon se prolonge entre les deux membranes du spermoderme jusqu'à la place de l'embryon; la cicatricule interne qu'il forme en perçant la membrane interne porte le nom de *chalaza*; et le sillon

qu'il forme sur sa route, et qui est la trace d'un organe important, a reçu (par une analogie très impropre avec le règne
animal) le nom de *rhaphé*. La place du chalaza, et par conséquent la longueur du rhaphé, est très diverse dans diverses
graines.

Si nous suivons l'histoire d'une graine avant sa maturité,
nous observerons que dès le moment où elle est visible, et
avant même la fécondation, son amande est entièrement formée par une liqueur pulpeuse à laquelle Malpighi a donné
le nom de chorion; elle disparoît avant la maturité, et sert
probablement à développer les tégumens ou l'embryon. Peu
après la fécondation, on commence à apercevoir une autre
liqueur, tantôt vitrée, tantôt gélatineuse, à laquelle on a
donné le nom d'*amnios;* l'amnios est quelquefois nu, quelquefois enveloppé dans une membrane particulière qui a été
nommée *sac de l'amnios;* quelquefois enfin, il est simplement
déposé dans du tissu cellulaire : c'est dans l'amnios que nage
le petit embryon, qui n'est visible qu'après la fécondation.
Gœrtner a observé que la partie de cet embryon, destinée à
se changer en racine, est toujours tournée du côté extérieur
de la graine. Peu à peu le chorion se détruit, l'amnios diminue de volume, l'embryon grossit et la maturité arrive. Elle
se reconnoît, 1° à la couleur plus fixe et plus foncée des tégumens; 2° à la consistance plus ferme de la graine; 3° à ce
que l'amande remplit entièrement la cavité; 4° sur-tout à ce
que toutes les graines, quelle que soit leur grosseur, tombent
au fond de l'eau lorsqu'elles sont mûres; ce qui fournit un
moyen certain et facile de reconnoître leur bonne qualité pour
la germination.

Si nous examinons maintenant l'amande d'une graine mûre,
nous y distinguerons deux parties, le périsperme, qui manque
souvent, et l'embryon qui est la partie essentielle.

Le premier de ces organes aperçu par Grew, indiqué par
Adanson sous le nom de corps charnu, décrit par Gœrtner sous
le nom d'*albumen*, par Jussieu sous celui de *perisperme*, et par
Richard sous celui d'*endosperme*, est un corps qui ne se trouve
que dans certaines familles de végétaux, qui fait partie de l'a-
mande de la graine, mais qui n'adhère presque jamais ni avec
l'embryon, ni avec le spermoderme. Gœrtner soupçonne, avec
beaucoup de vraisemblance, que l'embryon en grandissant re-
foule l'amnios; celui-ci est, dans certaines plantes, tout entier
absorbé par l'embryon; dans d'autres il n'est absorbé qu'en
partie, et son résidu forme le périsperme. Ce soupçon est confirmé par une autre observation, c'est qu'en général les cotylédons sont épais et charnus dans les graines sans périsperme,
minces et foliacés dans celles qui ont un périsperme. Ce péris-

perme est de nature très diverse ; il est corné dans les rubiacées, où on peut le connoître facilement dans la graine de café,
où il constitue la partie que nous consommons, farineux dans
les graminées où il constitue la partie dont nous tirons la farine,
oléagineux dans les euphorbes, au point que dans quelques.
unes, telles que le ricin, on en tire de l'huile, mucilagineux
dans les liserons, grumeleux dans le *ratidea*, presque ligneux
dans certains palmiers, etc.

L'embryon est le rudiment de la petite plante en miniature. Tout l'appareil compliqué de la fructification n'est destiné qu'à lui donner la vie et à soutenir son existence. Il
est presque toujours solitaire dans chaque graine ; on en trouve
deux dans les graines du fusain et du pin cimbro, trois dans
l'oranger, un plus grand nombre dans le *citrus decumana*. Sa
situation est droite ou inverse, c'est-à-dire que sa radicule
est dirigée vers le haut de la graine ; lorsqu'il est accompagné
d'un périsperme, il en est ordinairement entouré, et on le dit
central ; ailleurs il entoure le périsperme où il est placé sur
le côté. L'embryon est tantôt droit, tantôt courbé, tantôt
contourné en cercle ou en spirale. Cet organe important est
composé de trois parties, la radicule, la plumule et les cotylédons.

La *radicule* est la partie de l'embryon qui est dirigée vers
l'extérieur de la graine, et qui, à la germination, forme la
racine de la nouvelle plante. Elle tend toujours à descendre
(*voyez* GERMINATION) ; c'est elle qui sort la première des
tégumens séminaux, et qui pompe la première nourriture destinée à nourrir la jeune plante. Dans le gui la radicule tend
d'abord à s'élever, ensuite elle se recourbe et se fixe au corps
sur lequel la graine a germé ; alors la plumule se soulève et
continue à pousser dans la direction où elle se trouve. Ordinairement la radicule se termine en pointe ; mais dans quelques plantes, selon l'observation de M. Corréa, la radicule
s'évase de manière à former tantôt un disque charnu, tantôt une tunique qui recouvre à moitié l'embryon, tantôt
une tunique qui l'enveloppe en entier ; cet évasement de la radicule a été pris par Gœrtner pour un organe particulier auquel il a donné le nom de *vitellus*.

La *plumule* est la partie de l'embryon qui, dans la graine,
est dirigée vers le centre, et qui, à sa sortie, tend à monter et
constitue la tige de la nouvelle plante. C'est elle qui porte les
cotylédons.

Les *cotylédons* ou les *lobes* sont les rudimens des premières
feuilles dont la plante doit être pourvue au moment de sa
naissance. Tant qu'ils sont cachés dans la graine ou sous
terre ils sont généralement étiolés ; dès qu'ils sont exposés à

l'air et à la lumière ils grandissent, deviennent planes, folia- cés, se colorent en vert, et prennent le nom de *feuilles sémi- nales;* dans un petit nombre de plantes les cotylédons ne se changent point en feuiiles, tels sont les haricots, les gesses; lorsque les cotylédons sont épais et charnus, au moment de la germination ils se vident graduellement et leur substance sert à la nourriture de la plante. Lorsqu'ils sont foliacés ils sont munis de pores corticaux, et servent à la nutrition en absorbant de la nourriture dans l'air, et en élaborant celle fournie par la racine. Quoi qu'il en soit, les cotylédons meurent toujours après la germination.

Le nombre des cotylédons est variable dans les familles, et en général très constant dans chacune d'elles. On divise à cet égard les végétaux en *acotylédones* dont l'embryon est sans cotylédon, *monocotylédones* dont la graine n'a qu'un cotylédon, *dicoty- lédones*, dont la graine a deux cotylédons; *polycotylédones*, dont la graine à plusieurs cotylédons. Plusieurs naturalistes pensent que les acotylédones n'ont pas de véritables graines, et que les globules qu'on désigne sous ce nom doivent être considérés comme des espèces de bulbes reproducteurs; que les polycotylédones ne diffèrent pas essentiellement des dico- tylédones et qu'on doit les considérer comme ayant deux coty- lédons divisés en plusieurs lobes.

Dans les graines monocotylédones le cotylédon est toujours latéral et engaine la base de la tige; l'extrémité radiculaire de l'embryon renferme un ou plusieurs tubercules d'où sortent, par la germination, les jeunes racines de la plante naissante; c'est d'après ce caractère que M. Richard donne aux plantes monocotylédones le nom de plantes *endorhires.*

Dans les dicotylédones les deux cotylédons sont toujours placés sur la plumule vis-à-vis l'un de l'autre; et l'extrémité radicale de l'embryon devient elle-même, à la germination, la racine de la plante naissante. C'est d'après ce caractère que M. Richard a désigné les dicotylédones sous le nom d'*exor- hises.* Le premier terme offre en effet quelque inexactitude: il arrive quelquefois que certaines graines à deux cotylédons en ont trois par accident; c'est ce que j'ai vu dans le haricot. Quelquefois, comme dans certaines conifères, les cotylédons se divisent au point de ne pas savoir s'il y en a deux ou plusieurs. Quelquefois des plantes qui sont évidemment de la classe des dicotylédones n'offrent point de cotylédon, comme la cuscute.

Ces classes déduites de la forme de l'embryon servent de base à la méthode naturelle. *Voyez* au mot VÉGÉTAL leurs rapports avec la structure anatomique des tiges. *Voyez* au mot GERMINATION l'histoire du développement de la graine. (DEC.)

Il est des graines qui conservent leur faculté germinative pendant une longue suite d'années. Il en est d'autres qui la perdent au bout de quelques mois. Deux causes principales concourent à la cessation de cette faculté; savoir, 1° dans celles qui contiennent de l'huile, l'altération qu'il est dans la nature de la plupart des huiles d'éprouver, altération qu'on appelle rancidité, et qui développe un acide qui réagit sur le germe et le tue. *Voyez* HUILE et RANCIDITÉ; 2° dans celles qui ne contiennent pas d'huile, par la trop grande dessiccation du périsperme; dessiccation telle que l'eau, nécessaire à la germination, ne peut plus arriver jusqu'à l'embryon. Les effets de ces deux modes d'altération peuvent être retardés dans ces dernières graines, en les tenant dans une température constamment fraîche et humide, sur-tout en les stratifiant avec de la terre, du sable, du bois pourri, de la mousse, etc. On manque d'expériences comparatives propres à indiquer le temps que celles de ces graines qui s'altèrent à l'air au bout de la première année, peuvent rester propres à la germination lorsqu'elles ont été mises dans les circonstances les plus favorables; mais des faits constatent qu'il peut être très prolongé. Parmi celles qui perdent le plus promptement leur faculté germinative par la première de ces causes, sont celles des crucifères ou tétradynames, et cependant les graines de la moutarde des champs peuvent rester enfouies en terre un grand nombre d'années sans inconvénient, puisque les laboureurs qui rompent des luzernes de dix à quinze ans en voient germer dans leurs champs, quoique l'avoine qu'ils y sèment en soit complètement purgée. J'ai été témoin que celle qui avoit été recouverte par un mur tombé en un seul morceau depuis, je crois, trente ans, a germé lorsque ce mur a été relevé, comme si elle avoit été semée de la veille.

Une graine huileuse altérée est perdue sans ressource pour la reproduction; mais on peut toujours espérer qu'une graine cornée peut être amenée à germer en la mettant dans l'eau, même tiède, en la laissant long-temps en terre, en l'entourant de stimulans, etc., puisqu'elle n'est point désorganisée. J'ai vu les graines du laurier sassafras qu'une dessiccation de huit jours suffit, même dans leur pays natal, pour rendre inaptes à la germination, donner des productions, dans les pépinières de Versailles, après cinq années de semis.

M. de Humboldt a indiqué l'eau imprégnée d'acide muriatique oxygéné comme étant un stimulant immanquable pour ranimer la faculté germinative des vieilles graines; mais des expériences postérieures aux siennes n'ont pas confirmé le résultat de ces dernières.

L'observation prouve que les graines capsulaires se conservent plus long-temps dans leurs capsules que lorsqu'elles en sont séparées. Il est donc bon que les cultivateurs ne se pressent pas de les battre, comme ils y sont en général disposés. Non seulement ils y gagnent une plus grande certitude de production, mais encore de plus belles productions, ces graines se perfectionnant encore long-temps après qu'elles ont pris le caractère qui nous fait dire qu'elles sont mûres. Les fabricateurs d'huile de graines telles que de colsat, de navette, de cameline, de pavot, de chenevis, de noix, de faîne, etc., savent que lorsqu'ils portent ces graines au moulin immédiatement après leur récolte, ils obtiennent moins d'huile et de l'huile de moins de garde que quand ils attendent quelques semaines. S'ils tardoient trop ils seroient exposés à retirer de l'huile rance, ou disposée à rancir promptement.

Quant aux graines des baies et autres fruits charnus, toutes, à quelques unes près, comme celles des cucurbitacées, demandent à être semées immédiatement ou peu après l'enlèvement de leur enveloppe, ou à être stratifiées de la manière indiquée plus haut.

Mais si la plupart des graines craignent la sécheresse, elles craignent aussi l'humidité; comme toutes les parties des animaux et des végétaux, elles sont exposées à moisir dans certaines circonstances, et alors elles s'altèrent toujours. Cela a plus rarement lieu dans la terre qu'ailleurs, probablement parceque la terre, ou mieux, le terreau qui entre dans la composition de la terre est un antiseptique. Depuis plusieurs années j'ai le projet d'essayer la propriété du charbon de bois en poudre sous le même rapport, propriété que la théorie indique comme certaine, et j'ai toujours oublié de l'exécuter aux époques où il eût été le plus avantageux de le faire. Je stimule les amis de la culture de me suppléer pour cet objet.

Dans les cas où on n'emploie pas ces moyens de conservation, il faut tenir les graines dans la température la plus foible et la plus égale possible, et les garantir de la lumière, des insectes, des souris et autres animaux destructeurs. *Voyez* les mots BRUCHE, CHARANÇON et ALUCITE.

Enfermer les graines dans des bouteilles exactement fermées a été recommandé par plusieurs écrivains; mais l'expérience a prouvé que ce moyen, loin de conserver leur faculté germinative, l'altéroit plus promptement.

La connoissance des graines qui doivent être semées aussitôt qu'elles sont récoltées, de celles qui peuvent attendre un mois, deux mois, six mois, un an, trois ans, dix ans, etc., est indispensable aux cultivateurs. Je n'entrerai ici dans aucun détail sur cet objet, parceque j'en ai donné l'indication à chacun des articles des plantes qui les fournissent.

Les bonnes graines se distinguent à la couleur, au volume, au poids, etc. Un praticien exercé reconnoît les mauvaises au premier coup d'œil. Donner ici des préceptes de détail à cet égard seroit superflu, car ils ne serviroient de rien à celui qui n'auroit pas encore porté son attention sur cet objet, attendu qu'il n'y a que la comparaison qui puisse guider.

Je dois cependant observer que certaines graines, quoique plus chétives en apparence que les autres, sont cependant préférables : ce sont celles dont on désire obtenir des fleurs semidoubles ou même doubles. Il est de fait que les graines récoltées sur des pieds à fleurs semi-doubles sont toujours moins nourries que celles récoltées sur des pieds à fleurs simples, et qu'elles donnent d'autant plus sûrement des fleurs doubles qu'elles sont plus dégénérées. Pour augmenter la chance du résultat qu'on en attend, on doit les garder aussi long-temps que possible, c'est-à-dire ne les semer que lorsqu'elles sont prêtes à perdre leur faculté germinative. *Voyez* FLEURS DOUBLES.

Toujours les cultivateurs doivent, hors du cas précité, préférer les plus belles graines, parceque les plantes seront d'autant plus vigoureuses, vivront d'autant plus long-temps, qu'elles auront été mieux nourries pendant les premiers jours de leur existence, et qu'elles trouvent plus d'alimens dans de volumineux que dans de petits COTYLÉDONS. *Voyez* ce mot.

Mais comment se procurer de telles graines ? Pour les légumes réserver les plus beaux pieds, ceux qui fleurissent les premiers ; les placer, lorsqu'ils sont dans le cas d'être replantés, dans les localités les plus favorables, leur donner de l'eau dans les grandes sécheresses, et sur-tout ne les point tourmenter avec la serpette. Pour les céréales prendre la première qui tombe des gerbes légèrement battues. Pour les arbres et arbustes trier les plus belles, etc. *Voyez* au mot SUBSTITUTION DES GRAINES. *Voyez* aussi le mot SEMENCE, qui servira de complément à cet article.

La commission d'agriculture et des arts a publié une instruction sur les moyens de reconnoître la bonne qualité des espèces de graines les plus en usage. Je ne puis mieux faire que d'y renvoyer le lecteur. Elle se trouve réimprimée dans la Feuille du cultivateur, tome 5, n° 3. (B.)

GRAINE D'AVIGNON. *Voyez* NERPRUN.

GRAINE DE CANARIE. *Voyez* PHALARIDE.

GRAINE D'ECARLATE. *Voyez* COCHENILLE.

GRAINS. Les plantes dont on retire les semences désignées
sous le nom collectif de *grains* ne croissent spontanément en
aucun endroit, pas même dans leur pays natal. Par-tout il
faut les cultiver, et leur produit est constamment en raison de
la qualité du terrain qu'on leur donne, et des soins qu'on en
prend au moment où ils germent, pendant qu'ils se développent, et jusqu'à leur parfaite maturité.

Nous ne nous arrêterons à aucune description de ces plantes;
il nous suffit seulement de savoir qu'elles couvrent alternativement les meilleurs fonds; que la plupart prospèrent dans tous
les climats; que leurs cultures peuvent se succéder dans le
même sol moyennant des engrais; et que si le fond est trop
riche, on peut le châtier en y employant de préférence une
espèce plutôt qu'une autre. Telles sont, en abrégé, les vérités les
plus essentielles qu'il est permis de présenter sur ces végétaux
par excellence, qui fournissent à tous les peuples de l'univers,
comme aux animaux qui partagent nos travaux, leur nourriture fondamentale, et dans le nord une partie de leur boisson.

Il eût été à désirer qu'on pût établir avec précision le rapport des grains comparés les uns aux autres, toutes choses
égales d'ailleurs, sans admettre dans ce rapport aucun prodige
de fécondité, parcequ'il n'existe pas de plantes qui n'en offrent
les exemples, et que souvent l'enthousiasme qu'ils excitent disparoît dès qu'on fait la plus légère attention aux soins particuliers, à l'étendue de terrain, et aux frais qu'il a fallu employer
pour les opérer.

Tous les climats, tous les aspects, toutes les qualités de sol
comptent leurs variétés particulières de grains, qui appartiennent pour ainsi dire au pays où on les cultive depuis un
certain temps. Peut-être n'en existe-t-il qu'une seule espèce
dans chaque genre que la main de l'homme aura travaillée et
modifiée de manière à établir une foule de nuances. Mais le
laboureur doit s'en tenir à l'espèce qui lui réussit le mieux,
sans trop s'occuper des prodiges d'abondance attribués aux
autres grains.

D'après la différence essentielle qui existe entre les grains,
considérés relativement à leur culture, à la qualité et à la
nature de leur produit, on peut les ranger en deux grandes
classes, en *hivernaux* et en *marsais*. Les premiers sont ainsi
nommés parcequ'on les sème à la fin de l'automne; et les autres, par la raison qu'on ne les sème qu'en mars. On sent bien
qu'un végétal qui ne demeure en terre que quatre à cinq mois
au plus ne sauroit produire une plante aussi vigoureuse, ni
aussi bien fournie de grains que celle dont le séjour est de
neuf mois, qui a eu pendant l'hiver le temps de se fortifier et
de multiplier ses racines; et c'est une loi générale que, plus le

blé, par exemple, demeure en terre, et a une végétation prolongée, plus la moisson est abondante et réunit de qualité.

Mais cette différence n'établit cependant point d'espèces
particulières, et la preuve, c'est qu'on peut ramener insensiblement les grains d'automne à devenir printaniers et *vice
versâ*, pourvu toutefois que les circonstances de la saison, la
qualité du terrain, et les soins de culture soient favorables
pour leur faire perdre ou gagner, dans l'espace de temps convenable, cette propriété si marquée.

Ainsi, en semant les grains trois ou quatre années de suite
dans la même saison, sur le même sol bien préparé, et par la
même méthode de culture, il est difficile de distinguer dans
chaque espèce leurs variétés si multipliées. Les nuances se
rapportent et se confondent tellement, qu'il est impossible ensuite de reconnoître s'ils sont originaires du midi ou du nord,
s'ils sont *hivernaux* ou *marsais*, s'ils ont végété sur un terrain
humide ou sec, etc., etc.

Nous observerons que cette règle n'est pas aussi générale
qu'elle ne souffre quelques exceptions. Tous les grains ne sont
pas en état de braver ainsi les rigueurs du froid. Il y en a
même, tels que le maïs, le sorgho, le millet, qu'un seul degré
du thermomètre de Réaumur au-dessous de zéro suffit pour
frapper de mort. Ceux-là sont nécessairement l'objet des semailles de mars, encore faut-il attendre que le danger des
gelées blanches soit entièrement passé, et qu'on puisse compter
à peu près sur quatre mois consécutifs de chaleur pour compléter
leur maturité. Cela n'empêche point que, dans cette classe, il
n'y en ait également de hâtifs et de tardifs, qu'on ne doit non
plus dédaigner, vu qu'une semaine gagnée est quelquefois
indispensable pour la qualité du grain.

L'intérêt de l'état et de l'agriculture demande qu'on multiplie
toutes les variétés de grains d'automne et de printemps, parcequ'il peut arriver souvent que dans le nombre il s'en trouve
auxquels les localités ne conviennent pas, tandis que d'autres
y réussissent parfaitement; de manière que chaque année ils
s'accoutument, s'identifient avec le sol et le climat. Quand on
dit de ces grains que les uns prospèrent dans les terres maigres
et les autres dans les terres grasses, il seroit plus vrai de dire
qu'il est nécessaire de donner aux uns des terres plus fortes
qu'aux autres; tous réussissent, et sont plus abondans dans les
fonds de bonne qualité, et en cela ils suivent la marche ordinaire de la nature.

L'introduction en France des blés de mars ne remonte pas
à une époque bien ancienne; ils n'étoient nullement connus
avant 1709; on les cultivoit seulement dans quelques contrées
de l'Europe. Louis XIV en fit venir une certaine quantité

d'Espagne pour les semer après l'hiver ; ils donnèrent une bonne récolte : ce succès auroit dû en encourager la culture. Mais les motifs d'opposition de la part des fermiers sont que les blés marsais s'égrainent facilement et sont constamment d'un moindre rapport ; que, dans le temps prescrit pour leurs semailles, ils sont surchargés d'occupations. Mais tout en convenant de la justesse de ces motifs, nous pensons qu'il seroit de la prudence des cultivateurs d'en avoir toujours à leur disposition pour y recourir quand les pluies ont empêché de terminer les semences de cette saison.

Ne cessons de le répéter ; pour tirer un parti avantageux d'une métairie, il faut nécessairement adopter l'usage où sont les bons agronomes de varier les cultures, et de ne pas borner les ressources alimentaires des hommes et des bestiaux à un seul ordre de plantes. En admettant toujours celles dont la végétation ne suit pas la même marche, on rend moins préjudiciable aux récoltes l'inclémence des saisons. Une production réussit dans un temps humide, par exemple, qui seroit nuisible à l'autre. Ce n'est donc qu'en cultivant une diversité de végétaux qu'on peut assurer la subsistance dans tous les cas.

Le développement des grains est annoncé par deux époques ; la première est celle où la tige commence à se former, l'autre est le moment de la floraison : passé ces crises, la récolte en est assez constamment bonne, quoiqu'elle soit, comme les autres productions, assujettie à des variations particulières. Il y a donc des années d'abondance et des années médiocres. Rarement manque-t-elle tout-à-fait.

Transport des grains. Il a lieu de différentes manières. Tantôt le boulanger achète chez le laboureur ; tantôt c'est au marché qu'il s'approvisionne ; souvent enfin il charge quelqu'un de le représenter. Dans tous ces cas, il y a des précautions à observer, tant pour tirer parti de la qualité du grain que pour éviter les infidélités du commissionnaire, qui quelquefois trompe celui de qui il a acheté, et celui pour qui il achète.

Nous croyons que le boulanger devroit toujours préférer de faire ses achats au marché, parceque indépendamment de l'avantage qu'il auroit de tirer de la première main, et de ne pas être trompé sur le cours, l'objet seroit toujours devant ses yeux, et il pourroit s'assurer de la qualité à mesure qu'on videroit les sacs.

Une vérité dont on ne sauroit assez se pénétrer, c'est que le vendeur, quel qu'il soit, a le plus grand intérêt de donner à sa denrée la plus belle apparence marchande. Il est donc nécessaire que les moyens dont il se sert pour y parvenir soient parfaitement connus de l'acheteur.

Si on traite d'après l'échantillon, celui-ci, quoique conforme au grain dont il est l'image, peut naturellement acquérir de la supériorité sans que la fraude s'en soit mêlée. D'abord si on l'apporte dans la poche pour le montrer, il devient plus lisse par le frottement, et plus sec par la chaleur. Le sépare-t-on du petit sac qui le contenoit, ceux qui l'examinent le font sauter dans la main, en dissipent la poussière ; et tout en faisant observer au vendeur les défauts de sa marchandise, ils en rejettent insensiblement les grains vides, les semences changent ; ce sont donc les acheteurs eux-mêmes qui, sans s'en apercevoir, rendent insensiblement l'échantillon d'un grain médiocre pareil souvent à celui de la meilleure qualité.

Supposons maintenant qu'on ait le dessein de présenter un échantillon différent du grain qu'on veut vendre, on ne sauroit alors être trop sur ses gardes : si le grain est en tas dans un des angles du grenier, ou qu'il soit répandu en couches sur le plancher, la superficie peut se trouver d'une autre qualité que le fond, et le centre ne pas ressembler aux côtés ; si c'est au marché qu'on fait ses achats, le blé de l'entrée et du fond du sac peut être de la même qualité, tandis que le milieu sera différent ; et si l'objet de la vente est considérable, le dessus de la pile des sacs sera conforme à l'échantillon ; lorsque le marchand, abusant de la confiance du boulanger, séduit par cette régularité illusoire, aura glissé, à la faveur de la quantité, plusieurs sacs de grains inférieurs.

Pour prévenir tous les inconvéniens, il seroit à désirer qu'il y eût une loi qui ordonnât que dorénavant l'achat des grains se fît au poids et à la mesure ; ces deux moyens employés toujours concurremment procureroient beaucoup d'avantages, remédieroient à une foule d'abus, entre autres celui des blatiers qui mouillent souvent leurs grains pour leur faire acquérir du volume et du poids. Ces marchands ambulans n'achètent la plupart du temps que des blés inférieurs, qu'ils revendent après cela aux particuliers pauvres ou aux boulangers de campagne ; heureusement que ceux-ci les consomment sur-le-champ, car de pareils grains, gorgés artificiellement d'eau, ne sont pas de garde.

Dans le cas d'un renchérissement inopiné depuis l'instant où le blé seroit vendu jusqu'à celui où l'on auroit convenu de le livrer, les échantillons cachetés et déposés deviendroient des preuves juridiques pour le vendeur comme pour l'acheteur, et à l'ouverture du sac on décideroit aisément lequel des deux seroit fondé en réclamation.

Quoique la pesanteur spécifique soit, comme nous l'avons dit, un des moyens les plus certains pour juger de la qualité du grain, il est cependant essentiel, en achetant au poids, de mesurer ensuite, puisque le setier d'un bon blé sec pourroit donner, s'il étoit humecté d'autant d'eau qu'il peut en absorber, près d'un boisseau ou vingt livres de plus, sans pour cela fournir davantage de pain que le même grain qui n'auroit pas subi cette fraude.

Ces précautions essentielles ne sont ni gênantes ni coûteuses; en donnant au boulanger la certitude qu'il a son blé, elles lui procureront de la sécurité sur les besoins de sa consommation. Mais il ne suffit pas d'avoir pris les mesures les plus sages pour ne pas être trompé dans ses achats, il faut encore veiller à ce que les grains ne soient ni changés en route, ni négligés dans leur transport, et qu'arrivés à leur destination, on ne les perde pas de vue un moment.

Les grains avant de sortir du magasin ou du grenier doivent être criblés : cette opération les prépare à soutenir tous les évènemens du voyage.

Si les grains sont destinés à être transportés par eau, il faut que l'endroit où on les déposera en attendant qu'ils puissent être chargés sur le bateau soit propre et à l'abri des injures de l'air; on doit encore former un soutrait de claies élevé du fond du bateau et posé sur des pièces de charpente; les claies sont couvertes avec de la paille sèche afin que l'air circule et entretienne la fraîcheur, et on isolera le grain sur les côtés du bateau pour le mettre également à l'abri de l'humidité; on le recouvrira de bannes disposées de manière à faciliter l'écoulement des eaux pendant la pluie et les orages.

On pourroit encore transporter par eau les grains renfermés dans des sacs : ce moyen épargneroit les frais qu'il en coûte nécessairement pour les vider, les remuer, les décharger, sans compter qu'ils parviendroient dans le même état de sécheresse et de netteté où ils se trouvoient à leur départ; on ne sauroit disconvenir que les mêmes moyens ne puissent être employés avec un égal succès pour le voiturage des grains par terre.

Une autre précaution, ce seroit que, non seulement les bateaux, mais encore les voitures destinées au transport des grains fussent exactement couverts et construits de manière à ce qu'on pût leur appliquer la méthode de l'isolement des sacs. Eh ! pourquoi cette méthode de conservation ne seroit-elle pas également adoptée dans les ports, dans les halles, et en général dans tous les endroits où les grains sont mis en réserve, soit comme dépôt, soit comme approvisionnement?

Quand cessera-t-on de les amonceler quelquefois à plus de vingt pieds de hauteur et souvent plusieurs piles réunies? Dans quels lieux, dans quels temps cette pratique défectueuse est-elle encore suivie sur un sol humide, peu aéré, lorsqu'il fait chaud, que les grains proviennent des récoltes pluvieuses, et que leur transport a eu lieu dans des voitures ou bateaux à l'air, ou mal couverts?

Mais dans quelque état que soit le grain arrivé à sa destination, il ne faut pas perdre de temps pour le porter au grenier, le remuer et le cribler à plusieurs reprises, afin de lui faire perdre l'humidité, la chaleur, l'odeur qu'il auroit pu avoir contracté en route, et lui restituer son premier degré de bonté.

Les réflexions sur le commerce des grains, dont j'aurois pu accompagner cet article, se trouvant consignées dans le nouveau Dictionnaire d'Histoire naturelle, imprimé chez Déterville, au mot GRAIN, j'y renvoie le lecteur. (PAR.)

GRAIS. *Voyez* GRÈS.

GRAISSE. Matière qui s'accumule dans le tissu cellulaire, dont la finesse, la couleur, la saveur et la consistance varient non seulement dans les différens animaux, mais encore dans les différentes parties du même animal, à raison de l'âge, de l'état de vigueur, de santé, de la qualité des alimens, et de la manière dont il a été nourri et engraissé; mais en général la graisse des ruminans est la plus dense; celle du cochon (AXONGE, *voyez* ce mot), dont nous avons déjà indiqué les propriétés, l'est moins, et particulièrement celle qui se trouve rassemblée sous la peau, c'est-à-dire le lard; enfin la graisse du cheval tient le milieu. Elle est fluide et huileuse.

La graisse qui existe autour des reins des ruminans se nomme *suif*; son caractère distinctif est d'être plus solide que celle non seulement des autres quadrupèdes, mais encore de tous les autres animaux; elle est plus ou moins abondante selon la nature des alimens. Celle d'un bœuf, lorsqu'il est engraissé au grain plutôt qu'à l'herbe, forme ordinairement le huitième du poids de l'animal vivant. Après le mouton, c'est le bouc qui fournit le suif le plus blanc, le plus ferme et le plus estimé. La graisse des oiseaux de basse-cour est la plus douce et la plus agréable de toutes.

Quoique les graisses subissent de grandes élaborations dans les vaisseaux, cependant elles présentent les mêmes principes à l'analyse chimique, et les mêmes vertus à la pratique médicale. Ce n'est qu'en les privant par des lotions dans l'eau froide du sang qu'elles contiennent, et par une douce chaleur des membranes et de la matière lymphatique qui s'y trouve renfermé, et en suite de l'humidité qu'on leur avoit ajoutée pour les purifier, qu'on vient à bout de les garantir de l'altération dont elles sont susceptibles. Pendant ces opérations les graisses éprouvent un déchet et acquièrent plus de consistance.

C'est sur-tout quand la graisse a été recueillie au printemps quelle a plus de qualité et qu'elle se conserve plus long-temps, parceque vraisemblablement à cette époque l'animal qui la fournit n'a pas encore mangé de vert, qui donne à ses produits un caractère mollasse et aqueux; c'est ce que savent très bien les pharmaciens qui en consomment beaucoup, et qui ne font leur provision en ce genre que vers le mois d'avril. Je dois dire cependant qu'ils en emploient moins qu'autrefois, parcequ'on est plus éclairé sur l'inutilité et même le danger des applications des onguens et des emplâtres.

Mais aujourd'hui que les graisses, excepté le suif, qui semble destiné exclusivement à la fabrique des chandelles, servent aux différens usages de la cuisine, que souvent elles suppléent le beurre même avec avantage dans plusieurs ragoûts, dans certaines pâtisseries qu'elles rendent plus délicates, nous avons cru devoir les considérer un moment sous ce rapport.

Graisse du pot au feu. On la fait ramasser tous les jours à la surface du bouillon, et vers la fin de la semaine on la réunit, on la fait fondre en y ajoutant une croûte de pain grillée; on la passe encore chaude; elle est mise en réserve pour servir de friture. C'est le résultat du mélange de plusieurs graisses disséminées dans toute la substance de la viande employée à faire le potage, et qui pendant sa cuisson s'est affinée, purifiée, et perfectionnée.

Graisse de veau. Plus les animaux sont jeunes, plus leur graisse est fine et blanche; on divise celle de veau par parties, on la fait fondre pour en séparer les membranes. Il en résulte une graisse propre à tous les ragoûts; la friture en est sèche et délicate, après cependant la graisse d'oie bien préparée.

Graisse d'oie. Les plus habiles ménagères sont d'accord sur la supériorité de la graisse des oiseaux de basse-cour sur celle des quadrupèdes; mais c'est sur-tout celle d'oie dont on fait le plus d'usage. Il faut dire deux mots sur la préparation qu'on lui fait subir pour en prolonger la durée.

C'est la même que pour l'axonge; elle sert aux mêmes usages; on la fait liquéfier au feu et passer à travers un tamis serré, pour en séparer les matières albumineuses, les peaux, les membranes, et l'humidité surabondante qui la feroit bientôt rancir. Elle acquiert par ce moyen plus de consistance et la faculté de se conserver pendant un certain temps, et de servir à accommoder les viandes, et même à confire les cuisses d'oie. Chez les Romains elles passoient pour quelque chose d'exquis. Ils inventèrent l'art d'engraisser cet oiseau en le nourrissant pendant quelque temps avec des figues sèches broyées et humectées.

La graisse d'oie mise à part dans des pots sert aux mêmes usages que celle du porc (axonge). Dans la majeure partie de

la France le journalier en fait la soupe toute l'année, et le
riche en assaisonne les mets les plus délicats qui couvrent sa
table. (Par.)

GRAISSE DU VIN. Altération qu'éprouvent certains vins.
Les vins gras ont une apparence huileuse, filent comme de
l'huile. C'est une des *maladies* du vin qu'il est le plus difficile
de *guérir*. *Voy.* Vin. (B.)

GRAIT, GRAITA. C'est l'état de la terre travaillée profondément par les labours et l'action de labourer dans le département de la Haute-Garonne. (B.)

GRAMÉ. Nom du chiendent dans le département du Var.

GRAMINÉES, C'est le nom qu'on donne, dans le langage
scientifique, à la famille de plantes qui renferme les espèces les
plus importantes pour l'homme réuni en société agricole, puisqu'on y trouve le froment, le seigle, l'orge, l'avoine, le riz,
le maïs, le millet, la canne à sucre, etc., et toutes les plantes
qui composent le fond des prairies naturelles dans toutes les
parties du monde.

L'agriculteur doit donc porter son étude sur les graminées
plus particulièrement encore que sur les autres familles du
règne végétal, bien assuré d'y trouver de nouveaux moyens
de développer son industrie et d'augmenter les moyens de
subsistance qu'il peut offrir aux hommes ou aux animaux
domestiques.

Les graminées renferment près de quarante genres, dans la
plupart desquels se trouvent des espèces très précieuses. Celles
d'Europe seules sont bien connues, les botanistes qui ont
voyagé dans les autres parties du monde les ayant peu étudiées, excepté Swartz. J'en ai décrit et dessiné près de cent
espèces, dont plus de la moitié nouvelles, pendant mon séjour en Caroline; mais mon travail n'a pas encore pu être mis
au jour à raison des circonstances.

Les genres les plus importans pour les cultivateurs sont les
suivans : Vulpin, Fléole, Alpiste, Paspale, Panic, Millet,
Agrostide, Cannamelle, Houlque, Barbon, Canche, Mé-
lique, Dactyle, Cretelle, Ivraie, élyme, Orge, Froment,
Seigle, Brome, Fétuque, Paturin, Amourette, Avoine,
Roseau, Riz, Zizanie, Maïs, Larmille. *Voyez* tous ces mots.

Les tiges des graminées s'appellent chaume dans les céréales.
Elles contiennent un mucilage abondant qui est sucré dans le
maïs et encore plus dans la cannamelle, ou canne à sucre, très
adoucissant dans le chiendent.

C'est dans l'embryon des graines des graminées que réside
la partie muqueuse. La substance mucilagineuse et amilacée
est due à leur matière farineuse. Le mélange de ces deux
dernières parties est indispensable pour que la fermentation

panaire puisse avoir lieu, et c'est parcequ'elles n'existent pas
dans le riz que cette excellente graine ne peut être employée à
faire du pain.

Les tiges des graminées jouissent de la faculté de pousser
naturellement des racines de leurs nœuds, lorsqu'elles sont
mises en terre. Les espèces vivaces, soit qu'elles aient le
chaume solide, comme la canne à sucre, ou le chaume creux,
comme le bambou, la possèdent à un plus haut degré, et peuvent être facilement multipliées de boutures. Les espèces annuelles ne sont pas privées de cet avantage ; mais leurs nœuds
inférieurs seuls en peuvent profiter, et encore n'est-ce que
dans leur jeunesse ; et comme les plantes prennent d'autant
plus d'accroissement qu'elles ont plus de racines, il devient
donc toujours avantageux de les butter. L'expérience a depuis
long-temps prouvé que le seul moyen de conserver long-temps
les gazons des jardins paysagers dans un bel état de végétation
étoit de les charger de terre chaque hiver. Varennes de Fenilles
a prouvé, l'année même de sa mort tragique, qu'en hersant,
avec une herse à dents de bois, le blé après l'hiver, c'est-à-
dire en buttant par ce moyen son pied, on obtenoit une récolte bien plus abondante, malgré la perte de pieds qui étoit
la suite nécessaire de cette opération.

Je ne sache pas qu'on ait pratiqué, depuis Varennes de
Fenilles, le hersage qu'il propose, cependant je crois devoir
le conseiller aux cultivateurs ; car la bonne foi et l'exactitude
étoient des qualités prédominantes chez cet agriculteur, avec
qui j'ai eu pendant long-temps des relations très particulières.

En tous pays on butte les CANNES A SUCRE, le MAÏS, le
SORGHO, parcequ'on s'est aperçu que c'étoit le moyen d'en
obtenir de plus riches produits.

Un autre fait important est celui observé par M. Sageret,
et consigné dans les notes de son Mémoire sur l'agriculture
d'une partie du département du Loiret, inséré tome II de
ceux de la société d'agriculture du département de la Seine. Je
le laisse parler.

« Le blé, en germant, fait sortir d'une de ses extrémités
une racine qui descend et une tige qui monte. Cette dernière,
garnie de nœuds de distance en distance, fixe à la superficie
de la terre son premier nœud, lequel projette à l'entour de
lui plusieurs nouvelles racines. Aussitôt que ces racines de
seconde formation, mais destinées désormais à nourrir seules
la plante, ont pris terre, la première, c'est-à-dire celle qui
étoit sortie immédiatement du grain, périt.

« Cette manière de végéter, qui paroît commune à toutes
les graminées, et peut-être à plusieurs autres plantes à un seul
cotylédon, peu connue ou peu observée par les cultivateurs,

les a entraînés dans plusieurs erreurs ; je ne ferai mention que de celles qui m'ont le plus frappé.

« Plusieurs d'entre eux , dans la vue de préserver leurs grains de la chaleur et de la sécheresse de l'été , ainsi que du déchaussement quelquefois occasionné par de grandes pluies ou d'autres causes, croient devoir l'enterrer profondément , précaution , comme l'on voit, fort inutile, et bien plutôt nuisible , puisque , ne devant se nourrir en définitif que par les racines superficielles, le grain pour lever a d'autant plus d'effort à faire et de chemin à parcourir , qu'il est plus éloigné de la superficie du sol.

« Cette marche que j'ai constamment observée dans les céréales, blé , orge, avoine, millet et maïs, n'est réellement bien sensible que lorsque le grain est enterré à une certaine profondeur, qui, dans ce cas , est toujours exactement mesurée par l'intervalle qui sépare la première racine de celles de seconde formation. Dans la vue d'observer cette marche de plus près, je semai , en février 1807 , quelques grains d'orge dans un pot que je mis dans une chambre , la température extérieure étant alors trop froide ; en peu de temps les grains levèrent , mais devinrent très grêles et très étiolés à cause de leur privation d'air et de lumière , et de l'humidité de la terre du pot. J'en arrachai quelques uns, et n'y trouvai, quoique leur végétation fût déjà avancée , que la première racine toute seule , ce qui me parut extraordinaire , étant contraire à ce que j'avois observé jusqu'alors. Obligé à cette époque de faire une absence un peu longue, et la saison étant devenue plus douce , je mis le pot dans un jardin. A mon retour, l'ayant examiné, je reconnus que, dans la plupart des pieds , le premier nœud de la tige qui, par une suite de l'étiolement, s'étoit élevée à trois centimètres au-dessus de la terre , s'y étoit recourbé et fixé, et y avoit formé un empâtement, en donnant naissance à de nouvelles racines et à une nouvelle tige. Ils végétèrent ensuite à l'ordinaire. Quant à ceux qui n'avoient pas pris racine, ils périrent tous.

« Il paroît donc constant que cette marche de végétation est invariable dans les céréales , et que si quelques circonstances l'ont contrariée , il faut qu'elles y reviennent absolument ou qu'elles périssent, et que l'époque de ce retour, qui est en même temps celle du dépérissement de la racine primitive , est susceptible d'être avancée ou retardée par divers incidens. Quelles que puissent être d'ailleurs les causes de ce phénomène , il est bon d'observer qu'il est un moyen de ressource pour les blés, ou déterrés ou privés de leur première racine par un accident quelconque, et il n'est peut-être pas sans exemple que , dans ce cas, ils aient , par la seule force de la végétation aidée d'une saison favorable, repoussé d'un de leurs nœuds de nouvelles racines et assuré par ce moyen leur existence future. »

J'observerai que beaucoup de graminées vivaces et annuelles sont stolonifères. Deux panics et un agrostide offrent en France des exemples communs des premières. On peut même dire que toutes les graminées vivaces qui ne font pas touffe sont stolonifères. En Caroline le *syntherisma*, et au Pérou le *paspale*, que j'ai décrit et figuré dans les actes de la société linnéenne de Londres, offrent des exemples des secondes. Toutes deux peuvent, avec un seul grain, couvrir des espaces fort étendus, c'est-à-dire une toise de diamètre, et toutes deux sont d'excellens fourrages. Le synthérisma, quoiqu'annuel et ne poussant pas avant la fin de juin, donne jusqu'à trois coupes. Le paspale est peut-être le plus savoureux et le plus abondant de tous les fourrages fournis par les graminées, si j'en juge par ce qu'il montre dans le climat de Paris où il gèle.

Pour que le foin naturel soit bon, il faut que la plus grande partie des plantes qui y entrent soient des graminées.

La culture des graminées vivaces n'est pas aussi étendue qu'elle mérite de l'être ; cela tient sans doute en ce que la plupart ne peuvent pas subsister long-temps dans le même lieu, c'est-à-dire que la loi de l'alternat se fait plus vivement sentir sur elles que sur les plantes dont les racines sont plus longues et la fane moins abondante. (B.)

GRANA. C'est glaner dans le département de Lot-et-Garonne.

GRANETTE. Marc des raisins qu'on passe au crible dans le département du Var, probablement pour en donner le grain aux volailles. (B.)

GRANGER. On donne ce nom aux fermiers ou aux métayers dans quelques endroits.

GRANGES, GERBIERS. Architecture rurale. Une grange est un bâtiment destiné à resserrer et à conserver les grains en gerbes. Dans quelques départemens on lui donne le nom de *gerbier* ; mais cette dernière dénomination convient particulièrement aux meules de grains que l'on voit dans les pays de grande culture, lorsque les granges ne sont pas assez vastes pour contenir la totalité des récoltes, et à celles en usage dans les départemens où l'on a coutume de battre tous les grains immédiatement après leur récolte, et où les gerbiers ne sont que provisoires.

La meilleure manière de conserver les grains en gerbes est encore un objet de discussion parmi les cultivateurs. Les uns prétendent qu'ils se conservent mieux dans une grange que dans des meules exposées à toutes les intempéries des saisons ;

les autres, au contraire, pensent qu'il est préférable de les mettre en meules; et tous cherchent à appuyer leur opinion par les faits les plus concluans.

Suivant les premiers, 1° les meules étant placées sur le sol même, son humidité naturelle, plus ou moins grande, doit pénétrer plus ou moins dans l'intérieur des gerbes inférieures et y altérer la qualité des grains, malgré le soutrait sur lequel le premier rang de gerbes est posé, et les autres précautions que l'on prend ordinairement pour en éloigner les eaux.

2° La hauteur des meules les expose aux avaries occasionnées par des coups de vent.

3° Les grains y sont quelquefois échauffés par les pluies d'automne qui, lorsqu'elles sont fortes et continues, traversent aisément la légère couverture de paille qui sert de chapiteau aux meules ordinaires, et pénètrent alors jusque dans leur intérieur.

4° Les rats et les souris, et généralement tous les animaux destructeurs des grains, s'introduisent plus aisément dans des meules que dans des granges.

5° Lorsqu'on veut commencer le battage d'une meule, il faut attendre un beau jour, et rentrer à la fois dans la grange la totalité des gerbes qu'elle contient, afin de prévenir la moindre pluie qui surviendroit et gâteroit les gerbes qu'on n'auroit pas eu le temps de rentrer.

6° Enfin, la construction des meules est annuelle, dispendieuse pour le fermier, et d'une exécution encore assez difficile pour être bien faite.

Les partisans des meules assurent au contraire que tous les défauts qu'on leur reproche sont, ou exagérés, ou peu fondés, et qu'ils trouvent définitivement plus d'avantages à y resserrer les gerbes de grains qu'à les placer dans des granges closes comme on est dans l'usage de les construire.

1° Les grains et les pailles, étant plus aérés dans les meules que dans les granges, y ressuent beaucoup plus aisément, et conséquemment y sont moins exposés à être altérés par les effets de leur transpiration naturelle.

2° Les grains conservent toute leur qualité dans les meules, et souvent ils y acquièrent une qualité supérieure. Les marchands de grains les reconnoissent au brillant de leur écorce, et les payent quelquefois deux francs par hectolitre de plus que les blés qui proviennent de gerbes resserrées dans des granges, et dont l'écorce est toujours beaucoup plus terne.

3° Les pailles y conservent toute leur fraîcheur et leur bonté, tandis que, dans les granges, elles sont souvent noircies par l'humidité, et en partie mangées par les rats, et qu'elles y contractent presque toujours une odeur de moisissure ou de rat, ou de fouine, ou d'urine de chat, etc., qui répugne singulièrement aux bestiaux.

4° Quelques facilités que la position ordinaire des meules puisse donner aux animaux granivores pour pénétrer dans leur intérieur, les dégâts qu'ils y commettent ne sont très apparens que dans les premières couches inférieures, et en définitif, ils sont moins considérables que dans les granges, où les animaux peuvent pénétrer par-tout.

5° Enfin, la dépense annuelle de la construction des meules, quelque grande qu'elle soit, est encore loin d'équivaloir à l'intérêt du capital qu'il a fallu employer à la construction des granges, non compris la dépense de leur entretien annuel. Ces avantages et ces inconvéniens des granges et des meules sont généralement reconnus par les agriculteurs ; mais leur différence d'opinion porte principalement sur l'étendue des dégâts des animaux granivores dans l'une ou l'autre manière de conserver les grains en gerbes, qu'il est peut-être difficile de constater rigoureusement. Quoi qu'il en soit, et pour être utile aux uns et aux autres, nous allons donner les détails de construction des granges et des meules que nous nommerons désormais *gerbiers*, afin de ne pas les confondre avec les meules de fourrages.

Section Iʳᵉ *Des granges*. Toutes les exploitations rurales des localités où l'on n'est pas dans l'usage de battre tous les grains immédiatement après leur récolte, doivent avoir deux granges différentes ; l'une pour les blés et l'autre pour les grains de mars. Cette séparation est nécessaire pour conserver chaque espèce sans mélange.

Toutes les granges sont composées, 1° d'un aire pour le battage des grains : on lui donne ordinairement la largeur d'une *travée* ou *ferme* ; 2° d'un nombre d'autres travées suffisant pour contenir les grains en gerbes des récoltes moyennes de l'exploitation ; 3° d'un *ballier*, dans lequel on conserve les *balles* ou *menues pailles* ou *pontis* qui restent sur l'aire après le battage et le vannage des grains, et dont les bestiaux sont très friands.

Il faut placer ces bâtimens et les isoler dans la cour d'une ferme à l'endroit le plus commode, soit pour rentrer les gerbes venant du dehors, soit pour engranger celles que l'on retire des meules, soit enfin pour la surveillance du fermier pendant le battage des grains.

Les granges doivent être préservées de toute espèce d'humidité, et aérées le plus qu'il est possible. A cet effet, on élève leur sol intérieur à trente-trois ou cinquante centimètres au-dessus du niveau du terrain environnant, et on pratique dans leurs murs de côtières un nombre suffisant d'ouvertures que l'on préserve de la pluie avec des auvens , et dont on interdit le passage aux animaux destructeurs par le moyen de grillages à mailles serrées. On parvient aussi à aérer et même à éclairer les combles de ces granges, en pratiquant dans leurs couvertures un nombre suffisant de petites ouvertures ou *nids de pie* grillées de la même manière et recouvertes par des tuiles faîtières.

L'intérieur des granges construites en maçonnerie doit être soigneusement recrépi, et lissé le plus qu'il est possible, afin d'empêcher les rats et les souris de grimper le long des murs et de gagner ainsi la charpente du comble, lorsque les granges sont vides. Alors on les tue aisément avec le fléau sur le sol même.

La construction des granges dans les fermes de la grande culture est très coûteuse, et leur dépense entre pour une grande portion dans la totalité des frais de ces établissemens.

Le renchérissement excessif des matériaux et de la main-d'œuvre va forcer les propriétaires d'adopter des moyens plus économiques pour resserrer les grains en gerbes. Déjà quelques uns ont imaginé une construction de granges qui est beaucoup moins dispendieuse que celle en usage, et leur innovation a été couronnée par le succès. Nous en avons vu une à Mairy près Châlons-sur-Marne, qui n'avoit de maçonnerie pleine que dans les pignons où l'on avoit placé les entrées de la grange ; les murs de côtières n'étoient élevés qu'à un mètre au-dessus du sol de la cour, et, à l'exception des pilastres en maçonnerie destinés à supporter les tirans de la charpente du comble, tout le surplus étoit rempli par des poteaux en peupliers largement espacés les uns des autres, et les baies étoient fermées par des planches de même bois solidement peintes et placées horizontalement en recouvrement les unes au-dessus des autres pour l'égouttement des eaux de pluie. La charpente du comble étoit également en peuplier, et la grange étoit d'un excellent usage.

On trouve dans le Recueil des constructions rurales anglaises quatre ou cinq plans de granges dont la disposition indique que les grains y sont battus à l'aide d'une machine ingénieuse qui est, dit-on, en usage en Suède et en Danemarck, et dont notre collègue Lasteyrie a donné la description détaillée dans le tome X du Dictionnaire d'agriculture de Rozier.

Suivant cet agronome estimable et très instruit, l'agriculture française devroit adopter cette manière simple et économique de battre les grains. La dépense de construction de la machine est de 2500 francs ; six personnes et un cheval sont nécessaires pour sa manœuvre, mais avec ces moyens on fait,

dans un temps donné, autant d'ouvrage que vingt-sept batteurs en grange, et il en conclut que le bénéfice comparé
obtenu par la machine est dans le rapport de quatre et
demi à un.

Cette proportion n'est pas rigoureusement exacte, car il
falloit encore déduire sur le bénéfice brut, 1° l'intérêt de la
dépense de construction de la machine ; 2° le prix des journées
des bestiaux employés à la faire mouvoir. Mais lors même que
ces avantages seroient aussi grands, ce n'est pas encore une
raison suffisante pour que nos cultivateurs trouvent un intérêt
à en adopter l'usage, car il leur présenteroit aussi de grands
inconvéniens ; 1° la dépense de construction de la machine
dépasse leurs facultés ordinaires; 2° elle est si compliquée et
d'une exécution si difficile, que, suivant l'auteur de la troisième
section du Recueil des constructions rurales anglaises, cette
machine est tombée en discrédit en Angleterre même, *par le
défaut d'habileté dans ce genre de construction*; 3° les propriétaires consentiront difficilement à avancer les frais de son
établissement ; 4° Les fermiers peuvent craindre que des grains
ainsi battus ne soient en grande partie écrasés par les battoirs,
malgré la disposition ingénieuse qui leur a été donnée pour
éviter cet inconvénient; et il seroit très grand pour les grains
destinés à être livrés au commerce, qu'une telle détérioration
déprécieroit beaucoup; 5° à l'aide d'une semblable machine,
tous les grains de la plus grande exploitation seroient bientôt
battus, et son fermier se verroit tout à coup embarrassé par
la quantité considérable de grains qu'il faudroit resserrer et
soigner à la fois, et par celle des pailles qu'il seroit nécessaire
d'entasser, pour ainsi dire, sur-le-champ en meule. Alors il
ne se trouveroit plus ni assez de chambres à blé, ni assez de
greniers à avoine pour contenir tous ces grains; il faudroit
donc augmenter les magasins, ou bien avoir recours à des greniers extérieurs, et les nouvelles dépenses de construction
ou de location et d'entretien des grains seroient en déduction
sur le bénéfice obtenu par la nouvelle machine. Il est vrai
que pour éviter cet inconvénient on pourroit ne faire battre
qu'au fur et à mesure du besoin; mais en admettant cet
expédient, les autres inconvéniens n'en existent pas moins
dans toute leur force.

Ainsi, lors même que l'on parviendroit à simplifier cette
machine et à diminuer la dépense de sa construction, nous
pensons que son usage ne deviendroit véritablement avantageux que dans les localités où l'on fait battre ordinairement
tous les grains immédiatement après la récolte.

Section II. *Des Gerbiers.* Les gerbiers ou meules, tels qu'on
les construit ordinairement dans notre agriculture, ont des

défauts que nous n'avons point dissimulés ; ils ressemblent extérieurement aux meules de foin des Hollandais, dont nous avons parlé au mot Fenil ; mais elles n'ont point de courant d'air, qui seroit si nécessaire dans les années de moissons humides, pour en empêcher la fermentation excessive.

Un petit fossé pratiqué autour de la meule sert à en éloigner les eaux pluviales, et un soutrait, fait avec des bourrées, en isole la base du sol sur lequel elle est placée, et la garantit ainsi de son humidité naturelle.

A Woburn-Abbey, en Angleterre, on établit les meules de grain sur des murs circulaires construits à demeure ; ces murs ont un demi et jusqu'à deux tiers de mètre d'élévation au-dessus du sol, et six mètres deux tiers de diamètre. On place sur cette espèce de plate-forme un plancher auquel on donne une saillie extérieure de quinze à dix-huit centimètres, afin d'empêcher les rats et les souris de s'introduire dans le tas, et c'est sur cette plate-forme ainsi disposée que l'on élève la meule. (Recueil des constructions rurales anglaises.)

Ailleurs, des cippes remplissent le même objet que le mur circulaire, et leur construction est plus économique.

Ces meules sont préférables à celles de la France, en ce que les couches inférieures sont mieux garanties de l'humidité du sol, et que les animaux destructeurs ne peuvent pas y pénétrer, du moins avec autant de facilité. Mais il leur reste l'inconvénient d'être obligé d'en rentrer à la fois toutes les gerbes lorsqu'on veut en commencer le battage ; et, pour y obvier, l'auteur de cet article de l'ouvrage anglais pense qu'il suffit de couvrir le tas entamé avec une toile lorsque le mauvais temps survient. Si cette toile est cirée, elle pourra effectivement le garantir de la pluie, mais elle ne le couvrira pas assez exactement pour empêcher les oiseaux et les volailles de s'y introduire et d'y commettre beaucoup de dégâts.

Un autre auteur de ce recueil préfère aux meules de Woburn-Abbey celles dont la forme est oblongue et arrondie dans ses extrémités. La largeur de ces gerbiers est proportionnée à la longueur des pailles, de manière que les gerbes puissent y être arrangées en opposition les unes aux autres, se lier et se soutenir mutuellement. Leur longueur est indéterminée, et dépend de la quantité des gerbes de la récolte. On en place le premier rang sur un soutrait en charpente, afin de le préserver de l'humidité du sol, et le tout est couvert en paille. Les motifs de cette préférence sont, 1° que l'on abrite les gerbes de cette manière beaucoup plus facilement et plus promptement que dans les meules circulaires ; 2° que les solives qui doivent supporter le gerbier sont moins chères, et qu'on les place avec plus de facilité ; 3° qu'il en coûte moins, à capacité égale, pour couvrir ces tas que pour la couverture des meules circulaires; 4° que les gerbiers peuvent être finis et couverts à l'une de leurs extrémités, sans que l'autre soit achevée; 5° que, lorsqu'on veut battre le blé, il suffit d'en prendre la quantité nécessaire à l'une des extrémités, laquelle peut être préservée de la pluie par le moyen d'une toile goudronnée, ou *d'un toit léger construit d'après les mêmes principes que celui de la grange mobile du roi à Windsor.*

Nous ne pouvons admettre autant d'avantages à ce gerbier. Le seul dont nous soyons frappé est la facilité avec laquelle on peut y mettre en peu de temps une assez grande quantité de gerbes à couvert de la pluie, et nous allons combattre les autres avec les principes mêmes de l'auteur.

« Le point, dit-il, le plus important pour un fermier est, non seulement de préserver sa récolte des animaux destructeurs, mais aussi de la garantir de la pluie et de l'humidité, et par conséquent de la corruption ». Cela posé, la petite largeur du gerbier, fixée par la longueur ordinaire des pailles à un mètre deux tiers à deux mètres au plus, ne permet pas de lui donner une grande élévation; autrement il seroit exposé à être renversé par les vents impétueux; alors, et à capacité égale, le premier rang de gerbes, celui que l'on place sur le soutrait, aura beaucoup plus de surface dans un gerbier oblong, et conséquemment contiendra beaucoup plus de gerbes exposées à l'humidité du sol que dans les meules de Woburn-Abbey où, d'ailleurs, ce premier rang en est spécialement garanti par l'exhaussement de la plate-forme et par le plancher sur lequel il est posé.

« En second lieu, le grand développement du gerbier oblong exposera aussi beaucoup plus de gerbes à la voracité des animaux qui y pénètreront aisément par le soutrait, que dans les meules circulaires où ils ne peuvent s'introduire que difficilement, ainsi qu'on l'a vu.

« D'un autre côté, le gerbier, une fois entamé, se trouve encore plus exposé au pillage des volailles et des oiseaux que dans les meules circulaires, car, 1° en employant pour celles-ci un nombre suffisant de bras et de voitures, on pourra en enlever toutes les gerbes en un jour; 2° lors même qu'il resteroit des gerbes dans les meules circulaires, leur section horizontale présente plus de facilité pour les bien couvrir avec une toile goudronnée que le profil du gerbier oblong.

« Enfin, malgré les petites dimensions des bois qui composent son soutrait, encore faut-il que le premier rang de gerbes y soit placé à environ un tiers de mètre au-dessus du sol, et, d'après la petite élévation que le peu de largeur du gerbier permet de lui donner, il doit nécessairement résulter que le

prix de la grande quantité de bois que la construction du soutrait exigera, réuni à la dépense de la couverture, deviendra
beaucoup plus fort que les frais d'établissement des meules de
Woburn-Abbey, et qu'en définitif les gerbiers oblongs seront
plus dispendieux sans avoir les mêmes avantages.

« Les Hollandais, dont on ne sauroit trop imiter l'industrieuse
économie en agriculture, paroissent être les premiers qui aient
su donner aux gerbiers un grand degré de perfection ; mais,
avant que de les faire connoître, nous devons parler des granges
mobiles que l'on rencontre en Allemagne, et particulièrement
sur le territoire des villes anséatiques, parcequ'elles sont évidemment le type des gerbiers fixes à toit mobile des Hollandais et des Anglais.

« Les granges mobiles des villes anséatiques sont composées,
1° de huit pièces de bois, ou plutôt de huit piliers de dix à
douze pouces de diamètre et de quatre-vingts à cent pieds de
haut, suivant les besoins du cultivateur, fixés en terre à une
profondeur de cinq à six pieds, et également espacés entre eux
sur une plate-forme circulaire de vingt-quatre pieds de diamètre. A huit ou neuf pieds de hauteur au-dessus de la plate-forme on établit un plancher solide qui maintient l'écartement des huit piliers. Le dessous sert d'aire pour le battage et
ensuite de remise pour les instrumens aratoires, et l'on place
dessus les gerbes de grains ou les fourrages. Dans la partie
supérieure des piliers, on construit un toit mobile que l'on
couvre de paille ou de roseaux. Ce toit se hausse et se baisse à
volonté le long des piliers, auxquels il tient par des anneaux ;
on le manœuvre soit avec de longues perches, soit à l'aide
d'une poulie, et on l'arrête à la hauteur nécessaire avec des
chevilles de fer que l'on fiche dans des trous pratiqués à cet
effet dans les piliers. (Extrait de l'*Agronomie et de l'Industrie*,
Paris 1761 et ann. suiv.) »

Telle est la grange mobile qui paroît avoir fourni aux Hollandais l'idée des gerbiers fixes à toit mobile.

Ces gerbiers sont de forme carrée, et suivant nous c'est un
défaut, car elle ne favorise pas autant le meilleur arrangement
des gerbes que si elle étoit circulaire ; et d'ailleurs, on sait qu'à
périmètre égal, la forme circulaire contiendroit plus de gerbes
que la forme carrée. Ils sont formés avec quatre mâts de ré-
forme qui supportent un toit assez léger pour qu'avec des bâ-
tons fourchus on puisse l'abaisser ou l'élever aisément et à
volonté. Un soutrait un peu élevé au-dessus du sol, ou mieux,
un plancher supporté par des cippes de pierre ou de bois, préserve le premier rang de gerbes de l'humidité du sol et des
entreprises des rats et des souris, et le tout est garanti de la
pluie par le toit mobile qui est au-dessus. Ce toit garantit aussi

le gerbier des dégâts des oiseaux, parcequ'il porte de tout son poids sur les gerbes supérieures et qu'il n'y laisse aucun vide.

Notre collègue, M. de Mallet, en avoit fait construire de semblables à la Varenne sous Saint-Maur, près Paris, et en avoit reconnu les grands avantages ; malheureusement ils ont été détruits par la foudre. Lorsqu'il les fera reconstruire, il se propose de leur donner la forme circulaire, ainsi que nous le conseillons.

L'excessive cherté des constructions civiles va forcer l'agriculture française à adopter généralement l'usage des meules pour resserrer les grains en gerbes et les fourrages ; les meules de foin et les gerbiers des Hollandais sont reconnus les meilleurs ; c'est donc sur eux qu'il faut attirer l'attention des cultivateurs.

L'adoption de ces gerbiers seroit avantageuse, particulièrement aux propriétaires et aux fermiers de la grande culture.

Alors les granges des plus grandes exploitations pourroient être réduites à l'aire du battage, accompagnées seulement d'une travée de chaque côté, de hauteur suffisante pour contenir les gerbes destinées à être battues pendant un mois au plus : l'une serviroit pour les gros, et l'autre pour les menus grains ; et cette extrême réduction dans l'étendue des granges offriroit une très grande diminution dans les dépenses de leur construction et dans les frais annuels de leur entretien. (*Voyez* à ce sujet la comparaison que nous en avons établie dans notre mémoire sur l'Art de perfectionner les constructions rurales.)

Quant aux fermiers, les gerbiers fixes à toit mobile leur présenteroient aussi des avantages qu'ils sauront apprécier.

1° Ils ne seroient plus obligés de faire construire annuellement des meules, ni pour les gerbes de grains, ni même pour les pailles battues, parceque les gerbiers serviroient à ces deux fins ; et chaque meule leur coûte de 100 à 120 francs ; 2° ils pourroient toujours mettre les gerbes de grains à couvert de la pluie sous le gerbier, en quelque petite quantité qu'elles fussent, et dans un temps encore beaucoup plus court que dans les gerbiers oblongs de l'Angleterre ; 3° ils auroient aussi la facilité de ne retirer à la fois des gerbiers que la quantité de gerbes nécessaire pour alimenter les batteurs ; 4° enfin, les grains ni les pailles n'y éprouveroient aucun dégât de la part des animaux destructeurs, ni aucune altération dans leur qualité, ainsi que M. de Mallet l'a reconnu.

La société d'agriculture de Paris, convaincue comme nous des grands avantages que l'usage de ces gerbiers, substitué à celui des granges, procureroit à l'agriculture et aux propriétaires, a annoncé dans sa séance publique de 1808 qu'elle décerneroit des médailles à ceux qui, les premiers, feroient construire des gerbiers fixes à toit mobile dans leurs départemens respectifs. (DE PER.)

GRANIT. Pierre ordinairement composée de cristaux de feldspath, de mica et de quartz irrégulièrement disposés, et indiquant par leur mélange que leurs élémens ont été dissous dans un fluide aqueux, d'où ils se sont instantanément précipités.

Cette pierre est appelée *primitive*, parcequ'il paroît qu'elle a été formée la première, c'est-à-dire qu'elle sert de base à toutes les autres, ou qu'elle n'est jamais recouverte par elles. Ses variétés sont sans nombre, soit relativement à sa dureté, à sa couleur, à la grosseur et au nombre de ses cristaux, à la proportion de son mélange, etc. Elle présente sous le point de vue géologique des faits d'un grand intérêt, mais qu'il n'est pas de mon sujet de développer ici.

Les roches de granit se montrent au jour au centre de la plupart des grandes chaînes de montagnes, et dans des étendues considérables de pays, même peu élevées au-dessus du niveau de la mer. Elles ont par conséquent une influence directe et indirecte sur l'agriculture, et je devrois, sous ce rapport, étendre beaucoup cet article ; mais par suite du plan que je me suis tracé, les objets qui auroient pu y entrer seront traités à MONTAGNE, et ROCHE. *Voyez* ces mots.

Quelque dur que soit le granit, il se décompose, comme tous les autres corps de la nature, par suite de l'action du froid et du chaud, de l'air et de l'eau. Il suffit de comparer les deux surfaces d'un fragment depuis long-temps séparé de la roche pour se convaincre que celle qui est exposée à l'air est différemment colorée et plus tendre que l'autre. C'est le feldspath qui commence toujours à s'altérer, ensuite c'est le mica. Le quartz est presque inaltérable. Cette décomposition du feldspath est si rapide dans quelques espèces de granit, que les montagnes qui en sont composées sont aujourd'hui plus basses, ainsi que Saussure, Patrin, Ramond et autres l'ont observé, que celles calcaires qui leur ont été anciennement adossées. Le résultat de leur décomposition est pour les arts une sorte d'argile, appelée *kaolin*, avec laquelle on fabrique la porcelaine, et pour l'agriculture un sable argileux très aride qui ne devient susceptible de végétation qu'au bout d'un grand nombre d'années. Aussi les pays granitiques, et sous ce nom je comprends ceux composés de GNEISS et même de SCHISTE (*voyez* ces mots) s'ils ne sont pas totalement stériles, sont au moins très peu fertiles.

Les variétés de granit les plus dures, celles qui contiennent peu de feldspath et de mica, s'emploient à la fabrication de

tables, de chambranles de cheminées, de vases, même de
statues. Elles sont susceptibles d'un beau poli, mais très difficiles à tailler, sur-tout lorsqu'il y a long-temps qu'elles sont
exposées à l'air. Quand on veut les travailler, il faut les conserver dans l'eau. Les ouvrages qui en sont faits peuvent durer
des milliers d'années, témoin les statues égyptiennes qu'on
voit au Muséum de Paris, et auxquelles on donne quatre
mille ans d'ancienneté. Tous les grands édifices nationaux
devroient en être bâtis, au moins à l'extérieur, à quelque excessive dépense que cela conduisît, car c'est le moyen
le plus certain de leur faire traverser les siècles. C'est ce que
pensoit Charles Borromée lorsqu'il fit construire son collège de
Brera à Milan. Dans les pays granitiques on l'emploie à toutes
les bâtisses, même rurales ; mais alors on se contente de le
casser et de mettre en œuvre ses fragmens bruts, ce qui n'est
même pas toujours aisé.

L'amélioration des terrains granitiques n'est pas facile. Je
ne connois aucun ouvrage écrit dans l'intention d'en indiquer
les bases. En général, l'épaisseur de la terre végétale n'y est
pas considérable, et les eaux y sont très abondantes en hiver
et très rares en été. Des ados très élevés et très étroits sont ce
qui y convient le mieux. Les fumiers seuls y servent généralement d'engrais ; car les pierres calcaires ou les marnes, qui
sans doute y produiroient de bons effets, sont d'un emploi trop
coûteux pour y être usitées. Là, le froment est d'un foible rapport ; aussi est-ce le seigle ou encore mieux l'épeautre qu'on y
cultive le plus habituellement. Les prairies naturelles donnent
une assez belle coupe dans les vallons, lorsque sur-tout on
peut les arroser ; mais rarement les prairies artificielles y prospèrent. J'y ai vu cependant quelques sainfoins passables. Le
chanvre y offre des récoltes assez sûres, mais médiocres. La culture qui y réussit le mieux est certainement la rave ou tur-
neps, ainsi que je m'en suis assuré dans mes voyages ; aussi,
est-ce celle que j'y conseillerai toujours, car, comme elle permet d'élever un plus grand nombre de bestiaux, elle donne
par conséquent moyen d'avoir une plus grande masse de fumier ; et, je le répète, c'est du fumier qu'il faut dans les sols
granitiques encore plus que dans les autres, parceque l'élé-
ment de la végétation, le terreau, s'y trouve en moindre quantité. Ce qui doit encore plus engager à semer des raves, c'est
que les bestiaux, quoique en général de petite taille, réussissent fort bien dans ces sortes de sols. Les chevaux y sont fins
et vifs (*voyez* ceux du Limousin) ; les bœufs ardens au travail
(*voyez* ceux de l'Auvergne) ; les moutons y ont la chair sa-
voureuse (*voyez* ceux des Ardennes.) Je crois donc que, sous
les deux rapports les plus productifs, les habitans des pays gra-

nitiques doivent se livrer de préférence aux spéculations qui
ont l'éducation des bestiaux pour objet. Je dirai aussi des volailles, sur-tout des oies; c'est du revers des Cevennes et du
Limousin que sortent ces excellentes cuisses d'oie dont on
fait un fort grand commerce.

Les légumes sont presque toujours de peu d'apparence dans
les pays granitiques, mais très savoureux. La pomme de terre
qui y a pénétré depuis quelque temps est devenue un supplément précieux aux autres cultures.

De tous les arbres, ceux qui se plaisent le mieux dans les
sols granitiques sont le chêne et le châtaignier. Ce dernier
fait la richesse des habitans par son fruit, dont ils se nourrissent pendant six mois de l'année, et dont ils exportent le superflu. Quelque abondant qu'il soit dans certains cantons, il
faudroit encore en planter, ne fût-ce que pour pouvoir nourrir
un plus grand nombre de cochons et de volailles dans les années d'abondance.

Mais quelque industrie qu'apportent les habitans des pays
granitiques dans la culture de leurs terres, rarement elles
leur procurent des récoltes suffisantes pour satisfaire à tous
leurs besoins; en conséquence il faut ou qu'ils s'expatrient une
partie de l'année, comme les Auvergnats, les Limousins, les
Savoyards, pour gagner quelque argent par leur travail dans
des pays plus riches, ou qu'ils se livrent à des occupations
étrangères à la culture, comme à la fabrication de la clin-
caillerie dans le Forez, des étamines de laine dans les Cevennes; des toiles de coton dans le Beaujolais, etc.

Sous quelques rapports, la culture est plus perfectionnée
dans les pays granitiques qu'ailleurs. Par exemple, les champs
y sont généralement enclos, soit par des haies garnies de
grands arbres fruitiers ou forestiers, soit par des murs en
pierre sèche et souvent labourés en billons très réguliers; les
prés y sont très fréquemment arrosés par irrigation. On n'y
craint point sa peine lorsqu'il s'agit de faire un fossé, d'enlever
des pierres surabondantes, etc., etc.; mais l'instruction y est
moins avancée qu'ailleurs, à raison de la pauvreté, et cette
même pauvreté ne permet pas des essais coûteux, l'introduction de nouveaux procédés, de nouvelles variétés, etc.

Desmarets a publié, dans le Journal de physique en 1783,
une observation qui constate que la terre des champs des pays
granitiques gèle en filets perpendiculaires au sol et parallèles
entre eux, et qu'ils se soulèvent par la formation de nouveaux
filets dans la terre non gelée à mesure que le froid augmente.
Cette marche de la nature, que j'ai eu plusieurs fois occasion de
suivre, m'a paru y être une des plus puissantes causes du peu
d'abondance des récoltes de céréales, et du parti qu'on y prend

généralement de n'en semer qu'après l'hiver. En effet, la terre, soulevée de deux et peut-être trois pouces, laisse les racines des plantes exposées à toute l'intensité du froid, et ces racines ne sont pas toujours recouvertes au moment du dégel, de sorte qu'elles périssent presque immanquablement. (B.)

GRAPPE. On a donné ce nom à un amas de fruits réunis par leurs pédoncules à un axe commun, et qui s'incline et se courbe vers la terre; telles sont les grappes de raisins, de groseilles, etc. *Voyez* le mot FLEUR. Doit-on conserver la grappe dans la cuve, ou doit-on la supprimer, relativement à la qualité du vin et à sa durée? Ce problème a été résolu aux mots FERMENTATION et VIN. (R.)

GRAPPE se dit proprement de la disposition des fleurs et des fruits de la vigne, et en botanique s'applique généralement à toutes les dispositions semblables. Ainsi une espèce de sureau, le cityse, etc., ont les fleurs en grappe. Pour que l'on puisse dire qu'une réunion de fleurs est en grappe, il faut que d'un axe principal il parte plusieurs pédoncules rameux, au sommet de chacun desquels se trouve une fleur. *Voyez* aux mots PLANTE et FLEURS (B.)

GRAPPES. MÉDECINE VÉTÉRINAIRE. Ce sont des excroissances plus sensibles, plus molles que les verrues, d'une couleur ordinairement rouge, et dont la figure, par leur multiplicité, ressemble à des grappes de raisin, qui surviennent dans le paturon, ou autour du boulet du cheval, et sur-tout de l'âne et du mulet.

La malpropreté, les meurtrissures, la dépravation de l'humeur de la transpiration, le séjour des fluides âcres, sont les principes les plus fréquens des grappes.

Dès que les grappes commencent à pousser, il faut couper le poil le plus près de la peau qu'il sera possible, et les grappes elles-mêmes tout près de la peau, couvrir la plaie avec des étoupes imbibées de bon vinaigre pour premier appareil. Le lendemain, il est à propos d'y appliquer du vert de gris mêlé avec le vinaigre, de réitérer le pansement deux fois par jour, et de le continuer jusqu'à parfaite guérison.

Les grappes naissent ordinairement aux paturons, à la suite des eaux aux jambes; elles rendent pour lors continuellement une sérosité âcre, d'une odeur fétide. Dans ce cas le traitement que nous venons d'indiquer ne sauroit suffire. Ces excroissances dépendent d'un vice interne; on doit donc s'étudier à en découvrir le caractère pour le combattre avec succès par des remèdes convenables. *Voyez* EAUX AUX JAMBES. (R.)

GRAPPILLAGE. C'est relativement au raisin ce que le glanage est au blé.

Les règlemens qui ont été rendus pour arrêter les abus du

glanage s'appliquent presque toujours au grappillage; mais ils ne sont pas mieux exécutés. Il n'est point de vignobles où on ne se plaigne des vols des grapilleurs ou des grappilleuses, et des connivences qui existent quelquefois entre eux et les vendangeurs.

Par extension on a aussi appelé grappilleurs tous ces petits voleurs de denrées, de productions agricoles de toutes sortes, sur-tout de fruits, qui pullulent dans certains cantons, et dont on ne peut arrêter les déprédations que par une surveillance toujours active et des punitions sévères. Il est temps que le Code rural vienne mettre fin aux désordres de cette nature, qui, pour se porter généralement sur des objets de peu de valeur, n'en n'ont pas moins une influence réelle et même considérable sur l'agriculture. Il est des arbres fruitiers isolés, des champs de raves, dont les propriétaires ont à peine la plus petite portion du produit. Ne fût-ce qu'un moyen de dégoûter les cultivateurs de faire entrer certaines cultures de légumes dans le système de leurs assolemens, que ce seroit un mal incalculable pour le pays. (B.)

GRAS. Relativement aux quadrupèdes et aux oiseaux ce mot signifie être chargé de graisse. Ce bœuf, ce mouton, ce chapon sont fort gras. *Voyez* Graisse et Engraissement.

Relativement au sol il signifie tantôt fertile, c'est-à-dire abondamment pourvu d'humus, tantôt argileux. Un pré, un champ sont donc gras lorsqu'ils produisent d'abondantes récoltes; un chemin est gras quand il est glissant, à raison de l'argile mouillée qui en forme le sol. *Voyez* Terre. (B.)

GRAS. Espèce d'orobanche, qui fait beaucoup de tort à la culture de la cardère dans les environs de Louviers. Il est probable que c'est l'O-*rameuse. Voyez* Orobanche. (B.)

GRAS FONDU. Médecine vétérinaire. Cette maladie se manifeste par le dégoût, l'agitation, l'inquiétude, l'action de l'animal qui se couche, se relève et regarde sans cesse son flanc, et le battement plus ou moins violent de cette partie; mais le signe qui lui appartient essentiellement est une excrétion de mucosité, ou des glaires tamponées et épaisses, que le cheval rend par le fondement, et qui, sous la forme d'une espèce de toile, enveloppe et coiffe pour ainsi dire les parties marronnées des excrémens. C'est le symptôme univoque qui en a imposé à certains maréchaux, lorsqu'ils se sont persuadés que cette mucosité et cette prétendue membrane n'étoient autre chose que la graisse fondue qui sortoit par le fondement, comme si les intestins en étoient entièrement et considérablement garnis, et comme si du tissu cellulaire, dans lequel elle est répandue, elle pouvoit, en se fondant, se frayer une route dans le tube intestinal, et être dès-lors et par ce moyen évacuée comme la fiente.

Pour avoir une juste idée du caractère de cette maladie, il faut l'envisager sous l'aspect d'une affection inflammatoire des intestins, et spécialement de leur membrane veloutée, occasionnée assez souvent par un exercice outré. Cette inflammation provoquant l'épaississement de l'humeur intestinale, le gonflement des glandes, et entretenant l'inflammation, il doit en résulter nécessairement des contractions fréquentes dans les intestins. La nature faisant de violens efforts pour chasser l'humeur qui engorge les glandes, on doit bien comprendre que par cette contraction répétée une partie de l'humeur intestinale est exprimée ; de là l'excrétion de mucosité et des glaires temponnées et la gras-fondure.

L'affection inflammatoire des intestins dans la maladie dont il s'agit est le plus ordinairement l'effet des purgatifs drastiques, ou trop violens, ou donnés à trop forte dose, sur-tout par les maréchaux de la campagne. L'expérience nous apprend que ces remèdes n'agissent qu'en irritant ; ils doivent donc par leur action agacer, picoter les fibres des intestins et des glandes intestines, les exciter à de fréquentes contractions, et obliger les mêmes glandes à séparer une plus grande quantité d'humeur. L'irritation qui en est la suite est-elle trop vive, il en résulte l'inflammation, et de là la gras-fondure. L'inflammation engorge-t-elle les vaisseaux au point d'en rompre quelqu'un, le sang se mêlant alors avec les glaires, l'éjection en devient sanguinolente.

Quelquefois la gras-fondure est accompagnée de quelqu'autre maladie. La phlogose, qui se manifeste avec violence dans les régions abdominales, est un signe qu'elle est jointe à la courbature (voyez COURBATURE), ou à quelqu'autre maladie aiguë. Les engorgemens qui ont lieu dans le tissu vasculeux dont nous avons déjà parlé, sont-ils encore accompagnés de celui des vaisseaux lymphatiques des parties membraneuses qui enveloppent les articulations, on peut dire alors qu'il y a fourbure et gras-fondure en même temps. Voyez FOURBURE.

Cette maladie est plus ou moins dangereuse, selon les diverses complications. Lorsqu'elle est simple, il est rare que les suites en soient funestes ; elle cède néanmoins dans tous les cas à un traitement méthodique, lorsque les secours qu'elle exige ne sont point tardifs. Ces secours consistent uniquement et en général en des saignées plus ou moins répétées pour désemplir les vaisseaux, les dégorger et abattre l'inflammation, dans l'administration d'un plus ou moins grand nombre de breuvages et de lavemens émolliens et rafraîchissans. On doit absolument proscrire tous remèdes cordiaux et purgatifs, que les maréchaux sont dans l'habitude d'administrer dans cette maladie. Ils sont capables d'enflammer et d'irriter encore davantage les intestins, et d'occasionner la mort de l'animal.

Du reste, c'est une erreur de croire que les chevaux chargés de graisse soient les seuls qui puissent être exposés à la grasfondure. Quoique la grande quantité des humeurs soit une des causes les plus communes de cette maladie, l'expérience nous a néanmoins prouvé d'une autre part que la force et la rigidité des solides, dans les chevaux maigres, ne les y rend pas moins sujets. (R.)

GRASSERIE. Maladie des vers à soie, qui se développe pendant les mues. C'est une enflure générale produite, selon M. Nysten, par l'infiltration des sucs nutritifs, causée sans doute par la foiblesse des organes de l'animal. Il n'y a pas de remède contre cette maladie, qui ne diffère de la jaunisse que par l'époque de son invasion. (B.)

GRASSETTE, *Pinguicula*. Plante de la décandrie monogynie et de la famille des personnées, à racine vivace, fibreuse; à feuilles toutes radicales, étalées en rosette sur la terre, ovales, oblongues, épaisses, comme onctueuses et fort tendres; à tige ou hampe haute de trois à quatre pouces, portant une ou deux fleurs bleues, qu'on trouve dans les marais de presque toute l'Europe, et qui fleurit au milieu de l'été.

Cette plante, qui est quelquefois très abondante, passe pour purgative et pour nuire aux bestiaux qui la broutent. Les Anglais l'appellent même *why-troot* (tue brebis). Il est donc bon de la détruire; mais on ne peut guère le faire qu'en desséchant et labourant les lieux où elle se trouve.

Linnæus dit que les femmes laponnes frottent leurs cheveux avec ses feuilles, afin de les rendre luisans, et qu'elles en mettent dans le lait de leurs rennes pour le rendre plus agréable et le faire cailler plus promptement. (B.)

GRASSETTE. On donne aussi ce nom à l'ORPIN REPRISE.

GRATERON. Espèce du genre des CAILLELAIT. *Voyez* ce mot.

GRATIOLE, *Gratiola*. Plante à racines vivaces, rampantes, noueuses; à tiges droites, noueuses, cannelées, hautes de huit à dix pouces; à feuilles opposées, sessiles et même amplexicaules, lancéolées, dentées; à fleurs purpurines, pédonculées, solitaires ou géminées dans les aisselles des feuilles supérieures; qu'on trouve en Europe dans les prés humides, les marais, et qui fait partie d'un genre de la diandrie monogynie et de la famille des personnées.

La GRATIOLE OFFICINALE, qu'on appelle aussi l'*herbe au*

pauvre homme, est amère, fortement purgative, un peu émétique et hydragogue. On l'emploie fréquemment en médecine et encore plus en vétérinaire. Son usage a besoin d'être dirigé par des hommes de l'art, car il expose à des accidens graves. (B.)

GRATTECUL. Nom vulgaire du fruit du ROSIER SAUVAGE.

GRATTOIR. Instrument dont on se sert quelquefois pour effacer sur le sol les traces des voitures ou des pieds des chevaux. Il peut aussi être employé à d'autres usages. (D.)

GRAVELÉE ou CENDRES GRAVELÉES. C'est la lie de vin brûlée, c'est-à-dire de la potasse unie à un peu de terre et de fer. On en fait fréquemment usage dans les arts. Souvent, lorsqu'elle a été mal brûlée, elle contient encore du tartre (tartrite de potasse). *Voyez* au mot VIN. (B.)

GRAVIER. Ce nom indique les pierres roulées, dont la grosseur moyenne est celle du pouce. Plus grosses, on les nomme PIERRES ROULÉES OU GALETS. Plus petites on les appelle SABLON OU SABLE.

Il y a des graviers calcaires, calcaro-argileux, calcaro-siliceux, argilo-siliceux et siliceux.

C'est au roulement des pierres, provenant de la destruction des montagnes par les torrens et les rivières, que sont dus les graviers. Ils couvrent des étendues considérables de pays au débouquement de toutes les hautes chaînes, et le long de la plupart des rivières. Presque toujours ils sont mêlés avec une certaine quantité d'argile provenant de leur propre décomposition, ou des lits de cette substance qui existoient dans les mêmes montagnes. Il arrive souvent que les couches de gravier ont une épaisseur très considérable. *Voyez* aux mots MONTAGNE, CAILLOUX, GALET, TORRENT, RIVIÈRE, l'historique de la formation des graviers.

La mer forme aussi des graviers par la destruction de ses bords ; mais il ne paroît pas que de fort grands amas soient dus à cette cause. Du moins, par-tout où j'en ai vu en France qui en provenoient évidemment et exclusivement, ils étoient peu considérables, si on les compare à ceux qui résultent de la destruction des Alpes, des montagnes d'Auvergne, des Pyrénées, etc. Je dis exclusivement, parceque la mer rejette souvent sur ses bords ceux qui sont amenés par les rivières, telles que la Loire, le Rhône, la Garonne, la Seine, etc.

Les terrains de graviers se confondent presque par-tout avec les terrains sablonneux, quoique leur origine et leur nature soient différentes, parceque leurs effets sur la végétation sont à peu près les mêmes. Les habitans de Paris peuvent facilement apprendre à les distinguer; car ces deux sortes de terrains sont très fréquentes dans les environs de cette ville. Le dessus de Belleville, de Menilmontant, de Fontenai-aux-Roses, de Sceaux, sont sablonneux ; les plaines de Grenelle, du Point-du-Jour, de Neuilly, de Genevillers, sont graveleuses.

Lorsque l'argile est en suffisante proportion avec les graviers, les terrains graveleux sont assez fertiles ; mais dans le cas contraire ils sont arides, parceque les eaux pluviales passent à travers et que les plantes n'y trouvent pas l'humidité nécessaire à leur croissance. Les récoltes qu'ils fournissent sont d'autant plus abondantes que le printemps a été plus pluvieux, ou que les arrosemens ont été plus abondans. Lorsque leur exposition est favorable, ils donnent des produits très précoces ; aussi sont-ils très favorables pour établir des jardins de primeurs ; aussi en tire-t-on un grand parti aux environs de Paris. Comme ils sont en général de formation récente, et qu'ils contiennent peu d'humus, beaucoup de fumier bien consommé est ce qui leur convient.

J'ai donné dans le quatrième trimestre de la seconde année de la Bibliothèque des propriétaires ruraux la culture particulière que les habitans de Houilles et de Montesson, communes situées de l'autre côté de la Seine, en face de la terrasse de Saint-Germain-en-Laye, donnent à un terrain graveleux, terrain dans lequel on trouve l'eau que la rivière y filtre à huit ou dix pieds de la surface. Cette culture consiste à creuser un grand nombre de puits d'une manière très économique et à arroser fortement. Par ce moyen ils se procurent des petits pois, des haricots, des oignons, des carottes et autres légumes quinze jours plus tôt que dans tout autre lieu des environs de Paris, et en aussi grande abondance que dans un sol de bonne nature. Une petite pioche, une pelle, un seau et deux ou trois jours de travail de deux hommes suffisent pour creuser un puits, tant le gravier de cette localité est peu lié ; mais aussi comme il s'éboule petit à petit, il faudroit que ce puits fût revêtu de pierre ou de bois. Les industrieux cultivateurs de ces communes s'évitent cette dépense par un moyen fort simple, qui consiste à faire le diamètre du trou plus considérable qu'il n'est nécessaire, de six pieds par exemple, et à placer au fond un tonneau défoncé. Le gravier qui se détache du pourtour s'arrête contre la paroi extérieure de ce tonneau, et on l'enlève lorsqu'il s'est accumulé jusqu'à son bord supérieur, c'est-à-dire à peu près une fois l'an. L'ouverture du puits est recouverte avec quatre planches croisées qui laissent dans le milieu un trou suffisant pour le passage du seau, et elle est surmontée de trois perches convergentes, au point de réunion desquelles une poulie est attachée. Lorsque le puits s'est trop agrandi pour supporter cet équipage, on le comble avec les graviers qu'on en avoit tirés, ce qui n'a lieu que tous les cinq à six ans, et on en creuse un autre dans le voisinage. Il y a lieu de croire qu'on pourroit rendre le service de ces puits plus actif, sans beaucoup augmenter la dépense, si on substituoit à la poulie le levier à bascule, si employé dans quelques parties de la France et dont l'usage est si peu fatigant.

Il est une infinité de terrains graveleux où il ne seroit pas possible d'employer le même mode de culture, à raison de la profondeur de la nappe d'eau ; mais ceux qui sont dans le cas dont je viens de parler sont assez fréquens sur le bord des grandes rivières.

Lasteyrie a fait connoître la pratique adoptée aux environs de Saint-Lucar en Espagne dans des terrains sablonneux, qui pourroit s'appliquer aux terrains graveleux avec un grand avantage. Elle consiste à creuser la moitié d'un espace de 10, 15, 20 pieds de large, sur une longueur indéfinie, jusqu'à un pied au-dessus du niveau ordinaire de l'eau, et à en rejeter le sable ou le gravier sur l'autre. Par ce travail, long et coûteux il est vrai, mais en définitif très productif, on obtient des jardins d'autant plus fertiles que l'année est plus chaude, et dans lesquels on trouve une augmentation d'abri qui permet une culture très méridionale. Aussi je ne doute pas que, si on pratiquoit de semblables excavations dans la plaine de Houilles et de Montesson, on ne parvînt à y faire venir des melons en pleine terre.

Les productions des cantons graveleux sont peu abondantes, mais le plus souvent excellentes. Je dirois même toujours excellentes, si l'extrême sécheresse ne produisoit pas le même effet que l'extrême humidité, c'est-à-dire une altération dans la saveur. Ceci s'applique principalement aux racines, telles que les raves, les carottes, les pommes de terre, etc. La vigne y vient fort bien pour peu qu'il y ait à peu de distance une montagne qui l'abrite des vents du nord. Les taillis de chêne roure, d'orme, de saule marseau, de bouleau, d'épine, de genêt, y réussissent. On peut même y établir des futaies, témoin le bois de Boulogne ; mais elles croissent avec une extrême lenteur.

La culture des terrains graveleux la plus simple est celle du seigle et de l'orge, qui, presque toujours, arrivent à maturité avant les grandes sécheresses de l'été ; aussi sont-ce elles qu'on pratique le plus généralement dans ceux qui ne contiennent qu'une très petite partie d'argile. Comme c'est à l'absence de l'humidité qu'est dû le manque de récoltes ou la foiblesse des récoltes qu'on y fait, on peut diminuer cette cause par des plantations d'arbres ou de grandes plantes qui s'opposent à l'évaporation causée, soit par la chaleur du soleil, soit par l'action des vents; ainsi je voudrois, et j'en ai vu l'expérience, que les terrains presqu'entièrement graveleux fussent coupés par des haies vives de plusieurs espèces d'arbres et d'arbustes d'une à deux toises de large, ou par des rangées de topinambours d'un à deux pieds, en planches plus ou moins larges, plus ou moins longues, dirigées du levant au couchant, planches dans lesquelles se feroient les semis, et qui seroient susceptibles de recevoir ceux même de l'été, comme haricots, raves, navette d'hiver, etc.; dans lesquelles la luzerne, le sainfoin, le trèfle donneroient des produits beaucoup plus sûrs et plus avantageux. Que de bénéfices on pourroit retirer par ce moyen de terrains qui en ce moment n'ont aucune valeur !

Les fumiers consumés, principalement de vache, sont ceux que réclament les terrains graveleux; il ne faut pas les leur ménager quand on le peut. Des récoltes de sarrasin, de vesces, de raves, enterrées à l'époque de leur plus forte végétation, suppléent économiquement au manque de ces fumiers. Comme ils contiennent généralement fort peu d'humus il faut leur ménager la chaux, la marne, la cendre et autres amendemens qui accélèrent la décomposition de cet humus. Un assolement à longs retours, et dans lequel il entre peu de récoltes de grains, est celui qui leur convient *Voyez* ASSOLEMENT et SUCCESSION DE CULTURE.

C'est le gravier que, sous le nom de sable, on recherche le plus pour recouvrir les allées des jardins, afin de les rendre praticables aux promeneurs à toutes les époques de l'année. L'emploi qu'on en fait sous ce rapport aux environs de Paris est fort considérable. Celui qu'on tire de la rivière est plus recherché, parcequ'il est exempt d'argile et composé de grains plus égaux; mais on peut rendre celui qui compose les plaines citées plus haut également propre au même objet en le lavant et en le passant à la claie. J'indiquerai un mot SABLE la manière d'employer le gravier dans la construction et l'entretien de ces sortes d'allées.

On fait aussi un fréquent usage du gravier dans la composition du mortier pour la bâtisse. (B.)

GREFFE (*incisio*) est une partie de végétal vivante qui, unie ou insérée dans une autre de même nature, s'y identifie et y croît comme sur son pied naturel, lorsque l'analogie entre les individus est suffisante.

Cette voie de multiplication est la plus attrayante pour le cultivateur instruit, parcequ'elle fournit un grand nombre de combinaisons qui, en exerçant l'esprit, donnent des résultats utiles ou agréables. Elle est aussi la plus abondante pour propager rapidement un très grand nombre de végétaux des plus intéressans.

Son but est, 1° de conserver et de multiplier des variétés, sous-variétés et races d'arbres fruitiers dues au hasard, qui ne se propagent pas avec leurs qualités par la voie des semences, et celles qui se multiplient plus lentement et plus difficilement par tout autre moyen de propagation;

2° D'accélérer de plusieurs années leur fructification;

3° D'embellir les fleurs de beaucoup de variétés d'arbres et arbustes d'ornement;

4° Et enfin de bonifier les fruits des arbres économiques et de hâter les jouissances en augmentant les profits des cultivateurs, des propriétaires, et les moyens d'existence des consommateurs.

La théorie de l'art de la greffe consiste,

1° A ne greffer les unes sur les autres que des variétés de la même espèce, des espèces du même genre, et par extension des genres de la même famille naturelle;

2° A observer l'analogie des arbres dans les époques du mouvement de leur sève, dans la permanence ou la caducité de leurs feuilles, et dans les qualités de leurs sucs propres, pour appareiller toutes ces choses entre les Sujets (voyez ce mot) et les arbres à greffer;

3° A choisir les époques les plus avantageuses du mouvement de la sève, soit dans son ascension, soit dans son plein ou dans sa descente, pour la réussite des greffes;

4° A faire coïncider exactement les libers des greffes et les vaisseaux des étuis médullaires dans quelques unes de leurs sortes avec ceux des sujets, pour établir le libre cours de leurs fluides montans et descendans;

5° Et enfin à employer beaucoup de célérité dans l'opération, de justesse dans l'union des parties, d'intelligence et d'activité pour faire tourner au profit de la réussite des greffes toutes les circonstances météorologiques qui peuvent leur être favorables, et à neutraliser autant que possible celles qui peuvent leur être contraires.

Les sujets ne changent pas les caractères de l'espèce des arbres qu'on greffe sur eux, mais ils les modifient souvent dans les dimensions de leurs parties, dans l'aspect de leurs ports, dans la saveur de leurs fruits, et dans la durée de leur existence.

L'art de la greffe a été connu dès la plus haute antiquité. Il a été pratiqué par les Carthaginois, qui le tenoient des Phéniciens leurs ancêtres; les auteurs grecs en font mention comme d'une pratique répandue parmi les cultivateurs de leurs campagnes; enfin les Romains en décrivent, dans les ouvrages qui nous restent d'eux, une assez grande quantité de sortes différentes. On voit qu'ils connoissoient les types des principales des nôtres. Ils pratiquoient celles par approche, en fente, en couronne, en flûte, en écusson et par perforation, et ils en décrivirent plus de vingt sortes différentes.

Depuis ce temps Olivier de Serres, La Quintinie, Agricola, Miller, Duhamel, Cabanis et Rozier ont ajouté aux greffes connues des anciens un nombre à peu près aussi étendu de nouvelles sortes qu'ils ont imaginées ou fait connoître par des descriptions et souvent par des figures qu'ils en ont publiées dans leurs ouvrages.

Enfin les cultivateurs modernes de toutes les parties de l'Europe ont augmenté de plus du double la somme des connoissances en ce genre, et ils ont porté à plus de soixante-dix le nombre de sortes, de variétés et de sous-variétés de greffes connues et plus ou moins pratiquées par les cultivateurs des diverses parties du monde.

Comme la plupart des anciens agronomes, nous divisons le genre des greffes en trois sections principales ; mais nous les composons de séries de sortes de greffes très différentes de celles qui les composoient auparavant nous. Nous avons réuni dans chacune d'elles les sortes qui offrent le même caractère essentiel.

La première section, à laquelle nous laissons le nom de *greffes par approche*, parcequ'il est adopté généralement et n'offre pas d'équivoque, renferme toutes les sortes de greffes qui s'effectuent au moyen de quelques unes des parties des végétaux qui tiennent à un ou à plusieurs individus munies de leurs racines.

La seconde, à laquelle nous donnons le nom de greffes par scions ou (*sureulus*) *jeunes pousses*, réunit toutes celles qui se pratiquent au moyen de parties boiseuses, telles que bourgeons, ramilles, rameaux et branches, coupées sur un individu et transportées sur un autre, ou à une autre place sur le même arbre. Celle-ci comprend les greffes nommées en fente, en couronne, de côté, et par incision. Ces dénominations sont vagues, puisque pour opérer toutes sortes de greffes il faut faire des fentes soit dans l'écorce, l'aubier, le bois, ou soit dans l'étui médullaire. L'indication des parties séparées de leurs pieds, dont on compose les greffes de cette section, ne laisse aucun doute sur les sortes qui doivent la composer. C'est la raison pour laquelle nous avons cru devoir adopter cette définition de préférence aux anciennes.

La troisième et dernière rassemble toutes les greffes faites avec des yeux, boutons ou gemma transportés, avec la portion d'écorce qui les accompagne, d'une place à une autre sur le même ou sur d'autres individus, et nous nommons cette section celle des *greffes par gemma*. Elle est composée de toutes les sortes qu'on nomme vulgairement greffes en écusson, en anneau, en flûte, en sifflet, par boutons, par bourgeons et par inoculation ; tous termes peu indicatifs des objets qu'ils doivent représenter à l'imagination.

D'après cette méthode de division, il ne reste plus d'équivoque ni d'arbitraire pour le placement des diverses sortes de greffes dans leurs sections, non seulement pour celui des anciennes, mais même pour les nouvelles et pour celles qui pourront être imaginées par la suite. Il suffit de savoir si les parties greffées tiennent à leurs pieds, si les greffes sont effectuées avec des parties boiseuses séparées de leurs individus, ou enfin si elles se pratiquent avec des gemma, pour les rapporter sans difficulté à leur section ; et comme les sortes qui composent chacune de ces trois sections des greffes ont un même mode d'exécution, s'effectuent dans la même saison, exigent des appareils à peu près semblables, et nécessitent une culture très rapprochée, il résultera de cette nouvelle distribution l'établissement de principes généraux qui pourront guider dans la pratique de la culture de chacune des sortes en particulier.

Cette première distribution est suivie d'une autre qui nous a paru non moins utile ; elle a pour objet de réunir par groupes toutes les sortes d'une même section qui peuvent former des séries particulières, et nous les avons distinguées par des caractères du second ordre faciles à saisir.

Les sortes de greffes ont aussi leurs caractères spécifiques susceptibles de les faire distinguer les unes des autres, et qui portent presque toujours sur des différences dans la forme, dans le nombre ou la nature de leurs parties, et dans leurs usages. Nous les avons rangées dans leurs séries suivant l'ordre de leurs affinités plus ou moins grandes, et celles-ci sont placées dans leurs sections respectives d'après le même principe, en commençant autant qu'il a été possible par les plus simples, les plus connues, et finissant par les plus compliquées et les moins pratiquées.

La distinction des variétés est établie sur les différences de dimensions des parties qui constituent les greffes, et ces variétés sont toujours placées à la suite de leurs sortes.

Quant aux sous-variétés dont les différences ne portent le plus souvent que sur des procédés de culture ou sur des dissemblances dans la manière de les exécuter, et dans leurs appareils, elles se trouvent rangées à la suite de leurs principales variétés.

Presque toutes les sortes de greffes n'ont point de noms propres et particuliers à chacune d'elles, mais seulement des périphrases descriptives qui en ont tenu lieu jusqu'à présent, ce qui nuit à la rapidité de l'élocution, met de la diffusion dans les idées et fatigue la mémoire. Pour remédier à ces inconvéniens, nous avons cru devoir imposer des noms à chacune de ces sortes, et voici la théorie d'après laquelle nous les avons établis.

Autant que nous l'avons pu, nous avons donné aux différentes sortes de greffes les noms de leurs inventeurs ; mais comme la plupart sont inconnus, à leur défaut nous avons pris ceux des auteurs contemporains qui en ont parlé les premiers dans leurs ouvrages, et de ceux qui en ont donné les meilleures figures. Le nombre de ces noms étant encore insuffisant pour nommer la quantité de sortes existantes dans ce moment, nous avons été obligés d'employer ceux des cultivateurs de tous les temps et de toutes les nations qui ont bien mérité de l'agriculture, soit par des découvertes ou par des ou-

vrages utiles aux progrès de l'art de cultiver , ou soit parcequ'ils se
sont trouvés à la tête de grandes cultures qu'ils ont dirigées avec
distinction.

Si les noms que nous avons choisis n'indiquent aucune des propriétés de la chose à laquelle ils sont affectés , ils ne donnent pas au
moins d'idées fausses et en rappellent d'autres qui , suivant nous ,
sont beaucoup plus propres à les faire retenir, celles des inventeurs
des greffes , du pays ou du temps où elles ont été imaginées , de
cultivateurs célèbres ou distingués , d'amis ou de bienfaiteurs de
l'agriculture et des cultivateurs. Ces idées nous semblent beaucoup
plus propres à fixer ces noms dans la mémoire que des mots qui
n'expriment que de foibles caractères. S'ils vieillissent, ils s'identi-
fieront avec l'objet qu'ils sont chargés de représenter , comme les
noms de pain , de vin , etc. , qui dans l'origine de leur adoption ne
signifioient aucune des propriétés des choses qu'ils représentent si
sûrement à présent.

SECTION PREMIÈRE. GREFFES PAR APPROCHE.

Le caractère essentiel des greffes de cette section consiste en ce
que *les parties dont on les forme tiennent à leurs pieds enracinés et vivent de leurs propres moyens, jusqu'à ce qu'elles soient
soudées ensemble; alors la communauté de sève est établie entre
les individus.*

Cette section des greffes peut être comparée aux marcottes qui
vivent aux dépens des racines de leur mère, jusqu'à ce qu'en ayant
poussé de particulières elles puissent vivre de leurs propres organes.
De même les greffes en approche ne sont séparées de leurs pieds
que lorsque , identifiées avec les sujets , elles vivent de la sève
fournie par leurs racines. Toute la différence entre la marcotte et
cette division des greffes est que la première est mise en terre , et
que la seconde est placée sur un sujet qui lui est analogue.

La nature opère souvent sous nos yeux des greffes par approche
sur la plupart des différentes parties des végétaux , et l'art est parvenu à l'imiter : il s'en sert pour transformer des espèces sauvages,
inutiles et quelquefois nuisibles, en arbres à bons fruits , en espèces
rares, agréables ou utiles.

Cette section des greffes est propre à la multiplication de jeunes
arbres , à celle d'individus plus âgés qui sont arrivés au quart , au
tiers , à la moitié de leur croissance, et même à une époque plus
avancée, lorsque les circonstances locales le permettent.

On peut s'en servir pour donner de la solidité aux clôtures ou
haies de défense des biens territoriaux , pour procurer aux arts et
à la marine des bois courbes et anguleux d'un grand nombre de
manières, pour prolonger l'existence des vieux arbres dont les

troncs menacent d'une ruine prochaine , et enfin pour produire des effets pittoresques dans les jardins paysagistes ; mais on n'en tire pas tout l'avantage qu'on peut en espérer , parceque ses résultats se font attendre souvent pendant long-temps.

Les greffes par approche peuvent s'effectuer dans toutes les saisons de l'année , excepté pendant les temps de gelées et de chaleurs extrêmes , et sous toutes les zones de la terre ; mais les époques du mouvement de la sève, soit dans sa descente, soit dans son plein , et sur-tout lors de son ascension , sont les momens les plus favorables à leur prompte réussite.

Leur théorie consiste, 1°·à faire aux parties qu'on veut greffer les unes sur les autres des plaies bien nettes et proportionnées à leur grosseur , depuis l'épiderme jusqu'à l'aubier , souvent dans l'épaisseur du bois , et quelquefois jusque dans l'étui médullaire , suivant l'exigence des cas ; 2° à réunir ces plaies de manière qu'elles ne laissent entre elles que le moins de vide possible , et que sur-tout les feuillets du liber soient joints ensemble exactement dans un très grand nombre de points ; 3° à fixer ces parties au moyen de ligatures et de tuteurs solides , pour empêcher tout dérangement ; 4° d'abriter ces plaies de la lumière , de l'eau et de l'air, au moyen d'emplâtres durables ; 5° de surveiller le grossissement des parties pour prévenir toutes nodosités difformes nuisibles à la circulation de la sève , et sur-tout empêcher que les branches ne soient coupées par les ligatures ; 6° et enfin à ne sevrer les greffes de leurs pieds naturels que lorsque la soudure ou l'union des parties est complètement effectuée.

Les greffes par approche étant nombreuses en sortes et en variétés différentes , nous les diviserons en cinq séries , en raison de ce qu'elles s'effectuent par les tiges , par les branches , par les racines , par les fruits et par les feuilles ou les fleurs d'un ou de plusieurs individus. Elles sont au nombre de trente-sept , dont voici le tableau qui sera suivi de notes sur chacune de ces sortes de greffes en particulier.

TABLEAU des greffes qui composent la section première, ou celle des greffes par approche.

CARACTÈRE ESSENTIEL. Union de parties tenantes à des individus munis de leurs racines.

SÉRIE PREMIÈRE. *Greffe par approche sur tiges.*

N° I. G. *Malesherbes* . . . G. par approche , sur tige, de gourmands sur l'arbre qui les a produits.
II. G. *Forsyth* . . . . . G. par approche , sur tige, de rameaux sur l'arbre qui les a produits.
III. G. *Michaux* . . . . . G. par approche , sur tige, de branches sur l'arbre qui les a produites.

IV. G. *Cauchoise*. . . . . G. par approche, sur tige, d'une tête d'arbre sur un sujet qui en manque.

V. G. *Bradeley*. . . . . G. par approche, sur tige, d'un rameau terminal sur celle à laquelle on l'a coupé, et au moyen d'une agrafe.

VI. G. *Varron* . . . . . G. par approche, sur tige, d'un rameau latéral qui remplace la cime du sujet au moyen d'une fen e.

VII. G. *Sylvain*. . . . . G. par approche, sur tige, avec deux têtes croi ées.

VIII. G. *Hymen*. . . . . . G. par approche, sur tige, avec accolement des deux troncs et de leurs têtes.

IX. G. *Dumoutier*. . . . . G. par approche, sur tige, au moyen de quatre esquilles de bois entrant les unes dans les autres.

X. G. *Monceau*. . . . . G. par approche, sur tige, au moyen de l'amputation de la tête du sujet, de sa taille en coin, et de son introduction dans une entaille faite à la tige de l'arbre portant la greffe.

XI. G. *Noel*. . . . . . G. par approche, sur tige, au moyen de l'amputation de la tête de plusieurs sujets, de leur taille en coin, et de leur introduction dans des entailles faites aux arbres placés les uns au-dessus des autres.

XII. G. *Vrigny*. . . . . G. par approche, sur tige, au moyen de l'amputation de la tête du sujet, de sa taille en bec de plume, et de son application sur l'aubier de l'arbre portant la greffe.

XIII. G. *Duhamel*. . . . . G. par approche, sur tige, au moyen de l'amputation de la tête des sujets, de leur taille en tenons, et de leur application dans des mortaises pratiquées sur l'arbre à greffer.

XIV. G. *Denainvillier*. . . G. par approche, sur tige, au moyen de l'amputation de la tête des sujets, de leur taille en biseau long, et de leur introduction entre l'aubier et l'écorce de l'arbre à greffer.

XV. G. *Fougeroux*. . . . G. par approche, sur tige, au moyen de la réunion de plusieurs sujets qu'on accole, en leur conservant la tête, à un arbre planté au milieu d'eux.

XVI. G. *Muséum*. . . . . G. par approche, sur tige, en coupant en deux parties égales les gemma terminaux, avec une portion de leurs bourgeons, et les réunissant pour n'en former qu'un seul appartenant à deux arbres.

XVII. G. *en arc* . . . . . . G. par approche, sur tige, en faisant décrire une portion de cercle aux individus, et les unissant ensemble.

XVIII. G. *en berceau*. . . . G. par approche, sur tige et sur branches, en faisant décrire une portion de cercle aux premières, et disposant les secondes en losanges.

XIX. G. *par compression*. G. par approche, sur tige, au moyen de leur simple compression.

XX. G. *Diane* . . . . . . G. par approche, sur tiges contournées les unes autour ou à côté des autres en spirale dans la hauteur du tronc.

XXI. G. *Magon*. . . . . . G. par approche, de tiges composant un seul tronc, au moyen d'écorcemens latéraux et correspondans sur les individus.

XXII. G. *chinoise* . . . . . G. par approche, sur tiges fendues longitudinalement en différentes parties, et chacune d'elles réunie à des parties semblables pour ne composer qu'un seul tronc.

XXIII. G. *Columelle* . . . . G. par approche d'une tige sur la racine d'un arbre différent.

XXIV. G. *Virgile*. . . . . . G. par approche d'une tige passée à travers un tronc perforé dans le milieu de son diamètre.

SÉRIE DEUXIÈME. *Greffes par approche sur branches.*

I. G. *Cabanis* . . . . . G. par approche, sur branches, au moyen d'entailles correspondantes jusqu'à la moitié de l'épaisseur des parties.

II. G. *Agricola*. . . . . G. par approche sur branches accolées ensemble au moyen de plaies longitudinales.

III. G. *Aiton*. . . . . . . G. par approche, sur branches, pour les arbres résineux et ceux qui sont toujours verts.

IV. G. *Rozier* . . . . . . G. par approche, sur deux branches mères, dont les bourgeons sont disposés en losanges, et greffés à leurs points de section.

V. G. *en losange* . . . . G. par approche sur branches disposées en losanges et unies à leurs points de section.

VI. G. *égyptienne*. . . . G. par approche, sur branches, de plusieurs arbres sur la tige d'un autre individu placé au milieu d'eux.

VII. G. *Buffon*. . . . . . G. par approche de branches d'un arbre incrustées sur des tiges de sujets placés dans sa circonférence.

VIII. G. *Caton* . . . . . . G. par approche de bourgeons comprimés pendant leur croissance.

SÉRIE TROISIÈME. *Greffes par approche sur racines.*

I. G. *Malpighi*. . . . . G. par approche, de racines tenant aux souches de deux arbres voisins.

II. G. *Lemonnier*. . . . G. par approche de souches de racines entre elles, en réservant une seule tige.

SÉRIE QUATRIÈME. *Greffes par approche de fruits.*

I. G. *Pomone* . . . . . G. par approche de fruits s'unissant dès leur naissance dans les boutons qui les renferment.

II. G. *Le Berriays* . . . G. par approche de fruits d'un arbre sur le rameau d'un autre individu.

SÉRIE CINQUIÈME. *Greffe par approche de feuilles et de fleurs.*

I. G. *Adanson*. . . . . G. par approche de feuilles et de fleurs s'unissant dans leur jeunesse à d'autres parties de végétaux.

La nécessité de restreindre cet article ne nous permet pas d'entrer dans les détails de l'exécution de ces différentes sortes de greffes. D'ailleurs beaucoup d'entre elles se pratiquent fort rarement. Nous nous contenterons donc de présenter au lecteur une courte exposition des avantages qu'elles peuvent avoir dans certains cas, renvoyant aux différens mémoires que nous nous proposons de faire imprimer dans les Annales du Muséum ceux qui voudroient en acquérir une connoissance plus étendue.

Série première. *Greffes par approche sur tiges.* Cette série de greffes s'effectue sur des tiges de différens âges, et même sur des troncs d'arbres de diverses grosseurs. Elle a pour but de placer des branches où elles sont nécessaires, de changer des sauvageons en arbres à bons fruits, de remplacer des troncs viciés, et de donner une vigueur surnaturelle à certains individus.

Par la greffe Malesherbes on se propose de rétablir l'équilibre entre les diverses parties du même arbre, en faisant en sorte que celles qui ont de la sève par excès la répartissent sur celles qui en sont peu pourvues.

Le but de la greffe Forséyth est de remplacer des branches d'arbres fruitiers conduits en espaliers en vases et sur-tout en quenouilles dans les parties qui en manquent. *Voyez pl.* 3, *fig.* 1.

Le mérite de la greffe Michaux consiste à produire des effets très pittoresques et de fournir des courbes très utiles aux arbres destinés au charronnage et à la marine.

Les cultivateurs du pays de Caux font fréquemment usage de la greffe cauchoise pour rétablir leurs pommiers à cidre lorsqu'ils ont été rompus par le vent au-dessous de la greffe.

C'est pour transformer un jeune sujet en arbre d'un mérite plus distingué ou auquel on attache le plus d'importance qu'on a imaginé la greffe Bradley. On peut l'employer utilement à la multiplication des arbres toujours verts, des arbres résineux et de beaucoup d'autres.

On a attribué à Varron la greffe à laquelle nous avons donné son nom et qui est celle qu'on emploie le plus communément, en la modifiant un peu. Elle est très avantageuse pour multiplier les arbres à bois dur qui résistent souvent aux autres sortes de greffes, tels que les houx, les hêtres, les chênes, etc. *Voyez pl.* 3, *fig.* 2.

Nous appelons Sylvain la greffe qui se montre fréquemment dans les bois où elle se forme par le rapprochement fortuit de deux jeunes arbres. Des arbres ainsi greffés peuvent être employés à remplacer les poteaux auxquels on attache les portes ou barrières qui ferment les enclos. Ces piliers naturels sont bien moins dispendieux à établir et bien plus durables que ceux faits en bois mort.

On peut pratiquer la greffe Hymen sur des arbres forestiers, afin de se procurer par la suite des bois qui offrent des courbes propres

Pl. III. Tom. 6. page 504

Decve del. et dir.

Greffe.

à la marine et aux arts, et aussi afin de réunir les deux sexes des arbres dioïques, qui, éloignés l'un de l'autre, sont souvent stériles.

Quelque difficile qu'il soit d'exécuter la greffe Dumoutier, il est utile de la préférer aux autres dans certains cas, parceque fournissant un plus grand nombre de points de coïncidence, elle offre des chances plus nombreuses de réussite. De plus elle est d'une solidité à l'épreuve de l'effort des vents.

On parvient, au moyen de la greffe Monceau, à faire croître un arbre plus rapidement qu'il n'est dans sa nature de le faire, en lui donnant deux appareils de racines.

. Il en est de même des greffes Noël, Vrigny, Duhamel, Denainvillier, Fougeroux et autres de même sorte. Toutes peuvent puissamment servir à accélérer la croissance des arbres qu'on auroit un intérêt puissant à voir promptement parvenir à toute leur hauteur, ou à une grosseur supérieure à celle qui leur est ordinaire. Le fait suivant pris entre quatre à cinq autres analogues le prouve d'une manière incontestable.

Table de comparaison des dimensions de deux *frénes de Caroline* venus de graines envoyées d'Amérique en 1799, et semées en mars 1800. Tous les deux replantés en 1806, dans à peu près le même terrain, à la même exposition. L'un abandonné à sa croissance naturelle, et l'autre greffé en mars 1807 avec quatre jeunes frênes communs de trois ans de semis, au moyen de la greffe de Denainvillier, mesurés tous les deux le même jour en septembre 1807 et 1808. *Voyez pl.* 3, *fig.* 3.

	Frène non greffé.		Frène greffé.	
	En 1807.	En 1808.	En 1807.	En 1808.
	m. d. c. mil.	m. d. c. mil.	m. d. c. mil.	m. d. c. mil.
Hauteur des 2 individus.	1 6 5	2 6 3	3 9 4	5 7 6
Grosseur de la tige au-dessous de la greffe ou de sa place.	5 5	6 2	8 2	1 1
Grosseur de la tige au-dessus de la greffe ou à 1 m. 1 déc. au-dessous du niveau de la terre.	5 2	6 6	9 5	1 4 3
Nombre des rameaux des deux individus.	dix.	douze.	quatorze.	trente-un.
Longueur de ces mêmes branches.	1 à 2 décim.	2 à 7 décim.	2 à 15 décim.	6 à 12 décim.

Le nombre des folioles s'est maintenu le même dans les deux individus et de même forme, mais d'une ampleur d'un tiers plus considérable dans celui greffé que dans l'autre.

Il résulte de cette comparaison, que l'individu greffé a crû de plus du double et plus rapidement que celui qui n'a pas été greffé. *Voyez pl.* 3, *fig.* 3.

L'usage principal auquel on pourroit employer cette sorte de greffe est sur des arbres fruitiers, dont il est très probable qu'elle augmenteroit le volume des fruits et les rendroit plus savoureux.

La greffe du Muséum est une des plus solides, et peut servir à fournir des arbres d'un effet pittoresque dans les jardins et du bois anguleux de différentes formes très propre aux arts.

Le but de la greffe en arc est de donner des formes singulières aux arbres et des bois courbes si utiles à la marine.

Il est très facile et très avantageux de pratiquer la greffe en berceau dans la construction des Berceaux et des Tonnelles (*voyez* ces mots) composés d'arbres de mêmes espèces et d'espèces très voisines.

Quoique nos connoissances actuelles ne permettent pas de croire aux prodiges qu'on a débités au sujet de la greffe par compression, il est possible d'en tirer un parti utile ou agréable dans certains cas.

On pratique la greffe Magon en Espagne, sur-tout sur les oliviers, et on obtient des arbres bien plus gros et bien plus productifs que ceux greffés d'une autre manière. Un immense pommier qui existoit jadis dans le potager de Versailles avoit été greffé de cette manière. Elle offre le principal des avantages des greffes Noël, Vrigny, Duhamel, Denainvilliers et Fougeroux, c'est-à-dire un plus grand nombre de racines.

Ne fût-ce que comme greffe singulière, celle que nous appelons chinoise mériteroit d'être exécutée; mais plusieurs autres raisons déterminantes militent aussi en sa faveur. Elle ne diffère au reste de la précédente que par une nuance.

Celle des greffes à qui nous avons imposé le nom de Columelle peut être souvent employée pour multiplier des arbres qui ont peu de branches ou des branches trop élevées.

Il est sans doute beaucoup de greffes bien plus simples et aussi sûres que celle préconisée par Virgile, et à laquelle nous avons donné le nom de ce célèbre poëte; mais aussi il est des cas où on peut croire qu'il est utile ou agréable de la pratiquer.

Série seconde. *Greffes par approche sur branches.* Les greffes de cette série se distinguent de celles de la précédente en ce que les individus soumis à cette voie de multiplication, au lieu d'être greffés par leurs tiges ou par leurs troncs, le sont par leurs branches latérales ou leurs rameaux, au moins dans l'un des deux individus, si ce n'est dans les deux à la fois. Elles s'exécutent pour la plupart de la même manière et exigent les mêmes soins et les mêmes appareils.

La greffe Cabanis peut être employée avec succès pour multiplier les espèces d'arbres qui reprennent difficilement par les autres sortes. Elle est d'un usage assez fréquent dans les pépinières.

On ne distingue la greffe Agricola de la précédente que parceque les branches au lieu d'être croisées sont accolées l'une à l'autre. Elle n'est qu'une légère modification de la greffe Hymen ou de la greffe Varron, et se pratique encore plus fréquemment que la précédente dans les pépinières pour multiplier les arbres et arbustes précieux qui se prêtent difficilement aux autres sortes de greffes.

L'énoncé du mode de la greffe Aiton indique suffisamment les cas où il est avantageux de la préférer; mais les arbres qui en résultent sont généralement de peu de durée.

Les haies construites d'après le procédé très ingénieux de la greffe Rozier sont très propres à défendre les propriétés rurales contre les hommes et les bestiaux. On peut l'employer aussi pour former, dans les jardins, de grands éventails d'arbres fruitiers d'une seule pièce et d'un très grand produit. *Voyez pl.* 3, *fig.* 4.

La différence qui existe entre la greffe en losange et la précédente, ne consiste qu'en ce qu'elle s'exécute sur les branches des jeunes arbres très rapprochés. Ses résultats, sous le point de vue de l'utilité, sont positivement les mêmes.

Peut-être est-il permis de croire que la greffe que nous appellons égyptienne, parcequ'on l'attribue aux Égyptiens, est peu propre à opérer le grossissement des arbres pour lesquels on la pratique. Il est cependant nécessaire de la citer.

Ce n'est que l'année dernière que nous avons pratiqué la greffe Buffon; ainsi nous ne pouvons encore indiquer quels seront ses résultats.

Les anciens ont attribué à la greffe Caton la faculté de mélanger la forme, la couleur et la saveur des fruits, des espèces ou des variétés des arbres qu'on y soumet; mais il est presque certain que cet effet n'est pas produit.

SÉRIE TROISIÈME. *Greffes par approche sur racines.* Ce qui distingue cette série des précédentes et de celles qui suivent est qu'au lieu de greffer les individus par leurs tiges et par leurs branches, on les unit par leurs racines tenant à leurs souches.

Leur but d'utilité n'est pas de multiplier les individus, mais de rétablir en santé des arbres languissans ou de leur donner une végétation plus vigoureuse.

Ces greffes ne sont pas pratiquées dans la culture ordinaire, parcequ'elles ne sont pas connues des cultivateurs; mais beaucoup d'observations particulières font présumer qu'elles pourroient y être introduites avec succès.

Il n'est pas douteux qu'elles ne soient propres à éclairer plusieurs points de physique végétale encore obscurs.

Le but de la greffe Malpighi est de rétablir les forces des arbres qui languissent faute de bonnes racines. Elle peut avoir de fréquentes applications, mais elle est cependant peu employée.

Il en est de même de la greffe Lemonnier que nous avons fait exécuter le premier comme objet d'expérience.

Série quatrième. *Greffes par approche de fruits.* Ce titre indique suffisamment la différence des greffes de cette série avec celles de toutes les autres, pour qu'il ne soit pas nécessaire d'en désigner autrement le caractère. Elles s'effectuent accidentellement dans la nature et se fixent quelquefois au moyen de la greffe. L'anatomie et la physiologie végétale peuvent en tirer un parti utile dans quelques cas. On ne les pratique pas dans la culture ordinaire.

La nature offre souvent des greffes Pomone, et on peut en faire toutes les fois que deux fruits sont très rapprochés. Il en résulte des fruits plus gros et qui se font remarquer par leur forme singulière.

C'est pour prouver que les sujets ne changent pas les espèces qu'on place sur eux que la greffe Le Berriays a été imaginée.

Série cinquième. *Greffes par approche de feuilles et de fleurs.* Ces greffes se rencontrent dans la nature; on les regarde comme des jeux de hasard, des écarts de la végétation ou des monstruosités. La compression des parties dans leur jeunesse, des blessures, des piqûres d'insectes, un excès de nourriture, y donnent lieu le plus souvent. Elles ne sont point en usage dans la pratique habituelle de la culture. On peut les employer comme expériences utiles à la démonstration de l'organisation végétale.

Quoique la greffe Adanson ne soit qu'une monstruosité sans utilité réelle, il est bon de l'indiquer.

Beaucoup de greffes, dont nous venons de passer en revue la série, peuvent être exécutées à toutes les époques de l'année; mais cependant la plupart s'accommodent mieux de celle de l'entrée en sève des arbres avec lesquels on les fait. Quelques unes exigent même impérieusement cette circonstance pour réussir.

Une des causes qui font manquer ces sortes de greffes, c'est la fermeture de la plaie faite à l'écorce, c'est-à-dire le défaut de soudure des parties; mais on peut presque toujours faire renaître les chances de réussite en trouvant cette plaie, en la rafraîchissant comme disent les jardiniers. C'est principalement cette faculté qui les rend si avantageuses comparativement aux autres, puisque la seule perte qu'on ait le plus communément à craindre est celle du temps.

Le plus souvent un simple lien qui fixe fortement les deux parties de la greffe suffit pour déterminer leur soudure. D'autres fois un bandage propre à la soustraire aux influences de l'air devient nécessaire. Il est même des cas, quand on emploie des rameaux très minces, comme dans la greffe Varron, où il est très avantageux de les entourer d'une poupée, ou de les faire passer à travers un cornet rempli de terre, de mousse, etc. afin de conserver une constante humidité autour d'elles.

Dans les sortes de greffes par approche où on entaille le bois soit transversalement, soit longitudinalement, on trouve encore un

avantage très précieux, c'est la solidité. Ceux qui ont été à portée
de juger des pertes que les pépiniéristes, qui ne greffent qu'en fente
ou en écusson, éprouvent chaque année par suite du décolement produit par les vents, les pluies d'orage, les quadrupèdes et les oiseaux,
sont plus en état d'apprécier la valeur de cette remarque.

Nous devons observer cependant, pour éloigner une cause d'erreur, que ce n'est pas parceque les bois se soudent dans ce cas, mais
parcequ'une ou plusieurs parties s'enchevêtrent les unes dans les
autres. La plaie faite à l'aubier d'un arbre se recouvre par la production d'une nouvelle couche, mais jamais elle ne se répare. Il
y a perpétuellement entre elles solution de continuité.

On gagne toujours à ne sevrer les greffes en approche qu'une
année après celle où on s'est assuré de leur complète réussite, sur-
tout lorsqu'elles appartiennent à des arbres à bois dur ; cependant
on les sèvre fréquemment au bout de la première. Nous faisons cette
observation, parceque je me suis convaincu que la soudure n'étoit
quelquefois qu'apparente, et qu'on perdoit alors le fruit de ses
peines.

SECTION DEUÉXIME. DES GREFFES PAR SCIONS.

Le caractère essentiel qui distingue les greffes de cette section des
deux autres consiste en ce qu'on *emploie pour les effectuer de
jeunes pousses boiseuses, comme bourgeons, ramilles, rameaux,
petites branches et racines, qu'on sépare de leurs individus pour
les placer sur un autre, afin d'y vivre et d'y croître à ses dépens.*

Ces greffes réussissent d'autant mieux que la mère nourrice
qu'on leur donne (et celle-ci les adopte d'autant plus sûrement)
qu'elles sont de même race, de même variété, de même espèce,
de même genre et de même. famille, et en proportion que la parenté
est plus rapprochée, et sur-tout que les habitudes sont plus conformes entre elles.

On peut assimiler cette section des greffes, jusqu'à un certain
point, avec des boutures qui, séparées de leurs pieds, sont mises
en terre, soit pour y pousser des racines, soit pour y produire des
bourgeons. Toute la différence consiste en ce que les greffes sont
plantées sur des végétaux pour vivre à leurs dépens au moyen de
leurs racines, tandis que les boutures sont mises en terre pour
acquérir les organes qui leur manquent, et vivre ensuite de leurs
propres moyens.

Cette section renferme ce qu'on nomme communément les
greffes en fente, en couronne, de côté, par juxtaposition et en
bouts de branches. Nous les avons toutes réunies dans la même division, parcequ'elles n'offrent pas de caractères assez tranchés pour
les en séparer ; nous nous contenterons d'en composer des séries
particulières dans cette même section.

Toutes ces greffes s'effectuent au moyen de l'amputation des parties à greffer des individus sur lesquels elles sont nées. Souvent elles exigent la coupe de la tête ou des branches des sujets sur lesquels on les pose, et toujours des incisions, des entailles ou des plaies plus ou moins profondes, préparées pour recevoir et maintenir les greffes. Ce sont les différences dans la forme de ces plaies, la nature des parties sur lesquelles on les opère, la préparation des greffes, et le but qu'on se propose, qui forment les caractères spécifiques des différentes sortes que nous avons à décrire.

Ces greffes étant plus faciles à pratiquer que celles de la section précédente (les greffes par approche) sont aussi plus généralement et beaucoup plus communément employées. On les effectue sur de jeunes sujets d'un an, sur des arbres adultes, et sur les branches de vieux arbres approchant de la décrépitude.

Elles ont pour but de multiplier des variétés et des espèces déjà nées, dont les premières n'ont pas la faculté de se propager par leurs semences ; pour les secondes, de transformer en individus utiles, agréables et rares, des êtres inférieurs sous l'un ou sous l'autre rapport, et de hâter leur fructification.

Mais c'est souvent aux dépens d'un plus ou moins grand nombre d'années de l'existence des individus qu'on soumet à cette opération qu'on se 'procure ces avantages. Il est cependant des cas où cette sorte de greffe prolonge la durée, soit des greffes, soit des sujets.

Les sortes de greffes de cette section étant nombreuses, nous les divisons en cinq séries différentes.

La première réunira celles connues sous la dénomination de greffes en fente, et qui se pratiquent au moyen de ramilles ou jeunes pousses produites par la dernière sève.

La seconde, celles nommées habituellement greffes en couronne, qu'on effectue avec de jeunes rameaux produits par l'avant-dernière sève, et dont l'âge est de douze à dix-huit mois.

La troisième comprendra les greffes en bouts de branches ou celles formées de rameaux garnis de leurs ramilles, de leurs feuilles, souvent de leurs boutons à fleurs, et quelquefois de leurs fruits.

La quatrième rassemblera les greffes de côté, ou celles qui s'effectuent sur les côtés des tiges des arbres, sans exiger l'amputation de leurs têtes.

La cinquième et dernière renfermera les greffes de racines sur les arbres, et celles de jeunes scions sur les souches de racines. Cette série étant peu nombreuse en sortes différentes, nous n'avons pas cru devoir la diviser, comme il sembleroit que la nature des parties l'eût exigé.

TABLEAU des greffes qui composent la section deuxième, ou celle des greffes par scions.

CARACTÈRE ESSENTIEL : parties boiseuses séparées de leurs individus, et insérées à d'autres places.

SÉRIE PREMIÈRE. *Greffes en fente.*

Nº I. G. *Atticus*......... *G.* en fente à un seul rameau de diamètre, plus petit que celui du sujet.

II. G. *Olivier de Serres*. *G.* en fente de rameaux sur des branches nouvellement marcottées.

III. G. *Bertemboise*...'. *G.* en fente de rameau porté sur un sujet taillé en biseau dans la partie qui n'est pas occupée par la greffe.

IV. G. *Kuffner*...... *G.* en fente à un seul rameau de même diamètre que le sujet, et dont un des côtés est enlevé pour être remplacé par la greffe.

V. G. *Maupas (Rast)*. *G.* en fente à yeux dormans, en réservant les branches du sujet placées au-dessus de la greffe.

VI. G. *Ferrary*...... *G.* en fente à un seul rameau de même diamètre que la tige du sujet.

VII. G. *Lée*........ *G.* à un seul rameau taillé par le bas en coin triangulaire, et placé sur le sujet dans une rainure de même forme, sans fendre le cœur du bois.

VIII. G. *Miller*...... *G.* à un rameau placé sur le bord de la circonférence de la coupe du sujet.

IX. G. *anglaise*...... *G.* à un seul rameau de même diamètre que le sujet, offrant chacun une esquille interposée entre elles.

X. G. *Lenôtre*...... *G.* en fente à un seul rameau placé sens dessus dessous.

XI. G. *Palladius*.... *G.* en fente à deux rameaux, placés à l'opposé, occupant chacun la demi-circonférence du diamètre.

XII. G. *de la vigne*.... *G.* à deux rameaux placés des deux côtés de la demi-circonférence du sujet, sans offenser la moelle.

XIII. G. *Constantin (Cés.)* *G.* en fente à deux rameaux, avec suppression de la moelle du sujet.

XIV. G. *La Quintinie*.. *G.* à deux fentes partageant en quatre parties égales le diamètre de la tige du sujet sur lequel on place quatre rameaux.

SÉRIE DEUXIÈME. *Greffes par scions, en tête ou en couronne.*

Nº I. G. *Dumont*...... *G.* en tête à un seul rameau échancré triangulairement à sa base, pour être posé sur un sujet taillé en coin.

II. G. *Hervy*....... *G.* en tête à un seul rameau taillé en coin par sa base, pour être posé sur un sujet dans une entaille triangulaire.

III. G. *Pline*....... *G.* en couronne, à rameaux insérés entre l'aubier et l'écorce du sujet.

IV. G. *Théophraste*. . . G. en couronne à rameaux insérés entre l'aubier et l'écorce du sujet, en fendant cette
dernière.

V. G. *Liébaut* . . . . . G. en couronne à rameaux insérés sur le collet de la racine de forts sujets.

SÉRIE TROISIÈME. *Greffes par scions, en ramilles.*

Nº. I. G. *Huard*. . . . . . G. en ramille, posée dans une entaille triangulaire faite aux dépens des deux tiers du
diamètre de la tige du sujet.

II. G. *Riedlé* . . . . . . G. en ramille, posée en coin triangulaire sur
le milieu de la tige du sujet.

III. G. *Collignon* . . . . G. en ramille, avec languette et coin.

IV. G. *Richer* . . . . . . G. en ramille, avec languette, coin et entaille.

V. G. *Varin* . . . . . . G. en ramille, posée entre l'aubier et l'écorce,
au moyen d'une incision, comme pour une
greffe en couronne.

VI. G. *Noisette* . . . . . G. en ramille de jeunes branches ou de feuilles de plantes grasses.

SÉRIE QUATRIÈME. *Greffes par scions, de côté.*

Nº I. G. *Richard (Cl.)* . . G. de côté, insérée sur la tige d'un arbre
dans une incision en T pratiquée dans son
écorce.

II. G. *Térence* . . . . . G. de côté, placée en manière de cheville
dans la tige du sujet.

III. G. *Roger (Schabol)*. G. de côté, à scion aminci en forme de spatule, et inséré dans la tige du sujet.

IV. G. *Grew*. . . . . . . G. de côté, au moyen d'un plançon placé en
terre par sa base, et inséré dans la tige d'un
arbre par son autre extrémité.

V. G. *Pepin* . . . . . . G. de côté, au moyen d'un rameau planté
en terre par sa base, et accolé par le haut à
la tige du sujet.

VI. G. *Girardin*. . . . . G. de côté, au moyen de rameaux portant des
boutons à fleurs tout formés.

SÉRIE CINQUIÈME. *Greffes par scions sur racines.*

Nº I. G. *Hall* . . . . G. de rameau placé sur le petit bout d'une
racine tenant à son arbre.

II. G. *Saussure*. . . . . G. de rameaux posés sur le gros bout de racines séparées de leurs arbres et laissées en
place.

III. G. *Guettard*. . . . . G. de rameaux dans le collet de la racine
d'arbres laissés en place.

IV. G. *Cels* . . . . G. de rameaux sur des portions de racines
séparées de leurs arbres et transplantées ail-
leurs.

V. G. *Bourgsdorff*. . . G. de racines d'arbres sous le collet de la racine d'autres arbres.

VI. G. *Chomel (Noël)*. . G. en fente de racines sur celles d'un autre
arbre tenant à sa souche.

VII. G. *Palissy (Bern.)* . G. de racines sur des branches tenant à leurs
arbres.

VIII. G. *Muzat*. . . . . . G. de racines sur une bouture qui elle-même
est greffée en fente.

SÉRIE PREMIÈRE. *Greffes en fente.* Ce qui constitue le caractère distinctif des greffes de cette série d'avec celui des autres est qu'elles s'effectuent avec des ramilles ou jeunes pousses de la dernière sève des végétaux ligneux, munies depuis deux jusqu'à cinq ou un plus grand nombre d'yeux ou gemma ; que pour les poser on est obligé de couper la tête des sujets et d'y pratiquer des fentes pour y introduire les greffes.

Elles se pratiquent au printemps, à l'époque de la première sève montante, dans les sujets ou sauvageons destinés à recevoir les greffes, et avec des jeunes pousses de quelques jours moins avancées en végétation que les sujets sur lesquels on les place. Par cette raison, on coupe ces greffes quelques mois avant que de les employer, et on les place en terre dans un terrain frais, à l'exposition du nord, afin d'en retarder la végétation.

Leur préparation consiste à les couper horizontalement par leur extrémité supérieure, à la distance de deux millimètres au-dessus d'un gemma, et à les affiler par le gros bout en forme de lame de couteau.

On donne à cette lame depuis trois jusqu'à douze millimètres de large, sur deux à cinq centimètres de long, suivant la grosseur des sujets. Elle doit offrir sur son bord intérieur un biseau tranchant, et sur son bord opposé un dos dont l'épaisseur doit être du double ou du quadruple plus considérable que le coupant de la lame. Cette partie doit être garnie de son écorce, tandis que l'autre peut en être privée. On pratique souvent à la naissance de la lame un petit cran ou rebord de chaque côté du rameau, pour qu'étant posé il repose carrément sur la coupe de tête du sujet, et fournisse un plus grand nombre de points de contact avec son écorce.

Cette série de greffes nécessite toujours l'amputation de la tête des sujets à des hauteurs au-dessus de terre plus ou moins considérables, comme depuis le collet de la racine des sauvageons jusqu'à deux et trois mètres de haut, ou celles des grosses branches sur lesquelles elles doivent être posées. Ces coupes doivent être faites avec des instrumens bien tranchans et sans échauffer le bois par des frottemens assez prolongés pour produire cet effet. Lorsqu'on est obligé d'employer la scie pour faire cette amputation sur des troncs ou de grosses branches d'arbres, il convient de parer les plaies avec la plane ou la serpette, pour enlever la couche de bois avarié par l'outil, supprimer les esquilles et la rendre très unie.

La seconde opération qu'il est nécessaire de faire aux sujets est d'y pratiquer des fentes qui pour l'ordinaire partagent l'écorce de la coupe de leurs têtes. On se sert le plus communément, pour les effectuer, du tranchant de la serpette ou d'un ciseau de menuisier sur lequel on frappe avec un marteau, lorsque les tiges sont dures ou très grosses. Ces fentes doivent être perpendiculaires aux tiges, bien nettes dans leur intérieur, et trancher l'écorce sans la morceler où la déchirer sur aucun de ses bords. Il est plus convenable de donner à ces fentes un peu plus de longueur qu'il n'en faut, que de les faire justes ou trop courtes pour recevoir les greffes.

Leur placement dans les fentes des sujets est l'opération qui demande le plus de soin, d'adresse et de célérité. D'abord on se sert du bec de la serpette ou d'un coin de bois dur qu'on introduit dans les fentes pour les tenir ouvertes au degré convenable; ensuite on y pose les greffes sans efforts, à l'effet que les bords des écorces ne soient point lacérés; enfin on ajuste les greffes dans ces fentes, de manière que la ligne qui sépare les couches de l'écorce de celles de l'aubier correspondent le plus exactement possible avec celle qui partage ces deux parties dans le sujet. Cette précaution est la plus essentielle à pratiquer, et elle est même de rigueur pour la réussite de cette opération dans la presque totalité des végétaux ligneux. Il n'existe d'exceptions à ce principe que pour un très petit nombre d'arbres. On doit peu s'occuper si les écorces de la greffe et du sujet sont au même niveau à l'extérieur; ce seroit même une preuve de mal façon, parcequ'étant nécessairement d'inégale épaisseur à raison de l'âge des parties, si elles se trouvent de niveau à leur extérieur elles ne peuvent l'être à leur intérieur.

Des ligatures sont nécessaires pour assujettir les parties réunies et les maintenir à leurs places jusqu'à ce qu'elles y soient soudées et fassent corps ensemble; les meilleures sont les plus simples, telles que les jeunes écorces fraîches d'orme, de frêne, de tilleul, le jonc, la brindille d'osier, qui, à l'époque où se font ces greffes, sont en sève et très flexibles. A leur défaut on peut se servir de filasse, de laine filée, de ficelle et autres liens; mais ces substances ouvrées ne valent pas les premières, parcequ'elles se resserrent beaucoup plus qu'elles par l'humidité, et s'étendent par la sécheresse, ce qui peut être nuisible à la réussite de ces sortes de greffes.

Il convient, pour terminer l'opération, de couvrir ces greffes d'un emplâtre pour abriter leurs plaies de la pluie, du hâle, de la lumière, et leur procurer une humidité favorable à leur reprise. Le plus simple qu'on puisse employer est aussi le meilleur : c'est de la terre argileuse, telle que celle dans laquelle croissent les beaux fromens, un peu plus forte seulement, qu'on mélange avec un tiers de fiente fraîche de bêtes à corne, et à son défaut du menu foin, de la mousse, du crin ou de la laine hachée. On pétrit ces substances mélangées avec de l'eau, en consistance de terre à modeler, et on couvre les parties opérées depuis dix millimètres d'épaisseur jusqu'à six centimètres, suivant que les sujets ont la grosseur d'un tuyau de plume ou celle de la jambe. Ces sortes d'emplâtres, auxquels on donne le nom de poupée parmi les cultivateurs, doivent être épais dans leur milieu et s'amincir graduellement par les deux bouts en forme de bobine. Pour les empêcher d'être gercés par les hâles, ou délayés par les pluies, on les entoure de mousse longue, de menu foin, et souvent de vieux linge ou drapeaux sans usage. Après nous être servis de toutes les petites recettes d'emplâtres à greffes qui occupent de grandes places dans les livres, nous avons reconnu que celui que nous indiquons, et qui est le plus ancienne- ment employé sous le nom d'onguent de St.-Fiacre, est le meilleur pour la plus grande partie de ces sortes de greffes.

Leur surveillance pendant la première année de leur confection exige de l'assiduité dans toutes les saisons. Il convient d'ébourgeon- ner souvent les tiges des sujets qui les portent, non pour supprimer tous les bourgeons des sauvageons, il est nécessaire d'en réserver quelques uns de distance à autre pour faire monter la sève, l'amu- ser et opérer le grossissement des tiges, mais bien pour détruire ceux qui se trouvent trop rapprochés les uns des autres, et ceux qui, deve- nant trop vigoureux, s'empareroient à leur profit de la sève nécessaire à la nourriture des bourgeons des greffes. Par ce moyen, les bour- geons ne deviennent pas des gourmands que le moindre vent, ac- compagné de pluie, décole avec facilité; les tiges prennent un ac- croissement proportionné à leurs têtes, et les racines sont alimentées par une sève descendante copieuse.

Malgré cette attention dans l'ébourgeonnage, il arrive souvent que les pousses des greffes ont besoin d'être soutenues par des tu- teurs, sur-tout dans les pays où les vents sont impétueux. Il con- vient de les établir de bonne heure, avant que le besoin s'en fasse sentir impérativement, sans quoi on perd un grand nombre de ces greffes.

La visite des ligatures des greffes, des bourgeons et des tiges, est encore une chose essentielle, à l'effet d'examiner si elles n'occa- sionnent pas de bourrelets et d'étranglemens susceptibles de couper les parties sur lesquelles elles ont été établies. Dans le cas où elles se trouvent trop serrées, il convient de les délier et de les rétablir sur les parties proéminentes formant des bourrelets.

Enfin à l'approche de l'hiver, dans les pays froids, il est utile d'en- velopper de menu foin les poupées des greffes des espèces d'arbres étrangers délicats, pour préserver leurs bourgeons encore tendres des fortes gelées qui peuvent les endommager. Au printemps sui- vant, les poupées et les ligatures de la presque totalité de ces greffes peuvent être supprimées, les bourgeons taillés, suivant la nature des arbres et les projets ultérieurs des cultivateurs.

Ayant décrit avec étendue les procédés qui conviennent en gé- néral aux greffes de cette série, nous nous contenterons d'indiquer leur genre d'utilité aux articles particuliers qui les ont pour objet.

La plus anciennement et la plus généralement pratiquée des greffes en fente est la greffe en fente simple, la greffe en fente proprement dite, celle à qui nous avons donné le nom d'*atticus*. (*Voyez pl.* 3, *fig.* 5.) On l'établit à toutes les hauteurs, et souvent sur le collet des racines. On gagne dans ce dernier cas un degré de certitude de réussite de plus, à raison de la constante humidité dans laquelle elle se trouve. Il est même des arbres, tels que le ROBINIER INERME, qui manquent presque toujours lorsqu'ils sont greffés ainsi à une certaine élévation. Quelques agronomes ont prétendu qu'on n'obtenoit jamais d'aussi beaux arbres par la greffe entre deux terres que par celle faite à cinq ou six pieds d'élévation ; mais l'expérience n'appuie point cette opinion d'une manière assez générale pour qu'on doive l'adopter.

Il y a peu de différence entre la greffe Olivier de Serres et celle Atticus, exécutées sur le collet des racines. C'est principalement sur la vigne qu'on l'emploie. On peut aussi en faire usage pour faire gagner une et même deux années aux arbres qu'on multiplie de marcottes dans les pépinières, tels que le tilleul, le mûrier, l'olivier, etc.

On trouve quelques avantages à employer la greffe Bertemboise plutôt que la greffe Atticus ; cependant comme elle demande une opération de plus, il est rare qu'on la pratique dans les grandes pépinières. C'est la greffe en fente, en bec de flûte de quelques auteurs.

L'exécution de la greffe Kuffner a lieu de plusieurs manières, dont trois sont dans le cas d'être plus particulièrement citées. Savoir, celle à coupe perpendiculaire, celle à coupe oblique et celle à cran. (*Voyez pl.* 3, *fig.* 6, 7 et 8.) On la pratique rarement à raison de sa difficulté.

Jusqu'à présent on ne s'étoit pas avisé du mode de greffe que nous appellons Maupas, du nom de son inventeur, mode qui peut être utile dans plusieurs circonstances. Elle ne diffère au reste de la greffe Atticus que par l'époque de son exécution, le mois d'août et de septembre, et la conservation de toutes les branches du sujet. C'est, pour la greffe en fente, ce que la greffe à œil dormant est pour la greffe en écusson.

Nous avons donné le nom de greffe Ferrari à celle dont le rameau est coupé à angle droit jusqu'au quart de son épaisseur de chaque côté, et dont le milieu est taillé en bec de hautbois. On l'emploie fréquemment à Gênes pour greffer les jasmins et autres arbustes. Tantôt on insère cette greffe dans une fente qui passe par le centre du sujet, tantôt dans une fente pratiquée entre ce centre et l'écorce, ce qui forme deux variétés.

La greffe Lée diffère de toutes celles que nous venons de citer, en ce qu'elle ne se place pas dans une fente, mais dans une entaille longitudinale et triangulaire. On taille l'extrémité du rameau de la longueur, de la largeur et de la forme de l'entaille.

Nous nommons greffe Miller une de celles que les cultivateurs appellent greffe anglaise, parcequ'on en fait fréquemment usage en Angleterre. (*Voyez pl.* 4, *fig.* 9.) Elle se modifie de beaucoup de manières, dont trois sont principales. La première, *fig.* 10, est

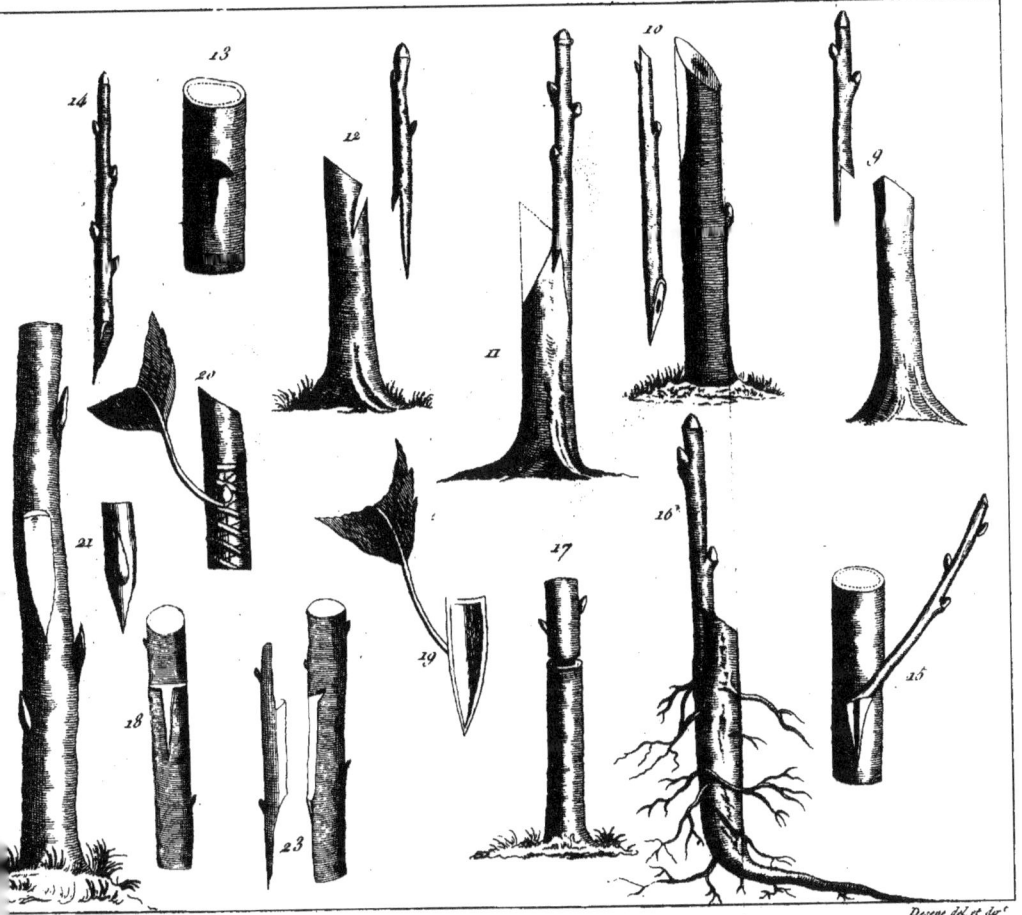

Pl. IV. Tom. 6. page 516.

Greffes.

plus simple que son type, mais est bien moins solide. La seconde, *fig.* 11, a un cran plus profond, et est posée sur un sujet coupé très obliquement en dehors. Enfin la troisième, *fig.* 12, ne diffère de la précédente que parceque le sujet est coupé en sens contraire, c'est-à-dire en dedans.

Cette sorte de greffe est fréquemment employée dans les pépinières bien dirigées pour greffer des arbres et arbustes difficiles à multiplier par le moyen des autres. Elle n'a contre elle que la longueur et la difficulté de son exécution.

Pour pratiquer la greffe anglaise proprement dite, il faut couper en biseau ou bec de flûte très prolongé la tête du sujet dont la grosseur peut être depuis celle d'une plume jusqu'à celle du doigt. On fait ensuite vers le milieu de la longueur du biseau et dans toute sa largeur en descendant, une fente d'un à deux centimètres de profondeur. Ces deux opérations se répètent, mais en sens contraire, sur le rameau destiné à être greffé. L'ajustage des parties doit être le plus exact possible, et être recouvert par une poupée qui le défende du contact de l'air.

Cette ingénieuse greffe, une des plus sûres à la reprise, et des plus solides, est réservée plus particulièrement pour la multiplication des arbres rares à bois dur ou cassant, tels que les chênes, les hêtres et les charmes.

Il n'est pas permis de considérer la greffe Lenôtre autrement que comme propre à amuser ou instruire ; car elle ne diffère de la greffe Atticus que par la position renversée du bourgeon.

La première des greffes en fente à plus d'un rameau est celle que nous appelons greffe Palladius. C'est une double greffe Atticus. Elle a sur cette dernière l'avantage de multiplier les chances de la reprise, et de régulariser plus promptement la tête de l'arbre. On la pratique très fréquemment sur les arbres fruitiers lorsqu'on les greffe après leur cinquième année. Par son moyen, il est possible de greffer sur le même pied les deux sexes des arbres dioïques, ou des variétés différentes de fleurs ou de fruits ; mais on arrive également au même résultat par d'autres sortes de greffes. Nous observons en passant que les variétés qu'on greffe ainsi durent peu, attendu que la plus vigoureuse de ces greffes absorbe toute la sève, et fait plus ou moins promptement mourir la plus foible.

Cette greffe offre deux modes. Dans le premier, la fente passe par le centre de l'arbre. Dans l'autre, elle passe entre ce centre et l'écorce. L'une et l'autre réussissent également, n'y ayant que les arbres à étui médullaire très large où le premier de ces modes offre des inconvéniens.

Pour éviter ces inconvéniens, on a recours à la sorte de greffe que nous avons appelée de la vigne, parceque c'est principalement sur elle qu'elle se pratique. Pour l'effectuer, on emploie un ciseau très acéré, avec lequel on fait des rainures triangulaires de la largeur de trois à quatre centimètres, et on taille les rameaux avec le greffoir de manière qu'ils entrent juste dans les rainures. C'est ordinairement en terre qu'on place cette greffe, très peu différente de la greffe Lée; 1° parceque l'humidité qu'elle y trouve favorise sa reprise; 2° parceque ses produits sont dans le cas de prendre plus facilement racine. *Voyez* au mot VIGNE.

Constantin César indique la greffe à laquelle nous avons donné son nom comme propre, après qu'on a substitué à la moelle du sujet des liqueurs sucrées ou des poudres aromatiques, à procurer des fruits qui auront la saveur ou l'odeur de ces liqueurs ou de ces poudres; mais jusqu'à présent ce fait n'a pu être constaté.

On appeloit jadis greffe en croix celle que nous dédions à La Quintinie. Elle ne diffère de la greffe Palladius que parcequ'au lieu de faire seulement une fente au sujet, on en fait deux qui se coupent à angles droits. Son usage est très fréquent parmi les cultivateurs des départemens éloignés de la capitale, qui croient qu'il y a de l'avantage à ne greffer les arbres fruits que lorsqu'ils sont parvenus au moins à la grosseur du bras.

Cette opinion est jusqu'à un certain point fondée en raison; car, en greffant un arbre, on retarde nécessairement sa croissance, et plus cet arbre est vigoureux, et plus promptement il répare la perte de ses branches, et par conséquent de ses FEUILLES. *Voyez* ce mot.

SÉRIE SECONDE. *Greffes par scions en tête ou en couronne.* Cette série se distingue des autres, en ce que, 1° les greffes sont, pour l'ordinaire, choisies parmi les rameaux de l'avant-dernière sève, et quelquefois dans ceux de l'âge de dix-huit mois; et 2° qu'elles se posent sur les sujets sans fendre le cœur du bois.

D'ailleurs elles nécessitent, comme celles de la précédente série, l'amputation de la tête des sujets, ou celle des branches sur lesquelles on les place. De plus, les époques dans lesquelles on les effectue, les ligatures, les poupées, et les soins de culture sont, à très peu de différence, les mêmes.

Cette série de greffe convient plus particulièrement à de jeunes sujets dont les vaisseaux séveux ont un très petit diamètre et le bois très dur. On les emploie aussi sur de gros arbres fruitiers de la division de ceux à pepins, dont les troncs ou branches à greffer ont plus d'un décimètre d'épaisseur. Dans ce cas, elles suppléent avec avantage les greffes en fente et celles à écusson ou gemma.

Les pépiniéristes emploient peu la greffe Dumont, qu'on a appelée aussi greffe par enfourchure, greffe à cheval, greffe anglaise, et qui diffère peu de la greffe Kuffner. Pour l'effectuer, on coupe la tige d'un sujet en coin, et on échancre, sous le même angle, l'extrémité d'un rameau de grosseur parfaitement égale à celle de cette tige, puis on fait coïncider les écorces, et on met une poupée.

On peut dire la même chose de la greffe Hervy, qui n'est que sa contre-partie ; c'est-à-dire qu'ici c'est le sujet qui est échancré, et le rameau qui est taillé en biseau ; cependant M. Costa vante beaucoup son usage, entre deux terres, pour la vigne.

Ce qu'on nomme généralement greffe en couronne a été dédié à Pline, parcequ'elle est rappelée dans les ouvrages de ce naturaliste. On l'exécute en coupant la tige ou les branches du sujet, en écartant à différentes places de leur pourtour l'écorce de l'aubier au moyen d'un ciseau étroit, pour y introduire les greffes. Ces greffes doivent être amincies d'un côté, conserver le quart au moins de la largeur de leur écorce, être dégarnies de bois dans le dernier tiers de leur partie inférieure, et pourvues à leur partie supérieure d'une retraite à angle droit.

On préfère cette sorte de greffe principalement quand on veut greffer des sujets qui ont la grosseur de la jambe. Elle réussit mieux sur les arbres à fruits à pepin que sur ceux à fruits à noyau. On met depuis cinq jusqu'à douze greffes sur la même branche.

Nous avons donné le nom de Théophraste à une greffe qui ne diffère de la précédente que parcequ'on fend une partie de la longueur de l'écorce qu'on a soulevée pour y introduire la greffe. Souvent, en voulant pratiquer cette dernière, on exécute celle-ci contre son gré, pour peu que l'écorce soit mince ou rigide.

Olivier de Serres recommande l'emploi de la greffe Liébaut pour établir des mères de marcottes, et effectivement elle est très propre à remplir cet objet. Du reste elle ne diffère de la greffe Pline que par le lieu où elle est placée.

Série troisième. *Greffes par scions en ramilles.* On distingue aisément les greffes de cette série de toutes les autres, en ce qu'elles s'effectuent avec de petites branches garnies de leurs rameaux, de leurs ramilles, de leurs feuilles, souvent de leurs boutons de fleurs, et quelquefois de fruits naissans.

Elles s'exécutent au moyen de l'amputation de la tête des sujets et d'entailles de différentes sortes. Les ligatures et les poupées se pratiquent de la même manière que sur celles des séries précédentes ; mais les soins de culture sont plus exigeans, et l'époque de leur confection est le plein de la première sève de l'année.

Ces greffes ont l'avantage sur celles de toutes les autres sections et séries de donner les jouissances de la plus prompte fructification. Elle est telle qu'elle les accélère de quinze à vingt ans, et qu'en semant un pepin à une époque déterminée on peut recueillir du fruit mûr sur l'individu qui en naîtra, avant l'année révolue.

Mais elles sont en général d'une exécution plus difficile, et par conséquent moins sûres ; elles exigent des soins plus assujettissans pour régler la chaleur, la lumière et les arrosemens qui leur conviennent. Peut-être aussi sont-elles moins durables que les autres ;

ce sont les raisons pour lesquelles on en fait peu d'usage dans la pratique habituelle de la culture.

Toutes ces greffes paroissent avoir été inconnues dans l'antiquité ; c'est pourquoi nous leur donnons des noms de cultivateurs, nos contemporains, qui les ont pratiquées avec le plus de succès.

Il n'y a encore qu'un petit nombre d'années qu'on exécute la greffe Huart. Cette greffe, dont le principe est si intéressant sous le point de vue de la physiologie végétale, et les résultats si agréables pour nos belles, porte les noms de greffe à la Pontoise, du nom de la ville qu'habitoit celui qui l'a fait connoître, et auquel nous la dédions, et de greffe à oranger, parceque c'est pour cet arbre, et ses variétés, qu'elle est principalement employée.

Pour effectuer cette sorte de greffe, on choisit de très jeunes sujets (de six mois à trois ans) très vigoureux, et dans le plein de la sève. On leur coupe horizontalement la tête, et on leur fait une entaille triangulaire qui enlève les deux tiers environ de l'aire de la coupe du sujet, cette entaille se continue, en descendant, dans une longueur de deux jusqu'à quatre centimètres en diminuant graduellement de profondeur et de largeur. Cela fait, on choisit sur un arbre bien portant (le plus souvent un oranger comme je l'ai déjà dit), une petite branche garnie de quelques ramilles, même si l'on veut de feuilles, de fleurs et de fruits noués, dont la base soit à peu près du diamètre du sujet, on la taille par le gros bout en triangle propre à remplir juste l'entaille du sujet, puis on l'y place, et on l'assujettit au moyen d'une ligature qu'on entoure d'une poupée.

Lorsque l'opération est bien faite, et qu'on place les petits arbres qui en proviennent sur couche et sous châssis (je les suppose en pot); ils ne donnent aucun signe de malaise, leurs fleurs s'épanouissent, leurs fruits mûrissent comme ils l'eussent fait sur l'arbre dont la greffe a été enlevée.

Cette greffe donne une grande idée de la puissance de l'art sur la marche habituelle de la nature, puisqu'il faudroit quinze ou vingt ans d'attente dans notre climat pour obtenir les mêmes résultats par la voie ordinaire. Cependant il convient de répéter que ces arbres en miniature et si jolis ne vivent pas long-temps, soit à cause de la différence qui existe entre la densité de leurs parties ou le diamètre de leurs vaisseaux, soit, ce qui est plus probable, parcequ'on leur laisse porter des fruits qui les épuisent. *V. pl. 4. fig.* 23.

Nous sommes entrés dans quelques détails sur cette greffe, qui ne diffère pas essentiellement de celle à laquelle nous avons donné le nom de Léc, parcequ'elle est en grande faveur aujourd'hui, et qu'elle le mérite.

Ce que nous venons de dire s'applique aussi aux greffes Riedlé, Collignon, Richer et Varin, qu'on peut comparer, sans beaucoup errer, à celles que nous avons appelées greffes Atticus, Miller, anglaise, et Théophraste, excepté qu'on y fait usage de ramilles.

Nous avons pratiqué la greffe noisette pour la première fois au jardin du Muséum en 1789. Elle est plus singulière qu'utile ; mais elle offre un fait, et il est bon de la connoître.

Série quatrième. *Greffes de côté.* Ce qui distingue essentiellement les greffes de cette série de celles des précédentes est que leur pose ou placement n'exige pas l'amputation de la tête des sujets, et qu'elles s'effectuent sur les côtés de la tige des arbres.

Elles s'exécutent avec assez de facilité, exigent le même appareil, mais sont en général d'une réussite moins sûre que les autres.

C'est presque uniquement à l'époque de la première sève montante, avant le développement des bourgeons, qu'il convient de les faire.

Toutes, excepté une qui étoit pratiquée dans l'antiquité, sont d'invention moderne. Nous leur avons donné les noms de leurs auteurs, ou de cultivateurs distingués, leurs contemporains.

L'usage le plus habituel de la greffe Richard (Claude) est moins la multiplication des individus et leur transformation que la faculté qu'elle fournit de remplacer des branches manquantes sur des arbres faits et soumis à des tailles régulières. On l'exécute presque uniquement à la première sève montante, en faisant à l'écorce une incision en T, c'est-à-dire semblable à celle qu'on fait pour les greffes en gemma, et en y insérant une brindille pourvue d'un bouton terminal, et amincie en bec de flûte très allongé. Une ligature peu serrée et un léger emplâtre terminent l'opération. (*Voyez pl.* 4, *fig.* 13, 14, 15.)

Cette greffe offre plusieurs variétés de mode, dont la seule à citer est celle où on pratique à l'extrémité supérieure de l'incision une échancrure, pour que le talon de la greffe s'applique plus exactement sur l'aubier.

C'est au moyen d'une vrille qu'on fait la greffe Térence, c'est-à-dire qu'après avoir fait un trou dans un tronc ou un rameau, on y insère une branche amincie en cheville et placée de manière que les écorces coïncident. Les anciens faisoient fréquemment usage de cette greffe, principalement pour l'olivier ; mais aujourd'hui elle est tombée en désuétude, et il n'y a pas à la regretter. Quelques auteurs l'appellent greffe par juxtaposition.

On ne distingue la greffe Roger-Schabol de la précédente que parceque le rameau destiné à former la greffe est aplati en bec de flûte, et que le trou est une entaille faite d'un seul coup au moyen d'un ciseau de menuisier et d'un marteau.

Pour effectuer la greffe à qui nous avons donné le nom de Grew, il faut mettre en terre un rameau par le gros bout et insérer le petit, aiguisé en coin, dans une entaille longitudinale faite au sujet. Cette greffe est d'une utilité d'autant plus bornée qu'elle ne réussit que sur les bois mous, ceux qu'on peut le plus facilement multiplier de bouture.

La pratique de la greffe Pepin, qu'on appelle aussi *greffe bouture*, a l'avantage de procurer, par une seule opération, deux individus d'une même espèce; cependant elle est très peu usitée.

Les avantages de la greffe Girardin se sont jusqu'à présent bor-
nés à des expériences de physique végétale; mais on pourra probablement lui trouver un jour des applications utiles dans le jardinage. Elle paroît propre à mettre à fruit des sujets dans la vigueur
de l'âge, dont la sève trop abondante et trop rapide dans son
cours ne s'arrête à aucun endroit pour y développer des boutons.
En donnant des fruits à nourrir à cette sève on calmeroit sa vigueur, puisque, comme on sait, ils en consomment beaucoup.

SÉRIE CINQUIÈME. *Greffes sur racines et par racines.* Le caractère distinctif des greffes de cette série est facile à saisir. Ou ce
sont des rameaux greffés sur des racines laissées à leur place, ou
ce sont des racines séparées de leurs souches qui sont greffées sur
des tiges et des branches, ou enfin ce sont des racines d'arbres
différens greffés entre elles. C'est l'union des parties aériennes et
souterraines des végétaux.

Elles ont pour but de fournir à des parties isolées les principaux
organes qui leur manquent, c'est-à-dire aux unes des bourgeons
et aux autres des racines, à l'effet d'en faire des êtres complets.

Ces greffes, d'un usage assez rare dans la culture habituelle des
végétaux, pourroient y être employées plus fréquemment pour
la multiplication de plusieurs espèces; mais en attendant elles offrent
aux physiologistes des faits intéressans qui peuvent éclairer la physique végétale.

D'un autre côté fournissant les moyens de composer des êtres
de parties rapportées, et pour ainsi dire de pièces et de morceaux,
comme par exemple les racines d'une espèce, la tige d'une autre,
les branches d'une troisième et instantanément, cela suffit bien
pour exciter la curiosité des amateurs de culture.

Elles s'effectuent plus sûrement dans les premiers momens de la
sève printanière qu'en toute autre saison. On les opère comme les
greffes en fente, et leur appareil est le même.

Il ne paroît pas qu'elles aient été connues dans l'antiquité, et
le premier auteur qui en parle est Agricola qui vivoit au commencement du siècle dernier.

Le mode de la greffe Hall est très propre à la multiplication
d'arbres rares qui n'ont point d'analogue et qui se refusent aux
autres moyens de reproduction. Elle confirme l'existence d'une
sève descendante, car ce n'est qu'à la sève d'août que cette greffe
commence à pousser lorsqu'elle a été faite au printemps.

Qui a vu les suites de la greffe Saussure ne peut nier la grande
utilité qu'on en peut retirer dans les pépinières. Ses produits
arrivent souvent à plus d'un mètre de hauteur avant la fin de la
première pousse. On la pratique peu.

Il en est de même de la greffe Guettard ; mais celle-ci est généralement en usage dans certaines pépinières, pour greffer les robiniers rares sur le robinier commun. Elle manque bien plus rarement que celle faite hors de terre.

Ce n'est que depuis peu d'années qu'on pratique la greffe Cels,
et les résultats qu'on en a obtenus doivent faire désirer que son
usage s'étende. Combien d'arbres importans et qui sont encore
rares seroient aujourd'hui plus communs si on l'avoit connue plus tôt.
Elle assure, presque sans augmentation d'embarras, la reprise des
arbres qu'on ne peut multiplier que par racines. *V. pl.* 4, *fig.* 16.

On n'a pas encore admis la greffe Bourgdorf dans la pratique
habituelle ; mais il est des cas où elle pourroit être employée, tel
que celui où on voudroit conserver un arbre précieux renversé
par les vents et qui auroit perdu une partie de ses racines par suite
de cet évènement, ou encore à celui dont l'écorce des racines auroit été mangée par la larve du hanneton (ver blanc.)

Ce que nous venons de dire s'applique également à la greffe Chomel; mais cette dernière s'exécute sur de plus petits sujets.

Il est beaucoup de greffes plus faciles à exécuter et plus assurées
à la reprise que celle à qui nous donnons le nom de Palissy ; cependant il est des cas rares où on pourroit en faire usage d'une
manière utile.

La greffe Muzat, comme la greffe Cels, prouve l'aptitude qu'a
le développement des bourgeons sur l'ascension de la sève des racines et leur mise en activité. Elle peut être utilement employée
pour assurer la reprise des boutures d'espèces d'arbres rares dont
l'écorce manque de glandes corticales, et qui par cette raison se multiplient difficilement par cette voie.

SECTION QUATRIÈME. Greffes par gemma.

Dans cette section sont comprises les greffes en écusson, celles
en flûte, en sifflet, en chalumeau, en tuyau, en flûteau, en cor-
nuchet, en anneau, et par juxtaposition.

Leur caractère essentiel peut être ainsi exprimé : *œil, bouton
ou gemma porté sur une plaque d'écorce plus ou moins grande
et de différentes formes, transporté d'une place dans une autre
sur le même ou sur d'autres individus.*

Elles ont pour objet de multiplier des végétaux ligneux, qui
n'ont pas la faculté de se propager sûrement, avec leurs qualités, par
le moyen des semences, de transformer en espèces rares ou plus
agréables et plus utiles des espèces plus communes et de mérite
inférieur, d'avancer de plusieurs années la jouissance des cultivateurs, de naturaliser plus sûrement des végétaux étrangers, et de
perfectionner la saveur des fruits dans beaucoup d'espèces.

Cette série de greffes est la plus employée dans la multiplication
en grand des arbres fruitiers. C'est presque la seule dont on fasse

usage dans les grandes pépinières des environs de Paris, parceque'elle est la plus expéditive et n'exige pas toujours la mutilation du sujet, c'est-à-dire que lorsqu'elle manque on ne perd que du temps, pouvant être tentée de nouveau l'année suivante.

Cette section des greffes pourroit être comparée aux semis dans la multiplication des végétaux.

Je divise la greffe par gemma en deux séries : la première comprend les greffes qu'on appelle proprement en écusson et dans lesquelles il n'y a qu'un bouton ou un groupe de boutons.

La seconde réunit toutes celles qui ont été nommées en anneau, en flûte, et dans lesquelles on peut faire usage d'un plus ou moins grand nombre de boutons écartés.

TABLEAU des greffes qui composent la section troisième des greffes ou celles des greffes pur gemma.

CARACTÈRE ESSENTIEL : œil, bouton ou gemma portés sur une plaque d'écorce, et transportés dans une autre place ou sur un autre individu.

SÉRIE PREMIÈRE. *Des greffes en écusson.*

N° I. G. *Tillet*. . . . . . . G. à plaque d'écorce sans yeux.
II. G. *Xénophon* . . . . G. d'un morceau d'écorce pourvu d'un œil, dans une excavation de même largeur.
III. G. *Poederlé*. . . . . G. d'un morceau d'écorce dénué de bois.
IV. G. *Lenormand* . . . G. d'un morceau d'écorce sous lequel se trouve une légère couche d'aubier.
V. G. *Sicklair* . . . . . G. sur les racines et à œil poussant.
VI. G. *Jouette*. . . . . . G. avec suppression de la tête du sujet, pour faire pousser sur-le-champ le gemma.
VII. G. *Vitri*. . . . . . . G. pratiquée avec un gemma qui ne doit pousser son bourgeon qu'au printemps suivant.
VIII. G. *Mustel*. . . . . . G. au moyen d'une plaque d'écorce de figure ronde, ovale ou anguleuse, au milieu de laquelle se trouve un œil à bois.
IX. G. *Descemet* . . . . G. double ou multiple sur le même sujet.
X. G. *Schnerwoogth*. . G. à incision faite en sens inverse de l'ordinaire.
XI. G. *Knoor* . . . . , . . G. à œil tourné par sa pointe vers la terre.
XII. G. *Jansein* . . . . . G. de plusieurs variétés différentes sur le même arbre.
XIII. G. *Duroy* . . . . . . G. faites successivement sur le même arbre, avec des écussons fournis par sa dernière pousse.
XIV. G. *Lambert* . . . . . G. composée de celles en écusson, en approche et en fente.
XV. G. *Magneville* . . . G. avec une double incision en manière de chevron brisé en dessus.
XVI. G. *Sintard* . . . . . G. couverte par une plaque d'écorce d'un autre arbre.
XVII. G. *nébuleuses*. . . . G. de plantes ligneuses et d'arbustes sur les racines des plantes vivaces.

XVIII. G. *Liébaut* . . . . . *G.* d'espèces du même genre ou de même famille qui diffèrent par la durée du feuillage ou les époques du mouvement de la sève.

XIX. G. *Bonet.* . . . . . . *G.* à la manière d'un écusson entre le bois et l'écorce, de semences ou de leurs germes séparés de leurs cotylédons.

SÉRIE DEUXIÈME. *Des greffes en flûte.*

Nº I. G. *Jefferson* . . . . *G.* sans couper la tête du sujet, à sève descendante et à œil dormant.

II. G. *Carver.* . . . . . *G.* au moyen d'un anneau d'écorce enlevé à un arbre, et planté sur un autre, en coupant le sommet de la partie greffée.

III. G. *de Pan.* . . . . . *G.* par l'amputation de la tête, et à œil dormant.

IV. G. *de Faune.* . . . . *G.* à plusieurs yeux alternes, et posée en supprimant la tête de la partie greffée.

On donne le nom d'écusson à une plaque d'écorce où se trouve un bouton ou gemma. Ce nom lui vient de sa figure qui a quelque ressemblance avec celle d'un écusson d'armoirie. Cette greffe est plus particulièrement affectée aux jeunes plantes de sauvageon, de l'âge d'un an jusqu'à cinq et plus, lorsqu'ils ont l'écorce saine, tendre et lisse.

L'instrument dont on se sert pour effectuer les greffes par Gemma, se nomme greffoir ; c'est un petit couteau dont la lame est très acérée et la pointe un peu recourbée en arrière. A l'extrémité du manche se trouve une petite languette d'ivoire, aplatie et arrondie, destinée à entr'ouvrir et à soulever l'écorce que la lame a incisée. Il est de première importance que cet instrument soit toujours dans le meilleur état possible ; car s'il ne coupe pas nettement l'écorce, s'il offre quelque brèche qui éraille cette écorce, on risque de voir manquer les greffes. Il ne faut jamais regarder au prix pour en avoir un bon. *Voyez pl.* 3, *fig.* 22.

Les époques auxquelles on pratique la greffe par gemma sont au printemps, lors de l'ascension de la première sève, et sur-tout à celle de la seconde vers le mois d'août. On choisit sur les arbres qu'on veut multiplier par cette sorte de greffe des rameaux de la dernière pousse munis d'yeux bien formés ; s'ils ne l'étoient pas on pinceroit l'extrémité de ces rameaux pour arrêter la sève, la forcer de se porter sur ces yeux, et on retarderoit de les couper jusqu'à ce qu'ils fussent formés, que le bois fut bien AOUTÉ. *Voyez* ce mot. Lorsqu'on coupe ces branches en été, il faut sur-le-champ supprimer les feuilles, ou la plus grande partie de chaque feuille, sans endommager le pétiol, afin que l'évaporation qui a lieu par leurs pères, n'exclue pas la sève de la branche. Si on arrachoit les feuilles on tomberoit dans un autre inconvénient, c'est-à-dire que le bouton souffriroit une déperdition de sève telle qu'il seroit dans le cas de se dessécher. En outre le reste de la feuille sert à tenir l'écusson et à le placer commodément dans l'incision lorsqu'il s'agit de l'employer. Ces rameaux ainsi dépouillés de leurs feuilles sont enveloppés d'herbes fraîches et d'un linge mouillé, si les greffes ne doivent être posées qu'au bout d'un jour ou deux. Mais si on devoit les envoyer fort loin, il faudroit les enduire de miel, même les noyer dans du miel, substance qu'on peut toujours enlever avec de l'eau et où elles peuvent se conserver fraîches peut-être un mois. Si on a beaucoup de greffes à faire dans le cours de la même journée, on met tous les rameaux coupés dans un vase plein d'eau et à l'ombre; on ne les tire du vase que les uns après les autres, et lorsqu'on a épuisé tous les écussons que chacun peut fournir.

L'incision destinée à recevoir les écussons doit avoir la forme d'un T. Pour cela on coupe l'écorce du sujet jusqu'à l'aubier; on écarte ensuite, par le haut, au moyen de la spatule du greffoir, les deux lèvres de l'écorce, et elle se trouve préparée pour recevoir l'écusson. Celui-ci est levé avec la lame du greffoir, inséré dans l'incision, et les lèvres de l'écorce rapprochées de manière à ce que les parties se joignent et ne laissent aucun vide. On les ligature et l'opération est terminée.

Quelques semaines après, si on s'aperçoit que les ligatures donnent lieu à la formation de bourrelets ou d'étranglement, il est utile de les ôter pour les rétablir de suite en les serrant moins; ces greffes s'appliquent au sujet dans l'espace de peu de jours et plus ou moins promptement, à raison de la saison, du but qu'on se propose et des diverses sortes.

Dans les grandes pépinières où beaucoup de greffes de la même sorte doivent être faites, on divise le travail pour qu'il aille plus vite, c'est-à-dire qu'un ouvrier prépare le sujet en coupant les bourgeons ou les branches qui gêneroient l'opération ou qui nuiroient à la greffe; un second fait la fente; un troisième, c'est le plus habile, lève l'écusson et le place; un quatrième effectue la ligature. Par ce moyen quatre hommes exercés et actifs peuvent poser vingt à trente mille écussons en une journée.

En général il est bon de faire l'ébourgeonnement deux à trois jours à l'avance, parcequ'il est toujours suivi d'une suspension momentanée de la sève.

Il n'est point du tout indifférent de se servir de telle ou telle matière pour faire les ligatures. Comme on ne peut pratiquer avec succès la greffe en écusson que sur de jeunes sujets dont la croissance est rapide, si on faisoit usage de liens qui ne se prêtassent pas à cette croissance, il y auroit formation d'un BOUR-RELET. (*Voyez* ce mot) et ensuite ÉTRANGLEMENT et MORT DE L'ŒIL. Ainsi les fils de lin et de chanvre, les lanières d'écorce d'arbres, qui, ainsi que je l'ai dit plus haut, conviennent peu pour les greffes, en fente ne valent absolument rien ici. Les joncs, les feuilles de massettes, de rubaniers et autres plantes qui cèdent facilement ou pourrissent rapidement, leur sont de beaucoup supérieurs. Mais la substance qu'on y emploie généralement est la laine grossièrement filée, parcequ'elle remplit assez bien la condition désirée, qu'elle se conserve long-temps quoiqu'exposée à l'air, qu'elle n'est pas très coûteuse, et qu'on peut s'en procurer facilement autant que le besoin l'exige. Cependant certaines années et sur certaines espèces, sur certains pieds, elle ne s'étire pas encore assez, et on est obligé de la desserrer une ou deux fois avant de l'ôter tout-à-fait. M. Dupont, si connu par sa nombreuse collection de rosiers, arbuste sur lequel les inconvéniens des ligatures de laine se font beaucoup sentir, avoit imaginé de leur substituer des lanières de plomb, peintes en blanc, d'autant plus épaisses que la branche étoit plus grosse, lanières avec le milieu desquelles il entouroit la fente de la greffe au-dessous de l'œil, et aux deux extrémités réunies desquelles il donnoit un demi-tour de torsion. A mesure que la branche grossissoit, cette torsion diminuoit, et souvent la lanière tomboit au moment même où elle n'étoit plus nécessaire.

Soit qu'on greffe au printemps à écusson à œil poussant, soit qu'on greffe en automne à écusson à œil dormant, il faut toujours couper, avant le développement des bourgeons, la tête au sujet.

Il est quelques variantes sur la manière de faire cette opération.

Les uns coupent la tête à quelques lignes au-dessus de l'œil, et fondent cette pratique sur ce que le bourrelet est moins saillant et que la tige devient plus droite sur son tronc ; ce qui est vrai.

Les autres coupent la tige du sujet à quatre à cinq pouces au-dessus de l'écusson, et donnent pour motif que cette extrémité leur sert de tuteur pour attacher le jeune bourgeon produit par l'œil de la greffe, et l'empêcher d'être décollé par le vent. Ce motif mérite en effet d'être pris en considération.

Ainsi chacun de ces opérateurs a de bonnes raisons pour suivre la méthode qu'il a adoptée.

Dans ce dernier cas le chicot est coupé, comme dans les premiers, à la fin de l'hiver suivant.

Le gouvernement des greffes en écusson, lorsque la sève commence à se mouvoir dans le sujet qui les porte, diffère peu de celui des greffes en fente. On laisse d'abord pousser tous les bourgeons qui se sont développés sur le sujet ; mais quinze jours après, plus ou moins, suivant la vigueur de l'arbre, on les supprime, excepté un ou deux de ceux qui sont au-dessus de la greffe. On a été conduit à réserver ceux-ci par l'observation que la greffe périssoit souvent à la suite de leur enlèvement, c'est-à-dire qu'ils attirent la sève, que la foiblesse du bourgeon de la greffe ne permet pas à cette dernière d'attirer aussi bien. On les supprime au milieu de l'été lorsqu'on juge que la greffe est assez forte pour se passer de leur secours. Cet ébourgeonnement se répète en automne si besoin est. *Voyez* Pépinière.

Quelquefois l'œil de la greffe ne pousse qu'à la seconde sève, *boude*, comme disent les jardiniers. D'autres fois, mais rarement, il boude un, deux, trois et un plus grand nombre d'années consécutives. Il n'est pas toujours facile de remédier à cet inconvénient. Le mieux est de patienter.

Il est des greffes dont les boutons se dessèchent avant de s'épanouir, et dont l'écorce reste cependant verte. Quelquefois elles poussent à la sève suivante, ou l'année suivante, un nouveau bouton. Il faut encore attendre dans ce cas.

Certains arbres, lorsqu'ils sont jeunes et placés dans un sol trop fertile, ont une telle surabondance de sève qu'elle s'extravase par la blessure de la greffe, ou forme autour d'elle un bourrelet. Dans ce cas le bouton périt souvent. On dit alors que la greffe est *noyée*. Pour prévenir ce grave inconvénient on est souvent obligé d'attendre pour greffer que la sève se soit ralentie, qu'elle ait jeté son premier feu. Il en est de même dans la greffe des arbres gommeux et des arbres résineux. *Voyez* Amandier.

On peut utilement pratiquer la greffe Tillet pour faire disparoître les blessures faites à un arbre d'alignement et dont l'aspect est désagréable aux promeneurs. Les arbres susceptibles de la recevoir sont principalement ceux qui, comme le hêtre, le charme, le frêne, le châtaignier, ont l'écorce lisse et durable.

L'objet de la greffe Xénophon est de placer un bouton poussant, soit à fleur, soit à bois, sur une autre partie du même arbre. Elle reprend assez facilement lorsqu'on ne l'a pas éborgnée et que la plaie a été exactement lutée avec un emplâtre de cire et de térébenthine.

Comme les bois ne se soudent jamais ensemble, la greffe Poederlé, dans laquelle on n'en laisse pas, est la meilleure de toutes, même la seule de ce genre qui réussisse sur les bois durs, tels que l'oranger, le houx, etc. Aussi est-elle préférée dans les pépinières d'arbres étrangers et rares ; mais en ôtant la petite portion d'aubier qu'on a enlevée des rameaux, on risque de blesser le point vital (*corculum*) qui sert d'union entre lui et la greffe, et par-là de faire manquer l'opération. Cet inconvénient est d'autant plus à craindre que la greffe est moins en sève.

La sorte de greffe à laquelle nous avons donné le nom de Lenormand est celle qui est la plus généralement usitée dans les pépinières d'arbres fruitiers. Elle ne diffère de la précédente que parcequ'on laisse une très mince couche d'aubier sur le corculum.

C'est pour multiplier les arbres qui n'ont point de congénères sur lesquels on puisse les greffer qu'on emploie l'ingénieuse greffe que nous appellons Sicklair.

Pour exécuter la greffe Jouette, on choisit le moment de la sève du printemps, et on coupe la tête au sujet; mais du reste elle ne diffère pas par le mode d'opérer des greffes Poederlé ou Lenormand. Il est utile que les boutons employés soient moins en sève que les sujets; c'est pourquoi on coupe quelques jours d'avance les rameaux qui les portent et on les enterre à moitié dans une cave, dans une serre à légume, ou simplement contre un mur exposé au nord. Beaucoup d'espèces d'arbres reçoivent mieux cette greffe, qui est généralement appelée à *œil poussant*, que celle à œil dormant, et elle fait gagner une année. En conséquence on l'emploieroit de préférence à toutes les autres si elle ne nécessitoit pas la suppression de la tête du sujet, suppression qui expose, lorsqu'elle manque, à perdre ce sujet, ou à attendre deux ou trois ans au moins qu'il se soit fait une nouvelle tige. *Voyez pl.* 4, *fig.* 18, 19 et 20.

On appelle généralement greffe à œil dormant celle à qui nous avons donné le nom de greffe Vitry. Cette greffe est une des plus usitée, parceque, comme nous l'avons dit plus haut, lorsqu'elle manque on ne perd pas la tige du sujet qui peut en recevoir une autre dès le printemps suivant, qu'elle n'expose qu'à un retard au plus d'un an. De plus elle est une des plus faciles et des plus sûres. Il est rare que dans les pépinières de Vitry, par exemple, il n'en réussisse pas neuf sur dix.

La greffe Mustel est peu employée, cependant il est des cas où elle l'est avec avantage; ce sont ceux où l'écorce est trop épaisse ou trop cassante pour être levée facilement. C'est elle qu'on doit préférer lorsqu'on veut greffer en écusson une vieille tige de quenouille ou une grosse branche d'espalier dégarnie de rameaux. On la connoît vulgairement sous le nom de greffe par emporte-pièce. On se sert pour la pratiquer ou d'un instrument particulier qu'on nomme emporte-pièce, ou d'un ciseau de menuisier, ou d'une gouge. *Voyez pl.* 4, *fig.* 21.

La modification que présente la greffe Descemet a souvent son application dans les pépinières d'arbres étrangers. Elle s'exécute presque toujours, par exemple, pour donner de la régularité aux branches de la singulière variété du frêne, qu'on appelle en parasol, branches qui ne produisent leur effet qu'autant qu'elles sont placées au moins à dix pieds de terre, et qu'elles entourent la tige. Il en est de même lorsqu'on greffe sur le cytise des Alpes les cytises à feuilles sessiles et à épis, à la hauteur de trois à quatre pieds.

Il y a des avantages et des inconvéniens à pratiquer la greffe Schnéerwoogt. Les premiers sont d'être moins sujets à se noyer de sève ou de gomme. Les seconds de manquer souvent lorsque la sève est peu abondante, ou se suspend avant qu'elle soit complètement soudée. Les pépiniéristes des environs de Paris en font très rarement usage ; mais on dit qu'elle est fréquemment employée à Gênes sur les orangers.

L'utilité qu'on peut retirer de la greffe Knoor est bien moins étendue qu'on a voulu le faire croire, parceque le bourgeon se redresse à mesure qu'il augmente en longueur ; cependant il est quelques cas où elle peut être mise en usage.

Il est fréquent que les personnes qui sont dépourvues d'expérience en jardinage veulent pratiquer la greffe Jansein. Elle réussit souvent ; mais il est rare qu'elle dure long-temps, parceque les diverses espèces, et même les diverses variétés de la même espèce ont une époque et une force différentes de végétation, et que la greffe la plus précoce ou la plus vigoureuse fait mourir toutes les autres. On peut cependant, au moyen d'une taille intelligente, retarder la perte de ces dernières.

L'objet de la greffe Duroy est de bonifier les fruits et d'augmenter leur volume. Jusqu'à présent il n'existe pas de faits qui constatent l'efficacité de ce procédé ; mais il a pour lui l'opinion d'un grand nombre de personnes.

Les principes de la greffe Lambert sont fondés sur l'opinion que le mélange des sèves d'arbres différens change la nature des fruits de chacun d'eux. Ce résultat est plus que douteux ; mais il est regardé comme certain par tant de personnes, qu'il faut bien en faire mention.

La très ingénieuse greffe Magneville a été imaginée pour greffer les arbres résineux les uns sur les autres ; mais elle peut aussi être employée pour les arbres gommeux, et même pour tous les arbres qui ont une sève surabondante. La double plaie qu'elle offre a pour objet de donner un écoulement au suc propre (la résine ou la gomme) qui s'opposeroit à la reprise de la greffe.

Lorsqu'on pratique cette greffe sur les arbres résineux il faut employer un bouton développé, c'est-à-dire en état actuel de végétation , et l'ombrager pendant plusieurs jours.

Nous ne citons la greffe Sintard que parcequ'elle a été usitée autrefois. Elle est fort embarrassante à pratiquer, et ses avantages sont très peu sensibles.

Rien n'est moins certain que la réussite des greffes nébuleuses ; mais Olivier de Serres en cite. Il est probable qu'il a vu en effet des greffes de cette sorte pousser d'abord ; mais elles n'ont pas dû subsister.

Les exemples de la greffe Liébaut ont pour objet de prouver que les greffes du même genre reprennent souvent, mais ne subsistent pas long-temps lorsque les unes appartiennent à des espèces qui conservent leurs feuilles, ou dont l'entrée en sève est plus précoce ou plus tardive.

L'expérience qui est offerte par la greffe Bonet n'a pour but que le perfectionnement des principes de la physiologie végétale.

SÉRIE SECONDE. *Greffes en flûte.* Pour faire ces sortes de greffes on choisit d'un côté le sujet plein de sève, et on lui enlève un anneau d'écorce d'au moins un pouce de large et d'au plus deux de long ; de l'autre un rameau de la même année ou de l'année précédente, également bien en sève qui ait exactement le diamètre du sujet, et un ou plusieurs yeux. Sur ce dernier on enlève un anneau d'écorce, on le met de suite en place de celui du sujet, et on fait la ligature. Tantôt cet anneau est entier, tantôt il est coupé en biseau d'un côté, tantôt il est fendu dans sa longueur.

Dans cette opération il faut apporter beaucoup d'attention pour ne pas toucher au bois du sujet dépouillé de son écorce, pour ne pas enlever le CAMBIUM (*voyez* ce mot) qui en sort. On doit éviter également de la faire par la même raison pendant la pluie ou un hâle desséchant ou un soleil trop ardent. Dès qu'elle est terminée on couvre les plaies d'onguent de Saint-Fiacre ou de poix, ou de tout autre ENGLUMEN. (*Voyez* ce mot.) Souvent aussi on l'entoure d'une poupée composée de mousse et d'argile, en faisant attention de laisser libre l'œil ou les yeux qu'on a en vue de faire pousser.

Si le tuyau d'écorce étoit trop large pour toucher par-tout le bois du sujet, il n'y auroit pas d'inconvénient à lui enlever une lanière longitudinale.

Si au contraire il étoit trop étroit, il faudroit y ajouter une lanière prise sur la même branche, portant, s'il se pouvoit, un œil.

On fait principalement usage de la greffe en flûte pour quelques espèces d'arbres à bois dur, tels que les noyers, les châtaigniers, etc. Il est des lieux où elle est en grande faveur. On la pratique rarement aux environs de Paris, parcequ'elle exige beaucoup plus de temps et de précautions que les greffes en fente et en écusson ; mais elle est plus solide qu'elles.

La greffe Jefferson s'effectue à la sève descendante. C'est la plus simple de sa série. Elle ne compromet point la vie des sujets sur lesquels on l'exécute.

On pratique plus fréquemment la greffe Carver que la précédente, quoiqu'elle ait plus d'inconvéniens relativement au sujet. C'est à la première sève montante qu'elle s'exécute. Il est des cantons à châtaigniers où toutes les années on en effectue beaucoup, chaque pied en recevant un grand nombre, quelquefois plus de cent. Là on porte les rameaux à la maison, où on enlève leur écorce par anneaux, qu'on remet de suite en place ; et ce n'est que lorsqu'on en a ainsi préparé assez pour le service d'une demi-journée qu'on les porte dans la châtaigneraie, et qu'on les pose. (*Voyez pl.* 4, *fig.* 17.)

Ce n'est qu'à raison de l'époque où elle se pratique que la greffe Pan se distingue de la précédente. Elle est peu employée.

Les circonstances qui distinguent la greffe Faune des précédentes sont, 1° la longueur de son tuyau qui peut avoir quatre à cinq pouces, et porter trois à quatre yeux ; 2° l'écorce du sujet qui , au lieu d'être supprimée dans toute la partie destinée à recevoir la greffe, est coupée en quatre à cinq lanières longitudinales , et rabattue sur la greffe lorsque cette dernière est posée.

Les cultivateurs d'arbres étrangers trouvent de l'avantage à préférer cette greffe dans quelques cas.

SÉRIE TROISIÈME. *Greffes disgenères.* Je donne ce nom à des greffes placées sur des sujets de genre, de famille et de classes différentes de celles des arbres où elles ont été tirées.

Les historiens et les poëtes de l'antiquité ont écrit , et les modernes ont répété et répètent encore, sur la foi les uns des autres plus que sur leurs propres expériences, que toute greffe peut reprendre sur quelqu'arbre que ce soit , pourvu que leur écorce se ressemble.

Le résultat des expériences nombreuses que nous avons faites , et que nous continuons tous les ans pour l'instruction des personnes qui suivent notre cours , prouve évidemment que si quelqu'une de ces greffes semble réussir d'abord, toutes périssent plus ou moins promptement. Ces expériences , nous les avons variées sous toutes les formes, à toutes les époques de l'année, sur un nombre considérable de sujets. Si nous n'en offrons pas ici le détail au public , c'est qu'elles n'intéressent en aucune manière le cultivateur , et que cet article est déjà fort long. Les physiologistes les trouveront dans le grand travail que nous préparons sur les procédés de la culture.

Nous terminons par quelques indications qui n'ont pas trouvé place dans le cours de cet article.

Certaines espèces d'arbres, certaines variétés de fruits reprennent plus facilement sur certains ou certaines autres. Quelquefois on en peut reconnoître la cause ; mais d'autres fois cela n'est pas possible. Ainsi si l'érable platanoïde ne peut recevoir la greffe des autres espèces de son genre, c'est qu'il est pourvu d'un suc propre laiteux qui indique qu'il a une organisation fort différente de la leur. Ainsi si le noyer ordinaire ne prend que fort difficilement sur le noyer tardif, ou de la Saint-Jean, il est facile de voir que c'est parceque les sèves ne coïncident pas d'époques.

Mais pourquoi certaines variétés de poirier réussissent – elles mieux sur le cognassier que sur le franc , et d'autres au contraire mieux sur le franc que sur le cognassier ? C'est à l'observation à nous l'apprendre. Ces anomalies sont fréquentes, et font partie de la science pratique des jardiniers, qui seroient exposés à des non valeurs et même à des pertes s'ils négligeoient d'y faire attention. Elles ont été généralement indiquées aux articles particuliers des arbres qui les offrent. (TH.)

GREFFOIR. Instrument de coutellerie dont les pépiniéristes et les jardiniers se servent pour greffer leurs arbres.
C'est une espèce de petit couteau, et dont le tranchant
se courbe en arc et en dehors vers la pointe. A la partie
inférieure du manche est fixée à demeure une petite lame en
ivoire ou en fer, très courte, faite à peu près en forme de
spatule, et qui est destinée à soulever légèrement l'écorce après
l'entaille faite à l'arbre, afin de pouvoir placer entre elle et
le bois les rebords de l'œil de la greffe. Lorsque cette petite
lame est en fer ce métal est souvent oxidé par la sève qui
suinte au moment de l'opération, et alors il laisse sur la plaie
une petite couche d'oxide qui peut être nuisible. Il vaut
mieux, par cette raison, que cette seconde lame soit en
ivoire. *Voyez pl.* 3, *fig.* 22. (D.)

GRELA. Crible à larges trous qui sert à nettoyer la terre
dans le département des Deux-Sèvres.

GRÊLE. Gouttes d'eau congelées dans l'atmosphère, et qui,
en tombant sur les végétaux, les brisent, les blessent, et par-
là détruisent souvent en un instant l'espoir de la plus belle
récolte, influent même sur celle des années suivantes.

Les physiciens se sont beaucoup disputés sur les causes de la
grêle. Ne croyant pas qu'il convienne d'entrer dans l'énumération des divers systèmes qu'ils ont émis pour rendre raison
des phénomènes qu'elle présente, je me contenterai de dire
qu'on reconnoît aujourd'hui qu'elle n'a lieu que lorsque de la
pluie rencontre en tombant des nuages à la température de la
glace, nuages au travers desquels elle se gèle.

Ainsi elle ne diffère de la neige que parceque cette dernière
s'est glacée en état de vapeur. *Voyez* au mot NEIGE.

Mais qui est-ce qui fait que des nuages sont à la température de la glace, lorsque d'autres n'y sont pas? 1° Les vents;
2° l'électricité.

Les vents. En effet, on voit souvent des vents diamétralement opposés régner en même temps dans l'atmosphère. Si
deux de ces vents, l'un supérieur, vient du sud, et l'autre inférieur vient du nord, et qu'ils transportent des nuages, la température de ceux qui viennent du nord pourra être au-dessous
du zéro du thermomètre, et par conséquent la pluie que ver-
seront ceux qui arrivent du midi se gèlera en les traversant. Ce
cas a lieu principalement en hiver, et ne donne lieu qu'à
de petites grêles peu dangereuses qu'on appelle *grésil* ou
grêlons.

L'électricité. Lorsque deux nuages, soit qu'ils arrivent de
points différents ou du même point avec des vitesses différentes,
sont l'un électrisé en plus et l'autre électrisé en moins, et

qu'ils se rencontrent, le dernier attire instantanément toute la surabondance d'électricité du premier; ils se mettent sous ce rapport en équilibre, pour se servir des expressions de la science; mais dans ce cas il y a presque toujours détonnation, c'est-à-dire éclair et tonnerre, et par suite refroidissement subit de l'air par la décomposition de l'hydrogène et de l'oxygène qui y sont contenus, et même production d'eau, selon l'opinion aujourd'hui le plus généralement admise.

C'est presque exclusivement pendant l'été, c'est-à-dire à l'époque de l'année où l'hydrogène est le plus abondant dans l'atmosphère, où l'électricité se développe avec le moins d'obstacles, que cette sorte de grêle se produit. Aussi c'est alors que ses grains acquièrent quelquefois la grosseur du poing, qu'ils sont extrêmement anguleux, qu'ils hachent les plantes et tuent les animaux.

Les grains de grêle ronds sont toujours de deux densités; c'est-à-dire que la goutte d'eau d'abord gelée qui forme leur centre est plus dure que la croûte, laquelle est le produit des vapeurs qu'elle a fait cristalliser autour d'elle en passant à travers le nuage inférieur. Ce fait est important pour les cultivateurs, parcequ'il y a des grêles où cette croûte est si tendre qu'elle diffère peu de la neige, et qu'elle affoiblit par conséquent l'effet de leur chute sur les végétaux.

Les grains de grêle anguleux ne présentent pas ce fait d'une manière aussi marquée; plus ils sont gros et plus leurs angles sont prononcés. Quelquefois ils sont formés par la réunion de plusieurs grains, et par suite présentent la disposition d'un anneau. Ils sont produits par les orages les plus violens, et pendant les jours les plus chauds de l'été. Leurs angles sont des pointes d'octaèdres, et formés par cristallisation, ainsi que je l'ai prouvé, par mes observations, dans le trente-troisième volume du Journal de physique, à la suite de l'affreuse grêle qui ravagea les environs de Paris en 1788, grêle dont je fus témoin, et failli être la victime.

Lorsque la grêle est petite elle tombe ordinairement avec plus ou moins de pluie, même le plus souvent elle est précédée de quelques gouttes de pluie; mais quand elle est grosse elle la précède. Dans tous les cas elle redouble après chaque éclair, lorsqu'il y en a, car il n'y en a pas toujours, lors même que la grêle est formée par la perte de l'électricité d'un nuage. *Voyez* aux mots TONNERRE et ÉLECTRICITÉ.

Mais n'est-il donc pas possible d'empêcher la production de la grêle, puisqu'on sait se rendre maître de la foudre? A cette question je répondrai que cela est probable, puisque pouvant, par le moyen des pointes de métal, soutirer l'électricité surabondante des nuages, on détruit sa principale cause. Plusieurs

fois on a proposé de s'assurer de ce fait par des expériences,
mais je ne sache pas qu'on l'ait tenté. Il est cependant des lieux
qui sont si exposés à la grêle, qu'il seroit de première importance pour eux de chercher les moyens d'en diminuer la fréquence, et pour lesquels la dépense d'une douzaine de barres
de fer ne seroit pas un objet important en comparaison des
pertes qu'ils éprouvent par suite de ses ravages. Je cite particulièrement le revers oriental de la chaîne de montagnes qui
s'étend de Langres à Lyon par Dijon, Beaune, Châlons et Mâ-
con, revers qui produit une si grande abondance d'excellens
vins, et sur lequel j'ai long-temps habité; là, dis-je, je
connois des vallées où les récoltes sont détruites ou diminuées
presque toutes les années par l'effet de la grêle; c'est-à-dire où
on en obtient à peine deux bonnes sur cinq, et où cependant
il seroit facile de placer des paratonnères sur les sommités
voisines. J'en ai parlé à quelques propriétaires, mais la crainte
des effets de la malveillante ignorance et de la dépense ne leur
a pas permis d'y penser sérieusement. Ce seroit au gouvernement à faire faire cet important essai, qu'il pourroit appuyer
de sa puissance si cela devenoit nécessaire; et je fais des vœux
pour qu'il en ait l'idée.

Il paroît certain que les grêles étoient bien moins fréquentes
autrefois en France qu'elles le sont devenus depuis quelques années. Je l'ai souvent entendu dire dans le pays dont je viens de
parler, et Rougier-La-Bergerie l'a constaté dans les départemens
qui remplacent le ci-devant Berri, par des documens écrits
et par des rapports de vieillards estimables. Ce savant agriculteur croit, et je le pense comme lui, que c'est à la diminution
des abris, sur-tout à la coupe des bois qui couronnoient le
sommet des hautes montagnes, qu'est due la fréquence actuelle de ce fléau. Avis à la génération actuelle, qui continue
si inconsidérément ces coupes.

Jusqu'à présent donc on n'a pu s'opposer aux effets de la
grêle, car les sonneries qu'on pratique dans quelques campagnes sont de nulle utilité comme on l'a prouvé; ainsi les
agriculteurs doivent se borner à diminuer les suites de sa
chute, soit par des remplacemens de productions, soit par des
opérations agronomiques de diverses sortes.

Pour peu qu'on ait l'habitude de l'observation des météores,
on peut prévoir et annoncer d'avance qu'il va tomber de la
grêle. Un temps lourd et très chargé d'électricité, des nuages
d'abord élevés, petits, blancs et d'une marche lente, venant
(pour le climat de Paris) du sud ou du sud-ouest, ensuite bas,
gros, noirs et précédés d'un vent violent, l'inquiétude ou l'a-
gitation de tous les animaux, la *fanure*, si je puis employer ce
nom, des feuilles tendres des végétaux, sont les signes avant-

coureurs des orages accompagnés de grêle. *Voyez* Pronosti-
ques.

A ces signes un jardinier actif ne reste pas oisif; il va couvrir ses serres, ses châssis, ses couches d'épais paillassons.
Il couvre également les espaliers qu'il estime le plus et les
plantes rares qu'il peut craindre de perdre. Il met à l'abri toutes
les poteries que la brièveté du temps permet de transporter. Il
cueille les graines, les fruits les plus précieux qui sont arrivés
ou qui sont près d'arriver à leur maturité. Enfin il prend toutes
les précautions possibles pour diminuer ses pertes.

Malheureusement les laboureurs, les vignerons, n'ont presque
aucun moyen à opposer aux ravages de la grêle; aussi dans
quelle anxiété ne sont-ils pas lorsqu'ils la voient arriver.
Chaque minute est pour eux un siècle d'angoisse : chaque grain
qui tombe semble les frapper de mort. Cependant le premier
doit s'occuper de la rentrée de ses bestiaux, qui sont blessés
et même quelquefois tués par les grêles semblables à celle dont
j'ai été témoin en 1788 et que j'ai citée plus haut. Si ses récoltes de blés, d'orge ou d'avoine sont coupées et encore sur
terre (les grands orages arrivent communément pendant la
moisson), il s'empressera d'en faire mettre le plus possible en
tas, pour diminuer la perte du grain; car il arrive souvent, et
je l'ai vu plusieurs fois, que la grêle n'en laisse pas un seul dans
les épis.

La durée de la grêle est rarement d'une heure; mais ne seroit-elle dans sa force que le quart de ce temps, ce qui m'a
paru le terme le plus commun, cela suffit, même dans les cas
ordinaires, pour anéantir ou diminuer de beaucoup le produit
des céréales, des vignes, des arbres fruitiers, etc., et nuire considérablement à toutes les autres récoltes, même aux forêts, sans
compter les brisemens de vitres, de tuiles, d'ardoise, etc., etc.
Comme, ainsi que je l'ai déjà indiqué, elle est plus commune
à la fin de l'été et au commencement de l'automne qu'en toute
autre saison, il reste peu de ressources pour les laboureurs
qui voudroient remplacer la récolte perdue par une nouvelle.
Cependant ils doivent toujours se précautionner, pour ce cas,
de graines de raves, de navette d'hiver, de spergule, etc. C'est
sur les restes de leurs productions qu'ils semblent devoir le plus
compter, et j'ai vu presque par-tout la nonchalance ou le désespoir abandonner ces restes ou n'en tirer qu'un foible parti.
Ainsi on laisse pourrir sur pied les pailles des blés grêlés, tandis
que si on les eût fauchées, le lendemain de l'orage, on en eût
fait un excellent fourrage pour les bestiaux. Ainsi on attend
l'époque ordinaire pour faucher les luzernes et les trèfles qui
sont dans le même cas, et par-là on perd et une immensité de
feuilles et l'espoir d'une seconde ou troisième coupe.

Les effets d'une forte grêle, abstraction faite de l'intérêt de l'homme, se font sentir sur toutes les plantes qui y ont été exposées, mais ce sont les arbres et arbustes qui conservent le plus long-temps l'impression de ses suites. Par exemple, le vigneron, le propriétaire d'arbres fruitiers, non seulement perd sa récolte présente, mais encore la suivante, ou au moins une partie, ce qui rend leur position encore plus malheureuse que celle du laboureur. Cela a lieu parceque les grêlons, d'un côté, en déchirant les feuilles, privent l'arbre ou l'arbuste de la nourriture qu'elles leur auroient fournie pendant le reste de la saison. De l'autre, parceque faisant beaucoup de plaies à l'écorce, cela occasionne une plus grande déperdition de sève. Or on sait que c'est l'abondance de la sève d'automne qui, en s'accumulant dans les racines, détermine la vigueur des pousses et la production des fruits au printemps suivant. Les vignes et les arbres fruitiers qui sont frappés de grêle ne donnent donc que de foibles productions en bois et en fruits, quelquefois deux ou trois ans de suite, à moins qu'on ne réchauffe leur action végétative par des engrais et des labours répétés.

Dans les vergers il est souvent bon de profiter de ce malheur pour rapprocher les arbres, c'est-à-dire couper les grosses branches à un ou deux pieds du tronc pour déterminer la production de nouveau bois; dans les jardins, il faut tailler le plus court possible les espaliers et contr'espaliers; enfin dans les pépinières il faut rabattre rez terre tous les plants qui en sont encore susceptibles. Par ces grandes mesures on accélère le retour du produit des arbres dans son intensité première, quoiqu'il paroisse au premier coup d'œil qu'on le retarde.

On a attribué à la grêle des qualités délétères qu'elle n'a pas. L'eau qu'elle produit ne détruit pas la fertilité des terres sur lesquelles elle est tombée. Elle ne nuit qu'aux plantes et aux animaux qu'elle frappe. Après sa chute l'athmosphère devient plus pure, toute la nature semble se rajeunir.

On a remarqué que les insectes étoient bien plus rares les années où les orages étoient fréquens et celles qui les suivent. En effet ils les tuent par milliards; ils produisent donc un bien.

La grêle est souvent accompagnée et presque toujours suivie de torrens de pluie. Cela vient de ce que l'équilibre du calorique dans l'athmosphère ne peut rester long-temps rompu d'une manière aussi forte, par suite de la tendance qu'il a à se répandre uniformément. Cette pluie affoiblit quelquefois les effets de la grêle, d'autres fois elle cause des maux d'un autre genre qui ont été détaillés au mot ORAGE.

J'aurois pu étendre encore cet article relativement à la théorie, peindre les effets de la grêle sur un canton, le désespoir des cultivateurs à l'aspect de leurs champs après sa chute ; mais cela ne m'eût fait arriver à rien d'utile. (B.)

GRÊLE. C'est la même chose que crible dans le département de Lot-et-Garonne.

GRELOT. Nom d'une sphère creuse et mince de cuivre, de métal des cloches ou de fer, dans laquelle on met une petite boule solide de même métal, et qu'on attache au cou des animaux, pour qu'en marchant le bruit que fait la petite boule, en frappant contre les parois de la sphère, indique la direction qu'ils prennent.

Les cultivateurs doivent toujours attacher un grelot, ou, ce qui produit le même effet, une clochette, au cou de l'animal reconnu le plus sage du troupeau, afin que ce troupeau puisse se réunir à lui dans les pâturages étendus, ou servant à plusieurs communes. Lorsque le troupeau pâture dans les bois, toutes les bêtes doivent en avoir une, pour qu'on puisse les suivre dans le cas où elles s'écarteroient. Si par-tout on prenoit cette précaution, les cultivateurs ou leurs valets s'épargneroient une grande perte de temps et des affaires désagréables avec leurs voisins. Il est des pays où cette pratique est tellement en usage, et les animaux y sont si accoutumés, qu'ils ne peuvent pas paître lorsque leur chef de file ne fait plus entendre son grelot.

Presque dans tous les pays où on emploie les mulets, il est passé en principe que ces animaux font un mauvais service lorsqu'ils ne sont pas excités par le son des grelots ; en conséquence on les en surcharge. C'est chose pénible que le tintamarre que font ces grelots, lorsqu'il y a beaucoup de mulets rassemblés, comme j'ai eu occasion de l'éprouver quelquefois, sur-tout en Espagne. Il est à désirer que cet abus cesse, et pour l'oreille des passans, et pour la bourse des conducteurs ; car l'acquisition d'une garniture de grelots n'est pas une petite dépense pour eux.

On appelle fleur en grelot celle qui est monopétale, et dont l'ouverture est plus étroite que le milieu. Le muguet a une fleur en grelot. (B.)

GREMIL, *Lithospermum*. Plante vivace, à racine pivotante ; à tiges droites, cylindriques, rameuses, rudes au toucher, hautes d'un à deux pieds ; à feuilles alternes, sessiles, lancéolées ; à fleurs petites, jaunâtres, disposées en paquets sessiles dans les aisselles des feuilles supérieures, qu'on trouve abondamment dans les terrains secs et incultes, le long des chemins, et qui fait partie d'un genre de la pentandrie monogynie et de la famille des borraginées.

Le GREMIL OFFICINAL passe pour diurétique, apéritif et détersif, et sa graine pour émolliente. Les bestiaux le dédaignent

Il forme souvent des touffes fort grosses et très multipliées dans certains lieux, qu'on ne peut guère utiliser autrement qu'en les coupant pour les faire entrer dans la composition du fumier, ou pour chauffer le four. La dureté de ses graines, dureté qui approche de celle de la pierre, a fait croire qu'il devoit guérir de la pierre, et leur couleur blanche et brillante l'a fait appeler l'*herbe aux perles*. (B.)

GRENADE. Fruit du GRENADIER. *Voyez* ce mot.

GRENADIER, *Punica*. Genre de plantes de l'icosandrie monogynie, et de la famille des myrthoïdes, qui renferme deux arbustes très intéressans sous les rapports de la beauté de leurs fleurs et de la bonté de leurs fruits, et qu'on cultive en conséquence en Europe en pleine terre, ou en caisse, selon le climat; car ils sont sensibles à la gelée lorsqu'elle passe six à huit degrés.

Le GRENADIER COMMUN, *Punica granatum*, Lin., s'élève de quinze à vingt pieds. Son écorce est grise et très crevassée; ses rameaux sont opposés ou presque opposés, rougeâtres, très écartés de la tige, et épineux à leur sommet; ses feuilles opposées ou presque opposées, pétiolées, ovales, oblongues, luisantes, ponctuées, rougeâtres dans leur jeunesse et dans leur vieillesse, exhalant une odeur désagréable quand on les froisse; ses fleurs solitaires ou réunies deux ou trois ensemble à l'extrémité des rameaux de deux ans.

Il y a lieu de croire, d'après le nom latin de cet arbre, qu'il a été apporté par les Romains des environs de Carthage, où Desfontaines l'a retrouvé très abondant. Aujourd'hui il est naturalisé dans toutes les parties méridionales de l'Europe, et s'y cultive pour son fruit agréablement acide, et qu'on recherche sur-tout pendant les grandes chaleurs de l'été, époque où son usage est fort salutaire.

Comme tous les autres arbres qu'on cultive depuis long-temps, le grenadier a produit plusieurs variétés dont il est bon de faire ici l'énumération.

Le GRENADIER A FRUITS TRÈS ACIDES. C'est celui qui croît spontanément, et que par conséquent il faut regarder comme le type de l'espèce. Ses feuilles, ses fleurs et ses fruits sont plus petits, et ses rameaux plus épineux. On l'emploie principalement à faire des haies, ainsi qu'il sera dit plus bas.

Le GRENADIER A FRUITS DOUX ET ACIDES EN MÊME TEMPS. C'est le précédent déjà amélioré par la culture. C'est celui qu'on trouve le plus communément dans les jardins et les vignes des parties méridionales de la France. Il se reproduit de ses graines.

Le GRENADIER A FRUITS DOUX. Il est encore plus perfectionné et ne se reproduit déjà plus de ses graines, c'est-à-dire que ses graines semées donnent le précédent. On le cultive de préférence dans les parties les plus méridionales de l'Europe. Il est très délicat et très sensible à la gelée.

Le GRENADIER A TRÈS GRANDES FLEURS SIMPLES OU DOUBLES. Cette variété fleurit plus tard que les autres, et ses fleurs restent plus long-temps sur l'arbre.

Le GRENADIER A FLEURS SEMI-DOUBLES et le GRENADIER A FLEURS COMPLÈTEMENT DOUBLES. Ces deux variétés sont celles qu'on cultive le plus fréquemment dans les orangeries des parties septentrionales de l'Europe. La dernière est du plus brillant éclat lorsqu'elle est bien garnie de fleurs.

Le GRENADIER A FLEURS BLANCHES DOUBLES.

Le GRENADIER A FEUILLES ET A FLEURS PANACHÉES DE JAUNE.

Le GRENADIER A FLEURS JAUNES.

Le GRENADIER PROLIFÈRE. Variété encore rare qui n'a d'autre intérêt que la singularité qu'indique son nom, c'est-à-dire qu'il sort un rameau du milieu de sa fleur.

Quant au GRENADIER NAIN, c'est une véritable espèce, originaire des îles de l'Amérique. Ses feuilles sont linéaires, et ses fruits pas plus gros qu'une noisette. Il ne s'élève qu'à trois ou quatre pieds. On le cultive et on le multiplie au reste comme le commun. Ainsi tout ce que je vais dire de ce dernier pourra lui être appliqué.

Les feuilles des grenadiers tombent en automne, et poussent assez tard au printemps. Leurs fleurs commencent à s'épanouir au commencement de l'été, et se succèdent pendant deux ou trois mois. Leurs fruits, qu'on nomme *grenades*, restent sur l'arbre bien avant dans l'hiver. Ils demandent à n'être cueillis qu'à leur parfaite maturité, parceque sans cela non seulement ils sont peu agréables, mais se dessèchent et se moisissent très facilement. Rarement ils sont mangeables dans le climat de Paris et autres plus septentrionaux.

L'écorce de la grenade est très astringente. On l'emploie en médecine sous le nom de *malicorium*. Sa pulpe est très rafraîchissante et est fréquemment ordonnée dans les fièvres et autres maladies inflammatoires. On en fait un sirop des plus agréables. Les fleurs du grenadier sont aussi d'usage sous le nom de *balaustes*, et ont les mêmes propriétés que l'écorce du fruit. En général toutes les parties de cet arbre sont très astringentes, et servent, dans les pays où il croît naturellement, à toutes les opérations auxquelles on emploie la noix de galle, l'écorce de chêne, c'est-à-dire à tanner les cuirs, à fixer la couleur noire sur les étoffes, etc.

Livré à lui-même, le grenadier forme toujours un buisson par la grande disposition de ses racines à pousser des drageons, sur-tout lorsqu'il est provenu de marcottes ou de drageons. Il a besoin de la main de l'homme pour former une tige, et demande à être taillé pour prendre une forme agréable et pour porter un grand nombre de fleurs.

Je vais successivement passer en revue les différentes manières de conduire les grenadiers dans les parties méridionales de l'Europe, et ensuite je dirai ce qu'il convient de faire de plus dans les septentrionales, à l'égard de ceux qu'on cultive dans les orangeries.

Ainsi que je l'ai observé plus haut, le grenadier est très propre à faire des haies. En effet, ses rameaux sont nombreux, divergens et épineux; ses racines disposées à pousser continuellement de nouveaux rejets; sa multiplication très facile. Ajoutez à cela qu'il vient dans les plus mauvais terrains, et qu'il est respecté par les bestiaux. Il remplace avec beaucoup d'avantage les arbustes qu'on emploie à cet usage dans les parties septentrionales de l'Europe. J'ai eu fréquemment occasion de m'assurer de ce fait en Italie, où les clôtures sont généralement mieux entretenues qu'en France.

Pour former une haie de grenadier, on plante, pendant l'hiver, ou des boutures ou des plants enracinés, à dix ou douze pouces de distance, dans une tranchée d'un pied de profondeur. Les premières doivent être préférées comme moins coûteuses dans les terrains frais ou susceptibles d'être arrosés; mais les seconds sont indispensables dans ceux qui sont secs et arides, si on veut être sûr de la réussite. On ne touche pas à cette plantation les deux premières années, seulement on lui donne un binage à l'entrée de l'hiver, et on remplace les pieds morts; au troisième hiver on l'arrête à deux ou trois pieds; on la taille des deux côtés à six pouces de distance des troncs, et sur-tout on arrache les rejetons qui auroient pu pousser des racines. C'est de ce travail que dépend la bonté et la durée de la haie. La haie ainsi formée, il ne s'agit plus que de la forcer à s'épaissir en coupant chaque année, à trois ou quatre pouces plus loin, les nouvelles branches qui se seront produites, et ce, jusqu'à ce que la haie soit arrivée à la hauteur et à l'épaisseur désirée; après quoi, si c'est une haie rustique destinée à produire du bois de chauffage, on ne la taille plus que tous les deux ou trois ans. On peut la fortifier au point de la rendre impénétrable, même aux volailles, en greffant les branches inférieures des pieds voisins, par approche, les unes avec les autres, c'est-à-dire en les liant en croix avec de l'osier ou du fil de fer. Il est à observer que le grenadier pousse rarement des bourgeons sur son vieux bois, et que lorsqu'on laisse dégarnir la haie par le pied il faut ou profiter des rejetons qui sortent des racines, et qu'il faut toujours continuer à arracher de temps en temps, hors ce cas, ou coucher une branche pour en faire une marcotte, ou enfin planter une autre espèce d'arbuste, afin de boucher le trou. J'ai vu employer à cet usage en Italie le FRAGON PIQUANT et le PALIURE. *Voyez* ces mots.

Eu Italie, on laisse généralement venir en buisson les grenadiers destinés à donner du fruit; on se contente seulement de les empêcher de trop s'étendre, ou mieux, on les réduit à quatre ou cinq tiges au plus. Je dois dire ici que cette pratique est nuisible et à la quantité et à la qualité du fruit. Il vaut beaucoup mieux les disposer sur une seule tige à laquelle on laisse une tête plus ou moins vaste selon leur âge, et le terrain où ils se trouvent. Cette observation est fondée sur ce qu'un buisson épuise à former des rejetons la force de végétation qui s'emploie dans une seule tige à créer les fleurs et à perfectionner le fruit. Ainsi donc il est avantageux de réserver sur un pied de deux ou trois ans le jet le plus vigoureux et le plus droit, et de couper tous les autres. Ce jet réservé sera en même temps émondé de ses branches inférieures. Cette dernière opération ne doit souvent se faire qu'en deux ou trois ans. Lorsque la tige sera arrivée à la hauteur désirée, on s'occupera à former la tête en coupant les branches supérieures, et ce encore en plusieurs années. Je dois répéter ici que plus le grenadier est taillé souvent, et plus il donne de fleurs et de fruits, parcequ'il pousse alors plus de jeunes branches chaque année et que ce n'est qu'à l'extrémité des branches de deux ans que naissent les fleurs. L'époque la plus favorable à leur taille est celle de la chute des feuilles, pour ceux en pleine terre, et la sortie de l'orangerie pour ceux en caisse. La forme la plus agréable à leur donner est la sphérique ou la cylindrique. Je préfère celle-ci comme fournissant plus de branches. La forme en parasol ou en champignon me paroît la plus mal calculée pour le produit et la plus déplaisante à l'œil.

Dans les climats intermédiaires entre celui de Marseille et celui de Paris, c'est-à-dire dans ceux où le grenadier ne vient pas en pleine terre, mais où les gelées ne sont cependant pas ordinairement assez fortes pour le faire périr, on doit le cultiver en espalier à l'exposition du midi. Peu d'arbres garnissent aussi bien un mur que lui, et aucun ne présente un coup d'œil aussi magnifique, dans cette disposition, lorsqu'il est en fleur. On le plante à dix ou douze pieds de distance, et même plus, selon la hauteur du mur. On lui forme une tige de cinq ou six pieds de haut et ensuite on conduit les branches, comme celles des pêchers, sans se presser, c'est-à-dire en les raccourcissant tous les ans pour les faire garnir davantage. Ces branches n'ont besoin d'être fixées au mur que les deux premières années, attendu que quand elles ont pris une direction elles n'en changent plus.

Lorsqu'on a lieu de craindre que les gelées nuisent aux grenadiers ainsi disposés en espalier, on peut facilement les couvrir avec des paillassons ou des planches.

Les grenadiers craignent le froid dans l'ordre inverse de celui où ils sont dénommés plus haut, c'est-à-dire que celui à fruit acide y résiste le plus et le prolifère le moins. Ils ont à cet égard des irrégularités produites par les localités, dont la cause n'est pas encore bien connue. Par exemple, à Paris, il résiste quelquefois en pleine terre dans une bonne exposition à des hivers très rigoureux, tandis que la plus petite gelée le fait périr aux environs de Lyon. Les pousses de ceux que je cultivois en Caroline, où il gèle à peine de deux ou trois degrés, et ce pendant une ou deux nuits seulement, périssoient régulièrement toutes les années, excepté celles d'un pied placé dans l'angle d'un bâtiment et au nord.

Les grenadiers tenus dans des caisses demandent des soins bien plus nombreux que ceux cultivés en pleine terre. Il faut que les caisses soient proportionnées à leur grosseur, et remplies d'une terre chargée surabondamment de principes végétatifs, afin de compenser sa quantité par sa qualité. C'est de la terre à oranger dont je veux parler, terre dont on trouvera la composition au mot ORANGER. Leurs têtes doivent être taillées très court, c'est-à-dire à deux yeux, et avoir rigoureusement une des formes indiquées plus haut. On ne doit les sortir de l'orangerie que lorsqu'il n'y a plus de gelées à craindre, et les rentrer de bonne heure. L'époque varie selon les climats et même selon les années. A Paris c'est à la fin d'avril ou au commencement de mai. On doit leur donner un *demi-change* (expression technique) tous les deux ans, c'est-à-dire leur donner de la nouvelle terre sans les dépoter, et un *change complet* tout les quatre ans. Pour cela on les enlève de leur caisse ou de leur pot, on coupe celles de leurs racines que les parois de la caisse avoient fait contourner, on enlève la moitié ou les deux tiers de la terre, et on les replace dans une caisse un peu plus grande avec de la terre nouvelle. Ces grenadiers en caisse exigent des arrosemens abondans et fréquens pendant l'été, et foibles et rares pendant l'hiver. Ils sont sujets à se carier et à devenir difformes dans leur vieillesse. On a souvent de la peine à arrêter les rejets de leurs racines. Ils vivent cependant fort long-temps. On croit que quelques uns de ceux de l'orangerie de Versailles ont deux ou trois cents ans.

On multiplie le grenadier par toutes les voies possibles.

Ses graines se sèment au printemps dans une terre bien travaillée et bien exposée, ou dans des terrines sur couche et sous châssis. Le plant qui en provient se repique dès le premier ou au plus tard le second hiver, dans un terrain meuble ou dans des pots isolés. Au bout de cinq à six ans il est dans le cas d'être planté à demeure.

Il pousse, comme je l'ai déjà dit, une immense quantité de rejetons qui, relevés la première ou la seconde année, sont souvent assez forts pour être mis directement en place. C'est le moyen qu'on emploie le plus généralement dans les pays chauds pour le multiplier.

Une de ses branches couchée en terre prend racines en deux ou trois mois, pour peu que la saison soit chaude et le terrain humide.

Enfin il suffit de couper une de ses pousses de l'année sur le bois de l'année précédente, de la placer dans un terrain bien préparé, ou dans des terrines sur couche et sous châssis, et de ne pas lui ménager les arrosemens, pour être certain de la transformer en pied propre à être repiqué en pépinière l'hiver suivant.

On emploie principalement ces derniers moyens dans les pays du nord pour les variétés à fleurs doubles ; mais Dumont-Courset, dans son excellent ouvrage intitulé *le Botaniste cultivateur*, remarque qu'on auroit de meilleurs grenadiers et de mieux fleurissans, si au lieu de les propager ainsi on les greffoit sur l'espèce provenue de graines. Cette observation, fondée sur l'expérience et les principes de la physiologie végétale, mérite d'être prise en sérieuse considération par les pépiniéristes, car ils finiront par dénaturer la plupart des arbres cultivés, qui se propagent autrement que par semence, s'ils ne les *retrempent* pas de temps en temps, qu'on me permette cette expression, par le semis de leurs graines. J'ai vu avec peine qu'en Italie, en Espagne et en France, on ne faisoit presque jamais usage de ce moyen pour le grenadier.

Le grenadier nain, quoique plus délicat que l'espèce connue, fleurit beaucoup mieux dans les orangeries, probablement parceque n'étant pas cultivé depuis autant de temps, il n'est pas encore dénaturé au même point. C'est un charmant arbrisseau lorsqu'il est en fleur. (B.)

GRENADILLE, *Passiflora*. Genre de plantes de la gynandrie pentandrie et de la famille des cucurbitacées, qui renferme une quarantaine d'espèces, presque toutes propres à l'Amérique méridionale, et dont plusieurs sont aussi remarquables par la beauté et la singularité de leurs fleurs que par la bonté de leurs fruits.

Les espèces de grenadilles qui sont dans le cas d'être ici citées sont,

La GRENADILLE BLEUE. Elle a les racines vivaces et traçantes ;

la tige sarmenteuse et presque ligneuse, à vrilles simples et axillaires ; les feuilles alternes, pétiolées, à cinq digitations ovales, oblongues et très entières, d'un vert foncé ; les fleurs de trois pouces de diamètre, solitaires sur de longs pétioles axillaires, à corolle blanche, à filamens de la couronne purpurins à leur base, blancs dans leur milieu et bleus à leur extrémité, le fruit de la grosseur d'un œuf, et d'un jaune rouge dans sa maturité.

Cette plante a été appelée, ainsi que presque toutes ses congénères, *fleur de la passion* par les prêtres espagnols, parcequ'ils ont cru reconnoître dans les diverses parties de sa fleur les instrumens de la passion. Elle est originaire de l'Amérique méridionale, et se cultive en pleine terre dans les jardins du climat de Paris, pourvu qu'on lui fournisse un bon abri, et qu'on la couvre pendant les fortes gelées de l'hiver. Ses fleurs ne durent que quelques heures, mais elles se succèdent chaque jour pendant deux à trois mois, et se font admirer par leur grandeur et leur singularité. Elles ont une foible odeur désagréable. Rarement elles donnent du fruit, même dans les pays chauds.

Dans les pays chauds on plante la grenadille bleue au pied d'un arbre, au sommet duquel elle s'élève, et d'où elle laisse retomber ses rameaux chargés de fleurs. Dans nos jardins il faut de toute nécessité la palissader contre un mur au midi ou au levant, ce qui change la nature de ses effets. Au reste, elle se prête avec la plus grande facilité à tous les arrangemens que désire le jardinier ; et quand il a du goût, il peut toujours en tirer un parti très avantageux. Elle conserve ses feuilles pendant l'hiver ; mais elle les perd cependant, et même ses tiges, dans le climat de Paris lorsque l'hiver est rigoureux ou qu'on n'a pas pris les précautions indiquées plus haut. Dans ce cas les racines repoussent presque toujours des jets vigoureux qui rétablissent le pied en deux ou trois ans. Plusieurs amateurs la cultivent dans des pots pour pouvoir la rentrer dans l'orangerie, et jouir de la prolongation de ses fleurs ; d'autres la plantent dans l'orangerie même, pour en faire sortir les tiges pendant l'été, et les y faire rentrer pendant l'hiver au moyen d'un trou pratiqué dans le mur ou de l'enlèvement d'un carreau des fenêtres. Une terre légère et cependant substantielle est celle qui lui convient le mieux ; sa plantation dans un lieu humide est toujours suivie de sa mort ; cependant elle aime l'eau et il ne faut pas lui ménager les arrosemens pendant les chaleurs.

On multiplie la grenadille bleue par le semis de ses graines en terrines sur couche et sous châssis au printemps. Elles

lèvent la même année lorsque ces graines n'ont pas été desséchées. On doit ne repiquer le plant qu'à deux ans, dans
des pots qu'on rentre dans l'orangerie pendant l'hiver, et ne
le mettre en pleine terre que lorsqu'il a acquis assez de force
pour pouvoir résister aux hivers, c'est-à-dire deux ou trois
ans après dans le climat de Paris. On la multiplie encore,
et même plus communément, par le moyen des rejets et des
marcottes. Ces dernières, faites sous un châssis, reprennent
en peu de mois, et peuvent être relevées l'hiver suivant. Un
seul pied doit ainsi fournir au besoin des jardins de tout un
canton, vu la longueur des tiges dont chaque double entre-
nœud fournit un nouvel individu.

Les boutures de grenadille bleue s'enracinent aussi fort
bien lorsqu'on les fait au printemps, soit sur couche et
sous châssis dans des terrines, soit en pleine terre. L'hiver
suivant elles sont assez fortes pour être relevées et traitées
comme les semis de deux ans.

Miller a observé que cette plante ainsi multipliée de marcottes et de boutures deux ou trois fois de suite ne portoit
presque plus de fleurs et même cessoit d'en porter tout-à-
fait.

C'est dans les parties méridionales de l'Europe, en Italie,
par exemple, qu'il faut aller admirer cette plante. Là on lui
fait garnir des tonnelles impénétrables aux rayons du soleil ;
là on la marie aux arbres comme dans son propre pays natal ;
là elle pousse quelquefois des jets de quinze à vingt pieds
de long dans le courant d'un été ; là enfin son fruit vient à
maturité complète et peut même se manger. Il a un goût
acide agréable.

La GRENADILLE INCARNATE se rapproche beaucoup de la
précédente, mais elle a les feuilles composées seulement de
trois folioles et les fleurs plus petites et différemment colorées.
Sa tige est annuelle. Elle croit naturellement dans une partie de l'Amérique. J'en ai beaucoup observé en Caroline, où
ses fruits, de la grosseur d'un œuf de poule, sont mangés
par les habitans. Leur acidité est assez agréable, mais leur
mucosité est très déplaisante. La longueur de ses tiges surpasse rarement cinq à six pieds. Elle croît en pleine terre
dans les parties méridionales de l'Europe, mais exige l'orangerie dans le climat de Paris. Ses fleurs exhalent une odeur
foible et agréable.

La GRENADILLE POMIFORME qui a la tige herbacée triangulaire ; les feuilles en cœur allongé, très entières ; les fruits
de la grosseur et de la forme d'une pomme. L'écorce de ce
fruit est plus épaisse que celle de celui des autres grena-

dilles ; aussi en fait-on des vases à boire, des tabatières, etc.
La pulpe qu'elle recouvre est agréable et se mange.

La GRENADILLE QUADRANGULAIRE a la tige herbacée, quadrangulaire et comme ailée ; les feuilles en cœur allongé ;
les fleurs très odorantes; les fruits de la grosseur et de la
forme d'un œuf d'oie. Ces fruits, à raison de leur odeur et
de leur bon goût, sont estimés des meilleurs de l'Amérique.
On les sert sur toutes les tables.

La GRENADILLE A FEUILLES DE LAURIER a les tiges rondes
et frutescentes ; les feuilles lancéolées, coriaces, entières et
d'un vert gai ; les fleurs très odorantes et les fruits de la
grosseur et de la forme d'un œuf de poule, et également très
odorans. On mange ces fruits encore plus fréquemment que
les précédens. Ils portent à Saint-Domingue le nom de *pomme
de liane*.

Ces trois dernières espèces se plantent autour des habitations dans les colonies européennes intertropicales de l'Amérique, mais je ne sache pas qu'on les assujettisse à aucune
espèce de culture. Leurs tiges grimpantes s'élèvent naturellement sur les arbres et arbustes qui sont à leur portée et
sans doute retombent comme celle de la grenadille bleue
pour mettre la plus grande partie de leurs fruits à portée
d'être facilement cueillis. En France elles exigent la serre
chaude. (B.)

GRENIERS, CHAMBRES A GRAINS. ARCHITECTURE RU-
RALE. Lieux d'une habitation rurale dans lesquels on resserre
et l'on conserve les grains battus jusqu'au moment de leur vente
ou de leur consommation. Ces grains, après avoir échappé
dans les champs, et ensuite dans les granges, ou dans les
gerbiers, aux intempéries des saisons, et aux gaspillages
des animaux granivores, ne sont pas encore en sûreté dans
leurs magasins. L'humidité, la chaleur, la poussière, les souris, les oiseaux et les charançons peuvent encore en dévorer la
substance ou en altérer la qualité, si ces magasins ne sont pas
convenablement construits, et si les grains n'y sont pas en-
tretenus avec tous les soins que leur conservation exige.

On prétend cependant qu'en Afrique, en Russie, en Pologne, en Suisse, on conserve les grains très bien, et pendant très long-temps, dans des fosses taillées dans le roc
avec beaucoup de soin et de dépense, sans être obligé de les
remuer. Ces fosses n'ont d'autre entrée qu'une ouverture suffisante pour le passage d'un homme. Lorsqu'elles sont remplies
de grains, on scelle hermétiquement leur entrée, et on la recouvre d'un monceau de terre battue, afin d'empêcher tout
accès à l'air extérieur, ainsi qu'à l'eau des pluies. Le fait est facile à croire ; mais, pour que les grains puissent très bien se

conserver de cette manière, il faut préalablement qu'ils soient complètement desséchés.

On peut aussi conserver des blés parfaitement desséchés dans des fosses creusées en terrain bien sec et à une grande profondeur ; on recouvre ces fosses avec la terre qui en a été extraite par couches bien battues, et on en forme une butte élevée.

On trouve un exemple très curieux de ces greniers souterrains dans la description de la France, par Piganiol de La Force.

« On voit à Ardres, en Picardie, une chose peu commune, dit cet auteur ; ce sont des greniers construits et creusés dans la terre, et dont la forme cylindrique est cause qu'on les nomme les *poires* : ils sont voûtés et au nombre de neuf. Ils furent disposés de la sorte par ordre de l'empereur Charles-Quint, et, avec plus de raison, suivant les autres, par les soins de François Ier.

« Ces neuf poires ou cylindres ont dans œuvre 29853 pieds cubes, et conséquemment pouvoient contenir environ 9951 setiers de blé, mesure de Paris. On voit encore au fond de ces poires un trou auquel on mettoit une fontaine, ou robinet, au-dessous de laquelle on plaçoit les sacs que l'on vouloit remplir, et les fontaines s'ouvroient et se fermoient comme celles qu'on met aux tonneaux de vin. »

La section IV du Recueil des Constructions rurales anglaises contient aussi deux modèles de petits magasins à blé à plusieurs étages, mais dont les grains sont remués à peu de frais en tombant successivement d'un étage dans l'autre, et sont ensuite remontés dans l'étage supérieur d'une manière très ingénieuse. Ces greniers ne peuvent être regardés que comme des magasins de luxe à cause de leur grande dépense de construction, et ne sont d'ailleurs qu'une imitation très en petit des poires d'Ardres, et de la disposition que nos munitionnaires donnent à leurs magasins.

Pour conserver les grains battus, et particulièrement les blés, on est dans l'usage de construire de vastes chambres où l'air peut circuler librement ; et lorsqu'on ne les entasse pas sur une trop grande épaisseur, et qu'on les remue souvent, ils s'y conservent très bien et pendant très long-temps. On voit à Zurich des greniers d'abondance, qui sont aérés par un grand nombre d'ouvertures carrées, pratiquées dans les planchers, et l'on donne pour certain que l'on y a conservé le même blé pendant plus de quatre-vingts ans.

C'est dans de semblables magasins qu'en France les munitionnaires et les marchands de grains conservent ceux de leur commerce ou de leur approvisionnement.

Ces magasins sont construits dans les dimensions les plus économiques. Le rez-de-chaussée est occupé par des remises ou des hangars, et par la chambre de vente ou de livraison ; les étages supérieurs sont ensuite multipliés en proportion des besoins, et l'on y communique par un escalier extérieur. A l'exception du rez-de-chaussée, auquel on donne environ trois mètres de hauteur sous plancher, tous les autres étages n'ont que deux mètres à deux mètres un tiers de hauteur. On pratique des trappes dans leurs planchers, comme à Zurich, tant pour établir des courans d'air que pour faciliter l'ascension des grains ; et des trémies avec leurs tuyaux de descente repondent de chacun de ces étages dans la chambre de livraison du rez-de-chaussée.

Nous ne nous étendons pas davantage sur ces espèces de magasins à grains qui appartiennent plus au commerce qu'à l'agriculture, et nous nous renfermons ici dans les chambres à blé et dans les greniers à avoine dont elle fait usage pour resserrer les grains nouvellement battus.

SECTION PREMIÈRE. *Des chambres à blé.* Les blés nouvellement battus conservent toujours une certaine humidité qui les dispose à la fermentation, et qui les feroit effectivement fermenter, si on les entassoit sur une trop grande épaisseur dans les chambres à blé, et si on ne les y remuoit pas très souvent, sur-tout pendant l'hiver et le printemps qui suivent leur récolte.

D'ailleurs toute humidité locale est contraire à la conservation des grains ; une chaleur trop grande leur est également nuisible, parcequ'elle favorise la multiplication des insectes destructeurs.

On ne doit donc pas resserrer les blés ni dans les rez-de-chaussée des bâtimens, ni dans leurs greniers ; ils seront très bien placés dans les étages intermédiaires, et particulièrement au-dessus des remises, afin de pouvoir y établir des ventilateurs, comme dans les magasins du commerce.

Les ouvertures des chambres à blé doivent être à l'exposition du nord, parceque cette exposition leur procure la température la plus sèche et la plus froide ; et si, pour la commodité du remuage des grains, il étoit nécessaire d'en pratiquer quelques unes au midi, il faudroit que le nombre en fût borné au strict nécessaire, et avoir le soin de les garnir de volets intérieurs et extérieurs, afin de pouvoir les bien fermer aussitôt que le remuage est terminé.

Ces couvertures doivent d'ailleurs être bouchées avec des châssis grillés à mailles très fines, pour que les oiseaux ni les souris ne puissent pénétrer par-là dans l'intérieur des chambres.

Le meilleur plancher pour les magasins est celui connu sous

le nom de *parquet à la capucine*, et sans entrevoût, parce-qu'il ne permet pas aux souris de se nicher dessous ; mais comme cette espèce de plancher seroit souvent trop dispen-dieuse , on le fera en carrelage ordinaire, qu'il faut entrete-nir toujours en bon état, et on en consolidera le pourtour de la même manière et avec les mêmes précautions que nous avons recommandées pour le plancher des colombiers. *Voyez* Colombier.

Lorsque la situation des chambres à blé permet d'établir des ventilateurs dans leurs planchers, et qu'elles ont plusieurs étages , il faut avoir l'attention d'y alterner la position des trappes , afin d'en aérer complètement toutes les parties.

Les blés tiennent beaucoup de place dans leurs magasins. On ne peut pas les y entasser sur une grande épaisseur, soit à cause de leur poids , soit parcequ'ils conservent pendant long-temps leur disposition à la fermentation. Sous ces deux rapports, la connoissance de la superficie qu'ils doivent y oc-cuper est absolument nécessaire aux propriétaires, afin d'être en état d'en fixer eux-mêmes les dimensions, d'après les be-soins présumés de l'exploitation.

Pendant les six mois qui suivent leur battage , on ne doit entasser les blés que sur un tiers de mètre d'épaisseur; mais lorsqu'ils sont bien desséchés et qu'ils ont complètement res-sué , on peut sans inconvénient élever cette hauteur jusqu'à deux tiers de mètre , si toutefois le plancher est assez fort pour en supporter le poids.

En supposant donc pour terme moyen que les blés puissent toujours être entassés sur un demi-mètre d'épaisseur, un se-tier de Paris, pesant 240 liv. poids de marc, et équivalant à 1561 hectolitres , tiendra sur le carreau une superficie de 30,656 décimètres (trois pieds) carrés. D'après cette donnée une chambre à blé de trente mètres de longueur sur huit mè-tres de largeur contiendra 720 setiers, ou environ 1124 hec-tolitres.

D'ailleurs les chambres à blé doivent avoir , pour leur service intérieur et extérieur, toutes les commodités que nous avons indiquées au mot Ferme de la grande culture.

Dans les temps de disette , le peuple s'élève toujours en pa-roles , et trop souvent en action , contre les fermiers et les pro-priétaires qui ont eu assez d'économie pour conserver des blés quand ils étoient à vil prix , et les livrer ensuite à la consom-mation générale lorsqu'ils sont devenus rares et chers. Au lieu de bénir leur prévoyance , il les flétrit du nom odieux d'*acca-pareurs*, parcequ'il ne sait pas qu'il est matériellement im-possible d'accaparer une grande quantité de grains. Sans même avoir égard aux frais d'entretien , et aux pertes éprouvées par des déchets inévitables, et par les dégâts des souris et des charançons, qui diminueroient beaucoup les avantages de ces spéculations, il suffit d'indiquer ici le défaut ou l'insuffisance des emplacemens dans la construction ordinaire des habitations rurales.

En effet, nous venons de voir que pour contenir 720 septiers, ou 1124 hectolitres de blé, il falloit une chambre de trente mètres de longueur sur huit mètres de largeur; et cette provision, à trois septiers par individu pour une année, comme on est dans l'usage de le calculer à cause des déchets d'entretien, suffiroit à peine à la nourriture de deux cent quarante personnes. Il en résulte que pour assurer l'approvisionnement de Paris pendant une année, et en supposant seulement à cette capitale une population de 600,000 ames, il faudroit pouvoir réunir en un ou plusieurs magasins à sa proximité, et y entretenir 1,800,000 septiers, ou 2,800,000 hectolitres de blé, et que, pour les contenir, il seroit nécessaire de construire 2,500 chambres de mêmes dimensions que celle que nous avons choisie pour exemple. Que l'on calcule maintenant les dépenses de construction et les frais d'entretien d'un semblable établissement; que l'on y ajoute les déchets et les pertes dont nous avons parlé, et l'on sera convaincu de l'impossibilité des grands accaparemens de subsistances.

SECT. II. *Des greniers à avoine.* On construit les greniers à avoine de la même manière que les chambres à blé. On ne peut pas placer des avoines dans les rez-de-chaussée des bâtimens, parceque l'humidité du sol pourroit faire germer ces grains; mais on les conserve très bien dans les greniers au-dessus des chambres à blé, où on les fait participer aux bons effets des ventilateurs. Il faut seulement en lambrisser intérieurement le comble, afin de préserver les avoines de la pluie, des neiges et d'une chaleur trop grande.

Les avoines tiennent moins de place sur le carreau que les blés, parcequ'étant moins pesans spécifiquement, et n'ayant pas autant de disposition à la fermentation, on peut les entasser sur une plus grande épaisseur.

Les planchers des chambres à blé et des greniers à avoine doivent avoir assez de solidité pour pouvoir supporter tout le poids des grains dont on les surcharge quelquefois sans discrétion. Le moyen le plus économique que nous connoissions pour fortifier ces planchers, c'est de placer, sous les poutres qui les soutiennent, des poteaux, ou étais fixes, qui se correspondent, d'étage en étage, depuis le rez-de-chaussée jusqu'au plancher du grenier. (DE PER.)

GRENIERS. Les différentes précautions employées pour

garantir le blé de l'humidité pendant la récolte, et le conserver ensuite, soit par l'intermède de l'air, soit par celui du feu,
n'empêcheront point les grains battus, vannés, criblés et nettoyés suivant les bons principes, de s'échauffer, de s'altérer et
de devenir la proie des insectes, s l'endroit du bâtiment où
l'on se propose de le mettre en réserve jusqu'au moment de
s'en servir est mal construit, situé désavantageusement, et
négligé dans son entretien.

En observant que ce ne sont pas les grains qui manquent en
France, mais les greniers propres à les serrer, et les moyens
efficaces pour en assurer la conservation pendant un certain
temps, sans préjudicier à leur qualité spécifique, on a droit
d'être surpris que les anciens, qui se sont tant signalés à l'égard
de la construction des greniers publics, n'aient pas transmis à
la postérité ces mêmes vues de sagesse et d'utilité générale, eux
sur-tout qui étoient bien éloignés d'avoir, sur la nature et les
propriétés des corps, des notions aussi claires et aussi exactes
que celles que nous possédons. C'est dans les magasins que les
grains peuvent perdre ou gagner de la qualité, se détériorer ou
se bonifier. Ces réflexions générales nous amènent à parler de la
disposition des greniers, et des opérations qu'on doit y exécuter
et multiplier, à raison des circonstances, pour remplir cet objet,
qui est souvent une calamité publique. Combien de caves, de fruitiers, de gardes-manger dans lesquels on ne peut conserver en
bon état les objets qu'ils sont destinés à renfermer! Il y a même
des habitations évidemment insalubres, parceque souvent le bâtiment est assis sur un sol humide et méphitique. Il est donc de
la plus grande importance d'examiner la nature du terrain consacré à la construction des greniers et à celle des matériaux employés à la bâtisse; de prendre garde aux formes, à l'exposition,
à la proportion qu'on leur donne, et aux objets qui les avoisinent. J'ai beaucoup vu de greniers, j'avoue en même temps
n'en avoir pas rencontré un seul qui semble avoir été destiné
pour remplir cet objet, parcequ'en construisant l'édifice on
croit assez généralement que le faîte peut et doit toujours servir à un pareil usage, sans trop songer à l'influence qu'il est en
état d'exercer sur la denrée qu'on veut y déposer.

Construction du grenier. La plupart des greniers sont des galeries placées le long et au-dessous de la toiture, garnies de
fenêtres et de portes mal distribuées, nombreuses et trop grandes, ce qui fait que pendant l'été il y règne une chaleur
étouffante, les insectes s'y multiplient, en sorte que le comble
leur servant de retraite il est extrêmement difficile de les détruire entièrement; d'où il suit que le grain qui a passé une
année dans de semblables greniers, exposé à tout ce que la
poussière, la chaleur, l'humidité, les exhalaisons fétides peu-

vent lui faire éprouver, loin de s'être amélioré, a perdu de ses qualités intrinsèques et de sa valeur marchande.

Pour que les greniers réunissent tous les avantages qu'il est possible de désirer, il faut, autant que les localités le permettent, qu'ils soient placés dans un corps de bâtiment isolé, crainte d'incendie, et afin de pouvoir y établir des courans d'air par toutes les directions des vents. Il seroit à souhaiter encore que le toit fût lambrissé, revêtu en dehors et au dedans de paillassons, afin d'empêcher l'air chaud et humide de pénétrer à travers, et que les murs n'eussent aucune fente, aucune crevasse capable de recéler les insectes et de favoriser leur ponte, aucun trou où les rats et les souris puissent se réfugier. Il convient sur-tout qu'il ne se trouve pas sous le grenier, ou dans le voisinage, des écuries, des étables, ni des émanations de matières en putréfaction.

Les greniers, selon le précepte de Columelle, devroient être garnis de croisées étroites à hauteur d'appui, en face les unes des autres, très multipliées du côté du nord, parceque cet aspect est sec. Il suffiroit seulement qu'il y cût aux deux extrémités opposées une ouverture qui, en produisant l'effet du ventilateur, établiroit un degré de froid qui ne permettroit pas aux insectes de pondre ou d'éclore. On adapteroit aux fenêtres un double châssis, dont un extérieur revêtu de coutil, et l'autre intérieurement en vitrage ; on les ouvriroit et fermeroit alternativement, suivant le temps et les opérations du grenier.

Comme le carreau se dégrade facilement, et revient à la longue plus cher que le bois, on devroit toujours préférer de planchéier les greniers, ménager entre le plancher et l'aire un intervalle pour établir des petites trappes qu'on ouvriroit de distance en distance ; ce qui avec les ventouses produiroit, sans embarras comme sans dépenses, l'office des soufflets, c'est-à-dire des courans d'air frais.

Entretien du grenier. C'est, après l'emplacement et la construction du grenier, le point le plus capital ; il mérite donc une sérieuse attention, et demande pour premier soin le nettoiement des murs et du plancher avec un balai rude, afin d'enlever la poussière qui s'y trouve adhérente, ainsi que les papillons qui pour s'accoupler ont besoin de repos : il faut jeter sur-le-champ toutes ces ordures au feu.

La moindre gerçure, la plus légère crevasse capable de recéler des milliers d'œufs et même des insectes, et de procurer une retraite commode à leur postérité, doivent être soigneusement bouchées avec du mastic, du mortier et du plâtre ; enfin il faudroit intercepter les rayons du soleil dans les temps chauds, et produire dans le grenier la plus grande obscurité.

Dans la vue de préserver les grains des souris et des rats qui s'en nourrissent, et des chats qui les gâtent, il faut faire servir l'inimitié de ceux-ci à la destruction des premiers, et, avant de leur permettre l'accès des greniers, les tenir plusieurs jours dans les endroits où on les nourrit, et où on leur distribue des caisses remplies à moitié de cendres : une fois qu'ils y ont déposé leurs sécrétions plusieurs jours de suite, on place ces caisses de distance en distance dans le grenier, et les chats continuent d'y aller sans occasionner de dégâts aux grains.

Croire que ces essaims d'insectes si redoutables à cause de leur petitesse, de leur voracité et de leur prodigieuse multiplication, naissent dans les grains par l'influence des temps et d'autres circonstances locales, c'est une erreur dont on ne sauroit trop faire sentir tout le ridicule aux fermiers, en leur persuadant que les œufs de ces insectes sont déposés au champ, à la grange et au grenier, par les mouches et les papillons qui s'y rendent en foule ; qu'il faut prévenir par conséquent leur invasion, parcequ'une fois introduits quelque part il est difficile de les en chasser, malgré toutes les recettes proposées à cet effet, toujours efficaces dans les livres, mais toujours insuffisantes et impraticables dans l'exécution.

Il n'y a qu'une méthode usitée parmi les cultivateurs et les commerçans pour conserver le blé, c'est celle de le répandre sur l'aire du grenier par tas ou par couches, de l'y remuer au moyen de la pelle et du crible ; mais quand il est parfaitement nettoyé et bien ressuyé, on pourroit employer une autre pratique, le mettre dans des sacs isolés. Nous en avons dit les raisons à l'article où il s'agit de la conservation des blés.

Dans les greniers où il s'agit de conserver de grands approvisionnemens, il faut y réunir toutes les machines capables de suppléer la main-d'œuvre, source de tant de dépenses dont l'insouciance, la cupidité et l'ignorance ont abusé au point de faire renoncer le gouvernement à former des provisions de subsistances, parcequ'après avoir occasionné des tourmens, des anxiétés et des frais, elles ne sont plus propres qu'à être vendues aux nourrisseurs et aux amidonniers.

On sait qu'à l'aide d'un treuil deux jeunes ouvriers attachent par un nœud coulant le sac à la corde du haut, tandis qu'un autre le reçoit dans le grenier ; que par ce moyen on abrège infiniment le travail, et qu'on monte en moins d'une minute et demie, à un troisième étage, un sac du poids de 325 l. Une machine à feu ne seroit pas moins nécessaire ; elle feroit mouvoir les cribles destinés à nettoyer les grains, à les rafraîchir, les cylindres à les sécher, à les étuver : on pourroit y placer des meules pour moudre les grains qui menaceroient ruine et qu'on voudroit mettre dans le commerce sous forme de farine, afin d'arrêter les spéculations du moment.

Le transport des sacs, le criblage des grains, la mouture et la bluterie ne seroient plus dans le cas d'exiger beaucoup de surveillance ; ces opérations s'exécuteroient aussi parfaitement et aussi économiquement qu'on peut le désirer ; de plus on éviteroit les déchets qu'occasionne l'accès des ouvriers dans le magasin. Que de frais indispensables on épargneroit si on pouvoit les confier à des machines plus fidèles que les bras ! Elles marcheroient ensemble par la même force motrice ; et l'expérience prouve que, dans la pratique des procédés de certaines fabriques, c'est précisément ce qu'on économise qui en constitue tout le bénéfice.

Comme les produits des grains en farine et en pain varient à l'infini, on pourroit, moyennant un autre accessoire, étendre l'utilité des greniers d'abondance. En établissant dans le même local une petite boulangerie, le gouvernement auroit la faculté de s'assurer tous les ans, par un essai en présence des autorités compétentes, de la quantité et de la valeur réelle des résultats qu'on obtiendroit; ils serviroient de base pour éclairer et terminer ces discussions éternelles dont retentissent quelquefois les tribunaux. D'ailleurs il convient à l'administration suprême d'avoir en propriété un ou deux fours, parceque, quand elle a besoin de fixer son opinion sur la nature des récoltes, elle ne peut disposer de ceux des boulangers ordinaires; que souvent il seroit impolitique de leur laisser même deviner que de pareils essais ont lieu, puisque quelquefois ils en sont l'objet, et qu'à cet égard ils partagent les préjugés du peuple et peuvent nuire à la tranquillité publique.

En songeant que dans les temps de disette l'or n'est rien à côté des grains, on ne peut s'empêcher d'être révolté contre les négligences et les défauts de soin qui, dans des circonstances où on n'a que le nécessaire, exposent à des malheurs sans nombre. C'est sur-tout dans ces instans de crise que la prévoyance éclairée du gouvernement doit être regardée comme un bienfait ; mais le succès dépend constamment du concours de moyens mis en usage pour faire les approvisionnemens et les conserver long-temps en bon état : ne pouvant à cet égard exercer une surveillance immédiate, il faut absolument qu'il s'en rapporte à des agens souvent étrangers aux premières connoissances ; heureux quand il rencontre parmi ses préposés l'activité et l'industrie du propriétaire ! (PAR.)

GRENOUILLADE. On donne ce nom dans le département de la Haute-Garonne aux chancres qui paroissent sur la langue des bêtes à laine.

GRENOUILLETTE. Nom vulgaire de la RENONCULE TUBÉREUSE et de la MORÈNE. (B.)

GRENOUILLES. Reptiles de la famille des batraciens qui sont regardés comme un excellent manger dans quelques parties de la France, et qu'on repousse dans quelques autres, à raison de leurs rapports avec les crapauds, contre lesquels l'opinion publique est prononcée.

Il est fâcheux qu'un absurde préjugé prive des cultivateurs du supplément de nourriture que peuvent leur fournir les grenouilles. Je n'espère pas que mon goût pour leur chair puisse influer sur celui de ceux qui n'en ont jamais voulu goûter ; mais il est possible que l'expérience des personnes raisonnables produise quelque effet sous ce rapport. C'est à elles que je m'adresse pour les engager à surmonter leur répugnance.

La chair des grenouilles est aussi agréable que saine. La médecine en prescrit le bouillon dans tous les cas où il faut adoucir l'âcreté des humeurs.

Les deux espèces de grenouilles qui se trouvent en France sont ,

La GRENOUILLE COMMUNE , *Rana esculenta* , Lin. , qui, en dessus , est verte avec quelques taches brunes, et trois lignes longitunales jaunâtres , en dessous blanche avec des taches brunes. Elle ne quitte pas le bord des eaux , et s'y précipite dès qu'elle redoute quelques dangers. Elle coasse beaucoup pendant l'été.

La GRENOUILLE ROUSSE, *Rana temporaria*, Lin., est jaunâtre avec une grande tache noire entre les yeux , des fascies et des points bruns sur les pattes de devant et autres parties du corps. Elle vit pendant l'été loin des eaux dans les lieux humides , parmi les grandes plantes. Lorsqu'on veut la prendre elle lance par l'anus une liqueur âcre. Elle ne coasse que très rarement.

Ces deux grenouilles vivent de vers, de larves d'insectes ; d'insectes parfaits. Toutes deux, mais la seconde sur-tout, rendent des services aux cultivateurs , en détruisant leurs ennemis, principalement les jeunes LIMACES (*v.* ce mot) qui leur causent tant de dommages. Il sembleroit d'après cela qu'il ne faudroit pas les détruire elles-mêmes ; mais leur fécondité est si considérable , qu'on peut être assuré que lorsqu'il n'y pas de loutres , de renards , de cigognes, de hérons, de brochets , de truites et d'autres animaux aussi voraces dans un canton , il y aura toujours autant de grenouilles que le canton pourra en nourrir.

On prend les grenouilles pendant l'hiver avec une trouble dans les eaux où elles se sont retirées. Souvent alors d'un seul coup on en amène un cent et plus quand on sait les lieux où elles se sont refugiées, lieux toujours les plus profonds des étangs ou des rivières. Au printemps, lorsqu'elles commencent à s'accoupler, elles viennent à la surface de l'eau pendant la nuit, et on peut en prendre de grandes quantités au moyen d'un flambeau dont la lumière les attire. La première espèce se prend aussi à la trouble pendant l'été, et la seconde à la main ; mais comme cette dernière est dispersée et cachée, on ne peut jamais s'en procurer beaucoup à la fois. C'est en automne au moment où elles retournent à l'eau que les grenouilles sont les plus grasses.

En Italie et en Allemagne, où on consomme une immense quantité de grenouilles, on mange tout leur corps à l'exception de la tête, après l'avoir écorchée. En France on se borne aux cuisses de derrière, qui est leur partie la plus charnue. En Angleterre on les a en horreur.

Le frai de grenouille est un excellent engrais. Il est des cultivateurs qui n'oublient point de le pêcher chaque année pour le répandre sur leurs champs, ou le mêler avec leur fumier. (B.)

GREPIO. Auge établie dans les écuries de la Haute-Garonne au-dessous des râteliers. (B.)

GRÈS. Pierre composée de grains de quartz plus ou moins gros, plus ou moins mélangés de matières étrangères, qu'on trouve dans le voisinage des montagnes primitives et dans les pays à couches, et dont on fait usage dans l'économie agricole, principalement pour aiguiser les instrumens tranchans.

Les grès fins se voient presque toujours en couche et mélangés de mica, de schiste ou d'argile. Ils diffèrent peu des gneiss. On les taille en tables d'un pied de long, de six lignes d'épaisseur, et amincies en pointes aux deux extrémités, et on les emploie principalement pour donner le fil aux couteaux, aux serpes, sur-tout pour aiguiser les faux. Il y a beaucoup de choix à faire parmi ceux qui sont dans le commerce. Trop durs et trop tendres ils ne remplissent pas bien l'objet pour lequel on les achète. Leur couleur, qui varie dans toutes les nuances du gris, du brun, du jaune, etc., ne peut généralement indiquer leur bonne qualité comme on le croit dans les campagnes. C'est l'essai seul qui peut la faire juger. On la présume aussi par l'aspect quand on a l'œil bien exercé et l'esprit accoutumé à comparer ; mais cela est rarement donné aux ouvriers, à moins qu'ils n'en fassent un usage continuel comme les couteliers. C'est principalement d'Allemagne que nous viennent ces *aiguisoirs*, ou *pierres à aiguiser*, quoique nous ayons en France des carrières qui pourroient en fournir d'aussi bonnes et peut-être de meilleures.

On fait encore avec la même sorte de grès des meubles qui servent presque exclusivement aux couteliers et aux autres artistes qui travaillent finement les métaux.

La seconde espèce de grès a le grain plus gros et souvent. aggloméré par une argile ferrugineuse ou par une matière calcaire. On en fabrique de grosses meules qui sont généralement employées par les taillandiers, les maréchaux et autres ouvriers qui travaillent grossièrement les métaux. Les cultivateurs ne peuvent pas s'en passer pour aiguiser les serpes, les haches, les coutres, les socs de charrue, les bêches, les pioches, etc., etc., qui ont souffert dans le travail, et leur prix est souvent assez considérable pour qu'un mauvais choix soit une perte. Ce choix est d'autant plus difficile qu'on tire de ces meules dans un plus grand nombre de lieux, et qu'il y a par conséquent plus de variété parmi elles. J'en ai vu qui se brisoient sous l'outil, qui s'usoient en peu de jours, se fendoient par la gelée, se réduisoient en sable par l'effet de la dessiccation; d'autres qui avoient des parties plus dures, des nœuds qui ne permettoient pas de continuer à s'en servir. Celles qui sont trop dures demandent des repiquages continuels, c'est-à-dire qu'il faut en rendre la surface inégale avec un instrument pointu pour qu'elle puisse mordre sur l'outil. Ici encore l'essai est seul capable de fixer leur bonne ou mauvaise qualité; mais on est souvent forcé d'en employer de très médiocres à raison de la distance où l'on est des bonnes et du haut prix de ces dernières.

Une attention qu'on doit toujours avoir lorsqu'on fait usage de ces meules, c'est de les mouiller; par-là on obtient et un meilleur travail et une moindre usure. Il est superflu de développer ici la théorie de ces deux faits.

Le grès est une mauvaise pierre pour la bâtisse, en ce que son homogénéité ne permet pas à la chaux ou au plâtre d'en lier ensemble les morceaux. On en tire mieux parti sous ce rapport en l'employant en gros parallèlipipèdes qui se placent sans ciment, et qui se conservent en place par l'effet de leur masse. Souvent ces parallèlipipèdes sont faciles à tailler à la pointe au sortir de la carrière, et ils durcissent ensuite à l'air au point de faire espérer une immense durée aux bâtimens qui en sont construits. Ils sont aussi excellens à faire des bornes pour mettre contre les maisons, et pour séparer les propriétés.

Il est des grès qui renferment une si grande quantité de parties calcaires, qu'ils se fendent très facilement, au sortir de la carrière, dans une forme approchant de celle de la pierre calcaire, c'est-à-dire en cube. On les emploie avec avantage pour paver les rues et les grandes routes.

La présence des grès n'est l'indice ni d'un bon ni d'un mauvais sol, parceque souvent ils sont profondément enfouis dans la terre. Ceux des montagnes primitives sont toujours en couches plus ou moins épaisses, qui, lorsqu'elles se montrent au jour, se délitent difficilement et s'opposent, comme le granit, à toute riche culture. Les plantations de bois sont ce qui leur convient le mieux. Il en est de même de ceux des montagnes secondaires, mais ici il y a décomposition plus complète, parceque ces derniers renferment plus de schiste, ou d'argile et de fer dans leur contexture. Quant aux tertiaires, c'est-à-dire à ceux qui, comme à Fontainebleau, se trouvent au milieu des pays de dernière formation, ils se présenent toujours en grosses masses isolées quoique souvent très rapprochées, se touchant même, et lorsqu'elles se montrent au jour, elles sont accompagnées d'une quantité de sable telle qu'il y a infertilité plus ou moins complète. Ces sortes de terrains, à raison de leur aridité et leur manque de terre végétale, ne peuvent jamais être que d'une très petite valeur, à moins qu'on ne soit à même de les arroser par irrigation. On doit les planter en bois, si cela est possible. *Voyez* au mot SABLE.

Ces derniers grès présentent quelquefois des masses qui sont contournées, tourmentées d'une manière baroque, et qu'on recherche beaucoup pour la construction des rochers et autres objets du même genre dans les jardins paysagers. (B.)

GRÉSIL. Petite grêle peu solide et d'une fonte très rapide, qui accompagne souvent les giboulées du printemps. Elle tient le milieu entre la neige et la grêle. On doit croire qu'elle doit sa formation à de la neige tombant d'un nuage supérieur qui a éprouvé un commencement de fusion en passant par un courant d'air plus chaud, ensuite qui s'est de nouveau gelée en passant par un courant d'air plus froid. On peut toujours l'écraser facilement entre les doigts. Sa couleur est celle de la neige. Je l'ai vue couvrir quelquefois la terre de trois pouces d'épaisseur; mais comme elle se fond ordinairement dans les vingt-quatre heures, elle ne fait d'autre mal que de la refroidir momentanément, et par-là de retarder la végétation de quelques jours. L'agriculteur n'a pour s'opposer à cet effet que des paillassons et autres abris du même genre, qu'on n'emploie presque jamais que sur les couches.

On appelle aussi quelquefois grésil de la véritable grêle à très petits grains qui tombe pendant l'été, mais ces grains sont solides et moins blancs. Ils sont formés de véritable glace. *Voyez* GRÊLE et NEIGE. (B.)

GRÈVE. Amas de gravier ou de sable nouvellement formé

sur le bord de la mer ou des rivières par l'action des flots ou des débordemens, et qui est quelquefois couvert d'eau.

Les grèves de la mer peuvent rarement se cultiver. Elles se changent en DUNES dans quelques endroits. Dans d'autres elles deviennent LAISSES. *Voyez* ces deux mots.

Les grèves des rivières tendent souvent à se transformer en ALLUVIONS. *V.* ce mot. Souvent aussi elles sont entraînées ou changent de position à toutes les inondations. Rarement on sait les fixer par des plantations de plantes aquatiques, d'arbres amis de l'eau. Une dépense annuelle de quelques journées de travail peut cependant amener des résultats fort avantageux à la plus grande partie des propriétaires voisins des rivières qui ne sont pas encaissées. J'ai toujours gémi de voir une si grande quantité de terrain perdue sur les bords de la Seine, de la Saône, de la Loire, du Rhône et autres rivières qui me sont plus ou moins connues. Il semble que l'homme a par-tout trop de moyens de subsistance, trop de bois, trop de fourrage, etc., tant il est peu soucieux d'employer les moyens qui sont en son pouvoir pour en augmenter la masse. Une grève d'une toise de large qui est couverte d'eau deux ou trois fois par an semble sans valeur à la plupart des cultivateurs; et cependant elle peut donner un revenu en osier, en fagots de diverses espèces d'arbres ou arbustes, être semée en graminées propres au pâturage, etc., etc., et toutes les grèves ainsi employées en France produiroient peut-être une augmentation de richesse de trois à quatre millions de revenu et plus. *Voyez* au mot ALLUVION.

GRIBOURI, *Cryptocephalus.* Genre d'insectes de l'ordre des coléoptères, établi par Geoffroy et adopté par les entomologues modernes pour placer des insectes que Linnæus avoit réunis aux CHRYSOMÈLES. *Voyez* ce mot.

Ce genre renfermoit principalement une espèce qui, à raison des dommages immenses qu'elle cause à la vigne, étoit connue de tous les cultivateurs des pays de vignoble sous le nom de *gribouri de la vigne*, de *lisette*, de *coupe bourgeons*, etc.; mais cette espèce et plusieurs autres en ont été retirées dernièrement pour former le genre EUMOLPE. *Voyez* ce mot.

Aujourd'hui il ne reste plus dans ce genre que des insectes vivant aux dépens de plantes non cultivées ou des insectes trop peu communs pour nuire aux récoltes. Je n'en parle ici que parcequ'il est cité dans un grand nombre d'ouvrages sur l'agriculture.

Les larves des gribouris proprement dits sont des vers ovoïdes, à six pattes et à fortes mâchoires. Elles sont lourdes, et macèrent les bourgeons et les feuilles des plantes plutôt

qu'elles les coupent, ce qui les distingue de celles des eu-
molpes. Les insectes parfaits sont lourds dans leur marche,
et se laissent tomber à l'approche du danger plutôt que de
s'envoler. Dans ce cas ils contractent leurs pattes, leur tête
et leurs antennes et contrefont les morts.

Parmi les soixante espèces de gribouris qui restent dans le
genre, il n'y a à citer ici que le GRIBOURI BIPONCTUÉ, qui est noir
avec les élytres fauves, marqué de deux taches noires, une
grande au milieu, vers leur extrémité et une petite à l'épaule.
Il a deux ou trois lignes de long et vit sur différentes plantes.

Le GRIBOURI PORTECŒUR qui est rouge, dont le corselet est
noir avec une tache blanche en forme de cœur au milieu,
et les élytres rouges avec deux points noirs. On le trouve sur
le noisetier dont il mange les feuilles. Sa largeur est de
deux lignes.

Le GRIBOURI SOYEUX est d'un vert bleu très brillant et ses
antennes sont noires. Il vit aux dépens du saule. Sa longueur est de trois lignes. C'est un très bel insecte.

Il est encore plusieurs espèces du même genre qui se nourrissent sur les feuilles des noisetiers et des saules, mais en
général ils sont rarement assez abondans pour se faire remarquer des agriculteurs. (B.)

GRIFFE. On donne ce nom aux racines de quelques plantes, principalement à celles de la RENONCULE DES JARDINS.
Voyez ce mot.

GRIFFES. Petites pièces de fer qu'on adapte aux souliers
et à l'aide desquelles on monte le long du tronc des arbres,
pour les élaguer et les émonder à une grande hauteur.

GRIGNOÜN. Marc des olives. *Voyez* OLIVIER.

GRILLAGES. Dans les écoles de botanique et dans les jardins des curieux où l'on élève des plantes rares qu'on veut
perpétuer, et dont on veut conserver et semer la graine, il
est souvent nécessaire d'en entourer quelques unes de grillages en fer pour les garantir des attaques de plusieurs animaux, tels que les chats, les oiseaux, etc. On sait que les
chats aiment à se rouler sur le *marum*, sur le *cataire*, sur la
valériane, qu'ils brisent et détruisent par leurs mouvemens; et
on connoît la dévastation de graines que font les oiseaux à la
fin de l'été et en automne; plusieurs oiseaux même mangent
au milieu de l'été les feuilles de certaines plantes, et, en les
dépouillant ainsi, les font souvent périr. Le plus sûr moyen
de prévenir ces dégâts est de couvrir les plantes les plus
exposées avec des grillages auxquels on peut donner la forme
et la grandeur qu'on veut, pourvu que les mailles soient assez petites pour empêcher les oiseaux de passer à travers. (D.)

GRILLON, *Grillus*. Genre d'insectes de l'ordre des orthoptères qu'il est bon de mentionner, parceque parmi les dix-huit espèces qui le composent il y en a deux qui sont souvent sous les yeux des cultivateurs, et qu'ils leur nuisent même un peu.

Ce genre est celui appelé *achèta* par Fabricius.

Les grillons de cet auteur sont mentionnés ici sous le nom de *criquet*.

Le corps des grillons est presque cylindrique. Leur tête est grosse, verticale, pourvue de deux antennes sétacées, plus longues que le corps, insérées entre les yeux ; leurs pattes postérieures, plus longues et plus grosses que les autres, sont propres à sauter.

En frottant leurs élytres l'un contre l'autre, les grillons font un bruit qu'on rend assez exactement par *cri-cri*, nom sous lequel ils sont vulgairement connus. Ce bruit monotone qu'on entend soir et matin, et pendant toute la nuit dans les jours chauds de l'été, est souvent très fort et toujours désagréable. Il s'adoucit et enfin cesse lorsqu'on s'approche d'eux. Ils vivent de chair. La femelle n'a que des moignons d'élytres et d'ailes, et ne fait jamais entendre de bruit. Les larves ne diffèrent pas des femelles, changent plusieurs fois de peau avant de devenir insectes parfaits, c'est-à-dire avant le milieu de l'été. Arrivés à cet état ils s'accouplent, et les femelles pondent un grand nombre d'œufs qui éclosent avant l'hiver. Les larves qui en proviennent passent la mauvaise saison dans la terre ou les trous des murs engourdies et sans manger. Si les gelées sont fortes elles périssent; aussi ces insectes sont-ils d'autant plus nombreux qu'ils sont dans un pays plus chaud.

Les deux espèces de grillons indiquées plus haut sont,

Le GRILLON DES CHAMPS, qui est noirâtre, avec le côté interne des cuisses rougeâtres. Sa longueur est de six à sept lignes, et son diamètre de deux ou trois. Il se trouve abondamment sur les collines sablonneuses, dans les prairies sèches, le long des chemins. Il creuse dans la terre des galeries de huit à dix pouces et plus de profondeur, dans lesquelles il se retire au moindre danger, et à l'ouverture desquelles il se tient pour sauter sur les insectes qui passent à sa portée et en faire sa proie. S'il étoit moins commun on ne s'apercevroit jamais de sa présence autrement que par son cri ; mais comme il ne souffre pas d'herbe à une certaine distance dans la direction de son trou, afin de pouvoir sortir et rentrer plus aisément, il arrive souvent qu'il diminue le produit des prairies. J'ai vu certains lieux, dans les parties méridionales de l'Europe, où il pouvoit réellement être considéré comme un fléau sous ce rapport. Il est détruit par quelques quadrupèdes, par un grand nombre d'oiseaux et par lui-même, car ils se mangent réciproquement Les pluies abondantes et les grands froids le font périr. C'est un excellent appât pour la pêche à la ligne des carpes, barbots, brêmes et autres gros poissons d'eau douce.

Le GRILLON DOMESTIQUE est d'un gris brun et de moitié moins gros que le précédent. On croit qu'il est originaire d'Afrique. Il est aujourd'hui fort commun, sur-tout dans les parties méridionales de la France, dans les maisons dont il habite les murs, et où il vit de chair, de pain et de farine. A Paris il ne se trouve guère que dans les boulangeries, où la chaleur est constante pendant toute l'année, et où il fait une forte consommation de farine et de pain. Dans les campagnes c'est dans les cheminées qu'il se tient, et il s'y rend insupportable le soir et pendant toute la nuit par son cri continuel. Il est si vif et si défiant, qu'il est fort difficile de le tuer. On ne peut guère s'en débarrasser qu'en empoisonnant du pain, de la farine ou du lard. Il aime beaucoup ce dernier article, et cause quelquefois beaucoup de dommage dans les pays où on est dans l'usage de le pendre dans les cheminées. (B.)

GRIOTTE. Variété de cerise. *Voyez* CERISIER.

GRISET. Nom vulgaire de l'ARGOUSIER.

GRIVE. Genre d'oiseaux de l'ordre des passereaux.

Ce genre est très nombreux en espèces, qui, presque toutes, vivent d'insectes et de baies, de manière qu'elles sont au printemps utiles et en automne nuisibles à l'agriculteur. Parmi les douze qui se trouvent en France, il n'y en a que cinq qui puissent être remarquées à raison du dommage qu'elles causent; ce sont la GRIVE PROPREMENT DITE, *Turdus musicus*, Lin., la DRAINE, la LITORNE, le MAUVIS. Les deux premières passent toute l'année dans notre climat. Les deux autres arrivent en automne et s'en retournent au printemps. Le MERLE, qui est aussi une grive, encore plus connu, mais il fait plus de bien que de mal aux agriculteurs.

On distingue la grive proprement dite à son corps brun en dessus, blanchâtre en dessous, avec des taches fauves entremêlées de taches brunes; aux deux lignes blanches qui vont du bec au bord de chaque œil, aux plumes secondaires des ailes dont l'extrémité est blanchâtre; enfin au dessous des ailes qui est roussâtre. Sa longueur est de neuf pouces et son diamètre de trois.

Le chant de la grive est très agréable et sa chair est un excellent manger. De tout temps on a donc recherché cet oiseau sous ces deux rapports. Elle fait son nid dès les premiers jours du printemps dans les taillis fourrés, à une petite distance du sol, avec de l'herbe et de la mousse recouvertes

de boue en dedans. Ses œufs bleus et tachés de brun sont
ordinairement au nombre de cinq.

Pendant tout l'hiver et le printemps la grive, ainsi que je
l'ai déjà observé, rend service aux cultivateurs en détruisant
les insectes qui nuisent à ses récoltes ; mais dès que les fraises,
les cerises commencent à rougir, elle se jette dessus, et par
conséquent commence ses ravages. Le tort qu'elle fait s'ag-
grave en automne lors de la maturité du raisin. Il est des
vignobles où elles arrivent en si grande abondance, qu'on est
obligé de payer du monde pour les épouvanter continuellement. Ceux de ces vignobles où on est dans l'usage de laisser le raisin sur pied jusqu'aux gelées perdent, malgré cette
précaution, un quart et même un tiers de leur récolte. L'estimable et infortuné Gensonné, qui possédoit un de ces vignobles à Langon, m'a dit en avoir pris jusqu'à un millier en
un seul jour.

On tue les grives au fusil. On les prend à la pipée, au
lacet, dans de grand filets contre-maillés qu'on appelle
rafles et *araignes*. C'est ce dernier qu'on emploie principalement dans ces pays de vignobles, parceque les grives vont
tous les jours coucher dans les bois, et qu'en tendant ce filet,
qui est perpendiculaire, très haut et très long, dans leur
passage ordinaire, on est sûr d'en prendre beaucoup le soir
et le matin.

Les Romains estimoient tant la chair de la grive, qu'ils
l'avoient mise au nombre de leurs oiseaux domestiques, c'est-
à-dire qu'ils l'élevoient dans de grandes volières pour en
avoir toujours à la disposition de leurs cuisiniers Aujour-
d'hui, quoiqu'également recherchée, on ne pousse pas la
gourmandise jusqu'à ce point. On se contente de celles que
procure la chasse. En automne il en est qui ne peuvent
presque pas voler, tant elles sont grasses. (B.)

GROS. Ancienne mesure de pesanteur. *Voyez* Mesure.

GROSBEC. Oiseau du genre du moineau auquel les cultivateurs doivent faire la guerre, parceque pendant l'hiver, et
sur-tout au printemps, il vit de boutons, et qu'il fait souvent
beaucoup de tort aux arbres fruitiers.

Cet oiseau n'est pas commun. Il vit solitairement et fait rarement entendre son cri. Son nid est composé de racines sèches
et de lichens. Ses œufs au nombre de quatre ou de cinq sont
verdâtres, tachés de brun et de noir.

On prend assez souvent des grosbecs à l'abreuvoir, mais ils
ne viennent jamais à la pipée. C'est au fusil qu'on en tue le
plus, lorsqu'au printemps ils viennent dans les vergers manger
des boutons de pruniers qu'ils semblent préférer aux autres.
J'en ai détruit beaucoup de cette manière dans ma jeunesse.

On s'aperçoit facilement de leur présence à la quantité de boutons qui couvrent la terre, car ils en coupent dix avant d'en manger un. *Voyez* au mot Bouvreuil.

La chair du grosbec n'est point estimée. (B.)

GROSEILLE. *Voyez* l'article suivant.

GROSEILLIER, *Ribes*. Genre de plantes de la pentandrie monogynie et de la famille des cactoïdes, qui renferme une trentaine d'espèces parmi lesquelles il en est trois ou quatre qui sont l'objet d'une culture suivie dans presque toute l'Europe.

Tous les groseilliers sont de petits arbrisseaux à feuilles alternes et lobées, et à fleurs solitaires ou disposées en grappes pendantes dans les aisselles des feuilles. Quelques uns sont de plus épineux.

Le GROSEILLIER ROUGE, ou *groseillier commun*, ou *groseillier des jardins*, a des tiges droites, nombreuses, sans piquans, couvertes de quatre écorces en même temps apparentes et dont l'extérieure est brune. Il a trois sortes de boutons comme le cerisier; savoir, des boutons à bois, à feuilles et à fruits; ses feuilles sont longuement pédonculées, à cinq lobes obtus et glabres; ses fleurs disposées en grappes pendantes sortent des rameaux de l'année précédente, et sont accompagnées de feuilles plus petites que les autres; ses fruits sont rouges, demi-transparens et très acides. Il croît naturellement dans les parties montagneuses de l'Europe, et se cultive de toute ancienneté dans les jardins pour son fruit dont on fait un grand usage, soit cru, soit en confiture ou autrement. Il s'élève à cinq à six pieds, et fleurit au premier printemps avant le développement complet de ses feuilles.

Comme étant cultivé depuis long-temps, le groseillier a dû fournir et fournit en effet plusieurs variétés dont les principales sont, le *groseillier à fruits rouges très gros*. le *groseillier à fruits roses*, le *groseillier à fruits blancs ordinaire*, le *groseillier à fruits blanc perlé*, le *groseillier à feuilles panachées*, enfin, dit-on, le *groseillier sans pepins*, que je n'ai pas vu.

Quoique le groseillier ne soit pas délicat, qu'il s'accommode de toute espèce de terre et de toute exposition, il vient cependant beaucoup mieux dans un sol frais sans être humide, consistant sans être argileux. Trop de soleil ou trop d'ombre lui nuisent également. Une température moyenne est celle qu'il demande; aussi ne réussit-il pas dans les parties méridionales de l'Europe si on ne le place contre des murs au nord. Quand il est exposé à tous les vents, sur-tout à celui du nord, il coule souvent; ainsi généralement, si on veut en obtenir tout le produit possible, il faut le planter dans un lieu abrité.

On peut multiplier le groseillier par tous les moyens, mais

on n'emploie jamais celui des semences, quelqu'important qu'il soit, pour conserver à l'espèce sa qualité prolifique et pour avoir de nouvelles variétés.

Ses marcottes se font en hiver et sont propres à être relevées l'automne suivant.

On doit mettre ses boutures en terre avant l'hiver et leur laisser un talon de bois de l'année précédente. Elles reprennent dans l'année. Il leur faut une exposition fraîche.

Les drageons se relèvent également en automne.

Comme le groseillier par sa nature buissonne beaucoup, c'est-à-dire que chaque année il sort de nouvelles tiges du collet de ses racines, ses touffes deviennent souvent fort grosses et on est obligé d'en diminuer le volume. Cette circonstance, jointe à l'avantage de gagner une année, fait que les jardiniers préfèrent la multiplication par éclat ou par déchirement des vieux pieds. Ainsi partagés en deux, quatre, six, huit parties au commencement de l'automne, chaque partie ne paroît pas avoir souffert au printemps suivant, et porte autant ou presque autant de fruits qu'elle en auroit porté si elle fût restée en place.

Livrés à eux-mêmes les groseilliers donnent une grande quantité de fruits, mais assujettis à une taille savante ils en donnent encore davantage et il est plus gros; ainsi il faut les tailler. Mais comment? les fera-t-on monter sur une seule tige de trois à quatre pieds de haut pour leur former une tête en boule, comme on le voit dans beaucoup de jardins? les laissera-t-on en buisson? Observez la nature et soyez certain que moins vous la contrarierez et plus vous obtiendrez de produit; or, comme je l'ai dit plus haut, les groseilliers sont essentiellement des buissons. D'un autre côté il est de fait que les fruits crus sur les jeunes branches sont généralement plus gros que ceux crus sur les vieilles, et c'est sur le bois de la seconde année que le groseillier donne les siens. De là il faut conclure que la taille propre au groseillier en buisson est de couper toutes les branches qui ont plus de trois ans, soit rez terre, soit à quelques pouces de hauteur. Dans les lieux où on fait une culture suivie de cet arbuste, on calcule la taille de manière qu'il y ait toujours à peu près le même nombre de tiges de la même année sur chaque pied, c'est-à-dire trois ou quatre de trois ans, de deux ans et d'un an. On les évase de plus autant que possible, parceque plus le buisson sera large sans être touffu, et plus les fruits seront beaux, mûriront bien et se conserveront plus. C'est au commencement de l'hiver qu'on doit tailler les groseilliers. La forme arrondie leur convient mieux que toute autre, en conséquence on doit arrêter les gourmands qui s'élèvent au-dessus des autres ou qui s'écartent trop du centre.

La saveur des groseilles est acerbe tant qu'elles sont vertes;

elle devient acide en mûrissant, et est d'autant plus sucrée et agréable qu'elles restent plus long-temps sur l'arbre. En conséquence il est bon de ne les cueillir que le plus tard possible. On parvient à les conserver jusqu'aux gelées en enveloppant les pieds, lorsqu'elles sont arrivées à leur point complet de maturité, avec de la longue paille assujettie par des piquets et des osiers.

Les groseilles blanches sont moins acides que les rouges et se prêtent plus difficilement à ce moyen de conservation.

On mange les groseilles fraîches, soit seules, soit unies au sucre. On en fait des gelées, des confitures, des conserves, des sirops, des vins, etc. Leur suc, mêlé avec de l'eau et du sucre, forme une boisson très agréable qui rafraîchit les humeurs, est utile en santé comme en maladie, et dont on fait une grande consommation à Paris et autres grandes villes. C'est un puissant correctif des grandes chaleurs qui ont ordinairement lieu à l'époque où elles entrent en maturité. Un ménage agricole doit toujours avoir une provision de gelée de groseille, non seulement pour l'agrément de la table, mais pour les cas de maladie. En conséquence je vais indiquer le moyen de la faire.

Écrasez la quantité de groseilles bien mûres que vous jugez convenable, exprimez-en le jus à travers un linge, et mettez-y autant de sucre qu'il lui est possible d'en prendre; en remuant continuellement ce mélange on accélère la dissolution du sucre. Lorsqu'il n'y a pas assez de cette dernière substance, la gelée fermente dans les chaleurs; lorsqu'il y en a trop elle candit. Le coup d'œil seul peut guider dans ce cas. Cette gelée faite sans feu conserve tout le parfum de la groseille. On peut la garder deux ans si on la tient dans un lieu convenable. Rien n'est meilleur pour les enfans, pour les convalescens, etc.

Le GROSEILLIER NOIR, vulgairement appelé *cassis*, a les tiges droites, rameuses, sans piquans, les feuilles pédonculées, à cinq lobes obtus, ponctuées en dessous; les fleurs campanulées, disposées en grappes lâches et velues; les fruits gros et noirs. Il est originaire des montagnes de l'est de l'Europe. On le cultive de très ancienne date dans les jardins, pour son fruit qui, ainsi que toutes ses autres parties, a une odeur forte particulière, agréable aux uns, désagréable aux autres, et passe pour stomachique et diurétique.

Il y a cinquante à soixante ans que le cassis fut à la mode. Il n'étoit question que des qualités admirables de son sirop qui, favorisant la digestion, sembloit devoir conduire à l'immortalité. Cet enthousiasme est tombé, mais le cassis est encore recherché par un grand nombre de personnes. Il semble même qu'aujourd'hui il reprenne faveur; car aux environs de Paris un terrain planté de cet arbuste rapportoit ces dernières années deux fois plus qu'un de même contenance semé en blé.

La multiplication et la culture du cassis ne diffère pas de celles du groseillier rouge. Seulement, comme il repousse moins du pied, qu'il est plus disposé à se brancher, on le taille ordinairement sur ses vieilles branches, en le tenant cependant toujours bas, c'est-à-dire à deux ou trois pieds de terre au plus. Ses fruits sont presque deux fois plus gros que ceux du précédent et mûrissent presque en même temps. On en fait principalement du ratafia. Pour cela on les écrase, on les passe dans un linge, on mêle leur jus avec de l'eau-de-vie à dix-huit degrés, et on ajoute moitié en poids de sucre, avec un peu de cannelle, de girofle ou autre aromate du même genre.

Les feuilles et l'écorce du cassis sont aussi employées en médecine dans les maladies de la vessie.

Dans les jardins la culture de ces deux espèces de groseilliers consiste dans les labours généraux ou particuliers des lieux où ils se trouvent, souvent même, lorsqu'ils sont placés contre des murs ou dans des lieux écartés, ils n'ont qu'un binage de propreté. Dans les champs, c'est-à-dire dans leur culture en grand, on leur donne les mêmes façons qu'à la vigne, c'est-à-dire deux binages en été et un labour en hiver. Aux environs de Paris où, comme je l'ai déjà observé, on le cultive fort en grand, le labour d'hiver consiste à peler le terrain dans une profondeur de trois ou quatre pouces et à en former de petits tas dans l'intervalle des pieds. Tous les pieds se trouvent ainsi déchaussés sans que les plus fortes gelées leur fassent aucun tort. Au printemps on butte de nouveau ces pieds avec la terre environnante, terre qu'on remplace avec celle des tas, de sorte que tous les ans ils ont de la nouvelle terre parfaitement meuble. Ce genre de culture, en usage aussi pour la vigne, est fort bien entendu et mériteroit d'être plus généralement adopté. *Voyez* LABOUR.

Le GROSEILLIER DES ALPES est un arbuste de quatre à cinq pieds de haut qu'on trouve dans les bois des parties montueuses de l'Europe. Son écorce est blanchâtre ; ses feuilles solitaires sur le jeune bois, ramassées en faisceaux sur le vieux, à trois lobes pointus et dentés ; ses fleurs sont disposées en grappes droites et dioïques ; ses fruits rouges et fades. La propriété dont il jouit de végéter à l'ombre et d'y fleurir abondamment, le fait rechercher pour garnir l'intérieur des massifs ou le derrière des fabriques à l'exposition du nord, lieux où peu d'autres arbustes subsistent. On le multiplie comme le groseillier rouge, excepté qu'on emploie plus souvent la voie des boutures, qui, quand elles sont reprises, sont mises en pépinières à douze ou quinze pouces de distance, et y attendent

trois ou quatre ans pour devenir propres à être mises en place.
Ses feuilles sont beaucoup plus petites que celles du groseillier
rouge.

Le GROSEILLIER VINEUX a les rameaux d'un gris jaunâtre
dans leur jeunesse; les feuilles petites, glabres, à trois lobes
arrondis et dentés, portées sur des pétioles décurrens; les
fleurs en grappes peu garnies; les fruits petits, rouges et d'un
acide doux et agréable. Cette espèce se cultive dans les environs de Boulogne et de Calais. Dumont-Courset qui l'a fait connoître le premier dit qu'on l'appelle *corinthe*, sans doute à
cause de ses petits fruits, de leur goût vineux et de l'emploi
qu'on en fait dans les puddings, où ils remplacent, quoiqu'imparfaitement, le raisin de Corinthe. Ne seroit-ce pas un hybride
produit par la fécondation d'une femelle du précédent par les
poussières des étamines du premier? Je ne le connois pas.

Le GROSEILLIER ÉPINEUX, OU GROSEILLIER A MAQUEREAUX,
Ribes grossularia et *Ribes uva crispa*, Lin., a des tiges nombreuses, grêles, rameuses, blanchâtres dans leur jeunesse,
armées d'un grand nombre d'épines droites et divergentes,
disposées ordinairement trois par trois; ses feuilles sont petites, legèrement velues, lobées et dentées, placées dans l'aisselle des épines; ses fleurs sont le plus communément géminées dans les aisselles des feuilles, et ses fruits gros, blancs,
quelquefois velus et même épineux.

Cette espèce est originaire des parties montagneuses de l'Europe. Elle est très commune dans les jardins, où on la cultive
à raison de ses fruits qui se mangent. Ils sont acides et aus-
tères avant leur maturité, et s'emploient alors en guise de ver-
jus pour assaisonner les mets et principalement le maque-
reau. Dans cet état ils sont généralement fort recherchés par
les enfans.

On fait avec ces fruits complètement mûrs, écrasés en grande
masse et fermentés, un vin dont je n'ai jamais goûté, mais
qu'on m'a dit être fort agréable. Il ne se conserve guère plus
d'un an au même degré de bonté. Il est probable qu'on en
obtient de l'eau-de-vie et qu'on en peut faire du vinaigre.

Cet arbuste fournit par la culture des variétés dont les principales sont, *le commun à fruit blanc*; *le commun à fruit
rouge*; *à gros fruit rouge couvert de duvet*; *à gros fruit verdâtre et à feuilles luisantes*; *à fruit blanc, moyen, et à feuilles vernissées*; *à fruit moyen et à feuilles gluantes*; *à fruit
rouge et à feuilles légèrement velues*; *à gros fruit violet, hérissé de courtes pointes roides*; *à gros fruit jaunâtre et à feuilles
luisantes*; *à gros fruit oblong, blanchâtre, et à feuilles luisantes*; *à gros fruit blanchâtre, hérissé de pointes roides*; *à
gros fruit violet, hérissé de pointes roides*.

Il est prouvé par l'observation que les épines qui se trouvent sur quelques fruits ne sont pas un caractère d'espèce, comme Linnæus l'avoit cru.

Le groseillier épineux sauvage a des fruits à peine de deux lignes de diamètre ; par la culture ils deviennent gros de près d'un pouce.

Un terrain sec et pierreux et une exposition chaude sont ce qui convient au groseillier épineux, cependant il croît dans toute espèce de terre et à toute exposition. On le multiplie comme les précédens, cependant plus souvent de marcottes que d'éclats de racines. Il se taille de même, mais généralement moins. Ses fruits doivent être mangés un instant avant leur maturité, parceque lorsque cette maturité est complète ils sont fades, et, dit-on, plus indigestes. On les conserve d'une année sur l'autre, en les mettant dans des bouteilles bien bouchées avec de l'eau. Le même procédé s'emploie pour les groseilles rouges et en général pour toutes les baies.

Tous les groseilliers peuvent servir à faire des haies, à raison de leur disposition à pousser des tiges de leur racine et par conséquent à se fortifier annuellement du pied ; mais le dernier y est plus propre que les autres, parcequ'il se défend de plus par ses épines. On les fabrique en plantant, en automne, à six pouces de distance, dans des tranchées de huit à dix pouces de profondeur, des boutures coupées sur le bois de l'année précédente. L'année suivante on remplace celles de ces boutures qui ont manqué par des plants enracinés, provenant de boutures qu'on a fait autre part à cette intention. La haie se rabat rez terre à sa seconde année ; alors elle pousse un grand nombre de jets qui garnissent l'intervalle des pieds, jets qu'on arrête tous les deux ans, par une taille de six pouces, jusqu'à ce que la haie soit parvenue à la hauteur de trois à quatre pieds qui est celle qu'on lui donne ordinairement. Si des pieds meurent, on les remplace par des marcottes, ou on greffe les branches des pieds voisins par approche. Ces haies sont excellentes, cependant j'en ai rarement vu de bien entretenues. *Voyez* HAIE.

On emploie encore le groseillier épineux, avec beaucoup d'avantages pour boucher les vides des haies d'aubépine, ou regarnir celles dont le pied manque de rameaux. Il est très propre à cet usage, parceque la différence qui existe entre ses principes constitutifs et ceux de l'aubépine lui permet de croître dans une terre épuisée par cette dernière et même entre ses racines. J'en ai vu des milliers d'exemples sur les montagnes de la ci-devant Bourgogne, pays où on fait un grand usage du groseillier épineux pour cet usage.

Il est encore plusieurs groseilliers originaires de l'Amérique septentrionale ou de la Sibérie qui se cultivent en pleine terre dans le climat de Paris ; mais ils sont trop rares et trop peu importans pour être mentionnés ici. (B.)

GROU, GROUETTE, GROUETTEUX. On donne ce nom dans certains cantons aux terres qui sont argileuses, rougeâtres, et qui contiennent des pierres.

Ces terres demandent à être fortement labourées en automne et au printemps. Les arbres y font peu de progrès, et les céréales n'y réussissent qu'autant que l'année n'est ni trop sèche ni trop pluvieuse. *Voyez* ARGILE. (B.)

GRUAU. Sous ce nom générique sont comprises ordinairement toutes les semences farineuses dépouillées de leurs enveloppes corticales par une espèce de mouture qui les réduit à l'état d'une poudre grossière, que l'on prépare sans le secours de la fermentation panaire ; mais on ne conserve cette dénomination qu'à la riche famille des graminées, et dans le nombre il n'y a absolument que le froment, l'orge et l'avoine qui soient usités parmi nous comme gruau.

Quand le froment a subi une première mouture dans les moulins montés à l'économie, et que la bluterie en a séparé la farine dite de blé ou fleur de farine, il reste une poudre rude au toucher, qui n'est autre chose que l'amande du grain ; la plus blanche porte le nom de *gruau blanc*, et la moins belle celui de *gruau bis* : et si la première est employée dans cet état, on l'appelle *semoule*, avec laquelle on fait des potages, en la délayant dans le bouillon et la soumettant à la cuisson.

Si, au contraire, ce gruau blanc repasse au moulin, il produit la farine connue dans le commerce sous le nom de *farine de gruau* : c'est la plus pesante et la plus chère ; les boulangers, les vermicelliers, les pâtissiers l'emploient de préférence, parceque contenant beaucoup de matière glutineuse elle absorbe plus d'eau ; la pâte qu'elle fournit est longue et tenace, et le pain qui en résulte est meilleur : c'est à ces gruaux que le pain de Gonesse, si renommé au commencement du dernier siècle, a dû sa réputation ; mais par-tout où la mouture économique est établie ils sont dans le commerce la première farine.

Mais dans le nombre des grains qui ont le plus de célébrité pour fournir les gruaux auxquels on attribue des propriétés médicinales, c'est l'avoine blanche. Pour les préparer, on expose ce grain au four ; lorsqu'il est suffisamment sec on le nettoie et on le porte à un moulin, dont les meules sont fraîchement piquées, meules que le meunier a soin de tenir éloignées de manière à ce qu'elles ne l'écrasent qu'imparfaitement, et en détachent la pellicule en grande partie ; cent livres ne donnent guère au-delà de la moitié d'avoine gruée.

La manière de se servir des gruaux tient encore au premier usage que l'on fit des farineux ; elle consiste à les délayer dans un véhicule approprié, à les cuire lentement et sur un feu modéré, d'où il résulte, toutes choses égales d'ailleurs, un potage à demi liquide différent pour le goût et l'aspect de celui qu'on obtiendroit du même grain réduit à l'état de farine : cette différence, dans la qualité du même mets provenant de la même matière, est la preuve que chaque fois que le grain subit l'action des meules il éprouve un commencement d'altération qui paroît s'exercer particulièrement sur le principe de la sapidité et sur la propriété qu'a la farine de prendre et de retenir plus ou moins d'eau au pétrin et au four.

Les gruaux d'orge ont aussi leurs partisans : nous verrons, en traitant de ce grain, que, réduit sous cette forme, il n'est pas moins en faveur que ceux d'avoine ; mais une circonstance sur laquelle je ne saurois trop insister, c'est de ne jamais brusquer la cuisson des farineux qu'on a amené à l'état de gruaux, parcequ'alors l'eau s'y combine moins bien ; que le mélange conserve le caractère d'une matière pultacée, collante, visqueuse, comparable à cet aliment si usité dans l'un et l'autre hémisphère, connu en France sous le nom de *bouillie*, et de *polenta* au midi de l'Europe. La préparation en a déjà été indiquée. On fait encore des gruaux dans plusieurs de nos départemens avec le millet et le sorgho ; mais la petitesse du premier, l'abondance de son écorce et le peu de farine qu'il renferme en ont fait restreindre l'usage aux oiseaux de basse-cour.

Une observation assez générale, c'est que toutes les plantes dont les feuilles, les tiges et les semences ont quelque analogie avec le froment servent de nourriture aux hommes et de pâturage aux animaux ; on peut en écraser grossièrement la graine et la consommer sous forme de gruaux : il y en a de si délicats, que les Polonais et les Prussiens les préfèrent au riz et à la semoule, tel est le *panicum sanguinale*, le *festuca fluitans;* cependant le mélange de ces graines avec la farine de froment ne peut avoir lieu sans diminuer la qualité du pain qui en résulte.

Les semences légumineuses les plus intéressantes après les graminées, sous le rapport de la nourriture, séchées dans leurs gousses ou siliques et écrasées sous les meules, donnent une farine plus ou moins colorée ; mais cette farine, soumise au procédé de la boulangerie, ne présente que des résultats défectueux, parceque le fluide qui en constitue la pâte s'y trouve en trop petite quantité pour pouvoir lui faire perdre ce goût désagréable de verdeur, ce goût sauvageon qui caractérise ces graines et que la fermentation développe encore ; il vaut donc mieux les consommer, soit naturellement dans leur état d'intégrité, ou sous forme de purée, quand elles sont la seule ressource alimentaire d'un canton, plutôt que de s'obstiner à en faire à grands frais un mauvais pain. (PAR.)

GRUME. On appelle bois en grume, en terme forestier, celui qui est coupé en tronçons et qui conserve son écorce. *Voyez* BOIS.

GRUMELEUX. Qui est formé d'un assemblage de petits grains. Ce fromage est grumeleux Ce fruit est grumeleux.

GRUPPI. Nom de la crèche dans le département du Var.

GUAZUMA, ou ORME D'AMERIQUE, *Guazuma*, Lam. Arbre de la seconde grandeur qui croît à Saint-Domingue, et qui par son feuillage a l'aspect d'un ormeau, d'où lui vient son nom. Il a une tige rameuse, une écorce grisâtre et crevassée, et un bois blanchâtre qui se fend aisément. Ses feuilles sont alternes, ovales, dentelées, un peu rudes au toucher, et, comme celles de l'ormeau, divisées par une côte en deux parties inégales. Ses fleurs, qui sont d'un blanc jaunâtre, viennent en petites grappes aux extrémités des branches ; elles donnent naissance à un fruit sphérique et noir, qui est dur, tuberculeux et profondément gercé. Les chevaux, les moutons, et en général tous les bestiaux sont très friands de ces fruits, ainsi que des feuilles, et des bourgeons du guazuma. Aussi cet arbre est-il d'une grande ressource pour la nourriture de ces animaux dans les temps de sécheresse. Il sert aussi à l'ornement des plantations. Sa croissance est rapide et il forme un très bel ombrage ; mais il est sujet à être renversé par les ouragans, parceque ses racines sont peu profondes, que ses grosses branches, s'étendant presque horizontalement, forment une tête trop touffue. Afin qu'il donne moins de prise au vent, on est dans l'usage de l'étêter tous les cinq ou six ans vers la saison des pluies. Un mois après, il pousse de jeunes rameaux qui se couvrent de feuilles, et qui forment, à la manière de nos orangers en caisse, une espèce de boule de cinq à six pieds de diamètre.

Le guazuma n'est pas difficile sur le choix du terrain. On le trouve presque par-tout ; malgré cela on le cultive avec quelque soin dans quelques cantons de l'île à cause des avantages qu'il procure. La manière la plus simple de le multiplier est de transplanter dans un temps de pluie les jeunes plants qui sont venus de graines au pied des gros arbres. (D.)

GUÈDE. Nom vulgaire du PASTEL.

GUÊPE, *Vespa*. Genres d'insectes de l'ordre des hyménoptères, qui malgré les réductions qu'il a successivement éprouvées, renferme un grand nombre d'espèces, parmi lesquelles il en est plusieurs qui, par leur force et leur nombre, causent souvent de grands dommages à l'agriculteur, et doivent en conséquence être connues de lui.

Ainsi que les abeilles, les guêpes vivent en société ; mais quoiqu'elles aiment beaucoup le sucre et le miel, ce n'est pas de ces substances qu'elles vivent habituellement, c'est de chair, c'est de fruits. Tout ce qu'elles peuvent entamer leur est bon. Elles tuent les autres insectes et s'en nourrissent; mangent la viande crue qui pend dans l'office, comme celle cuite qui est dans le garde-manger, dévorent les cerises, les abricots, les pêches, les poires, les pommes, les raisins aussitôt qu'ils commencent à mûrir. C'est sur ces fruits que leurs dégâts s'exercent d'une manière plus marquée pour le cultivateur. Elles cherchent aussi à s'introduire dans les ruches pour en enlever le miel, et quoiqu'elles ne réussissent pas toujours, leurs combats avec les abeilles sont fréquemment suivis de la mort de ces dernières, qui sont plus foibles et moins hardies, ce qui diminue nécessairement la population des ruches, et par conséquent nuit à leur produit.

Les sociétés des guêpes sont généralement moins nombreuses que celles des abeilles, mais régies sur les mêmes principes, c'est-à-dire qu'il y a une seule femelle occupée uniquement de la propagation de l'espèce, et un grand nombre de mulets destinés à tous les travaux internes ou externes. Leurs rayons sont d'un seul rang d'alvéoles de même forme que celles des abeilles, et d'une espèce de carton qu'ils fabriquent avec du bois pourri. Ces alvéoles sont uniquement destinées à l'éducation des larves; car les guêpes ne font aucune provision, et excepté quelques femelles fécondées qui passent l'hiver dans des arbres creux, dans des trous de mur, sous des pierres, elles périssent toutes aux approches de la mauvaise saison.

C'est une de ces femelles qui, au printemps, commence seule un nouvel établissement, bâtit les premières alvéoles, nourrit les premières larves, d'où proviennent des mulets qui, après leur transformation en insectes parfaits, l'aident d'abord et quand ils sont en nombre suffisant finissent par la débarrasser de tout travail. Du reste, tout se passe comme dans les ruches, seulement la ponte des mâles et des femelles ne commence qu'à la fin de l'été, peu avant l'époque de la destruction générale, et la fécondation des dernières a lieu très peu de jours après leur transformation en insectes parfaits.

Les espèces de guêpes dans le cas de devoir être citées ici sont,

La GUÊPE FRÈLON, *Vespa crabro*, Lin. Elle a souvent un pouce de long et une grosseur égale à celle du petit doigt : c'est la plus redoutable par sa force. Les abeilles sur-tout sont fréquemment ses victimes. Elle se loge dans les trous des arbres, les cavités des rochers, des murs, même dans les greniers et les appartemens non habités. Son nid est plus gros que la tête, et de même forme. Il contient rarement, même à la fin de l'automne, plus de deux cents individus.

Cette guêpe, dès qu'on la tourmente, sur-tout dans son nid, se jette avec fureur sur l'assaillant, et lui fait avec son aiguillon des piqûres bien autrement douloureuses que celles des abeilles. Les cultivateurs doivent lui faire une guerr à outrance, et ils le peuvent, sur-tout en bouchant avec du plâtre ou de l'argile les ouvertures qui conduisent à son nid. Ses caractères spécifiques consistent à avoir le corps jaune avec le corselet roux antérieurement et noir postérieurement, et deux rangs de points noirs contigus sur chaque anneau du ventre.

La GUÊPE VULGAIRE a huit lignes de long et deux lignes et demie de diamètre. Elle fait son nid dans la terre, et il est presque aussi gros que celui de la précédente, parcequé les sociétés qu'elle forme sont beaucoup plus nombreuses, par exemple de quinze à seize cents individus. Ce nid est ordinairement formé par huit ou dix gâteaux, séparés par des galeries soutenues par des piliers. La moitié de ces gâteaux, ce sont les quatre supérieurs, sont tournés en bas, et les autres sont tournés en sens contraire. Le tout est entouré d'une double ou d'une triple enveloppe.

Cette guêpe est généralement la plus répandue dans les campagnes, et c'est celle qui nuit le plus aux fruits, sur-tout aux raisins. Pour la détruire il faut rechercher son nid, et l'enfumer, soit avec de la paille, soit avec du soufre, ou le noyer en y jetant de l'eau. Boucher le trou qui y conduit est peine perdue, parceque les mulets en ouvrent sur-le-champ un autre. Les caractères spécifiques de cette espèce sont d'être jaune avec une ligne interrompue noire de chaque côté du corselet, quatre taches noires à l'écusson, et des points noirs séparés sur les anneaux de l'abdomen.

La GUÊPE SAXONE a six lgnes de long. Son nid ne consiste qu'en un seul gâteau attaché par un pédicule à une pierre, à une branche d'arbre, contre un mur. Ses sociétés ne sont souvent pas de plus de dix à douze individus ; mais dans certains cantons leur nombre compense la force de chacune. On peut toujours facilement les détruire, parceque les guêpes étant pour la plupart à la picorée, il ne reste que la femelle et deux ou trois mulets pour les défendre.

Les autres espèces de guêpes, étant plus rares, ne sont pas dans le cas d'être ici mentionnées. (B .

GUÉRET. Terre labourée, mais non encore ensemencée. Ce mot se prend quelquefois généralement pour toutes les terres cultivées. Il n'est plus guère employé que dans la poésie. (B.)

GUEULE. Fleur en gueule ou LABIÉE. *Voyez* ce dernier mot et le mot PERSONNÉE.

GUI, *Viscum*. Genre de plantes de la diœcie triandrie et de la famille des caprifoliacées, qui renferme une douzaine d'espèces, presque toutes parasites des arbres, mais dont une seule appartient à l'Europe, et est par conséquent dans le cas d'être mentionnée ici.

Cette espèce, qu'on nomme le GUI COMMUN ou le GUI A FRUITS BLANCS, est ligneuse et haute ordinairement d'un pied. Ses rameaux sont d'un vert jaunâtre, articulés, toujours dichotomes, c'est-à-dire régulièrement fourchus; ses feuilles sont opposées, sessiles, épaisses, coriaces, en forme de spatule; ses fleurs sont jaunes et disposées en petits paquets dans les bifurcations supérieures des rameaux.

Ce n'est pas dans la terre que germe et croît le gui, mais dans les fissures de l'écorce des arbres. Il présente des boules toujours vertes qui semblent greffées sur leurs branches, comme il n'est pas de cultivateur qui ne soit à portée de l'observer. Les arbres fruitiers en plein vent sont sujets à en nourrir. Il est de fait qu'il épuise les branches qui le supportent, et que, lorsqu'il est multiplié, l'arbre devient bientôt rabougri. On doit donc le détruire; mais pour le faire il ne suffit pas de casser ses branches, comme on le pratique souvent; il faut couper la racine même au-dessous de l'écorce, ou même la branche de l'arbre sur laquelle il se trouve.

La superstition de nos pères avoit consacré le gui de chêne, peut-être parceque cet arbre en porte rarement dans les pays du nord, et le préjugé qui en a été la suite se propage encore dans quelques cantons où les habitans des campagnes n'osent pas le couper, quoiqu'ils détruisent sans scrupule celui qui nuit à leurs pommiers et à leurs poiriers.

Cet arbuste présente deux singularités remarquables; l'une c'est que, quoiqu'il vive aux dépens de la sève d'arbres fort différens, il ne présente pas de variations dans sa forme ni dans ses qualités; la seconde c'est qu'il pousse dans toutes les directions, c'est-à-dire qu'on en voit qui portent leurs branches vers la terre, ou parallèlement à sa surface, sans chercher à les relever vers le ciel, comme presque tous les arbres. On ne peut, dans l'état actuel de nos connoissances, expliquer ces deux phénomènes.

Les oiseaux recherchent beaucoup les baies du gui, et ce sont eux qui les sèment sur les arbres. Ces baies sont âcres et amères. Elles purgent violemment lorsqu'on les prend à l'intérieur. Autrefois on employoit leur pulpe pour faire de la glu ; mais aujourd'hui on préfère la retirer de son écorce qu'on fait à moitié pourrir, et qu'ensuite on pile et lave à grande eau. *Voyez* au mot GLU.

Le gui fleurit au commencement du printemps, et ses fruits mûrissent en automne. (B.)

GUIEN. Synonyme de REGAIN dans le département des Deux-Sèvres.

GUIGNE. Variété de cerise. *Voyez* CERISIER.

GUIGNETE. Petit sarcloir employé dans le département des Deux-Sèvres.

GUIMAUVE, *Althea*. Genre de plantes de la monadelphie polyandrie, et de la famille des malvacées, qui renferme neuf à dix espèces, dont deux ou trois peuvent être employées dans les jardins comme plantes d'ornement, et dont une se cultive généralement, même en grand, à raison du fréquent usage qu'on en fait en médecine.

Cette dernière est la GUIMAUVE OFFICINALE, dont la racine est pivotante, vivace ; les tiges droites, grêles, cylindriques, velues, hautes de trois ou quatre pieds ; les feuilles alternes, pétiolées, cordiformes, légèrement lobées, dentées, velues, de la grandeur de la main ; les fleurs purpurines ou blanches, de six à huit lignes de diamètre, et disposées en paquets sessiles ou presque sessiles dans les aisselles des feuilles supérieures. Elle croît naturellement dans les lieux frais, sur le bord des rivières de quelques parties de l'Europe, et fleurit en été. Toutes ses parties, et sur-tout ses racines, sont remplies d'un mucilage qui leur donne, à un haut degré, la propriété émolliente et adoucissante. Prise en décoction ou appliquée à l'extérieur, elle relâche, distend les fibres, apaise les douleurs. On l'emploie dans les coliques, la dyssenterie, la strangurie, la toux, l'enrouement, dans les inflammations de toute espèce. On en tire un sirop et une pâte dans les pharmacies propres à guérir les rhumes. La pâte se fait avec la décoction de sa racine unie à la gomme arabique et au sucre. Enfin il s'en fait, sur-tout dans les grandes villes, une consommation telle qu'elle est devenue l'objet d'une culture de quelqu'importance.

Toutes sortes de terrains peuvent être plantés en guimauve, à moins qu'ils ne soient ou composés de sable aride ou très aquatique ; mais cette plante prospère incomparablement mieux dans ceux qui sont légers, profonds et un peu humides. Elle ne craint ni le soleil ni l'ombre. On la multiplie en semant sa graine au printemps dans un sol bien labouré, avec l'attention de l'espacer afin qu'on puisse donner au plant qui en proviendra deux ou trois binages par an, car ces façons accélèrent considérablement sa croissance.

On peut employer la guimauve à la fin de sa première année ; mais en général, dans la culture en grand, on la laisse en terre deux ans. C'ést pendant l'hiver qu'on en arrache la plus grande quantité, parceque c'est alors qu'elle contient le plus de mucilage, et que les apothicaires et les herboristes en font des provisions ; cependant comme elle est meilleure fraîche que sèche, on se trouve dans le cas d'en vendre journellement. Il n'y a pas de jour de marché où on n'en apporte à la halle à Paris. Sa culture est quelquefois d'un produit considérable aux environs de cette ville. J'ai calculé, quand j'étois à la tête des hospices civils de cette ville, époque où j'en faisois acheter des quantités considérables, qu'un arpent de terre planté en guimauve devoit rapporter près de mille francs ; mais son prix est si variable que cette culture ne peut pas être l'objet des spéculations d'un riche cultivateur. Elle est et sera toujours abandonnée aux pauvres.

Dans les jardins où généralement on tient toujours quelques pieds de guimauve pour l'usage de la maison, on la multiplie plus fréquemment par éclat ou déchirement de ses racines que par graines, c'est-à-dire que quand on arrache un pied ou une portion de pied en hiver, on en détache les pousses latérales qui n'ont que quelques fibrilles propres, et on les met en terre. On gagne par-là un an. Je dois faire observer qu'en général, dans les jardins particuliers, on laisse trop long-temps en terre la guimauve, parcequ'au bout de trois ans ses racines deviennent ligneuses, et fournissent beaucoup moins de mucilage.

La GUIMAUVE A FEUILLES DE CHANVRE a les feuilles hérissées de poils, les inférieures palmées et les supérieures à trois lobes, dont l'intermédiaire est très long. Elle croît naturellement dans les parties méridionales de l'Europe. Elle s'élève à plus de six pieds de haut, et ses fleurs sont rouges.

La GUIMAUVE DE NARBONNE a les feuilles velues, les inférieures à sept ou à cinq lobes, les supé.ieures à trois. Elle se trouve dans les parties méridionales de l'Europe, et se rapproche beaucoup de la précédente, mais elle est moins élevée.

Ces deux plantes, qui sont vivaces et qui croissent dans les plus mauvais terrains, ont des tiges pourvues de fibres corticales analogues à celles du chanvre. Dans quelques cantons de l'Espagne on fait rouir ces tiges, on en sépare la filasse, on la file et on en fabrique de la toile, qui est, ou peut être, aussi fine et d'aussi longue durée que celle fabriquée avec le chanvre. Il est étonnant que cette culture si facile, puisque la plante une fois semée peut durer dix à douze ans, et peut-être plus, sans autre soin qu'un ou deux binages annuels et la coupe de ses nombreuses tiges, ne soit pas plus suivie. J'ignore quelle est la cause de cet oubli des véritables intérêts de l'agriculture. La filasse de ces guimauves fût-elle de moitié inférieure à celle du chanvre, il seroit encore avantageux de les cultiver Je les recommande aux agriculteurs amis sincères des progrès de leur art, ainsi que la guimauve officinale, qui donne aussi de la filasse, cassante et de plus mauvaise qualité il est vrai, mais certainement, d'après des essais que j'ai vus, très propre à faire du papier de toute nature.

Ces trois guimauves sont aussi susceptibles d'être employées à l'ornement des jardins ; la seconde sur-tout produit de très bons effets dans ceux où on imite la nature agreste. On la place entre les buissons des derniers rangs des bosquets, isolément au milieu des gazons, dans le voisinage des fabriques. Son seul inconvénient est que ses nombreuses tiges sont trop greles, et par-là facilement ployées ou cassées par les vents; mais on peut facilement y remédier. On les multiplie de semences, ou plus fréquemment par séparation des racines de vieux pieds.

Quelques auteurs ont réuni les ALCÉES avec ce genre. *Voyez* ce mot. (B.)

GUIT. Nom du canard dans le Médoc.

GYMNOSPORANGE, *Gymnosporangium*. Genre de plantes de la famille des champignons, qui naît sous l'écorce des genévriers, et qui cause sur leurs branches des renflemens ou des nodosités très remarquables.

Les espèces de ce genre offrent des masses gélatineuses à travers lesquelles sortent des filamens, qui tous portent à leur sommet des péricarpes composés de deux loges coniques appliquées par leur base, et qui se séparent l'un de l'autre à leur maturité. La plus commune de ces espèces, le GYMNOSPORANGE CONIQUE, qui est la *tremelle juniperoïde* de Linnæus, est jaune et se développe au printemps. Je l'ai vue si abondante qu'elle empêchoit les genévriers de porter des graines et les tenoit rabougris. Le seul moyen de les en débarrasser, c'est de couper les branches qui en sont infestées aussitôt qu'on les aperçoit, c'est-à-dire avant que les graines soient arrivées à maturité. (B.)

GYPSE, ou sulfate de chaux, ou sélénite. Sel terreux composé de chaux et d'acide sulfurique, qui ne diffère du plâtre que parceque ce dernier contient, en outre, de la chaux non combinée, de l'argile et du sable fin quartzeux. *Voyez* aux mots PLATRE et SÉLÉNITE.

On distingue le gypse des autres pierres à sa transparence, à son peu de dureté, à sa légèreté, à la couleur blanc de lait qu'il prend lorsqu'on l'expose au feu, et à la propriété de se régénérer , lorsqu'après l'avoir calciné et réduit en poudre, on lui rend une certaine quantité d'eau. L'usage qu'on en fait dans les arts, pour la bâtisse et pour l'amendement des terres, le rend très précieux.

Les carrières de gypse se trouvent dans des localités que tout porte à croire avoir été autrefois des lacs d'eau douce. Il en est dans les montagnes primitives où il est presque toujours pur, ou presque pur. Il en est dans des pays à couches, où il est cristallisé dans le voisinage, ou entre les bancs de marne. Ce dernier gissement est plus rare, mais aussi celui qui offre des masses d'une plus grande étendue, témoin les environs de Paris, les environs d'Aix et les environs de Burgos, cantons que j'ai tous visités.

Les eaux de sources et les eaux pluviales, dissolvant le gypse, et le transportant dans des cavités où elles l'abandonnent, il se forme des pierres gypseuses d'un beau blanc, ou veinées de diverses couleurs, qu'on appelle albâtre gypseux, et qui servent à faire des vases, des tables, des statues et autres articles analogues, recherchés, quoique tendres, à raison du beau poli dont ils sont susceptibles.

La putréfaction est éminemment favorisée par le gypse. C'est un fait qui peut intéresser les cultivateurs, mais qui n'a pas encore été assez observé pour être expliqué.

Toutes les mines de sel marin connues sourdent de montagnes, qui contiennent du gypse, mais on ne trouve pas toujours du sel marin dans les montagnes où existe du gypse.

A Paris on destine tout le gypse qu'on retire des carrières à plâtre de Montmartre, et autres, à faire des statues, des moules de différentes sortes, et pour différens arts, etc., etc. Il est trop cher pour qu'on l'emploie à l'amendement des terres; mais comme je ne sache pas qu'il y ait de plâtre dans les Alpes, et que cependant on en répand sur les prairies, il est probable que ceux qui ont cité cet usage ont voulu parler du gypse qui y est très commun, ainsi que je m'en suis personnellement assuré, beaucoup de personnes, qui ignorent la différence qui existe entre ces deux pierres, les confondant. Il en est probablement de même en Angleterre.

Il n'a pas été fait, à ma connoissance, d'expérience dans la vue de constater si le gypse étoit plus avantageux que le plâtre en agriculture. Je suppose que la différence, si elle existe, ne peut pas être très considérable. Comme c'est le PLATRE que les écrivains agronomiques ont le plus souvent nommé, c'est à son article que je rapporterai ce qu'on sait de ses utiles effets comme amendement. (B.)

FIN DU TOME SIXIÈME.

www.ingramcontent.com/pod-product-compliance
Lightning Source LLC
Chambersburg PA
CBHW031726210326
41599CB00018B/2524